Das Erbauungs-Buch der Christen,

oder

die heiligen Schriften des Neuen Bundes

mit

Erklärungen und Betrachtungen.

Herausgegeben

von

Johannes Goßner.

Erster Theil.

Matthäus.

Berlin, 1827.

Gedruckt und verlegt

bei G. Reimer.

Eine Stimme aus der Vorzeit.

„Fürwahr, mein lieber Christ! Du kannst nicht zu „viel in der Schrift lesen, und was du liesest, „kannst Du nicht zu wohl verstehen, und was Du „wohl verstehst, kannst Du nicht zu wohl lehren, und „was Du wohl lehrest, kannst du nicht zu wohl leben.“

Meinen Zuhörern gewidmet.

Tropfen aus dem Meere — sind es, Herzgeliebte! die ich Euch hiemit darreiche — mehr nicht, als Tropfen aus dem unermeßlichen Meere des Lichtes, der Wahrheit und des Lebens. — Nur wenig und schwach ist alles Geschriebene und Gesagte gegen das, was gesagt und geschrieben werden sollte über die inhaltreichen Worte Jesu Christi und seiner Apostel, die voll Geist und voll Leben sind. Doch die Sonne der Gerechtigkeit spiegelt sich auch in Tropfen, wenn nur das Auge lauter ist, das Licht der Wahrheit zu sehen. Und da Euch die Augen aufgethan sind, und Ihr das Geringe und Kleine nicht verschmähet, wie Ihr durch Eure Aufmerksamkeit in meinen mündlichen Vorträgen bewiesen habt, so werdet Ihr auch diese Fünklein aus dem Lichtmeere nicht verkennen, sondern Euch gerne daran erbauen.

Wem soll ich sie anders widmen als Euch? Wen hab' ich auf Erden, der mir so nahe am Herzen, so tief im Herzen liegt, als Ihr? Wer ist meine Freude, meine Ehre, meine Krone, wenn Ihr nicht? 1 Thess. 2, 19. Mit Euch hat mich Gott in die innigste Geistes-Gemeinschaft gesetzt, in eine Verbindung, die der Tod nicht tödten, und die Ewigkeit nur erhöhen, nicht aufheben kann. Das Wort vom Kreutze, das der Welt Thorheit und Aergerniß ist, hat uns, die wir so weit von einander entfernt und fremde waren, einander nahe gebracht in Christo Jesu. Was keine Macht der Erde vermag, — das Widersprechendste, das Entfernteste, das Verschiedenartigste vereinigen und zusammenschmelzen — das vermag das Evangelium unsers Gottes und Heilandes Jesu Christi. Und alle Verbindung außer diesem einzig wahren Vereinigungspunkte, ist doch nur jämmerliche Spaltung und Zertheilung.

Oft habt Ihr von mir meine Predigten verlangt, geschrieben oder gedruckt, hier findet Ihr etwas, doch nur etwas weniges davon; denn bei den meisten Stellen werdet Ihr hier vieles vermissen, was Ihr in den Predigten gehört habt. (Die Kanzel, der Anblick der Zuhörer, die Gebete, der sichtbare Hunger derselben, machen den Prediger viel beredter als der todte Schreibtisch den

Schreiber. Auch sind wohl feurige Zungen, aber keine Schreibfedern vom Himmel gefallen. Darum haben die Apostel viel gepredigt, aber wenig geschrieben — Christus gar nichts.) Doch das Geschriebene wird Euch an das Gehörte erinnern, und der Geist der Wahrheit, der in einem Augenblick mehr lehren und geben kann, als die beredteste Zunge in hundert Jahren sprechen und die geläufigste Feder schreiben kann, der wird sein Amt an Euch erfüllen und Euch in alle Wahrheit leiten, wird aus diesen Tropfen Ströme, aus diesen Fünklein Funken und aus den Funken Flammen erwecken, und all Euren Durst nach Wahrheit und Seligkeit stillen.

Mit dieser Zuversicht übergebe ich Euch dieses Buch. Der Herr, der das Schwache, das Thörichte vor der Welt und das Verachtete erwählt hat, und was da nichts ist, damit Er zu Schanden mache, was etwas ist, 1 Kor. 1, 27. 28., der Herr wird es segnen an Euren Herzen.

An ungünstigen Urtheilen, und selbst am Verurtheilen und Verdammen der geschriebenen wie der gepredigten Wahrheit, lassen uns die Menschen, wie Ihr wisset, keinen Mangel leiden, weil sie gewohnt sind zu lästern, was sie nicht verstehen. Aber lasset sie, und fürchtet ihr Verdammen nicht. Matth. 10, 28. Die Wahrheit hat in jedem Jahrhunderte ihre Henkersknechte gefunden, und muß allezeit verworfen werden von einer Welt, in welcher der Vater der Lüge und Mörder der Wahrheit Hauswirth ist, Joh. 8, 44. 2 Kor. 4, 4., wo also die Lüge und der Wahrheits-Haß, als im Gebiete ihres Vaters, das Bürgerrecht genießen. Wie kann da die Wahrheit eine Heimath finden und geduldet werden? Aber die Wahrheit hat das Eigene: Sie läßt sich am Charfreitage binden, verdammen, anspeien, geißeln und kreuzigen — und schweigt. Aber am Ostermorgen kann ihr niemand wehren, neulebendig aus dem Grabe aufzustehen, und Friede und Freude den Ihrigen zu bringen. Der Stein, der sie im Grabe verschließen, die Wache, die sie im Tode gefangen halten sollte, kann sie nicht mehr hindern, ihr Leben zu offenbaren und ihren Triumph über das Reich der Finsterniß zu verkünden, der eben aus ihrer Verdammung und Kreuzigung hervorgeht. So, daß man wohl sagen darf: Judas, Kaiphas, Herodes und Pilatus machen den wahren Christus. Wo jene nicht sind, ist auch dieser nicht. Wo die Wahrheit, das Evangelium, keinen Charfreitag erlebt, erlebt es auch keinen Ostertag. Das Halleluja wird aus dem Kreuzige geboren.

Lasset Euch daher das nicht im mindesten irre machen, daß die Wahrheit angefochten und gehaßt wird. Das ist ihr Siegel und charakteristisches Kennzeichen — ihr Ordensband und Stern, ohne den sie sich hier unten nicht öffentlich sehen läßt. Seitdem die Menschen die lebendige Wahrheit in Person, Christum, verdammt und gekreutziget haben, muß Euch von Menschen nichts mehr unerwartet seyn. Seitdem ein Statthalter, Pilatus, sagen konnte: „Ich finde keine Schuld an Ihm, Er hat nichts Todeswürdiges gethan." und mit demselben Munde in derselben Stunde wiederum sagte: „Nehmet ihr Ihn hin und kreutziget Ihn!" und wirklich auch den Befehl ausfertigte, daß Er gegeißelt und gekreutziget werden sollte, und dieß alles nur, um des großen Haufens willen, der ihm in den Ohren lag; seitdem müßt Ihr das, was der große Haufe und der schwache Pilatus wegwirft, nicht auch verwerfen, wenn ihr nicht die Wahrheit und Unschuld wegwerfen wollt. Seitdem die Hohenpriester dem geflucht haben, der den Segen in die Welt brachte, dem Ebenbilde des Vaters ins Angesicht gespien, vor dem Sohn Gottes als vor einem Gotteslästerer ihre heiligen Kleider zerrissen und wie vor einem Schwärmer und Verführer ihre Köpfe geschüttelt haben, müßt Ihr Euch nicht so leicht durch einen Bann-Fluch oder ein Anathema schrecken lassen. Seitdem die Welt die ersten und besten Zeugen der Wahrheit, die Apostel des Herrn, gesteinigt, geschunden, zersägt und auf jede grausame Art getödtet hat, muß Euch nichts mehr befremden, was sie sich je gegen die Wahrheit und ihre Zeugen erlaubt. Vielmehr muß es euch befremden, wenn eine Lehre oder ein Lehrer nicht angefochten, nicht gehaßt, sondern geliebt und gelobt wird von der Welt. Denn sonst hätte Jesus falsch geweissagt, und würde zum Lügner werden, indem Er sagt: „Ihr müsset gehaßt werden um meines Namens willen von Jedermann." Matth. 10, 22. „Wehe euch, wenn euch die Menschen loben rc." Luk. 6, 22. 26. Daher ist es eine alte, in allen Jahrhunderten seit Christo anerkannte und bestätigte Wahrheit: „Es steht „nicht gut um einen Prediger, wenn er Friede hat „und nicht angefochten wird. Es ist ein Zeichen, „daß er nicht die rechte Lehre hat. Denn die Art „dieser Lehre ist, daß sie angefochten werden muß. „Aber, lieber Gott! wenn dieß wahr ist, wie selten „ist dann die Orthodoxie (die rechte Lehre?) denn „die sich derselben am stärksten rühmen, haben „nichts weniger als Anfechtung und Leiden um „Christi willen aufzuweisen." Darum sehet auf Jesum, den Anfänger und Vollender Eures Glaubens, der, da Ihm Freude zu Gebot stand, das Kreutz erduldete und die Schmach nicht achtete, nun aber zur Rechten Gottes sitzt. Hebr. 12, 2. Aller

Widerspruch und Widerstand schadet der Wahrheit nichts, sondern muß ihr zur Förderung, zur Auferstehung und Verherrlichung dienen. Nichts kann ihre Kraft schwächen, nichts ihre Wirkung hindern. Alles muß zu ihrem Besten mitwirken. Davon seyd Ihr selbst ein Beweis, die Ihr unter vieler Schmach, trotz alles Widerspruches und aller Feindschaft der Welt dennoch unverdrossen und eifrig das Evangelium Gottes von Eurer Seligkeit gehöret, geglaubet und festgehalten habt.

Möge Gott es geben, daß Euch gegenwärtige Schrift in diesem Sinne bestärke! Möge sie, wenn einst meine Zunge schweigt und meine Feder ruht, Euch noch erinnern an das oft Gesagte und oft Gehörte! Möge sie Euch immer wieder erwecken zum Glauben, zur Treue, zur Beharrlichkeit bis ans Ende!

Ihr aber, meine ehemaligen Zuhörer! die ich hiemit auch im Auge habe und mit gleich inniger Liebe umfasse, wie meine dermaligen, wie könnte ich Eurer vergessen? Zwar viele Wasserströme, Berge und Länder trennen uns dem Leibe nach; aber die vielen Wasserströme können die Liebe nicht auslöschen, Berge und Länder unsere Herzen nicht trennen, keine äußere Entfernung kann uns von dem scheiden, in dem wir Gnade und Heil gefunden, und in dem wir alle Eins sind und ewig bleiben werden. Euch, Ihr Lieben! sey diese Schrift, wenn sie in Eure Hände kommt und Euch erreichet, ein Beweis, daß ich das, was ich Euch ehemals verkündigte und Ihr angenommen und geglaubt habt, darin ihr auch selig geworden seyd, bis heute noch bezeuge, und als die allein rettende und beseligende Wahrheit sowohl selbst festhalte, als andern anpreise. Sie sey Euch zugleich ein Zeugniß, daß auch hier viele mit Euch derselben Gnade und desselben köstlichen Glaubens theilhaftig geworden sind in der Gerechtigkeit unsers Gottes und Heilandes Jesu Christi. 2 Petr. 1, 1. Diese sind eben die Veranlassung und Beförderer zur neuen vollständigen Ausgabe dieses Werkes, indem sie ernstlich darnach verlangten und alles dazu beitragen, daß sie zu Stande gebracht werden kann.

Und nun bitte ich Euch nur Eines noch, Herzgeliebte! wo Ihr immer seyd, in D** oder R**, vergesset nie, wenn Ihr vor Eurem Erbarmer stehet, und um Gnade flehet, vergesset nie Eures Freundes und Dieners, der Euch durch Gottes Gnade dahin gewiesen und Euch das Evangelium Gottes verkündiget hat, zwar in großer Schwachheit und mit vielen Gebrechen, aber doch mit der lautern Absicht, daß Ihr selig werdet und die Krone des Lebens empfanget. Verwerfet ihn nicht um seiner Schwachheit willen, sondern gedenket seiner um des Herrn willen, der sich unser aller erbarmt und uns aus lauter Gnade und Güte zu sich gezogen hat. Unzählige Mahl hat er Euch mit Ringen und Flehen dem obersten Hirten und Bischof Eurer Seelen in die Arme und ans Herz gelegt, ehe Ihr noch selbst zu Ihm gehen konntet. Lasset ihn nun den Dank und den Nutzen von Euch genießen, daß Ihr, wenn Ihr einst in den Wohnungen in des Vaters Hause seyd, ihn auch in Eure Hütten aufnehmet, und zum Heilande sprechet: „Ach Herr! „sey ihm gnädig und laß ihn auch Theil nehmen an „deinem Reiche, denn er hat uns Dein Wort bezeuget und deinen Namen kund gethan!

Vieles von diesem Werke kennen die meisten von Euch schon aus den frühern Auflagen, die unter einem andern Titel erschienen und deren zwei längst vergriffen, die dritte i. J. 1823 fertig geworden ist. Diese neue Auflage aber unterscheidet sich von den drei vorigen dadurch, daß sie über ein Drittheil vermehrt ist, und über alle Stellen, welche in den andern Auflagen vermißt wurden, Bemerkungen enthält, so, daß sie das ganze Neue Testament, alle Kapitel und Verse umfaßt. So ist z. B. das Evangelium nach Markus, von dem nur wenige Verse in drittehalb Bogen erklärt waren, hier ganz aufgenommen. Auch bei den übrigen Evangelien ist vieles hinzugekommen und jede Lükke in allen Büchern des N. T. ausgefüllt und ergänzt worden. In dieser Hinsicht wird diese Auflage eine **neue** und **vollständige** genannt, keinesweges aber, als wenn durch diese Betrachtungen der ganze Sinn des heil. Buches und jedes einzelnen Verses vollständig erschöpft wäre, und nichts weiter darüber gesagt oder geschrieben werden könnte. O, Ihr werdet vieles vermissen, vieles noch zu wünschen übrig haben. Ferne sey also diese Anmaßung von mir; vielmehr bekenne ich selbst, daß alles sehr unvollständig und mangelhaft ist, und ich das Buch oder den Mann vergeblich suche hier auf Erden, der das Wort Gottes ganz und vollständig erklären und erschöpfen kann. Wenn man alles darüber gedacht und gesagt hat, so geht es einem wie jenem, der da schrieb: „Ich habe an „alle Aestlein und Zweige der Bibel angeklopft und „gerne wissen wollen, was daran wäre und was sie „vermöchten, und allezeit noch ein Paar Aepflein „und Birnlein herunter geklopft." Darum klopfet nur selbst fleißig an die Aestlein und Zweiglein dieses köstlichen Baumes, so werdet Ihr viel schöne Früchte davon erhalten. Begnüget Euch weder mit diesem noch mit einem andern menschlichen Commentar oder Ausleger des heiligen Wortes.

Es ist nur Einer, der es ganz und vollständig und für jeden Leser besonders zweckmäßig und treffend erklären und anwenden kann, und der ist der HERR Verfasser der Bibel selbst, der heilige Geist. Dahin verweise ich Euch, wenn Ihr nähern Aufschluß bedürfet, wie Jakobus 1, 51., wie Johannes 1 Br. 2, 27., wie Paulus Ephes. 1, 17. 18. ihre Gläubigen auch dahin gewiesen haben. Hütet Euch nur vor den Menschen, die mit der Bibelauslegung ein Monopol treiben, die sie nur zu ihrem Vortheil; zu ihrer Ehre erklären, die daraus beweisen wollen, daß man ihnen mehr als Gott, ihren Aussprüchen mehr als der Bibel gehorchen müsse, und deßwegen die Bibel ganz verbieten, oder sie den Leuten aus den Händen reißen. Vor diesen hütet Euch! Denn sie haben die Schlüssel der Erkenntniß weggenommen, — schließen zu, nicht auf — gehen selbst nicht hinein, und wehren denen, die hinein wollen. Luk. 11, 52. Matth. 23, 13.

Lasset uns festhalten an der Gnade und an dem Bekenntnisse unserer Hoffnung (Hebr. 12, 28. u. 10, 23.), die uns bezeuget hat der treue und wahrhaftige Zeuge (Offenb. 3, 14.). Lasset uns feststehen auf dem Fundamente, das gelegt ist, und außer dem kein anderes gelegt werden kann (1 Kor. 3, 11.), bis wir alle zusammen kommen vor dem

Throne Dessen, der uns berufen hat zu seinem Reiche und zu seiner Herrlichkeit. 1 Thess. 2, 12.

St. Pbg., den $\frac{16}{18}$. November 1823.

So wollte dieses Werk im Jahre 1823 und 1824 erscheinen; es wurde aber unterdrückt, ehe es ganz gedruckt war und die Presse verlassen hatte. — Nun aber soll es unter einem günstigern Himmelsstriche sich wieder aus dem Druck erheben und sein Glück noch einmal versuchen. Es hat durch doppelten Druck nichts verloren sondern viel gewonnen; denn es ist durch neue Erfahrungen bestätiget und beleuchtet — viel verbessert und vermehrt worden.

So gehe denn hin, liebes Charfreitags-Kind und Leidensgenosse! Laß dich in deinem Laufe nicht wieder hindern, bis du ausgerichtet hast, wozu du gedruckt bist. Die Salbung des heiligen Geistes begleite dich!

Berlin, den 19. Junius 1827.

Der Verfasser.

Vorrede
zur ersten Auflage.

Wie Gott die Liebe ist, so ist auch der Sohn Gottes die Liebe; und wie Jesus Christus die Liebe ist, so ist auch sein Wort und sein Wandel, sein Leben, Leiden und Sterben, so ist alles an Ihm lauter Liebe. Liebe ist der Geist des Lebens und der Lehre Jesu. Liebe athmet das ganze neue Testament.

Ehe der Weltgrund gelegt war, hat Er uns geliebt und erwählt, daß wir heilig und unsträflich vor Ihm in Liebe seyn sollen. Ephes. 1, 4. Von Anbeginn hat Gott nichts als Gedanken der Liebe und des Friedens für uns in seinem Herzen gehabt; sein Rath und Wille ging von Ewigkeit nur dahin, wie Er uns in der Zeit einmal recht lieben und uns viel Gutes erzeigen wolle. Und da die Zeit erfüllt war, kam die Liebe und ward selbst ein Mensch, kleidete sich in unser Fleisch und Blut, ward unser Bluts-Freund und uns in allem gleich, um uns nur recht lieben zu können.

„Die Liebe ist mein Anverwandter worden;
Mein Bruder ist selbst die Barmherzigkeit."

Der Wandel und das Leben der Liebe auf Erden überzeugt uns, daß nicht wir Gott geliebt, sondern daß die Liebe uns zuvor geliebt und sich selbst für uns hingegeben habe. Wir mögen die Liebe betrachten, wo wir wollen, in der Krippe, oder am Kreutze, in der armen Zimmermannshütte, oder in der Wüste, Nächte durchwachend im einsamen Gebete, oder am Tage wandelnd in ihrem Amte, leidend und schweigend unter ihren Verfolgern, oder lehrend, tröstend und heilend unter Kranken und Sündern, blutschwitzend im Angstgebete am Oelberge, oder verlassen und mit dem Tode ringend am Kreutze, oder wo wir sie immer antreffen: so finden wir sie allemal als die liebendste Liebe, der nichts als Segen, Licht und Leben entströmte.

„Dein Blick war Liebe, Leben floß
Vom Saume deines Kleides."

Die Liebe kam in diese Welt. Wie haben die Menschen die Liebe aufgenommen? Ach sie gönnten ihr keine Herberge; alle Thüren und Thore waren der Liebe verschlossen. Ja sie mußte fliehen über die Gränzen, und exiliren, da sie kaum geboren war. Man strebte ihr nach dem Leben, wollte sie wieder aus der Welt schaffen, da sie kaum den ersten Schritt in die Welt hereingethan hatte. Darum hielt sie sich dreißig Jahre lang verborgen, und lebte unbekannt in Armuth und Verachtung. Als die Liebe endlich doch öffentlich auftrat, ihren Mund und ihre Hände öffnete, und in lauter Wohlthun und Segen umherwandelte, was thaten die Menschen? Die einen stießen sie mit Gewalt von sich, andere waffneten sich gegen sie und warfen mit Steinen nach ihr, und wieder andere baten sich's zur Gnade aus, daß sie von ihnen weichen und ihre Gränze verlassen möchte. Am Ende schlugen sie die Liebe gar ans Kreutz und tödteten sie. Aber die Liebe kann nicht aufhören; Schmach, Kreutz, Beleidigung aller Art und selbst der Tod konnten die Liebe nicht tödten, sondern sie nur erhöhen und vermehren. Darum konnte sie auch nicht im Grabe bleiben; sie ward

wie-

wieder lebendig und fing nun erst an, ihr Reich auf Erden zu gründen, indem sie heimgehend und wiederkehrend in den Schooß des Vaters, woher sie gekommen war, den Geist der Liebe ausgoß und herabsendete auf alle, die sich von ihr lieben lassen wollten.

Sieh da die kurze Biographie der Liebe, die nun zur Rechten Gottes sitzt, die Himmel alle und die Welten alle regiert, und mit ihren Segnungen erfüllt, bis alles mit ihr Eins, und die Liebe alles in allem seyn wird.

Wer nun die Liebe kennen und lieben lernen oder sich von ihr lieben lassen will, der gehe zur Liebe in die Schule und lese und lerne fleißig in den zwei Büchern, die die Liebe ihren Schülern vorlegt. Es ist im Grunde nur ein Buch, aber inwendig und auswendig geschrieben und kann also doppelt gelesen werden. Es giebt ein inneres und äußeres Wort der Liebe, eine innerlich und äußerlich geschriebene Bibel. Die Liebe redet zu uns inwendig in unsern Herzen und offenbaret sich uns äußerlich durch die heilige Schrift. In beiden Büchern müssen wir lesen. Ueberall müssen wir das Wort der Liebe hören. Der innere Umgang mit der Liebe im Herzen, wo sie wohnt und thront im Geiste, dollmetscht das äußere Wort; und das äußere Wort in der heiligen Schrift ist der Prüfstein, an dem man die inneren Erfahrungen und Mittheilungen der Liebe prüfen kann und soll. Es ist eine große Freude und Seelenweide, wenn wir dieselbe Sprache und Gedanken der Liebe in uns und außer uns im heiligen Buche geschrieben finden, lesen, hören und wahrnehmen.

Diesem doppelten Lesen in dem inwendig und auswendig geschriebenen Worte Gottes möchte dieses Buch nachhelfen bei Lesern, die dieses doppelte Lesen noch nicht recht in die Uebung gebracht haben. Darum wird der Leser in diesem Buche so oft aufgefordert, gebeten und ermahnt, daß er doch die Liebe selbst bei sich einkehren und in sich wohnen lassen, mit ihr umgehen, mit ihr selbst bekannt und vertraut werden wolle, und ja nie im äußern Worte lese, ohne auch auf das innere dollmetschende Wort der Liebe und Salbung zu hören. Denn wo die Liebe nicht inwendig wohnt, lehrt und verdollmetschet, da lehren und verdollmetschen alle Bücher und Lehrer von außen vergeblich, da sieht das Auge nichts als Buchstaben, und das arme Herz bleibt ohne Salbung und ohne Nahrung.

Laß also, lieber Leser, die Liebe deine Inwohnerin seyn; die auswendig im Worte zu dir spricht, die spreche auch inwendig im Geiste zu dir. Sie will ja zu dir kommen und deine bleibende Inwohnerin werden. Joh. 14, 23. Sie will ja den Geist der Liebe in dir einkehren und in dir ewig bleiben lassen, dich alle Wahrheit lehren, dir alles erklären, dich an alles erinnern, dir alles auslegen und dollmetschen, was sie einst auf Erden gelehrt und gethan und dir durch ihre Geheimschreiber, die Apostel und Evangelisten, schriftlich hinterlassen hat. Joh. 14, 18. 26.

Wer die Liebe und den Geist der Liebe nicht in sich wohnend hat, der wird die erklärenden und erbaulichen Gedanken in diesem Buche über die Worte der Liebe so wenig verstehen, als er den heiligen Text selber verstehen kann. Denn nur Liebe versteht die Liebe. Wer aber gekostet hat, wie freundlich die Liebe ist, oder wer einmal der Liebe auf die Spur gekommen ist, sich nach näherer Verbindung und Umgang mit ihr sehnen und sie ernstlich und redlich suchen gelernt hat, der wird bei diesem Buche oft die, zwar unsichtbare aber doch unaussprechlich fühlbare Hand der Liebe spüren, wie sie ihn anfaßt und freundlich einführt in ihre innersten Kammern, wo sie ihre Schätze zeigt, ihre Geheimnisse entdeckt und den Brautschmuck mittheilt, jenes Ehrenkleid, in welchem wir vor Gott bestehen können.

Dazu bereite du, o ewige Liebe, die Herzen der Leser! Ja bereite sie dir, daß du sie nach Herzenslust lieben und Liebe lehren kannst! Amen!

Uebrigens ist noch über dieses Werk zu bemerken, daß es **Altes** und **Neues** enthält; wie jeder Schriftgelehrte, der vom Himmelreiche wohl unterrichtet ist, Altes und Neues aus seinem Schatze hervorbringen soll. Viele Gedanken über den heiligen Text sind aus ältern, bewährten und gesalbten Schriftauslegern gewählt; einiges aber hat der Herausgeber aus seinem Schatze, aus dem, was ihm Gott gegeben hat, hinzugethan.

Das ganze Werk wird zwei Bände stark *), und jeder Band in mehreren Abtheilungen erscheinen, damit man sie nach Belieben in zwei oder mehrere Bände heften lassen kann.

Für Unkundige wird jedem Buche des N. T. eine kurze Einleitung über die Zeit, den Verfasser und den Zweck des Buches vorausgeschickt, weil jedem Leser der heiligen Schrift viel daran liegt, dieses zu wissen. Denn die Bibel ist nicht wie ein anderes Buch von Einem und in kurzer Zeit, sondern von mehrern Verfassern und zu verschiedenen Zeiten geschrieben worden.

Die Bücher des N. T. sind von den heiligen Aposteln und ihren Jüngern nach der Himmelfahrt Christi, von dem Jahre 41 bis 96 nach Christi Geburt geschrieben, und erst nach dem Tode der Apostel, am Ende des ersten oder zu Anfange des zweiten Jahrhunderts, vermuthlich nach dem Tode des Apostels Johannes, in eine Sammlung gebracht worden, welche seitdem den Namen **Neues Testament** trägt, und

---

*) Diese neue Auflage wird in 4 Bänden oder 8 Theilen erscheinen, doch auch so, daß man sie in weniger oder mehrere Theile binden lassen kann.

nicht die ganze Bibel, sondern nur ein Theil derselben ist.

Testament wird diese Sammlung heiliger Schriften genannt, weil sie den Willen unsers Erlösers enthält, wie Er solchen nach seinem Tode und nach seiner Himmelfahrt den Menschen schriftlich hinterlassen hat.

Wer sollte nicht gern in diesem einzigen und unvergleichbaren Testamente lesen? Man denke, es ist das Testament der Liebe! O Leser! nimm und lies! Es ist kein Testament diesem Testamente gleich; kein Vermächtniß, wie das Vermächtniß der Liebe. Aber vergiß nicht in diesem Testamente betend zu lesen und lesend zu beten, denn die Liebe will sich nur durch Liebe, nur den Liebenden zu verstehen geben. Sie sey mit dir, die heilige Liebe! und thue dir, wie sie den zwei Pilgern nach Emmaus gethan hat, damit du jedesmal, wenn du in ihrem Testamente gelesen hast, sagen könnest: Brannte mir nicht das Herz im Leibe, da Er in seinem Testamente mit mir redete und mir Sein Wort auslegte?! — Amen.

München den 17. Jänner 1818.

Der Verfasser.

Aus der

Vorrede

zur zweiten Auflage.

Zur zweiten Auflage dieses Werkes möchte man nur kurz Folgendes erinnern. Da die erste Auflage von 1000 Exemplaren so schnell vergriffen wurde, daß seit der Vollendung derselben kaum neun Monate verflossen sind; da der Herr so großen Segen darauf legte, daß, wie man von vielen Seiten her erfahren hat, viele Leser kräftig erbaut werden; da immer noch starke Nachfrage darnach geschieht, so wurde nun zur zweiten Auflage mit dem Vertrauen geschritten: der Herr, der immer zu seinem Worte steht, werde es auch bei dieser an seinem heilbringenden Segen nicht fehlen lassen; es ist ja sein Amt und seine Lust.

Möge nun der Geist des Herrn darüber schweben, wie einst über den Wassern! Möge Er eine neue Welt schaffen durch sein Wort, eine Welt voll Gerechtigkeit und Wahrheit! Möge Er, der Schöpfer-Geist, jedem

Leser das Wort lebendig, rührend und erwecklich machen! Möge Er das Mangelhafte ersetzen und ergänzen, das Schwachgesagte kräftigen, alles in Geist und Leben verwandeln, damit jeder Leser näher zu Ihm, zur Wahrheit, gezogen werde, neues Leben, Licht und Kraft in sich fühle und in Wahrheit mit Petrus ausrufen könne: **Herr, wohin sollen wir gehen; du hast Worte des ewigen Lebens!** Amen.

Düsseldorf im März 1820.

Der Verfasser.

Das

Evangelium

unsers Herrn und Heilandes

Jesu Christi

von

Matthäus

beschrieben.

Mit Erklärungen und Betrachtungen.

Vorrede zum Matthäus.

Matthäus war ein Israelite, ein Zöllner, d. h. ein Zolleinnehmer beim römischen Zollamte im jüdischen Lande. Seine Berufung zur Nachfolge Jesu hat er selbst beschrieben, K. 9, 9. Man hält ihn auch für den Levi, Mark. 2, 14. Luk. 5, 27. Das Evangelium nach Matthäus ist der allgemeinen Meinung nach, vor allen andern Evangelien und Schriften des neuen Testamentes geschrieben worden. Einige Kirchenväter sagen, Matthäus habe es im Jahre 41, andere aber, erst im Jahre 60 nach Christi Geburt geschrieben; wahrscheinlich ist, daß ers im Jahre 41 nach Christi Geburt hebräisch geschrieben habe, und daß erst im Jahre Christi 60, die griechische Uebersetzung desselben verfertigt worden sey; denn die meisten Kirchenväter bezeugen, Matthäus habe sein Evangelium im jüdischen Lande zu Kapernaum in hebräischer oder der damals üblichen syrisch-chaldäischen Sprache für die Christen geschrieben, die aus den Juden sich bekehrt hatten, und im jüdischen Lande, in Arabien, am Euphrat und Tiger wohnten, damit sie die frohe Botschaft von Jesu Christo, die sie von den Aposteln gehört hatten, auch nach ihrer Abreise zu den Heiden noch lesen konnten.

Das I. Kapitel.

Geschlechtsregister, Empfängniß, Name und Geburt Christi.

---

1. **Das Geschlechtsbuch Jesu Christi** — das ist die Geschlechtstafel, oder das Stammverzeichniß, der Stammbaum seines Pflegevaters Joseph.

Man darf hier nicht vergessen, wie Johannes sein Evangelium anfängt, der das Geschlecht und die Abkunft Jesu seiner göttlichen Natur nach beschreibt. „**Im Anfang war das Wort — und das Wort war Gott — und ward Fleisch.** Joh. 1, 1—14. Dieses Wort, Jesus Christus, das im Anfang war, ewig **war** — nie **geworden** ist, hat nach seiner ewigen Geburt und Natur kein anderes Geschlechtsregister, keinen andern Stammbaum, als Gott von Gott, Licht vom Licht, ewiger Sohn des ewigen Vaters.

Wie aber dieß ewige unanfängliche Wort Fleisch ward, anfing in der Zeit, in der menschlichen Natur zu erscheinen, das beschreibt hier Matthäus. Dieß Geschlechtsbuch enthält also die Namen der Vorfahren Jesu Christi dem Fleische nach. Denn seiner Gottheit nach kennt er keine **Vor**-fahren oder **Vor**-Eltern, Er ist der dem Vater gleich ewige Sohn: **heute habe ich dich gezeuget.** Hebr. 1, 5. 8. Also: das Geschlechtsbuch Jesu Christi —

— des Sohnes Davids, des Sohnes Abrahams *).

Welche Namen, die hier obenan stehen im Geschlechtsbuche des Messias! Welche Erinnerungen knüpfen sich daran! Abraham! David! Welche Männer! Wie viel erzählt die Bibel von ihnen! Scheint also gleich auf den ersten Blick wenig Erbauliches in diesem Geschlechtsregister zu seyn, so, daß die meisten Leser schnell darüber wegeilen; der Nachdenkende Leser findet doch schon in diesen Namen Stoff genug, dabei zu verweilen und sich von diesen Namen recht in das Neue Testament einführen zu lassen. Wie mächtig müssen uns diese Väter des Messias auffordern, in ihre Fußtapfen des Glaubens und der Buße zu treten. Und das ist gerade die rechte Einleitung in das Neue Testament, welches mit Glaubens- und Buß-Sinn gelesen und gehört werden will, wenn es Heil bringen soll.

Nähere dich also dem Evangelio Jesu Christi mit so reumüthigem und zerknirschtem Herzen, wie David, und mit solchem Glauben, wie Abraham, so wirst du Vergebung, wie David, und Verheissungen, wie Abraham, erhalten.

2. Abraham zeugte Isaak. Isaak zeugte Jakob, Jakob aber zeugte Juda und seine Brüder.

Isaak — Jakob — die Söhne Jakobs, Joseph und seine Brüder! wie merkwürdig, wie denkwürdig als Vorbilder des Messias! Wie wunderbar, wie bedeutend ihre Führungen. Geh zurück, Leser! Schau auf ihre Erfahrungen, und du findest schon die ganze Geschichte Jesu darin.

---

*) Matthäus fängt das Geschlechtsregister Jesu von David und Abraham an, weil er für Juden schrieb und dieses Volk von Abraham seinen Anfang nahm und besonders auf Jesum als den Nachkommen Abrahams Verheissungen empfangen hatte. Lukas hingegen führt die Linie bis auf Adam hinauf.

3. Juda zeugte Pharez und Zarah, mit der Thamar; Pharez zeugte den Hezron; Hezron zeugte Ram.

4. Ram zeugte Aminadab. Aminadab zeugte Nahasson, Nahasson zeugte Salma.

5. Salma zeugte Boas von der Rahab. Boas zeugte Obed von der Ruth, Obed zeugte Jesse (oder Isai, wie es auch ausgesprochen wird).

6. Jesse zeugte David den König. Der König David zeugte Salomon vom Weib des Uria.

7. Salomon zeugte Roboam (oder Rehabeam) Roboam zeugte Abia. Abia zeugte Asa.

8. Asa zeugte Josaphat. Josaphat zeugte Joram. Joram zeugte Osia (oder Usia, auch Asaria, denn dieselbe Person hat oft verschiedene oder veränderte Namen. Zwischen Joram und Osia sind auch drei Glieder ausgelassen: Ahasja, Joas und Amasia, welches sonst auch nicht ungewöhnlich war).

9. Osia zeugte Jotham. Jotham zeugte Achas. Achas zeugte Ezekia (oder Hiskias).

10. Ezekia zeugte Manasse. Manasse zeugte Amon; Amon zeugte Josia.

11. Josia zeugte Jechonia und seine Brüder, um die Zeit der Babylonischen Gefängniß.

12. Nach der Babylonischen Gefängniß zeugte Jechonias Sealthiel. Sealthiel zeugte Zorobabel.

13. Zorobabel zeugte Abiud. Abiud zeugte Eliakim. Eliakim zeugte Asor.

14. Asor zeugte Zadok. Zadok zeugte Achim; Achim zeugte Eliud.

15. Eliud zeugte Eleasar. Eleasar zeugte Matthan. Matthan zeugte Jakob *).

*) Es wird dem aufmerksamen Leser auffallen, daß Matthäus von David an ganz andere Personen aufführt als Lukas. Dieser, (Lukas), sagt Cap. 3, 31. daß Jesus von Nathan dem Sohne Davids

Das sind die Vorfahren Jesu der Reihe nach. Warum werden sie hier alle so sorgfältig genannt? Gewiß nicht um ihrer Verdienste willen, denn sie waren fast alle, wenige ausgenommen, große, berüchtigte Sünder, gräuliche Menschen, die es durchaus nicht werth waren, einen solchen Nachkommen, wie Jesus ist, zu haben, und in seinem Geburtsbuche genannt zu werden. Fängt nicht in der Chronika und den Büchern der Könige die Biographie der Meisten damit an? „und er that, was dem Herrn übel gefiel, nach den Greueln der Heiden.“ So daß es schon in Hinsicht des Geschlechtsbuches Jesu erfüllt ist, was Isaias 53, 12, sagt: **Er ist unter die Uebelthäter gerechnet worden.**

Wer aber diese Namen, die unter die Vorfahren Jesu dem Fleische nach gezählt werden, um diese Ehre beneidet, der wisse, daß er viel größere Ehre und den höchsten Adel erlangen kann, die Ehre und den Adel, mit und durch Christum neu und aus Gott geboren zu

abstamme, und Matthäus setzt den Salomon, Roboam, Abia u. s. w. Das soll Niemand irre machen, denn Matthäus schreibt das Geschlechtsregister Jesu von Seiten des Pflegevaters Josephs, des Gemahls Mariä, der von Salomon abstammte. Lukas aber schrieb das Geschlechtsregister Jesu von Seiten Mariä seiner Mutter, die ihr Geschlecht von Nathan, der auch ein Sohn Davids und der Bruder Salomons war, herleitete, — in jeder Hinsicht ist also Jesus ein Sohn Davids. Daß aber Matthäus, Josephs Geschlechtsregister beschreibt, hat wol keine andere Ursache, als weil die Juden nicht gewohnt waren, die weiblichen Geschlechtsregister aufzuzählen, sondern nur die männlichen; um so weniger, da bei den Juden gewöhnlich die Tochter keinen Mann außer ihrem Geschlechte heirathete. So ist also das Geschlecht Josephs auch das Geschlecht Mariä, und sie waren beide aus dem Geschlechte Davids. Darum gingen sie auch beide nach Bethlehem sich schätzen zu lassen. Wer übrigens noch Zweifel hat über diese oder andere exegetische Anstöße, dem rathe ich einmal für allemal, daß er sie sich von Jesu selbst lösen lasse. Denn wenn ihn Jesus selbst, sein Wandel, seine Lehre, sein Leiden, Tod und Auferstehen, und alles was von ihm geschrieben steht, nicht überzeugt, daß Er ein Sohn Davids und Abrahams, und wohl noch mehr, — daß Er der Sohn Gottes selbst ist, der schon vor David und Abraham war, der im Anfange war, und Gott war, wen, sage ich, Jesus selbst nicht davon überzeugt, den wird kein Exegese davon überzeugen. Wer sich aber dadurch überzeugen kann, der thue es.

werden, und so sein Geschlecht von Gott selbst herzuleiten. Laß du die Adelichen immer ihre Ahnen zählen, und sich ihrer hohen Geburt rühmen, trachte du vielmehr in die Zahl der Kinder Gottes, die aus Gott geboren sind, zu kommen, in deren Stammbaum Gott und Jesus obenan stehen, und wo keine andere Ahnen vorkommen als die lieben heiligen Väter und Vorgänger im Glauben, wie sie Hebr. 11. beschrieben sind.

16. Jakob *) aber zeugte Joseph, den Mann Mariä, von welcher geboren ist Jesus, der da heißt (und ist) Christus.

Dieses Register von Sündern, das mit Abraham anfängt und mit Jesus endet, ist uns ja ein schöner Beweis, welche Liebe Jesus zu unserm sündigen Geschlechte hat, da Er sich nicht schämte, von Sündern abzustammen und fast lauter Sünder und zwar die größten in seinem Adelsbrief und Stammbaum aufzählen läßt. Er ist eben aus keiner andern Ursache in die Welt gekommen, als Sünder selig zu machen. Das sollte schon in seinem Geburtsbuche offenbar werden.

Wie beschämt dadurch der Heiland die Eitelkeit und Thorheit der Weltmenschen, die darauf stolz seyn zu dürfen glauben, daß sie von vornehmen, reichen oder gelehrten Ahnen abstammen, wenn sie gleich selbst keinen Werth haben. Deine Ahnen seyen gewesen, wer sie wollen; sie machen dich nicht besser und nicht schlechter. Werde du gut und rein durch den, der, wenn gleich der Beste, Heiligste und Erhabenste, die größten Sünder unter seinen Ahnen zählte.

---

*) Lukas Kap. 3, 23. sagt: Jesus war, wie man dafür hielt, ein Sohn Josephs, des Heli, und sagt also, daß Heli der Vater Josephs, nicht Jakob der Vater Josephs war, wie Matthäus hier behauptet. Es können es aber beide, nemlich einer sein Stiefvater oder Schwiegervater gewesen seyn. Denn wahrscheinlich ist Heli der Vater Mariä gewesen. Maria muß eine Erbtochter gewesen seyn; der Mann einer Erbtochter mußte sich in das Geschlecht ihres Vaters einschreiben lassen, und bekam dadurch gleichsam zwei Väter. Nehem. 7, 63. So war Joseph ein Sohn Jakobs und Helis.

Hier heißt es nicht: Joseph zeugte Jesum, wie bei den übrigen, sondern Joseph war der Mann Mariä, von welcher geboren ist Jesus, der, verstehe, vom heiligen Geiste in ihr gezeuget war, und deswegen Christus, Gottes Sohn genannt wird. Weil er aber vom Weibe geboren ist, heißt er sich auch den Menschensohn. Wir freuen uns, daß Er nicht wie wir empfangen und gezeuget, aber doch geboren wurde, wie wir.

17. **Es sind also in allem von Abraham bis David vierzehn Geschlechter; dann von David bis zur Babylonischen Gefangenschaft wieder vierzehn Geschlechter; endlich von der Babylonischen Gefangenschaft bis zu Christus ebenfalls vierzehn Geschlechter;** wenn nämlich diejenigen weggelassen werden, die nach der Absicht des heil. Geistes nicht darunter stehen sollten. So wurden z. B. drei Könige, Ahasja, Joas und Amazia weggelassen, als Nachkommen Ahas, dessen Familie verflucht ward. Es war auch nichts ungewöhnliches, daß man in den Geschlechtsregistern bisweilen Einige überging, um sie enger zusammen zu ziehen, wie z. B. Esra 7, 3. vergl. mit 1 Chron. 6, 7.

Die dreimal 14 machen 42. So viel waren Lagerstätten der Kinder Israel in der Wüste, so viel waren Lampen am goldnen Leuchter. —

18. **Mit der Geburt Jesu Christi aber verhielt es sich so: Da Maria seine Mutter mit Joseph verlobt war, fand es sich, daß sie, ehe sie zusammen kamen, vom heil. Geiste empfangen hatte.** Lukas 1, 27. und 2, 5.

Mit der Geburt, oder Zeugung und Empfängniß Jesu ist es ganz anders hergegangen, als mit allen andern Menschen, als mit allen denen, von welchen Er abstammte; bei diesen zeugte einer den andern; Er ward vom heil. Geiste gezeugt. Noch ehe Joseph ehelich mit Maria verbunden, und da nur erst das Versprechen oder Verlöbniß vorgegangen war, wurde Maria schon als schwanger erfunden, und zwar vom heiligen Geiste. —

So mußte der neue Adam auf die Welt kommen, wenn durch Ihn ein neues heiliges Menschengeschlecht entstehen sollte. Von Ihm durfte es nicht heißen: „In „Sünden bin ich geboren, in Sünden hat mich meine „Mutter empfangen" wie alle Kinder Adams bekennen müssen, weil sie aus sündlichem Saamen gezeugt sind. Nein, Er mußte vom heiligen Geiste empfangen seyn, von Geburt an rein, heilig und ohne Sünde seyn, damit durch Ihn und seinen Geist alle Menschen auch von oben herab, oder vom Geiste, wiedergeboren werden könnten. Müssen doch wir alle, wenn wir anders in das Reich Gottes eingehen, Kinder und Erben Gottes werden wollen, aus Gott geboren, von Gottes Geist gezeuget werden, denn in Christo gilt nichts als eine neue Creatur, wie sollte der Urheber, der Herzog unserer Seligkeit nicht vom heiligen Geiste gezeuget seyn? Wie könnte ein Unreiner alle Unreine reinigen? Wie ein in Sünden Empfangener, Sünder entsündigen? — Darum sagt Er auch, Joh. 6, 38: „**Ich bin vom Himmel gekommen.**" —

19. **Weil aber Joseph, ihr Mann, gerecht war, und sie nicht ins Geschrei bringen wollte, so dachte er sie heimlich zu entlassen** durch einen Scheidebrief ohne einen Grund anzugeben. 5. Mos. 22, 20.

Der fromme Mann wollte in der Sache nicht zu viel, aber auch nicht zu wenig thun, sondern die Fehler des Nächsten mit dem Mantel der Liebe zudecken, und lieber von seinem Recht etwas nachgeben. Er hätte sie öffentlich anklagen können, wie es auch sonst die Strenge der Gerechtigkeit erfordert hätte; er wollte sie aber doch auch nicht behalten, weil er ihrer Unschuld nicht genug versichert war.

Die wahre Liebe weiß den Weg zwischen Eifersucht und Unempfindlichkeit durchzufinden. Der Gerechte weiß seine Ehre zu erhalten, ohne der Ehre des Nächsten durch Entdeckung seiner Fehler zu nahe zu treten. Leichtgläubigkeit und falscher Eifer für das Gesetz brechen oft das Gesetz, indem man nur das ins Auge faßt, was das Gesetz von Rache zu gestatten, und von Schärfe an sich zu haben scheint. Kluge Liebe und wahre Frömmigkeit aber weiß das Glimpfliche im Gesetze aufzufinden, welches niemand zwingt, der Ankläger seiner Gattin zu seyn.

Sollte dieß nicht zur tiefsten Erniedrigung des Sohnes Gottes gehören, daß Er schon im Mutterleibe dem Argwohn unterworfen war, als ob Er unehelich gezeugt worden.

Was Maria für Prüfungen ihres Glaubens dabei erfahren haben muß, kann man sich leicht vorstellen. Sie überläßt aber alles der Leitung Gottes. So bewunderungswürdig aber ihre stille Gelassenheit war, eben so anbetungswürdig ist die göttliche Hülfe, die ihr nicht ausblieb; denn

20. **Als Joseph mit diesem Gedanken umging, erschien ihm ein Engel des Herrn im Traume und sprach: Fürchte dich nicht, Maria dein Weib zu dir zu nehmen.** —

Wie gut ists mit Maria stille leiden und auf Gott vertrauen! Gott verläßt diejenigen niemals, die sich auf Ihn verlassen; Er schickt eher einen Engel, als daß Er die in der Noth stecken läßt, die, wie Joseph, die Liebe behalten, und wie Maria still Gott vertrauend leiden und harren. Und die Hülfe, die von Gott kommt, ist besser, als aller Menschen Hülfe, besser als alle Entschuldigung, Selbstvertheidigung oder Selbsthülfe.

— **Was in ihr gezeuget ist, das ist vom heiligen Geiste.**

Weil die Menschwerdung eine Wirkung der Liebe Gottes gegen die Menschen ist, so wird sie dem heiligen Geiste zugeeignet, welcher die gleichwesentliche Liebe des Vaters und des Sohnes ist. Von eben diesem Geiste sind Haupt und Glieder empfangen: Er als Sohn von Natur, wir als seine Brüder durch die Annahme an Kindesstatt.

21. **Sie wird aber einen Sohn gebären; dessen Namen sollst du Jesus heißen; denn Er wird sein Volk von seinen Sünden erlösen.** Luk. 2, 21. Apgesch. 4, 12.

Der Name Jesus, Heil des Herrn, Heiland, Luk. 2, 30., ist der heilbringendste, bedeutendste Name; aber es verstehen ihn gar wenige Menschen. Sie nennen Ihn millionenmal aus Gewohnheit; aber kennen Ihn nicht. Der Engel erklärt ihn dem Joseph, was Er bedeute. Diese Deutung war nothwendig für die Juden, und ist es noch für uns! denn die Juden hofften auf den Messias, als auf einen König, der sie nur aus äußerer Noth, Druck und Plage erlösen sollte; wie denn die Menschen gewöhnlich von keiner andern Noth, als von äußerlichen Beschwerden und Landplagen wissen, und schwer zu überzeugen sind, daß die Sünde die größte Noth ist. Daher konnten sie sich einbilden, der Messias würde einer der alten Helfer oder Heilande seyn, dergleichen ihnen Gott oft schickte, wenn sie Ihn darum baten und in Noth waren, wie z. B. Josua und die Richter Gideon, Simson u. s. w., die sie von ihren Feinden erlöseten, daher sie auch Heilande des Volkes genannt wurden. Aber schon Zacharias suchte ihnen andere Gedanken beizubringen, und es ihnen klar zu machen, daß das versprochene Heil in etwas ganz anderm bestehe, nämlich in **Vergebung der Sünden.** Luk. 1, 77. Und aus dem Grunde bezeugt auch der Engel, daß der Heiland sein Volk von der **Noth, Tyranney und Gewalt der Sünde erlösen werde. Er ist erschienen, daß Er unsere Sünde wegnehme.** 1 Joh. 3, 5. Diese Deutung des Namens ist auch nothwendig für uns; denn die heutigen Christen nennen Ihn mit dem Munde, kennen Ihn aber nicht aus Erfahrung, haben die Kraft dieses Namens nicht in ihrem Herzen erfahren; darum nennen sie Ihn auch ohne Ehrerbietung und Andacht, leichtsinnig und aus Gewohnheit, wenn sie in Schrecken oder Verwunderung gesetzt sind. Sein Name sagt, was Er ist: Erlöser, Erretter, Sündentilger. Er erlöset nicht nur von der Strafe, die man meistens wohl fürchtet, und was man lieber glaubt; sondern von dem Bösen selbst, das Er durch seinen Geist meiden lehrt, in uns entwurzelt und tödtet. Dieß ist der ganze Zweck, warum Er erschienen ist: unsere Sünde wegzunehmen, und die Seligkeit, das ewige Leben, wieder zu bringen, nicht nur als hoher Priester, durch die Versöhnung, sondern auch als König, durch Ueberwindung der Feinde, und Einführung in sein Reich. Aber wem ist der Arm, — der Name des Herrn, geoffenbart? Wer glaubt jetzt, daß eine solche Macht selig zu machen und von Sünden zu erlösen, in seinem Namen und in seiner Person liege? Sie sagen, sie können nicht anders; sie müssen sündigen. Sie glauben nicht, daß der Herr sie von Sünden frei machen könne oder wolle. Daß der Satan die Menschen verführen, und in der Sünde ganz beherrschen und gefangen halten könne, glauben sie, und trauen ihm also größere Macht zu, als dem Sohne Gottes, der gekommen ist, die Werke des Teufels zu zerstören. 1 Joh. 3, 8. Allein vergeblich rühmet man sich des Namens Jesu, wenn man sich nicht von Ihm von Sünden frei machen läßt. Kann denn etwas Unsinnigers unter der Sonne seyn, als Jesum seinen Erlöser und Seligmacher nennen, ohne seine Kraft an sich erfahren zu haben! Er ist **dein** Erlöser nicht, so lange du nicht von der Sünde erlöset, sondern wirklich noch ein Sklave der Sünde bist. Du willst dir seine Kraft nicht zu nahe kommen lassen; du begnügst dich mit einem schwachen, abwesenden Heiland, der dich in deinen Sünden stecken läßt. Darum bildet sich deine Vernunft und dein Unglaube einen Jesum ein, der recht weit von dir entfernt im Himmel sitzt, und dein Verderben im Herzen weder berührt, noch aufdeckt. Du willst dein ganzes Leben lang in deinen Sünden ungestört fortgehen, und mit dem nichts zu schaffen haben, den du doch deinen Seligmacher nennst.

Wenn sich ein Gefangener immer seines Erretters rühmte, und sich dennoch nie von ihm seine Ketten abnehmen ließe, sondern immer gefangen, und in seinen alten Banden säße: wer würde ihn nicht für einen Thoren halten? Aber so spielt man mit dem Namen Jesu; man preiset Ihn als Erlöser, man rühmt seine Geschichte, und weiß und erfährt doch nichts von seiner Kraft im Herzen. Unser Jesus ist kein **Sündendiener**, der den Namen ohne That trägt; Er ist ein **Sündentilger**. Wer Ihn anders faßt, der kennt Ihn nicht, und hat Ihn auch nicht recht gelernt. Ephes. 4, 20. 21.

22. **Dies alles aber ist geschehen, damit erfüllt würde, was vom Herrn durch den Propheten gesagt ist, der da spricht:**

23. **Sieh', eine Jungfrau wird empfangen, und einen Sohn gebären,** —

Es sey der Engel oder der Evangelist, der diese Anwendung mit der Stelle Jesaias 7, 14. macht, so ist es doch immer derselbe heilige Geist, der durch den Engel oder durch den Evangelisten spricht, und daher für uns immer ein göttlicher Beweis, daß in dieser, so wie in unzähligen andern Stellen des alten Testaments, unter dem buchstäblichen Verstande, welcher auf die Zeit deutet, wo das Wort jedesmal ausgesprochen ward, zugleich ein prophetischer Sinn, der auf Christum und Sein Reich deutet, verborgen ist. **Das ist geschehen**, daß Gott als wahrhaftig in Seinem Wort erkannt würde. Es wird von dem Evangelisten nur einigemal, nicht jedesmal angezeigt; aber genug, dadurch lehrt uns der heil. Geist, daß wir es auch bei andern Stellen glauben sollen, daß in Hinsicht Jesu alles im alten Testamente vorgebildet und geweissagt, und im N. T. an Christo erfüllt worden sey. Die Uebereinstimmung des alten und neuen Testamentes ist wunderbar, unaussprechlich und herrlich. Alles muß auf Christum angewendet werden. In Ihm vereinigt sich alles, in Ihm findet sich alles, in Ihm ist alles erfüllt. Was von irgend einem

Patriarchen, Propheten, Priester, König oder großen frommen Manne Gutes gesagt ist, und gesagt werden kann, ist von Ihm auch wahr, buchstäblich wahr, und kann von Ihm in einem viel höhern und geistigen Sinne gesagt werden. Der Christ sucht und findet in allem und überall nur seinen Christus. Er ist ihm alles in allem. In Ihm vereinigt sich alles, was sich in Millionen zerstreut findet, und sich in allem Andern nicht so finden kann, als wie in Ihm.

— **und sie werden Ihn Immanuel nennen, das ist, Gott mit uns.**

Der Zweck, warum Ihm dieser Name gegeben worden, war gewiß, daß man Ihn an seinem Namen gleich kenne, wer Er ist; der **Gott-Mensch**, ein Mensch, der in der Höhe, Gott der Herr ist; Einer aus uns, der Gott ist; Einer aus der heiligen Dreifaltigkeit, der Mensch ist. Darum heißt es: es sey das göttliche Wohlgefallen gewesen, daß in Ihm alle Fülle, die Fülle der ganzen Gottheit wohnen solle (Kol. 1, 19.); damit alle Sehnsucht, alles Verlangen, und alles Gebet der Menschen zu Ihm gehen, alle Kniee sich vor Ihm beugen, alle an Ihn glauben, und durch den Glauben an Ihn das Leben haben sollen. In Ihm haben wir alles Göttliche und alles Menschliche vereinigt; in Einer Person Gott und Menschen beisammen. In Ihm will also Gott mit uns seyn, in der menschlichen Natur, die Er von uns an sich genommen: dadurch will Er auch in uns wohnen; denn „**Gott mit uns**“ zeigt ein **beständiges** Bleiben, seine gnadenreiche Gegenwart an, die Er uns verheißen hat, **daß Er alle Tage bei uns bleiben wolle bis an das Ende der Welt.** Matth. 28, 20. Das war der Endzweck seiner Menschwerdung; denn es ist seine Lust, bei den Menschenkindern zu seyn, sein Name sagts: **Immanuel.**

Geht nun Jesus Immanuel uns an, ist Gott mit uns, und in uns, wer mag wider uns seyn? Hat Gott in Christo sich uns geoffenbart, geschenkt und gegeben, so daß Er ein Gott mit und in uns seyn will, was fehlt uns dann? Was können, was vermögen wir nicht in, mit, und durch Ihn? Dürfen wir uns mit unsrer Schwachheit entschuldigen? Ist Jesus Immanuel nicht der, welcher der Schlange den Kopf zertritt, alle böse Anschläge, Kraft und List des Versuchers vernichtet?

Weil du denn mit und in uns bist, o Herr! durch deine Menschwerdung, so laß uns deine Gnadengegenwart fühlen und empfinden durch innige Vereinigung mit dir, und durch die Wirkung des heiligen Geistes im lebendigen Glauben. Ja, Amen, Jesus Immanuel!

24. **Da nun Joseph vom Schlafe aufstand, that er, wie ihm der Engel befohlen hatte, und nahm seine Gemahlinn zu sich.**

Wer Gott liebt, dem ist es genug, daß er des Herrn Willen weiß, um ihn schnell zu thun, wenn er auch gar nicht sieht, warum? Wer Gott zu lieben nur scheinen will, grübelt erst lange, wenn ihm Gottes Wille kund gethan wird, nicht weil er nicht überzeugt seyn könnte, daß er es ist, sondern weil er gern nicht überzeugt seyn möchte, um ihn nicht thun zu dürfen. Joseph träumte nicht noch einmal über den Traum, sondern hatte schon einen solchen Eindruck davon im Herzen, daß er nicht zweifelte: das will der Herr. Und dieser fertige, demüthige Gehorsam, ist nicht nur das gottgefälligste Opfer, sondern der einzig wahre Trost für eine beunruhigte Seele, der einzig wahre Weg zum innern Frieden. Wer lange grübelt, beunruhigt sich immer mehr.

25. **Und er erkannte sie nicht, bis sie ihren erstgebornen Sohn gebar*), und er gab Ihm den Namen Jesus.**

---

*) Maria gebar ihren Erstgebornen, ihre Erstgeburt, kann auch heißen: ihr einziges Kind. Bis schließt oft folgende Zeit mit ein, und die Bibel drückt sich in andern Stellen auch so aus, z. B. 1 Mos. 28, 15. Gott verhieß dem Jakob, ihn nicht zu verlassen, bis Er alle Verheißung erfüllt haben würde; hat Er ihn deswegen nachher verlassen? Dann sehe man 2 Sam. 6, 23. Matth. 5, 18. Ps. 110, 1.

Jesus ist also nicht aus sündlichem Samen gezeugt, und doch gezeuget (nicht geschaffen, wie Adam), aber nicht von Menschen, nicht vom Willen des Mannes, nicht aus dem Willen des Fleisches, nicht aus Blut, sondern vom heiligen Geiste, aus Gott, also ein rein göttlicher Mensch, nicht nur seiner göttlichen Natur nach, die sich mit der menschlichen in Ihm vereinigte, sondern auch nach der Erzeugung seiner menschlichen Natur.

Daß Joseph Ihm den Namen Jesus gab, war ihm befohlen. Siehe V. 21. und Luk. 2, 7.

Das II. Kapitel.

Die Weisen. Flucht. Kindermord. Jesus zu Nazareth.

1. Als nun in den Tagen des Königs Herodes, Jesus zu Bethlehem in Juda geboren war, sieh', da kamen Weise aus Morgenland *) nach Jerusalem und fragten:

Bes-

Jesa. 22, 14. Ihr Erstgeborner war also gewiß auch ihr Eingeborner, so wie er der Eingeborne Gottes ist und bleibt. Und Maria blieb eine Jungfrau, wie die Tradition behauptet. Matthäus will also offenbar nur beweisen, daß Jesus nicht von Joseph gezeuget, sondern daß Maria Ihn als Jungfrau vom heil. Geist empfangen habe, und daß Jesus der Erst- und Eingeborne der Maria war, wie er der Eingeborne Gottes ist. Darum war dem Matthäus zu thun. Wer mehr daraus folgert, z. B. daß Joseph sie hernach erkannt habe, der schließt zu viel aus dieser Stelle.

*) Man hält sie gewöhnlich für Könige, und zwar für drei an der Zahl, und Einen für einen Mohren, den man Caspar nennt, so wie die andern zwei Melchior und Balthasar. Von allem dem, sagt aber das Evangelium nichts. Das Alterthum war darüber schon nicht übereinstimmend, wie wollen wir es gewiß wissen. Chrysostomus zählt 12, Hieronimus sagt, die Alten versicherten, es wären 14 gewesen. Epiphanias nennt 15. Ambrosius meint auch, es seyen mehrere gewesen. Später schloß man aus den dreierlei Geschenken, daß es drei gewesen wären; das ist aber ein schlechter Grund, denn es ist nicht bestimmt, daß jeder nur ein Geschenk, und jeder ein besonderes brachte. Das Morgenland, aus dem sie kamen, ist wahrscheinlich Arabien, Persien oder Indien, welches Jerusalem gerade gegen Morgen liegt. Aus Morgenland hat man Mohrenland gemacht, und deswegen einen schwarzge

Besser kann das natürliche Licht nicht angewendet werden, als daß man sich dadurch zu einem höhern leiten lasse. Gott führt noch gerne jede Seele von der Natur in die Gnade, vom äußerlichen Wissen zum innern Wesen und Leben des Glaubens. Aber man muß auch willig folgen, und es muß, wenn man zum Bessern gezogen wird, ein williges **Kommen** im Gemüthe entstehen. Wie mancher hört, liest die Schrift, bleibt aber in seinem alten Wesen stehen, unverändert, und kommt nicht zu Christo! Wer aber Christum selber finden will, und in Ihm alle Seligkeit, der muß aus seinem eigenen Wissen und der natürlichen Weisheit ausgehen und eine andere suchen. Die Weisen kamen nach Jerusalem, weil sie wähnten, in der Hauptstadt, unter den Großen, Gelehrten und Priestern müßten sie Ihn finden. Sie verloren aber darüber den Stern. Das Vorurtheil von menschlichem Ansehen gewisser Personen und Oerter führt manchen von dem wahren und geraden Wege ab, verdunkelt seinen Blick, daß er das helle Licht des Evangeliums nicht mehr sieht. Der Mensch fällt so gern auf etwas Ansehnliches, was großen Schein und Glanz hat. So gaffen manche nach zierlichen oder scheinheiligen Worten oder Ideen; andere meinen, Christus sey bei großen Ehren und im Ueberfluß zu finden, indeß Er zu Bethlehem im Stalle, in Armuth, Schmach, Verfolgung und Leiden am sichersten und gewissesten getroffen wird. Nicht im Tempel zu Jerusalem, der zur Mördergrube gemacht war, nicht am Hofe des Herodes, nicht in prächtigen, scheinbaren Dingen, sondern in einem einfältigen, stillen, lautern Wesen, in Niedrigkeit und Einfalt wird Christus geboren und gefunden, damit ja der Mensch nicht auf die Umstände falle, sondern Ihn selbst erfasse. Wie manche Seele gafft mit ihren Sinnen und Begierden so um-

---

gemahlt. Es mag dennoch wohl seyn, daß auch ein Mohr zum Erlöser der Mohren berufen ward, denn der Herr kam und starb auch für die schwarzen, wie für die weißen Sünder.

her, und wo sie etwas Scheinbares, Ansehnliches, Gelehrtes erblickt, da meint sie ihr Heil zu finden, und kommt doch nie zur Gewißheit und Ruhe.

2. **Wo ist der neugeborne König der Juden? denn wir haben Seinen Stern im Morgenlande gesehen, und sind gekommen, Ihn anzubeten.**

Warum erschien der Stern nicht auch andern Leuten? Warum scheint die Sonne, die in der ganzen Welt scheint, den Leuten nicht, die in einer finstern Kammer oder in einem Gefängnisse unter der Erde sitzen? Warum scheint sie den Leuten nicht, die böse Augen haben, oder warum können sie, wenn sie ihnen gleich scheint, nicht dabei sehen? Die Antwort liegt in der Sache selbst: Das Licht, der Stern des Evangeliums Jesu Christi, scheint und leuchtet, wie die Sonne; daß es aber nicht allen einleuchtet, davon müssen sie die Ursache selbst wissen, oder sie in ihren blöden Augen suchen.

Seinen Stern sahen sie. Er hat alles, was die großen Herren der Erde haben — auch einen Stern — nur hat Er alles göttlich, himmlisch und unendlich größer. Sein Stern hing am Himmel. Von seinem Stern redet Bileam, 4 Mos. 24, 17. **Im Morgenlande** sahen sie ihn, und kamen Ihn anzubeten, damit erfüllet würde: „Fürsten aus Arabien und Saba werden Geschenke bringen." Ps. 72, 10. Wie die Zugvögel aus fernen Landen herfliegen und das Land finden, das sie suchen, so die Weisen von Gottes Licht geleitet.

Obwol nun diese Weisen, ohne Zweifel Sternkundige gewesen sind, und durch natürliche Forschung des Himmelslaufes den Wunderstern als eine außerordentliche Erscheinung wahrgenommen, und daraus auf die Ankunft des der Welt verheißenen Heilandes geschlossen haben, wovon wahrscheinlich schon eine Tradition unter ihrem Volke war; so würden sie die Sache doch gewiß nicht so ernstlich genommen, und eine so weite Reise schwerlich unternommen haben, wenn nicht auch in ihrem

Innern ein höherer und hellerer Stern von Gott geleuchtet und sie getrieben hätte. —

Dieser innere Stern muß Jedem erscheinen und ihn zur Krippe Jesu führen, wenn er anders Jesum als seinen Heiland erkennen und Ihn suchen und finden soll. Es ist nämlich dieser Stern, jenes innige Gefühl, womit Gott Jeden im Anfange seiner Bekehrung weckt und zum Sohne zieht, Joh. 6, 44. Der äußere Stern ist das Wort Gottes, welches wir aber ohne den innern Stern, ohne das Licht des heil. Geistes, nicht verstehen.

Der muthige und ungeheuchelte Glaube der Weisen ist ein beschämendes Beispiel. Ihr Gehorsam und ihre Einfalt machten, daß sie die Gefahren nicht sahen, in die sie hineinliefen; aber Gott wachte über sie, und wußte sie zu retten. Gehorche du nur Gott; Gott wird dich schon schützen. Folge du nur dem Stern des Wortes im Innern und Aeußern, und fürchte nichts; der Gott der Weisen lebt noch.

3. **So wie der König Herodes dies hörte, erschrak er, und ganz Jerusalem mit ihm.**

Jesus ist immer die Freude der Frommen und der Schrecken der Gottlosen. Kein Erdbeben, nicht zehntausend Donnerschläge könnten heut zu Tage ein solches Entsetzen und einen solchen Schrecken verbreiten, als das Geschrei: der Bräutigam — der Herr kommt! — Wie würde da der große Haufe der Namen-Christen zittern und beben vor Schrecken! Wie auch viele sogenannte Fromme!

Was erschrickst du denn, grausamer Herodes, und du heilig genannte Stadt, vor einem Kinde, das nicht kommt dich zu richten, sondern dich selig zu machen? Er nimmt dir nicht dein Reich, nicht deine Stadt, sondern will dir sein Reich, das ewige, unermeßliche Gottes-Reich, seine Stadt, das neue ewige Jerusalem bringen und schenken. Nichts nehmen, sondern vielmehr alles geben, will Er. Aber so närrisch und verrückt ist die Welt!

So wie Christus damals von Herodes und Jerusalem verkannt und gefürchtet wurde, so wird Er noch heute von allen denen gefürchtet und verkannt, die nicht wollen daß Er über sie herrsche und sie von der Sünde erlöse. Wenn irgend wo der Anbruch oder die Offenbarung des Reiches Gottes, die lebendige Erkenntniß Christi sich spüren läßt, so werden die Meisten vielmehr erschreckt als erfreut. Denn die Welt fürchtet gleich ihre Fleischesfreiheit daran geben zu müssen; die Eigenliebe, der Egoismus, der wie ein Herodes im Herzen jedes Menschen herrscht, fürchtet seinen angemaßten Thron und Szepter im Menschen zu verlieren, und von Christus, dem rechtmäßigen Könige der Herzen, vom Thron gestoßen zu werden.

Wer die Welt liebt, Irdisches sucht, sich selbst meint, der fürchtet sich vor dem Reiche Christi, welches das Reich der Sünde und des Teufels im Menschen zerstört. Und das will der natürliche Mensch so wenig verlieren, als Herodes seinen Thron.

4. **Und er versammelte alle Hohenpriester und Schriftgelehrten des Volks, und forschte aus ihnen, wo Christus geboren werden sollte.**

Sieh', wie fleißig sie da in der Bibel forschen — aber leider! nicht um zu glauben, sondern um sich zu verwahren vor Christus; nicht damit sie Ihn aufnehmen, sondern tödten und ausrotten könnten.

Die Inhaber der Bibel und der Aussprüche Gottes werden von Fremdlingen veranlaßt die Bibel hervor zu suchen, und darin zu forschen. Die die Verheißung haben und bewahren als ein Heiligthum in der Bundeslade, gebärden sich, als wenn es sie nichts anginge, wissen sich ihrer nicht zu freuen. Die aber nichts davon wissen, oder nur von Ferne davon hörten, suchen, finden und genießen. Die Heiden, die der Gerechtigkeit nicht nachtrachteten, haben die Gerechtigkeit erlangt ꝛc. Röm. 9.

5. **Diese aber antworteten ihm: Zu Bethlehem (in) Juda; denn so steht im Propheten (Micha 5, 1.) geschrieben.** Joh. 7, 42.

6. **Und du Bethlehem Juda *) bist wahrlich nicht die geringste unter den Stamm-Fürsten (=Städten) Juda, denn aus dir wird der Herrscher hervorgehen, welcher mein Volk Israel (wie ein Hirt) regieren soll.**

Das muß den Herodes, der sich, so wie die fleischlichen Gelehrten, das alles fleischlich erklärte, und sich im Messias nur einen weltlichen Herrscher über Länder und Völker dachte, das muß ihn erschreckt, und ihm bange für seinen Thron gemacht haben.

Das ist doch sonderbar, die Gelehrten wissens besser als andere, und können es aus der Bibel klar beweisen, wo Jesus zu finden ist, und doch geht nicht Einer von ihnen mit den verachteten Weisen, Ihn zu suchen und anzubeten. Sie setzen ihre Ehre in's bloße Wissen und Forschen, glauben genug zu haben, wenn sie Christum in den Büchern und Lettern, auf dem Papiere gefunden, disputiren und beweisen können, aber in Bethlehem, in der That und Wahrheit, in der Krippe, im Herzen, im Leben und Wesen, wollen sie Ihn nicht haben. Der Bücherstaub hat so etwas Anziehendes, daß er die Gelehrten an den Buchstaben fesselt, und sie lähmt, wenn sie aufstehen und den Herrn suchen sollten.

Arme, blinde Schriftgelehrte, die ihr nur dem Herodes dienet! Arme, blinde Theologen, die nur in der Bibel forschen, wenn Mächtige und Reiche nach Christus fragen, und nur aus Neugierde oder gar nur aus der Absicht nach Ihm fragen, um Ihn in seinen Gliedern zu verfolgen, zu vertilgen, unter dem Vorwande Gott und dem Christenthum einen Dienst zu thun, oder die Religion von Schwärmerei und Aberglauben zu läutern.

---

*) Sonst heißt es auch Bethlehem Ephrata, wie es Micha nennt; zu Matthäus Zeiten mag die erstere Benennung üblicher gewesen seyn.

Wie elend ist eine Stadt, ein Land bestellt, wenn Priester und Schriftgelehrte zwar die Erkenntniß, den Buchstaben, besitzen, und sich doch von dem Geist der Schrift nicht bessern und regieren lassen, wenn sie Andern den Weg zeigen wollen, und ihn selbst nicht gehen! — Wie fertig und geschickt sind auch manche unter Geistlichen und Weltlichen, schnell einen treffenden Spruch der Bibel auf jede Wahrheit anzuführen und zu zeigen, wo dies oder jenes in der Bibel stehe und zu finden sey. Es fehlt ihnen nichts als Anwendung auf sich selbst und das Thun der Wahrheit, und so kommen sie selbst nicht zu Christus, nicht zur lebendigen Erkenntniß und Erfahrung der Wahrheit, wenn sie gleich alle Sprüche von Christus auswendig wissen; wenn sie gleich sagen können, wo Bethlehem liegt, es wohl auch auf der Landkarte zeigen. Nur selbst sehen wollen sie es nicht. Wird sie nicht ihre buchstäbliche und historische Erkenntniß Christi, wird sie nicht selbst die Bibel und all' ihr äußeres Wissen, wenn sie es nicht als ein Mittel zur inwendigen und lebendigen Erkenntniß gebrauchen, eben so sehr verdammen, als diese Schriftgelehrten Jerusalems ihr Wissen und Bibelforschen verdammte?

7. **Da ließ Herodes die Weisen zu sich kommen, und erkundigte sich genau bei ihnen, wann ihnen der Stern erschienen wäre?**

Ist das Wort Gottes unser Stern, so müssen wir ihm folgen, nicht nur seine Zeit erforschen. Gar viele beschäftigen sich aber lieber mit dem Letzteren als dem Ersteren. Sie vertiefen sich in unnütze Forschungen der Zeitrechnung u. dgl. m. Man fragt nach der Zeit des Sterns, der Erscheinung und Zukunft Jesu, will die Geheimnisse und Tiefen der Bibel ergründen, und folgt doch dem Sterne nicht, den man gefunden hat.

Wer das Licht, Christum, redlich und mit Ernst sucht, wird Ihn finden und sehen, wie die Weisen. Herodes wollte Ihn auch sehen, und es war sein Ernst.

Er ließ viele tausend Kinder tödten, und fand doch das rechte Kind nicht; es ging ihm aus dem Wege. Je mehr er ihm nachforschte, desto mehr entfernte es sich von ihm. Herodes ist ein Bild von jenen Menschen, denen das Licht nicht aufgeht, so sehr sie es suchen. Warum denn nicht? Sie fragen doch darnach und wollen es. Warum läßt sie der liebe Gott irre gehen? Warum läßt Er nicht allen Menschen Sein Evangelium verkündigen, und den Stern der Wahrheit aufgehen? Darum, damit sie nicht solche Teufel und Feinde Gottes werden, wie Herodes.

Es ist aber eine allgemeine Regel: wenn du jemand zurechtweisen kannst, so thue es. Wenn aber jemand käme und spräche: sagt mir doch, wo ich den Mann finden kann, ich will hingehen und ihn todtschlagen; so muß man es ihm der guten Regel ungeachtet nicht sagen. Wenn die Leute von Jesu hören, und dadurch nicht Kinder Gottes werden, so werden sie satanische Menschen, Feinde Gottes und Christi, welche die Erkenntniß der Wahrheit in lauter Bosheit zu ihrem und anderer Verderben anwenden. Darum ist es für sie ein Glück und eine Barmherzigkeit, wenn sie die Schrift nicht verstehen, oder das Evangelium nicht hören, oder keine Ohren haben, es zu hören, wenn sie es auch äußerlich hören; denn Gott will nicht haben, daß sie teuflische Menschen werden. Denn überzeugt werden von Jesu, daß Er der Heiland ist, aber doch nicht wollen, daß Er ihr Heiland, ihr Herr und Gott sey, nicht durch Ihn selig werden wollen, — das heißt, ein satanischer Mensch werden.

Wen also die Wahrheit erschreckt, wer Jesu im Herzen gram wird, und Ihn nicht haben will, dem erscheint Er nicht, den weiset Er nicht zurecht, sondern läßt ihn gehen. Erlöst ist er; selig werden kann er; aber Jesus erscheint ihm nicht, bis er Ihn haben will. Sobald aber als er Ihn nöthig hat, und keinen andern Rath mehr weiß, so steht Er da und segnet ihn.

8. **Und er sandte sie nach Bethlehem und sprach: gehet hin und fraget dem Kinde sorgfältiglich nach, und wenn ihr es gefunden, so berichtet es mir, damit auch ich komme, und es anbete.**

Trauriges Bild so vieler Christen und Christenlehrer, die zugleich Christusspötter sind. „Ziehet hin und forschet fleißig nach," sagen sie, gehen aber nicht nur nicht mit, sondern verfolgen am Ende Ihn in den Seinigen und in unschuldigen Kindern.

Geh' du nur gerne weg von dem hohen, heilig genannten Jerusalem, wo Stolz und üppiges Kirchenthum, Bücherweisheit und Ehr-, Hab- und Selbstsucht thront, und fliehe in das niedrige verachtete Bethlehem, wo Einfalt und Demuth herberget. Bleib nicht stehen bei der Welt und ihren Häuptlingen, damit sie dich nicht mit ihren Stricken, mit Hoheit und Ansehen, mit Würden und profanen Verheißungen fängt. Weiset sie dich von sich, so zieh' du getrost hin zu Jesu, wenn sie dich auch ganz allein gehen läßt.

Herodes, welch ein Fuchs und Teufel! „damit auch ich komme, und es anbete." Honig im Munde, Galle im Herzen! Aeußere vorgebliche Anbetung deckt ein Herz voll Mordlust und Blutdurst. So listig können manche Anbetung des Kindes Jesu heucheln, und im Herzen trachten sie Ihn und seine Bekenner zu vertilgen. Wie viele Bücher, Gelehrte und Prediger sprechen so honigsüß und erhaben von Christus und der Lehre Christi, und ihr Sinn, ihr Dichten und Trachten ist, den Glauben an die Gottheit und Erlösung Jesu Christi, aus dem Christenthum und von der Erde zu vertilgen, das Evangelium, die Lehre von der Gnade und dem heiligen Geiste zu entkräften, dagegen die Moral und Vernunft als Erlöserinn, und als die einzige Geistes- und Gnaden-Spenderinn unterzuschieben.

Was ist gefährlicher, wenn Herodes dem Johannes den Kopf abschlagen läßt, oder wenn er sich fromm stellt, und vorgiebt, er wolle Jesum auch anbeten? Im ersten Falle handelt er als ein offenbarer Feind und grober Teufel, den man nicht verkennen kann, aber im andern Falle, wenn Feinde und Verfolger äußerlich sich freundlich gegen die Christen stellen, aus bösen Absichten schmeicheln und Beifall geben, kann man leicht betrogen und verleitet werden, sich sicher zu glauben, die Waffen des Gebets niederzulegen, und so nach und nach einschlafen und gefangen werden.

Trauet dem Landfrieden nicht, ihr Lieben! Da sind die Waffen am nöthigsten, weil dann die Gefahr am größten ist. Gewiß, wenn die Welt, oder die Menschen, die weltlich gesinnt sind, fromm und heilig thun, so haben sie keine andere Absicht als Herodes, nämlich die Kraft und das Leben Jesu in den Herzen der Gläubigen zu tödten, oder es auszukundschaften, und den Feinden zu verrathen. Sie schleichen dem Kindlein nach, mit dem Schein es auch zu verehren. Im Grunde aber regiert und inspirirt sie der Fürst dieser Welt, der es zu verderben sucht, aus Furcht, das Kind möchte erwachsen, und ihn vom Reich und Stuhl stoßen.

Dieser Herodes-Sinn ist aber nicht nur außer uns, sondern selbst in uns. Wenn die Eigenliebe fühlt, daß Christus im Herzen geboren ist, und sie sterben und Ihm Platz machen soll, so weiß sie sich auch in einen frommen Schein, und in eine betrügliche Gestalt der Gottseligkeit zu kleiden, um die wahre Kraft und Frucht derselben zu verläugnen; sie betet, singt, und macht alle äußere Verehrungen mit, nur sich selbst giebt sie nicht daran.

9. **Nachdem sie dies vom Könige vernommen hatten, gingen sie** (in ihrer Einfalt, ohne etwas Arges zu denken) **fort; und sieh', der Stern, den sie im Morgenlande gesehen** (und seitdem verloren hatten), **ging vor ihnen her, bis er hin kam und still stand über dem Orte, wo das Kind war.**

Wenn wir uns viel bei den todten und kalten Gelehrten, in der großen Stadt der Welt, oder bei Hochmüthigen und Reichen umsehen und umfragen, verlieren wir den Stern; begeben wir uns aber von allem dem weg, und auf den Weg, der zu Jesu führt, so finden wir den Stern des wahren Lichtes wieder.

Es hat den Weisen in Jerusalem nicht gefallen, weil sie Jesum da nicht fanden; sie eilten weg. Wo du nur Buchstaben-Weisheit oder die Religiosität des Herodes findest, da sollst du dich auch nicht aufhalten, sondern den Lebendigen suchen. Sie dachten: zu Jerusalem, in der heil. Stadt, müssen wir Jesum finden. Wo sonst, wenn da nicht? Da ist der Tempel, das Heiligthum, das Hohepriesterthum, der Gottesdienst, da sind die Gelehrten, die Allwissenden rc.; aber bei ihrer guten Meinung verloren sie den Stern, und fanden ihn erst außer dieser heilig genannten Stadt wieder. Wer es fassen kann, der fasse es! —

Der Stern diente ihnen zum Führer und Wegweiser, wie den Israeliten einst die Wolken- und Feuersäule. Diese Gnade erweist Gott jedem ernsten, redlichen Sucher. Ein äußerlicher Stern, ein erleuchteter Freund, Lehrer, oder ein Buch, und der innerliche Stern, das Licht des heil. Geistes, die Salbung, geht im Namen Gottes vor uns her, und führt uns bis zu Jesu hin, wenn wir nun bei Herodes und den Schriftgelehrten, in der galanten Stadt, die sich die heilige nennt und doch vor Jesus erschrickt, nicht stehen bleiben.

Gott läßt keinen ohne Licht und Gnade, der sich im Ernste zu Ihm bekehrt. Er giebt seinen Geist denen, die Ihn darum bitten; und dieser zündet ein Licht im Herzen an, erweckt einen Vorgeschmack des ewigen Lebens, ein freundliches Gefühl seiner Gnade und Liebe u. s. w. Das sind dann lauter hellglänzende Sterne, die immer näher zu Ihm führen. Nur muß die Seele solche Lichtblicke und Gnadengefühle nicht für Christus selbst halten! Sie sind nur Wegweiser zu Ihm.

10. **Als sie nun den Stern sahen, wurden sie mit übergroßer Freude erfüllt.** Ps. 40, 17. 18.

Wie geht es aber zu, daß man das Evangelium gern hört, daß einem der Herr Ohr und Herz aufthun kann, und daß man froh wird, den Stern zu sehen?

Man lernt zuerst sehen, daß man betrogen und in der Gewalt des Satans ist; man lernt seine Sklaverei fühlen, und daß die Sünde nur Strafe und Qual mit sich führt, daß man weder Leben noch Seligkeit, ja keinen frohen Tag haben kann, ohne Jesum.

Ist dieß der Seele klar, so seufzt sie; es schmeckt ihr weder Essen noch Trinken, sie kann weder schlafen noch ruhen, man kann nichts als seufzen: ach, daß ich wüßte, ob ich selig wäre, und an Jesu Theil hätte! Ich kann nicht mehr so hingehen, wie zuvor; ich fühl's, daß ich unter die Feinde Jesu gehört, und daß ich Ihn in meinem Herzen nicht lieb gehabt habe; ich hab's wohl immer gehört, daß Er für uns gestorben ist; ich habe mich aber nie darum bekümmert. Ein solches Betrübtseyn, Bitten und Betteln, oder auch vor Traurigkeit und Angst nicht einmal beten können, das heißt arm, elend, ohne Kraft und oft mehr todt als lebendig seyn.

Sobald nun der Heiland eine solche arme Seele sieht, die gerne errettet seyn will, so offenbaret Er sich ihr, tritt vor ihr Herz. Ehe sie sichs versieht, hat sie Licht und Klarheit im Herzen, und weiß, wie sie daran ist; sie wird inniglich erfreut, und denkt: Gottlob und Dank, daß ein Heiland ist, daß Er sein Blut vergossen hat! O was ist das für eine Liebe, daß Er die Welt nicht verdammen, sondern selig machen will! Wie groß ist diese Liebe, daß sie auch mich selig machen will!

Nun mag sich ein jeder besinnen, wer er sey, und wo er hingehöre.

Es giebt dann noch zweierlei Gattungen Menschen; einer denkt: ach, was ist das für ein Elend, wenn man alle Tage sündigen muß; wenn ich mirs noch so gut vorsetze, so wird doch immer nichts daraus; ich falle immer tiefer hinein. Ich bin so falsch, so neidisch; ich habe ein so böses Fleisch und Blut; ich kann so gar nichts leiden; ich lasse mir nicht gerne etwas abgehen ꝛc.; ich weiß, daß dieß ein elender Zustand ist, aber wie werde ich davon los? Wenn ich wüßte, daß solche Leute in der Welt wären, die von ganzem Herzen demüthig und keusch sind, die sich von ganzem Herzen auf den Herrn und seine Fürsorge verlassen können, die alle Leute lieb haben, deren ganzes Leben lauter Seligkeit ist, und ich wüßte, ich könnte auch ein solcher Mensch werden, wie wollte ich meinem Gott danken!

Das ist ein guter Anfang, wenn einem Menschen nicht mehr wohl seyn kann, wenn ihm zum Herzeleid wird, was ihm zuvor lauter Herzensfreude war. Wem es so ist, der ist nahe dabei. Je schwerer es ihm auf dem Herzen liegt, je näher ist ihm der Heiland mit seiner Gnade und Erbarmung, mit seiner Seligkeit.

Die zweite Gattung sind die, die in der Stunde und in dem Augenblicke die Worte hören, es greift sie aber nicht an; sie können zwar sagen: die Predigt war schön, es vergeht aber keine Stunde, so haben sie wieder alles vergessen und über zwei bis drei Tagen sind sie wieder wie vorher, und noch ein bischen schlimmer.

Das werden bittere Feinde des Heilandes, denen es, wenn der Heiland ihr Herz angriffe, gehen würde, wie dem Herodes. Sie würden erschrecken, und es würde bei ihnen heißen: ich will nicht; es ist doch Irrthum, wer weiß, was dahinter steckt; ich will nichts damit zu thun haben. Die vor der Gnade erschrecken, erhalten sie nicht; die sich der Gnade herzlich freuen, die erhalten Gnade.

11. **Sie gingen in das Haus hinein, und fanden das Kind, mit Maria, seiner Mutter.**

So sehr sie der Stern freute, so blieben sie doch nicht beim Sterne stehen, und gafften ihn an, sondern gingen, vom Stern geleitet, zum Kinde, um das es ihnen zu thun war. So laßt uns auch nicht bei dem Sterne, bei äußerlichen Zeugnissen von Christo, bei

Mitteln und Wegen, die zu Christo weisen, stehen bleiben, sonst bleibt Er uns ewig ein entfernter Heiland. Das Licht ist es nicht, das uns an und für sich erfreuen soll, sondern nur weil es uns zu Jesu leitet.

Wie die Weisen nach Verlassung aller Dinge, des Herodes, der Schriftgelehrten, des Tempels, des Sterns und ihrer eigenen Klugheit, endlich Jesum fanden, so muß und wird jede Seele Ihn finden, die alle Dinge als vergänglich vorbeigeht.

— **Sie fielen nieder und beteten Ihn an, dann öffneten sie ihre Schätze, und reichten Ihm Geschenke dar, Gold, Weihrauch und Myrrhen.** So steht es geschrieben. So mußte die Schrift Ps. 72, 10. 15. und Jes. 60, 6. erfüllt werden.

Die großen Männer beteten das arme, kleine Kind an, weil sie seine Majestät wohl erkannten, durch den Glauben, ohne etwas zu sehen. Unser ganzes Wesen ersinke vor seiner Herrlichkeit, und alles in uns falle vor Ihm nieder mit den Weisen. Wenn wir inwendig im Geist und in der Wahrheit, im Staube vor Ihm gebeugt liegen, und uns vor nichts, als vor Ihm, dem lebendigen Gott beugen, dann sind wir wahre Anbeter im Geiste, wie sie Gott haben will.

Sie gaben Ihm solche Geschenke, wie man damals im Morgenlande nur Vornehmen, Großen, zu geben pflegte. Sie gaben Ihm **Gold**, weil sie in Ihm den König verehrten, dem man unterthan seyn muß; **Weihrauch**, weil sie Ihn für Gott erkannten, den man ehren und anbeten muß; **Myrrhen**, als einem Menschen, der sterben, aber nicht verwesen soll. Selig ist, wer das Gold der Liebe, den Weihrauch des Gebets, die Myrrhen der Verläugnung seiner selbst und Tödtung des alten Menschen allezeit zum Schatz in seinem Herzen hat, und darin Christo dient und anhängt.

12. **Da sie aber im Traum eine göttliche Weisung erhielten, nicht zu Herodes zurückzukehren, zogen sie auf einem andern Wege in ihr Land zurück.**

Wie treulich wacht der Wächter Israels über die Seinen vor innerer und äußerer Gefahr, daß sie dem Herodes nicht in die Hände laufen! Nur muß man einfältig folgen, und auf Gottes Wink und Willen genau merken, der am besten weiß, in welche Gefahren wir hineingerathen können.

Die Weisen wären in ihrer Einfalt dem Tyrannen gewiß in den Rachen gelaufen. Ihr lebendiger Glaube und die göttliche Gewißheit ihres Herzens machte sie so einfältig und freudig, daß sie vor Freude alles Jedem entdeckten und heraussagten, was sie von Christo erfahren hatten. So gehts noch manchem Gläubigen, der da meint, es werde einem andern ein eben so erfreuliches Evangelium seyn, wenn er demselben verkündigt, welche große Dinge Gott an ihm gethan habe. Daher rühmt er Gottes Werk an ihm, nicht aber sich selbst. Aber die Welt lästert und verläumdet die Wahrheit, und sucht, wie Herodes, das Kind nur zu tödten. Darum kehre nicht wieder zu Herodes zurück, und zeige ihm den Schatz deiner Erkenntniß nicht, wenn du ihn behalten willst. — Werfet die Perlen nicht den Schweinen vor.

„**Der Welt entgegen,**" heißt die Straße, die dich wieder in dein Vaterland zurückführt. Hast du einmal Christum gefunden, so mußt du einen ganz andern Weg einschlagen, als auf dem du gekommen bist. Den alten Weg mußt du auf immer und ewig verlassen, wenn du nicht wieder dem Herodes, den Schriftgelehrten, den Feinden Christi in die Hände laufen willst, die dir Christum entweder tödten, oder wegdisputiren. Viele mögten gern in den Himmel, aber wenige wollen den alten Weg verlassen. Man will sich bekehren, und doch sein Leben nicht ändern. Man will in das Reich Gottes, und doch wieder zur Welt zurückkehren. —

13. **Als sie nun hinweggezogen waren, sieh! da erschien ein Engel des Herrn dem Joseph im Traume, und sagte: Steh auf, nimm das Kind**

und seine Mutter, und flieh nach Aegypten (wo damals viele Juden wohnten), **und bleib dort, bis ich es dir sage;**

Sonderbar! warum erscheint der Engel dem Joseph, und nicht der Maria? War sie nicht mehr, nicht erhabener, Jesu nicht näher, als er? Warum hat Gott nicht ihr das alles geoffenbart, und durch sie ausgeführt? Gottes Wege sind nicht Menschenwege. Er wählt und gebraucht allezeit, wen er will, denn er ist an kein Geschöpf gebunden. Maria sollte ihrem Manne unterthan, nicht Führerinn desselben seyn. Sie hat sich auch nie dazu aufgeworfen.

Laß doch, o Jesu! mein Herz Dein Aegypten seyn, wohin Du vor der Verfolgung der Welt fliehest, und halte Dich bei mir so lange auf, bis Herodes in mir todt ist, bis alle Feindschaft gegen Dich in mir erstorben ist, bis nicht mehr ich, sondern Du in mir lebst, und alles bist! —

Wie kann man doch so ruhig von Gottes Leitung abhängen! **Bleibe dort, warte, bis ich's dir sage!** Joseph wußte nicht, wie lange das währen würde, er mußte sich jeden Augenblick auf den göttlichen Befehl gefaßt halten; aber wie ruhig konnte er dabei seyn, da er wußte, daß ihm Gott zur rechten Zeit wieder Winke geben werde.

Die strengen Wege, die Gott seinen Sohn führte, müssen jeden trösten, den er die rauhe Bahn des Leidens gehen läßt, ohne ihm das Ende derselben zu zeigen. Harre, Lieber! bis dich Gott wieder aus deinem Aegypten herausführt, in das gelobte Land Israel. Er vergißt deiner nicht. —

Gott rettet seinen Sohn durch die Flucht, da Er es so leicht hätte durch Gewalt thun können. So macht es der liebe Gott noch immer mit den Seinen. Die Feinde dürfen Gewalt üben, als hielte es Gott mit ihnen, und die Freunde Gottes müssen fliehen, sich beugen und leiden, als wäre Gott ihr Feind und Herodes, ihr Verfolger, der Liebling Gottes, dem alles gelingt. — Seine Exulantenschaft, sein Pilgerleben, seine Fremdlingschaft lehrt uns überall daheim seyn, und wo wir sind, überall vorlieb nehmen, und selig seyn. Er war kaum da, so mußte er schon reisen, auswandern. Wer ihn lieb hat, will es auch nirgend gemächlicher haben, und so an seinem Orte angeheftet bleiben, daß er nicht bereit wäre, um Jesu willen sich aus den Armen seiner liebsten Freunde herauszureißen, um seinem Berufe und dem Werke Gottes nachzugehen. Der Christ mag kein anderes Vaterland haben, als die weite Erde, die des Herrn ist. Wir müssen Pilgerherzen haben, die, wenn ihre Geschäfte, um derentwillen sie an einem Orte waren, gethan sind, gern weiter gehen, und überall daheim seyn können, wo sie Gott haben will, nach dem Exempel dessen, der schon als Wiegenkind seine Stelle verlassen, und in der Welt herumreisen mußte.

— **Denn Herodes wird das Kind aufsuchen, um es zu tödten.**

Es ist ein Herodes, das ist, eine Feindschaft gegen Christus und sein Reich in allen Menschen, die Christum nicht als ihren Heiland erkennen und anbeten, die nicht wollen, daß er über sie herrsche. Und darum wollen sie Ihn auch in andern nicht herrschen lassen, wollen die lebendige Erkenntniß und Liebe Jesu überall ausrotten, wo sie sich zeigt. Ist daher Christus in dir, so wird es dieser Herodes, d. i. die Feindschaft gegen Christus, die jetzt in den Ungläubigen herrscht, nicht anders machen, als jener zu Christi Zeiten; er wird dem Kinde in dir nachstreben und es aufsuchen. Du bist mit diesem Kinde vor ihm nie und nirgends sicher, sey wann und wo du willst in der Welt. Er strebt dem Kinde immer nach dem Leben. Darum fliehe aus seinem Gebiete. In der Verbergung vor ihm wirst du das Kind bewahren.

14. **Sogleich stand er auf, nahm noch in der Nacht das Kind und seine Mutter, und flüchtete sich nach Aegypten,**

Gleich

Gleich nach der Anbetung und Ehre, welche die Weisen dem Kinde erzeigten, folgt das Kreuz. Das war keine geringe Versuchung für seine Eltern. Auf jede besondere Gnade folgt gewiß bald eine besondere Versuchung oder Prüfung.

Christus mußte frühe unter die Unbeschnittenen fliehen, wie David, wie Moses.

Der Gehorsam und die thätige, schnelle Bereitwilligkeit des Josephs, Gottes Winke und Befehle ohne Vernünfteln, bei der Nacht, auf der Stelle zu befolgen, darf hier nicht unbemerkt bleiben. —

15. **Und blieb daselbst bis zum Tode Herodis *), damit erfüllt würde, was der Herr durch den Propheten (Ose. 11, 1.) gesagt hatte, der da spricht: Aus Egypten habe ich meinen Sohn berufen.** Der Prophet spricht dort wohl von Israel, aber Israel und Christus sind parallel, sind Eins, oder vielmehr Christus ist der wahre Israel.

Wen Gott mit seiner Gnade heimgesucht hat, der fliehe und verberge sich vor sich und andern, bis Herodes, die Eigenliebe, todt ist. Hast du die Gnade in deinem Herzen, wirkt Gott in deinem Inwendigen, so verbirg den Schatz und flieh die Heuchelei, den Schein, den Beifall und das Lob der Menschen. Auch vor dir selbst verbirg das Gute, weil wir im Grunde selbst die gefährlichsten Feinde unsers Heiles sind.

Wir sollen aber doch unser Licht leuchten lassen? Das Licht wird schon leuchten, wenn es ein wahres Licht ist. Suche du nur nicht damit zu glänzen, und deine eigene Ehre zu befördern. Wer gern heimlich sein Lob und nicht rein Gottes Ehre sucht, wer gerne von den Leuten gesehen seyn will, dem ist schweigen und verborgen seyn besser und nöthiger, als vor der Zeit mit dem Guten ausleuchten. Er wird leicht zu Schan=

*) Herodes starb im ersten oder zweiten Jahre nach der Geburt Christi.

den, und fällt in Versuchungen und Aergernisse, die mehr schaden, als aller gute Schein genützt hat.

16. **Da nun Herodes sah, daß er von den Weisen hintergangen worden, ergrimmte er, und ließ zu Bethlehem und in der dortigen Gegend alle Knaben umbringen, die zwei Jahre und darunter alt waren, nach der Zeit, die er genau von den Weisen ausgeforscht hatte.**

Herodes hätte nicht nöthig gehabt, eine solche Tyrannei an den Kindern zu verüben, wenn er sich von den superklugen Schriftgelehrten nicht hätte irre führen lassen, die ihm aus einem Propheten, dem das nicht in den Sinn gekommen, bewiesen, daß Jesus ein weltlicher König der Juden seyn sollte. Der neugeborne König wollte übrigens nicht bloß König des jüdischen Landes seyn; das wäre ihm zu wenig gewesen; Himmel und Erde sind sein. Die Erde aber läßt Er den Menschenkindern, und will nur König der Herzen seyn, so weit die liebe Sonne leuchtet.

So hat die Welt immer noch so falsche Ideen vom Reiche Christi, daß sie, wo irgendwo ein Häuflein wahrer Christen sich zeigt, sogleich argwohnt, wie Herodes, man wolle ihr die Ruhe stören und in ihr Amt greifen. Es giebt auch noch der superklugen Schriftgelehrten genug, die den Fürsten und Regenten solche verschmitzte Vorstellungen machen: „das sind gefährliche Leute, die haben geheime Verbindungen gegen den Staat und die Kirche, die darf man nicht dulden;" da doch Christus auch jetzt noch in diesem Sinne kein weltliches Reich, sondern nur die Herzen sucht, und gerade die Herzen, die sich Ihm ergeben, zu den treuesten, gewissenhaftesten und gehorsamsten Unterthanen ihrer weltlichen Obrigkeiten macht.

Wahrscheinlich hat auch Herodes die Knaben unter dem scheinbaren Vorwande tödten lassen, als ob eine geheime Verschwörung entdeckt worden, die schon so weit gekommen wäre, daß Spione sich aus fernen Landen eingefunden hätten. Herodes soll dabei seinen eigenen Prinzen nicht verschont haben. Daher der Kaiser Augustus im Scherze gesagt haben soll, es wäre besser, Herodes Schwein, als sein Sohn zu seyn, weil die Juden die Schweine nicht schlachten.

Die Pharisäer und Schriftgelehrten läßt er mit Frieden, obwohl sie ihm sagten, daß Christus zu Bethlehem geboren werde. Aber Christum konnte er nicht leiden. So ist es noch. Die bei der bloßen Schriftgelehrtheit, und dem äußerlich pharisäischen Schein bleiben, die kann der Gott dieser Welt wohl leiden. Aber wo er Christi Leben und Geist findet, da lästert, haßt und verfolgt er, und suchts auszurotten. So muß es aber gehen. Christi Glieder müssen seiner Leiden theilhaftig werden.

Kinder sind die ersten Märtyrer für Jesus geworden. Schrecken ging bei seiner Wiege her, ein jämmerliches Weinen und Lamentiren so vieler Mütter, denen die Verfolgung wider das Kind Jesus ihrer Kinder Leben gekostet hat. Das hat er sein Leben lang nicht vergessen, und ist gewiß eine Ursache gewesen, warum Er die Kinder so lieb gehabt, und mehr an sein Herz gedrückt und gesegnet hat, als es sonst geschehen wäre.

17. **So ward erfüllt, was durch den Propheten Jeremias (31, 15.) vorhergesagt ist, der da spricht:**

18. **In Rama hat man ein Geschrei gehört, lautes Weinen und viel Geheul, Rahel weinte über ihre Söhne, und wollte sich nicht trösten lassen, denn sie sind nicht mehr.**

Rama war nicht weit von Bethlehem. Rahel weinte über ihre Nachkommen, die Bethlehemitischen Mütter, die da wohnten, wo Rahels Grab war, und wo Rahel den Benjamin geboren hatte, worüber sie gestorben ist. 1 Mos. 35, 16—19.

Oft beweinen die Mütter die Seeligkeit ihrer Kinder, wenn sie ihren Tod beweinen, die, wenn sie Gott nicht in Sicherheit genommen hätte, von ihren Eltern und besonders den Müttern, durch schlechte Zucht, blinde Liebe, oder Aergerniß und schlechte Beispiele leicht verdorben, und so zur Verdammniß befördert worden wären. Ach wie oft begehen Eltern, Erzieher oder andere Umgebungen, noch eine größere, beweinenswürdigere Grausamkeit, als Herodes, indem sie Jesum oder die Unschuld, das Zartgefühl, die Einfalt, das kindliche Gnadenleben in ihren oder andern Kindern tödten, oder sie auf alle Weise hindern, daß sie nicht zu Jesu und zur wahren Gottseligkeit gelangen.

19. **Als Herodes gestorben war *), sieh, da erschien dem Joseph in Aegypten ein Engel des Herrn, im Traume,**

20. **Und sprach: Steh auf, nimm das Kind und seine Mutter, und zieh in das Land Israel; denn die dem Kinde nach dem Leben strebten, sind gestorben.**

Man kann also allerdings Umgang und Gemeinschaft mit den Engeln im Traume haben, und ihrer persönlichen Gegenwart nicht nur in der Einbildung, sondern wahrhaftig genießen. Doch muß das Gott geben und der Mensch nicht suchen, sonst wird man betrogen und von Phantasien getäuscht.

Von Joseph lerne, keinen Schritt zu thun ohne Gottes Wink und Befehl, keinen Ort und keine Lage zu verändern noch zu verlassen, ohne des Willens Gottes gewiß zu seyn. Sobald aber dieser dir kund ge-

*) Herodes starb so grausam als er lebte. Da er wohl wußte, daß die Juden über seinen Tod nicht sehr trauern, sondern sich vielmehr freuen würden, so ließ er, um dieses zu verhindern, in seiner letzten Krankheit, die vornehmsten Juden aus seinem Königreiche zusammen kommen und einsperren. Seiner Schwester und ihrem Manne befahl er, sobald er todt seyn würde, sollten sie alle diese Juden umbringen lassen; das, sagte er, wird die Juden zwingen bei meinem Tode zu trauern, sie mögen wollen oder nicht. Nachdem sie dies mit einem Eide beschworen hatten, gab er den Geist auf. Jene aber wollten lieber den Eid brechen, als dies grausame Versprechen halten, und ließen daher nach seinem Tode, die Juden alle frei nach Hause gehen. Seine Krankheit und sein Tod waren scheuslich, fürchterlich.

worden, so säume auch nicht einen Augenblick, wie Joseph der noch in der Nacht aufstand, und mit dem Kinde und der Mutter wieder zurückkehrte in das Land Israel.

Jesus hingegen lehrt dich von seiner Geburt an, ein ganz gemeines gottgelassenes Leben führen. Er ließ sich von Gottes Fügung leiten, in völliger Gelassenheit und Abhängigkeit von dem Willen seines Vaters. Sein ganzes Leben mußte auch so beschaffen seyn, daß wir es nachahmen konnten; darum ging er fast immer gemeine und nicht außerordentliche Wege. Er gab sich Gottes Vorsehung hin, und wollte von Augenblick zu Augenblick von Ihm abhängen, und seinen Aeltern gehorsamen, nicht seinem eigenen Lichte und der eigenen Einsicht folgen. Die wahre Gottseligkeit besteht nicht in außerordentlichen Dingen, sondern daß man alle Augenblicke Gottes Willen und Wink erfülle, so wie Er ihn uns zu erkennen giebt; sich von Gott führen lasse, und im Aeußern thue, was Amt und Beruf fordern. Auch lernt ein Christ von dem Kinde Jesu von einem Orte in den andern fliehen, wenn er von Herodianern verfolgt wird, die noch heute, obwohl sie sich Christen nennen, wahre Christen eben so hassen und verfolgen, wie Herodes Christum.

21. **Er machte sich also auf, nahm das Kind und seine Mutter, und kam wieder in das Land Israel.**

Harre nur, liebe Seele, die du von Herodes nach Aegypten, in betrübte Umstände, versetzt bist. Harre noch ein wenig; auch dein Herodes wird sterben, auch deine Verfolgung wird ein Ende nehmen, und du kommst wieder in das Land Israel.

22. **Da er aber hörte, daß Archelaus statt seines Vaters Herodes in Judäa regiere, nahm er Anstand, sich dahin zu begeben,** weil er dachte, der Sohn wird nicht viel besser seyn als der Vater, und in dessen Fußtapfen treten. Gott hatte ihm noch keinen bestimmten Ort angewiesen, sondern nur das Land

Israel. Nun aber erhielt er auch wieder bestimmte Anweisung, denn **nachdem er im Traume eine göttliche Weisung erhalten hatte, zog er sich in die Gegend von Galliläa zurück**, wo Herodes Antipas, der Bruder des Archelaus, regierte, der gelinder war.

23. **Und als er dahin kam, wohnte er wieder in der Stadt Nazareth; damit erfüllet würde, was durch die Propheten gesagt ist: „Man wird ihn Nazaräer heißen.“**

Gott weiset seinen Sohn in den verachtetsten Ort, weil er dort wohl am sichersten wäre. Es war ja zum Sprüchwort geworden, „kann denn von Nazareth auch etwas Gutes kommen?“ Man muß daher nicht vom Orte auf den Mann, oder auf die Gnade Gottes schließen. Gott legt seine Gaben gern dahin, wo nichts ist.

Mußt du, wie Jesus schon in seiner Kindheit, von einer Stadt in die andere, von einem Lande in das andere fliehen, gejagt von den Feinden Christi, so fliehe. Du wirst endlich doch ein Plätzchen, ein Nazareth finden, wo du bleiben kannst, wo weder Herodes noch Archelaus zu befehlen haben. Glaube dabei, daß nichts von ungefähr geschieht, denn das war auch nicht bei Jesu der Fall, sondern es mußte ja wieder wie allemal die Sage *) der Propheten erfüllt werden: **Man wird Ihn Nazaräer heißen.**

---

*) Die Sage der Propheten, denn in der Schrift steht es wenigstens nicht wörtlich; es muß also Tradition, oder eine bekannte Sage und Ausspruch der Propheten gewesen seyn. Nazareth heißt ein Sprößlein, ein Reißlein, deren es in derselben Gegend genug gab. Jesus war auch der rechte Zweig aus der Wurzel Jesse oder Isai. Er war aber auch Nazaräer in einem andern Sinne, denn Nazaräer wurden die *Abgesonderten* genannt, die sich Gott widmeten, und besondere Liebe gegen Gott bewiesen. Er lebte 30 Jahr abgesondert zu Nazareth. Und wer liebte Gott mehr als Er?

Das III. Kapitel.

Christus von Johannes getauft

1. In denselben Tagen trat Johannes der Täufer auf, und predigte in der Wüste des jüdischen Landes. Mark. 1, 4. Luk. 3, 3.

In denselben Tagen heißt wohl nicht in Bezug auf das Vorhergehende, da Jesus von Egypten nach Nazareth zurückkehrte und da wohnte, denn da wäre ja Johannes auch noch zu jung zum Bußprediger gewesen, weil er nur 6 Monat älter als Jesus war; sondern es muß heißen: in den Tagen, da Jesus 30 Jahr alt, und im Begriff war, nun auch sein Lehramt anzutreten, da trat zuvor sein Vorläufer auf, um Ihm Bahn zu machen.

Wie die Morgenröthe der Sonne vorläuft, so Johannes Christo, als der Vorbote und Verkündiger des kommenden Tages und Lichtes der Welt.

Nach 30 Jahren, nach einem einsamen strengen Leben trat er in der Wüste sein Amt an, nicht in Städten, predigte den Armen, den Einfältigen, die zu ihm kamen. Er suchte sie nicht an den Höfen, und in den Hörsälen der Gelehrten. Darin wird Johannes wol wenige Nachfolger haben. Das eifrige, hastige Laufen der Prediger um der Stelle, nicht um des Predigens willen, ist also von Anfang des Evangeliums an verdammt, weil es eben alle Frucht hindert.

Seine Probepredigt, wenn ich es salva venia so nennen darf, oder sein erster Vortrag war auch keine captatio benevolentiae, keine Schmeichelei, um sich beliebt zu machen, und für sich und seine Person Eingang zu finden, sondern er traf den Nagel gleich auf den Kopf, mit dem eisernen Hammer des Worts, denn

2. **Er sprach: Thut Buße, denn das Himmelreich ist nahe gekommen.** Matth. 9, 17.

Das heißt, ändert euern Sinn, richtet eure Gedanken, Neigungen und Begierden auf etwas anders als bisher; kehret euch, euer Herz, Sinn und Willen von der Welt zu Gott, von der Sünde zu der Gerechtigkeit; höret auf zu thun, was ihr bisher gethan habt; das Himmelreich, die Gnade, in der sich euch Christus offenbaren will, ist nahe, so nahe, daß ihr euch nur umkehren dürft, um sie zu finden. Ihr stehet neben der Quelle und kehret ihr den Rücken zu, daß ihr sie nicht sehet; wendet euch um, so werdet ihr sie sehen, und aus ihr schöpfen können.

Das Himmelreich ist Jesus Christus selbst; denn Er ist König, und wo der König ist, da ist sein Reich; wo Christus ist, da ist das Himmelreich. Er ist aber nahe allen denen, die Ihn anrufen, und sich zu Ihm wenden, die sich umkehren, die sich von der Welt weg und zu Ihm hinwenden. Wie nahe Er sey, sagte Johannes, Joh. 1, 26. Darum darf man nicht weit laufen, um Buße zu thun und ins Himmelreich zu kommen. Es ist nahe. Die Menschen sind nur abgekehrt davon mit ihrem innern Gesichte. So wie sie sich umkehren in ihrem Innern, so sehen sie es, so haben sie es nahe vor Augen und im Herzen. Das Reich Gottes ist inwendig in euch, sagte Christus selbst, Luk. 17, 21. zu den Pharisäern; ihr aber seyd auswendig und gaffet da und dorthin, ob es nicht von außen herkomme. Wendet euch einwärts, so findet ihr es nahe, inwendig in euch.

3. **Denn er war derselbe, von dem Jesaias gesagt hat: „die Stimme eines Rufenden in der Wüste, bereitet den Weg des Herrn, machet seine Fußsteige eben.** Jes. 40, 3. Joh. 1, 23.

Die Menschen haben sich so weit in der Wüste der Sünde und Thorheit verirrt, daß ihnen Gott nachschreien und Boten nachsenden muß, um sie einzuholen.

Johannes hat sich selbst auch so genannt, und diese Stelle selbst auf sich gedeutet, Joh. 1, 23. So klein dachte er von sich, daß er sich für ein bloßes Werkzeug hielt, der nur seine Stimme dazu hergäbe. Doch war er mehr als ein tönendes Erz und eine klingende Schelle, der größte unter allen vom Weibe geboren. Viele halten sich für etwas Großes, da sie doch nichts sind, nicht einmal eine Stimme Gottes, sondern nur ihren eignen Klang und Sang vorbringen, hinter dem nichts steckt, als hohle Eitelkeit und schmutzige Selbstsucht.

Der Weg des Herrn, oder der Weg zum Vater, zum Herrn, ist Christus oder **Bekehrung zu Gott und Glauben an Christus**; diesen Weg zeigten alle Boten und Stimmen Gottes. Siehe Paulus Predigt-Text Apg. 20, 21.

4. **Johannes aber hatte ein Kleid von Kameelhaaren, und einen ledernen Gürtel um seine Lenden, und seine Speise war Waldhonig und Heuschrecken.** Mark. 1, 6.

Rauher Mann! wie wirst du den sammtnen und seidnen Herren und Frauen gefallen! Wie werden sie dich auch nur hören! — und doch hörte man dich, wie der nächste Vers bezeuget. Alles an dir sollte Buße predigen, nicht nur die Stimme, sondern auch das Gewand und die Kost, daß der Weg zu Jesu nicht durch Weichlichkeit und Fleischeszärtlichkeit, sondern durch den alles verläugnenden, Welt und Geld, Ehre und Lust verschmähenden Glauben führe.

5. **Da ging zu ihm hinaus Jerusalem und ganz Judäa, und die ganze umliegende Gegend am Jordan.**

Es hat sie also nicht abgeschreckt, daß der Mann eben so streng aussah, als er predigte, und es ist daher Betrug und Lüge, was die eitlen Schwätzer sagen, daß man mit ernstlichen Bußpredigten und der nackten Wahrheit die Leute abschrecke oder in Verzweiflung stürze. Die Erfahrung bestätigt es auch noch immer, daß die Prediger den meisten Zulauf haben, die ihre Zuhörer am wenigsten schonen, weil sie sie nicht betrügen sondern selig machen wollen.

6. **Und sie ließen sich von ihm taufen im Jordan, und bekannten ihre Sünden**, nicht nur, daß sie Sünder wären, bekannten sie, sondern **ihre Sünden** bekannten sie.

Sie waren also nicht blos Neugierige und lose Zuschauer, die der Muthwille hintrieb. Sie gaben sich schuldig, demüthigten sich, indem sie laut bekannten, was sie gesündigt hatten. Der Sünder muß sich demüthigen, denn jeder Sünder ist hoffärtig. So lange er nur überhaupt sich als Sünder, und nicht speziell, seine Sünden bekennt, ist er gewiß nicht aufrichtig, und ernstlich bußfertig oder zerknirscht, sondern es steckt noch eine Hoffart in ihm, und dieser Hoffartsteufel hält ihm den Mund zu, und macht ihn stumm, wo er bekennen sollte; er will schön seyn, und doch gewaschen werden.

7. **Als aber viele von den Pharisäern und Sadduzäern zu seiner Taufe** (aus Neugierde oder Schande halber oder als Spione und Laurer) **kamen, sprach er zu ihnen**, ohne Schmeichelei: **Ihr Otterngezüchte! wer hat euch gelehret, dem zukünftigen Zorne zu entfliehen**? Luk. 3, 7.

Johannes sah wohl, daß die Pharisäer und Sadduzäer aus keiner redlichen Absicht zu seiner Taufe kamen, darum nimmt er kein Blatt vor den Mund, sondern greift ungescheut ihren bösen Grund und ihre Heuchelei mit derben Worten an, und nennt sie Otterngezüchte, Natternbrut, d. i. eine giftige, böse Art von Menschen. Er sagte es ihnen gerade hin, sie sollten sich nur nicht einbilden, daß dieß das Mittel und der Weg sey, dem Gerichte und der Strafe Gottes zu entfliehen, wenn man sich nur mit Wasser von ihm taufen lasse, ohne Herz und Sinn zu ändern.

Sieh da den Ernst eines rechtschaffenen Lehrers, der die Leute nicht auf den äußern Werken beruhen läßt, und sie damit einschläfert, wie falsche Lehrer thun, die immer nur den äußern Gebrauch der Heilsmittel empfehlen, ohne auf wahre Besserung und lebendigen Glauben zu dringen.

8. **So bringet denn würdige Früchte der Buße.** Luk. 3, 8.

Gott läßt sich nicht mit Schein und Einbildung täuschen, nach welcher man meint, es wäre der Maulglaube, der ohne Werke todt ist, schon genug. Früchte, nicht Blätter will Johannes, will Christus haben, und zwar solche, die würdig sind, Früchte der Bekehrung genannt zu werden, die nicht nur dem Buchstaben, sondern dem Geiste des Gesetzes Genüge leisten. Und das sind keine andern, als Haß der Sünde und Welt, Meidung aller Gelegenheit zur Sünde, innige Gottes-, Christus- und Menschen-Liebe, treue Folgsamkeit gegen die Regungen der Gnade und des Geistes; nicht bloß ein äußerer ehrbarer Wandel, unter dem sich noch viele Laster des Geizes, der Ehrsucht, Eigenliebe, des Eigennutzes, des bittern Hasses, der Verfolgungssucht u. s. w., verstecken können; nicht bloß ein mechanisches Kirchenlaufen und Beichten, körperliches Mitmachen der Kirchengebräuche, Andachten, Maulgeplapper und viele und lange Lippengebete u. dgl.

9. **Saget nicht in eurem Herzen: Wir haben Abraham zum Vater.** Joh. 8, 39. Röm. 4, 12. Lasset euch nicht durch solche Vorurtheile von der wahren Buße abhalten, und bildet euch nichts ein auf äußerliche Vorzüge, auf fleischliches Herkommen. Johannes schlägt ihnen allen eitlen Ruhm und alles falsche Vertrauen aus den Händen, welches noch heute bei vielen festsitzt, die sich darauf berufen und verlassen: Wir sind im wahren, allein seligmachenden, Glauben geboren; wir haben die reine Lehre, und sind in der wahren Kirche. Geburt, Name, Einbildung macht euch nicht selig. Christi Jünger muß man seyn, und seiner Lehre folgen. Wahre Buße muß man thun, umkehren, und werden wie die Kinder; mit Jesu innigst vereinigt wer-

den, wie die Reben mit dem Weinstock, — alles andere ist Betrug und Selbstverführung. Ihr möget seyn und heißen, was ihr wollet; Gott ist an euch nicht gebunden; er kann aus **Steinen dem Abraham Kinder erwecken**, aus steinernen Herzen und ganz verharteten Sündern Kinder Gottes machen, während ihr in eurer Religion ohne lebendigen Gott, bei eurem Christenthum ohne Christus, bei eurem Gottesdienst ohne Geist und Leben, bei dem eitlen Ruhm und falschen Vertrauen auf euren Maulglauben und äußerlich ehrbaren Wandel Kinder des Teufels und der Hölle bleibt.

10. **Schon ist die Art den Bäumen an die Wurzel gelegt.** Die Strafe, Gottes Gericht ist vor der Thüre, der Untergang ist nahe. **Jeden Baum, der keine guten Früchte trägt, wird ausgehauen und ins Feuer geworfen.** Die Schrift sagt nicht der keine Früchte bringt, sondern: der keine **guten Früchte** trägt. Es giebt viele, die Früchte der Buße wirken, aber selbsterwählte, unschmackhafte; die nicht nach Gottes Willen sind.

Es ist demnach auch nicht genug, daß man nichts Böses thue, sondern man muß Gutes thun, und zwar ächte gute Früchte haben. S. Kap. 7, 19. Luk. 3, 9.

11. **Ich taufe euch mit Wasser zur Buße; der aber nach mir kommen wird, ist mächtiger als ich, dessen Schuhe zu tragen ich nicht würdig bin. Er wird euch mit heiligem Geiste und mit Feuer taufen.** Mark. 1, 8. Luk. 3, 16. Apg. 1, 1, 5. 11, 16. ꝛc.

Dennoch giebt es gutmeinende Seelen, die so blind sind, daß sie den Johannes Jesu vorziehen, und bei dem Wasser der Bußtaufe stehen bleiben; die selbsterwählte Strenge der Buße für besser halten, als das innere Leben Jesu in der Seele, der durch seinen Geist und seine Inwohnung, so wie durch die Bußübungen, die Er auflegt, und die ganz anderer Art sind, als die selbsterwählten, die Seele wahrhaft reinigt, und also mächtiger ist und wirkt, als Johannes Wasser- und Bußtaufe, die Ihm und seiner Geistes- und Feuertaufe das Wasser nicht reichen darf. Die Reinigung, die durchs Feuer geschieht, ist ganz anderer Art, als die durchs Wasser geschieht. Das Wasser kann z. B. an einem Metall nur die äußere Unreinigkeit, die ihm anklebt, wegwaschen; es mag aber von außen so sauber und rein gewaschen seyn als es will, so steckt doch im Innern noch viel Unreinigkeit, die das Wasser unmöglich wegwaschen, die nur das Feuer wegschmelzen und wegbrennen kann. So wäscht und reinigt die Buße nur das Aeußere; Jesu Feuer und Geist aber reinigt den Grund bis auf die Wurzel und heiligt durch und durch, weil es schmelzt, und alles Unreine, das inwendig verborgen ist, wegbrennt.

12. **Er hält die Wurfschaufel in der Hand, und wird seine Tenne reinigen, und seinen Weizen in die Scheuern sammeln; die Spreu aber mit unauslöschlichem Feuer verbrennen.**

Die Wurfschaufel der göttlich-gerichtlichen Untersuchung und Scheidung ist in der Hand Jesu Christi, weil Ihm das Gericht übergeben ist. Er wird seine Tenne, die äußere sichtbare Kirche, wo Spreu und Weizen, Gute und Böse, Fromme und Heuchler unter einander sind, reinigen, auseinander scheiden; den Weizen, die Frommen, die das Korn des Glaubens und der Liebe in sich haben, wird Er in seine Scheuer, in sein Reich einführen; die Spreu, die Heuchler, die sich in der äußern Kirchengemeinschaft befinden, wie das Unkraut auf dem Acker, und zu leicht erfunden werden, weil kein Kern in ihnen ist, deren ganzes äußeres Christenthum nur Stoppelwerk ist, wird er verbrennen. Es geht also mit uns entweder in die ewige Scheuer, oder in das ewige Feuer.

13. **Jesus kam von Galiläa zu Johannes an den Jordan,** (zu dem Er schon in Mutterleibe gekommen war) **um sich von ihm taufen zu lassen.** Luk. 3, 21.

Er hat sich dem Gesetze und allen guten Ordnungen unterworfen; im alten Gesetz unterwarf Er sich der Beschneidung, im neuen der Taufe. Darüber kann man keine andere Ursache anführen, als die Er selbst angiebt: **alle Gerechtigkeit zu erfüllen**; alles zu thun, was zu der Zeit der Brauch war unter dem jüdischen Volke. Da die bessern Juden, gottesfürchtige Leute, sich taufen ließen, und das die damalige Erweckung war, so machte Er auch mit. Denn das ist allemal ein gewisses Kennzeichen eines Kindes Gottes, es schließt sich allemal an die Erweckung an, die gerade an dem Orte, und zu der Zeit ist.

Was hatte er es nöthig, hinzugehen, und sich taufen zu lassen, um einen andern Sinn zu bekommen? Er, das reine, unbefleckte Lamm? Er hat es bloß darum gethan, weil es damals Gewohnheit war, und Er sich nicht nachsagen lassen wollte, daß Er ein Freigeist sey, und daß die Leute nicht sagen konnten: es ist wohl gut, was dieser Mann sagt, aber Er ist doch nicht getauft von Johannes; — oder: man muß doch ohne die Taufe Johannis auch zurecht kommen können, und Johannes muß kein Prophet von Gott seyn; denn da ist ein Mann, der größere Wunder thut, aber nicht getauft ist. Er geht fein nicht zum Johannes. Nein, sagt der Heiland, ich will kein Separatist seyn; die Leute möchten denken, ich wäre nicht kirchlich, gottesdienstlich, ich wollte mich nicht in die äußeren Formen (Ordnungen) schicken, und möchten sagen: was frag ich nach den Leuten, ich halte mich an Gott. Nein, die Leute müssen vielmehr sagen: denkt einmal, da hat sich einer von Johannes taufen lassen, auf den der heilige Geist heruntergefallen ist; o der thut Zeichen, Johannes muß sich vor ihm verkriechen, und doch hat Er sich von Johannes taufen lassen; es muß doch eine wichtige Sache um Johannis Taufe seyn!

So gab Einer dem Andern Zeugniß; Johannes

Christo, und Christus dem Johannes. So arbeiteten sie einander in die Hände.

14. **Johannes wehrte es Ihm und sagte: Ich habe nöthig, von dir getauft zu werden** (wer hat das nicht nöthig von uns?) **und du kommst zu mir?**

15. **Und Jesus sprach: Laß es jetzt nur geschehen, denn so ziemt es sich für uns** (und auch für uns, nicht nur die eine oder die andere, sondern) **alle Gerechtigkeit zu erfüllen**, all unser Thun nicht nach unserm Willen, sondern nach göttlicher Ordnung einzurichten. Es heißt nicht, weil Christus alles für uns gelitten und gethan hat, was haben wir noch nöthig zu thun? Nein, das Haupt und die Glieder gehören und wirken zusammen, machen Einen Leib aus. Daher spricht Christus nicht: es ziemt sich **für mich**, sondern es ziemt sich **für uns**. Christus thut alles, doch so, daß die Gläubigen alles **mit Ihm** thun. Siehe Kap. 5, 17. Gal. 4, 4. 5.

Alle Gerechtigkeit zu erfüllen, das ist eine Hauptsache. Der Christ muß nicht nur auf einer Seite untadelich und auf der andern **ungezogen** seyn. Er muß von dem Leichtsinn, der in den Tag hineinhandelt, ohne Schaam und Schande, unterschieden seyn. Er muß aber nicht so **geisterisch** werden, daß er sich einbildet, er wäre ganz Geist, und müsse an sich alles, was nicht geistig ist, verachten und hassen; denn wenn dieser Haß eine Weile gewährt hat, verliert er sich wieder in Leichtsinn und Schamlosigkeit. Der geistliche Hochmuth ist kein Weg zum Seligwerden. Dagegen ist kein besseres Mittel als die Demuth des Heilandes. Er war doch ein wahrer Geist; da es Ihm aber gefallen hat, ein Mensch zu werden, so hat Er auch die menschlichen Ordnungen bei aller Gelegenheit beobachtet, und nicht die geringste Ausnahme von dem, was menschlich ist, verlangt; sondern hat der menschlichen Schwachheit ähnlich seyn wollen in allen Stücken, und die Lasten, die das Gesetz den Menschen auflegte, selber auch getragen.

Ob er wohl unschuldig war, so hat Er sich doch dem Gesetze der Schuldigen unterworfen.

— **Da ließ er es Ihm zu,** und taufte Ihn, nachdem sie sich heilig mit einander gestritten hatten. Unsere guten Meinungen müssen den Absichten des göttlichen Willens weichen, ob wir sie schon nicht allemal so genau ergründen können.

Indeß ist es etwas Angenehmes um einen so heiligen Streit, wenn er von beiden Seiten aus unaffektirter Demuth geführt wird.

16. **Als Jesus getauft war, stieg Er sogleich aus dem Wasser herauf, und sieh, es öffnete sich der Himmel über Ihm;** womit Gott ein Zeugniß geben wollte, daß er in Christo dem gefallenen Menschen wieder aufgethan sey. **Und Johannes sah den Geist Gottes, wie eine Taube herabschweben, und sich auf Ihn niederlassen.** Die rechte Geistestaufe oder Wiedergeburt öffnet uns auch den Himmel, erfüllt uns mit dem heiligen Geiste, und macht uns zu Tauben, die die Reinigkeit und Sanftmuth lieben. Mark. 1, 10. Luk. 3, 21.

Der heilige Geist, wenn Er einer Seele mitgetheilt wird, ist die rechte Taube, die das grüne Oelblatt bringt.

Sobald der Sünder Gott sein Herz öffnet durch die Buße, so öffnet ihm Gott den Himmel, d. i., sein Herz, ihn anzunehmen.

17. **Und sieh! eine Stimme rief vom Himmel herab: Dieser ist mein geliebter Sohn, an dem ich Wohlgefallen habe.** Kap. 17, 5.

Das hat der Vater vom Himmel herab geredet, daß es die Leute gehört haben. Das ist das Zeugniß des Vaters von der Gottheit des Sohnes.

Wie der Vater nicht ohne den Sohn kann erkannt werden, so kann auch der Sohn nicht ohne den Vater geoffenbart werden. Er zeuget noch täglich von Ihm, indem Er unsere Herzen von ihrem Verderben überzeuget durch den Geist, uns zur Erkenntniß bringt, also zu Christo zieht.

War-

Warum war denn aber der Sohn dem Vater so wohlgefällig? Wegen seiner Aehnlichkeit und Uebereinstimmung mit Ihm, und weil Er Gottes Wohlgefallen auch wieder in dem Menschen herstellte. Er hat uns sich wohlgefällig gemacht in seinem geliebten Sohn, sagt Paulus, Eph. 1, 6. Darum liebt mich mein Vater, weil ich das Leben lasse, sagt der Heiland, Joh. 10, 17. Das hat den Vater gefreut, wie Er so herunter gesehen auf seinen Sohn.

Wer nun auch dem Vater wohlgefällig, d. i. heilig und tugendhaft und so werden will, daß der Vater mit Freude und Wohlgefallen auf ihn herabsehen kann, der muß seine Heiligkeit aus dem Herzen Jesu herausholen, aus der Person Jesu Christi. Er ist uns das lebendige Gesetzbuch, wie Er selber sagt: „Dein Gesetz habe ich in meinem Herzen;" da müßt ihr das Gesetz Gottes lernen; aus meinem Herzen. Da ist das Bild Gottes, da sind alle Eigenschaften und Regeln eines Kindes Gottes, die wahre Heiligkeit, der Kindergehorsam gegen den Vater, das Urim und Thummim; da ist alles leibhaftig und wer's haben will, der muß es nicht aus Büchern und Recepten lernen. Denn wenn man noch so viele Recepte hat, ja auch das Buch, worin alles vom Größten bis zum Kleinsten vorgeschrieben ist, wenn einer alle Materialien und das rechte Feuer dazu hat, wenn er alles, was zur Arbeit, einen Heiligen zu bereiten, erfordert wird, beisammen hat, und es fehlt der Handgriff, so kann ers nicht bereiten; es zerplatzt ihm alles wieder, und er fängt wieder zehn Jahre an zu machen, und es geht nicht, und endlich geht er aus der Zeit, wie ein Goldmacher und hat nichts als Rauch.

Wenn aber jemand den rechten Punkt der Heiligkeit oder des Heiligwerdens getroffen hat, und weiß, daß sobald uns die Sünden vergeben sind in seinem Namen, sobald wir absolvirt sind vom heiligen Geiste, d. i. das Zeugniß des heiligen Geistes in uns haben, daß wir als Kinder Gottes vom Vater angenommen sind um seines Sohnes willen, so dürfen wir gleich denken, wie wir Ihm ähnlich werden wollen, dem Sinn und Herzen nach. Da ist die Moral im Herzen zu Stande, das ist die Lust zu den guten Sitten, zu seyn, wie das selige, innige, demüthige, keusche, barmherzige, gnädige Lamm Gottes; die Lust zu Ihm, das Sehnen nach Ihm, wenn Er uns nicht immer ist, wie eine Mutter dem Kinde; das ist unsere Lust zu Gottes Gesetz nach dem innern Menschen. Und wo diese Lust, dieser Sinn, durch den heiligen Geist im Herzen angezündet ist, da ist Glaube und das Leben im Glauben des Sohnes Gottes. Da wacht man, da schläft man, da redet man, da ißt und trinkt man in seinem Namen, alles auf seine Rechnung, alles auf seine Kosten, alles in Absicht und Hinsicht auf Ihn, darum, weil wir Ihm angehören; darum, weil wir Christen heißen, weil wir aus Ihm genommen sind, weil wir aus Ihm gegraben sind, da Er für uns gestorben ist. Das ist der Punkt, der uns in die Heiligkeit hineinführt, der uns zu ganz andern Menschen macht, an Herz, Seele und Muth, der uns denken macht, wie Er, der uns glauben, hoffen, lieben, leiden macht, wie Er, und zwar immer mit ununterbrochenen Gedanken an Ihn, und liebevollem Hinblick auf Ihn. Wir essen, arbeiten, reden, schreiben, schlafen, wachen; aber alles nur halb; es ist allemal eine gewisse Abwesenheit des Gemüths dabei, wer uns recht ansieht, der sieht, wir sind darin nicht recht daheim; der denkt, die Leute haben andere Gedanken. Wo seyd ihr? wo ich ewig wünsche zu seyn. Ihr seyd nicht daheim? Ja, ich bin daheim, aber nicht ganz? hier hat mich kein Mensch und keine Sache mehr ganz; ich lebe, doch nicht ich, sondern Christus lebt in mir.

Wie nun das zugeht, daß unser Sinn, unser Wandel, unsere Worte gesalbt und geheiliget werden, und daß man uns anmerkt, daß wir wirklich tugendhafte

Leute sind, das kann nicht beschrieben werden, das muß ein jeder selbst wissen, wie es inwendig zugeht, wie Er in uns wirkt, wie Er uns keusch und demüthig macht; das wird so: es kommt etwas anders ins Herz, und in die Sinnen, und das verdrängt, vertreibt, und schiebt auf die Seite das Gegentheilige, und läßts nicht aufkommen, hälts in Respekt, daß es sich nicht melden darf.

Kurz sobald man in Jesu drin ist, so heiligt der heilige Geist das Herz, und richtet es so zu, wie es Gott gefällig und den Menschen erbaulich ist. Und es ist nirgends in der Welt eine wahre Tugend zu finden, als bei Christus, und in seinem Herzen; der macht uns selig, heilig, und Gott wohlgefällig, so wie Er das Wohlgefallen des Vaters war.

Das IV. Kapitel.

Versuchung Christi und Antritt seines Predigtamtes.

1. Alsdann ward Jesus vom Geiste in die Wüste geführt, wo Er vom Teufel versucht werden sollte. Mark. 1, 12. Luk. 4, 1.

Kaum hatte der Sohn Gottes das Zeugniß vom Himmel erhalten, daß Er dem Vater wohl gefalle, so ward Er von dem Geiste, der in der Taufe ohne Maaß Ihm mitgetheilt ward, in die Wüste geführt, um versucht zu werden vom Teufel. Diese Versuchung war eins seiner schweresten Leiden, und eben so verdienstlich für uns, als seine Kreutzigung und Tödtung. Alles ist bloß um unsertwillen geschehen. Er hat den Satan für uns überwunden, daß wir Ihm getrost nachkämpfen können. Der erste Adam ward versucht in einem lustigen Garten, und er ward überwunden; der zweite Adam ward versucht in einer greulichen Wüste, und Er hat überwunden; der erste fiel im Ueberfluß, der andere stand fest im Mangel.

Wenn einer noch so hoch begnadigt ist, so denke er nur nicht, daß er ohne Probe und Versuchung bleiben werde. Die Versuchungen sind nicht für Gottlose und Ungläubige, sondern für Gläubige, Begnadigte und Fromme. Wer dem Teufel freiwillig in sein Netz läuft, den darf er nicht erst versuchen. Wer mit dem Satan schon eins ist, der kann ja nicht von ihm angefochten werden. Anfechtung ist ein Streit; wo aber Einigkeit und Harmonie ist, da ist kein Streit. Wer in offenbaren Sünden lebt, z. B. in Unzucht, Schwelgerei, Ungerechtigkeit, den versucht der Teufel nicht; sondern er beherrscht ihn; er ist schon völlig überwunden, sein Gefangener und Sklave. Wer aber dem Bösen abzusagen anfängt, und sich ganz zu Christo wendet, der wird vom Satan versucht und gereizt, daß er sich wieder von Christo weg, zur Sünde wenden sollte.

Es ist ein gutes Zeichen von einem bekehrten Menschen, wenn ihm der Feind nachstellt, wenn er nicht ohne Kampf und Streit ist. Es ist ein Beweis, daß etwas Gutes in ihm geboren ist. Er soll ja nicht denken, daß er außer der Gnade sey, weil er jetzt im Kampfe steht. Der Geist Gottes, der uns in die Versuchung kommen läßt, giebt ihr solche Gränzen und Ringmauern, daß wir nicht über Vermögen versucht werden können, sondern noch dabei gewinnen. Da der Sohn Gottes versucht worden, wer wollte sich betrüben, daß er auch versucht wird. Die muthwilligen Sünder wissen nichts von Versuchung. Der Teufel nimmt sich die Mühe nicht, diejenigen zu versuchen, die ohnehin sein sind, und nach seinem Willen thun.

Die Versuchung Jesu ist eine seiner tiefsten Erniedrigungen. Gott wird vom Teufel versucht, auf die verächtlichste Weise mit Leckerheit, Lästerung und Abgötterei; und der Verdammungswürdigste will als Gott angebetet seyn, von dem, den alle Engel anbeten.

Hochmüthige Menschen bekennen so ungern ihre Versuchungen, und der Sohn Gottes läßt seine Versuchungen aller Welt bekannt machen. Die allergefährlichste Versuchung ist, wenn man seine Versuchungen seinem väterlichen Freunde, den einem Gott zum Führer und Begleiter auf dem Wege des Lebens geschenkt hat, nicht offenbaren will. Eine geoffenbarte Versuchung ist schon so viel als überwunden.

Die größten Werkzeuge Gottes mußten zuerst versucht werden, eine Probe aushalten, eine Prüfung durchmachen, und abgewogen werden, ehe ihnen etwas anvertraut wurde, oder wenn sie schon mitten drin waren. So hat Abraham die Probe ausgehalten, Moses nicht. Er kam deßwegen nicht ins gelobte Land, sah es nur von ferne. Josua und Kaleb sind bestanden, und ihre Kollegen nicht. Saul und Salomo sind durchgefallen; Paulus ist bestanden (ich habe Glauben gehalten, 2 Tim. 4, 7.); Petrus nicht. Auch die Engel mußten eine Prüfung bestehen, sonst wäre kein Teufel und kein Fürst Michael. Der erste Adam ist nicht bestanden; der andere ist bestanden. Darum müssen uns Prüfungen und Versuchungen nicht so fremde dünken, und es muß uns nicht wundern, wenn auch wir heut zu Tage auf die Probe gestellt werden. Man kann sich auf seinen treuen Herrn verlassen, daß Er uns nicht über Vermögen geprüft werden läßt, und daß Er wohl darauf sieht, daß wir durchkommen, und wenn wir auch nicht beständen, wir doch nicht verworfen würden, sondern aus Gift Honig gemacht werde. Haben wir nicht viel Ehre davon, so haben wir doch Nutzen. **Ich habe für dich gebeten, daß dein Glaube nicht gar aufhöre**, daß du mit deinem Herzen doch nicht von mir abkommest. Luk. 22, 32.

Es heißt auch nicht umsonst, daß Christus vom Geiste in die Wüste geführt ward. Soll man so in die Ruhe versetzt, ausgeleert und wie unnütz werden, damit es der rechte Anfang zum Gebrauch werde, so muß man sich nicht selbst darein versetzen. Will uns Gott in dieser Schule haben, so wird uns schon die Kirchenmutter, der Geist, bei der Hand nehmen und hineinführen. Da ist kein Vorlaufen nöthig, sondern nur die liebe Geduld, wenns da ist. Wird man so in die Wüste versetzt, daß man gar nicht weiß, wozu man in der Welt ist, so bleibt man darin, so lange Gott will; man ißt, trinkt, geht zu Bette, und steht wieder auf, und ist so selig, als man kann; giebt sich zufrieden, ob man gleich nicht mit Wahrheit sagen kann, daß man das Allergeringste für Ihn nütze sey. Besonders wenn Leute, um die ein Gereisse ist unter den Menschen, eine gute Weile so brach liegen und ganz unbrauchbar zu werden scheinen, das ist ihnen sehr gut.

2. **Nachdem Er vierzig Tage und vierzig Nächte gefastet hatte, hungerte Ihn zuletzt.** So Moses 2 B. 24, 18., so auch Elias 1 Kön. 19, 8.

Jesus brachte diese lange Zeit in Enthaltung aller Dinge und mit Fasten zu, um die falsche Lust Adams, der im Paradiese nicht an Gott hängen blieb, und die seiner Kinder zu büßen.

Ein Christ, dem es mit seiner Bekehrung Ernst ist, enthält sich gleich im Anfange seines Laufes aller Dinge um sich alle Gelegenheit und Reize zum Rückfall abzuschneiden, und dem thierischen Leben der Sinne, das er durch den Geist des Lebens tödten will, keine Nahrung zu geben. Er ißt und trinkt aus Nothdurft, nicht aus Lust, dem Herrn, nicht sich selbst. Das ist das rechte Fasten.

3. **Und der Versucher trat zu Ihm,** und nahm die Gelegenheit in Acht, da Ihn hungerte. Das ist die List und Tücke des Satans, daß er eine Seele nie eher anfällt, als wenn er meint, daß sie am schwächsten sey; wenn sie zerstreut, oder sonst nicht recht nüchtern und auf ihrer Hut ist. Er kennt die Neigungen und schwache Seite eines jeden wohl, und weiß, wie er ihm beikommen kann. Dem Wollüstigen legt er die Lock-

speise des Fleisches, dem Hoffärtigen Ehre, Lob, dem Geizigen irdische Güter, Gewinn, Vortheil, dem Zornigen allerlei Reizungen zur Widerwärtigkeit und Zank vor. Niemand aber wird eher und mehr von ihm versucht, als die von ihm abgefallen sind, und nun Christo angehören; zu denen hat er Appetit, sie wie den Weizen zu sichten. Luk. 22, 31.

Es ist eine schriftmäßige Wahrheit, daß, wenn kein Heiland wäre, die Welt ein Königreich des Teufels, und alle Menschen seine Sklaven, und er ihr Gott wäre. Darum nennt ihn Paulus den Gott dieser Welt. Seine Diener werden Fürsten und Gewaltige und Herren dieser Welt genannt. Weil uns aber der Heiland aus dieser Tyrannei errettet, losgekauft und für uns das Lösegeld mit seinem Blute bezahlt hat, und sich etliche Menschen für losgekauft erkennen, die der Satan auch selbst dafür erkennt, so pflegt er nach seiner unruhigen Art auf Mittel zu denken, wie er sie wieder in seine Gewalt bekommt. Hat er es mit lauen Menschen zu thun, die sich öfters, nicht nur einmal, sondern zwölfmal bekehren müssen, so kostet es ihm nicht viel Mühe, wenn er auch wieder weg muß, (und er muß allemal weg, so oft nur die Seele Miene zum Heiland macht); er geht etwa einmal wieder vorbei, und wenn er sieht, daß da noch Platz ist, daß Jesus noch nicht im Herzen drin ist, daß er noch wieder hinein kann, so setzt er sich wieder ins Herz und macht den Menschen noch siebenmal ärger als vorher. Luk. 11, 24. Wo er aber Widerstand findet, wo er sieht, daß es Ernst ist, da versucht er mit List beizukommen, und probirt's auf mancherlei Weise. Man muß aber nicht denken, daß er in garstiger Figur erscheine, daß er mit gotteslästerlichen Gedanken erschrecke, (wie ers sonst wohl auch macht, wenn er sich rächt, daß wir ihm entrissen sind); sondern er weiß sich so in eine Licht-Engelsgestalt zu verbergen, daß es einem wohlgefällt, und man die Sache für gut und erlaubt hält, z. B. ein Mensch steckt in

Noth, und weiß nicht Rath, wo aus noch ein. Es findet sich eine Gelegenheit herauszukommen. Ein guter Freund nimmt sich seiner an, und hilft ihm. Es hängt aber eine ganz kleine Bedingung daran, bei der ihm einfällt: Könnte die gute Sache nicht darüber leiden? Er läßt sichs aber ausreden: Gott hat doch den Freund erweckt, daß du aus der Noth kommst; du mußt schon in etwas einwilligen; die Leute würden es auch einen Eigensinn heißen, wenn ich die Vorschläge nicht annähme. Wer sich da nicht gerade losreißt und absagt: Ich brauch keinen Helfer, als Gott; wer sich so durch Menschen aus der Noth hilft, wobei ein Verderben verborgen steckt, dem mags die Welt wohl nicht verdenken; wers aber versteht, der sagt: Er ist vom Teufel versucht.

Wenn wir nun in der Versuchung dem Satan unterliegen, so mögen wir zwar dem Heiland deßwegen nicht entrissen werden, aber der Satan quält und plagt und martert uns doch, daß uns die Augen übergehen möchten. Er trägt die Sache vors Gericht Gottes, daß er uns versucht und überwunden habe, wie er denn Offenb. 12, 10. der Verkläger der Brüder heißt, der sie Tag und Nacht verklagt vor Gott. Alle Sachen bringt er zuerst dahin, wenn man nicht gleich mit einem zerknirschten Herzen umkehrt, und sich zu den Füßen des Lammes wirft. Wenn sich die Seele besinnt, ob sie bekennen, ob sie weinen und abbitten soll, wenns auch nur eine Viertelstunde wäre, so kommt sie zu spät; der Teufel ist schon zuvorgekommen, denn er geht gerade zu. Und weil sich die Seele nicht ans Wort und an die Salbung gehalten, ihr eigen Leben nicht zu lieben bis in den Tod, so hat Satan eine gerechte Sache gegen sie; es wird ihm zugelassen, daß er an ihr etwas ausübt, woran er seine Lust hat. Was Jesus dabei thut, wenn wir Ihn doch wieder suchen und um seine Gnade bitterlich weinen, ist, daß Er uns Gnade giebt, daß unser Glaube nicht gar aufhöre. Es werden dem Satan Schranken gesetzt, wie weit er gehen darf.

Wer versucht wird, und wird nicht von seiner eigenen Lust gereizt und gelockt, oder von seinem eigenen Geiste zum Besten gehabt, dem schwerer beizukommen ist, als dem Versucher, der muß gründlich nachsuchen, wenn eine satanische Versuchung über ihn kommt, ob nicht noch eine Verbindung mit demselben da ist. Es können unter dem Betrug des eigenen Geistes gar leicht Versuchungen des Satans verborgen seyn, die man etwas anderem zuschreibt. Wenn z. B. Satan merkt, daß aus einem etwas werden könnte, und er ihn gern darum bringen möchte, daß ers nicht wird; so sucht er ihm allerlei ins Gemüth zu setzen: „Es denkt niemand an dich, du wirst versauern ꝛc.“ um eben das herauszubringen, daß er versauern soll. Wenn man nun fragt: ist das, was einer sagt, „weil man mich nicht brauchen will, und nichts aus mir wird, so will ich weggehen und alles liegen lassen,“ eine bloße Versuchung des eigenen Geistes? so sage ich: nein, das ist eine Versuchung vom Satan; denn es kommt vom Hochmuth, und darin liegt nicht nur Satans Art und Natur, sondern es ist sein Favoritstückchen. Er will etwas rechtes seyn: dies war sein Fall, und diese seine Neigung sucht er auch in die Menschen zu bringen. Faul, träg, weichlich, zu besorgt für den Leib, eigenliebig, geizig seyn; das alles kann der eigene Geist hervorbringen. Aber hinaufsteigen, etwas seyn wollen, das gehört unter die Lucifers-Gedanken. Und seine Meinung ist keine andere, als den geschickten Mann, den der Heiland noch recht brauchen könnte, durch einen solchen unzeitigen Gedanken, durch Anmaßung zu vernageln, daß nichts aus ihm wird.

Wenn aber im Gemüthe nicht schon etwas wäre von einer so unglücklichen Neigung, die der Demuth, Niedrigkeit und Sanftmuth Jesu gerade entgegengesetzt ist, so hätte es keine Noth, und ein solcher würde den

Satan auslachen, und das für einen närrischen Gedanken halten, wenn ihm einfiele: Du wirst zurückgesetzt; er würde sich gleich selbst antworten: der Heiland sucht ja, wie mit Laternen, wo Er etwas auftreibt zu seinem Dienst; wenn Er mich für tüchtig erkennt, wird Er mich wohl finden. Oder, wenn er das geringste Bedenkliche merkte, so dächte er: das ist ein feuriger Pfeil des Satans. Gottlob, er ist vorbei, er hat mich nicht getroffen. Aber wie kommt's? wie sind wir so familiär mit einander, der Versucher und ich? Es muß etwas da seyn, was ihn anzieht; er muß noch eine Spur von dem Seinen an mir merken, und der Geruch reizt ihn, daß er so auf mich losfährt, wie eine Katze auf die Maus. Wo ist's? Weg damit! lieber Heiland, wo sitzt's? wo steckt's? das muß fort, das muß herausgerissen werden. Werft ihm, was sein ist, gar hinaus und sprecht: Mein Herz ist Christi Haus.

Der Versucher sprach zu ihm: — **Bist du Gottes Sohn, so sprich, daß diese Steine Brod werden.** 1 Thess. 3, 5.

Der Satan hat Jesum auf drei Proben gestellt, und wider diese drei Anfälle hat das Lamm nur Ein Schwert gezogen. Wir wollen dabei sehen, wie auch wir das Schwert des Herrn, das Wort Gottes, brauchen sollen. Er war vierzig Tage so entkräftet durch Hunger und andere Umstände, daß Er aufs Aeußerste kam, worin ein Mensch seyn kann, wenn er versucht und überwunden werden soll. Nun ists Zeit, dachte der Satan, nun will ich Ihn fällen; seine Schwachheit, sein Hunger werden Ihn nöthigen, sich durch ein Mirakel zu helfen. Er bekam also in dieser Fassung eine Visite vom Satan. Und er sprach zu Ihm: **Bist du Gottes Sohn, so laß diese Steine zu Brod werden.** Das hatte Ihm bisher noch niemand angemerkt und gesagt, daß Er mehr als der Zimmermanns-Sohn von Nazareth, daß Er Gottes Sohn, Gott sey. Selbst Johannes kannte Ihn nicht, wie er selbst sagte, bis er den heiligen Geist auf Ihn herabkommen sah. Joh. 1, 33. Der Heiland hörte also dieses Geheimniß, daß Er für den Sohn Gottes passiere, aus dem Munde des Satans zum Erstenmal; aber Er nahms nicht an von ihm. 4. Er läugnete es nicht; aber Er sagte auch weiter nichts dazu, als: **Es steht geschrieben: der Mensch lebt nicht vom Brod allein, sondern von jedem Worte, das aus Gottes Mund geht.** Das konnte Er sagen; denn Er war vierzig Tage ohne Brod und ohne Speise, und lebte doch. Da wars schon bewiesen. 5 Mos. 8, 3. Luk. 4, 4.

Wenn man aber bei den Thieren und bei dem Versucher in der Wüste ist, so muß man es ihnen nicht beweisen, daß man Gottes Sohn ist; sie brauchen es nicht zu wissen; darum sagt der Heiland nichts weiters, als: **Man kann auch ohne Brod leben.** Das war auch ein Geheimniß, das nicht alle Leute fassen. Es ist keine Sünde, um das tägliche Brod bitten. Und also ist das ohne Brod leben, ein Geheimniß für Leute, die manchmal so fasten müssen, weil sie es nicht anders haben können, und es in ihrem Amte erfahren, als Diener Gottes. Wenn ich aber darüber mit jemand disputiren wollte, daß man wohl auch ohne Brod leben könnte, so würde er mich in kurzer Zeit eintreiben, daß ich stecken bliebe. Wenn er mich dahin triebe, ich sollte diese Probe selber machen, so käme ich nach dem ordentlichen Laufe nicht durch.

Die erste Versuchung des Satans ging also dahin, daß er den Heiland mit der zu frühen Offenbarung des Geheimnisses, daß Er Gottes Sohn sey, lächerlich machen wollte. Der Heiland aber antwortete ihm mit einem andern Geheimnisse, und der Satan hatte nichts darauf zu sagen; denn der Heiland hätte ihm gleich das Exempel Mosis und Elias vorgehalten. Aber der Satan war zu schlau, darauf zu antworten. Mit der ersten Versuchung wars also zu Ende. Daß Er als Gottes Sohn Brod machen könnte, wenn Er wollte, war wahr, aber noch nicht Zeit. Der Heiland brauchte erst etliche tausend Leute, die nichts zu essen hatten; da konnte Ers, das heißt: da wollte ers; da fand er es zweckmäßig.

Da dem Satan der erste Streich nicht gelungen, so versucht er einen andern.

5. **Darauf nahm Ihn der Teufel mit sich in die heilige Stadt** (Kap. 27, 53.), **und stellte Ihn auf die Zinne des Tempels**; er führte Ihn auf eine Höhe 6. und **sprach zu Ihm: Bist du Gottes Sohn, so stürze Dich hinab.** Spring doch da hinunter; du wirst dir dadurch großes Ansehn verschaffen, und man wird dir mehr glauben, wenn du nachher predigst. **Es steht ja in der Bibel** (Ps. 91, 11.) **geschrieben: Er wird seinen Engeln deinetwegen befehlen, und sie werden dich auf den Händen tragen**; das wird Er dir vielmehr thun, da du der Sohn Gottes bist. **Damit du deinen Fuß nicht an einen Stein stößest.**

7. **Jesus sprach: Es steht dagegen auch geschrieben** (5 Mos. 6, 16.): **du sollst Gott deinen Herrn nicht versuchen.** Du sollst nicht Wunder thun für die lange Weile, wenns nicht Zeit ist, wenns keinen Zweck hat; nicht begehren, daß Wachteln vom Himmel fallen sollen, wenn man Manna genug haben kann. Wie ich eine Treppe hinauf gehen kann, kann ich auch wieder hinabgehen; ich brauche nicht hinunter zu springen. Luk. 4. 10.

Wie antwortet man also, wenn einem der Teufel, oder die Welt eine Wahrheit bringt, von der man weiß, daß sie in der Bibel steht? Wenn sie drin steht, und steht nichts zur Erläuterung anderswo, so muß man sie gelten lassen. Hat man aber noch 20, 30 andere Sprüche, woraus man sehen kann, wie der Spruch zu nehmen, und wie weit er zu treiben sey, so muß man sagen: **Es steht dagegen auch geschrieben** u. s. w.

Daß der Teufel so viel Gewalt über Christus gehabt hat, daß er Ihn mit Gewalt aufheben und mit sich nehmen konnte, darf niemanden unglaublich scheinen; wer dafür hält, die Sache sey nicht wahrhaftig, sondern nur im Gesicht geschehen; der Teufel habe die Phantasie Christi irre geführt, daß Er gemeint, Er würde dahin geführt; der räumt dem Teufel wohl mehr Gewalt über Christus ein; denn so müßte er ja gar Gewalt über Christi Seele und ihre Kräfte gehabt haben.

Der Heiland läßt dem Satan eine unrechtmäßige Gewalt über sich zu, damit Er ihm seine Gewalt über uns nehmen möchte.

Uebrigens suchte der Teufel, Ihn zu etwas zu bereden, das er selbst an Ihm nicht ausüben durfte. So kann der Teufel uns zu Vielem reizen, aber nicht zwingen.

Wenn du eine Versuchung des Satans überwunden, so bereite dich auf die zweite und dritte, die noch gefährlicher sind, als die erste. Wenn er dich nicht in Mißtrauen und Kleinmuth stürzen kann, so will er dich durch Vermessenheit und Sicherheit erheben. Der Teufel führt die Seele in die heilige Stadt, wenn er ihr die Gnaden und Werke zeigt, die Gott in ihr gewirkt hat, um sie dadurch selbstgefällig, hochmüthig zu machen, oder zu reizen, etwas Großes, Außerordentliches wider Gottes Befehl zu thun, unter dem Scheine der Ehre Gottes und des Heils der Menschen. Wenn du ein Kind Gottes bist, wenn du Glauben hast, so mußt du dieß und dieß können und wagen u. s. w. Gegen diese hochherfahrende Gedanken des Satans lehrt uns der Heiland die Demuth, die sich nicht versteigt, um etwas Besonderes zu seyn oder dafür gehalten zu werden.

Der Teufel und seine Boten führen dir immer nur einseitig die Schrift an, nur Einen Spruch, der dich stolz oder sicher, oder verzagt und verzweifelnd macht; die andern verschweigt er. Er hält dir z. B. immer vor, daß man durch den Glauben allein gerecht, und durch das Blut Christi rein werde, sagt dir aber nicht, daß der Glaube lebendig, in Liebe thätig, kein bloßer Wahn- und Maulglaube seyn müsse, da einer sich einbildet: ich glaube; ohne des Glaubens Licht und Kraft in sich zu haben, und wirken zu lassen. Wenn er dir so kommt, so begegne du ihm, wie Christus, und sage: es steht dagegen auch geschrieben: in Christo Jesu gilt nichts als die neue Kreatur; — wenn ich allen Glauben hätte, und hätte die Liebe nicht 2c. Ein Spruch der Schrift muß den andern erklären. Diese Schriftauslegung hat uns der Heiland gelehrt. Fern von uns sey der einseitige Schriftgebrauch, den der Satan in die Welt brachte!

8. **Da nahm Ihn der Teufel abermal mit auf einen sehr hohen Berg** *) **und zeigte Ihm alle Reiche der Welt und ihre Herrlichkeit,**

9. **Und sprach zu Ihm: Dieß alles will ich dir geben, wenn du niederfällst und mich anbetest.** Luk. 4, 6. 7.

Das war zu ungeschickt und zu grob. Das griff dem Heiland ans Herz. Jetzt hatte der Satan Zeit zu gehen. Das konnte Jesus nicht mehr anhören ohne Verletzung der Ehre Gottes. Der Unverschämte wollte geben, was er nicht hatte, und fordern, was ihm nicht gebührte. Da hat er sich zu deutlich verrathen und sich den Prozeß gemacht; nun bekam er seinen rechten Namen: Du bist der Teufel, und hiemit den Abschied.

10. **Weiche von mir, Satan! Denn es steht geschrieben: den Herrn deinen Gott sollst du anbeten, und Ihm allein dienen.** 5 Mos. 6, 13.

Wir sehen da, wie der Heiland das Schwert des Wortes Gottes führt, und wie Er, schrecklicher als ein Cherub, den Satan aus der Wüste vertreibt, da er Ihn zum Götzen- und Teufelsdienst verleiten wollte.

Wie oft wird auch uns die Herrlichkeit der Welt vom Teufel vorgestellt; was ist aber alle ihre Herrlichkeit, all ihr Reichthum, und ihre Ehre, als Schatten und Schein?

---

*) Dieß war vielleicht der Nebo, von welchem man ganz Palästina bis an den Sinai übersehen konnte.

Wer die Pracht und das eitle Wesen der Welt gerne sieht und Lust dazu im Herzen hat, der ist schon versucht vom Satan. Er säume nicht mit dem: Hebe dich, Satan!

Die Aeltern verrichten des Satans Amt, so oft sie ihren Kindern Hochachtung und Verlangen nach Dingen dieser Welt, nach Hoheit, Ehre und Reichthum einflößen.

Auch im Geistlichen weiß der Satan sich gar oft in einen Engel des Lichts zu verstellen, indem er in so mancher Seele, die etwas erfahren hat, Begierde nach großen Geheimnissen, tiefen Einsichten, Erleuchtungen und außerordentlichen Sachen, Gesichtern und Wundern erweckt.

Die Ehre, die der Satan von Christus verlangte, zollet ihm alle Welt, oder wen betet der irdischgesinnte, eitle, ehrsüchtige, wollüstige und jeder Sünder an, als den Gott dieser Welt? Durch einen schlechten Gewinn oder eine augenblickliche Lust lassen sich die Menschen vom Satan überwinden, vor ihm zu kriechen; da sich Christus auch durch Anerbietung der ganzen Welt nicht von ihm überwinden ließ.

11. **Jetzt verließ ihn der Teufel, und sieh! Engel traten hinzu, und dienten ihm.** Hebr. 1, 14.

So war der Satan gewiß noch nie gedemüthigt worden, so hat ihn noch kein Mensch zurückgeschlagen. Und hier hat er doch gewiß alle seine Kräfte aufgeboten; aber sie waren erschöpft, und er mußte dem Stärkern weichen. Christus hat das Feld behalten. Halte du dich an diesen, so wird dir von allen Teufeln kein Haar gekrümmt werden. —

Aber siehe, welche Veränderung bei Christo! auf den Krieg mit der Hölle umgiebt Ihn der Himmel. Kaum hatte Er den Satan überwunden, so stehen Engel zu seinem Dienste bereit. Wie Jesus in allem unser Vorbild ist, so auch hier. Nach jeder überstandenen Plage, Prüfung oder Versuchung, wenn wir die Anläufe des Satans ausgehalten und zurückgeschlagen haben, in der Kraft des Herrn, wird uns allemal ein Engel, es sey in Menschengestalt, ein freundliches Wesen oder ein glückliches Ereigniß, trösten; und warum nicht auch ein Engel selbst, wenn gleich nicht sichtbar, doch unsichtbar? Sind sie nicht alle dienstbare Geister? — Siehe Hebr. 1, 14.

12. **Da aber Jesus hörte, Johannes sey überliefert worden, zog er sich nach Galiläa zurück.** Luk. 4, 14. Joh. 4, 43.

Klugheit und Demuth erfordern es manchmal, daß man der Gefahr und Verfolgung ausweiche; ohne Noth und Nutzen sie erwarten ist Hochmuth. Man kann aber auch der Gefahr entgegen gehen, oder sie vorhersehen und bleiben müssen. Alles hat seine Zeit. Man muß nur wissen, was Gott will und das Heil der Menschen erfordert. Mit Gott und seinem Willen ist es besser fliehen, als ohne Ihn bleiben; und mit Ihm ist es besser bleiben, als ohne Ihn entweichen.

Uebrigens ist noch zu bemerken, daß Matthäus hier nicht nach der Zeitfolge erzählt. Johannes ist nicht gleich nach der Versuchung Christi gefangen worden, sondern inzwischen ist noch vieles vorgefallen, das Matthäus übergangen hat, das uns aber Johannes berichtet.

13. **Er verließ die Stadt Nazareth** (weil ihn da seine Landsleute hinausstießen, (Luk. 4, 29.) **kam nach Kapernaum,** einer Seestadt vierzehn Meilen von Jerusalem gelegen **an den Gränzen von Zabulon und Nephthalim, und wohnte daselbst** in Kapernaum, weswegen diese auch anderswo seine Stadt genannt wird. Mark. 1, 21.

14. **Damit erfüllt würde, was von Jesaia dem Propheten gesagt ist:** (Cap. 9, 1. 2.) 15.) **Das Land Zabulon und Nephthalim am Meere, jenseit des Jordans, das Galiläa der Heiden.** 16. **Das Volk das im Finstern saß, hat ein großes Licht gesehen, und denen, die in der Gegend der Todesschatten wohnten, ist ein Licht aufgegangen.** Luk. 1, 79.

Diese

Diese Worte: auf daß erfüllt würde, was geschrieben steht, werden sehr oft angeführt, von Christus und seinen Jüngern, damit wir sehen, das ganze Christenthum war schon im Alten Testamente enthalten, und dieses war nur ein Bild des Neuen; in Christo sollte sich das Bilderwesen endigen, und die Sache selbst dastehen. Was aber im alten Bunde auch wesentlich war, blieb und ging in das Neue über; nur die Bilder schwanden, weil sie in Christo erfüllt waren.

Was von Zabulon und Nephthalim gesagt ist, gilt von allen Menschen. Ehe Christus uns erscheint, als das einzig wahre Licht, sitzen wir alle in dicker Finsterniß und in Todesschatten. Wenn aber bei dem Lichte des Evangeliums, nicht auch das Licht der Gnade leuchtet, so macht es uns nur blind, wie es ehemals die Juden blendete, daß sie gar nichts sahen. Daher muß man diese beiden nicht trennen, und mit dem Licht des Evangeliums nicht nur leuchten, glänzen und aufklären wollen, sondern durch die Gnade und den Geist Christi die Herzen zu zerknirschen und zu heilen suchen.

17. **Von dieser Zeit an fing Jesus an, zu predigen,** (mit denselben Worten, wie Johannes): **Thut Buße, denn das Himmelreich ist nahe gekommen.** Matth. 3, 2. Mark. 1, 14. 15.

Der Sohn Gottes fing nicht eher an, als bis Er durch die Prüfungen und Versuchungen durchgekommen, und nachdem Er dreißig Jahre in einem verborgenen armen Leben zugebracht hatte; was uns zu einem vorzüglichen Beispiele dient, die wir uns so gern überreden, und geneigt sind, andern Seelen zu helfen, ehe noch die unsrige mit Gott wohl steht. Denn niemand kann geben, was er nicht hat; wenn er aber doch geben will, so sind es entweder nur Worte, oder er beraubt sich selbst dessen, was er mittheilt.

Die Buße, Sinnesänderung wird uns von Johannes und Christus, und von den Aposteln als die Thüre zum Himmelreiche gezeigt, wer diese vorbeigeht, geht das Himmelreich vorbei.

18. **Als aber Jesus am Galiläischen Meere umherwandelte, sah er zwei Brüder, Simon der jetzt Petrus heißt, und Andreas seinen Bruder. Sie warfen eben ihre Netze in den See, denn sie waren Fischer.** Mark. 1, 16. Luk. 5, 2.

Hier werden die Fischer gefangen, eben da sie auf den Fang ausgehen. Jesus wählt die Einfältigen und Armen, und vertraut ihnen des Himmels Schätze an. — Der Beruf zum Predigtamte wird gewöhnlich nach der Geburt, dem Verstande und nach natürlichen Gaben gemessen, Christus hatte einen andern Maaßstab, den sie jetzt nicht mehr haben.

19. **Und Er sprach zu ihnen: Folget Mir nach; ich will euch zu Menschenfischern machen.**

Menschenfischer, die im Meer der Gnade arbeiten, müssen, wenn sie im Zuge glücklich seyn wollen, vom Herrn dazu gerufen und gemacht seyn. S. Mark. 1, 17.

20. **Sie verließen unverweilt ihre Netze und folgten Ihm nach.** Kap. 19, 27.

Jesus ruft allen, aber wer hört? Es möchten zwar viele Menschen Jesu nachfolgen, aber das, was sie aufhält, wollen sie nicht fahren lassen. Denn man muß alles, große und kleine Dinge fahren lassen, wenn man Ihm folgen will. Einige verlassen wohl große Dinge, aber die kleinen Dinge behalten sie. Andere verlassen wohl die Dinge, aber nicht die Anhänglichkeit und Anklebung an die Dinge.

21. **Und als Er von da weiter ging sah Er zwei andre Brüder, Jakob den Sohn des Zebedäus, und Johannes seinen Bruder, welche im Schiffe mit ihrem Vater Zebedäus ihre Netze ausbesserten, und Er rief sie.**

Wie verschieden sind die Gedanken des Herrn von den Gedanken der Menschen! möchte man ausrufen, wenn man sieht, daß er seinen Blick bei der Apostelwahl besonders auf Fischer richtete? Daß er Menschen nimmt, die weder Gaben noch Wissenschaften noch sonst ein Verdienst und eine Anlage zu dem haben, wozu er sie brauchen will? Dadurch will er uns lehren, daß wir alle nichts taugen für sein Reich, und daß Er schon die ganz zubereiten und tüchtig machen muß, durch die Er andere berufen lassen will; ferner, daß die Werke seiner Allmacht und Gnade, nicht den Menschen und den Kräften der Menschen, sondern allein seiner Weisheit und Güte zugeschrieben werden müssen.

Netze flicken konnten sie, aber die Welt, die Menschheit verbessern konnten sie deswegen nicht. Das war ein großer Sprung, den nur der Herr mit ihnen machen konnte, den ohne ihn niemand wagen darf. Wen aber Er ruft, der darfs und solls.

Das Netzeflicken hat seine Zeit, und das Netzauswerfen hat seine Zeit. Das muß ein Fischer auf dem Meere der Gnade auch verstehen, denn auch da reißen oft die Netze, und dann muß man sitzen und ausbessern, ehe man wieder auswirft. Ein eifriger, treuer Arbeiter oder Fischer findet und fühlt es wohl, daß er jedesmal, so oft er das Netz ausgeworfen hat, nachsehen muß, ob es keinen Riß bekommen habe? Und es findet sich immer etwas, das zu verbessern ist, um sich wieder zu seiner Arbeit zu schicken, durch Gebet und Einsamkeit, die zerstreuten Kräfte wieder zu sammeln, neue Kräfte zu holen, und andre Mängel und Fehler zu bessern....

22. **Sie aber verließen unverweilt ihre Netze und ihren Vater und folgten Jesu nach.**

Diese zwei haben mehr verlassen als die obigen — nicht nur die Netze, sondern auch den Vater. Aber wirst du sagen, was ist das, alte, zerrissene oder geflickte Netze zu verlassen? und einen armen Vater? Sie hatten nicht viel, sie konnten und haben also auch nicht viel verlassen? Genug, sie haben doch **alles** verlassen. — Wenn jeder nur verläßt, was er hat, und was ihn an der treuen Nachfolge Jesu hindert, so hat er genug verlassen.

Gott fordert nicht von jedem, daß er seinen Stand, seine Eltern, Verwandten verlasse, aber von denen Er es fordert, die müssen es auch thun, und die übrigen müssen sich an die Dinge, die sie behalten dürfen, nicht so hängen, daß sie am Hangen an Gott gehindert werden.

23. **Jesus ging nun in ganz Galiläa umher, lehrte in ihren Synagogen, predigte das Evangelium vom Reiche und heilte alle Krankheiten und alle Gebrechen unter dem Volke.** Luk. 4, 15. 31.

Wie der Herr Jesus dort im ganzen Lande umherwandelte und lehrte und heilte unter dem Volke, so geht sein Geist und sein Auge noch heute und alle Tage durch alle Lande und durch alle Herzen im Lande und in der Stadt, und lehrt, tröstet, salbt, heilt und stärkt. Glaubet es, ihr Bedrängten; der Herr ist euch nahe, und steht vor euch; öffnet Ihm euer Herz, und ihr werdet sein Evangelium und seine Heilkraft fühlen.

Das **Evangelium vom Reiche** predigen, heißt, die Menschen lehren, wie sie Christum, den König des Reiches Gottes, in ihr Herz aufnehmen, und sich von seinem Geiste regieren und treiben lassen sollen; ihnen begreiflich machen, daß das Reich Gottes inwendig in ihnen sey. Luk. 17, 21. Wenn man vor der Predigt Jesum nicht kannte, Gott nur außer sich, da oder dort suchte, Ihn mit bloßen Geberden und äußerlichem Dienste verehrte, so muß man Ihn nach der Predigt des Evangeliums inwendig im Herzen finden, und im Heiligthum des Geistes Gott anbeten gelernt haben.

Und wie das Evangelium alle Blindheit des Geistes und Sünde wegnimmt, so heilt es auch alle Krankheit und Schwachheit des Leibes und der Seele, so, daß man sich wie neugeboren fühlt. Was da von Jesus geschrieben steht, das muß also wörtlich heute noch erfüllt werden, wenn das Evangelium des Reiches Jesu verkündigt wird in seinem Geiste. Der Herr, derselbe, den und dessen Thaten hier Matthäus beschreibt, steht bei seinem Worte, und wenn er nicht dabei steht und mitwirkt, so ist es nicht sein Wort, sondern Menschenwäscherei.

24. **Und sein Ruf breitete sich in ganz Syrien aus; daher brachte man zu Ihm alle die sich übel befanden, Kranke und Leidende aller Art, auch Besessene, Mondsüchtige, Gichtbrüchige, und Er machte sie alle gesund.** Mark. 6, 55.

Selig ist das Land, in welchem der Ruf von Jesu, seinem Evangelio und seinen Thaten erschallt. Aber, wer kommt da zu Ihm? alle, die sich übel befinden, alle, die sich krank fühlen, die leiden. Die sich wohl, reich, gelehrt, geehrt und lustig fühlen und befinden, bleiben zu Hause und spotten darüber, als über eine Schwärmerei. Selig also, wer sich übel befindet, denn er kommt eher zu Jesu, als die sich wohl befinden. Nein, wahrlich, du lieber Leidender, es ist dein Unglück nicht, daß du leidest, du magst von Sünde oder Krankheit, vom Teufel oder Menschen geplagt seyn, es ist dein Unglück nicht. Laß dich nur dadurch zu Jesu treiben, denn Er heilt dich und dir wird ewig wohl werden bei Ihm; dagegen werden alle diejenigen sich einst ewig übel befinden, die hier nur Wohlseyn suchen.

25. **Und es folgte ihm viel Volks nach aus Galiläa, aus der Gegend der zehn Städte, von Jerusalem, von Judäa und aus dem Lande über dem Jordan drüben.** Luk. 6, 17.

Aus allen Ländern und Städten zog Er Leute an sich und nach sich. Er holte sie überall zusammen, die zerstreuten Kinder Gottes, weil Er mächtig in Worten und Werken war. Und einst werden sie aus allen Welttheilen und Farben und Sprachen zusammen kommen.

Das V. Kapitel.

Die Bergpredigt,

die alle systematische Kanzelreden zu Schanden macht, enthält eine gar fremde Lehre, worüber man den Kopf schüttelt, und nichts hören will. Man verzehntet auf gut pharisäisch Till und Kümmel, hält sich in elenden Wortgezänken auf, und das Wichtigste, die Hauptsache, die Lehre des Evangeliums vernachlässigt man. Deßwegen hat **Laurentius Valla**, als er diese Kapitel durchlesen hatte, voll Verwunderung ausgerufen: **Entweder ist dies nicht wahr, oder wir sind keine Christen**; weil alle Christen das Gegentheil thun, als wenn sie alles nicht für wahr und für Christi Lehre hielten. Hier lernt man sich selbst kennen, ob man im **Reiche Christi**, und wie weit man gekommen sey.

1. **Als Jesus die Volksmenge sah, stieg Er auf einen Berg, setzte sich nieder, und seine Jünger traten zu Ihm.**

2. **Und Er that seinen Mund auf, lehrte sie und sprach:**

Sein Mund thut sich noch auf gegen dich, so oft du das Neue Testament aufschlägst, und sein Wort liesest. Aber den Christen dieses Buch verbieten, oder aus den Händen reißen, oder es ihnen verschließen, daß sie es nicht verstehen, oder es aus Verachtung und Nachlässigkeit selbst nicht lesen wollen, das heißt, Jesu den Mund zuhalten und verschließen, daß Er nicht mehr zu den Leuten reden, und sie Ihn nicht selbst hören können. Schreckliches Gericht!

Lasset uns nun zu Jesu **auf den Berg** steigen, oder unser Herz erheben von der Erde, die himmlischen Wahrheiten aus seinem Munde zu hören! Lasset uns uns setzen, d. h. in Stille, Ruhe und Friede der Seele Ihn anhören! Lasset uns mit den Jüngern zu Ihm hinzutreten, d. h. uns mit Ihm vereinigen, Ihn mit Glauben, Andacht und Liebe anhören! Hier macht Er uns das evangelische Gesetz kund, wie das alte Gesetz auch auf einem Berge verkündigt wurde, nur mit dem Unterschiede, daß es dort rauchte, donnerte und blitzte, und mancher Fluch herabfiel, daß man dort den Berg nicht anrühren, sich ihm nicht nähern durfte, wenn man nicht gleich des Todes seyn wollte. Hier aber darf man nahe hinzutreten, sich zum Meister hinsetzen, und Ihm am Munde hängen; hier gehen lauter wohlthuende Strahlen der Wahrheit aus, hier fließen lauter erquikkende Verheißungen wie Balsam ins Herz; hier heißt es immer: selig, selig, selig sind rc.; hier wird uns der Kopf nicht mit vielen Glaubensartikeln, Gesetzen und Ceremonien angefüllt; hier zielt alles nur auf Besserung des Herzens, auf Beseligung des innern Menschen. Da werden alle dogmatische Systeme zu Schanden. Und soll man sich denn versündigen, wenn man nicht begreift, wie die Menschen Systeme und Glaubens- und Sittenbücher u. dgl. gemacht, und den Herrn Jesum damit verbessern wollten? — Sollte denn diese Bergpredigt, wenn man sie auch besonders abdrucken ließe, da man so viele andere Predigten in Folianten und einzeln abdrucken läßt, sollte sie nicht mehr Gutes stiften, als alle jene Menschenwerke sogenannter großer Lichter, oder opera illustrorum virorum? Doch hören wir Ihn, denn Er thut seinen Mund auf — so halte du den deinen zu, und höre, was Er spricht.

3. **Selig sind die Armen im Geiste; denn ihrer ist das Himmelreich.** Jes. 57, 15. Wer in der Armuth ein Himmelreich finden kann, der sollte doch suchen arm zu werden, damit er also reich würde, daß er mit tausend Welten nicht tauschte. Das Himmelreich ist der Geist-Armen, d. h. sie haben gewissen Antheil an Christi Reich, sind seine Miterben. Alles was sein ist, ist ihrer. Siehe Luk. 5, 20.

Die Lehre Christi wird gewöhnlich für etwas so Gehässiges angesehen, daß man einen Phantasten, (Schwärmer und Narren) mit einem wahren Christen in den Gedanken verwechselt. Fromm werden, denkt man, gehört zu den traurigen, halb verzweifelten Entschlüssen derer, die entweder bald sterben, oder sonst in schlechten Umständen sind, daß nichts rechtes mehr in der Welt aus ihnen werden kann. Jesus aber giebt uns ganz andere Begriffe von seiner Lehre. Selig sind, sagt Er, die sich in diesen oder jenen Umständen befinden, welche die Welt für unglückselig hält, und ladet damit das Volk zu seiner beseligenden Herzensreligion ein. Ein Mensch, der sich bekehrt, geht aus seinem Elende in eine herrliche, selige Lage über, und befindet sich sehr wohl, so, daß noch keiner, der die Probe machte, von dem Lande ein übles Geschrei zurückgebracht hat. Nur müssen wir darauf sehen, was für Glückseligkeiten der Herr verheißt. Sie sind von der Art, daß sie nur gewisse Leute begreifen, und Er setzt voraus, daß ein Mensch schon ganz andere Absichten haben muß, wenn er Lust dazu bekommen soll; denn was liegt manchem daran, **daß das Himmelreich sein sey, daß er Gott schaue, ein Kind Gottes heiße.** Die Hottentotten lachen uns mit unsern Pallästen aus; wir tauschen deßwegen nicht mit ihren Hütten. Die Schweine wälzen sich im Koth, die Tauben finden aber ihr Vergnügen nicht im Unflath. So setzen auch verschiedene Menschen ihre Seligkeit im Geistlichen und im Zeitlichen in verschiedene Dinge. Und darum müssen die, welche ans Sichtbare gewöhnt sind, ihre Natur ändern, wenn sie am Unsichtbaren Geschmack gewinnen sollen. Das Schwein muß eine Taube werden.

Wie das zugehe, führt der Herr Jesus hier aus. Er spricht: **Selig sind die Geistigarmen.** Arm seyn heißt, gar nichts haben, oder nichts eigenes, oder doch nicht genug haben, was man nothwendig braucht, und nicht wissen, wo man es hernehmen soll. **Geistlich** arm seyn heißt, die geistlichen Dinge nicht besitzen, ohne die man nicht bestehen kann. Die geistlich Armen sind daher Leute, die nicht sprechen: ich bin reich, ich habe Ueberfluß und bedarf nichts, sondern die da wissen, daß sie in geistlichen Dingen elend, jämmerlich, arm, blind und bloß sind. Es sind diejenigen Menschen, welche ernstlich glauben und bekennen: Wenn oder weil die Lehre Christi wahr ist, **so bin ich noch kein Christ.** Diese, sie seyen entweder noch in Sünden, oder ehrbare Leute, haben Anspruch und Anwartschaft zum Reiche Gottes, zur erbarmenden und vorlaufenden Gnade Gottes, sind Kandidaten des Himmelreiches; wenn jemand von natürlichen Leuten hineinkommt, so sind sie die nächsten. Nur müssen sie glauben, es sey besser ein Christ seyn, als im natürlichen Zustande bleiben.

Der erste Grad der Seligkeit besteht also in einem **heimlichen Hoffen und Aussehen nach der Gnade Gottes**; wie wenn man auf langer Schifffahrt nach dem Port aussieht, welches schon Freude mit sich führt. Es ist aber diese Seligkeit sehr zart und schwächlich; ein Lüftchen kann sie umwehen, und wenn der Mensch nicht weiter geht, sondern mit der Welt fortwandelt, so geht sie verloren.

Die Armuth des Geistes, oder im Geiste erklären andere so, daß sie den arm im Geiste nennen, der mit seinen Gedanken, Begierden, mit seinem Herzen und Gedächtniß an keiner weltlichen Lust, nicht an Reichthum und Ehre klebt, Gott nehme oder gebe ihm die Welt, und alles, was drinnen ist, so lobt er Gott wie Hiob, der allezeit bereit ist, alles zu verlassen und zu verlieren um Christi Willen. In dieser Hinsicht kann ein Reicher, der viele Güter besitzt, aber nicht von den Gütern besessen ist, ärmer seyn, als ein Armer, der nichts hat, aber gern viel hätte.

Doch besteht die Armuth des Geistes nicht blos in der Entledigung von aller Begierde zum Reichthum, sondern sie faßt auch in sich eine gänzliche Armmachung der Seele und des Geistes, einen völligen Verlust und Entsagung aller eignen Ehre, alles eigenen Nutzens, Verdienstes und Vergnügens. Wer ohne allen Egoismus, ohne Eigenliebe und Eigensucht ist, ist ein wahrer Armer im Geiste: wenn der Mensch nichts Eignes mehr hat, worauf er stehen kann, sondern allein in Gott steht.

Es giebt Grade der Geistes=Armuth wie der leiblichen Armuth. Einige sind in der äußersten Armuth und Entblößung von allem, welches die Mystiker Nacktheit Verlierung, Ertödtung, Vernichtigung seiner selbst nennen. Andere aber besitzen noch etwas weniges, andere mehr von sich selbst. Es giebt aber wenige, die zur Central=Entblößung kommen, die den alten Menschen, ihr Ich, ganz ausgezogen und Christus ganz angezogen haben, die sagen können: ich lebe nicht mehr, sondern Christus lebt in mir, nicht habend meine Gerechtigkeit, sondern Christi. Phil. 3, 9. Gal. 2, 20.

Es giebt Güter außer und in uns. Auch der Geist hat Güter außer ihm, z. B. Ehre, guten Namen, Lob, Achtung der Menschen, er besitzt Reichthümer der innern Sinne und Kräfte, Wissenschaft, Tugend, Geistesgaben, außerordentliche oder übernatürliche Gaben und Kräfte. Wenn der Mensch diese Dinge in Eigenheit besitzt, sich darauf etwas einbildet, ihnen mit unreiner Begierde anklebt, so ist er nicht arm im Geiste, und kann das Reich Gottes nicht besitzen; denn Gott kann das Herz nur in so weit erfüllen, als es von allen andern Dingen leer ist. Nur den Armen im Geiste gehört das Himmelreich, nämlich Gott regiert in ihnen und sie in Gott. Gott besitzt sie und sie Gott. Der Aermste im Geiste ist daher der Reichste. (Man lese hierüber Taulers Gespräch mit einem Bettler.) Das Himmelreich ist dein, wenn das Weltreich nicht in deinem Herzen steckt.

4. **Selig sind die Trauernden; denn sie sollen getröstet werden.** Ps. 126, 5. Jes. 61, 2. Luk. 6, 21. 2 Kor. 7, 10.

Zu der Zeit, da es einem um seine Seligkeit angst und um Trost bange ist, geht die große Nachrechnung an: ich bin verloren, verdammt, gefallen, ich bin ein Sünder; in mir, das ist, in meinem Fleische wohnt nichts Gutes; — wer giebt meinen Augen Thränenquellen? In diesen Umständen ist der harte Sinn des Menschen geändert, und Gott giebt ein fleischernes Herz, das wie Wachs zerfließt, da er vorher in seinen Sünden unbeweglich war, wie Stein. Da ist niemand elender, als er; da sieht er nichts, als seine Vergehungen; er erschrickt vor der Menge seiner Sünden; es wird ihm angst, ob ihn Gott annehmen werde. Die Liebe Gottes ist ihm verborgen; er weiß nicht, wie nahe ihm seine Seligkeit ist, und daß er nicht ferne ist, recht fühlbar versichert zu werden, daß ihn Gott lieb habe. Aber auf einmal kommt das Evangelium: **sie sollen getröstet werden.** Mitten in der Betrübniß redet ihn Gott freundlich an, und versichert ihn seiner Gnade. Er erblickt seinen Versöhner am Kreutze, der alle seine Schulden getilgt, für ihn genug gethan, und das Lösegeld für ihn bezahlt hat; er kann Ihn im Glauben ergreifen, und ist selig, indem er spricht: Er hat meine Seele aus dem Tode herausgerissen, und aus dem Verderben errettet. Wie ich mit Adam gefallen bin, so bin ich mit Christo, dem andern Adam, zugleich lebendig gemacht und begnadigt worden. Ich habe Friede vor seinen Augen gefunden. So hat man den Geist des Herrn wieder gekostet, die Gnade genossen, und Trost bekommen. Der Geist kommt auf einmal, aber nicht eher, als bis man Sünder geworden, sich in seinem Elende gesehen, und über seine bittere Armuth, natürliches Verderben, und Geistes-Tod rechtschaffen Leid getragen hat.

Man trägt nicht blos über die Sünden Leid, die man gethan hat, über die schlechten Handlungen und bösen Gedanken, sondern wenn auch einer der tugendhafteste, wohlgezogenste Mensch und von allen geliebt ist, so ist er doch traurig und untröstlich, daß er ein verlorner und verdammter Mensch ist, und ohne Christi Verdienst und Geist in der Welt lebt, weil es ihm noch nicht klar ist, daß er Ihn habe, und sein Herz noch nicht versichert ist, daß ihm der Heiland vergeben habe.

Dies ist der Zustand eines Menschen, der getröstet werden soll, und dem seine Thränen zu lauter Seligkeiten werden, zu einem Reichthum, der nicht mehr von ihm genommen werden soll. Darnach geht ein neues Leben, und eine schöne Gnadenzeit an. Es wird aber kein großes Aufsehn damit gemacht; man besieht sich nicht im Spiegel. Die Demuth kommt dazu; man beugt sich, man schämt sich, daß man so hoch begnadigt ist von Gott, und denkt: ich bin aber doch von Herzen schlecht, und allemal ein armes Kind; nur aus Gnaden selig, und nicht aus mir selber; ich möchte mich verkriechen vor Schaam; aber ich will doch immer näher herankriechen zu dem, der mich gerettet hat.

Dem Menschen vergeht jetzt die Lust zu sündigen; er haßt das Böse, und gegen alle vergängliche Dinge wird er gleichgültig.

Man hat gedacht: unglückselig ist, wer arm ist. Selig die Armen, sagt Jesus. Man hat gedacht: ach, der arme Mensch ist so betrübt und traurig! Das ist ein Glück, sagt der Heiland.

5. **Selig sind die Sanftmüthigen, denn sie werden das Land besitzen.** Jes. 60, 21.

Der Natur der Sache gemäß folgt diese Seligkeit auf die vorige. Wer in einer großen Traurigkeit eben getröstet worden, wird, wie ein Kind das man geschweiget hat; er wird stille und besinnt sich gleichsam. Dies ist die Zeit, da man sich nicht viel in fremde Sachen mengt; man ist gelassen; man räumt bei sich selbst alles auf, ist sehr anhaltend im Gebete, und um äußere Dinge unbekümmert. Man läßt den Vater machen, arbeitet, weil man soll, und nicht, um Brod zu haben. Man wird gegen irdische Dinge immer gleichgültiger, gegen Gott vertraulicher. Solche Seelen haben dann die Seligkeit, daß ihnen, als nach Gottes Reich trachtenden, alles zufällt, und ihre Verheißung ist, daß die Gelassenen das Erdreich besitzen.

Die Sanftmüthigen haben ihre Gemüthsbewegungen in der Gewalt, können die bösen und alles Böse tragen, ohne Böses mit Bösem zu vergelten, sondern sie vergeben und sind freundlich mit den Unfreundlichen, geschlacht mit dem Ungeschlachten. Das Brausen des Gemüthes ist gestillt, und das Joch der Neigungen abgeworfen, das Natur-Rad (Jak. 3, 6.) läuft nicht mehr so unbändig, sondern hat eine Hemmkette bekommen. Solche Leute sind selig, sie haben keine Jagd mehr mit ihren Leidenschaften, bestehen nicht mehr auf ihren Kopf und Eigensinn, sondern lassen alles mit sich machen, und so macht Gott ihr Glück. Sie sollen besitzen. Gott schafft's ihnen, ohne daß sie sich selber drum bekümmern: „ihre Seele ist stille zu Gott, dessen Wille ihnen zu helfen steht; ihr Herz ist vergnügt mit dem, wie's Gott fügt, nimmt an, wie es geht; geht es nur dem Himmel zu, und bleibt Jesus ungeschieden, so sind sie zufrieden."

Es ist aber die evangelisch-christliche Sanftmuth wohl zu unterscheiden von der politischen Höflichkeit oder phlegmatischen Gleichgültigkeit, die von der Natur und einem wässerigen Temperamente herkömmt; nein, jene wird aus der Gnade und Liebe von oben geboren auch in Gemüthern, die von Natur gerade das Gegentheil sind.

Eine solche sanfte Seele, die über nichts verdrießlich, mürrisch, launig u. dgl. wird, besitzt das Erdreich, d. h. genießt alles auf Erden schon viel ruhiger, seliger, besser, als ein unsanfter, mürrischer, leidenschaftlicher Mensch, der überall keine rechte, ganze, ungestörte Freude haben kann, weil seine Galle ihm alles verbittert; dahingegen der Sanfte sich alles Bittere versüßt. In einem sanften Gemüthe fällt alles linde auf, weil der Grund linde, sanft, weich ist; in einem unsanften fällt alles hart, wie auf Stein, weil Kieselsteine im Herzen sind.

6. **Selig, die nach Gerechtigkeit hungern und dursten; denn sie werden gesättiget werden.** Luk. 6, 21. Of. 7, 16.

Der menschliche Geist kann nicht müßig seyn. Wenn daher dem Menschen alles weggenommen, und die Lust zu allen sichtbaren Dingen vergangen ist, so sucht er sich doch wieder etwas, und streckt sich nach dem Unsichtbaren aus. Daher folgt auf den Zustand der Gleichgültigkeit gegen alle Dinge, **der Hunger und der Durst nach Gerechtigkeit**, d. h. das Verlangen, die durch Christum erworbene Gnade täglich zu genießen. Der Ausdruck des Hungerns und Durstens bringt mit sich, 1. daß es eine **tägliche** Empfindung sey, denn man hungert täglich; 2. daß ein Mensch daraus, daß er sie **fühlt oder nicht fühlt**, seinen geistlichen Wohlstand, Gesundheit oder Krankheit erkennen kann. Wen täglich nach Christi Gnade hungert und dürstet, der ist gewiß ein Kind Gottes. Wer aber eben so gleichgültig gegen die Gnade, als gegen die übrigen Dinge ist, der ist entweder ein bloßer Weltweiser ohne Gott, oder ein kränkelnder Christ, dessen geistliches Leben in Unordnung ist. Wer die Gnade oder vielmehr ihre Empfindung erzwingen und durch allerlei äußere Betrachtungen, Strengheiten, gute Werke rc. ertrotzen will, ist auch in keinem gesunden Zustande. Wer sich nicht an der Gnade zur Zeit und Stunde begnügen, und lauter süße Empfindungen in einem Zuge fort haben, lauter Wunder sehen, auch nicht zur Nothdurft, sondern zur Lust sich mit den Geheimnissen des Reichs Christi divertiren und nichts als Confekt essen will, der nährt sich sehr übel, und ist nicht hungrig, sondern leckerhaft. Wer nur dann und wann des Jahres, z. B. beim Abendmahle sich mit Gott vereinigen will, und nicht alle Tage seine Kraft und selige Gemeinschaft herzlich verlangt und sucht, der ist auch kein Gnadenhungriger.

Die Seligkeit äußert sich darin, daß man in seinem Begehren erhört und satt wird, daß man das Fleisch des Menschensohnes ißt, und sein Blut trinkt, Joh. 6., welches die wahre Speise und Nahrung der Seele ist, ohne welche es kein Leben, keine Nahrung und Sättigung giebt.

Die Ursache, warum so wenige Menschen gerecht und selig werden, ist keine andere, als weil sie's nicht verlangen, nicht darnach hungern. **Wen da dürstet, der komme zu mir und trinke, und nehme Wasser des Lebens umsonst!** Offenb. 21, 6. und 22, 17.

Wer voll pharisäischer gesetzlicher oder eigener Gerechtigkeit ist, hungert nicht nach der Gerechtigkeit Christi, wird auch nicht satt. Wen nach irdischen Gütern und Vergnügungen hungert, oder wer voll davon ist, hungert auch nicht nach dem ewigen unsichtbaren Gute der Gerechtigkeit Christi, wird auch nicht satt, denn Gott sättigt nur leere, hungrige, arme Herzen; darum leere dich aus, spey aus die Welt, und deine eigne Fülle, so wird dich Gott nicht leer lassen, sondern mit Ihm erfüllen.

7. **Selig die Barmherzigen; denn sie werden Barmherzigkeit erlangen.** Jak. 2, 13. Spr. 21, 21.

Das Gefühl der Armuth, der Traurigkeit, des Hungerns und Durstens macht **barmherzig**. Man kann andere nicht hungern sehen, man möchte gern aller Leute Freund, Koch und Diener seyn, ihnen ihre Nahrung für ihre Seelen schaffen. Selig sind alle die Hochzeitbitter, Köche und Diener; es soll ihnen nichts abgehen; es soll ihrer auch gedacht werden in Barmherzigkeit und Liebe. Wer selbst erfahren hat, was es sey, nach Gnade hungern und dürsten, schmachten nach dem Einen Nothwendigen, nach dem gekreuzigten Lamm, durch welches wir allein vor Gott gerecht werden, der wird von großer Erbarmung gerührt, so oft er Seelen sieht, die noch nichts von göttlichen Dingen wissen, die noch in der Irre gehen, oder in ihrem Elende ohne Hoffnung sich fühlen, über ihr Verderben herzlich jammern und nach Gnade seufzen. Es bewegen sich die Eingeweide [wie eigentlich der Schriftausdruck *) lautet], und man sucht entweder mit anhaltendem Gebete oder mit Predigten und Gesprächen die Menschen mit Gott zu versöhnen, und die Versöhnten in seiner Gemeinschaft zu erhalten. Wer selbst gefühlt hat, wie einem Leidenden zu Muthe ist, kann Mitleiden mit andern haben. Uebrigens ist die Barmherzigkeit eine Tugend, da man sich die Noth des Nächsten, leibliche sowohl als geistliche, zu Herzen gehen läßt, und an demselben die Werke der Barmherzigkeit, der Liebe reichlich ausübt. „Ich war des Blinden Auge, des Lahmen Fuß, ich trug Leid, wenns meinem Nächsten übel ging," sagte David und Hiob.

8. **Selig, die reines Herzens sind, denn sie werden Gott schauen.** Ps. 23, 4. 50, 15. 1 Joh. 3, 2. 3.

Das Gemüth ist das Auge, womit man geistliche Dinge erkennen und schauen kann. Ist daher das Gemüth unrein, oder mit Sünde und irrdischem Wesen bedeckt, wie mit einem Felle oder Schuppen, so kann es Gott nicht schauen, und seine Wahrheit im Grunde nicht erkennen, wenn man gleich die Buchstaben und Worte Gottes oder der Wahrheit im Kopfe hat.

Das geringste Stäubchen im Auge macht uns untüchtig, die sichtbaren Gegenstände, die vor uns stehen, zu sehen. Eben so leicht kann dein inneres Auge, dein Herz getrübt und verunreinigt werden, daß es Gott nicht schauen kann.

Ein reines Herz ist ein einfältiges Herz, das mit Gedanken und Worten nichts sucht, als Jesum zu erfreuen, dessen einziges Ziel Jesus ist, ohne alle Nebenabsichten in allen Stücken. Was es denkt, redet und thut, geschieht alles in Ruhe und Frieden. Es will nicht

*) Mark. 8, 2. und Matth. 9, 36. heißt es: Er erbarmte sich und hatte herzliches Mitleiden; oder nach dem griechischen Worte: Sein Eingeweide, sein Innerstes bewegte sich.

nicht eben gelobt seyn, es hat schlechte Gedanken von sich, ist aber mit seines Herrn Zufriedenheit getröstet, und besteht nur darauf, daß kein anderer Gedanke, kein anderer Hang hervorkomme, der auf etwas anderes gehe, als Jesum zu erfreuen. Ihn nicht mit der geringsten Kleinigkeit zu betrüben, das ist der erste und auch der letzte Gedanke.

Sein Gewissen beißt es nicht, was es denkt redet und thut, das geschieht alles in Ruhe und Frieden. Wenn die Frage ist, wie und wo man ein reines Herz bekomme? so ist die Antwort: in Jesu Kreuz und Tod, in seinen Wunden durch die Verbindung, die ein menschliches Herz mit dem verwundeten Herzen Jesu kriegt. Wer es anderswo sucht, und darauf los arbeitet, ehe er Jesum ganz ergriffen und sich in Jesu Herz eine Wohnung oder ein Nest gemacht hat, der treibt Staub auf, daß er nicht aus den Augen sehen kann. Nein, das Herz muß erst gesprengt, und so zugerichtet werden, daß man, was nicht taugt, füglich hinauskehren und schwemmen kann; das Auskehricht muß keinen Rückhalt mehr bei der Seele finden, sondern ihr Verlangen, ihrem Heiland zur Ehre zu seyn, muß so überhand genommen haben, daß ihr die Tage und Stunden Ewigkeiten dünken, bis sie hat, wornach sich ihr Herz sehnt. „Gieb mir dein Herz!" sagt Er; antwortet man: „da ist's," so übernimmt Er alles, was daran zu thun ist. Aber erst will Ers eigen haben.

Es ist eine Schande, ein Kind Gottes heißen und kein rein Herz haben, weil alle Unreinigkeit von einer heimlichen Verbindung mit dem unreinen Geiste, dem Feinde des Kreuzes Christi herrührt, der sein Werk hat in den Kindern des Unglaubens, dessen Interesse ist, Uneinigkeiten im Herzen verdeckt zu unterhalten, denn dadurch hat er noch immer den Zutritt und eine Hinterthüre offen.

Solche reine Herzen sollen **Gott schauen**. Das ist eine reitzende Seligkeit, die schon im Namen etwas

Anziehendes hat. Was heißt nun: Gott schauen? Man kann es nicht leichter erkennen lernen, als wenn man das Gegentheil bedenkt, nämlich den Moment, da Adam aufhörte, Gott zu schauen. Gott kam nach seiner Gewohnheit, dem Adam sich zu offenbaren. Aber Adam fürchtete und verbarg sich vor Gottes Angesicht. Gott verwies es ihm, und überzeugte ihn, daß es bloß daher komme, daß er nicht redlich wäre, sondern ein tückisches Herz gegen Ihn hätte.

Es ist kein Zweifel, Adam hat Gott vor dem Falle so vollkommen gesehen, als wir Ihn dermaleinst sehen werden. Wie unser Leib mit den Augen sieht, so sieht der Geist Gott in seiner Art. „Ich will schauen dein Angesicht." Ps. 17, 15. „Wann werde ich dahin kommen, daß ich dein Angesicht schaue?" Ps. 42, 3. ruft David aus. So wenig der Leib die Regung Gottes in der Seele hindern kann, so wenig kann er die geistliche Anschauung Gottes in der Seele hindern. Es steht also der unbeschreiblichen aber wahren Anschauung Gottes im Geiste nichts im Wege, als ein unredliches Herz. Ein reines Herz geht, so lange es in der Hütte ist, dem Geiste nach Gott treuherzig unter die Augen, und scheuet sich vor seiner Gegenwart gar nicht. Hingegen kann ein Mensch, der nicht lauter und redlich vor Gott ist, weder im Gebete noch beim Abschiede von der Welt, noch bei der Auferstehung seinen Erlöser treuherzig ansehen, sondern muß sich, wie Adam, vor Ihm verbergen.

Hier schon sind reine Herzen selig, sie leben schon im Frieden und im Genusse ewiger Seligkeiten. Was noch abgeht, betrifft nicht die Realität, sondern nur die Modification (nicht das Wesen, sondern nur die Art und Weise des Genusses ist verschieden).

Selig sind demnach, nicht die sich bloß der reinen Lehre rühmen, sondern die reines Herzens sind. Wo sind aber die? Wo es Gläubige giebt; denn durch den Glauben werden die Herzen gereinigt. Apstg. 15, 9. Es ist also eben auch die Heiligung damit gemeint, ohne welche niemand Gott schauen wird. Hebr. 12, 14.

9. **Selig die Friedensstifter oder Friedfertigen, denn sie werden Kinder Gottes heißen.** Hebr. 12, 14. 1 Joh. 3, 1. 2.

Ein Friedensstifter ist ein Mensch, der sich zwischen allen Thüren quetscht, weil er sich zum Liebhaben geschaffen findet, und daher nicht ganz vergnügt seyn kann, wenn nicht alles um ihn her auch vergnügt ist, und wenn er wüßte, daß ihn jemand verrathen würde, so würde er ihm doch helfen, wie er könnte. Und der Herr hilft ihm auch durch, daß die Bosheit selbst nichts gegen ihn einwenden kann. Das dient ihm nun nicht zu einem Ruhm und Triumph, sondern es ist ihm nur dazu recht und bequem, daß er alles ohne Gefahr lieben kann.

Die Friedensstifter haben daran nicht genug, daß sie für sich ruhig sind, sondern sie suchen den rechten Grund des Friedens sowohl für sich, als andere, mit eigenem Ungemach. Es suchen zwar auch fleischlich gesinnte Leute Ruhe und Frieden, und fürchten den Streit; aber nur aus Eigennutz und Eigenliebe, sie suchen nur ihre Gemächlichkeit. Wenn einer verachtet, gereitzt und gelästert wird, dann sieht man, ob er friedfertig sey, oder ob er Koth und Unflath aus seinem unreinen Herzen auswerfe. So lange kein Anlaß zum Unfrieden ist, kann man nicht sehen, ob einer friedfertig sey. Zum wahren Christenthume gehört aber, daß man auch gegen Feinde friedfertig sey, und die Leute lieb habe, die uns spinnenfeind sind, in Hoffnung ihrer Besserung. Wenn nun die Friedensstifter Kinder Gottes sind, was sind denn die Friedensstörer? Kinder des Teufels.

Die Leute, die immer in Frieden leben mit allen Menschen, passiren als Kinder Gottes. Wer aber sein Vergnügen hat an anderer Menschen Beschämung, wer Streitigkeiten erregt, oder unterhält, der mag mit Christo stehen, wie er will, so halten ihn doch die Leute für nichts. Sollen sie ihn für ein Kind Gottes halten, so muß seine Herzlichkeit, sein kindlicher Sinn, die Liebe, die sein Element ist, ihm den Credit verschaffen, daß er aus dem geboren ist, dem er so ähnlich sieht.

10. **Selig, die um der Gerechtigkeit willen Verfolgung leiden, denn ihrer ist das Himmelreich. 11. Selig seyd ihr, wenn euch die Menschen um meinetwillen schmähen, oder verfolgen und Böses aller Art wider euch lügen.** Röm. 8, 17. 1 Petr. 3, 14.

Sobald man das Bild Jesu an sich trägt, so kann einen die Welt wegen der Aehnlichkeit mit Jesu unmöglich mehr vertragen, und so muß man dann auch Verfolgung leiden, und wird kaum in der Welt geduldet, nach dem Beispiel Christi, seiner Apostel und aller seiner Nachfolger. Was man aber solchen Nachfolgern Jesu Schuld giebt, das sind lauter Lügen, und sie könnten wie Jesus sagen: Um welches guten Werkes willen wollt ihr mich steinigen? Der Welt fehlt es zwar an scheinbaren Vorwänden nicht, obgleich den Feind in der That nur der Sinn Christi dazu veranlaßt, den er in ihnen findet und haßt.

Da sagt uns aber der Heiland, wir sollten nur alles über uns ergehen lassen und aushalten, es würde uns sehr wohl bekommen; und das ist Ihm noch nicht genug; man soll sich auch darüber freuen, man soll auch selig dabei seyn. Es soll einem nicht wohl seyn, wenn einen die Leute ehren. Gern nichts gelten, gern verachtet seyn, und um Jesu willen gedrückt und verfolgt werden, wenn man nur innerlich selig seyn kann, das liegt in den Worten Jesu. Aber auch das liegt darin, das einem alles so reichlich vergolten wird, und daß man so hoch geehrt werden soll, für das bischen Schmach, das man in der Welt gehabt hat.

Uebrigens ist dieß eine Seligkeit, nach der kein großes Verlangen ist. Sonst fehlt es eben nicht an Gelegenheit dazu. Es ist sicherer, leichtfertig und gottlos, als heilig und gottselig in Christo, zu leben. Wer recht thut und Gott fürchtet, ist unter allem Volke nicht angenehm bei den Menschen *). Und in diesem Stücke sind gewöhnlich die **Hirten** die **Wölfe**, die die Schafe anfallen und zerreißen. Doch können alle Verfolgte um Jesu willen getrost und ruhig seyn; denn das Himmelreich ist ihrer, und das ist ein großer Lohn, den niemand von ihnen nehmen wird, denn bis dorthin reicht die Gewalt der Verfolgung nicht.

---

*) Diese Sitte hat nicht nur die Welt sondern alle Partheien, die sich christliche nennen, aber weltlich sind, mit welchem Namen sie immer genannt werden. Diese Sitte haben alle Nationen und Völker. Wer je Gott fürchtete und Gerechtigkeit übte, der war eben deßwegen nicht angenehm bei den Menschen. So Joseph unter seinen Brüdern, so Abel bei Kain. Selbst die heidnische Geschichte liefert uns Beispiele; Socrates, Aristides, Themistocles ꝛc. wurden aus keiner andern Ursache von Athen verbannt oder umgebracht, als, weil sie besser waren als andere. Sie wandelten nach dem Lichte, das ihnen leuchtete. Und dieses Licht, so klein es auch seyn mag, können die Kinder der Finsterniß nicht ertragen. Heliogabulus hat den Ulpian, den großen Gesetzgeber, bloß deßwegen seines Amtes entsetzt, weil er ein aufrichtiger, redlicher Mann war. Es werden zwar allemal andere Gründe angegeben, aber die eigentliche Ursache ist doch allezeit die, welche die Epheser geradezu heraussagten, da sie den Hermodon verbannten: Wir wollen nicht, daß einer unsrer Bürger den andern an Güte übertreffe. So aufrichtig und unverstellt war auch der Bauer, der dem Aristides, welcher der Gerechte genannt wurde, da er aus der Stadt ging, begegnete, und ihm auf die Frage, warum er nach Athen käme, antwortete: „Dich zu verbannen." Und da Aristides fragte: was hab' ich denn Böses gethan, daß du mir so übel thun willst? so antwortete der Bauer: „Ich kann den Namen eines Gerechten nicht leiden."

Ist es nun nicht eben so unter den sogenannten Christen? Sobald man sich im Ernste Gott ergiebt, muß man sich gefaßt machen, von allen Geschöpfen, selbst von dem, die den Schein der Gottseligkeit haben, aber ihre Kraft verläugnen, verfolgt zu werden, die da meinen, Gott ein wohlgefälliges Opfer damit abzustatten. Es darf einer nur nicht jede böse Sitte der Welt so mitmachen, wie es die Gottlosen verlangen, nicht mehr mitsaufen, spielen, tanzen, Ehre abschneiden, lästern, spotten, fluchen ꝛc., so wird die Verfolgung, Schmähung nicht mehr ferne seyn. Ein junger Mensch darf nur nicht mehr in alle lustige Gesellschaften laufen, so wird er bald einen Schimpfnamen haben, Kopfhänger, Sonderling oder dgl. heißen. Wer sich bekehrt, darf für den Spott nicht sorgen, er soll ihn aber auch nicht fürchten, sondern zuvor wissen, daß die Welt das Gute haßt und lästert, verspottet und hindert.

Man glaubt nicht, wie übel wahren Christen nachgeredet wird. Menschen, die sich ein Gewissen machen, von einer Hure übel zu sprechen, machen sich keins, wahre Christen in das übelste Geschrei zu bringen.

Um meinetwillen, sagt der Heiland, muß es aber seyn, und darum maße es sich doch niemand an, der sich nicht bewußt ist, daß er bloß deßwegen verfolgt wird, weil er an Christum glaubt, Christum verkündigt, und in Christo fromm lebt. Man leidet oft nur um seines Eigensinnes, oder um seiner Meinungen willen, die man für Glauben hält, oder reitzet den Zorn der Feinde wider sich, entweder mit verkehrtem bittern Eifer, oder mit persönlichen Beleidigungen. Man soll auch nicht viel Wesens machen, darüber, daß man verfolgt wird; denn der Heiland sagt:

12. **Freuet euch und frohlocket, denn euer Lohn *) ist groß in dem Himmel.** Hebr. 11, 26.

Verfolgung bringt Freude, hier schon, denn sie ist das sicherste Kennzeichen der Erwählung. Alle Heiligen sind verfolgt worden, im alten und neuen Bunde, weil Christus alle sich gleichförmig machen wollte. Dennoch fliehen die meisten die Verfolgung, obgleich sie gern hei-

---

*) Hugo a. S. virt. de sacram. fid. schreibt: Einige Thoren, welche so thörigt sind, daß sie sich selbst nicht verstehen reden so: „Wir lieben Gott und dienen ihm, aber wir suchen keine Belohnung, um nicht Miethlinge zu seyn, auch Ihn selbst suchen wir nicht. Er wird uns geben, wenn Er will, aber wir suchen Ihn nicht, wir wollen so wenig von Lohn etwas wissen, daß wir auch den, welchen wir lieben, nicht suchen." Bedenkt doch ihr Weisen, was ihr sagt: wir lieben Ihn, aber wir suchen Ihn nicht, das heißt so viel als, wir lieben Ihn, aber wir bekümmern uns nicht um Ihn. Ich, als Mensch, möchte nicht so von euch geliebt werden. Ihr versteht die Bedeutung der Liebe nicht, was heißt l i e b e n anders, als e t w a s h a b e n w o l l e n? Nur nichts anders neben Ihm verlangen, als allein Ihn selbst, das heißt uneigennützige Liebe. Es giebt keine Liebe ohne Verlangen. Wenn du etwas anders außer Gott suchst, bist du ein Miethling. Wenn du Ihn um seiner selbst willen liebst, bist du ein Kind Gottes. Auch, wenn du das ewige Leben für etwas, von der Gemeinschaft mit dem höchsten Gute, welches Gott ist, Verschiedenes hältst, und Ihm dienst, um ein solches zu erlangen, ist es kein reiner Gottesdienst, keine reine Liebe. Wer Gott liebt, liebt sich selbst, weil er das liebt, was das wahrhafte Gute seiner Natur ist.

lig seyn möchten. Verfolgung schreckt viele, die schon auf dem Wege sind, wieder ab, daß sie zur Welt umkehren. Sie sehen nur auf die gegenwärtige Trübsal, die doch nur zeitlich und leicht ist, und nicht hinaus auf die Belohnung, die groß und ewig ist; sie bedenken nicht, daß alle Propheten und Apostel auch so verfolgt wurden.

— **So haben sie die Propheten, die vor euch waren, auch verfolgt.** Hebr. 11, 36. rc.

Welche Ehre, durch die Verfolgung in die Gemeinschaft der Propheten und Apostel zu kommen, und selbst Christo ähnlich zu werden!

Die Copie soll dem Original ähnlich seyn. Haben sie Mich verfolgt, so werden sie euch auch verfolgen, sagte Christus. Seyd ihr's doch nicht allein, denen dieses wiederfährt. Ist es doch allen Vätern und Propheten so ergangen, daß sie von der Welt verspottet oder verfolgt wurden. Aber was hat die Welt damit gewonnen? daß die Propheten jetzt geehrt sind und ewig mit Christo regieren. So wird es euch auch gehen.

13. **Ihr seyd das Salz der Erde.** Mark. 9, 49. Luk. 14, 34.

Jesus nennt seine Leute darum ein Salz, weil sie den Erdboden würzen, ihm die Unschmackhaftigkeit nehmen, und machen sollen, daß es den Menschen erträglich wird, auf Erden zu bleiben und zu warten, bis daß Er kommt; den Erdboden vor der Fäulniß und dem Zustand zu bewahren, der ärger ist, als der Untergang, wenn man bei lebendigem Leibe verweset und stirbt.

Darum soll ja kein Körnchen dumm werden, oder seine Salzkraft verlieren und die Quelle verstopfen, woraus die Kraftausflüsse herkommen.

„Wie das Fleisch, wenn es nicht gesalzen ist, fault, übel riecht und Würmer darin entstehen, eben so eine Seele, eine Gemeine, wenn sie nicht den heiligen Geist, das himmlische Salz, empfangen und in sich hat, so fault sie, wird voll Gestank böser Gedanken, und die

Würmer der Finsterniß nisten und nähren sich in ihr, die alles verderben. Wenn sie aber zu Gott fleht, um den guten Geist, so kommt und tödtet er die Würmer, vertreibt den Gestank und reinigt sie, und so wird sie vom Verderben erlöst." Makar. Hom. I. §. 5.

Der große Haufe der Weltmenschen ist ohne die Kinder Gottes wie ein faules Aas, das längst verworfen und vertilgt worden wäre, wenn ihn Gott nicht um jener Willen erhielte.

— **Wenn das Salz seine Kraft verliert, womit soll man sie ihm wiedergeben?** Wenn das Predigtamt, die Lehrer selbst verdorben sind, und sich nach der gemeinen, faulen Art zu leben und zu lehren bequemen, wer wird dann der Welt geben, was ihr fehlt; wenn die Kirche selbst zur Welt geworden ist?

Wenn aber Jesus lehrt, daß ein **dummes Salz**, d. i. solche Lehrer, die Gottes Wort nicht kräftig predigen, sondern nur Menschenworte, Menschensatzungen, oder eine wässerige, unschmackhafte Moral, in ihrem Amte zu nichts nütze sind, als daß man sie hinauswerfe und zertrete, so muß man sich selbst ja recht wohl prüfen, ob man Salz und Salzkraft in sich und in seiner Lehre habe.

14. **Ihr seyd das Licht der Welt.** Phil. 2, 15.

Warum? Das rechte Licht steht dahinter. Wer Ihn hat, in wem Er ist, und wer in Ihm ist, der ist ein Licht der Welt, weil Er das Licht der Welt ist, und durch uns leuchtet, wenn Er in uns ist. Unsere Strahlen kommen von Ihm her, von der Sonne der Gerechtigkeit, vom Sohne Gottes. Wenn aber ein Kind Gottes Jesum aus den Augen verliert, so ist es finster, und seine ganze Schönheit und Klarheit hat sich verloren. Es ist in der Zeit zu nichts zu gebrauchen, denn das Licht, das dahinter stand, ist gewichen, und war nicht sein Licht.

Licht vom Licht müssen alle wahre Christen seyn. Und ein Licht, wenn's nicht ein gemahltes, sondern ein

wahres ist, kann nicht verborgen bleiben, es muß leuchten und leuchtet von selbst, d. i. es fällt in die Augen, vertreibt die Finsterniß um sich her. So das Leben und die Lehre des wahren Christen, denn

— **Eine Stadt auf dem Berge kann nicht verborgen bleiben.** Wie sollte man Jerusalem, die große, herrliche Gemeine Christi, nicht sehen? Die muß von weiter Ferne schon wahrgenommen werden. Der Berg, auf dem sie erbauet ist, ist groß und erhaben genug, um nicht übersehen zu werden.

Aber leider ist mancher so hoch erleuchtet und aufgeklärt in seinem Verstande, oder so sehr durch seinen Stand erhoben, daß er wie eine Stadt auf dem Berge hervorragt, und in dieser Hinsicht sehr hoch oben logirt; aber in Hinsicht seines Lebens wohnt er tief im Thale oder im dickten Walde, daß man nichts Gutes an ihm sehen kann. Was hilft das Licht der Erkenntniß, das Wissen, die Ehre des Standes, wenn nichts als Finsterniß im Leben ist? Wenn ein Ungläubiger das Licht des Evangelii nicht in unserm Wandel leuchten sieht, sondern da lauter Nacht und Finsterniß der Sünde findet, so machen wir ihn mehr blind als sehend. Das christliche Leben ist ein hoher Berg, den man nicht ohne Mühe ersteigt, er entfernt uns von der Erde, und nähert uns dem Himmel.

15. **Man zündet kein Licht an, um es unter den Scheffel zu stellen. Auf den Leuchter stellt man es, damit es allen im Hause leuchte.**

Wenn man etwas von Gott empfangen hat, so muß man es nicht verbergen. Du mußt dich in deinem Hause, in deiner Umgebung so als Christ auszeichnen, so von der Welt unterscheiden durch die Strahlen deines Wandels, wie sich ein Licht bei Nacht von der Finsterniß unterscheidet und ausnimmt.

Kein Licht zündet sich selbst an, so kann sich keiner das Licht selbst geben. So wird auch kein Licht um seinetwillen angezündet, sondern daß es andern leuchte.

Eben so wenig setzt sich ein Licht selbst auf den Leuchter. Gott zündet seine apostolische Lampen mit dem Finger seines Geistes an, und setzt sie hin, wo Er will, daß sie leuchten sollen, und nimmt sie wieder weg, wann Er will. Siehe Luk. 8, 16. u. 11, 33. Mark. 4, 22.

16. **Darum lasset euer Licht leuchten vor den Menschen, damit sie eure guten Werke sehen, und den Vater im Himmel preisen.** 1 Petr. 2, 12.

Es ist sehr merkwürdig, daß der Herr nicht sagt: Lasset eure guten Werke sehen, damit ihr für Heilige gehalten und gelobt werdet; **sondern daß der Vater gepriesen werde**; dem allein gebührt die Ehre, weil **Er** sie in euch wirket. Dieß widerspricht daher nicht dem, was der Heiland im folgenden Kapitel sagt: daß man im **Verborgenen** fasten, beten und Almosen geben soll, nämlich nicht, um von den Leuten gesehen zu werden. Er will damit nicht das öffentliche Beten, sondern die Sucht, **gesehen und gelobt zu werden** um des Guten willen, verbieten. In der reinen Absicht, andere damit zu erbauen, zur Nacheiferung und zum Lobe Gottes zu reitzen, darf und soll man auch öffentlich vor den Leuten beten, Almosen geben 2c.; — aber alles hat seine Zeit.

17. **Glaubet doch nicht, ich sey gekommen, das Gesetz und die Propheten aufzuheben; nicht sie aufzuheben, sondern sie zu erfüllen bin ich gekommen.** Röm. 3, 31.

Das ganze alte Testament hat sich auf die Zukunft Christi bezogen, wie der Schatten auf den Körper. Da haben sie nun gedacht, Er stoße alles über den Haufen; Er hebe alles Vorige auf. Aber der Heiland sagt: Das ist gar meine Sache nicht; ich habe einen solchen Zusammenhang mit den vorigen Dingen, daß, statt sie wegzuwerfen, ich noch dazu gehöre. Sie sind alle auf mich gemeint; ihr werdet sie in meiner Kirche alle erfüllt sehen, ihr werdet dastehen sehen, wornach eure Väter verlangt haben. Dann wird erst die ganze Welt sehen, daß sie wahr sind; ich werde ihnen zum Siegel dienen; kein Strichelchen, kein Partikelchen soll übrig bleiben, das nicht an mir und den Meinigen in der **Wahrheit** zu sehen ist, was dort nur im Schattenrisse war.

In sofern das Gesetz und die Propheten Gerechtigkeit, Glauben, Barmherzigkeit, Liebe und das haben wollen, was das Wesen des Gesetzes ausmacht und zu dem Licht gehört, womit wir andern vorleuchten sollen, hat Christus nichts geändert, nicht einmal ein Strichlein weggestrichen, oder nachgelassen. Er will es vielmehr recht erklären und in uns erfüllen. So wie Paulus sagt; der Glaube hebe das Gesetz nicht auf, sondern richte es auf, bestätige es vielmehr. Wie hätte auch Christus das Gesetz aufheben können, da hätte er ja dem Ungehorsam, der Ruchlosigkeit und dem Frevel Thür und Thor aufgethan. Er kam ja die Sache nicht zurück, sondern weiter fort zu treiben.

Wie die falschen Juden, so machen es die falschen Christen mit Christi Lehre. Die Leute hören, daß sie nicht durch des Gesetzes Werke gerecht werden, sondern durch den Glauben, Christus sey das Ende des Gesetzes u. s. w. Daraus schließen sie: Ey, so ist das Gesetz aufgehoben, nun darf man in den Tag hineinleben, ohne Gottes Gebot zu halten, es ist ohnehin nicht möglich. Aber Christus hat das Gesetz nicht erfüllt, daß du gottlos leben sollst, sondern Er will eben auch in uns thun und erfüllen, was Er in eigener Person gethan hat, und hat uns dazu die nöthige Gnade erworben. Gesetzlos sind wir ohne Ihn schon durch die Natur: dazu hätte Er nicht kommen dürfen. Das Gesetz auflösen und übertreten könnten wir ohne Christus. Träumer und Phantasten meinen, an Christum glauben und gesetzlos leben, sey eins.

18. **Denn wahrlich; Ich sage euch: Himmel und Erde werden eher vergehen, als daß nur ein**

Düpflein oder Strichlein vom Gesetze unerfüllt bleibe. Alles muß geschehen. Luk. 16, 17. 21, 33.

Der Himmel wird eher einfallen, als daß nur eine einzige Weissagung oder Verheißung, oder Forderung unerfüllt bleiben sollte. Was wesentlich und geistlich im Gesetze ist, wenns auch noch so klein und gering scheint, muß bestehen und geschehen. Die Welt wird nicht eher ein Ende nehmen, als bis alles, was im alten Bunde vorgebildet und vorhergesagt worden, erfüllt und geschehen ist. Alles, was von Jesu geweissagt und vorgebildet war im Gesetz, in den Geschichten und Ceremonien, davon wollte Er kein Strichlein verrückt wissen, bis daß alles vorbei, d. i. erfüllt war in Ihm. Aber wie es geschehen war, rief Er vom Kreuze herab: **Es ist vollbracht.**

19. **Wer also nur eines dieser geringsten Gebote auflösen und die Leute so lehren wird, der wird der Geringste heißen im Himmelreiche;** d. h. er wird zu nichts, er wird verworfen werden. Jak. 2, 10. Matth. 18, 1. 4.

Es ist eigentlich kein Gebot das kleinste, aber die Menschen haben so eine Neigung, diejenigen, die von innern Bewegungen handeln, gering zu machen und zu sagen: der liebe Gott wirds so genau nicht nehmen. Wenn nun ein Lehrer solche Gebote durch Uebertretung und falsche Erklärungen, die der Kraft und dem ganzen Sinne des Worts Abbruch thun, schwächt, und durch üble Deutung des Gesetzes die Leute, damit sie nicht verzweifeln, leichtsinnig macht, und ihnen falsche Freiheit verkündigt, der wird zu Schanden, verachtet, ja verworfen werden am Ende, in der Kirche Christi, wo er ein Licht hätte seyn sollen.

Es kann hier in jedem Falle nur von dem Mangel der vollkommenen Haltung des Gesetzes die Rede seyn; denn dieser macht, nachdem er größer oder kleiner ist, daß die Seele groß oder klein seyn wird im Himmelreiche. Aber die Uebertretung des Wesens und der

Mangel der ganzen Haltung des Gesetzes zieht die Verdammung nach sich.

— **Wer sie aber thut und lehret, der wird groß heißen im Himmelreiche.** Welcher verständige Mensch wird glauben, daß wir weniger heilig seyn sollen als das Gesetz fordert? Wir sind ja durch Christum dazu neugeschaffen, das Gesetz aufzurichten und zu stand zu bringen, was dem Gesetz unmöglich war. Röm. 8, 3.; denn Christus hat die Sünde abgethan, getödtet, und hat uns zu Herrn und Meister darüber gemacht; daß wir ihr nicht mehr dienen müssen.

20. **Denn ich sage euch: Wenn eure Gerechtigkeit nicht weit größer seyn wird, als die der Schriftgelehrten und Pharisäer, so werdet ihr nicht in das Himmelreich kommen.**

Die Gerechtigkeit der Pharisäer und Schriftgelehrten bestand in einem bloßen Schein äußerlicher Dienste, nach dem Buchstaben des Gesetzes und der menschlichen Auslegungen, ohne inwendige Bekehrung und Geist. Es heißt aber nicht: wenn ihr tapfer scheltet auf die Pharisäer, sondern, wenn eure Sache nicht besser steht, wenn eure Gerechtigkeit die der Pharisäer nicht weit übertrifft. Alle heuchlerische Gerechtigkeit, die ohne Gott ist, ist wie ein beflecktes Kleid, und verbrennt im Feuer der wesentlichen Gerechtigkeit.

Die Gerechtigkeit der Pharisäer war nur eine leere Schaale der Gerechtigkeit, die nicht vom Geiste der Gerechtigkeit belebt war; sie glich den falschen Edelsteinen, die wohl die Einfassung wie die wahren haben, aber die Probe nicht aushalten.

So kann man also eine Gerechtigkeit haben, die aber gleichwohl vor Gott nichts taugt. Wer sich aber seinen falschen Edelstein nicht will nehmen lassen, der kann sich wohl lange mit seiner Selbsttäuschung schleppen, aber zum wahren Kleinod kommt er nicht.

Die Gerechtigkeit der Schriftgelehrten war, daß sie das Gesetz bloß nach dem Buchstaben ohne den heiligen

Geist trieben, und nach ihrer Vernunft auslegten; die Pharisäer aber setzten aus scheinheiliger Hoffart ihre eigenen Gebote dazu, und hielten mehr auf selbsterwählte Werke und äußerliche Satzungen, als auf die Schrift.

Die wahre Gerechtigkeit, die vor Gott gilt, wird uns von Gott in Christo durch den heiligen Geist geschenkt, und diese übertrifft die pharisäische, selbstgemachte, weil sie aus der reinsten Quelle der göttlichen Gnade herfließt. Der lebendige Glaube ist der Grund, das Fundament und Leben derselben; denn durch den Glauben wohnt Christus im Herzen, der da gerecht macht, und unsere Gerechtigkeit ist. Und diese Gerechtigkeit von Gott durch Christum in uns gewirkt, ist dann freilich weit vortrefflicher, als die eigene Schein- und Heuchelgerechtigkeit.

Alle Menschen wollen gerecht seyn, weil keiner verdammt werden will; daher setzt der eine in dieß, der andere in das seine Gerechtigkeit, wenn sie schon ein sicheres und böses Herz dabei behalten, und nicht ein Haar besser werden. Hoffen nicht die meisten, Gott müsse sie für gerecht erklären, weil sie zur Kirche, zur Beichte, zum Abendmahl gehen, und diese oder jene Andacht verrichten? andere: weil sie blos für wahr halten, daß Christus für die Sünder gestorben sey und umsonst und aus Gnaden gerecht mache? u. s. w. Wer bringt aber würdige Früchte der Buße? Wer glaubt lebendig an Christum? Wer läßt sich von Gottes Geist recht demüthigen? Wer läßt sich alle seine eigene Einbildungen benehmen? Wer erscheint recht bloß vor Gott, ausgezogen von aller eigenen Gerechtigkeit, als ein armer, verdammungswürdiger Sünder, damit Gott ihn gerecht machen könne?

21. **Ihr habt gehört, daß zu den Alten gesagt wurde, du sollst nicht tödten, wer aber tödtet, wird des Gerichts schuldig seyn.** 2 Mos. 20, 13.

In diesem und den folgenden Versen sucht der Heiland durch Beispiele zu erläutern, wie Er das Gesetz ganz anders erkläre, als die Pharisäer und Schriftgelehrten, und zeigt, daß man die Gebote nicht nur äußerlich nach dem Buchstaben, nicht ohne den Sinn des Geistes nehmen müsse. Er erklärte, daß die Gebote auch auf das Inwendige gehen. Ein Schriftgelehrter, der nicht zum Himmelreiche gelehrt ist, bleibt beim äußern Wortverstand, und setzt die Haltung der Gebote und seine Gerechtigkeit **darein**, daß er niemand todtschlage, keinen Straßenraub oder Ehebruch begehe; Jesus aber führt uns aufs Herz, daß wir zuerst sehen sollen, was da drinn regiere, und daß wir die inwendigen Sünden, Zorn, Haß, Neid, böse Lust, unreine Gedanken und Begierden, nicht übergehen sollen, weil sie uns eben so schuldig vor Gott machen, wie die Ausbrüche derselben. Wir sollen z. B. bei dem Worte: **Narr** u. dgl. nicht sowohl auf das äußerliche Wort sehen, als auf den Sinn und Willen dessen, der es als eine Frucht der innern Verachtung des Nebenmenschen ausstößt. Ist nun der Sinn boßhaft und teuflisch, aus dem es hervorgeht, so ist es auch das Wort, und verdient also das höllische Feuer. „Die Zunge ist, wie Jacobus sagt, von der Hölle entzündet,“ und fällt also auch der Hölle heim.

22. **Ich aber sage euch: Jeder, der sich über seinen Bruder erzürnet, macht sich schuldig vor das Gericht gezogen zu werden; wer aber zu seinem Bruder sagt: Racka, der macht sich schuldig vor den hohen Rath gezogen zu werden; und wer zu seinem Bruder sagt: Du Narr! der macht sich des höllischen Feuers schuldig.**

Wenn wir auch den eigentlichen Sinn dieser Stelle nicht mit völliger Gewißheit erklären können, so wissen wir doch das gewiß, Christus will ungezweifelt jedes harte unbrüderliche, verächtliche und beleidigende Wort, himmelweit von unsern Lippen, jede harte Gesinnung himmelweit von unsern Herzen entfernt wissen. Darum sagt er, nicht nur: wer vorsätzlich, gewaltsam mordet, fällt dem Gerichte (dem Blutgerichte, das bei den Juden aus den 23 Männern bestand) heim, sondern schon jeder, der nur zürnt (ohne Ursache und sündlich) über seinen Bruder, ist vor Gott wie ein Mörder, der den andern mit der Keule todtschlägt. Darum widerstehe deiner heftigen Natur, und lege sie wie einen bösen Hund an die Kette der Zucht und Liebe, und lerne den Grimm des Drachens durch die Geduld des Lammes überwinden. Wer aber seinen Zorn sogar ausbrechen läßt in verächtliche oder spöttische Worte und Schimpfnamen, wie z. B. Racka zur selbigen Zeit ein solcher gewesen ist, der verdient schon in das Gericht des hohen Raths gezogen zu werden, der aus 72 Richtern bestand, wo man die Steinigung zu erwarten hatte, nach welcher die Leiber ins Thal Hinnom geworfen und mit allem Unrath der Stadt, den man auch dahin warf, verbrannt wurden. — Wer endlich im dritten Grade des lieblosen Begegnens, mit giftigen Worten um sich wirft und sagt: du Narr, du gottloser und verfluchter Kerl, der soll in das höllische Feuer geworfen werden.

Der Vernunft kommt das sehr hart vor, weil sie nur auf das Wort sieht und nicht auf den teuflischen argen Sinn und die Bosheit, mit der solche Worte gewöhnlich ausgestoßen werden. Christus will einmal, daß unter den Seinigen, die sich nach seinem Namen nennen, solche schlechte und lieblose Worte nicht vorkommen, und nicht genannt werden sollen. Man soll die Seinigen an der Liebe erkennen, wie man die Kinder der Hölle an der Lieblosigkeit und deren Früchte, an schlechten argen Worten erkennt. Wenn aber schon Worte so strafbar sind, was für ein Gericht wird über thätliche Beleidigungen .rgehen? Gott ist auch hier die Liebe, weil er nicht will, daß wir unsern Nächsten, seine Kinder, lieblos behandeln. Er straft auch ein solches Wort nicht allemal gleich mit der Hölle; er sagt nur, daß sie ein solcher verdient habe, und vergiebt wieder, wenn man es bereut und bessert.

23. **Wenn du dein Opfer zum Altare darbringst,** und Gott dienen willst, so sieh wohl zu, was du für ein Herz mitbringst, und wie es mit der Liebe des Nächsten darin stehe. Ruhe nicht, so lang du weißt **und dich erinnerst,** daß **dein Bruder etwas wider dich habe,** und von dir beleidigt ist, oder zu seyn meint. Es ist nicht genug, daß du nichts wider ihn habest, wie es Hieronymus schön erklärt, sondern: „Liebst du ihn, so gehe hin und bitte, daß er nichts wider dich habe. Fall ihm lieber zu Füßen, bete Tag und Nacht für ihn.“ — 24. **Laß dein Opfer vor dem Altare liegen;** komm nicht näher damit, bis du erst dem andern den Frieden angeboten; laß an dir nichts ermangeln, alles aus dem Wege zu räumen, was den Frieden und die Freundschaft stört.

Christus setzt voraus, daß die Leute gleich fertig sind mit ihrem äußerlichen Gottesdienst, und damit alles wieder gut machen wollen. Sie wollen Gott etwas bringen und geben, daß Er ihnen die Erfüllung ihrer übrigen Pflichten erlassen, und die Uebertretung anderer Gebote nachsehen sollte, wie schlechte Unterthanen einen schmutzigen Beamten schmieren und bestechen, daß er es nicht so genau mit ihnen nehme. Nein, nein, sagt Christus, man kann sich durch Gottesdienst von dem Dienst und der Liebe des Nächsten nicht loskaufen. „Wer seinen Bruder nicht liebt, den er sieht, wie wird er Gott lieben, den er nicht sieht?“ 1 Joh. 4, 20. Gottes- und Nächstenliebe hängen an einander, und fließen zusammen, lassen sich nicht trennen. Du kannst dich mit Gott nicht aussöhnen, wenn du dich nicht auch zugleich mit dem Nächsten versöhnest; ja, Gott will, daß wir uns zuerst und ehe mit diesem, als mit Ihm selbst versöhnen. Gott steht gern zurück mit seinem Dienst, wenn brüderliche Liebe mangelt, bis diese erfüllt ist. **Versöhne dich zuvor mit deinem Bruder, dann erst komm, und opfere deine Gabe.**

25. **Versöhne dich mit deinem Widersacher bei Zeiten,** — (denn je länger man wartet, desto schwerer wird die Sache; darum will uns Christus die Sache leichter machen.) **so lange du mit ihm noch auf dem Wege bist,** zum Richter hin. Der Mensch denkt: bin ich doch noch nicht todt; wenn ich einmal krank werde, laß ich den Beichtvater holen, und versöhne mich mit dem Nächsten. Er schiebt den Termin weit hinaus, da er es doch gleich thun sollte, weil jeder Augenblick darin sein Termin ist. Er weiß ja auch nicht, wann sein Weg aus ist; daher kann er alle Augenblick vor den Richter zu stehen kommen.

— **Damit dich nicht der Widersacher dem Richter, und der Richter dem Gerichtsdiener übergebe, und du ins Gefängniß geworfen werdest.** Kap. 6, 14. 18, 35. Luk. 12, 58.

Wer dieser Richter ist, weißt du. — Derjenige der gesagt hat; der Vater hat alles Gericht dem Sohne übergeben. Joh. 5, 22. Der ist Richter eines jeden, der Ihn nicht seinen Heiland seyn läßt. Und der Gerichtsdiener, der Scherge, der Henkersknecht im Reiche Gottes? den kennst du doch auch wohl? Dem wirst du doch nicht in die Hände überliefert werden wollen? denn wen er bekommt, und in sein Gefängniß wirft, der wird wohl nie wieder daraus erlöst werden. Oder was ist das Gefängniß des Satans, sein Aufenthaltsort anders, als die ewige Verdammniß?

26. **Wahrlich ich sage dir, du wirst aus demselben nicht herauskommen, bis du auch den letzten Heller bezahlt hast.**

Welche Hoffnung hat der noch, der nicht mehr in der Hand des Vaters, sondern dem Gerichtsdiener, dem Satan, der Macht der Finsterniß übergeben ist, der dir den letzten Heller abfordern wird, und du kannst den ersten nicht bezahlen?

Andere haben daraus gefolgert, daß es ein Fegfeuer geben müsse, oder einen Zustand nach dem Tode in dem noch bezahlt und getilgt werden kann, was hier ungetilgt geblieben ist; wieder andere, die das nicht zugeben wollten, und doch glaubten, daß der Heiland dieses Wort nicht umsonst gebraucht habe und daß „bis“ nicht so viel heißen könne als „niemals,“ sondern einen bestimmten Termin der Erlösung und Endigung der Qual anzeigen müsse, so wie das „bis ich alle Feinde zum Schemel deiner Füße lege, und Gott alles in allen seyn wird;“ andere, sage ich, schlossen aus diesen Worten, daß man auch aus der Hölle, dem Gefängnisse des Satans wieder herauskomme. Ich aber sage dir, lieber Leser, laß du es darauf gar nicht ankommen, das ist, trachte du lieber darnach, daß du gar nicht in die Hände dieses Schergen, nicht in sein Gefängniß hineinkommst, so darfst du für das Herauskommen keine Sorge haben, und nicht um Meinungen streiten. Es ist schon schrecklich, wie Paulus sagt, in die Hände des lebendigen Gottes fallen, was wird es seyn, in die Hände des Argen, des Satans fallen? David wollte doch lieber in die Hände Gottes als in die Hände der Menschen, geschweige des Teufels fallen. Ich rathe es keinem, daß er deßwegen die Sache leichter nehme, weil die Theologen und die verschiedenen Kirchenpartheien nicht einig sind über diesen Punkt. Der Teufel wird einst die Theologen nicht fragen, was er zu thun habe, wann und ob er seine Gefangenen loslassen soll oder nicht.

27. **Ihr habt gehört, daß zu den Alten gesagt ist, du sollst nicht ehebrechen.** (2 Mos. 20, 14.) 28. **Ich aber sage euch: Wer ein Weib ansieht, so daß er nach ihr lüstern wird, der hat in seinem Herzen schon die Ehe mit ihr gebrochen.** Job. 31, 1.

Das Gebot: du sollst nicht ehebrechen, ist also auch wiederum nicht so zu verstehen, daß nur die äußere That verboten wäre. Man sagt wohl, man bleibe beim Buchstaben, das sey am sichersten; aber Christus zeigt, was der Buchstabe in sich fasse, und was in demselben liege.

Man kann mit den Augen auch huren und ehebrechen, und die Seele, die eine unreine Lust empfängt durch die Augen, wird verunreinigt, und eine Hure und Ehebrecherin vor Gott, wenn schon der Leib von Beflekkungen frei bleibt.

Die Sünde wird eigentlich im Herzen begangen, und der Wille macht alles böse. Durch die Augen und durch die Sprache schleicht sich das Gift der Sünde, die böse Begierde in das Herz, **der Tod durch die Fenster.** Jer. 9, 21.

Es ist kein Geschöpf so klein, der Mensch kann Ehebruch gegen seinen Schöpfer damit treiben, wenn er das Geschöpf dem Schöpfer, die Gabe dem Geber vorzieht, und mit seiner Liebe und Anhänglichkeit auf dasselbe fällt, ohne Danksagung gegen den Schöpfer, und ohne Ihn darin zu erkennen und zu loben, sich darin belustigt. Was demnach Christus vom Weibe sagt, das verhält sich mit allen Dingen so, die der Mensch sieht, hört, fühlt, und mit sinnlicher Lust begehrt. Es ist deswegen Ehebruch, weil Gott allein im ganzen Herzen und Gemüthe wohnen, angebetet und geliebt seyn will.

So scheut man sich wohl vor den Augen der Menschen einen Ehebruch äußerlich zu begehen, — und vor Gottes Augen fast immer die Ehe oder das Band der Liebe zu brechen, und in einem immerwährenden Ehebruche zu leben, scheut man sich gar nicht.

Hier steh stille, Wandersmann! und schau nach, wie es mit deiner eigenen Gerechtigkeit und Tugend aussehe, ob du dich darauf verlassen darfst und vor Gott damit bestehen könnest? oder ob dir dieses Wort Christi, so wie überhaupt seine Erklärung des Gesetzes nicht einen Strich durch deine ganze Rechnung mache, wenn du bisher auf deinen ehrbaren Wandel, als ob er dich vor Gott gerecht mache, vertraut hast, und des Verdienstes Christi nicht zu bedürfen glaubtest!

29. **Wenn dein rechtes Aug dich ärgert,** und dir ein Anlaß zur Sünde wird, durch lüsterne Blicke

und eitles Gaffen, wodurch böse Lüste erweckt werden, so **reiß es aus**, widerstehe solchen Lüsten und Begierden, mache einen Bund mit deinen Augen, nimmermehr auf solche Dinge zu sehen; **und wirf es von dir** unverzüglich, d. i. fliehe die Gelegenheit, und thue, als wenn du kein Auge für solche Dinge hättest. Es ist nicht genug, das Auge zuzuthun, man muß es ausreißen, und nicht nur ausreißen, sondern wegwerfen, d. i. die bösen Begierden müssen nicht nur verborgen und heimlich gehalten, sondern ausgerottet werden. Daß das Auge nicht buchstäblich ausgerissen werden müsse, ist, wenn auch damit geholfen wäre, daraus klar, daß es auch heißt: „**zerreißet eure Herzen.**“ Joel 2, 13. Das Herz und Auge, als körperliche Glieder, sind unschuldig; die bösen Begierden und das Verderben des Herzens muß gehoben werden.

Die nützlichsten Dinge müssen wir wegwerfen, wenn sie uns zum Anstoß und Aergerniß dienen wollen.

— **Denn es ist besser für dich, eines deiner Glieder verderbe, als daß dein ganzer Leib** mit Aug und Fuß **in die Hölle geworfen werde.** Geworfen muß es seyn. Wirfst du Eins nicht weg, so wirft Gott alle weg. Willst du Eines nicht entbehren, so kann er Keines brauchen.

Manchem wird sein rechtes Auge der sonst heilsamen und nöthigen Erkenntniß, Erleuchtung, Wissenschaft zum Aergerniß, bläht ihn, hält ihn auf, und macht ihn träge im Handeln. Er vergafft sich, bleibt unthätig stehen und wird nicht besser, sondern schlimmer, je mehr sein Auge schaut. Da hilft nun nichts, dieses Auge muß auch ohne Barmherzigkeit mit der Wurzel ausgerissen werden. Denn es ist besser, ohne hohe Erkenntniß und Erleuchtung selig, als mit derselben verdammt werden. Ach, das Auge ist ein loser Vogel, es schaut und verweilt gar so gern bei Dingen, wo es nicht stehen bleiben, sondern die Füße gehen lassen sollte. Weg damit! Siehe auch Kap. 18, 8. 9. Mark. 9, 47.

30. **Und wenn deine rechte Hand** (und was dir noch so angenehm und nothwendig ist) **dich ärgert, so haue sie ab,** und laß dir nichts so lieb seyn, daß du es nicht lieber fahren lassest, als daß du deinen Gott beleidigest; schneide alle Gelegenheit ab, die dich zur Sünde verleiten will, — **und wirf sie von dir**; entsage allem, was dir zum Fall gereichen könnte, und wenn es dir unentbehrlicher scheint, als deine rechte Hand oder dein Fuß. Wer wird das Feuer oder die Schlange in seinem Busen nähren?

— **Denn es ist besser für dich, eins deiner Glieder gehe verloren, als daß dein ganzer Leib in die Hölle geworfen werde.** Wie es die Liebe zum natürlichen Leben oft erfordert, ein Glied abzuhauen, um den ganzen Leib zu erhalten, so fordert die Liebe zum ewigen Leben die Tödtung aller fleischlichen Lüste, die von Natur als Glieder unserer Seele angewachsen sind.

Es giebt gewisse Sünden, wenn sie ein Mensch sich angewöhnt hat, so muß er, wenn er sie läßt, gewärtig seyn, daß er sein Leben darüber verliert. Z. B. Leute, die sich das Saufen so angewöhnt haben, und es hernach lassen müssen, weil sie sich schon so verdorben hatten, daß sie auch nichts weniges mehr tragen konnten, mußten sterben deßwegen. Das geschieht auch bei andern Sünden. Da sagt nun der Heiland, es sey besser, du läßt es darauf ankommen, daß du die Hände und Füße und das Leben verlierest, wenn du nur deine Seele rettest; denn von der Stunde an, da die Zeit der Unwissenheit ein Ende hat, wenn ein Mensch wider seine Erkenntniß und das Gefühl seines Herzens handelt und sündigt, so ist sein ganzes Leben eine beständige Hölle. Was nützt dir denn das Leben? Was nützen dir deine Glieder, wenn du keine vergnügte selige Stunde mehr hast in der Welt?

Aber das kann man alles vermeiden, wenn man sich mit Leib und Seele Jesu hingiebt und in Ihm

Tag und Nacht lebt; so kommt die Natur nie in eine böse Gewohnheit, und zu einer solchen Gewalt über uns, daß wir nicht anders davon los kommen können, als mit Verlust des Leibes und Lebens. Das Einverleiben in Jesum bewahrt uns vor solchen Ausschweifungen, daß wir kein Glied verderben lassen müssen, sondern alle mit einander erhalten werden können.

31. **Auch hat man gelehrt, wer sein Weib entläßt, der gebe ihr einen Scheidebrief.** 5 Mos. 24, 1. 32. **Ich aber sage euch: Jeder, der sein Weib entläßt, ausgenommen des Ehebruchs halber, der macht sie zur Ehebrecherin, und wer die Entlassene heurathet, der bricht die Ehe.** 1 Kor. 7, 10. Luk. 16, 18.

Es ist im alten Bunde auch nicht geboten gewesen, sondern wie Christus Matth. 19, 8. und Marcus 10, 5. sagt: um eures Herzens Härtigkeit willen von Moses zugelassen worden, um durch ein geringeres Uebel ein größeres zu verhindern. — Es giebt eine Scheidung, die von Gott nicht nur erlaubt, sondern geboten ist, und das ist die Scheidung von dir selbst, von der Sünde in dir. Diese Ehe soll und muß zerrissen werden. 2 Cor. 11, 2. vergleicht sie Paulus auch mit einem Weibe. So sollst du auch die Hure der verdorbenen Vernunft *) wie sie die Sprüche Salomo's nennen, fahren lassen, und dich mit der Weisheit von oben vermählen.

Ein einziger Fall, wenn ein Theil der Ehe, das Band durch Ausschweifung und unzüchtiges Leben selbst bricht, erlaubt die Ehescheidung. Und das ist nur erlaubt nicht geboten. Wenn es sich der beleidigte Theil gefallen läßt und bei dem andern bleiben will, so **muß** er sich **nicht** scheiden lassen, und es ist gewiß Christo gefälliger, wenn er bleibt, und den andern Theil zu bes-

*) Wohl verstanden, man lästert nicht die Vernunft, wie sie seyn soll, sondern die vom bösen Willen irre geleitete, sophistische, schlangenartige, die im Solde der Leidenschaft steht und eine Buhlerin geworden ist, da sie eine Braut Christi seyn soll.

sern sucht. Der dich gemacht hat, ist dein Mann, Herr Zebaoth ist sein Name u.s.w. Jes. 54, 5. und wie viel Untreuen hast du dir schon gegen Ihn erlaubt; was bist du für ein Ehebrecher oder Ehebrecherin vor Gott und gegen Gott, und doch hat Er dich noch nicht verlassen, noch nicht von sich gestoßen.

33. Ihr habt ferner gehört, daß den Alten gesagt worden: du sollst nicht falsch schwören, sondern dem Herrn deine Eidschwüre halten. 2 Mos. 20, 7.

34. Ich aber sage euch: Ihr sollt gar nicht schwören, weder bei dem Himmel, denn er ist Gottes Thron, (Jakob. 5, 12. Apg. 7, 49.) 35. noch bei der Erde, denn sie ist sein Fußschemmel, noch bei Jerusalem, denn sie ist die Stadt des großen Königs. (Ps. 47, 3.) 36. Auch bei deinem eigenen Haupte sollst du nicht schwören, denn du kannst ja nicht ein einziges Haar weiß oder schwarz machen.

37. Eure Rede sey: Ja, ja! Nein, nein! und was darüber ist, das ist vom Argen. Jak. 5, 12. 2 Kor. 1, 17.

Der Eid ist nichts anderes, als ein solennes (feierliches) Ja oder Nein. Darum hat der Heiland verboten, zu schwören, wenn man so mit einander diskurirt, aus Respekt vor dem Eide, damit man sich das Schwören nicht angewöhne, und wenn man vor Gericht gefordert wird und soll schwören, es einem ja nicht geläufig sey, sondern man vielmehr stutzen und denken möge: Ey, ey! du sollst jetzt solenniter Ja sagen; darfst du vor Gottes Auge Ja sagen? Weißt du es auch recht gewiß, was du sagst? Das ist der Zweck des Heilands gewesen. Er hat aus Respekt vor dem Eide das leichtsinnige Schwören abgeschafft, die ungezogenen Formeln: bei meiner Seele! Gott weiß! Gott straf mich! ich will darauf sterben! ich kann mein Leben verschwören! das hat der Heiland abgeschafft. Und gewiß, es steht sehr übel, wenn man von einem Kinde Gottes so etwas hört; man erschrickt. Darum hat Er auch in obigen Versen expreß lauter solche Eide genannt, die vor Gericht nie gefordert werden, sondern die mit den heutigen unnützen Schwüren und Betheurungen harmoniren.

Wie man dergleichen heutzutage hat, so hatte man sie damals: „beim Tempel! bei Jerusalem!" Uebrigens verbietet der Heiland das Schwören und den Eid vor Gericht in wichtigen Sachen nicht; auch die Apostel haben geschworen in ihren Briefen.

Aus dem Worte: **Du sollst nicht falsch schwören! du sollst dem Herrn deine Eidschwüre halten,** zog die falsche Auslegung den Schluß, daß nur falsche Eide vor Gericht, nicht aber alles leichtsinnige Schwören verboten sey, und daß kein Eidschwur oder falsches Schwören geschehen könne, wo der Name Gottes nicht dabei gebraucht oder mißbraucht würde; das andere Schwören wäre man nicht schuldig so genau zu halten, besonders bei geringen Sachen. Christus erklärt uns aber die Sache anders: daß nämlich alle leichtsinnige eitle Schwüre, ohne Noth und Ursache, sündlich seyen, auch wenn sie nicht bei Gott, sondern nur bei den Kreaturen, z. B. beim Himmel, bei Jerusalem, bei dem Haupte, (ich setze meinen Kopf) geschehen; daß doch Gott, wenn er schon nicht ausdrücklich genannt werde, heimlich mit begriffen sey; denn man mag im Eide nennen, was man will, es gehört doch alles Gott an. Es kommt auf die ausgetauschten Redensarten nicht an. Wie können wir denn nach eigenem Gefallen verpfänden, verschwören, was Gott und nicht uns angehört, was nicht in unserer Gewalt, sondern in Gottes Hand steht? Wie kannst du **deinen Kopf zum Pfande setzen, da du nicht ein Haar auf demselben weiß oder schwarz färben kannst,** da du dir ihn nicht selbst gegeben hast, und nicht selbst nehmen darfst?

Jesus will daher, wir sollen schlechthin die Wahrheit heraussagen, mit ja oder nein, und darauf soll man sich bei uns, wie auf einen Eidschwur verlassen können, so daß man uns nachsage: Wenn die Leute, der Mann, ja oder nein sagt, so darf man ihm mehr glauben, als wenn ein anderer zehen Eide schwört. Glaubt man uns aber denn doch nicht, so müssen wirs Ihm überlassen; Er wirds schon bestätigen, wenn es nöthig ist. Auf andere Betheurungen, dergleichen die Welt braucht, soll sich kein Christ einlassen, denn sie sind nach Christi Ausspruch vom Argen, d. i. vom Teufel, vom Vater der Lüge, und der Eigenliebe, die, weil sie Schimpf und Schande fürchtet, sich beständig rechtfertigen und entschuldigen will.

38. **Ihr wisset, daß gesagt worden: Aug um Aug, Zahn um Zahn.** 39. **Ich aber sage euch: Widersetzet euch dem Bösen nicht, sondern wenn dich jemand auf die rechte Wange schlägt, so halte ihm auch die andere hin**, d. i. sey bereit, mache dich gefaßt auf eine noch größere Beleidigung. Wenn es 2 Mos. 21, 24. heißt: Aug um Aug, Zahn um Zahn ꝛc., so kam es nur der Obrigkeit zu, und nur eine falsche Auslegung erlaubt es jedem Einzelnen insbesondere. Christus widerspricht daher nicht dem Texte, sondern der falschen Glosse.

Die Hauptregel im N. T. ist, niemanden zu widerstehen, der uns Schaden thun will. Wird einer ein Christ, so wird er jedermann preisgegeben; wollte er sich nun mit allen Bösen herumzanken, so würde ihm sein Leben blutsauer, und er würde seinen innern Frieden darüber verlieren, der besser ist, als alles, was ihm die Bösen nehmen können. Wenn er aber nicht widersteht, so gewinnt er; sein Friede wird erhöht und vermehrt, weil er um der Wahrheit willen leidet.

Geduld ist die Rache der Christen. Die wahre Geduld des Christen ist bereit alles zu dulden, alles zu verlassen, was der Friede erfordert. Aber was thun die heutigen Christen? Gerade das Gegentheil. Kann man nicht auch hier sagen: **Entweder ist dieß nicht wahr,** oder wir sind keine Christen? Viele Christen sind nun ärger als die Juden, indem sie ihre Rache aufs höchste treiben nnd mehr Böses vergelten als sie empfangen haben, und dem, der ihnen Ein Aug oder Einen Zahn einschlägt, zwei einschlagen.

Ist doch der Himmel kaum so weit von der Hölle entfernt, als das Leben der heutigen Christen von der Lehre Christi. Man widerspricht Christo ins Angesicht. Wie heißt man den heutzutage, der das leidet, was Christus hier lehrt? —

40. **Will jemand vor Gericht mit dir streiten, und dir den Rock nehmen, so laß ihm auch den Mantel.** Luk. 6, 29. 1 Kor. 6, 7. Wenn dir jemand etwas abdisputiren will, so laß lieber alles fahren, als daß du dich in Prozeß, Zank und Streit mit ihm einlassest, und deine Ruhe und deinen Frieden in dir verlierst. Der muß dir lieber seyn, als dein Mantel, dein Rock und dein bischen Ehre, als all dein Hab und Gut. Willst du aber den Frieden fahren lassen, so magst du um die andern Dinge zanken, streiten und rechten, und sie vielleicht doch verlieren. Lieber nackt und bloß aus der Welt gehen, lieber alles dem Feinde preisgeben, als sich den Frieden nehmen lassen. Christen sind schon dazu berufen, daß sie Haar lassen, leiden, schweigen, und alles über sich ergehen lassen müssen. Die Bösen sind gegen niemand böser, als gegen die Christen, denn sie denken: die **müssen** es leiden.

41. **Zwingt dich jemand eine Meile weit mitzugehen, so gehe zwei mit ihm.** Erzeige einem jeden noch größere Gefälligkeit und Dienstfertigkeit, als er von dir verlangt, erwartet oder erzwingen will. Laß dich zu keinem Dienste der Liebe zwingen, sondern sey immer zu allem bereit, und lerne deinen eignen Willen aufopfern, und deinen eignen Nutzen oder deine Bequemlichkeit verläugnen.

42. **Gieb jedem, der dich bittet, und wende dich nicht von dem weg, der von dir entlehnen**

will. 5 Mos. 15, 7. Luk. 6, 30. 34. Das liest und hört man nicht so gern, als wie: „Bittet, so wird euch gegeben werden.“ Wer aber diese Verheißung glaubt und liebt, soll und darf und wird sich auch von jenem Befehle Christi nicht lossagen. Aber Silber und Gold hast du nicht? So gieb, was du hast und kannst.

Gegen diesen Befehl des Heilandes wird von Leuten, die das Geheimniß nicht verstehen, gewöhnlich eingewendet: Es sey absolut unmöglich, da gehorsam zu seyn. Wo würde das einen hinführen, wenn man sich an dieß Wort nach dem Buchstaben hielte? Allein man versuche es nur, wenn man auch allen Leuten giebt, hilft und dient, die einen bitten, wenn man sich keinem entzieht, so kommt deßwegen nicht gleich alle Welt, um Hülfe zu suchen. Wer aber kommt, den muß man als einen Gegenstand seines Dienstes ansehen, den der Heiland zu uns schickt. Tröstet und hilft man aber nicht, so hat man kein ruhiges Herz dabei. Der Heiland ist auch so treu, daß Er uns niemand zusendet, ohne daß Er uns in den Stand setzt, helfen und dienen zu können.

43. **Ihr habt gehört, daß gesagt ist,** (nicht von Gott, sondern von den Leuten) **du sollst deinen Nächsten lieben, deinen Feind aber hassen.** Es steht davon kein Wort im Moses: sondern die Leute haben noch heutzutage solche Sprüche, die sie anführen, als ob sie in der Bibel stünden. Was 5 Mos. 7, 2. und 23, 6. steht, ging nur auf gewisse Völker. Die Juden und ihre Glossenmacher machten es, wie böse Advokaten, mit Anführung des Gesetzes; sie gaben dieses ohne Zweifel für einen Extract aus der Bibel aus, und wollten nicht wissen, daß jedermann ihr Nächster sey, sondern schränkten die Nächstenliebe nur auf ihre Glaubensgenossen, Freunde und Verwandte ein. Nächster war ihnen so viel als Verwandter; den nächsten Verwandten hielten sie für ihren Nächsten, wie es heutzutage noch gewöhnlich ist.

44. Ich aber sage euch: Liebet eure Feinde.

Man muß nicht so leicht glauben, daß man Feinde habe, sondern sich der Gnade nicht werth achten, sie zu haben. Wer uns aus Mißverstand haßt, ist nicht unser Feind. Wenn die Menschen, die uns nie gesehen haben, übel von uns reden, und uns allerlei Böses wünschen, so ist vielleicht unter ihnen allen nicht ein einziger Feind, sondern wenn einer von den allerärgsten Lästerern denselben Abend dich zu sehen und zu logieren bekommt, und sieht dich, wie du bist, ohne alle Verstellung, wie du Christum lieb hast, so freut sich das ganze Herz eines solchen Menschen, und er geht vielleicht mit Thränen zu Bette und denkt: Ach, daß ich auch so wäre! so lobe ich mir die Christen! Sey es, daß er nach einer angehörten Verläumdung, oder gar nach einer gottlosen Predigt so eingenommen war, daß er dich hätte todtstechen können vor Eifer; das ist kein Feind, sondern ein armer betrogener Mensch, der nicht zum Richter gesetzt ist, und dessen Fehler nur ist, daß er richtet, was er nicht kennt.

Ein Feind heißt ein Mensch, der meiner Person bei aller Erkenntniß, die er wahrhaftig von mir hat, mit Vorsatz gram ist, weil ichs bin, weil er mich nicht leiden kann, noch will. Wenn das nun lediglich um Jesu willen und um der Gnade willen geschieht, die in mir ist, so leide ich um der Gerechtigkeit willen; ich bin wol ein leidendes Herz, aber ich werde doch nicht angefeindet; er feindet meine Sache an; er ist eigentlich ein Feind Jesu Christi. Eine solche Feindschaft um des Heilands willen, ist man nicht werth zu haben.

— Segnet die euch fluchen, thut denen Gutes, die euch hassen, und betet für die, die euch verfolgen und lästern, d. h. theilet eure Seligkeit mit ihnen. Luk. 23, 34. Spr. 25, 21.

Man muß sich verwundern, wie die Leute, die so etwas hundertmal lesen, und nicht eine Spur in ihrem Gemüthe davon haben, glauben können, daß dieß seyn kann, zumal wenn sie noch dazu sehen, daß nicht nur sie, sondern die ganze Welt, auch die ganze Christenheit dagegen handelt, und keinem Menschen einfällt, anders zu handeln, obgleich jeder den Spruch im Munde führt: „der Person Freund, der Sache Feind." Das **sagen**, ist wohl etwas gewöhnliches; aber daß es den Menschen in ihrem Gemüthe so seyn könnte, und so wäre, davon findet man wenig Spuren. Aber dennoch ists Wahrheit und Weisheit. Wer Jesum lieb hat und kennt, dem ists wirklich so. Es ist nicht genug, daß man denkt: fluchen sie, so segne du! oder: ich will nicht wieder schelten, wenn ich gescholten werde, nicht drohen, wenn man mir Unrecht thut, sondern: meine Seligkeit will ich mit ihnen theilen; nicht: Wende **mir** zum Segen seinen Fluch, sondern: Wende es **ihm** zum Segen.

Man kann sich leicht denken, daß einen Jesus darum nicht verdammen wird, weil man einen andern selig macht, oder daß Er das nicht von unserer Seligkeit wegnimmt, damit es ein anderer bekommt. Er ist reich genug für alle.

Das Evangelium ist gegen alle Feindschaft, Bitterkeit, Haß und Bosheit, und leitet uns nur zur Liebe, nicht nur gegen Freunde, sondern auch gegen Fremde und Feinde. Aber gerade das Gegentheil geschieht. Es ist uns geboten, unsere **inwendigen** Feinde zu hassen; **die** lieben wir. Es ist uns geboten, unsere **auswendigen** Feinde zu lieben; **die** hassen wir. Die Absicht, warum uns der Heiland befiehlt, unsern Feinden so zu begegnen, ist keine andere, als, damit der Zorn und das Böse in ihnen durch die Liebe und Güte möchte überwunden werden. Denn der Heiland möchte gerne alles selig haben, was verloren ist. Das ist auch des Vaters Sinn, und ihr müßt es so machen, sagt der Heiland,

45. **Damit ihr Kinder eures himmlischen Vaters seyd, der seine Sonne über Gute und Böse aufgehen, und über Ungerechte, wie über Gerechte**

regnen läßt, der eine entsetzliche Feindschaft gegen die undankbaren Menschen haben sollte, gegen die boshaften Kreaturen; und doch ist sein Herz voll Liebe gegen sie, und bleibt voll Liebe. Er hat nicht nur seinen eingebornen Sohn gerne gegeben, daß Er für sie sterben mußte, da sie Sünder und Feinde waren, sondern Er thut ihnen auch jetzt noch Gutes, und hört nicht auf sie zu segnen, zu lieben, und zu suchen, durch allerlei Wohlthaten im Zeitlichen und Geistlichen, auch nachdem sie seines Sohnes Tod nicht achten, und sein Blut mit Füßen treten.

Machts wie Er, denn ihr habt auch nichts getaugt, und Er hat euch Barmherzigkeit widerfahren lassen. Das kann aber keiner so machen, wenn er kein Kind Gottes, nicht aus Gott geboren, nicht durch den heiligen Geist wiedergeboren ist, oder Gottes Natur und Sinn angezogen hat. Wer es so macht, der beweist, daß er einen neuen göttlichen Sinn habe, daß er ein Kind Gottes sey. Und an dieser Probe kann jeder sehen, wie viel er schon von der göttlichen Natur und Geburt, von Gottes-Sinn an sich habe.

Gott ist nicht sektirisch und partheiisch; Er liebt alle, und thut allen Gutes, von welcher Parthei und Kirche sie sind. Werden wir fehlen, wenn wir es machen, wie Er?

46. **Denn wenn ihr nur die liebet, die euch lieben, was für einen Lohn werdet ihr dafür haben?**

Der wird bald bezahlt seyn, wenn man sich schon selbst bezahlt gemacht hat, indem man alles nur aus Eigennutz gethan, und nicht den Nächsten, sondern im Nächsten nur sich selbst geliebt hat. **Das thun auch die Zöllner**, die bösesten Buben. Aber die Liebe rechter Art thut denen Gutes, von welchen sie keine Vergeltung zu hoffen hat. Luk. 6, 32.

47. **Wenn ihr nur eure Brüder grüßet,** und nur euren Landsleuten, Verwandten oder Glaubensgenossen freundlich begegnet, andere aber sektirisch verachtet

und sprechet: was geht mich dieser an? **Was thut ihr da Vorzügliches**, das andere nicht auch thun? das nicht alle Welt thut? Seine Freunde lieben, kann alle Welt, kann die Natur. **Das thun auch die Heiden.** Gott will, daß wir hierin es der Welt zuvorthun, und mehr thun sollen, als alle Menschen, die Christi Geist und Sinn nicht haben.

Wie geneigt ist der Mensch, sich nur an eine gewisse Parthei zu hängen, und nur solche zu lieben, in welchen er sich einigermaßen findet!

48. **Seyd also vollkommen, wie euer Vater im Himmel vollkommen ist.** Luk. 6, 36. Ephes. 5, 1. 3 Mos. 11, 44. 19, 2.

Man beweiset mit diesen Worten gewöhnlich, daß man vollkommen seyn müsse; es ist hier aber eigentlich gar nicht die Rede von der Vollkommenheit überhaupt, sondern von der Art und Weise. Das Volk stand im Wahn: wer so seyn könnte, wie die Pharisäer, oder wie die ansehnlichen Väter im Volke, der hätte es weit gebracht. Da sagt nun der Heiland: Nein, meine lieben Jünger! das wäre nicht gut für euch; das wäre nicht die eigentliche Art, nicht das wahre Beispiel der Heiligkeit und Gerechtigkeit, und des unbefleckten Wesens; das wäre nicht mein Wunsch, daß ihr so wäret. Werdet vielmehr so, wie ich euch meinen Vater im Himmel beschreibe; denn aus dessen Herzen ist die Heiligkeit geflossen, und ich bin der lebendige Abriß davon; wer mich sieht, der sieht den Vater. Wenn wir nun tugendhaft seyn wollen, so sollen wirs auf die Art seyn, wie es unser Vater im Himmel ist.

Sobald gewisse Menschen, die auch fromm seyn wollen, von Vollkommenheit hören, so bekommen sie Ekel, protestiren und werfen mit Gesetzes-Wesen um sich. Sie widersprechen geradezu Christo, und sagen: wir **können** und sollen nicht **vollkommen** und **barmherzig** seyn, wie unser Vater im Himmel. Wenn sie aber die Sache nach Christi Sinn betrachteten, und nicht gern un-

unvollkommen bleiben wollten, so würden sie wohl einsehen, daß Gott nicht mehr von uns fordert, als Er selbst in uns wirken will. Einmal, das Evangelium fordert viel mehr, als das Gesetz, eine vollkommene, ganze, göttliche Liebe. Es giebt aber auch mehr als das Gesetz; es giebt, was es fordert, es macht uns zu lebendigen Geboten Gottes, und dann gehts gerade so weit, als der himmlische Vater es haben will; denn wir haben einen weisen Vater; wen Er etwas thun heißt, den macht Er auch geschickt dazu.

Doch jedes redliche Gemüth erschrickt und denkt; soll ich so vollkommen seyn wie Gott? Nein, du sollst vollkommen seyn, wie sich Gott in seiner Offenbarung als Vater gezeigt hat, du sollst seine Vaterart, Herzlichkeit und Treue zu deinem Vorbild machen. Ja sagt man: Er ist doch allemal Gott, und ich ein Mensch; Er ist ein reines Wesen, die Purität selber, und ich bin ein besudeltes Menschenkind, eine arme schwache Kreatur, die wenn sie gleich nicht Unrecht wie Wasser säuft, doch allemal bis ins Grab gebrechlich bleibt. Wie soll ich Gott ähnlich, so rein, so schnurgerecht, lauter und klar werden, wie Er? Wo finde ich seine Natur und sein lauteres Wesen? Antwort: in dem Angesicht, in der Person Jesu Christi. Wir haben Christi Sinn, sagt Paulus. 1 Kor. 2, 26. Wie Er war, so sind wir in dieser Welt, heißt es 1 Joh. 4, 17. Durch Ihn kommt man zum Vater und zur Aehnlichkeit und Vollkommenheit des Vaters. Er fängt an, und vollendet, macht vollkommen, ganz so wie man seyn soll. Unvollkommen, unganz kann doch nichts bestehen vor Ihm.

„Herr! gieb, was du befiehlst, und befiehl, was du willst," betete Augustin. Und wer mag nicht also beten? Uebrigens wächst ein Kind bei der Milchspeise auf, und wird endlich ein Mann, der vollkommen heißt.

Das VI. Kapitel.

Almosen, Gebet, Fasten, Herrendienst, Sorge.

---

1. **Hütet euch, daß ihr euer Almosen** (oder eure guten Werke) **nicht vor den Menschen thut, um von ihnen gesehen zu werden, sonst werdet ihr keinen Lohn von eurem Vater im Himmel erhalten.** Kap. 23, 5.

Christus fängt hier von den guten Werken an, und behandelt die drei gewöhnlichen Werke der Anfänger, **Almosen, Beten und Fasten.** — Wenn die Menschen aus dem Groben, und aus der falschen Sicherheit sich ein wenig herausgearbeitet haben, so fangen sie zuerst damit an, daß sie ein wenig Almosen geben, und etwa einen Groschen oder Kopeken mehr in die Armenbüchse legen. Vom Beten wollen sie dann auch etwas haben, deßwegen kaufen sie sich ein gutes Gebetbuch, und halten dem lieben Gott daraus eine Vorlesung, die Er, wie sie denken, schon gut aufnehmen muß, wenn gleich ihr Herz nichts davon aufnimmt. Und wenn sie es recht hoch treiben, halten sie auch wohl zuweilen einen Fasttag.

Nun will unser lieber Heiland weder das Almosen noch das Beten und Fasten hiermit verwerfen, sondern will nur das Fleisch und die fleischlichen Absichten aus ihren Schlupfwinkeln hervorjagen, deßwegen fängt Er damit an: **Habet Acht** auf eure Absichten, auf euer Herz bei euern guten Werken, daß ihr das Gute nicht übel oder schlecht macht, sonst seyd ihr doch Uebelthäter, so viel ihr auch Gutes thun möget.

Und vor allem warnt Er vor der Sucht, seine Werke zur Schau zu tragen.

Christus will deßwegen nicht, daß man kein gutes Werk vor den Leuten thun soll, sondern nur, daß man es nicht thun soll, um von den Leuten gesehen und gelobt zu werden. Das Thun **vor den Leuten** macht die Sünde nicht nur nicht, sondern Er hat im vorigen Kapitel vielmehr geboten: lasset euer Licht leuchten, damit die Menschen eure guten Werke sehen, und den Vater im Himmel preisen. Aber das Thun, **um** von den Leuten gesehen und gelobt zu werden, das macht die Sünde und Heuchelei. Man kann nicht allemal verhüten, daß es eben ein Mensch sehe. Die eitle Ehrsucht, Lob- und Lohnsucht, ist ein Greuel vor Gott. Und diese Schlange versteckt sich so heimlich und unbemerkt hinter dem grünen Grase der guten Werke, daß oft der wachsamste Christ sie nicht gewahr wird. Wenn man sich aber genau erforscht, so findet man meistens hintennach, daß man Gefallen an seinen Werken hatte, und daß noch eine verborgene Freude im Herzen steckt, die es selbstgefällig und hochmüthig macht, wenn man gelobt wird, oder betrübt, wenn man geschmäht wird.

2. **Wenn du daher Almosen giebst, so laß es nicht vor dir her ausposaunen, wie die Heuchler thun in ihren Synagogen und auf den Gassen, damit sie von den Leuten gesehen werden.** Röm. 12, 8.

Solche Heuchler machen sich selbst zu Götzen und opfern alles, was sie thun, ihrem guten Namen auf. Sie sind voll Eigenliebe, und fliegen immer um sich selbst herum, wie die Fliegen um ein Aas. Ein geringer Fehler vor den Leuten, wodurch sie zu Schanden werden könnten, quält und beunruhigt sie mehr, als eine grobe Sünde vor Gott, die kein Mensch gesehen hat. Jetzt würde der Heiland sagen: Wenn du was Gutes thust, so laß es nicht in die Zeitungen setzen, oder laß dich nicht als Gutthäter von der Kanzel verkündigen. **Wahrlich, ich sage euch: damit haben sie ihren Lohn schon empfangen.** Sie haben einen Lohn gewollt; nun sollen sie das dafür haben, daß sie sich haben eine Musik machen lassen; das soll es aber alles seyn. Das bedauert Christus, daß man sich so um seinen Lohn bringt.

Wenn du um deiner Ehre willen etwas thust, das ist dein Lohn. Giebst du den Leuten etwas, um bekannt zu werden, so hast du es nicht Gott, noch den Menschen, sondern deiner eigenen Ehrbegierde gegeben. Wie bald begnügt man sich mit ein wenig Beifall, oder sonst einem Vortheile.

Bei allem dem, daß solche Heuchler nur zeitlichen Lohn suchen und hinnehmen, glauben sie doch, welche herrliche Thaten sie thun, wie viele Verdienste sie haben, und wie viel ihnen Gott noch schuldig sey.

3. **Wenn du Almosen giebst, so soll deine Linke** (die eitle Einbildung und Selbstgerechtigkeit) **nicht wissen, was deine Rechte thut.** Verbirg es vor dir selber, nicht nur vor andern Menschen. Gethan, vergessen, ohne Zurückdenken. Gutes thun, soll dir eben so natürlich seyn, als das Athmen. So wenig du daran denkst, daß du athmest, so wenig sollst du darüber nachdenken, wenn du Gutes gethan hast, als hättest du etwas Besonderes gethan, das Ehre, Lob oder Lohn verdient.

Die Eigenliebe ist der rechte Dieb in uns, der Gott seine Ehre stiehlt. Vor ihr müssen wir unser Gutes mehr verbergen, und in Demuth einwickeln, als man Geld oder Gut vor Dieben verwahrt, denn sie rühmt sich all des Guten, das Gott in der Seele wirkt, als wäre es ihr eigen *).

4. **Damit dein Almosen verborgen bleibe, und dein Vater, der im Verborgenen sieht, wird es dir öffentlich vergelten.** Luk. 14, 14.

Darum halte du es geheim, und rede davon vor keinem Menschen, suche keinen Dank, keine Ehre, kein Lob bei Menschen, habe keine Sorge, daß du so geheim

*) Im Koran soll die Lehre enthalten seyn: „Hast du etwas Gutes gethan, so wirf es in das Meer; findet es der Fisch nicht, so sieht es doch Gott."

Gutes thun kannst, daß es Gott nicht merke. Je verborgener und hinterrücks deiner selbst du etwas gegeben hast, wofür dir keine Menschenlippe danket, desto mehr Dank wird dir von Ihm. Je geheimer hier die Wohlthat, desto öffentlicher dort der Ruhm und die Vergeltung. Je weniger hier gelobt von dir und andern, desto mehr und königlicher einst belohnt von dem, der reicher ist als alle Vergelter und Lobredner der Tugend.

5. **Eben so, wenn ihr betet, machet es nicht wie die Heuchler, die da gern in den Synagogen, oder an den Ecken der Straßen stehen und beten, damit sie den Leuten in die Augen fallen. Wahrlich, ich sage euch, damit haben sie ihren Lohn schon empfangen.**

Das ist wirklich noch ärger, und das allerschrecklichste, daß man **das Beten** mißbraucht, und dabei nicht Gott, sondern sich selbst sucht, weil das Gebet unmittelbar den Herrn selbst angeht und zu Ihm gerichtet seyn soll. Aber so sehr lieben die Menschen den Schein, daß sie auch das Heiligste nur zum Schein gebrauchen. Das ist dann auch all' ihr Lohn und Gewinn, den sie davon haben. Gott kann ihnen nicht mehr geben; sie wollen und suchen ja nicht mehr, und nichts anders, und das läßt ihnen der Herr.

6. **Du aber, wenn du betest, geh' in deine Kammer, verschließ die Thüre, und bete zu deinem Vater im Verborgenen** (ohne daß es jemand sieht oder hört). 2 Kön. 4, 33.

Mit dem Gebet will es also der Heiland eben so gehalten wissen, wie mit dem Almosen. Man soll es nicht verrichten, wo es viele Leute sehen, und nicht mit großem Schein und Gepränge, um den Leuten nicht in die Augen zu fallen, daß sie einen für fromm und andächtig halten. Man muß sich vielmehr allem entziehen, was uns zerstreuen oder stören könnte. Nicht nur in das äußere Kämmerlein, sondern in das innere Kämmerlein, in das Verborgenste des Herzens müssen wir uns zurückziehen beim Gebete. Nicht nur die Thüre deiner Kammer mußt du verschließen, daß dich kein Mensch stören kann, sondern auch die Thüren deiner Sinne, Augen und Ohren müssen geschlossen, die Gedanken heimgeholt und gesammelt seyn, wenn sie sich nicht verlaufen, und dich mit fortreißen sollen, damit nicht, während dein Mund betet, dein Herz, Sinn und Gedanken verreist sind.

Jesus verwirft deßhalb das öffentliche Gebet nicht, sondern nur die Sucht des Scheins und Menschenlobes bei demselben. Er hat selbst öffentlich gebetet, und zwar, wie Er selbst sagt, damit es die Leute sehen und (das merke) **glauben.** Joh. 11, 42. Um die Leute zu erwecken zum Glauben und Vertrauen, darf und soll man auch öffentlich beten — zu seiner Zeit.

— **Und dein Vater, der im Verborgenen sieht, wird es dir öffentlich vergelten.**

Aber was ist denn fürs Beten zu vergelten? Thun wir Ihm denn einen Dienst? Nein und ja, denn es freut den Vater so, wenn seine Kinder zu Ihm kommen und etwas von Ihm begehren, daß Er ihnen nebst dem, was sie bitten und eben nöthig haben, noch etwas Besonderes dazu schenkt, um ihr Vertrauen gegen Ihn zu belohnen. So lieb hat uns der Vater! o, daß wir Ihn auch recht liebten!

Kannst du zu deinem Vater im Verborgenen recht beten, so wirst du inne werden, daß das, was du Ihm, und Er dir ins Ohr sagt, einst öffentlich an dir gehört und gesehen werden soll.

Das beste Gebet ist demnach das innere Gebet, wo man Ort, Zeit und alle Kreaturen vergißt, und in der Abgezogenheit des Gemüthes von allem, allein mit Gott zu thun hat. Soll also deine Andacht rechter Art seyn, so mußt du dich von allem Aeußern und Geschaffenen losreißen, deine Sinne und Gedanken einsammeln in das Innerste des Geistes, wo Gott wohnt, dir Ihn daselbst lebendig vergegenwärtigen, und so fest glauben, als sähest du Ihn; dann dein Herz vor Ihm darlegen, mit Ihm reden und Ihn zu dir reden lassen. So wird Er dich hören und erhören, und du wirst Ihn hören, und erhalten, was du begehrst.

Du mußt dir ein verschlossenes Kämmerlein zum Gebet erwählen und erbauen, das du überall mit umhertragen kannst, denn in deiner äußern Kammer kannst du nicht immer, und nicht, wann du willst und sollst, beten. Wenn du aber dein Herz zu einem Betkämmerlein einweihest, und stets allen andern Dingen außer Gott den Zugang dahin verweigerst, wenn du fleißig zu Ihm einkehrest, so wird sich Gott aller Orten von dir finden lassen, und sich dir im Grunde deiner Seele auf eine unaussprechliche Weise mittheilen, so daß du bei dem, was du da genießest, schon mit Ihm, wie im Himmel bist.

7. **Wenn ihr betet, so machet nicht viele Worte, wie die Heiden, denn sie meinen, sie werden erhört, wenn sie viele Worte machen.** Jes. 1, 15. Sir. 7, 15. 8. **Seyd also nicht wie sie, denn euer Vater weiß, was ihr bedürfet, ehe ihr Ihn darum bittet.** Vers 31.

Jesus zieht hiemit offenbar das Gebet des Herzens und Glaubens dem Gebete mit Worten vor. Das Gebet erfordert mehr Herz, als Zunge, mehr Gefühl und Seufzer, als Worte.

Ein Herz, das recht lieb hat, kann den Mund nicht recht aufthun zum Reden. Das Gefühl der innigen Liebe, des lebendigen Glaubens, bindet ihm die Zunge und verschließt ihm den Mund, damit es Gott desto besser in der Stille und Ruhe lieben und bewundern kann. Es kann in der Gegenwart seines Gottes, der alles sieht und weiß, nichts als schweigen. Doch sagt sein Gefühl mehr, als der Mund aussprechen könnte.

Eine gelassene Dahingebung seiner selbst in den Willen Gottes, ein demüthiges Harren auf seine Gegenwart, ein stillschweigendes, inniges, kindliches Vertrauen, ein sanftes Beruhigen seiner Affekten ist besser, als viele Worte und Wiederholung der Gebetsformeln, da man Gott mit vielen Worten gleichsam etwas abzwingen, oder abverdienen will. Die Heiden, die Holz und Stein und Menschen anbeten, glauben nicht anders erhört werden zu können, als wenn sie viele Worte und ein großes Geschrei dabei machen; daher der Vorwurf des Elias: „Rufet laut zu eurem Gott, weil er vielleicht schläft ꝛc.“ 1 Kön. 18, 27. Wer aber weiß, daß Gott unsere verborgensten Gedanken kennt, der giebt sich keine große Mühe, viele Worte auszustudieren, und eine geschmückte Gebetspredigt zu halten, um Gott anzureden und zu bewegen. Gott läßt sich nicht mit vielen Worten und Geberden abspeisen, Er will Geist und Leben im Glauben, ohne Schein. Hätte Jesus lange Gebete haben wollen, so hätte Er uns ein großes Gebetbuch in die Bibel setzen lassen; so aber hat Er uns das kurze Gebetlein von sechs bis sieben Zeilen hinterlassen, das auch Kinder lernen können. Was braucht es viele Worte? **Euer Vater weiß ja, was ihr bedürfet, ehe ihr Ihn bittet.**

Das hebt aber nicht auf, daß man etliche Stunden und wohl den ganzen Tag mit dem Heilande reden kann und darf. Wenn ich tausend Sachen zu reden habe, so muß ich's thun. Ich muß aber deßwegen nicht peroriren, oder Gott eine Rede halten; ich brauche nicht alle Gründe und Verheißungen von Erhörung des Gebets u. dgl. hervorzusuchen und Ihm vorzuhalten. Wenn ich mit dem Heilande rede, so gehe ich mit Ihm um, wie ein Kind mit dem Vater, wie ein Freund mit dem Freunde, wie mit meinem Blutsverwandten. Ich sage Ihm alles, mein ganzes Herz liegt vor Ihm da; ich sage Ihm Kleines und Großes, Schlechtes und allerlei, und ich mache mir eine Freude daraus, alles mit Ihm reden zu können. Es ist oft kein anderer Grund da, als die Liebe, Ihn zu sprechen. Wenn der Heiland sagt: Euer Vater weiß, was ihr bedürfet, so ist das von leiblicher Nothdurft, Essen, Trinken, Kleidern zu verstehen, und Er will sagen: Ihr werdet ja nicht denken, daß euer himmlischer Vater seinen Kindern nichts zu essen schaffen wird, wenn sie Ihm nicht zuerst eine Litanei darüber halten; ihr habt andere Sachen zu bitten. Was ihr anzuziehen und zu essen bedürfet, alle die zeitlichen Sachen, die euch selbst und euer Haus betreffen, weiß der Vater besser, als ihr's sagen könnt. Davon sollt ihr Ihm nicht erst lange viele Worte vorplappern und denken: wenn ihr's nicht recht deutlich machtet, so möchte Er es nicht recht verstehen, und wenn ihr's nicht oft genug wiederholet, so möchte Er's vergessen. Das ist ganz vergeblich. Er wird euch weder vergessen noch verlassen. Ihr sollet eure Zunge und Worte sparen, und sie zu wichtigern Sachen anwenden, als zu ordinären, täglich nöthigen Sachen, die ohne Gebet von selbst kommen, und als Zugabe drein gegeben werden. Ich will euch andere Gegenstände sagen, nämlich:

9. **Ihr sollt also beten: Unser Vater! der Du in dein Himmel bist.** Luk. 11, 2. 3.

Wer darf so beten? Ihr, sagt der Heiland, ihr, deren Vater Gott ist, die ihr Kinder Gottes seyd, ihr habt die Erlaubniß, das Recht, Gott euren Vater zu nennen. Wenn der Mensch aus dem Geiste Gottes gezeuget *), von neuem, aus Gott geboren ist, dann darf er erst sagen: **Vater**! weil dann erst der heilige Geist anfängt, das Abba, lieber Vater! im Herzen zu buchstabieren. Dann denkt man auch an das: **Unser** Vater, weil man mehr Geschwister hat. Dann heißt's: wenn nur Dein Name geheiliget würde, wenn nur Dein Reich in der Welt ausgebreitet würde, wenns doch in

*) In der ersten Kirche lehrte man die Tauf-Candidaten erst zuletzt, nachdem man viel über sie gebetet und auch sie zu vielem Gebete angehalten hatte, das „Vater unser." Solchen Werth legte man auf dieses heilige Gebet, welches jetzt von allen unwiedergebornen Christen so gedankenlos hergeplappert wird.

der Welt ginge, wie im Himmel, daß die Leute deinen Willen thäten, wenn wir doch alle Tage das Brod bekämen, das der Welt das Leben giebt, wenn's nur keinen Tag ausbliebe!

Wenn der Heiland uns beten heißt: **unser** Vater, nicht, **mein** Vater, so will Er uns dadurch auf die Allgemeinheit der Liebe und Fürsorge Gottes führen. Wir sollten einen Blick in das allgemeine, liebreiche Vaterherz Gottes thun, **der Vater über alles ist, was Kinder heißt, im Himmel und auf Erden.** Eph. 3, 15. Eine andere Ursache ist, uns zu erinnern, daß, wenn wir schon Väter dem Alter nach sind, wir doch keine Väter der Seelen sind. Einer ist euer Vater, ihr aber seyd alle **Brüder.**

Auch will Er uns hierdurch ohne Zweifel auf die Gemeinschaft führen, und zu verstehen geben, daß dies Gebet eigentlich in der Gemeine und mit vereinigten Herzen geschehen soll, nach Matth. 18, 19.

Bei dem Vaternamen können diejenigen, die von Gott, als ihrem Schöpfer und Wohlthäter, erhalten werden, erkennen, wie sich Gott an ihnen beweise, und ihnen Gnade erzeige, obwohl ihr Gebet nicht besser gewesen, als das Rabengeschrei.

Es sind keine bessern Beter des Vater unser, als die wahren Kinder Gottes; die verstehens, die könnens beten. Der Heiland hats seine Jünger gelehrt. Wer sein Jünger ist, kann's inwendig und auswendig.

Die sieben Dinge, um die Jesus uns beten lehrt, sind die sieben Hauptsachen, die alles in sich fassen, was zum ganzen Christenthum gehört. Es sind des Heilandes sieben Hauptanliegen gewesen auf Erden, darum hat Er sie auch seinen Jüngern hinterlassen, daß sie auch ihre Hauptsachen seyn sollten.

Die **erste** Hauptangelegenheit des Heilandes war, 1. daß der Name Gottes, seines Vaters, geheiligt würde in der Welt. Daher redete Er immer vom Vater, und machte Ihn den Menschen bekannt. Sein ganzes Leben war ein Beweis, was das für ein Vater sey, der einen solchen Sohn habe, und am Ende konnte Er sagen: „Ich habe deinen Namen geoffenbart den Menschen rc.“ 2. Daß das Reich Gottes durch die ganze Welt ausgebreitet würde. „Ich bin gekommen, daß ich ein Feuer anzünde.“ 3. Daß der Wille Gottes geschehen möchte auf Erden. „Das ist meine Speise, daß ich thue den Willen deß, der mich gesandt hat.“ 4. Seinen Jüngern Nahrung zu verschaffen, daß sie Ihn zu essen bekämen. „Wer mich ißt, der wird leben in Ewigkeit.“ 5. Daß Er die Sünden vertilgen, die Missethat versöhnen, dem Uebertreten wehren, und die ewige Gerechtigkeit wiederbringen, und uns einen gnädigen Gott zuwege bringen möchte. 6. Uns von der Gewalt der Finsterniß zu befreien, und aus des Satans Werkstätte einen Tempel Gottes zu machen. 7. Daß Er dem, der des Todes Gewalt hatte, die Macht nehme, und die Werkstätte des Teufels zerstöre. Und diese sieben Hauptsachen hat Er ins Ganze ausgeführt; die Welt ist erlöst; es darf's nur jeder einzelne annehmen, und sie auf sich anwenden.

Darum müssen nun diese sieben Sachen auch unsere Hauptsachen seyn, und zwar die erste Hauptsache eines Jüngers ist, daß des Vaters Namen im Sohne verherrlicht und geheiligt werde, d. i., daß die Leute an Jesu lernen, was der Vater ist, der einen solchen Sohn hat. Wer den Sohn nicht ehrt, der ehrt auch den Vater nicht; wer den Sohn überhüpft, der hat auch den Vater nicht.

Das zweite Hauptanliegen ist, daß des Sohnes Hochzeit gut von Statten gehe (d. i. das Reich Gottes, das Himmelreich groß werde), daß sich viele tausend Seelen zu Ihm bekehren und sein Haus und seine Tafel voll werde. Wenn man nun die Seelen dahin bringt, daß sie schaarenweise kommen, und sich mit dem Heilande verbinden, so kommt das Reich Gottes auf Erden. Da wird das Himmelreich gleich einem

Könige, der seinem Sohne Hochzeit macht in dem Lande, in der Stadt, in dem Dorfe, wo sich die Leute zu Jesu wenden.

Das dritte Hauptanliegen eines Kindes Gottes ist, daß es in der Welt doch nach dem Sinne seines Vaters gehen möchte, daß nicht eines wider das andere sey, sondern daß sein Rath des Friedens, sein seliger Liebes-Wille viele Leute glücklich machen, daß es eines jeden Speise seyn möchte, des Vaters Willen zu thun. Ehe man aber begehrt, daß es andere Leute so thun sollen, muß es erst selbst mit uns dahin kommen, daß wir sagen können: **Deinen Willen, mein Gott! thue ich gerne, dein Gesetz habe ich in meinem Herzen.**

Das vierte Hauptanliegen ist, daß genug Nahrung und Lebensunterhalt für Kinder Gottes da seyn möchte, daß alle Seelen satt haben möchten, daß der unsterbliche Geist erhalten werde, und es ihnen niemals an irgend einem Gute mangeln möge; daß die Hungrigen und Durstigen nach Gerechtigkeit gesättiget werden, und daß dieser Hunger, wo er noch nicht ist, erweckt, und die Leute lebendig, oder aus Gott geboren werden. Dann werden sie selbst nach Speise und Brod, und nach der lautern Milch des Evangeliums schreien. Es ist natürlich, daß es einem zuerst selbst wohl schmekken muß.

Die fünfte Hauptsache ist, daß unsere Mitmenschen einen gnädigen Gott bekommen. Denn hat man dieß einmal in seiner Seele erfahren, daß einem der Heiland vergeben, Friede zugesagt, und freundlich gewesen ist, so wünscht man, daß es doch andern auch so gut werden möchte.

Das sechste Gebetsgeschäft eines Kindes Gottes ist, daß das kranke Fleisch durch Gottes Macht bewahrt werde vor der Sünde, vor der bösen Lust. Und wer das so an sich erfährt, der fleht, daß es auch andern so geschehen möge.

Das siebente Hauptgebet ist, daß die Leute den Teufel nicht an die Wand mahlen, und denken, der Teufel wäre nichts, sondern daß sie denken, er sey der Hauptfeind, von dem uns nur der Stärkere, Christus, erlösen kann.

Der Heiland hat uns im Vater-unser ein Beispiel geben wollen, wie man die allerhöchsten Sachen vom himmlischen Vater gerade und einfältig bitten soll. Was ist importanter (bedeutender), als sein Reich? Was formidabler (Ehrfurcht erregender), als sein Wille? Was der Armuth und Noth angelegener, als das geistliche und leibliche Brod? Was ist schrecklicher, als die Sünde? Was ist schmerzlicher, als die Versuchungen und Faust-schläge des Satans? Das sind solche wichtige Gegenstände, daß man Tag und Nacht über jeden derselben auf dem Angesicht liegen sollte.

— **Geheiliget werde dein Name!** Der Sinn dieser Bitte ist: Gieb, Vater! daß mit deinem Namen so umgegangen werde, als es der Respekt erfordert, den man Ihm schuldig ist. Der Gebrauch dieses Namens ist nicht gleichgültig, denn der Herr will den nicht ungestraft lassen, der seinen Namen mißbraucht. 2 Mos. 20, 7. Lügen ist allemal Sünde, aber bei dem Namen Gottes lügen, sich falsch auf Gottes Namen berufen, das ist eine Todsünde. Daher sind die Leute, die Christen heißen, und mit dem Namen des Jesu, in dem die Fülle der Gottheit wohnt, und von dem Gott sagt, 2 Mos. 23, 21.: **Mein Name ist in Ihm,** so gottvergessen umgehen, Leute des Todes.

Den Namen Gottes müssen wir heiligen in Ansehung unserer und anderer. An uns sollen wir ihn heiligen an Geist, Seel' und Leib. Wenn sich der Geist Gottes seines Heilandes freut, so erhebt die Seele den Herrn und preiset seinen heiligen Namen. Luk. 1, 46. rc. Wenn das Innerste den heiligen Namen merkt, so bricht die Seele in Psalmen aus. Ps. 103, 1. rc.

Unsere Seele muß in allen ihren Gedanken, Regungen und Bewegungen die tiefste Ehrerbietigkeit und Herzlichkeit gegen den Namen Gottes hegen. Esther beugte sich gegen ihren Gemahl, denn er war ein Herr von 120 Ländern. Was sollen wir sagen, gegen unsern Herrn, dem die Enden der Erde zu Füßen liegen, den alle Engel Gottes anbeten!

Unser Leib soll auch heiligen den Namen Gottes, denn er ist ein Tempel Gottes und des heiligen Geistes. Kann die Hand segnen, das Auge warnen, die Zunge singen, und das alles in Heiligkeit, so kann sich jedes Glied hergeben, zu heiligen den Namen des seligen Gottes.

Wer sich Seines Namens schämt vor den Menschen dieser Welt, wer nicht jedermann gern wissen läßt, daß er Sein ist, und ohne Jesum nicht leben, und seinen Heiland nicht eine Stunde missen kann, der entheiligt den Namen Gottes vor dieser argen Welt.

10. **Dein Reich komme!**

Das Reich Gottes ist das Reich, darin Gerechtigkeit wohnt, und Wahrheit, Liebe, Güte und Treue einander begegnen, Friede und Liebe sich küssen. Und dieses Reich muß in uns und unter uns aufgerichtet werden. Die Sünde muß abgethan werden, und Christus herrschen in uns.

Wo Christus der König des Himmelreiches ist, wohnt und herrscht, da ist Gottes Reich, da ist Gerechtigkeit, Friede und Freude im heiligen Geiste. Wo Er nicht ist, da ist Gottes Reich nicht. Da muß man aber darum bitten. Und welch ein Befehl! welch eine Erlaubniß! wir sind von Gott selbst durch seinen Sohn berechtigt, ja aufgefordert, Ihn um nichts Geringeres als um sein Reich zu bitten. Wenn ein irrdischer König uns seinen Prinzen schickte und uns durch ihn auffordern ließe: „bittet mich um mein Reich, ich will es euch geben." Wer würde das nicht groß und bewundernswürdig finden? Wer würde nicht eilen von ganzem Herzen darum zu bitten? — O Menschenkind! du weißt nicht, du kannst nicht begreifen, was in dieser Bitte liegt, was uns Gott dadurch geschenkt hat. O möchten es doch alle fassen! möchten alle nach diesem Reiche trachten und so unablässig darum bitten, bis sie es haben!

— **Dein Wille geschehe auf Erden, wie im Himmel!**

Sein Wille geschieht im Himmel. Alle Kreaturen sind da, seine Befehle auszurichten. Alle Dinge sind seine Knechte. Ps. 119, 91. Doch ganz anders erfüllen die Heerschaaren Gottes im Himmel seinen Willen. Die dienen Ihm mit Freuden.

Wie sieht es aber mit Gottes Willen **auf Erden** aus? Da ist bekannt, daß Ihm an allen Enden widersprochen und widerstanden wird; daß die Leute Profession davon machen, sich, wo sie können, dem Willen Gottes entgegen zu setzen, und wenn sie sich unterwerfen müssen, so murren sie dagegen, und sträuben sich, so lang sie können. Daher das Flehen und Sehnen derer, die Jesum lieben und den Vater kennen, daß doch sein Wille geschehe auf Erden, daß Er allen bösen Rath und Willen breche, als da ist des Teufels, der Welt, und des Fleisches Wille, die sein Reich nicht kommen lassen wollen. Da sie aber sehen, daß sie nicht viel ausrichten, wie ihr Herr, der's duldet bis auf den Tag der Rache, so geht endlich die Bitte dahin: Wenns nur unsere Speise wäre, seinen Willen zu thun!

Der Wille Gottes soll aber nicht allein von den Kindern Gottes geschehen. Im Unsichtbaren geschieht alles, was Er will; aber im Sichtbaren, hier unten, wenn wir uns umsehen, wie es zugeht, so könnte eine scrupulöse Seele irre werden. Es ist aber auch hier unten doch nur der Schein, als wenn alles gegen Gottes Willen anginge. Er behält doch wohl sein Recht, es geht aber auf Kreutzes-Weise.

Es ist nicht möglich, daß Jesus seine Jünger etwas zu bitten gelehrt hat, das auf Erden nicht zu erhalten wäre.

11. Gieb uns heute unser tägliches Brod.

Hier verstehen einige das geistige Brod, andere das leibliche Brod. Hieronimus und Augustinus meinten das Brod des Himmels. Wir werden nicht irren, wenn wir beides zusammennehmen, doch vorzüglich das Brod, das der Seele das Leben giebt und erhält. So will's der Herr, Matth. 6, 33. Darum zuerst vom Hauptwerke, dann vom Nebenwerke.

Das Brod, ohne welches wir nicht leben können, ist Jesus. Joh. 6. Daher müssen wir uns gründlich prüfen, ob wir etwas von diesem Brode wissen, ob wir es gekostet haben, oder ob wir uns ärgern, wie die Jünger. „Das ist eine harte Rede, wer kann sie hören?" Der natürliche Mensch vernimmts nicht, es ist ihm Thorheit, es muß geistlich beurtheilt werden. 1 Kor. 2, 14. So lange der Mensch natürlich, und ohne Geist ist, Jud. 19., so lang ist ihm auch das Brod vom Himmel nicht nöthig. Einem Todten giebt man kein Brod.

Die Menschen, die kein geistliches Leben haben, können unmöglich verstehen, was das heißt, Brod vom Himmel essen, Jesum Christum essen und genießen. Am allerwenigsten können sie es essen und für ihre Nahrung und Leben haben. Wer also dieß erfahren und wissen will, der muß erst leben.

Wer aber lebt, der muß zu essen haben, und wer das Leben aus Gott durch Jesus Christus erhalten hat, und ein Kind Gottes ist, der darf hinfallen, und mit Hunger seines Herzens bitten: lieber Heiland! gieb mir dein Brod, gieb mir zu essen und zu trinken, so wie jedes Kind leiblich Brod von seinem Vater fordert, wenn es hungert.

Es ist eine unentbehrliche Gnade für einen, der aus Gott geboren ist, daß er Brod vom Himmel habe. Wer lebt, kann nicht leben ohne Brod, ohne tägliches Essen und Trinken. Das kann man nicht wochenweise oder gar monatweise verschieben, sondern täglich und stündlich, ohne Aufhören muß man genährt werden.

Das

Das leibliche Brod wird uns nie fehlen, wenn wir das geistige suchen und haben. Der uns erschaffen hat, ohne daß wir Ihn darum gebeten haben, der giebt uns auch, daß wir bestehen können, und wir würden nicht vergessen werden, wenn wir auch nicht daran erinnerten.

Wer nicht auf Vorwitz ausgeht, wer nicht müßig geht, wer arbeitet, nicht darum, daß er essen will, sondern daß er Gottes Befehl thut, der kann alle Tage zum voraus für sein Brod danken. Und der Heiland wird sich nicht danken lassen, ohne zu essen zu geben. Wir sollen aber in der leiblichen Nothdurft nicht weiter gehen, als auf den heutigen Tag. Aufs Künftige sollen wir nicht hinausdenken, uns nichts vom Heiland ausbitten auf morgen oder übermorgen. Wir sollen uns begnügen, daß es zur Stunde da ist. Diese Sorglosigkeit bezieht sich aber nur auf eigene Bedürfnisse. In der Pflege für andere kann man nicht Sorgfalt genug beweisen, doch allemal voll Glauben, und daß man danke, ehe man's bekommt. Der Heiland dankte, ehe Er's hatte. Joh. 11, 41. Wer Dank opfert, der preiset Gott. Ps. 50, 23. Das ist der Hauptvortheil beim Gebet, wenn eine Seele mit freudigem Herzen danken kann, ehe sie bekömmt. Sollte aber der Reiche auch um Brod bitten? Wer seine Schuldigkeit mitzutheilen kennt und befolgt, und weiß, seine Willigkeit kann ihn selbst noch in Gefahr bringen, daß es ihm fehlt, daß der Heiland es ihm ersetzen muß, weil es leicht kommen kann, daß er sich ausgiebt, und kein Scherflein für ihn übrig ist; wenn er so denkt und handelt, so kann er die Bitte alle Tage von ganzem Herzen beten, er sey reich oder arm.

Das Wort Gottes ist auch ein Brod, von welchem der innere und äußere Mensch lebt, Matth. 4, 4., und um welches wir vorzüglich beten sollen.

12. **Vergieb uns unsere Schulden, wie auch wir vergeben unsern Schuldigern.**

Es ist hier eigentlich nicht die Rede von den Sünden, die man im Zustande außer der Gnade thut, sondern von dem Zurückbliben in seinen Pflichten, Sünden der Unterlassung, Mangelhaftigkeit, Schwachheit, Fehler, die die Jünger Christi wahrnehmen, und womit sie Gott verhaftet sind; denn wenn auch äußerlich nichts an uns auszusetzen ist, wenn uns jedermann für gerechte Leute halten muß, und wir mit Christo sagen könnten: wer aus euch kann mich einer Sünde zeihen? so bleibt man doch noch allezeit Gott schuldig, weil wir nie erfüllen, was wir sollten und auch selbst gerne wollten. Der Geist ist willig, aber das Fleisch ist schwach. Ein gläubiger Mensch unterläßt durch Gottes Kraft alles, was der Heiland nicht haben will. Aber er thut nicht alles, was er thun sollte, und wer weiß, Gutes zu thun, und es nicht thut, dem ist es Sünde.

Dieß sind Schulden, darüber wir bitten müssen, daß sie uns um des Heilands willen vergeben werden. Niemand aber betrüge sich hier, und mache zu Schwachheiten und Fehlern, was Untreue und Bosheit ist, davon es gewiß ist, daß sie wider Ihn sind und gegen seine heilige Lehre, und dabei man nicht sagen kann: ich bin gesinnt, wie Jesus Christus gesinnt war. — Es ist also dieß Gebet nicht so wohl für unbekehrte Leute, als für Kinder Gottes. Es kann gewiß einer eher Vergebung über seine Sünden, über den Unglauben, erhalten, als manchmal über eine kleine Sache, weil es Kindern genau genommen wird. Bei dem, da uns der Heiland versprochen hat, daß uns sein Vater unsere Schulden vergeben werde (daß Er's uns versprochen, sehen wir daraus, daß Er uns darum bitten heißt), ist eine Bedingung angehängt: **wie wir vergeben unsern Schuldnern.**

Wer es mit seinem Nächsten so genau nimmt, daß er gar gut weiß, wenn derselbe etwas versieht, und wenn er hernach kömmt, und alles wieder gut machen will, schwer daran geht, und Schwierigkeiten dagegen macht, der kann sich darauf verlassen, daß ihm der Richter auch genau darauf sehen und schwer genug dazu zu bewegen seyn wird, bis er sein Herz wieder zu ihm wendet. Er wird ihm seine geringsten Vergehungen fühlen lassen, daß sie ihm das Herz brechen. Wenn wir aber dem Nebenmenschen das, was er uns zuwider gethan hat, vergeben, so will der Heiland herzlich und gütig mit uns verfahren, als ein treuer Hoherpriester, der das Herz kennt, und weiß, wo wir zu Hause sind.

Bei dieser Bitte kommt es übrigens darauf an, daß man sich schuldig fühlt, und nicht bloß ein Kompliment macht, wie die Leute, die oft selbst keinen Sinn haben für die Worte, die sie reden. Denn jemehr wir überzeugt sind von unsrer Schuld, desto größer ist die Willfährigkeit, andern zu vergeben.

13. **Und führe uns nicht in Versuchung.**

Gott versucht niemand, Jak. 1, 13., sondern Er hat versprochen, seine Kinder zu bewahren vor der Stunde der Versuchung, Offenb. 3, 10. Der Satan heißt der Versucher, 1 Theß. 3, 5., der trachtet immerdar, uns zu sichten, und unsere Sinne von der Einfalt in Christo zu verrücken. Luk. 22, 31. 2 Kor. 11, 3. Der Heiland aber bittet, daß unser Glaube nicht gar aufhöre. Führe uns nicht in Versuchung, heißt also: Lieber Vater! laß uns nicht in Umstände hineinkommen, da wir nicht durchkommen. Die listigen Anläufe des Fürsten und Gewaltigen, des Herrn der Welt, der in der Finsterniß dieser Welt herrscht, der so viel tausend Künste aus alter Erfahrung hat, wie er den Seelen beikommen kann, möchten uns zu künstlich seyn; wir möchten uns nicht helfen können. Bewahre uns davor, laß es nicht geschehen, daß wir in seine Stricke fallen. Wenn er uns so versucht, so errette uns von ihm, daß unser Glaube nicht aufhöre, daß ein Ziel gesteckt werde, wie weit er gehen soll, wie bei Hiob: „doch schone seines Lebens," daß wir gewinnen und den Sieg behalten.

— **sondern erlöse uns von dem Bösen**; d. i. von dem Argen, dem Satan.

Wenn man durch Christus von der Gewalt des Satans erlöset ist, so gehört man nicht mehr zur Welt, die im Argen liegt, und in der Gewalt des Satans ist, sondern man ist einem andern Manne anvertraut, Christo. Von dem an aber sucht der Satan, weil er kein Recht mehr hat über die Seele, sie aufs neue zu berücken, und sie in seine Gewalt zu bringen. Daher die Ausdrücke: „der Satan hat euer begehrt, euch zu sichten.“

Das geschieht nicht nur bei Leuten, die einmal eine gute Regung, einen guten Sinn haben, wo er auf eine Zeit lang weichen und das Haus leer machen muß, aber dann mit sieben ärgern kommt, und wieder Oberhand erhält, sondern es geschieht auch mit solchen Seelen, die wahrhaftig dem Satan entgangen sind, daß er sucht, wo er ihnen beikommen könne. Darum ist kein anderer Weg, entweder müssen wir verhüten, daß er nicht an uns kommt, oder wenn er an uns kommt, mit Gottes Waffen streiten wider ihn. Daß das erste angeht, ist klar, aus Jak. 4, 7. 1 Joh. 5, 18. Wer aber nicht wohl auf seiner Hut steht, der kann sich leicht hineinziehen lassen. Nur Einfalt! Einfalt in der Anhänglichkeit an dem Herrn! Wie die Augen der Mägde auf die Hände ihrer Frauen sehen, also müssen wir täglich, stündlich um des Heilands Gnade, Barmherzigkeit und Beistand flehen, und auch auf den Wink desselben sehen. So kann uns der Satan nichts anhaben.

14. **Wenn ihr den Menschen ihre Fehler vergebet, so wird auch euer Vater im Himmel euch eure Sünden vergeben.** (Mark. 11, 25.) 15. **Wenn aber ihr den Menschen nicht vergebet, so wird auch euer Vater euch eure Sünden nicht vergeben.** Kap. 18, 35.

Nehmen wir es mit unserm Nebenmenschen genau, so nimmt es uns der Vater auch genau. Wenn Er bei einem ein hartes Herz sieht, so nimmt Er ihn wieder hart; hingegen, wenn Er ein gutes, freundliches, kindliches Herz vor sich sieht, das gern entschuldigt, so macht Er es ihm wieder so, und macht, daß er ein vergnügtes Leben führen, und in seinen Geschäften alles leicht und ungehindert ausrichten kann. Es ist kein größeres Hinderniß in den Geschäften, als wenn man auf jemand unwillig und mit jemand unzufrieden ist. Wenn wir daher mit der Schwachheit unserer Geschwister Geduld haben können, so hat Er auch mit unserer Schwachheit Geduld. Wenn wir ihre Fehler zurecht legen können, so kann Er auch unsere Fehler zurecht legen.

16. **Wenn ihr fastet, so zeiget euch nicht trübsinnig, wie die Heuchler; denn sie entstellen ihr Gesicht, damit ihnen die Leute ihr Fasten ansehen sollen. Wahrlich, ich sage euch, sie haben ihren Lohn, und dürfen keinen andern erwarten.** Jes. 58, 5. 6.

Das Affektiren ist verboten, Das Leiden aber, unter dem Druck, da man sauer sehen muß, ist etwas anders. Da leidet man, da affektirt man nicht. Es giebt Menschen, die in ihren gottseligen Uebungen so verdrießlich sind, daß sie immer sauer drein sehen, die andern tadeln, und meinen, sie hätten das Recht, die ganze Welt zu tadeln. Ihr Aeußeres ist so gezwungen, daß sie sich nicht trauen, die Augen in die Höhe zu heben; ihre Seelen aber sind voll Galle und Bitterkeit. Ein bitterer Eifer reitzt sie gegen unschuldige, einfältige Seelen, die, weil sie den Frieden im Innern haben, allezeit fröhlich sind. Die Heuchler machen, daß sie mager, bleich und traurig aussehen, weil sie Lohn bei Menschen suchen für ihre Frömmigkeit.

17. **Du aber, wenn du fastest, salbe dein Haupt, und wasche dein Angesicht;** 18. **damit die Menschen dein Fasten nicht sehen, sondern nur dein Vater, der im Verborgenen ist; und dein Vater, der im Verborgenen sieht, wird es dir vergelten.**

Was will Christus damit anders, als daß wir alles Gute verbergen sollen. Er verbietet alles Heucheln,

Affektiren, Scheinen und Gleißen, alles Herausplatzen und Prahlen im Geistlichen.

Die Natur ist geneigt, ihre guten Werke gleich sehen zu lassen, und zu zeigen vor den Menschen. Dagegen will Christus, wir sollen nicht nur ohne Noth andere nichts davon wissen lassen, sondern lieber selbst nichts Gutes von uns wissen. Nicht als ob man nichts Gutes thun dürfte, daß es andere merken, sondern daß man nur nicht die Absicht dabei habe, zu scheinen, gelobt und für fromm gehalten zu werden.

Christus hat seine Werke immer verbergen wollen. „Saget es niemanden" hieß es, wenn Er etwas gethan hatte.

19. **Sammelt euch keine Schätze auf Erden, wo Rost und Motten fressen, und wo Diebe ausgraben und stehlen.** Hebr. 11, 26.

Aller Vorrath von Kleidern, Hausrath, alles Eigenthum, worauf Rost, Mäuse und Milben Anspruch machen können, oder Güter, an denen auch Würmer Theil nehmen, sollen Kinder Gottes nicht ans Herz wachsen, und sie sollens nicht auf den morgenden Tag sammeln. Sie sollen sich durchaus in der Welt nichts zueignen, sondern sichs eine Freude seyn lassen, wenn sie des Habens, des Besitzens und Bewahrens irdischer Dinge überhoben seyn können, weil sie sonst Stunden und Tage anwenden müßten, um als treue Haushälter erfunden zu werden. Sie sollten sich also eine solche Last nicht aufbürden, die ihnen den Gang durch die Welt erschweren würde. Jesus will es also den Seinen recht leicht machen. Und so ist es in der That; denn die reichen Leute sind geplagte und arme Leute.

20. **Sammelt euch Schätze für den Himmel, wo weder Rost noch Motte verzehren, und wo Diebe nicht ausgraben und stehlen.**

Sorget nur, daß ihr den Schatz, der im Himmel ist, habet, daß Er euer Schatz ist, der euch erschaffen und erlöset hat. Seyd nur bedacht, daß ihr keinen

Schatz außer Ihm habet, daß Er euch alle Stund und Augenblick alles ist. Diesen Schatz greift keine Motte an, er kann dir auch von keinem Diebe genommen werden. Das ist die Freude am Herrn, die niemand von uns nehmen, niemand stehlen kann, die auch lange Finger nicht erreichen können.

21. **Denn wo dein Schatz ist, da ist auch dein Herz.**

Jesus, der einzige Schatz unsers Herzens, bleibt, wenn Himmel und Erde vergehen. Wer will uns scheiden von seiner Liebe?

Der Aufenthalt unsers Herzens bei unserm Schatz ist nichts anders, als eine gewisse, unaussprechliche Anhänglichkeit an Ihn. Wie es sonst zu gehen pflegt: man fällt auf etwas, man siehts, es gefällt einem, es setzt sich so fest ins Gemüth, daß man desselben sein ganzes Leben hindurch nicht wieder los wird. Andere Menschen könnens nicht begreifen. Will mans andern Leuten beweisen, so macht man sich lächerlich. Darum muß man die Leute, wenns auch der bravste Freund wäre, mit Einladungen zu unserm Schatze nicht incommodiren. Sie haften nicht. Wenns aber haftet, so ists ein Zeichen, daß das Leben angegangen, daß die Rede ins Herz gefahren, und mit Geist begleitet gewesen sey. Das ist ein Schatz, um den man sich selbst daran wagen muß. Und wir werden alle Tage beschämt durch die Treue, die jeder Mensch seinem Schatze beweist, daß sich einer darüber um Ehre, Vermögen und alles bringt. Wenn man fragt: was hat der Mensch davon? so ist die Antwort: er hängt so daran, daß er nicht davon los kann; es ist sein Vergnügen, seine Passion. Was der Mensch liebt, das zieht sein Herz nach sich, wie der Magnet das Eisen. Was wir lieben, das liegt uns im Sinne; dahin gehen unsere Begierden. Ist dein Schatz in der Erde, so ist dein Herz auch in der Erde; ist dein Schatz in Gott, im Himmel, so ist dein Herz auch in Gott, im Himmel. Ist

Christus dein Schatz, so ist Er in dir, und du in Ihm; du wirst stets in Ihm seyn, und Er wird dein Herz erfüllen. Wo aber der Schatz ist, dahin sieht auch das Auge.

22. **Die Leuchte deines Leibes ist das Auge. Ist das Auge lauter, so wird dein ganzer Leib licht seyn.** Luk. 11, 34.

Der Heiland will sagen: Ein einfältiges Auge und das Herz zusammen, ist etwas Ganzes. Wenn dein Herz und Auge so sind, daß nichts hineinkommt, wenn du gewiß weißt, daß du nicht mehr als Einen Schatz im Herzen, und Ein Bild im Auge hast, daß du nur auf Eine Sache siehst, so bist du darin ganz, und hast keine Unruhe. Der Heiland redet hier von der Lauterkeit des Herzens und will sagen: Wenn du finster aussiehst, so bist du gewiß auch finster; wenn du aber selig und vergnügt aussiehst, so bist du's gewiß auch. Man kann dirs ansehen, wer du bist, ob du ein einfältiges, unschuldiges Wesen, oder ein heimtückisches, hinterlistiges zeigest. Das Auge ist des Leibes Licht; das leuchtet denen, die dich ansehen, in dein Haus, in deine Kammer hinein, daß, da man nicht in dich hineinsehen kann, man doch in deinem Gesicht sehen kann, wie's innerlich aussieht. Wenn man sagt: die Menschen können sich verstellen, so können sie doch nichts als ein anderes Gesicht machen. Allein es kommt auf die äußerliche Stellung des Gesichts nicht an; es kann aus den abscheulichsten Theilen eines Gesichts die edelste feinste Seele hervorleuchten, und hingegen kann hinter dem allerverdrechseltsten feinsten Gesichte von außen, die allermiserabelste Kreatur stecken. Die äußere Bildung machts nicht aus; aber der **Blick** machts aus, die **Gemüthsbildung im Gesicht**, die aus dem Auge hervorleuchtet. Der Blick ist allezeit wahrhaftig, und ein treuer Dolmetscher des Herzens; man kann das Herz in den Augen lesen, man kanns einem an den Augen ansehen, wie ihm bei einer Sache ist.

Nun ist die Absicht, der Sinn und die Meinung des Herzens eigentlich das Auge des innern Menschen, welches Jesus das Leibeslicht nennt. Wo der Mensch hinzielt mit seiner Absicht, da blickt er hin. Ist die Absicht gut, rein, so ist alles rein, und das äußere Auge richtet sich nach dem innern. Das Auge ist einfältig, d. h. es sieht nur auf eins, auf Jesum, nur auf das, was Er will, sucht nur Ihm zu gefallen, Ihn zu erfreuen, in allem so zu denken, wie Er denkt. Und wer diesen Lichtblick hat, dessen Denken, Wollen und Thun ist ganz licht. Die da wandeln im Lichte seines Antlitzes, die können sich freuen und fröhlich seyn.

So lange wir in seinem Gange bleiben, und unser Herz die Spur seiner Fußtapfen nie verliert, so haben wir immer Licht, bis zum Ende unsers Weges. S. Luk. 11, 34.

23. **Ist aber dein Auge verdorben, so wird dein ganzer Leib finster seyn. Wenn demnach das Licht das in dir seyn soll, finster ist, wie groß muß dann die Finsterniß seyn?**

Wenn das, was in uns noch eigentlich Licht genannt werden kann, was auch bei den allerschlechtesten Menschen noch das Edelste und Beste ist, wenn das nichts taugt, was will erst das Uebrige seyn? Wenn deine Absicht schlecht und unrein ist, so ist all dein Thun bös und verwerflich. Wer bei seinem Christenthum **Nebenaugen** hat, eigennützige Absichten, die auf seinen Vortheil, Ehre und Lüste in der Welt gerichtet sind, dessen ganzes Wesen ist lauter Finsterniß, alle seine Gedanken, Reden und Handlungen sind verkehrt, befleckt und unrein durch das Schalksauge, durch die Seitenblicke seiner selbstsüchtigen, eigennützigen, eigenliebigen Absichten. Wenn die Richtschnur, der Maaßstab falsch und verkehrt ist, so ist alles verkehrt, was sich darnach richtet.

Wenn bei dem Bösen das, was er für gut hält, was ihm gut scheint, böse ist, wegen böser Absichten, die er dabei hat, wie verdorben und böse muß sein ganzer Zustand seyn?

24. **Niemand kann zwei Herren dienen; denn entweder wird er den einen hassen** (d. i. weniger lieben), **und den andern lieben, oder er wird einem anhangen und den andern verachten. Ihr könnt nicht Gott und dem Mammon zugleich dienen.** Luk. 16, 13.

Die falschen Tröster beruhigen die aufgeregten Gewissen gewöhnlich damit: man müsse die Gottseligkeit nicht zu weit treiben, und Gott nicht so dienen, daß man es bei der Welt verderbe. Man könne Gott dienen, und doch mit der Welt fortkommen. Daraus entsteht dann die Heuchelei, und die politische Religion, da der Mensch seine meisten Anschläge, Begierden und Gedanken aufs Irdische wendet, dabei aber gegen Gott mit heuchelt.

Er will in der Welt etwas vor sich bringen, möchte es aber doch mit Gott nicht ganz verderben, weil er sieht, daß er Ihn braucht, und das zeitliche Gut ist ihm zu lieb, als daß er Gott allein dienen sollte. Darum geräth er auf die Arglist, daß er denkt, es gehe wohl an, daß er Gott und der Welt zugleich diene. Gott werde schon vorlieb nehmen, wenn ers gleich nicht ganz redlich mit Ihm meine. Aber Jesus macht einen Strich durch seine Rechnung, und führt uns auf den Grund der Natur, ob es ein Herr dulden würde, daß sein Knecht einem andern Herrn mit Vernachlässigung seiner diene. Gilt das im Zeitlichen nicht, wieviel weniger im Geistlichen, wo die zwei Herren so verschieden sind, als der Himmel und die Hölle, Gott und der Mammon, Christus und der Teufel, wovon jeder den ganzen Menschen, das ganze Herz fordert.

Die Scheinchristen wissen aber die Sache listig anzugehen; sie theilen. Das Herz geben sie und hängen sie ganz an die Welt, an Güter, Lüste und Ehren. Gott aber, dem sie auch etwas geben und Dienste er=

weisen wollen, um doch auch eine Religion zu haben, geben sie die äußern Geberden und Ehrenbezeugungen, mit Lippenandacht, körperlichem Erscheinen in der Kirche, und andern Zeichen der äußerlichen Religion.

Wenn wir aber Gott nicht allein dienen, so dienen wir Ihm gar nicht.

25. **Darum sage Ich euch: Sorget nicht für euer Leben, was ihr essen, oder was ihr trinken werdet, noch für euren Leib, was ihr für Kleider anziehen werdet. Ist das Leben nicht mehr als die Grütze, oder jede andere Speise? Ist der Leib nicht mehr als der Rock oder das Kleid?** Luk. 12, 22. Phil. 4, 6. 1 Petr. 5, 7.

Der uns das Leben und den Leib gegeben hat, ehe und ohne daß wir ihn darum gebeten haben, wird der uns den nöthigen Unterhalt dazu versagen, wenn wir ihn vertrauensvoll darum bitten? Das ist schon Undankbarkeit, wenn man mißtrauisch auf seinen Wohlthäter wird und ihm nicht so viel zutraut, daß er, der ungebeten das Pferd geschenkt hat, gebeten auch den Zaum und Sattel dazu geben werde.

Der Heiland scheint dieses Wort, wie die ganze Bergpredigt, vorzüglich seinen Jüngern gesagt zu haben. Aber die Uebrigen müssen es sich doch auch gesagt seyn lassen, weil alle Menschen das Gleichgewicht so leicht verlieren. Denn die Sorge der Nahrung ist den Nationen dieser Erde mitgegeben worden, und sie müssen für ihr leibliches Leben sorgen. Wer aber den lieben Gott am meisten sorgen läßt, der kann sich die Sorgen erleichtern. Aber die Jünger und Zeugen Jesu können und dürfen nicht sorgen; sie haben nicht Zeit dazu, weil sie mit dem Evangelio zu thun haben. Und darum hats der Heiland schon so eingerichtet, daß ihnen ihr bischen Brod niemand versagen wird; denn der Arbeiter ist seines Lohnes werth.

Die übrigen Menschen müssen alle ihre Geschäfte haben, die sie treiben, und das ist ihnen gut; denn die nichts zu thun haben, als daß sie für sich selbst leben, haben mehr Sorge als andere, die für ihres Leibes Nahrung besorgt sind.

Das sind wohl armselige Christen, die Gott ihrer Seelen Seligkeit fest zutrauen, aber die Erhaltung ihrer Leiber, die Sorge für den Bauch, trauen sie Ihm nicht zu.

26. **Sehet die Vögel des Himmels an — sie säen nicht, sie ärnten nicht und sammeln nicht in die Scheuern und doch ernährt sie euer himmlischer Vater**, und vergißt der kleinen Vögelchen und Würmchen nicht. Er hört die jungen Raben und jeden Vogel im Nest schreien, und kann auch nicht einen von ihnen verhungern lassen. **Seyd ihr denn nicht viel Mehr als sie?** Sie sind ja doch nicht Gottes Bild, wie ihr, sind nicht Kinder und Erben Gottes, und werden in das himmlische Reich und Gottes Herrlichkeit nicht eingehen, wie ihr. Hat denn je ein Vater den Kindern das Brod weggenommen und den Vögeln vorgeworfen? Warum fürchtet ihr denn dieses vom himmlischen Vater? Aber, wen die Bauchsorge treibt, der meint, er sey nicht so gut als ein Vogel, und Gott denke an ihn nicht so väterlich, wie er dieser armen Thiere eingedenk ist. Luk. 12, 24.

27. **Und wer aus euch kann mit seinen Sorgen seiner Leibesgröße auch nur eine Elle zusetzen?**

Ja, keine Finger-Länge und Breite kann er sich selber mehr geben, als ihm Gott gegeben hat, wenn er sich auch Tag und Nacht darüber grämt und kümmert. Es ist ganz vergeblich, Dinge, die nicht in deiner Gewalt stehen, mit Sorgen erzwingen zu wollen. —

28. **Und warum sorget ihr für eure Kleidung? Betrachtet die Lilien auf dem Felde, wie sie wachsen! sie arbeiten nicht und nähen nicht.**
29. **Und doch sage ich euch, daß Salomon in all seiner Herrlichkeit nicht so schön gekleidet war, wie eine von ihnen.** Sie beschämen dich; denn ohne Sorge

und ohne Arbeit übertreffen sie alle äußere menschliche Herrlichkeit und Schönheit. Sie thun gar nichts zur Sache, geschweige daß sie dafür sorgten. — Du aber sollst wohl arbeiten, nur das kummervolle Sorgen ist ganz überflüssig, und trägt nichts zu deinem Bestehen bei, sondern schadet vielmehr. Die Sorge und der Kummer machen das Brod nicht größer.

30. **Wenn nun Gott das** (verwelkliche) **Gras auf dem Felde, das heute steht und morgen in den Ofen geworfen wird, also kleidet** *), **warum nicht vielmehr euch, ihr Kleingläubigen!** die ihr etwas Unverwelkliches an euch habt.

Jesus hat dem **Kleinglauben** auch in Hinsicht des Zeitlichen nie eine Lobrede gehalten, sondern ihn immer getadelt und verworfen. Glauben und Vertrauen, Zuversicht in jeder Hinsicht ehrt und gefällt Gott; Kleinglaube und Mißtrauen entehrt Ihn, und kann Ihm nie gefallen. Denn der Kleinglaube traut Gott weniger zu, als einem ehrlichen Manne. Gott mag sagen und versprechen, was Er will, man glaubts nicht, wenn man es nicht mit Händen greifen kann.

31. **Bekümmert euch also nicht und saget nicht: Was werden wir essen und trinken? womit uns kleiden?** So redet und denkt kein Kind, obwohl es nichts arbeiten, nichts selbst erwerben kann. Warum? Weil es sich auf seinen Vater verläßt, und in allem seine Zuflucht zu ihm nimmt. Wenn du es nun

---

*) In dem Lande, wo Jesus lebte und dieses lehrte, wachsen die schönsten Lilien von allen Farben auf den Feldern in solcher Menge, daß sie einen herrlichen Anblick gewähren, so, daß Salomo in seiner unnachahmlichen Herrlichkeit zurückstehen muß. Sie werden auch, weil sie sehr stark und dick sind, wie Holz zum Brennen gebraucht, oder, weil, sie in jenen Gegenden sehr trocken sind und leicht zünden, wie dürre Reben, oder Stroh in den Ofen geworfen. So macht der Heiland jede Feldblume zu unserm Schulmeister und Prediger und schickt uns dahin in die Schule, daß wir lernen sollen, ohne Sorge und Kummer arbeiten und stille Gott vertrauen, der die Lilien ohne ihre Sorge und Arbeit so herrlich kleidet, wird dich bei der Arbeit und gottvertrauendem Gebete nicht nackt gehen lassen, Kleingläubiger! Schäme dich vor jeder Gras-Blume.

nicht auch so machst, nebst dem, daß du arbeitest, so viel du kannst. so ist es die größte Lüge und Lästerung in deinem Munde, wenn du bekennst: „**Ich glaub an Gott, Vater, den allmächtigen Schöpfer;**" oder: „**Unser Vater, der du in dem Himmel bist!**" denn entweder denkst du in deinem Herzen: Er **könne** nicht, also glaubst du einen Ohnmächtigen, keinen Allmächtigen; oder du denkst, Er **wolle** nicht, Er denke nicht an dich; also glaubst du nicht, daß Er Vater ist, und Liebe zu seinen Kindern hat. So lügt dein Mund wider dein Herz.

32. **Nach diesem allem trachten die Heiden;** folglich ist dieß ein heidnischer Sinn, und eine heidnische Haushaltung, wo man so mißtrauisch die Nahrungssorge zur Hauptsorge und Angelegenheit macht, und sich der Vorsehung nicht anvertraut, noch sie lebendig glaubt. **Euer Vater weiß ja, daß ihr dieß alles bedürftet.**

Wenn Ers nun weiß, und an mich denkt nach der Versicherung seines Sohnes, wie könnte Ers denn über sein Herz bringen, mich in der Noth und Armuth, in Hunger und Blöße zu Grunde gehen zu lassen? Können das Väter auf Erden? die doch arg sind? Aber hinter diesen heidnischen Sorgen steckt gewöhnlich der Geiz, der nie genug hat. Wer gottselig ist, und sich genügen läßt, dem wirds nie fehlen.

33. **Suchet also vor allem das Reich Gottes, und dessen Gerechtigkeit, und dieß alles wird euch beigelegt werden.** Ps. 37, 4.

Das sagt der Sohn Gottes auf Erden im Namen des Vaters. Das merke wohl! Der höchste Gott, der Herr Himmels und der Erde läßt dir durch seinen Eingebornen sagen: du sollst nach seinem Reiche trachten. Das wird dir kein König der Erde sagen lassen. Wer wird sein Reich, seine Herrlichkeit, sein Gut oder Haus, wenn es auch nur eine Hütte wäre, gern hergeben? Gott, der Herr läßt dir all das Seinige anbieten; Er will, es soll alles dein werden, was sein ist. Du sollst darnach streben. Es muß also wohl möglich seyn, es zu erhalten. Denn Gott spottet unserer nicht. Er heißet uns ja auch darum bitten im heiligsten Gebete. Matth. 6, 20. Wer Gottes Reich sucht, wird es finden. Was du aber immer außer Gottes Reich suchst, das wird dir, wenn du es auch findest, nicht bleiben, sondern genommen werden. Trachte also nach dem Gewissen und Bleibenden; und laß alles Ungewisse, Vergängliche fahren, ehe es dir gewaltsam entrissen wird.

Was das für eine Gerechtigkeit ist, die wir zu suchen angewiesen werden, erklärt uns Paulus; Phil. 3, 9. Die uns Gott im Glauben, die Gott uns durch seine Gnade mittheilt, die wir nur in Christo durch Verlust und Darangabe aller eigenen Gerechtigkeit finden. Was das Reich Gottes ist, hat Paulus Röm. 14, 17. und wo es zu finden ist, hat der Herr selbst gesagt, Luk. 17, 20. 21. und wird noch öfter erklärt werden.

Hier müssen wir uns besonders merken das Wort „**vor Allem**," damit wir die Ordnung nicht umkehren, nicht erst reich, und dann fromm werden wollen. Wenn wir nur erst ums Reich Gottes uns bekümmert, und dasselbe in uns haben, so dürfen wir um alles andere unbekümmert seyn. Der des Sohnes nicht geschont, wie soll uns der nicht alles mit Ihm schenken? Und du darfst, wenn du das Reich Gottes hast, so gewiß seyn, als wenn du einen Brief vom Himmel hättest, daß du am Nothwendigen dein Leben lang keinen Mangel haben wirst, wenn der Mangel dir nicht auch nothwendig ist, und in diesem Falle wäre er ja auch eine Wohlthat, für die du danken müßtest.

O verständen wirs, was es heiße, das Reich Gottes suchen; wie gering würde uns die Bauchsorge erscheinen!

34. **Darum sorget nicht für den morgenden Tag** (geschweige weiter hinaus); **der morgende Tag wird schon für sich selbst sorgen** (ohne eure Sorge,

die nur wie das fünfte Rad am Wagen ist). **Jeder Tag trägt schon schwer genug an seiner eigenen Plage.**

Das ist eine selige Verheißung. Wenn die Apostel in ihrem Dienst hätten denken wollen, wie es morgen seyn werde, so hätten sie nicht fertig werden können; und wenn sie auch heute selig gewesen wären, so hätten sie gedacht: Das ist nur heute; wer weiß, wie's morgen ist? Da hat Er aber gesagt: Das habt ihr nicht nöthig; es ist genug, daß jeder Tag sein Päckchen hat.

Keinen Kummer für morgen haben, heißt übrigens nicht so viel, als: nicht auf morgen denken, sondern: **man soll sich nicht den heutigen Tag um des morgenden willen verderben.** Wir sollen keine unnöthigen Lasten auf einen Tag legen; wir sollen nicht künftige Dinge präoccupiren, sondern sie dem lieben Gott überlassen. Es heißt: Quält euch nicht im Gemüthe über Umstände, die erst morgen vorkommen sollen, sondern denkt: es kommt erst morgen; wir können noch vier und zwanzig Stunden dazwischen gebrauchen und selig seyn, und die heutigen Sachen fortmachen. Ich weiß Beispiele von Predigern, die hatten ihre Wache schon unter der Kanzel stehen, die sie ins Gefängniß führen sollte, und sie predigten doch fort, und dankten Gott, daß sie noch die Stunde anwenden konnten.

Wenn man sich auch ein Bischen auf morgen einrichtet, so versäumt man doch darum das heutige nicht; denn wenn das, was man fürchtet, den andern Tag nicht käme, so wär's Schade, daß man etwas versäumt hätte um eines vergeblichen Kummers willen. Wer sich vor allem, was ihm künftig begegnen könnte, bewahren will durch sein Sorgen, der greift Gott in sein Recht, auf den wir uns wegen des Zukünftigen verlassen sollen.

Das

Das VII. Kapitel.

Das Richten, das Heilige, Liebe, enge Pforte, falsche Propheten, Felsenbau.

1. **Richtet nicht, damit ihr auch nicht gerichtet werdet.** Habt keinen Richtgeist, kritisirt die Menschen nicht. Luk. 6, 37. Röm. 2, 1. 1 Kor. 4, 5.

Wenn aber ein Knecht Christi, der zum Haushalter über Gottes Geheimnisse gesetzt ist, seine Anvertrauten zu einem unordentlichen Haufen werden ließe, und wollte sich mit Jesu Worten: Richtet nicht, entschuldigen, das wäre sehr verkehrt. Wenn ihr aber richten müßt, so muß es der Leute Glück seyn, daß sie vor euer Gericht kommen; und ihr müßt immer mehr zum Entschuldigen, als zum Verdammen geneigt seyn; es muß euch wehe thun, wenn ihr Amts halber richten müßt.

Uebrigens bezieht sich das Nichtrichten eigentlich nur auf die Fremden, die draußen sind. 1 Cor. 5, 12. Sprecht nicht über natürliche Leute ein Urtheil aus, die euch nichts angehen. Gott wird, die draußen sind, richten. Merkwürdig ist die Stelle Jes. 58, 8. 9.

Das Richten ist die Krankheit der Neubekehrten. Sie sind noch nicht reif, und fallen schon über andere her; sie kritisiren und bekehren. Es ist aber oft noch die alte Krankheit derer, die schon weiter in der Erkenntniß gekommen sind.

Ein verwegenes Urtheil über seinen Nächsten verurtheilt seinen eigenen Richter. Man fällt so gern auf andere, und vergißt sich selbst. Man sieht, daß man in einigen Stücken besser ist, als andere; das bläht auf, und erhebt das unreine Herz. Daraus entsteht die Vermessenheit andere zu tadeln. Hoffart ist die Wurzel, die aus der Eigenliebe entsteht.

2. **Denn gerade so, wie ihr andere richtet, werdet auch ihr gerichtet werden, und mit dem**

nämlichen Maaße, mit welchem ihr messet, wird euch wieder zurückgemessen werden. Mark. 4, 24. Luk. 6, 38.

Ach wie wenig wird dies geglaubt und zu Herzen genommen! Das glaube ich schon, sagst du. Ja, aber du thust doch, als wenn du es nicht glaubtest. „Bezahlet sie, wie sie euch bezahlt hat" wird es heißen. Offenb. 18, 6. Gericht wird Gericht nach sich ziehen. Und gerade so strenge, wie du absprichst über andere und sie verdammest, ihnen böse Absichten beilegst, gerade so wird der Herr mit dir verfahren.

3. **Was siehst du den Splitter in deines Bruders Auge, des Balkens aber in deinem eigenen Auge wirst du nicht gewahr? 4. Oder wie magst du zu deinem Bruder sagen: Halt! ich will dir den Splitter aus deinem Auge nehmen, und sieh, du hast selbst einen Balken in deinem eigenen Auge? — 5. Heuchler! zieh zuerst den Balken aus deinem eigenen Auge, dann magst du zusehen, wie du den Splitter aus dem Auge deines Bruders herausbringst.** Luk. 6, 42.

Es ist ein gewisses Zeichen der schändlichsten Heuchelei, über kleine Fehler Anderer mit bedenklicher Miene seufzen. Jeder aber ist in dem Grade bescheiden und liebenswürdig, in welchem seine eigenen Fehler ihm groß, und die der Andern klein vorkommen. Je größer uns unsere eigenen Fehler vorkommen, desto kleiner scheinen sie Andern.

Es giebt Eiferer über das Böse an andern, die es doch an sich selbst leicht dulden können. Eigenliebe macht uns blind gegen uns selbst, und scharfsehend auf das Thun des Nächsten. Dieser Balken, Eigenliebe, macht es, daß uns die Fehler der andern so groß und die unsrigen so gering oder gar nicht böse erscheinen. Wir beschuldigen oft einen Nachbar eines Gebrechens oder Lasters, das nicht so sehr in ihm, als in uns selbst ist. Laß dir doch von der Eigenliebe die Augen nicht ausstechen für deine Fehler; laß deine Augen nicht außer dir, sondern in dir seyn, um deine Balken, nicht die Splitter anderer zu beobachten.

6. **Ihr sollt das Heilige nicht den Hunden geben, eure Perlen nicht vor die Schweine werfen; daß sie dieselben nicht zertreten mit ihren Füßen, und sich umwenden und euch zerreißen.** Kap. 10, 11.

Der Heiland hat nicht gerne, daß man denen, die draußen sind, zu viel sage von den eigentlichen Umständen seiner seligen Nähe, und den Folgen davon bei uns. Denn wenn man seine Nähe glaubt, und gewiß weiß: Er ist da, sobald sind auch die Folgen davon leicht zu vermuthen, und zu üben. Wer aber das nicht weiß, und nicht versteht, und zu einem solchen seligen Häuflein, das andere Augen hat, womit es sieht, nicht gehört, von dem kann mans nicht fordern, daß er das Geheimniß des Reiches Gottes verstehen soll, und wir thun nicht weislich, wenn wirs ihm verrathen.

Wahre Kinder Gottes essen alle Geheimnisse gleich, sobald sie ihnen der Heiland giebt; gute und natürliche Leute fallen nieder und erkennen, daß Gott wahrhaftig in uns sey. Aber eine dritte Sorte hat in ihrem Verstand Begriffe, in ihrem Gewissen eine Ueberzeugung. Aus Vorwitz und Superklugheit wollen sie den Geheimnissen des Heilandes nach; weil sie aber Ihn selbst nicht anrühren, so bekommen sie keine Kraft, und werden zu Schanden, weil das Herz doch nicht nach kann. Diese werden dann der Sache gehässig und verfolgen sie; sie mißbrauchen alles, machen Waffen daraus gegen Jesus und sein Volk. So gings in den ersten Tagen des Christenthums mit der Lehre vom Abendmahl. Wie nach und nach die Heiden dahinter kamen, daß die Christen wirklich den Leib des Herrn essen und sein Blut trinken (welches die Proditores oder Verräther der Geheimnisse den Heiden aufgedeckt hatten, weil sie ausgeschlossen waren), und daß sie ihr

Sakrament so geheim hielten, daß sie auch die Getauften zur Kirche hinaus schickten, ehe sie anfingen Jesu Fleisch zu essen; so haben sie weniger gespottet als geraset. Die Christen bekamen den Titel von Zauberern und Menschenfressern; da ward man aufmerksam auf ihre Nachtversammlungen; man wußte von Gräueln zu sagen, die unter ihnen herrschten unter dem Vorwand des Geistes und der Religion.

Es giebt auch Leute, die etwas erfahren haben von den Geheimnissen des Christenthums; wenn sie aber nach und nach durch Untreue und Leichtsinn den Geschmack, die Wärme der Gnade verlieren, und endlich gegen das auf sie eindringende Böse sich nicht genug wehren können, sondern sich überwältigt sehen, so werden sie bitter, und fangen an zu schelten, zu lästern, und es sind endlich aus ihnen solche Menschen geworden, die der Heiland **Hunde und Schweine nennt; die das Heiligthum mit Füßen treten, und sich wohl umdrehen und die, durch welche es ihnen zugekommen, zerreißen.**

Es giebt dann auch irdische und boshafte Menschen, die zuerst das Vertrauen einer einfältigen Seele zu erlangen suchen, und wenn sie es haben, verkehren sie alles aufs ärgste, und legen alle dem, was jene ihnen im Vertrauen sagten, einen bösen Sinn bei. Man hüte sich, mit solchen Menschen vertraulich zu werden, und ihnen heilige Dinge zu offenbaren. Sie verwandeln Honig in Gift.

7. **Bittet, so wird euch gegeben.**

Dieß giebt uns die Zuversicht, daß wir haben können, so viel wir brauchen. Man kann sich darauf verlassen, daß der Herr seinen Jüngern allezeit die Quintessenz von ihren Bitten giebt. Wenn wir gleich alles in die Queere reden, so wird doch in der Erhörung nach dem Innersten unsers Herzens gehandelt, und nicht nach den Worten; z. B. nicht zu der Zeit, nicht durch die Personen, der wir gedacht haben.

— **Suchet, so werdet ihr finden; klopfet an, so wird euch aufgethan werden** — die Thüre der Gnade zum Eingang in das Allerheiligste, wo die Quelle des lebendigen Wassers in Strömen sich ergießt auf jeden Durstigen und Heilsbegierigen. Mark. 11, 24.

8. **Denn jeder, der bittet, empfängt; wer sucht, der findet;** aber was? Was er sucht. Suchst du die Perle des Reichs Gottes: du wirst sie finden. Suchst du das Einige Nothwendige, du wirst es finden, wenn du es anders mit anhaltendem Ernste suchest. Wer anklopft an Gottes Vater- und an Jesu Bruder-Herz, wer einzudringen sucht in das Inwendige, dem wird aufgethan, d. i. der Eingang in das Reich Gottes, das inwendig in uns ist, gestattet. Anklopfen heißt demnach nichts anderes, als in sich selbst einkehren, und da an Gottes Herz mit heiliger Begierde so lange klopfen, bis sich uns dasselbe öffnet.

9. **Oder welcher Mensch unter euch giebt seinem Kinde, wenn es ihn um Brod bittet, einen Stein?** Wie oft aber wird Gott um einen Stein gebeten, das ist, um etwas Irdisches, um etwas Schädliches, wodurch das Herz nur noch mehr irdisch und steinern wird? Gott will aber seinen Kindern nicht Steine, sondern das Brod des Lebens geben. Luk. 11, 11.

10. **Oder wenn es einen Fisch begehrt, ihm dafür eine Schlange hingebe?** Es sollte wohl nicht seyn, aber es geschieht doch oft, daß Eltern so grausam sind und ihren Kindern das Gift der Welt einflößen und die Schlange der Eitelkeit in den Busen schieben. Jesus Christus ist in der Schrift, im Worte Gottes verborgen, wie der Fisch im Wasser. Glaube und Liebe finden Ihn da; Stolz und Dünkel aber finden lauter Schlangen und Steine des Anstoßes.

11. **Wenn nun ihr, die ihr arg seyd,** von Natur und im Vergleiche mit Gott, **euren Kindern gute Gaben zu geben wisset; um wieviel mehr wird euer Vater im Himmel Gutes** (den guten

Geist) geben denen, die Ihn darum bitten? Luk. 11, 13. Jak. 1, 17.

Es giebt aber doch Menschen, die da sagen: sie beten ihr Leben lang, ohne etwas zu erhalten. Wie das? Sie begehren Schlangen oder Steine von Gott, die sie in ihrer Blindheit für Fische und Brod halten. Gott giebt ihnen diese Schlange nicht, sondern etwas Besseres, und das wollen sie in ihrem kindischen Eigensinne nicht annehmen.

12. **Alles also, was ihr wünschet, daß euch die Leute thun sollen** (von denen ihr lieber zu viel als zu wenig haben wollt), **das sollt auch ihr ihnen thun; denn das ist der Inhalt des Gesetzes und der Propheten.** Luk. 6, 31. Matth. 22, 40.

Wer seinen Nächsten gebührend lieben will, der muß sich an seine Stelle setzen. Wenn sich bei dir ein Zweifel wegen der Liebe des Nächsten erhebt, so ziehe nur die Liebe zu dir selbst zu Rath, was sie gern hätte, wenn du in derselben Grube lägest, in der du deinen Nachbar erblickst.

13. **Gehet durch die enge Pforte ein, denn weit ist die Pforte, und breit der Weg, der zum Verderben führt, und viele wandeln darauf** (Luk. 13, 24.). 14. **Wie eng ist die Pforte, und wie schmal der Weg, der zum Leben führt, und nur wenige sind, die ihn finden.** Apstgesch. 14, 22.

Es ist über diesen Spruch viel geredet und geschrieben worden, und der Weg ist so schmal, und die Thüre so eng gemacht worden, daß es kein Mensch wagt, da hineinzukommen. Der Heiland hat aber den Spruch selbst erklärt, und ich dächte, es wäre besser, man hörte Ihn selbst, wie Er seine Worte erklärt und verstanden haben will. Dieß Recht hat sonst jeder Mensch; warum Er nicht? **Diese Thüre,** sagt Er, **bin Ich** (Joh. 10, 9.), **und der Weg bin Ich** auch (Joh. 14, 6.).

Das Schmalseyn des Weges, und die Enge der Pforte macht die Unbequemlichkeit eben nicht aus, denn man kann auf einem schmalen Wege auch commod und leicht fortkommen; sondern das schwere Gepäck und große Equipage drückt und beschwert. Wirf es weg, so kommst du leicht fort und durch. Das hat dieser Weg auch Besonderes, daß man ihn nicht leicht finden kann. **Wenige sind, die ihn finden.** Die nähern und kürzern Fußsteige wissen nicht alle Leute. Es müssen schon bekannte Leute im Lande seyn, die sie finden. Es kommt also nur darauf an, daß einem die Heilspforte bekannt ist, und da hat es uns ja der Heiland deutlich gesagt: **Durch mich; durch mich.**

Uebrigens, will man in die Weite, so muß man zuvor durch die Enge. Wo aber der Eingang weit ist, da kommt man hernach in die Enge. Es giebt nur zwei Wege, keine Mittelstraße. Man muß entweder zum Leben oder zum Verderben, zu Gott oder zum Teufel wandern.

Weil aber die meisten von ihren Aeltern und Führern keinen andern Weg hören und sehen, als den breiten Weltweg, so wandeln sie auch blind nach väterlicher Weise darauf fort.

15. **Hütet euch vor den falschen Propheten, die in Schafskleidern zu euch kommen, innerlich aber reißende Wölfe sind** (Jer. 14, 14. 23, 16.). 16. **Aus ihren Früchten sollt ihr sie erkennen. Sammelt man denn Trauben von den Dornen, oder Feigen von den Disteln?** Luk. 6, 44. Jak. 3, 12.

Es können ordentlich angestellte Lehrer und Prediger mit dem größten Ansehen in ihren Aemtern sitzen, und doch bei allem dem Verführer des Volkes seyn. Der Teufel ist ein Affe Gottes, und seine Diener sind Affen der wahren Knechte Gottes; sie machen Vieles nach, aus Hochmuth sich andern gleich zu stellen, oder um unter einen guten Schein zu betrügen. Gutmeinende Seelen können dadurch leicht verführt werden, weil sie alles gerne annehmen, was einen Schein hat. Eben solche Seelen will der Heiland hiemit warnen, sie sollen nicht auf den Schein, sondern auf die Früchte des Lehrers sehen, nicht auf den Schafspelz, sondern auf den innern Sinn, ob der Christo gemäß ist. Der Schafspelz ist an sich nichts Böses, und besteht bei einem Lehrer in Sanftmuth, Unschuld, Einfalt und Aufrichtigkeit. Solche unschuldige Schafskleider sollen wir alle haben; aber sie sollen nicht entlehnt, nicht nur gekünstelt und gelernt, oder affektirt seyn, sondern von innen herauswachsen aus dem Grunde des Herzens. Es muß ein Schafs-Herz, eine Lammes-Natur darunter verborgen seyn, die sie hervorbringt. Das aber fehlt eben den falschen Propheten; sie haben ein schönes Aeußeres, schöne Formen, eine zuckersüße Süßigkeit im Munde, aber ihr Inwendiges ist ganz anders; ihr Herz meint es nicht gut, sie sind der Wahrheit nicht von Herzen zugethan. Ihr Aeußeres und Inneres ist so verschieden, als die Schafs- und Wolfs-Natur.

Weil nun die falschen Lehrer und Apostel äußerlich manchmal eben die Gestalt, wie die wahren Knechte Gottes, und viel von ihrem Wesen angenommen haben, so muß man Acht geben, was eines Lehrers Frucht ist, was aus ihm herauskommt; denn das ist eigentlich Frucht, was herauskommt. Bei einem Lehrer sind die Lehren die Frucht, die aus ihm herauskommt. Heutzutag ist die gemeine Frucht aller falschen Lehrer, daß sie uns suchen über Jesum und sein Kreuz wegzuführen. Und vor einem solchen Lehrer, der mehr weiß, als Jesum den Gekreuzigten, oder Ihn nicht weiß, muß man sich hüten, wenn er auch ein Engel vom Himmel wäre, wenn er auch noch so unbescholten und heilig wäre. Denn der Schafspelz eines ehrbaren Lebens macht den guten Lehrer nicht aus.

Die Früchte der falschen Lehrer sind auch diese, daß sie den Sinn der Schrift verkehren und falsch deuten, den Weg zum Leben breit, und die Pforte weit genug machen, daß die Leute glauben, man könne mit Fleisch und Blut, mit Welt und Sünde hinein kommen, obwohl sie dabei den Namen Christi fleißig im Munde führen.

Jedoch soll Jeder den falschen Propheten zuerst in sich aufsuchen, und der ist die listige Vernunft oder vielmehr die Vernünftelei, die verkehrte Natur, ein Antichrist der im Herzen sitzt, und alle Worte des Herrn falsch auslegt, oder zweifelhaft macht, und entweder alles wegwirft, oder alles mit geistlicher Hoffart und Selbstgefälligkeit befleckt.

Von dem geistlichen Gewäsche eines falschen Lehrers, wenn er auch noch so gut scheint, kann man keine Trauben der Buße, des Glaubens und der Liebe lesen; sie sind gegen die Zeugen der Wahrheit wie Distelköpfe, wie der Prophet sagt: **Der Beste ist wie ein Dorn.** Micha, 7, 4.

17. **So bringt jeder gute Baum gute Früchte, der schlechte Baum aber bringt schlechte Früchte;**
18. **Kein guter Baum kann schlechte Früchte bringen, so wie kein schlechter Baum, gute Früchte bringen kann** (Kap. 12, 33.); 19. **Jeder Baum, der keine gute Früchte bringt,** wenn er gleich keine schlechte bringt, es ist genug, daß er keine gute bringt, so wird er schon deswegen **ausgehauen und in's Feuer geworfen** (Kap. 3, 10. Luk. 3, 9. Joh. 15, 26.).
20. **Also an den Früchten sollt ihr sie erkennen.**

Da sieh', welch ein Baum du bist, auf welcher Wurzel du stehst. Wer aus Gott geboren ist, kann nicht sündigen, 1 Joh. 3, 9. Wer wie ein Rebe im Weinstock Christus, dem rechten Lebensbaume, bleibt, bringt viele Früchte, Joh. 15. Aber der alte Mensch, oder was aus Fleisch geboren ist, die unwidergeborne Natur, kann nicht gute Früchte bringen, sondern nur Heuchelei und Scheinwerke, die nur Blätter, nicht Früchte sind.

Von Natur sind wir alle verdorbene Bäume; wir müssen erst durch eine gründliche Umkehr des Herzens von der Welt zu Gott, und durch Erneuerung des hei-

ligen Geistes eine Pflanze des Herrn, ein Baum im Garten Gottes werden, oder wir bleiben stechende Dornen und brennende Disteln im natürlichen Zornfeuer und Eigenwillen, reif zum Verbrennen.

So läßt sich auch bei christlichen Gemeinen, Sekten und Partheien schließen: wo sowohl bei den Lehrern als Zuhörern viel Aergernisse, Neid, Haß, Hochmuth, Geiz, Wollust ꝛc. ist, da kann der Baum, die Gemeine, nicht gut, nicht des Herrn Weinberg seyn, oder es wird an ihm erfüllt werden, was Jes. 5. von einem Weinberge zu lesen ist.

21. **Nicht jeder, der zu mir sagt: Herr! Herr! wird in das Himmelreich eingehen, sondern wer den Willen meines himmlischen Vaters thut.** Luk. 6, 46. Röm. 21, 13. Jak. 1, 22. 25.

Wer den Namen Jesus im Munde führt, ohne die Kraft desselben zu erkennen, ist nur ein Heuchler und Schwätzer. Worte und Complimente thuns nicht und erreichen das Himmelreich nicht. Wenn der Wille Gottes deine Speise ist, an der du dich nie satt essen kannst, wenn alles, was dein Herr gethan haben will, dir zur Lust und Freude wird, wie dem Hungrigen die Speise, so bist du unfehlbar ein Kandidat des Himmelreichs. Das Reich Gottes besteht nicht in Worten, sondern in Kraft. 1 Cor. 4, 20.

Gott sieht auf das Thun, nicht auf die Worte. — Was ist aber Gottes Wille? Daß Niemand verloren werde, sondern sich Jedermann zur Buße kehre, 2 Petr. 3, 9. unsere Heiligung; 1 Thess. 4, 3., dann Joh. 6, 40. daß Jeder, der den Sohn sieht und glaubt an Ihn, das ewige Leben habe. Die ganze heilige Schrift enthält lauter Wille Gottes für dich.

Dieses Wort aus dem Munde Jesu allein kann uns zum Prüfsteine unseres Christenthumes dienen, ob wir scheinen oder sind. Das wahre Christenthum besteht nicht: 1) in frommen Worten ohne Geist; 2) nicht in einigen Gefühlen und Empfindungen von einem gottseligen Betragen, sondern in der Vereinigung unsers Willens mit dem göttlichen, nämlich diesen zu thun und zwar ohne Ausnahme ganz und in allem, so wie man ihn erkennt. Langes Geschwätz und viele Worte heilen die Seele nicht, aber das Thun des göttlichen Willens bringt Friede in das Gemüth. Man kann viele gute Reden von Gott hervorbringen, aber sie gelten vor Gott nicht mehr, als das Herr Herr sagen. Was hilft es sich der Worte: mein Jesus! mein Heiland! rc. häufig bedienen, und doch dabei dem Teufel, der Welt und Sünde dienen, das Licht und die Kraft Christi nicht im Herzen haben. Es ist Thorheit, Christum als Gottes Sohn und Erlöser beweisen aus den Zeugnissen und Sprüchen der heil. Schrift, und ihn im Leben, in der Nachfolge unbewiesen lassen, oder gar verläugnen. — Das Herr Herr sagen, begreift daher in sich alles heuchlerische Reden von göttlichen Dingen, wodurch man zeigen will, daß man Jesum als seinen Heiland erkenne, ohne doch Ihm wirklich im Glauben gehorsam zu seyn. — Schweige lieber, es ist besser, als ohne Kraft und heiligen Geist Jesum deinen Herrn und Heiland zu nennen, und dabei als Heuchler vor Gott erfunden werden. Eben dahin gehört auch das heuchlerische Predigen und Lehren, wodurch man Andere zu Christus und zur Gottseligkeit anweiset, und doch selbst der Wahrheit und Christo sich nicht durch einen ächtchristlichen Wandel unterwirft. —

Herr-Herr-Sager sind alle die, welche um des Bauches willen geistliche Dinge handwerksmäßig treiben, wie Professionisten; eben so die nur um ihrer Ehre und um des Beifalls willen, mit erdichteten Worten, durch Predigten, Reden und Schriften arbeiten, andern nachsprechen und sich damit brüsten.

Herr-Herr-Sager sind alle, die immer Bibelsprüche, Liederverse rc. im Munde führen, und ein ungebessertes, ungläubiges Herz haben; auch alle die, welche von den Geheimnissen der Schrift und Christi Herrlichkeit sprechen, wovon sie weder etwas gesehen noch erkannt haben. Alle diese unnützen Schwätzer und Maul-Christen gehören unter dasselbe Volk, das den Herrn mit den Lippen ehret. Marc. 7, 6.

22. **Es werden mir an jenem Tage viele sagen: Herr, Herr, haben wir nicht in deinem Namen geweissagt, in deinem Namen Teufel ausgetrieben, und in deinem Namen Wunder gewirket** (Luk. 6, 46. 13, 26.); 23. **Und dann werde ich Ihnen erklären: Ich habe euch nie erkannt; weichet von mir, ihr Uebelthäter!** Kap. 25, 41. Ps. 6, 9.

Die größten Thaten ohne Herz überzeugen den Heiland nicht, daß man sein sey. Berge versetzen, Teufel austreiben, Kranke heilen können, machts nicht, daß Er sich zu uns bekennt. Auch das Predigen, Leute bekehren, Wunder wirken macht dich nicht selig; denn was können sich nicht für falsche Absichten unter alle diese Dinge mischen? Man kann um seiner Ehre willen die schönste Predigt halten, Meere und Land umziehen, um einen Proselyten zu machen, große Thaten thun, und dennoch seinen Lohn schon empfangen haben. Gott schenkt uns manchmal solche Gaben, aber Er will allein die Ehre davon haben. Wer sich seiner Gaben rühmt, und ein Verdienst daraus macht, den erkennt Jesus nicht als den Seinigen, sondern heißt ihn einen Uebelthäter, so viel Gutes er gethan haben mag, denn er hat das Gute nicht gut, sondern übel gethan.

Wenn nun Jesus vielen Wunderthätern und mirakulosen Menschen an jenem Tage sagen wird: Ich kenne euch nicht, ihr seyd Uebelthäter, so ist es ja offenbar, daß Einer ein Wunderthäter und ein Uebelthäter zugleich seyn kann, daß der Wunderglaube beim Maulglauben und bei Uebelthaten bestehen kann. Und wenn Einer Wunder thut, so ist dies noch kein Beweis für die Heiligkeit seines Lebens, kein Beweis, daß er bei dem Wunderglauben auch den seligmachenden, lebendigen Glauben hat. Es giebt verschiedene Glauben, selbst die Teufel haben einen Glauben, aber er macht sie nicht selig. So macht auch der Wunderglaube, oder die Gabe Wunder zu wirken, an und für sich nicht selig, wohl aber stolz, selbstgefällig und also unselig kann er machen. Den seligmachenden Glauben kann man haben, ohne den Wunderglauben, und diesen ohne jenen. Wie Paulus sagt 1 Cor. 13.: „Wenn ich allen Glauben hätte, so daß ich Berge versetzen könnte, hätte aber die Liebe oder den in Liebe thätigen Glauben nicht, so wäre mir jener nichts nütze.

Einige Menschen können das nicht fassen, deswegen wissen sie sich nicht zu helfen. Wenn Jemand Wunder wirkt, der ihnen nicht heilig, oder nicht in allem rechtgläubig zu seyn scheint, oder es wirklich nicht ist, so denken sie, die Wunder müssen falsch und erdichtet oder Betrug seyn. — Nein, das läßt ihnen Jesus und Paulus ganz. Ja, ja, ich weiß es, ihr habt Teufel ausgetrieben und Berge versetzt und das **in meinem Namen**, und doch taugt ihr nichts und seyd Uebelthäter. Uebrigens will man nicht in Abrede seyn, daß es auch Lügenwunder und falsche Kräfte giebt, wie der Herr selbst darauf aufmerksam macht, besonders in den letzten Zeiten.

Die Wunder machen nicht heilig, und nicht selig, wer aber heilig und selig ist, kann wohl durch Glauben und Gebet Wunder wirken.

Ach, möchte sich jeder Christ, diese Worte des Heilandes in sein Herz schreiben. Es hilft doch alles nichts, als Gott lieben, und seinen Willen thun. Darum empfiehlt auch Paulus die Liebe vor allen Gaben: Trachtet nach der Liebe, denn sie bleibt ewig. 1 Cor. 13.

24. **Einen jeden nun, der diese meine Worte hört und sie vollbringt, den vergleiche ich einem weisen Manne, der sein Haus auf Felsen baute.** Luk. 6, 47. 48. Joh. 13, 17.

25. **Und der Regen fiel herab und die Fluthen drangen daher, und die Winde wehten und stürm-**

ten auf dieses Haus los, und es fiel nicht ein; denn es war auf Felsen gegründet.

Wenn man sich genau nach der Regel des Heilands richtet, so geht es so, wie Er gesagt hat: man hat ein unbewegliches Haus, man steht fest, daß einen niemand übern Haufen werfen kann. Die Erschütterungen, die manchmal kommen, entstehen daher, daß man auf einer Ecke aufmacht, wo man nicht aufmachen sollte. Wenn die Kinder Gottes Eins sind, und aus solchen Grundsätzen handeln, wie sie ihnen ihr Heiland vorträgt, so befinden sie sich unvergleichlich wohl dabei, und sehen, daß ihr Haus auf einem ewigen Felsen steht. Wenn man sich aber durch die Handelsweise und Art des Zeitgeistes mit hinreißen läßt, und macht, wie es andere Leute machen, so leidet es Erschütterungen und kann umgeschmissen werden.

Dieß lehrt die tägliche Erfahrung an Seelen, die es zwar gut meinen, und ernsthaft anfangen, fromm zu werden, allein es hat keinen Bestand, weil der Grund vergessen, und nicht auf den Felsen Christus gelegt ist.

26. **Jeder hingegen, der diese meine Worte hört, und nicht vollbringt, der gleicht einem Thoren, welcher sein Haus auf Sand baute** (Luk. 6, 49.); 27. **und der Regen fiel herab, und die Fluthen drangen daher, und die Winde wehten und stürmten los auf dieses Haus, und es fiel ein, und sein Fall war groß.** Ezech. 13, 11.

Bloße Einbildung, bloßes Wissen, und äußerliches Lernen, eigene Kraft und Vorsatz, da man meint, man wolle sich selbst schon bessern, ohne Geist und Gnade, ist ein Sandgrund. Man denkt, weil die Leute vom Hören und Lernen Gelehrte und Künstler werden, so könne auch einer auf diese Weise ein guter Christ seyn. Aber hier ist's, wie mit einem Kranken, vom Hören und Lernen wird er nicht gesund.

Die ganze Welt ist voll solcher thörichter Bauleute, die auf den Sandhaufen der menschlichen Meinungen, Vernunftschlüsse, eigene Wahl, Menschensatzungen, Ansehen der Menschen, Ceremonien, todten Mundglauben, äußerliche Confessionen, ihre Seligkeit bauen. Aber wie bald ein solches Haus, das auf so schwachen Füßen steht, durch die Gerichte der göttlichen Heimsuchung zusammenstürzt, kann man täglich sehen, indem eine geringe Versuchung, eine kleine Lust, ein wenig Menschenfurcht, ihr ganzes Gebäude über den Haufen wirft.

28. **Nachdem nun Jesus, diese Reden vollendet hatte, gerieth das Volk über seine Lehre in Erstaunen.** Luk. 4, 32.

Die Juden waren das nicht mehr gewohnt, da sie lange Zeit keine kräftige Predigt gehört hatten, denn seit dem Esdra sind, wie sie sagen, keine Propheten mehr aufgetreten, und sie hörten nichts weiter als ihre langweiligen Pharisäer und Moralprediger, die nicht aus ihrem Herzen und aus eigner Erfahrung Zeugniß gaben, sondern nur erzählten, was sie von ihren Rabbinen, Schammai und Hillel auswendig gelernt hatten, daß sie dem Volke etwas vorschwatzen konnten.

29. **Denn Er lehrte wie einer, der Gewalt hat, und nicht wie die Schriftgelehrten.** Mark. 1, 22. Luk. 4, 32. Joh. 7, 46.

Wer durch den Geist Jesu redet, hat heut zu Tage noch diese Gewalt und Macht über die Herzen seiner Zuhörer. Das ist die Kraft des lebendigen Wortes Gottes, das nicht nur wie ein tönendes Erz oder eine klingende Schelle schellt, sondern wie es ausgesprochen wird, gleich wirkt und etwas in die Seele des Hörenden eindrückt, das den ganzen Menschen ergreift und bleibende Wirkung in ihm zurückläßt.

Das verdrießt sie aber, wenn ein Lehrer, der mit Salbung predigt, ihrem leeren Geschwätz vorgezogen wird, wie es Saul verdroß, daß man sang: David hat 10,000 geschlagen. Es ist ein großer Unterschied zwischen einem Lehrer, der aus Gottes Geist predigt, und einem, der aus seiner Tasche predigt, d. i. aus Predigtbüchern, oder aus seinem Kopfe schöpft, und sich auf sein Papier verläßt, das er in der Tasche bei sich trägt, oder es abliefet, wie man eine Polizeiverordnung oder einen Armeebefehl abliefet. Wer das Wort, das er verkündet, aus Gott nimmt, durch Gebet und Flehen, der hat eine himmlische Gewalt über die Herzen von Gott empfangen. Sein Wort ist lebendig, und so kräftig, daß es in die Seelen hineinfährt und haftet wie ein Widerhaken.

Das VIII. Kapitel.

Der Aussätzige, Hauptmanns-Glaube, Petri Schwiegermutter, Armuth Jesu, Meeressturm, Gergesener.

1. **Als Er aber vom Berge herabstieg, ging Ihm eine große Menge Volks nach;**

Möchte Ihm noch alles Volk nachlaufen. Das Volk wäre auch wohl geneigt dazu, wenn es nur nicht an Führern fehlte, die dasselbe zu Ihm weisen. Möchte es doch keine geben, die statt zu Ihm — von Ihm wegführen und den Leuten Christum verdecken. Lieber Leser! bete; erbarme dich des Volkes.

Der Geruch seiner herrlichen gesalbten Worte und Lehren zog sie Ihm nach. So groß aber die Menge des nachziehenden Volkes war, so war doch nur Einer unter ihnen, der mit einer herzlichen Bitte sich zu Ihm nahte.

2. **Und sieh, da kam ein Aussätziger, fiel vor Ihm nieder und sprach: Herr! wenn du willst, so kannst du mich reinigen.** Mark. 1, 40. Luk. 5, 12. Matth. 26, 39.

Dieser Text handelt zwar nicht von der ewigen Seligkeit, aber er zeigt uns, wie es mit der Seligmachung zugeht.

geht. Der ganze Prozeß des Seligwerdens besteht in einem 'solchen Gespräch der Seele mit dem Heiland. Die Seele schreit oder seufzt aus ihrer Presse: **Herr! wenn du willst, so kannst du.** Und der Erlöser der ganzen Welt antwortet der Seele nicht eine Stunde, Tag, Woche, am wenigsten Jahr und Tag darnach, sondern in derselben Minute: **Ich will.**

Eine Seele, die selig werden will, muß den Begriff von des Heilands Macht haben, daß er **kann**, und daß Er **will** selig machen.

Es gehört unter die großen Thorheiten der menschlichen Natur, daß man an einer Sache, die man doch für gut hält, Zweifel haben kann. Denn wer nicht glauben kann, daß Jesus helfen **kann**, der kann auch nicht glauben, was Hebr. 1, 10. von Christo steht: „Du, o Gott! hast die Erde gegründet, und die Himmel sind deiner Hände Werk." Und wer das glaubt, daß durch Ihn alles geschaffen ist, im Himmel und auf Erden, daß alles auf Ihn ankommt, und beruht, Col. 1, 17. 19. der wird wohl nicht zweifeln, daß Er helfen **kann.** Alle Seelen sind sein, sagt Er. Ezech. 18, 4.

Er kann aber nicht, d. h. er will nicht, wenn die Seele nicht will, wenn sie es nicht für Gnade, Barmherzigkeit und ein großes Glück hält, wenn sie selig werden könnte. Ehe man also wahrhaftig selig werden kann, muß man **wollen** selig seyn; es muß der Seele damit gedient seyn.

3. **Jesus streckte seine Hand aus, berührte ihn und sprach: Ich will, sey rein, und auf der Stelle war er von seinem Aussatze rein.**

Er ist gleich auf der Stelle bereit, Er hält einen keine Minute auf, sondern sobald man ernstlich selig seyn will, sagt Er: Ich will, sey es. Wer aus der Sünde heraus will, den kann Er mit starker Hand herausreißen. Es kostet Ihm ein halbes Wort; die Schöpfung brauchte kaum ein ganzes. Bekommst du's nicht, so **willst du nicht.** Er will und kann gewiß, wenns auf Ihn ankommt, selig zu machen. Wolle nur du, sey nur du darnach begierig, weine nur du darum, laß du dir's am Herzen liegen, an Ihm solls nicht fehlen.

Ob **Er will**, kann man auch daraus sehen, da Er gekreuzigt ward, und am Stamm des Kreutzes geschimpft und gelästert wurde, so sagte Er: **Vater, vergieb ihnen, sie wissen nicht, was sie thun.** Und daß es Ihm mit dieser Bitte Ernst sey, bewies Er damit: Es hingen zwei Mörder da, die ihr Leben mit Rauben und Morden zugebracht. Einem wird bange um seine Seligkeit, er will nicht des ewigen Todes sterben, darum sagte er: Herr! gedenke an mich! Und den Augenblick, da der Mörder will, will der Heiland auch. **Heute noch** sollst du bei mir im Paradiese seyn! Daraus sehen wir, daß **Er will.**

Er berührte den Aussätzigen, der wegen seines ansteckenden Aussatzes sich von allen Menschen entfernt halten mußte, keinen berühren und von keinem berührt werden durfte, ein Ekel und Greuel aller Menschen war. Jesus faßte ihn ohne Scheu an. So ist Jesus ein Arzt, der unsere Unreinigkeit nicht scheut. Laßt uns Ihm vertrauen, wie der Aussätzige!

Die Juden sagten vom Aussatze: Gott sende ihn, und nur Gott könne ihn heilen.

4. **Jesus sagte zum Aussätzigen: Hüte dich, es jemanden zu sagen**, mache kein Gerede davon. Wer also Gnade vom Heiland hat, der macht nicht viel Wesens und Geschrei davon, sondern er bewahrt sie in einem feinen guten Herzen, und bringt Frucht in Geduld. Die Gnade, die uns widerfahren, die Seligkeit, die uns geschenkt ist, offenbart sich durch das darauf folgende fromme Leben, und wird durch den wahrhaft christlichen Wandel unter den Leuten bewiesen. Sie sehen sie zwar nicht an den Kleidern, oder an der veränderten Religion, aber sie fühlen doch, daß ein anderer Geist in uns ist, als zuvor, ob sie gleich nicht wis-

sen, wies zugeht. Das Licht leuchtet; der Vater im Himmel wird gepriesen.

— **Wohl aber gehe hin und zeige dich dem Priester, und opfere die Gabe, wie es Moses verordnet hat, damit sie ein Zeugniß haben.** Luk. 17, 14.

Das war im Gesetze Mosis verordnet, daß die Aussätzigen, wenn sie von ihrem Aussatze rein geworden, sich erst bei den Priestern mußten untersuchen lassen, 3 Mos. 14, 2., ob sie wirklich rein wären, und dann mußten sie opfern zur Dankbarkeit, daß Gott die Plage von ihnen genommen. Da das Mosaische Gesetz noch nicht aufgehoben war, so mahnte Jesus diesen Geheilten an seine Schuldigkeit, zugleich hatte Er aber die Absicht, daß die Priester, seine Feinde, selbst Zeugen seyn sollten, daß dieser Mensch wahrhaftig durch Ihn rein geworden.

5. **Als Jesus in Kapernaum eintrat, kam ein Hauptmann** (ein Heide), **zu Ihm und bat Ihn:**
6. **Herr! mein Knecht liegt zu Hause an der Gicht darnieder und leidet schrecklich.**

Der Hauptmann kam nicht in eigener Person, sondern durch Abgeordnete zu Jesus. Luk. 7, 3. Matthäus aber, der die Geschichte zusammenzieht, schreibt ihm selbst zu, was er durch andere that.

Die Liebe des heidnischen Hauptmanns war offenbar christlich, wenigstens größer als die vieler tausend Christen, die für ihre kranken Diener nicht so besorgt und theilnehmend sind, sondern sie sich selbst überlassen, ohne einen Schritt für sie zu thun, oder ein Wort zu ihrem Besten zu reden. Der Hauptmann fühlt seines Knechtes Krankheit, wie seine eigene. Die Ausdrücke seiner Fürbitte sind Ausdrücke der väterlichen Liebe.

7. Die Antwort Jesu: **Ich will kommen und ihn gesund machen,** zeigt wieder seine Bereitwilligkeit, zu helfen, zu erlösen, und selig zu machen. Er hat dieß gesagt, ehe noch die Abgeordneten ausgeredet, und wirklich um die Gesundmachung gebeten hatten, viel-

weniger lag es dem Hauptmann im Sinn, daß Jesus selbst kommen soll. Dennoch wartete Jesus nicht so lang, sondern kommt ihnen zuvor, und thut mehr, als sie begehrten; ich will kommen und gesund machen.

8. **Der Hauptmann antwortete: Herr! ich bin nicht würdig, daß du unter mein Dach eingehst, sondern sag es nur mit einem Worte, so wird mein Knecht gesund.**

Der kindliche Glaube hält sich völlig unwerth der geschenkten Gnade. Ein Gnadenblick und eine Verheißung ist ihm schon so unschätzbar, daß er ewig genug daran zu haben meint. Je mehr ein Gläubiger Begnadigung bekommt, desto tiefer beugt sie ihn, und desto unwürdiger hält er sich aller Barmherzigkeit. Dem demüthigen Glauben ist auch ein Wort Jesu schon theuer.

9. **Denn auch ich bin ein Mann, der unter Obrigkeit steht, habe Soldaten unter mir, und darf dem einen nur sagen: Geh, so geht er; dem andern: Komm, so kommt er, oder meinem Knechte: Thue das, so thut ers.** Wie viel mehr, will er sagen, wirst Du die Krankheiten heilen können, wenn Du ihnen gebietest.

Der Hauptmann bekannte dadurch die Gottheit Jesu, seine allerhöchste Majestät und Gewalt über alle Dinge, gemäß welcher Er die Krankheiten weggebieten könnte durch sein Wort: Ich will, mit eben der Authorität, und mit eben dem Recht, mit dem Er, da Er die Finsterniß vom Lichte schied, und aus dem Chaos aller Dinge die Schöpfung hervorbrachte, sagte: **Ich will, es werde.**

10. **Da Jesus dieses hörte, verwunderte Er sich, und sagte zu denen, die Ihm nachfolgten: Wahrlich, ich sage euch: nicht einmal in Israel habe ich so großen Glauben gefunden.**

O Glaube! du mußt doch wohl was Großes seyn, weil Gott dich seiner Bewunderung würdiget. Wir finden, daß Er sich nie über den Glauben eines Israeliten, wohl aber über den Glauben zweier heidnischer Menschen verwunderte. Und das ist auch wunderbar genug, daß die sogenannten Ungläubigen mehr Glauben haben, als die sogenannten Gläubigen. Das Wort Glaube im Munde thuts nicht; der Glaube besteht nicht in Worten, sondern in Kraft.

11. **Ich versichere euch aber: viele werden von Aufgang und Niedergang kommen, und mit Abraham, Isaak und Jakob im Himmelreiche zu Tische liegen (Luk. 13, 28. 29.). 12. Die Kinder des Reiches aber werden in die äußerste Finsterniß hinaus geworfen werden, wo Heulen und Zähnknirschen seyn wird. Kap. 22, 13. 25, 30.**

Das ist sehr deutlich. Wenn man heut zu Tage so redete, so würden sich alle Leute daran stoßen, und einen einen Indifferentisten heißen. Es ist aber doch jetzt nicht anstößiger als da der Heiland zu den Juden sagte: Ihr müßt euch nicht einbilden, daß man an eure Religion gebunden sey. Es giebt anderswo auch Leute, die Gott geschaffen hat, und selig machen will. Und damit sie es noch besser fühlen sollten, setzte Er noch hinzu: „Aber die Kinder des Reiches werden ausgestoßen werden." Und damals war doch nur Eine Religion, wovon auch jedermann glaubte, daß sie die wahre sey. Seitdem sind ihrer so viele, und es finden sich in allen Leute, die da glauben, daß ihre Religion die allein wahre und einzige sey, und worin man seyn müßte, wenn man selig werden wollte. Das beweiset, daß sie den Sinn Jesu nicht haben, denn wenn sie ein Fünkchen Licht und Leben hätten, so könnten sie weder so denken, noch reden. Leute, die am strengsten in diesen Grundsätzen sind, sind gewöhnlich von der wahren Erkenntniß und Liebe Jesu am meisten entfernt.

Kinder des Reiches giebt es heut zu Tage nicht mehr, das waren nur die Juden ausschließend. Im neuen Bund ist keine Nation mehr, die ein Vorzugsrecht hat, sondern wenn ein Herz erweckt wird, es mag bei Juden oder Türken, in Grön= oder Mohrenland seyn, so ist es willkommen. Und dieselben Seelen, die das Leben haben, das in Jesu Christo ist, dem einzigen Heiland aller Menschen, werden von allen vier Winden kommen und selig werden, oder vielmehr die Seligkeit, die sie gehabt haben, fortsetzen, und Besitz nehmen an der Reichstafel.

Alle, die sich ihrer angebornen Religion rühmen, ohne wahrhaft bekehrt zu seyn und lebendigen Glauben zu besitzen, werden in die Finsterniß des göttlichen Zorns hinausgeworfen werden, und die lebendigen Gläubigen aus allen Völkern und Religionen werden von den Enden der Erde her gesammelt und mit den alten Glaubenshelden ärndten, was sie im Glauben gesäet haben. Darum verscherze man sein Heil nicht, es gilt Ernst. Was Gott droht, das wird Er auch thun.

13. Dann sprach Jesus zum Hauptmann: **Geh hin! es geschehe dir, wie du geglaubt hast. Und sein Knecht wurde gesund zu derselben Stunde.** Kap. 15, 28.

Wie dein Glaube, so die Hülfe und Offenbarung des Herrn. Je größer, lebendiger dein Glaube, desto näher ist dir der Herr, desto mehr bist du von ihm, von seiner Fülle erfüllt. Wer um Glauben und Wachsthum des Glaubens bittet, der bittet zugleich um viele Gaben.

14. **Als Jesus in das Haus des Petrus kam, sah er die Schwiegermutter desselben am Fieber darnieder liegen** (Mark. 1, 29. Luk. 4, 38.). 15. **Er faßte sie bei der Hand, und das Fieber verließ sie. Sie stand auf und dienete Ihnen.** Kap. 9, 25.

Kommen, sehen, helfen ist hier Eins. Er reicht der Kranken die Hand, und sie empfängt die Gesundheit. Ach Herr, wenn du mir nur deine Finger reichst, so ist mir an Leib und Seele und auf ewig geholfen! Aber du giebst uns wohl mehr, du schenkst uns dich selbst, du kommst mit dem Vater und Geist zu unsern kranken Herzen, und wohnst darin. Joh. 14.

16. **Nachdem es Abend geworden war, brachten sie viele Besessene zu Ihm, und Er trieb die Geister aus durchs Wort, und machte alle Kranke gesund.** Mark. 1, 32. Luk. 4, 40.

„Durchs Wort" jagte Er die Geister fort; das muß ihnen eine Geißel seyn, das köstliche Wort, das wir noch haben in seinem Buche. Wer recht damit umzugehen weiß, vor dem müssen alle Teufel zittern. Lasset, sagt deßwegen Paulus, das Wort reichlich unter euch wohnen. Kol. 3, 16. Wo das wohnt, hat der Satan keine bleibende Stätte, es ist ihm Gift und ein Dorn, der ihn sticht. Darum laß das Wort als eine beständige Wache in deiner Seele wohnen, so wird es alle böse Geister der Sünde austreiben.

17. **So wurde erfüllet, was von Jesaia dem Propheten vorhergesagt ist, der da spricht: Er hat unsere Gebrechen auf sich genommen, und unsere Krankheiten getragen.** Jes. 53, 4.

Jesaias hat dieß von unseren geistigen Krankheiten oder Sünden verstanden, Matthäus deutet es hier auf leibliche Krankheiten, und wendet es buchstäblich an, uns zu zeigen, daß beides zu nehmen und zu verstehen sey, daß Jesus in jeder Hinsicht Heiland und Retter sey; denn die leibliche Krankheit ist sichtbar, und ein Sinnbild und Folge oder Frucht der unsichtbaren Geisteskrankheit. Darum nahm Jesus die sichtbaren weg, damit man weiter schließe und glaube, daß Er auch die Geisteskrankheiten heben könne.

18. **Da sich nun Jesus mit einer großen Menge Volks umgeben sah, befahl Er, daß man über das Meer fahren sollte,** um dem großen Haufen zu entgehen, weil Er gethan hatte, was gethan werden konnte und sollte. Er hielt sich nicht gerne unnöthiger Weise bei der Menge auf.

19. **Da trat ein Schriftgelehrter hinzu und sprach zu ihm: Meister, ich will dir nachfolgen, wo du immer hingehst.** Luk. 9, 57.

Diesen Gelehrten mag wohl der Spekulationsgeist zu Jesu getrieben haben. Er dachte, da könne er sein Glück machen. Dabei mag er wohl viel guten Willen gehabt haben, aber wenig Kraft, oder doch nicht die rechte Absicht. Darum sagte ihm Jesus:

20. **Die Füchse haben ihre Gruben und die Vögel unter dem Himmel ihre Nester; der Menschensohn aber hat nicht, wo Er sein Haupt niederlege.** 2 Kor. 8, 9. Zach. 9, 9. Darum betrügst du dich, wenn du bei mir etwas Irdisches suchest und dein zeitliches Glück machen willst. Ich bin ein armer Mann, ärmer als ein Vögelchen im Walde. Das hat doch ein eigenes Nestchen, Ich nicht. Aufs Reichwerden darfst du es bei mir gar nicht antragen.

Bei den Gelehrten war Jesus sehr bedenklich, sie anzunehmen. Doch durfte Er es nicht vielen abschlagen, denn es haben sich nicht viele gemeldet. Die Fischer und Zöllner aber rief Er selbst, ehe und ohne daß sie sich meldeten. Wir hören auch nichts mehr von diesem Gelehrten, daß er Jesu nachgefolgt sey. Die Lust ist ihm vergangen, da er hörte, daß er bei Jesu nicht einmal ein Fuchsloch, kein Vogelnest antreffen sollte. Das war ihm zu wenig. Er fand dabei seine Rechnung nicht, und das schreckte ihn ab.

Der Name „Menschen-Sohn" ist ein Favorit-Ausdruck in des Heilands Styl. Er braucht ihn immer selbst, und nie seine Freunde. Es ist nicht einerlei, zu sagen: **Mensch** oder **Menschen-Sohn**. Er ist bekanntlich der andere Adam; nun wissen wir, daß der erste Adam nicht geboren worden, sondern nach Gottes Bild geschaffen, und von der Hand Gottes gebaut worden ist. Christus aber, der andere Adam, ist nicht geschaffen, sondern vom Weibe geboren, der **Sohn eines Menschen**, im mütterlichen Leibe zugerichtet worden.

Der Heiland war ein solches armes Menschenkind, daß Er kein Plätzchen gehabt hat, das Er hätte sein eigen nennen, oder wovon Er hätte sagen können: das ist mein; ich liege oder stehe auf dem Meinigen. Gleichwohl hatte Er nebst sich seine Jünger einige Jahre zu versorgen, ja Er hatte manchmal vier bis fünf tausend und mehr Menschen sättigen müssen. Zuweilen mußte Er auch Zoll geben, und hat sich nicht geweigert. Da hat nun der Heiland bewiesen, daß Er wollte, daß seine Jünger Leute seyn sollten, die mit ihrem Herzen los sind von allem, was Haben und Besitzen heißt, und die es für eine Seligkeit und Vortheil halten, wenn sie nichts besitzen. Der Herr aller Dinge hatte auf Erden nicht, wo Er sein Haupt niederlegen konnte. Er war ärmer, als das ärmste Thier, als ein Vögelein. Da denkt eine fromme Seele: „Lieber Heiland, wenn du nicht hast, wo du dein Haupt sanft legen kannst; so komm zu mir, du bist mir allezeit willkommen." Diese Gastfreiheit und dergleichen Offerten sind dem Heiland auch lieb und angenehm, wenn Er solche Herzen findet, wo Er willkommen ist, wo Ihn, wenn Er sich dahin wendet, Leib und Seele empfängt.

21. **Ein anderer von seinen Jüngern sprach zu Ihm: Herr! erlaube mir, zuvor hinzugehen und meinen Vater zu begraben.** Luk. 9, 59. Wer sollte denken, daß ihm das versagt würde? 22. **Jesus antwortete: Folge du mir nach, und laß die Todten ihre Todten begraben** (die nämlich kein Leben aus Gott haben).

Dieß Wort kann auch so genommen werden, wie man heut zu Tage sagt: Mein Vater ist alt, laß mich nur so lange bei meinem Vater bleiben, bis er stirbt, laß mich nur erst ihm die Augen zudrücken. Ist aber der Sinn von der bloßen Zeremonie des Leichenbegängnisses, von der letzten Ehre, die er ihm noch hat anthun wollen, zu verstehen, so ist die Antwort des Heilands noch schärfer; denn im ersten Sinne hätten freilich dem jungen Menschen noch viele Hindernisse begegnen können. Der Heiland war gewohnt, die Leute vom Schiffe wegzurufen, ohne daß sie erst Abschied nehmen durften von den Ihrigen, wie Luk. 9, 61. Das sind aber keine Regeln fürs Christenthum überhaupt, denn sonst ging auf diese Art alles drunter und drüber in der Welt. Dieß sind nur Regeln für die Zeugen, für die Jüngerschaft. Wenn ein Zimmermann das Haus halb gebaut stehen, der Schneider das Kleid, das er angefangen, liegen lassen, und davon gehen wollte, das ginge nicht an. Wenn aber Jesus jemanden ruft, als sein Jünger oder Apostel zu handeln in der Welt, so muß man ihn nicht nach seiner Handthierung, sondern nach seinem geistlichen Amte beurtheilen. Wenn ein solcher erst nach Hause ginge, und sich mit seiner Frau und Freunden beredete, so würde nichts daraus. Die Sachen müssen in demselben Triebe ausgeführt werden, sonst geschehen sie nicht. Wen der Heiland zu seinem Boten ausersehen hat, der muß alles fahren lassen, und sich aus den äußern Umständen herausziehen, und die Todten ihre Todten begraben, die weltlichen Sachen der Welt lassen.

23. **Nun stieg Er in ein Schiff und seine Jünger folgten Ihm.** (Mark. 4, 36. Luk. 8, 22.)
24. **Und sieh! ein großer Sturm erhob sich auf dem Meere, so daß das Schiff von den Wellen bedeckt war. Er aber schlief.** (Mark. 4, 37. Ps. 35, 23.) 25. **Und seine Jünger kamen und weckten Ihn auf, und riefen: Herr, rette uns, wir gehen zu Grunde.**

Es war eine wandelnde Schule, in welcher Jesus seine Jünger unterrichtete, und zwar besser, als in einem bequemen Hörsale zu bestimmten Stunden und Tagen. Hier führte Er sie aufs Meer, und zwar auf das stürmische Meer, um sie Furchtlosigkeit zu lehren. So haben aber auch wir uns anzusehen in allen unsern mannichfaltigen Verhältnissen, die eben auch für uns eine wandelnde Schule sind, durch die uns der Herr, der immer bei uns im Schifflein ist, belehrt, wenn wir nur Jünger seyn wollen.

Die Nachfolge Jesu geht durch Prüfungen. Welches Schiff kommt ohne erlittene Gefahren in den Hafen? Wer mit Jesu in das Schiff tritt, kommt nicht ohne innere und äußere Stürme davon. Da stürmen die Winde vernünftiger Einwürfe auf das Schiff los; die Wellen ungöttlicher Gedanken bedecken es. Angefochtene Seelen bringen wohl oft Tag und Nacht in der Tiefe des Meeres zu, woraus sie sich nicht mehr zu helfen wissen. Das Schwerste ist, daß Jesus in solchen Tagen zu schlafen, und Gottes Güte und Erbarmung unserer müde geworden zu seyn scheint. Oft leiden auch manche Schiffbruch im Glauben. Nicht als ob Christus in Schlaf verfallen wäre, sondern weil Er durch ihren Schlaf in ihnen eingeschlafen ist. Wenn unser Glaube schlummert, so schläft Christus in uns. **Wir** schlafen eigentlich und wecken Gott auf, indem wir meinen, **Er** schlafe.

26. **Jesus aber sagte zu ihnen: Ihr Kleingläubigen! warum seyd ihr so furchtsam?** Kap. 6, 30.

Furchtlosigkeit ist große Seligkeit. Das Mittel dazu ist Glaube, der sich jeden Augenblick lebendig bewußt ist und sagen kann: „Gott — Christus — die Allmacht ist mein Schutz! Der, dem Wind und Meer und alle Elemente gehorchen, der Herr der Natur und jeder Kreatur ist bei mir in der Noth.“

— Dann stand Er auf, gebot dem Winde und dem Meere, und es ward eine große Stille. Mark. 4, 39.

Welche Stille entsteht in der Seele, wenn sich Jesus in ihr erhebt, und dem Sturme der uns Verderben drohenden und ängstigenden Sünden gebietet, und die Seele den Frieden der Vergebung erfahren läßt!

27. **Die Leute erstaunten, und sprachen, wer ist der, daß ihm auch Wind und Meer gehorchen?** Sie wollten sagen: **Was ist das für ein Mann?** Der unterscheidet sich von allen andern. Er kann, was Er will, und was unmöglich scheint, ist das Geringste seiner Werke. Der ist unser Herr, der unser Alles seyn und bleiben soll; den wir uns so tief ins Herz schreiben sollen, daß Er nimmermehr herausgerissen werden könne, daß man uns eher in Stücken risse, ehe wir von diesem Grunde wichen, daß der erste Blick, der erste Gedanke, wenn uns um Rath, Hülfe und Trost bange ist, und uns wohl werden soll, auf Ihn gehe, daß wir nichts Sehnlicheres wünschen, als Ihn nahe zu haben, näher, als alles Nahe. Seine Allmacht hat Er uns nicht gegeben; aber Ihn können wir alle Minuten haben. Das Gebet kann Ihn wecken, wenn Er zu schlafen scheint. Jedes Thränlein kann Ihn rufen, so oft man seiner bedarf, und Er sich verborgen zu haben scheint. Er ist ganz unser.

28. **Da er an das andere Ufer in die Landschaft der Gerasener kam, liefen Ihm zwei Besessene entgegen, die aus den Grabhölen kamen und so wüthend waren, daß niemand diesen Weg gehen konnte.** Ein Bild der Sünde; auf dem Wege, wo sie wohnt, ist es nicht sicher zu wandeln; und ein böses Gewissen ist ein Grab, da ein Besessener wohnt. Mark. 5, 1. Luk. 8, 26.

29. **Die Teufel schrieen laut: Was haben wir mit dir zu schaffen? Bist du denn gekommen, uns zu quälen, ehe es Zeit ist?** Luk. 4, 41.

Das ist wahr, die Teufel haben mit Jesu und den Seinigen nichts zu schaffen. Der Satan kann in der Sache des Herrn, was das Innere betrifft, nichts thun, ohne specielle Erlaubniß, wie z. B. bei Paulus zu seiner besondern Demüthigung. Was er thut und thun kann, das geschieht von außen, die Welt gegen uns in Harnisch setzen, sie mit Lügen und Lästerungen gegen uns erfüllen, uns den Eingang schwer machen, die Thüre verschließen, so viel er sie erreichen kann, Mißverständnisse machen, Sachen durcheinander wirren. Wenn bei Kindern Gottes etwas gegen den Sinn des Heilands geschieht, so müssen sie es nicht gleich dem Satan zuschreiben, sondern wir sollen es in unserer Unerfahrenheit, Ungeschicklichkeit, Unachtsamkeit und eigenen Untreue und in unserer noch nicht ganz aufgehobenen Verbindung mit dem Feinde suchen.

Wir sind mit dem Blute Christi von unserm Hauptfeind und seinen Consorten erlöset, freie Leute, die sich erst wieder in Knechtschaft begeben müßten, wenn sie dem Satan noch in etwas dienen sollten.

30. **Nicht fern von ihnen war aber eine große Schweinheerde auf der Weide.** Es müssen also Heiden da gewohnt haben. Denn die Juden hatten keine Schweine, wohl aber schweinische Menschen unter sich genug. Große Schweinheerden giebt es auch bei den Christen, wenn alle die darunter gehören, die sich nach der Schwemme wieder im Koth wälzen. 2 Petr. 2, 22.

31. **Da baten Ihn die Teufel: Wenn Du uns austreibst, so erlaube uns, in die Schweinheerde zu fahren,** nicht aus dieser Gegend, Mark. 5, 10., auch noch nicht in den Abgrund, Luk. 8, 31. Es war ihnen noch zu früh, in den Abgrund zu fahren. Und der Heiland erlaubte es ihnen; Er wollte sie nur da weghaben, aber sonst schon noch laufen lassen. Wenn aber einmal ihre Zeit aus ist, da werden sie gefaßt, gebunden, und ins Loch geworfen. So lange aber noch vom Hinfahren, wohin sie wollen, die Rede ist, ist ihre Zeit noch nicht aus, so gehts noch von einem zum andern, und wohl gar wieder dahin, wo sie schon einmal waren, wie leider der Heiland nicht in Abrede ist. Luk. 11, 24. Wenn er sich an uns macht, muß man ihn nur bald an Gottes Lamm weisen. Und wenn ers nicht gleich glauben will, so ruft die Braut nach ihrem

Herrn und appellirt an Ihn. Dem Satan war die Gegenwart und der Anblick Jesu eine Qual, (bist du gekommen, uns zu quälen?) daher bat er sichs zur Gnade aus, in die Schweine fahren zu dürfen. So geht es allen, die die Finsterniß mehr lieben, als das Licht, daß ihnen dessen Anblick und Gegenwart schwer fällt; sie wälzen sich lieber im Koth der Sünde.

Wie dein Gebet, so du, so dein Sinn und Geist. Wie der Satan ist, so betet er auch. Er bat in die Säue fahren zu dürfen. Sein Gebet verrieth seinen säuischen Sinn und Geist.

32. **Er antwortete ihnen: Gehet hin!**

Sieh da, der Herr erhört auch die Teufel. — Gebetserhörungen sind also nicht allemal ein Beweis des göttlichen Wohlgefallens. Gott erhört auch die Raben, deswegen sind die Raben keine Heiligen. Die Erhörung des Gebets ist oft mehr ein Gericht als eine Gnade. Der Mensch bittet um etwas, das ihm nicht nützlich ist, er besteht aber darauf, und Gott läßt es ihm werden zur Zucht und Strafe seines Eigensinnes und seiner unreinen Absichten. — **Die Teufel gingen aus und fuhren** (mit Herzenslust) **in die Schweine.** Da waren sie nun in ihrem Elemente. Und zum Beweise, daß sie in die Schweine gefahren waren, und da ihren Himmel gefunden hatten, so zeigten sie gleich auffallend ihre schweinische Herrschaft, denn sieh' — **die ganze Heerde stürzte sich von der Höhe in die See hinab und kam im Wasser um.** Da zeigt er, was er kann, der Satan: Morden, Schaden thun, Umbringen ist seine Lust, je mehr je lieber. Diese Lust möchte er so gern auch an den Menschen üben, aber der Herr läßt es ihm nicht zu. Hier aber gestattete er es ihm bei den Schweinen, um den Menschen zu zeigen, was er ihnen thun würde, wenn er Erlaubniß dazu hätte. Er würde gewiß lieber jene Menschen, die er besaß, ins Wasser gestürzt haben als die Schweine; aber er kann nicht, wie und was er will. Er muß um Erlaubniß fragen, wie bei Hiob.

Der Satan fährt noch bei allen denen in die Schweine und am Ende mit ihnen in den Abgrund, die sich im Koth der Sünde wälzen.

33. **Die Hirten aber flohen in die Stadt, und erzählten alles, was mit den Besessenen vorgefallen war.** So machen es ja die Miethlinge.

Sie erzählten es aber nicht als Evangelisten, sondern wie unsere bösen Christen, um die That und den Thäter verdächtig zu machen, daß man sich ihn vom Halse schaffen sollte. So werden jetzt von vielen Hirten alle Wunder Jesu erzählt und ausgelegt.

34. **Und sieh! die ganze Stadt ging heraus, Jesu entgegen,** (um Ihn aufzunehmen, und Kinder Gottes zu werden? — Nein, um sich Ihn vom Halse zu schaffen, denn) **sie baten Ihn, Er möchte über ihre Gränzen gehen.** Sie konnten seine Gegenwart eben so wenig ertragen, wie der Teufel, weil Er sie um ihre Schweine brachte. Wie sind doch die Gedanken der Menschen an Jesu offenbar geworden!!! Ihre Schweine wären ihnen lieber gewesen, als der Heiland der Welt. Luk. 8, 37. Mark. 5, 17.

Es giebt Leute, die sich wegen dieser Geschichte an Jesu ärgern — nicht an den Gerasenern. Mir ist sie eine der merkwürdigsten, weil sie das Verderben der Menschen so auffallend offenbart, und zeigt, was sich Jesus alles gefallen lassen mußte unter den Menschen. Die Nazarener, denen Er nichts schadete, stießen Ihn zur Stadt hinaus; die Gerasener waren höflicher, sie baten Ihn, daß Er die Gewogenheit haben möchte zu gehen. Was thun die heutigen Christen? Theils ahmen sie die Nazarener, theils die Gerasener nach; einige stoßen den Glauben an Christus mit Gewalt und Verfolgung derer, die ihn predigen, von sich; andere suchen mit Höflichkeit und guter Manier seiner los zu werden, denn Er ist beiden überlästig. Um ihrer schweinischen Lüste willen verwerfen sie den Herrn des Lebens. Was soll uns ein Christus, der unser Liebstes ins Meer stürzt? dachten sie, und wie viele Christen denken eben so? Wie wenige sind, die Jesu Nähe suchen, lieben und zu Ihm sagen: **Herr! bleibe bei uns.**

Aber war das vernünftig, um der Schweine willen, einen Mann von sich entfernen, der sie von rasenden Menschen, vor denen keine Seele sicher war, befreite, der einem zum Vieh gewordenen die Vernunft wieder gab in einem Augenblicke? Einen Mann, vor dem eine Legion Satane sich demüthigen, flehen und fliehen mußte, wohin Er es wollte, einen solchen Mann sollte man doch lieber bei sich haben wollen, als Ihn gehen heißen. Der konnte doch wieder den Verlust der Schweine ersetzen, wenn er nicht schon durch die Heilung des Besessenen, und die Offenbarung der Macht Gottes ersetzt war. Sollten sie nicht gerne alle ihre Schweine fahren lassen, um einen solchen Mann bei sich zu haben? Würde er ihnen nicht mehr gewesen seyn, als die Schweine? Aber so sind die Menschen. Sie haben alles Irdische, Sinnliche, Säuische, lieber als das Christenthum. Und dabei ärgern sie sich noch an Christus, daß er sie um die Schweine bringt. Mußte Er es nicht thun, um ihnen und allen durch diese Geschichte zu zeigen, was die Menschen von Natur für Leute sind, daß sie in ihrer natürlichen Blindheit und Versunkenheit so am Irdischen und an der unreinen Lust hangen, daß wenn Gott und sein Reich sich ihnen darbietet, sie kein Schwein darum hingeben und verleugnen, sondern sich lieber mit den Schweinen im Kothe wälzen und Träber essen, als die Freuden des Paradieses genießen wollen.

Das

Das IX. Kapitel.

Der Gichtbrüchige, Matthäus, Fasten, Jairus, die Blutflüssige, der Blinde, und Stummbesessene.

---

1. Er stieg wieder in das Schiff, fuhr hinüber und kam in seine Stadt.

Er hatte die Gerasener heimsuchen wollen; weil sie Ihn aber abwiesen, so ging Er wieder weiter. Gottes Gnade bietet sich allen an, dringt sich aber niemanden auf. Er fuhr herüber und aller Segen mit Ihm. Daraus kann man sich erklären, warum so manche Nation, so manches Volk nicht mit dem Evangelio heimgesucht wird; nämlich weil es die Menschen selbst nicht wollen, und wenn es kommt, oder kommen will, von sich stoßen wie die Gerasener.

Er kam in seine Stadt, das ist Kapernaum, Mark. 2, 1. welche Er vermuthlich darum erwählte, weil sie mitten zwischen den zwölf Stämmen Israels gelegen war. So ist auch das Herz des Menschen seine Stadt, oder die Stätte, die sich der Heiland noch jetzt am liebsten zu seinem Aufenthaltsorte, zu seiner Wohnung erwählt, wenn man Ihn nur einläßt und aufnimmt.

2. Sie brachten einen Gichtbrüchigen auf dem Bette liegend zu Ihm. Als Jesus ihren Glauben sah, sprach Er zu dem Gichtbrüchigen: Sey getrost mein Sohn! deine Sünden sind dir vergeben. Mark. 2, 1. Luk. 5, 18.

Meine Augen sehen nach dem Glauben, sagt der Herr; und wo sie diesen finden, da heißts gleich: Sey getrost, mein Sohn, deine Sünden sind dir vergeben. Aber der Gichtbrüchige hatte ja nicht darum gebeten; er wollte nur am Leibe geheilt werden?

Der Sünderfreund sah tiefer, blickte in das Herz des zerknirschten Sünders, sah, daß dem Kranken seine Sünden, wodurch er sich die Krankheit zugezogen, schwerer auf dem Herzen lagen, als die Krankheit, als die Folge der Sünde. Darum wollte Er ihn zuerst trösten, und den schwersten Stein vom Herzen wälzen und seine Seele gesund machen. Wenn ein Sünder dem Heiland ein reu- und vertrauenvolles Herz entgegen bringt, so hat er von Ihm nicht nur keinen Vorwurf, sondern lauter gute Worte und Vergebung seiner Sünden zu erwarten. Weil der Gichtbrüchige mit Reue und Glauben kam, so sah Jesus nimmer auf seine Sünden, nimmer auf sein Böses, sondern auf sein Gutes, auf sein Vertrauen, und um deßwillen heißt Er ihn seinen Sohn, getrost und gutes Muthes seyn; heilt ihn an Seel und Leib.

Liebe Seele! Jesus lieset auch jetzt, heute noch in deinem Herzen. Er sieht es, sobald du den ersten reumüthigen Gedanken hast. Er sieht alle deine Kämpfe mit und wegen der Sünde. Nähere dich dem Sünderfreund mit Glauben, und ehe du Ihn bittest, hat Er dir schon vergeben.

3. **Und sich, einige von den Schriftgelehrten sagten bei sich selbst** (laut getrauten sie sichs doch nicht zu sagen): **Der lästert Gott.**

So mußte diese Herzensmaterie durch die Hechel der Gelehrten. Der greift Gott in sein Amt, dachten sie; da müssen wir für Gott streiten. Das ist allemal der Vorwand. Sie hätten vielmehr den Schluß machen sollen: der muß Gott oder von Gott seyn, weil er Sünden vergiebt, und Leib und Seele heilen kann.

4. **Da aber Jesus** (der Herzenskündiger, der Strahlen seiner Gottheit blicken läßt), **ihre Gedanken sah, sprach Er: Warum denket ihr Arges in euren Herzen?** Er sieht die argen ungläubigen Gedanken der Schriftgelehrten, wie Er die reumüthigen gläubigen Gedanken des Gichtbrüchigen sah. Joh. 2, 25. So steht der Herr immer vor deinem Herzen, sieht deine guten und bösen Gedanken, alle Wünsche und Begierden deines Herzens. Prüfe dich.

5. **Was ist leichter? sagen: deine Sünden sind dir vergeben** (und die Seelen gesund machen durch ein inneres Wunder) **oder sagen: Steh auf und wandle?**

Es ist kein Zweifel, wer das kann, kann auch das andere. Diese Frage schiebt Er ihnen ins Gewissen und schreitet zur Sache.

6. **Damit ihr aber wisset, daß der Menschensohn Macht habe auf Erden Sünden zu vergeben, so** (sprach **Er** nun zum Gichtbrüchigen): **steh auf, nimm dein Bett und geh nach Haus.** Joh. 5, 8. Apg. 9, 34.

Er bewies seine unsichtbare Gewalt durch eine sichtbare, durch ein Wunder.

Zu bejammern ist der Unglaube der heutigen Welt, die sich nach Christo nennt, Ihn aber nicht als Sündentilger kennt, und nicht glaubt, daß Er auch jetzt noch Macht habe, die Sünde sammt ihren Folgen zu heben, dem Sünder zur vollkommenen Genesung zu helfen, so daß der, welcher bisher, wie der Gichtbrüchige, auf dem Bette der Sünde lag, ohnmächtig sich davon zu erheben, und aus der Gewalt der Sünde herauszukommen, durch den Glauben an Christus Vergebung und Kraft bekommt, aufzustehen vom Sündenschlafe, und nach Hause zu gehen, d. i. den Weg zur Seligkeit zu wandeln.

7. **Und er stand auf, und ging nach Hause.** Das ist der wahre Beweis, daß man bei Jesu Gnade und Hülfe gefunden habe und von ihm geheilt worden sey, wenn man aufsteht und wandelt den Weg nach Hause, in die Heimath, die oben ist. Wer auf seinem faulen Bette liegen bleibt, ist nicht bekehrt, hat Jesum nie gesehen noch erkannt. Wenn Jesus wahrhaftig mit dir gesprochen hat, und du sein Lebenswort „Steh auf!" gehört hast, so gehorchest du ihm, und beweisest es durch den Wandel in Ihm.

8. **Das Volk aber, welches dieses sah verwunderte sich und prieß Gott, der den Menschen solche Macht gegeben hat.**

Das Volk sah und erkannte also mehr, als die Schrift-Gelehrten und Pharisäer, die sich an der Sünden-Vergebung ärgerten. — Dessen ungeachtet ist die Welt, die sich christlich nennt, noch bis heute so ungläubig, so blind, daß sie es nicht für möglich hält, daß Gott in Christo dem Menschen eine solche Macht verleihen könne, die ihn von aller Krankheit der Seele zu heilen, ihm Kraft zur Haltung seiner Gebote zu schenken, ihn rein gut und selig zu machen, vermag.

9. **Als Jesus von da weiter ging, sah er einen Menschen, der Matthäus hieß, an der Zollbank sitzen und sprach zu ihm: Folge mir nach! und er stand auf und folgte Ihm nach.** Mark. 2, 14.

Wenn sich Leute beim Heiland meldeten, seine Jünger zu werden und Ihm nachzufolgen, und Er sah, daß sie die Kosten nicht überschlagen hatten, so gab Er ihnen eine abfertigende Antwort, daß sie sich nicht über Sachen in einen Kampf einlassen möchten, die sie am Ende nicht ausführen könnten. Er gab ihnen Lektionen, die sie nicht sogleich aufsagen konnten. Dahin gehört die Antwort Matth. 8, 20. Luk. 18, 22. rc. Hat Er aber Leute wirklich haben wollen, so hat Er ihnen gleich geradezu gesagt: Folge mir! Einmal wollte Einer erst noch von den Seinigen Abschied nehmen; Er ließ es ihm aber nicht zu.

So müssen wir es uns heute noch zur Regel machen, daß wir es den Leuten recht zu überlegen geben, wenn sie in die Sache des Heilands hinein wollen. Man muß es ihnen in eben dem Sinne schwer machen, in welchem es der Heiland gethan. Wenn uns aber Er selbst jemand zuführt, auf die Art, wovon es heißt: „Von welchem Ich dir sagen werde, nimm ihn, den nimm; und von welchem Ich sagen werde, laß dich mit dem nicht ein, dem gieb eine Lektion, die er nicht sogleich aufsagen kann, und laß ihn in Frieden ziehen," Richt. 7, 4., so kommt es bloß auf die Frage an: wollt ihr mit? Wer mit kommt, der kommt; wer nicht mit kommt, bleibt zurück.

Die größten Sünder geben sich meistens am allerliebsten, und ohne so große Zweifel, wie andere, dem Heiland hin.

10. **Und als Er in seinem Hause zu Tische lag, sieh, da kamen viele Zöllner und Sünder, und setzten sich mit Jesu und seinen Jüngern zu Tische. — 11. Da die Pharisäer dieß bemerkten** (ärgerten sie sich, sahen es mit neidischen Augen an, und um seine Jünger irre zu machen an Ihm), **sprachen sie zu seinen Jüngern: Warum ißt denn euer Meister mit Zöllnern und Sündern?** Antwort: weil Er kein Pharisäer und stolzer Heiliger ist. Die pharisäische Schlange möchte gern aus dem gütigen, freundlichen Heiland einen stolzen Herrn machen, der sich viel zu gut und heilig dünkte, mit Sündern umzugehen. Aerger kann der Satan eine Seele nicht belügen, als wenn er ihr solche falsche Begriffe von Jesu beibringt, und dadurch Mißtrauen und Unglauben in ihr Gemüth säet, so daß die arme Seele, die ohnehin genug Scheu vor Gott in sich hat, sich nie getraut, zu Jesu zu nahen.

12. **Da nun Jesus dieß hörte, sprach Er zu ihnen: Die Gesunden bedürfen des Arztes nicht, sondern die Kranken,** die ihre Noth fühlen, und derselben gerne los wären. Die bedürfen ja keinen Peiniger oder Richter (diesen haben sie ja ohnehin schon in sich), sondern einen Heiligmacher und Erretter. Luk. 5, 31.

Wer sind denn aber eigentlich **die Kranken des Heilands?** Das sind Leute, die Er in seine Kur nehmen will, sie in sein Lazareth bringen läßt, und sie da pflegt und wartet, bis sie ganz gesund sind, daß sie, wie Paulus Tit. 1, 13. sagt, **gesund seyn im Glauben**, und daß es, wie es bei 3 Joh. 2, heißt, **ihrer Seele wohl gehe**.

Wie es im Leiblichen geschieht, daß man im älterlichen Hause so aufwächst, und manche große Mängel an sich hat, die man nicht weiß, so kommt es auch im Geistlichen vor, daß man dergleichen an sich hat, und entweder denkt: Es muß so seyn, es ist allen Leuten so, oder man rechnets zum geistlichen Kampf und Sieg, und sagt: Der Mensch muß immer im Streite seyn. Wenn nun das zu einer Lehre und geflissentlichen Gewohnheit wird, wie es wirklich bei tausend Leuten, die Gott dienen, geworden ist, so ist wenig Hoffnung, solchen Leuten zu helfen. Desto leichter aber ists, wenn man Vergebung der Sünden hat, und wahrhaftig am Herzen des Heilands hängt. Da sieht man alle die Sachen an, wie sich's gehört; da verständigt einen der Heiland über die Dinge, die Er gern weghaben will, sowohl als über die Dinge, die **wir** gerne weghaben wollen, die aber **Er** nicht so ansieht. Er geht aber behutsam mit den Seelen, und läßt ihnen gewöhnlich nicht mehr wissen, als sie Treue haben, zu beobachten. Es wird allemal vorausgesetzt, daß sie nicht mehr falsch denken, sondern die Salbung haben, die alles lehrt, so daß sie es gleich merken, wenn etwas nicht recht ist.

Es giebt Kranke, die da wissen, es fehlt ihnen etwas, können's aber nicht ändern, noch eigentlich sagen, wie es damit ist. Da müssen sie nun bei ihrer Krankheit nicht ungeduldig, krittlich und verdrüßlich werden, obs gleich schmerzlich ist. Das rührt dem Heiland sein Herz, daß Ers nicht länger ansehen kann. Er empfiehlt sie der Pflege des heiligen Geistes, und das erste ist, daß ihnen der sagt, was ihnen fehlt. Sobald aber eine Krankheit entdeckt ist, und man läßt sich nicht helfen, steht in einem heimlichen Vernehmen mit der Krankheit, und ist seiner Erkenntniß nicht treu, bekennt auch nicht geradezu, so läßt Er einen gehen ohne Pflege. Das wird einem zugerechnet, das entfernt einen vom Heiland, das betrübt den heiligen Geist; das ist keine **Sünderhaftigkeit**, die uns besser macht, und uns eine Schamröthe verursacht, die dem Heilande gefällt, sondern eine **Sündigkeit**, die von Tag zu Tag schlechter macht, und den Tod gebiert.

Es giebt Krankheiten, die nur beschwerlich und unangenehm aber nicht schädlich, sondern wie wirkliche Arzneien sind, wie manchmal die Fieber. Diese hat der Heiland unter die Dinge gesetzt, die Er nicht wegnehmen, sondern dulden, aber recht behandelt wissen will. Es ist aber eine besondere Gnade, zu unterscheiden, was zu dulden, und was zu kuriren, wegzuschaffen, zu kreuzigen und abzuschneiden ist. Der Heiland richtet sich nach dem, wie's im Herzen aussieht, und Er kann bei einer wahren Einfalt einem einige Sachen zu gute halten, und das viel besser, als wir Menschen, die wir uns manchmal über etwas Vorwürfe machen müssen, was der Heiland einem einfältigen Herzen, das Er kennt, gar nicht hoch nimmt.

13. **Gehet hin und lernet, was das heiße: „Barmherzigkeit will ich und nicht Opfer;"** liebreiche Belehrung der Sünder will ich, nicht steife Absonderung von ihnen. Die strengsten Aufopferungen ohne Liebe sind nichts. Liebe heiligt alles, was Opfer heißen mag. 1 Sam. 15, 22. Matth. 12, 7. Ose. 6, 6.

Ich weiß, will der Heiland sagen, den Leuten mehr Dank, wenn sie mir eine Gelegenheit geben, **ihnen** Gutes zu thun, als wenn sie **mir** etwas Gutes zu thun denken. Ich sehe allemal lieber die Leute um mich herum, die **mich** brauchen, als die **mir** einen Haufen Gutes thun wollen. Wer sehr viel Gerechtigkeit hat, wegen seiner Meriten (Verdienste), mit dem mache ich mir nicht so gar viel zu thun. Wer aber in allerlei Elend steckt, erstaunlich verlegen ist, und weiß, er habe eigentlich kein Recht zu mir; er hält sich für unwürdig, auch nur die Augen aufzuheben; er hat Hang zu mir, aber er traut sich nicht zu mir zu nahen, dem gehe ich entgegen und rufe ihm: **Komm nur, ich bin gekommen, Sünder zu rufen, und nicht die Frommen.** Ich gebe mir nicht die Mühe, den Leuten nachzugehn, die sonst genug Verdienste haben, sondern den armen Leuten, die sehr elend und verlegen sind, die sich nicht herzutrauen, denen winke ich. Wer das versteht, der stellt sich dem Heiland allezeit als einen Gegenstand der Erbarmung dar und spricht: „Kyrie, eleison! Erbarme dich Herr! Willst du dich gerne erbarmen, da hast du einen Gegenstand an mir dazu. Ist dir mit Elend gedient, das findest du bei mir, ich brauche dich." Wer sich selbst helfen kann, für den sorgt Er nicht.;

14. **Hierauf traten die Jünger Johannis zu Ihm und sagten: Warum fasten wir und die Pharisäer so viel, und deine Jünger fasten nicht?** Mark. 2, 18. Luk. 5, 33.

Das war nun wieder ein scheinbarer Einwurf, der dazu berechnet war, die Jünger Jesu irre zu machen. „Die Jünger Johannis sind doch auch Leute, die sich die Religion und Gottseligkeit angelegen seyn lassen, und ahmen doch auch die Lebensart der Pharisäer nach, warum thust du und deine Jünger nicht auch dasselbe."

Die Menschen messen die Frömmigkeit nach der äußern Strenge, nach der Zahl der Uebungen. „Wir fasten so viel, und sie gar nicht," das ist denn doch wohl ein Unterschied? Viel — und gar nicht. Viel hilft viel, dachten sie. Wir wollen hören, wie Jesus sich aus dieser Pharisäischen Schlinge zieht.

15. **Jesus antwortete ihnen: Können wohl die Hochzeitleute traurig seyn, so lange der Bräutigam bei ihnen ist? Es werden schon Tage kommen** *), **da ihnen der Bräutigam entzogen seyn wird, dann werden sie fasten.**

---

*) „Ach, sie ist da, die eiserne Zeit, wo Er ferne scheint, wo Er nicht geschaut wird, außer im Glauben. **Fasten wir aber wirklich?**

Kein Knecht Christi, wer es auch ist, ist der Bräutigam, sondern ein bloßer Freund des Bräutigams. Zu einer seligen lebendigen Gemeine gehört also schlechterdings die Anwesenheit des Heilandes, da die Glieder in Ihm sind, und nicht sowohl fasten, Buße thun, ein saures Leben führen, als im täglichen Wohlseyn mit Ihm leben. „Sie werden über deinem Namen täglich fröhlich seyn." Ps. 89, 17. „Vor dir freut man sich, wie sich die Leute beim Aerntefest freuen." Jes. 9, 3. Da ist alle Tage Hochzeit, Leib und Seele freuen sich im lebendigen Gott. Ps. 84, 3. Der Herr ist in seiner Kirche. So lange man den Gang der Gnade nicht verfehlt, und diesen Gesichtspunkt nicht verliert, so lange hat man ein seliges Leben; jeder Tag ist ein Sabbat, und man kann sagen: Ich bin schon selig in der Zeit, ich bin schon in der Ewigkeit, weil ich in Jesu lebe. Wer aber Ihn verliert, der verliert etwas Unersetzliches. Jesum aus den Augen und aus dem Herzen, macht der Seele Höllenschmerzen.

Wenn man ein nicht ganz offenes Herz hat, kann man sich der Gegenwart seines Heilandes und Bräutigams nicht freuen, man kann nicht selig seyn, man muß fasten, ängstlich seyn. Und wenn man gar ein tückisches Herz hat, das auf allerlei Dinge schielt, und das mit der Sprache nicht heraus will, weil's nicht recht denkt, so ist ein solcher eben nicht hungrig nach der Nähe des Heilandes, und wünscht nicht, daß ihn der

---

Liegt es uns schwer auf der Seele, uns, die wir den Namen haben, daß wir die Erscheinung Christi lieben? Gehen wir seiner säumenden Abwesenheit wegen traurig einher, wie eine Braut, die auf ihren Bräutigam wartet, und Stunden und Tage zählt? Sehnen wir uns nach seiner Offenbarung? Nach der Hochzeit des Lammes?" So rief Lavater aus bei dieser Stelle. Und wer kann ihm widersprechen? Bei aller Seligkeit, die man in der ungesehenen Nähe des Heilandes hier genießt, bleibt doch immer ein Mangel, ein Wunsch übrig, Ihn zu sehen, wie Er ist, und Ihm gleich zu seyn. Die seligsten Menschen, die hier lebten, hatten doch Lust abzuscheiden und bei Christo zu seyn. Darum ist der größte Genuß der geistigen Freude am Herrn doch immer ein Fasten.

Heiland anblicken soll. Es geht ihm, wie den Leuten, die ihren Heiligen herunternehmen, wenn sie etwas Unrechtes thun wollen, und schließen ihn in einen Schrank ein, daß er's nicht sieht.

Von dem Abendmahle bis zur Auferstehung, die wenigen Tage, hatten die Jünger Fasttage. Sie haben nur eine kurze Zeit geweint.

Jesus redet von einem Fasten, das viel anders ist, als man es sich einbildet, und viel schwerer, als das gewöhnliche leibliche Fasten. Wenn der Bräutigam, die Gegenwart Jesu, sich uns entzieht, das ist das schrecklichste Fasten für eine Christus-liebende Seele, die Ihn wie ihren Bräutigam lieb hat, und ohne Ihn nicht leben kann viel weniger als der Leib ohne Speise.

Die Pharisäer und Jünger Johannis fasten so viel, und meinen, was sie damit verdienen. Sie hungern nach Lohn, Ehre und Schein. Die Jünger Jesu hungern auch bei ihren Fasten, aber nur nach Ihm, ihrer liebsten Speise, die ihr Leben ist.

16. **Setzt doch Niemand ein Stück rohen Zeugs auf ein altes Kleid, denn der neue Fleck würde sich vom alten losreißen und den Riß ärger machen.** (Siehe hierüber bei Markus 2, 21. und Luk. 5, 35.)

Ich will an meinen Jüngern nicht flicken, wie die Pharisäer, will nicht meine neue göttliche Lehre an das alte Wesen der pharisäischen Heuchelei anflicken. Das ganze Kleid muß neu werden. Was helfen neue Flekken auf dem alten Kleide? Es ist nichts schädlicher, und doch nichts gewöhnlicher, als daß man auf das alte verdorbene Herz einige äußere Andächteleien und fromme Uebungen gleichsam aufflickt und ankleistert, ohne daß im Innern eine wahre Reform oder Aenderung des ganzen Herzens vorgeht. Durch bloß äußere Uebungen und eine Frömmigkeit, die man wie einen Mantel zu gewissen Zeiten sich umwirft, und dann wieder ablegt, wird das Herz, das Wesen des Menschen nicht gebessert. Das Verderben des Menschen ist zu groß und liegt zu tief, als daß es durch Palliative, durch äußere Umschläge und Ueberschläge geheilt werden könnte.

17. **Neuen Wein faßt man nicht in alte Schläuche, sonst würden die Schläuche zerreißen, der Wein würde auslaufen, und die Schläuche verdorben werden; sondern neuen Wein faßt man in neue Schläuche, so werden beide erhalten.**

Der Heiland vergleicht seine Gnadenlehre einem Most oder neuen Wein, und spricht: Es ist natürlich, daß die alten Juden und Gesetzesleute lieber den alten Wein trinken; er ist milder, er hat die Schärfe verloren, sie sind nun schon der Lehre gewohnt. Es kostet viel, bis sich das menschliche Gemüth in etwas Neues hineinbegiebt, es bleibt lieber bei dem, was es einmal angenommen hat. Es ist aber nichts daran gelegen, sagt der Heiland, sie taugen ohnehin nicht zu meiner neuen Lehre; denn wenn man meine Glaubenslehre den Leuten in ihrer alten Natur vorhält, in ihrem alten todten Wesen, so geht sie entweder nicht hinein, oder wenn sie sie fassen, so macht sie einen solchen Lärm und Konfusion, daß alles zerreißt; die Leute kommen in eine solche Bitterkeit, Widrigkeit, in einen solchen Schmerz, daß sie Gott darüber lästern. Offenb. 16, 1. Darum muß nothwendig jeder Seele, die nach Gnade seufzet, der sie gut bekommen und schmecken soll, ein neuer Schlauch gegeben werden; sie muß ein neues Gnadengefäß und ganz anders werden, als sie zuvor war, sonst kann sie meine Lehre nicht vertragen.

Das ist die Sache, worauf es ankommt. Die todten Leute hören 10, 20, 30, 100 mal das Evangelium, und hörens doch nicht, und wenns ja eine Wirkung macht, so kommen sie in Verwirrung, es richtet Zorn an. Die Moral, das Gesetz lassen sie sich hundert Jahre vorpredigen, und bleiben immer, wie sie gewesen sind; aber wenn ihnen die Lehre von Christo dem

Gekreuzigten, der uns von Gott zur Weisheit, Gerechtigkeit, Heiligung und Erlösung gemacht ist, gepredigt wird, so rumoren sie, so gehts bei ihnen durcheinander.

Wenn aber der Schlauch vom heiligen Geiste bereitet, das Herz, recht gestellt ist, so kommt hernach die Lehre in ein armes, aufgewecktes, aus dem Tode wiedergebrachtes Sünderherz, in ein aus Stein zu Fleisch gewordenes Herz, kurz in ein neues Gefäß, das es vertragen kann, dem es willkommen ist. Wenn der Mensch nun einmal diese Lehre ertragen und auffassen kann, und sie ihm lieb und nützlich wird, dann ist ihm geholfen; denn wem nicht geholfen wird damit, der kann sie nicht ertragen. Ein Scheintodter faßt sie zwar auf, aber sie macht keine Wirkung. Ein erweckter Mensch, der keinen neuen Schlauch hat, berstet davon. Daher kommts, daß so viele fromme, selbstgerechte Leute bitter und widrig gegen wahre Evangelisten werden. Ein armes Sünderherz aber, ein zerschlagenes, zerschmolzenes Herz, ist auf Zeit und Ewigkeit selig in dem Blute Jesu, als dem Unterpfande der Vergebung.

18. **Indem Er so mit ihnen redete, sieh'! da nahte sich Ihm ein Vorsteher, fiel vor Ihm nieder und sprach: Meine Tochter ist so eben gestorben,** (oder stirbt, und wird jetzt gestorben seyn, weil sie, wie es bei Markus 5, 23. heißt, in den letzten Zügen lag, da er vom Hause wegging), **komm doch und lege ihr die Hand auf, so wird sie leben.** Jesus darf nur die Hände auflegen auf eine in Sünden todte Seele, so lebt sie wieder. Die geringste Bewegung, oder ein Wort des Heilandes bringt sie aus dem Tode wieder ins Leben. Luk. 8, 41.

19. **Jesus stand auf und ging mit ihm sammt seinen Jüngern.**

Gerne folgte Jesus, wo man Ihn zu einem Hülfsbedürftigen rief, gerne verließ Er gewiß jene kritisirenden Johannis-Jünger, die sich wegen des Nichtfastens seiner Jünger ärgerten und Ihm Vorwürfe machten.

Diese kamen dadurch aus der Klemme, und jene konnten lernen, wozu Jesus gekommen wäre.

20. **Und sieh'! ein Weib, das zwölf Jahre am Blutflusse litt, nahte sich Ihm rückwärts, und berührte den Saum seines Kleides.** Mark. 5, 25. Luk. 8, 43. Das alleräußerste von Ihm, war ihr genug, denn nahe, kühn durfte sie nicht hinzutreten, nach dem levitischen Gesetze nicht einmal so nahe, weil sie unrein war nach demselben, sonst hätte man sie hinausgeworfen. Aber der Glaube in der Noth wagt alles, springt auch über den Zaun des Gesetzes *).

21. **Denn sie sprach bei sich selbst: wenn ich nur sein Kleid berühre, so werde ich gesund.** Kap. 14, 36. — Wie einfältig und kindlich ist dieser Glaube! Wie wohlgefällig dem Herrn! Er nahm alles gut auf, was aus einem zutraulichen Herzen kam. Er war so fern, solche Einfalt zu belächeln, oder mit Verachtung zurückzuweisen, daß Er vielmehr die größte Freude daran hatte, und sie allem andern vorzog, recht aufmerksam darauf war, und schnell und vollständig half, wo Er solchen zutraulichen, kindlichen Glauben fand. — Der Glaube besteht im Ergreifen Christi. Sein Kleid, an dem wir Ihn fassen können, sind uns alle bildliche und sakramentliche Dinge; das Wasser der Taufe, das Brod im Abendmahle, das Wort der Schrift, sind lauter Hüllen und Glöcklein am Leibrocke unsers Hohenpriesters, wodurch wir Ihn gehen hören, Ihm nahe kommen und Ihn berühren können.

22. **Jesus wandte sich um, sah sie und sprach: Sey getrost, meine Tochter! dein Glaube hat dir geholfen. Und von der Stunde an war das Weib gesund.**

Sieh', das ist des Herrn Sprache, die dem Glauben alle Ehre giebt. Was hatte denn das Weib ge-

*) Die Noth kennt kein Gesetz, sagt das deutsche Sprüchwort; aber sie erlaubt doch nicht zu stehlen, oder etwas zu thun, was an sich böse und Sünde ist.

than? Es schien ja, als hätte sie mehr Aberglauben auf sein Kleid als Vertrauen zu Ihm gehabt, als wenn die Kraft im Kleide steckte. Sey es, aber sie hatte Verlangen, Sehnsucht Christum anzurühren, an Ihm Theil zu haben, wenn es auch das geringste Läppchen wäre. Aber sie ging mit Furcht und Zittern hinzu. Sey es, ihr Glaube trieb sie doch durch alles hindurch. Es hat doch ihr Glaube geholfen, nicht das Berühren, denn andere berührten Ihn auch, Hunderte drängten Ihn sogar, und es half ihnen nichts. Wer freut sich nicht der überfließenden Kraft Christi, die Ihm an allen Enden seines Kleides entströmt, und sich mittheilt, wo man Ihn nur anrührt, oder Ihm nahe kommt mit Glauben! Herr! nimm Du unser Klügeln weg, und gieb uns wahre Vernunft und Kindersinn dafür!

Jesus giebt dem demüthig Gläubigen alles. Er wendet sich allezeit mit Augen der Liebe und Barmherzigkeit zu dem, der vor Demuth kaum die Augen zu Ihm zu erheben getraut, und doch voll Verlangen nach Ihm ist. O! wie weit gefehlt ist es, wenn ein Sünder an seiner Güte zweifelt, die mit solcher Freundlichkeit jedem Bittenden entgegen geht. Wahrlich, es macht Ihm Freude, seine Macht und Güte auch an den Allerunwürdigsten zu offenbaren.

23. **Als nun Jesus in das Haus des Vorstehers kam, und die Flötenspieler und das wehklagende Volk sah, sprach er zu ihnen:** (2 Chron. 35, 25. Jer. 9, 17.) 24. **Gehet zurück!** —

Diese Worte: Zurück! oder: Auf die Seite! Hinaus! die der Heiland brauchte, da ein großes Getümmel im Hause war, und Er allein seyn wollte, lassen sich manchmal benutzen, wo die Menschen mehr irren, als helfen.

Wer das gelernt hat, wie gut es ist, mit Ihm allein zu handeln und zu wandeln, der hat keine Ueberwindung nöthig, sich von allen Helfershelfern los zu machen, und es kostet ihm Ueberwindung, Helfershelfer zu nehmen, weil er lieber so ganz allein mit Ihm zu thun hat.

Die Juden hatten damals bei Todten und ihren Leichen viele Gebräuche, die heidnischen Ursprungs waren, Trauermusik, weinende und heulende Frauen, die dafür bezahlt wurden, und für den Lohn weinten und heulten, daher Christus nicht viel darauf hielt, Matth. 8, 22. Sind aber auch unter dem Volke, das Christum bekennt, alle unchristliche Leichenzeremonien und alle heidnische Trauer zu Grabe getragen? Christus jagte alle diese Trauernden hinaus, weil Er nicht will, daß man beim Tode so sehr trauern, sondern sich vielmehr freuen soll über die Ruhe und Seligkeit, in welche die Verstorbenen eingegangen sind. Nun aber trauern noch viele Aeltern und Freunde über die Glückseligkeit, die ihren abgeschiedenen Geliebten zu Theil wurde, mit einer Trostlosigkeit wie die Heiden, die keine Hoffnung haben.

— Denn das Mägdlein ist nicht gestorben, sondern es schläft nur.

Ihm, der die Todten wie Schlafende erwecken konnte, schlief nur das Mägdlein. Ihm, dem sie alle leben, Luk. 20, 38., Ihm ist der Tod kein Tod, sondern nur sanfter Schlummer. Er weiß von keinem Tode, und wer an Ihn glaubt, wird auch den Tod nicht schmecken, stirbt nicht, und wenn er auch stirbt, so wird er doch leben. Joh. 11, 25.

Er zeigt uns aber zugleich durch dieses Bild, wie leicht es Ihm ist, einen in Sünden Todten aufzuwekken. Wer in Sünden begraben liegt, eile nur mit Zuversicht zu Ihm, denn Er kann ihn wie einen Schlummernden aufwecken. Es mag uns noch so viel fehlen, was uns immer für eine Schwachheit anwandelt, wenden wir uns nur schnell zu Ihm, Er hebt sie weg, Er richtet uns auf, Er stellt uns gesund und neu lebendig wieder her. Mögen wir noch so oft fallen und straucheln, so müssen wir doch nicht unterlassen, unsre Zuflucht zu Ihm zu nehmen. Er wird uns Kraft und Leben wieder geben.

— Sie aber verlachten Ihn.

So spottet die Welt über Wahrheiten, die sie nicht begreift, und über die, welche sie verkündigen. Ein treuer Knecht des Herrn läßt sich aber durch keinen Spott abhalten, das Werk des Herrn zu treiben und die verachtete Wahrheit zu bezeugen.

25. **Nachdem aber das Volk ausgetrieben war, ging Jesus hinein, nahm das Mägdlein bei der Hand, und es stand auf.**

Die Welt muß heraus, aus deinem Herzen, wenn Christus hineingehen und dich auferwecken soll. Diese zwei können nicht beisammen seyn. Christus will durchaus allein seyn in dir, um dich vom Tode zum Leben zu erwecken. Die Welt darf und kann die Wunder Jesu, die Er an der Seele zu ihrer Wiedererweckung wirkt, nicht ertragen, nicht mit ansehen.

Ach, wie viel Volks, welche große Menge von weltlichen Lüsten und sinnlichen Neigungen hat Jesus aus deinem Herzen auszutreiben, bis Er in dich eingehen, und in dir die Ruhe und Stille findet, die er sucht, um sich dir als dein Leben und Heil mitzutheilen!

Der Hohepriester im alten Bunde durfte in kein Haus gehen, wo ein Todter lag, auch keinen Todten anrühren. Wie viel besser ist unser Hoherpriester Christus, der das todte Mägdlein bei der Hand nahm und sie erweckte, und wie beweiset Er dadurch, daß Er das Leben brachte, welches der alte Bund, das Gesetz und zeremonialische Priesterthum nicht geben konnte und noch nicht geben kann.

Wenn Christus und Christi Hand nicht des Sünders Hand ergreift und ihn weckt, so wird er nie aufwachen. Sobald aber seine Hand uns anfaßt, so erwacht das Leben in uns. Doch muß Gnade und Wille zusammen kommen. Du mußt deine Hand, d. i. deinen Willen, nicht zurückziehen von seiner Hand, seiner

Gnade dich nicht widersetzen, wenn Er dich anfaßt und erwecken will.

26. **Und der Ruf davon breitete sich in derselben ganzen Gegend aus.** Das Gerücht von der Bekehrung und Erweckung einer Seele verbreitet sich wie ein Wohlgeruch, wie ein angenehmes Rauchwerk in seiner Umgebung, wodurch auch Andere wieder nach Erweckung begierig und angezogen werden. Luk. 7, 17.

Ein Diener Gottes, durch den Seelen erweckt werden, muß es aber nicht selbst ausbreiten, was Gott durch ihn wirkt, damit er sich nicht selbst und seine eigene Ehre suche. Wo ein guter Geruch ist, wird er sich schon selbst verbreiten, er kann nicht verborgen bleiben. Wer eine Nase hat, muß es riechen und wer keine hat, oder verstopft ist, der lästert nur und lacht.

27. **Als Jesus von da fortging, folgten Ihm zwei Blinde nach, die laut schrien und sprachen: Erbarme dich unser! Sohn Davids!** Kap. 20, 30.

Diese Blinden sind so blind nicht gewesen, als viele sehende Pharisäer, das beweiset ihr Rufen. Sie sahen als Blinde, daß Jesus der Sohn Davids, der Retter Israels sey, bei dem man Licht und Leben finden könne. Das sahen die Sehenden nicht. Das ist schon viel Licht und ein erleuchtetes Auge, welches da erkennt, daß wir einen Heiland haben, der voll Macht und Liebe ist, die Blinden zu erleuchten, und daß dies lauter Barmherzigkeit ist, Licht und Erkenntniß von Ihm zu erhalten.

Wer gesunde Augen, einen klaren Blick hat, der freue sich und danke Gott als für eine große Gnade. Wem aber Licht zu sehen mangelt, der wende sich jedesmal, wo er gerade Licht bedarf, mit Glauben zu Jesus, mit einem solchen, aus der Seele in die Seele dringenden, **Erbarm dich mein!** und es muß ihm Licht und Trost werden, wie diesen Blinden.

28. **Als Er aber in das Haus kam, traten die Blinden zu Ihm.** Sie sind Ihm also nachge-

laufen, und Er hat ihren Glauben geprüft, wie Er denn wirklich ein Examen über denselben anstellte und sie fragte: **Glaubet ihr, daß ich dieses thun kann?** — sie antworteten: **Ja, Herr!**

Das Glauben wird einem nicht schwer, wenn einem die Sache wichtig ist, die man glauben soll. Wenn dieß ist, so giebt sich das Vertrauen zu Jesus von selbst, daß man gleich denkt, daß alles dictum factum (geredt, gethan) ist, wenn Er nur spricht: Ich will. Da wird der Glaube nicht beschämt, man greift es an im Namen des Herrn, der alles versorgt, auf dessen Ja und Amen die ganze Schöpfung horcht. Alle Dinge sind seine Knechte; man geht mit Freudigkeit an die Sache, und thut sie, ohne daß man sie menschlich übersieht, wenn man nur weiß, was der Zweck ist, und daß sie einem von dem Heiland in die Hand gegeben ist.

Die Menschen könnten alles Gute haben, wenn sie es nur glaubten und achteten. Wer es glaubt, wer ein gutes Vertrauen zu Ihm fassen kann, dem geschieht, wie er glaubt; in allen seinen Anliegen wird ihm geholfen.

29. **Dann berührte Er ihre Augen und sprach: Es geschehe euch nach eurem Glauben.** Kap. 8, 13.

Wenn der Heiland sah, daß die Leute seiner bedurften, und alle ihre Zuversicht auf Ihn setzten, so half Er in instanti, zur Stunde. Ist Er gegen die Welt so, wie wird Er nicht gegen die Seinen seyn?

Die innere Hand, der Finger des Geistes Jesu Christi, berührt uns allemal durch das Gefühl seiner Nähe, so oft wir so angelegentlich zu Ihm beten um Licht und Kraft, wodurch dann alles in uns sich ändert; die Augen gehen auf, das Herz wird erweicht und erhoben, alles regt und erhebt sich in Kraft und Leben.

Es geschehe dir nach deinem Glauben, ist ein so oft gebrauchtes Wort des Heilandes, sein Lieblingswort. Es geschieht jedem nach seinem Glauben. Darum, wenn Einer nichts als Glauben hat, so kann er alles machen, der Erde Kräfte sieht er an als ganz geringe Sachen. Glaube ist aber nicht Wahn, nicht Einbildung, nicht Geschwätz, sondern unüberwindliche Ueberzeugung von der allgenugsamen Macht Gottes, lebendige, anschauliche Vergegenwärtigung des abwesend scheinenden Gottes, Festhaltung des Unsichtbaren, Nahen. Der Glaube zweifelt nicht. Er hat Kraft der Anschauung, obgleich das, was er wie sichtbar festhält, unsichtbar ist.

Wenn dieser Glaube zugleich religiös, mit Liebe verbunden ist, so heiligt er auch. Er kann aber auch ohne Liebe seyn, ein bloßer Wunderglaube, dann macht er den Menschen nicht besser, sondern oft schlechter. Siehe oben Matth. 7, 22.

30. **Und ihre Augen wurden aufgethan.** — Eine der größten und wichtigsten Sachen ist, daß man ein recht klares und gesundes Auge erhalte. Und wie wir an den leiblichen Blinden das tröstliche Beispiel haben, daß ihnen die Augen geöffnet wurden, sobald sie gewollt haben, so haben wir's auch zu erwarten im Geistlichen. Denn wenn man nicht recht sieht, wenn das Auge keinen klaren, lichten Blick hat, daß sich einem nichts in der wahren Gestalt darstellt, oder als wenn man durch ein gefärbtes Glas sähe, so ist man in seinem Berufe sehr gehemmt. Wenn aber der Heiland unser Auge aufthut, dann ist der ganze Leib licht, unser Gang ist lauter Licht, die verwickeltsten Sachen sind gleich aus einander gelegt, sobald man nur recht sieht. — **Jesus schärfte ihnen aber nachdrücklich ein: Sehet zu, daß es niemand erfahre.** Mark. 7, 36.

Einige meinen, sie dürfen nichts Gutes haben oder wissen, ohne es ihren Nachbarn mitzutheilen, und behandeln daher alles so öffentlich wie möglich, indem sie glauben, es sey den Leuten nützlich, wenn sie alles recht wissen. Sie sind von dem Irrthume eingenommen, man dürfe nichts geheim halten, oder es wäre etwas

Böses. Das ist aber gegen Jesu Verfahren und Er ist sehr fürs Geheimniß. Er will die Perlen nicht den Schweinen vorgeworfen wissen. Er hat manche Dinge mit solcher Vorsichtigkeit gesagt, und gedroht, nicht das Geringste davon auskommen zu lassen. Und Er muß Ursache haben; es muß Ihm mit dem Gewäsche nicht gedient seyn. Die Ursache liegt in der Sache selbst. Die Wahrheit, die Gnaden-Erfahrungen erhalten sich nur durch **Stille** und **Demuth**. Man kann, sobald man nur den Mund von etwas aufthut, schon von ihrem Wesen etwas verloren haben. Die Treuherzigkeit im gewöhnlichen Leben, wenn man Zeitungen lieset, und jedem, der einem vorkommt, sagt, was passirt ist, die darf man in geistlichen Sachen nicht haben. Da ist es eine große Gnade, wenn uns der Heiland den Geist der Stille schenkt.

31. **Sie aber gingen fort, und breiteten den Ruf von Ihm aus in der ganzen Gegend.**

Sie hatten es nicht geachtet, daß Er es ihnen verbot, sie waren nur froh, daß ihnen geholfen war. Wer die Barmherzigkeit Gottes recht erkennt, kann in der Dankbarkeit nicht zurückbleiben. An Jesu aber bemerken wir, daß Ruhm und Ehre vorzüglich denen folgt, die sie fliehen.

32. **Da diese weg waren, brachte man Ihm einen stummen Menschen, der vom Teufel besessen war.** (Kap. 12, 22. Luk. 11, 14.). 33. **Und sobald der Teufel ausgetrieben war, redete der Stumme.**

So lange man von dem bösen Geiste der Hoffart, der Selbstgefälligkeit besessen ist, ist man für die gute Sache stumm, wenn aber dieser Satan Christo weicht, bekennt man und redet man von seiner Sündhaftigkeit und Christi Gnade.

— **Die Leute verwunderten sich, und sprachen: So etwas hat man in Israel nie gesehen.**
34. **Die Pharisäer aber sagten: Durch den Ober-**

sten der Teufel treibt Er die Teufel aus. Kap. 12, 24.

Das Volk lobpreiset, die Gelehrten lästern. Aus dem Munde der Unmündigen und des einfältigen Volkes bekommt Gott vielmehr sein Lob und seine Ehre, als von dem Munde der Gelehrten. Das Volk sieht gar oft weiter und besser, erkennt den Finger Gottes, wo jene nichts als Teufel oder gar keinen Teufel sehen. Die Pharisäer wollten hier es besser verstehen und vernünftiger scheinen, und sie reden wider alle Vernunft, und wohl auch gegen ihr Wissen und Gewissen. Sie wollten lästern, und dachten so unsinnig: Wir lügen und lästern, es bleibt doch immer etwas hängen, und Er wird doch mehr verdächtig werden. Wenn Gottes Werk sich irgendwo zeigt, so offenbart sich auch immer ein solcher Lästerungsgeist. Der Neid, der das Lob Jesu nicht ertragen und Ihn vom Volke nicht so geehrt sehen konnte, trieb sie so weit, daß sie die größte Sünde, die Lästerung des heiligen Geistes, sich zu Schulden kommen ließen, wovon Jesus bei Markus 3, 28. 30. redet, wo mehr darüber zu lesen ist. Siehe auch unten Matth. 12, 24.

Es ist unglaublich, welche Lügen, Lästerungen und Verfolgungen stolze Gelehrte und scheinheilige Fromme gegen wahrhaft fromme Seelen erwecken. Sie schämen sich nicht, geradezu dem Geiste Jesu zu widersprechen und offenbare Wirkungen des Geistes Gottes dem Teufel zuzuschreiben, eben so heftig wie damals die Pharisäer. Das ist aber die höchste Beleidigung der Liebe Gottes, und die Lästerung des heil. Geistes, die weder hier noch jenseits vergeben wird (Matth. 12, 31.). Aber der wahre Christ muß das eben so geduldig leiden, als Christus ihm hier das Vorbild giebt. Der Knecht ist nicht besser als sein Herr.

35. **Jesus ging nun in allen Städten und Flecken umher,** und hörte deßwegen nicht auf, weil sie ihn so lästerten, sondern **lehrte in ihren Synagogen,**

predigte das Evangelium vom Reiche Gottes, und heilte alle Krankheiten und alle Gebrechen. Kap. 4, 23.

Der Verfolgungen und Lästerungen wegen muß kein Evangelist schweigen oder sich retiriren, sondern seine Stimme nur desto mehr erheben. Bis Charfreitag muß man fortfahren, die Wahrheit frei bekennen, und auch am Kreutze kann man noch Zeugniß geben von der Kraft der Wahrheit.

Die Verfolgungen und Lästerungen sind gerade ein Zeugniß von dem Segen, den das Wort hervorbringt, und der dem Satan wie ein Dorn in die Augen sticht, ihn grimmig macht, und zum Lästern reizt.

Jesus predigte aber nicht nur, Er heilte auch alle Krankheiten. Kannst du Prediger nicht leibliche Krankheiten heilen, so sollen doch deine Predigten die Krankheiten und Gebrechen der Seele alle heilen, was noch viel besser ist. — Es wird in vielen Kirchen viel gepredigt, aber wenig Heil geschafft. Warum? Es muß nicht das Evangelium vom Reiche Gottes seyn, was gepredigt wird, denn das ist Gottes Kraft, zu heilen Alle, die daran glauben. Jesus predigte das Evangelium und heilte. Schäme du dich des Evangelii nicht, so wird die Heilkraft deiner Predigt nicht fehlen, d. h. der Prediger soll nichts anders suchen, als den Geist und die Gnade Jesu in den Herzen seiner Zuhörer zu erwecken, dann werden sie geheilt.

36. **Indem Er nun das Volk so ansah** — ich möchte diesen göttlichliebevollen und mitleidigen Blick gesehen haben — **hatte Er herzliches Mitleiden mit ihm, denn es war verschmachtet und zerstreut wie Schafe, die keinen Hirten haben.** Mark. 6, 34.

Es war der erbärmlichste Zustand der jüdischen Kirche, und die Pharisäer mögen ihn wohl für den blühendsten gehalten haben. Allein darum ist keiner Kirche Glück zu wünschen, wenn sie äußerlich groß, herrlich und glänzend ist, wenn sie wohl geduldet oder gar herrschend wird im Lande, wenn ihre Diener in Ehren und Ansehen stehen, und etwa gar Macht und Gewalt ausüben können. Denn ein solcher Zustand macht nicht gute Hirten, sondern Herren. Und dabei können die armen, hungrigen Schafe verschmachten und verderben, weil sie den Trost des Evangeliums nicht finden. Hirten, Hirten will der Heiland; Hirten, Hirten wollen die Schafe, die sich der Heerde annehmen, die nicht ihr zeitliches, sondern das geistliche Wohl der Heerde suchen. Ach es kann sehr herrlich von außen scheinen, und innerlich so jämmerlich stehen, daß der Barmherzigste, der ins Innere schaut, weinen muß, während sich die Menschen, die nach dem Ansehen urtheilen, Glück wünschen.

Zugleich sah Er so viele gutmüthige, hungrige Seelen unter dem Volke, die recht empfänglich waren für's Evangelium — sah sie hirtenlos ohne Weide, sah die Kinder nach Brod schmachten, und niemand gab es ihnen. Das fiel Ihm so sehr auf das Herz, daß Er mit theilnehmender, mitleidiger Liebe zu seinen Jüngern sprach:

37. **Die Aerndte ist groß, aber der Arbeiter sind wenige.** 38. **Bittet daher den Herrn der Aerndte, daß Er Arbeiter in seine Aerndte sende.** Mark. 3, 13. Luk. 10, 2.

Wenn man zur Aerndtezeit den Segen Gottes vor Augen sieht, und kann ihn nicht einbringen, entweder aus Mangel an Arbeitern, oder wegen Witterung, Frohnen ꝛc., so daß manchem armen Manne alles auf dem Felde verdirbt, so ist das eine sehr unangenehme Sache. Das ist auch der Fall mit dem Evangelium. Es hat mehr Frucht geschafft, als man denkt; die Frucht muß aber nun gepflegt, gehütet und eingesammelt werden. Es muß an Scheuern und Böden nicht fehlen, wo man den Weizen des Heilandes hinbringen kann. Da die Aerndte des Heilandes so weitläufig und ausgedehnt ist, als die weite Welt, und das Werk doch durch Men=

schenhände, Füße und Lippen geschieht, die Frieden predigen, so sollten viel mehr Arbeiter seyn; denn die da sind, reichen nicht zu. Darum soll jedem, der den Heiland lieb hat, daran gelegen seyn, daß Ihm seine Aerndte nicht verderbe, und man soll bitten, daß Er der Arbeiter mehr machen möchte.

Es muß aber die Zeit erfüllt seyn, und die rechte Stunde geschlagen haben. Die Aerndte muß reif seyn, wenn die Arbeiter gehen sollen. Dazu gehören Gnadenzeiten, und die kann man an dem Muth und der Neigung der Arbeiter sehen, ob sie ruhig seyn können oder nicht; ob ihnen anfängt, das Herz nach den Seelen zu brennen oder nicht; ob sie noch stille seyn können; obs ihnen hart anliegt, daß sie nicht etwas versäumen möchten! Daran erkennt man, daß der Herr Arbeiter in seine Aerndte sendet; inzwischen ruhen sie, daß sie einmal Lasten tragen können; inzwischen essen sie, daß sie dann fasten können; inzwischen lernen sie, daß sie einmal Lektiones aufsagen können.

Das X. Kapitel.

Aussendung der Apostel und Vorschriften für sie.

1. Hierauf rief Er seine zwölf Jünger zu sich und gab ihnen Gewalt über die unreinen Geister, sie auszutreiben und alle Gebrechen und Krankheiten zu heilen. Mark. 6, 7. Luk. 9, 1.

Das war die Einweihung zum Apostel-Amte. Kraft und Leben ging von Ihm aus und in sie über. Warum giebt Er ihnen Macht über die unreinen Geister, und dieses vor allem andern, wenn es keine unreine oder überhaupt gar keine bösen Geister, keinen Einfluß derselben auf die Menschen giebt? Diese Gewalt ist das erste wesentliche Erforderniß eines Apostels. Der

Teufel darf keine Gewalt über ihn, sondern er muß über den Teufel Macht und Gewalt haben. Er muß nicht dem Teufel, sondern der Teufel muß ihm weichen, wo er sich findet. Das Blendwerk des Teufels, womit er die Seelen in Unwissenheit, Aberglauben, Irrthum und bösen Lüsten gefangen hält, muß verschwinden, und die Seele Luft bekommen, freier athmen, und zum Glauben geneigt werden, Kraft bekommen, dem Satan zu widerstehen, wenn ein erleuchteter, apostolischer Mann ihr nahe kommt, ihr Gottes Wort verkündet, sie tröstet, segnet oder mit ihr und über sie betet. Wenn man schon nicht allemal Teufel ausfahren und ein Spektakel sieht, so wird er doch innerlich gebunden, gelähmt und hinausgeworfen, durch das Wort und Gebet, durch den Glauben und die Salbung eines im Namen Jesu handelnden und redenden Evangelisten.

Dem Wesen nach muß also alles noch so seyn, wie es dort war, und es ist auch noch so.

2. **Die Namen der zwölf Apostel sind folgende: der erste, Simon, der Petrus genannt wird,** (dafür, daß er der erste genannt wird, hat er Matth. 20, 26. u. 27. und Luk. 22, 26. die Anweisung bekommen, sich als den Letzten und Geringsten anzusehen und zu betragen) **und Andreas sein Bruder, Jakobus der Sohn des Zebedäus** (der der größere genannt wird, und zu Jerusalem auf Herodes Befehl enthauptet wurde, Ap. 12, 2.), **Johannes sein Bruder** (den der Herr liebte vor andern). 3. **Philippus und Bartholomäus** (wahrscheinlich der Nathanael, Joh. 1, 45.), **Thomas und Matthäus, der Zöllner** (der auch Levi hieß), **Jakobus** (mit seinem Zunamen der Kleine), **der Sohn Alphäus** (oder Kleophas, der eine Schwester der Maria, der Mutter des Herrn, zum Weibe hatte, daher sein Sohn Jakobus, wegen der nahen Verwandtschaft mit Christo, ein Bruder des Herrn genannt wurde, Gal. 1, 19. Er heißt auch der **Gerechte,** weil er so viel auf den Knieen beim Gebete

gelegen, daß seine Haut davon so hart, wie die Haut eines Kameeles war. Von ihm ist der Brief, den wir im Neuen Testamente haben. Er war Bischof zu Jerusalem, die Juden haben ihn von der Zinne des Tempels herabgestürtzt, weil er Jesum nicht lästerte, wie sie es verlangten, sondern freimüthig bekannte), **und Lebbäus** (oder Judas), **zugenannt Thaddäus** (der ein Bruder des vorigen Jakobus ist, und daher auch ein Bruder des Herrn genannt ward. Von ihm haben wir auch einen Brief im N. T.). 4. **Simon von Kana und Judas der Ischariot,** sogenannt vom Beutel, den er trug, oder von der Stadt Karioth in Juda. Dieser war es, **der Ihn hernach verrathen hat.**

Auch diesen Verräther hat Jesus erwählt, obwohl Er vorhersah, was er thun würde, damit wir uns nie ärgern, wenn wir auch jetzt noch böse Arbeiter und Judasse unter den Erwählten und selbst unter den Lehrern bemerken.

5. **Diese Zwölf sandte Jesus aus, und gebot ihnen, indem Er sprach: Gehet nicht zu den Heiden hin, noch in die Städte der Samariter;** (Mark. 16, 15.) 6. **sondern gehet vielmehr hin zu den verlornen Schafen des Hauses Israel.** Kap. 15, 24. Apg. 13, 46.

Dieser Befehl war nur für die damalige Zeit, nicht für immer. Späterhin erhielten sie einen andern Auftrag: „Gehet hin in **alle Welt** und prediget das Evangelium **aller** Kreatur." Mark. 16, 15.

Die Juden mußten nach den Weissagungen der Propheten zuerst geladen werden. Darum will der Heiland, daß die Apostel jetzt noch nicht zu den Heiden und Samaritern gehen sollten, dazu sie auch noch nicht tüchtig waren, vor der Ausgießung des heiligen Geistes.

Wie lagen ihm die verlornen Schafe des Hauses Israel — die verirrten Nachkömmlinge Abrahams, Isaaks und Jakobs am Herzen, daß Er zuerst seine Boten ihnen nachsandte, sie zurückzubringen. Sie sind ihm, d. i.

in seinen Augen doch noch Schafe, und Schafe des Hauses Israel, wenn sie gleich verloren waren und in der Irre gingen.

7. **Gehet hin, und prediget und sprechet: Das Himmelreich ist nahe gekommen.** Kap. 3, 2. Luk. 10, 9.

Es ist freilich **nahe, es ist in uns**, Luk. 17, 21. Darum soll man es auch nicht außer sich, nicht in der Ferne suchen. Dieß ist die Predigt, die Jesus seinen Aposteln in den Mund legt, mit welcher Er selbst sowohl, als auch Johannes angefangen hat. Warum? Es ist die wirksamste und einladendste Predigt. Die Menschen erschrecken, wenn sie eine Sache weit und in der Entfernung suchen müssen. Wenn man ihnen aber sagt: Es liegt dir nahe, du darfst nicht weit laufen, du hast's in dir, in deinem Munde und Herzen, Röm. 10, 8., so werden sie sich doch die kleine Mühe nicht reuen lassen, zu suchen, was sie so nahe haben können. Dagegen aber predigen die meisten Prediger das Himmelreich immer weiter weg, und aus den Leuten hinaus, indem sie da- und dorthin weisen, immer auf äußerliche Dinge, nie hinein, ins Inwendige, in den lebendigen Tempel Gottes, wo sich Gott, der ein Geist ist, dem Geiste allein offenbaren kann und will.

8. **Kranke machet gesund, Todte wecket auf, Aussätzige machet rein, Teufel treibet aus.** Dieses gebot der Herr den Aposteln und gab ihnen auch die Gewalt und Macht dazu. Und sie thaten es, und konnten es thun. Ihr Nachfolger der Apostel! wo ist diese Gewalt hingekommen? — Lasset uns beten, daß sie wiederkehre, daß sich ja Niemand etwas anmaße oder einbilde, wozu er nicht Gewalt und Macht vom Herrn empfangen hat, sondern daß er es in der That und Wahrheit beweisen könne, und wirklich beweise. Sollte einer, der sich rühmt ein Nachfolger der Apostel zu seyn, nicht auch dieselben Thaten thun können, nicht dieselbe Macht und Gewalt beweisen, die Christus den

Aposteln gegeben hat, und die sie in der That bewiesen haben?

— **Umsonst habt ihr es empfangen; gebet es auch umsonst.**

Der Sinn ist: die Apostel sollten nichts dafür nehmen. Man kann übrigens nicht sagen, die Jünger hätten dem Heiland nichts gegeben; denn wer etwas hatte, half der Gesellschaft. Der Heiland war in den Umständen, daß Er von seinen Brüdern und Schwestern lebte. Er ließ sich versorgen. Das hat Er in die Bibel schreiben lassen, weil Er ein armer Mann war und seyn wollte. Er lebte von der Gnade seiner Jünger. Es war also nicht gemeint, daß sie Ihm nichts gegeben hätten; sie hattens Ihm nur nicht in der Absicht gegeben, daß Er sie etwas dafür lehren, oder ihnen Geheimnisse offenbaren sollte.

In welchem Verstande hatten sie es also ganz umsonst? Weil der Heiland nie Forderungen machte. Die Pharisäer und Philosophen wußten nicht Forderungen genug zu machen, wenn sie jemanden etwas lehren sollten, und ihn in ihre Akademie oder Sekte aufnahmen. Da mußten Probejahre, Uebungen u. dgl. vorausgehen.

Alle Pflichten, die man zu Gnadenmitteln macht, damit ein Mensch selig werde, sind gegen das Wort des Heilandes: **Gebts umsonst.** Denn Er fordert gar nichts von uns, als ein gläubiges Herz. Wer Dank opfert, der preiset Ihn, und das ist der Weg, daß ihm Heil und Seligkeit zu Theil wird. Ps. 50, 23.

Umsonst! Umsonst! das Wörtlein ist fast ganz vergessen. Man hat es in der Bibel übersehen, und übersieht es, denn es ist auch in Religionssachen fast alles verkäuflich geworden. Alles wird für Geld feil geboten, selbst der Leichnam des Herrn. Wer seine Weisheit auf dem Markte der Schule gekauft hat, wer sich viel hat kosten lassen müssen, um in das Amt zu kommen, wer beim Amte nur Brod nicht den Dienst sucht, der will sich entschädigen und weiden — kann also nicht umsonst geben, was er nicht umsonst empfangen hat. — Wer aber weiß, wie unverdient ihm Gnade zu Theil ward, kann kein Kaufmann im Reiche Gottes seyn. Er muß aber leben? Das wird er dennoch. Die Apostel sind deswegen nicht verhungert, wenn sie gleich diese Regel befolgten. Leben doch die Sperlinge und jungen Raben. Und die Diener des Herrn sollen zweifeln? — sollen vom Handel leben?

9. **Nehmet weder Gold noch Silber, noch ein anderes Geld in euren Gürteln mit;** (Mark. 6, 8. Luk. 9, 3.). 10. **Auch keine Reisetasche, noch zwei Röcke, noch Schuhe, noch Stab; denn der Arbeiter ist seiner Nahrung werth.** Ein Arbeiter im Reiche Gottes soll sich ganz der Vorsehung Gottes überlassen, die ihn, da er in ihren Diensten steht, gewiß nicht versäumen noch vergessen wird. Der einzige Vorrath, der ihm erlaubt ist, ihn mit sich zu führen, ist **großes Vertraun auf seinen Herrn**, der die Raben speiset und die Lilien kleidet. Gott wird überall Menschen erwecken, die ihn bald reichlich, bald nothdürftig versehen und nähren. Wer nun aber diese Regel Christi vergleicht mit unsern Zeiten, da man das alles für unmöglich und für Unsinn hält, oder gar für Vermessenheit, der weiß keinen andern Rath, als die Sache ganz von neuem anzufangen, denn das Gegentheil von dem, was Christus hier haben will, hat allenthalben so eingerissen und überhand genommen, daß nichts mehr zu bessern ist. Es muß ein Neues werden.

So hart übrigens dieser Befehl Christi scheint, so ist er doch, recht betrachtet, eine Erleichterung, die viel Hindernisse, viele Beschwerlichkeiten aus dem Wege räumt. Wie sorgenfrei und leicht wandelt der, welcher nichts zu schleppen hat, sondern von Gott versorgt und gepflegt wird. Allein, der Glauben fehlt, daß Christus Wort hält, daß er thut und giebt, was er versprochen hat. Das macht die Sache schwer.

11. **Wo ihr in eine Stadt, oder in einen Markt kommt, da erkundiget euch, wer es darin werth sey. Und bei dem bleibet, bis ihr weiter gehet.** Siehe Luk. 10, 7. — Das beweiset, daß es hin und her zerstreute **Erben des Friedens giebt**, die, wie 1 Petr. 3, 9. steht, dazu berufen sind, daß sie den Segen erben, denen sich Gott als Kinder anbeut, Hebr. 12, 7. und mit denen der Herr des Friedens seyn will. Phil. 4, 9. Das sind die Leute, die in einem Winkel um Gnade weinen. Von Daniel heißt es: Da du betetest und weintest, geschah der Befehl an mich, daß ich zu dir gehen sollte. Dan. 9, 23. Zum Petrus sagte der Geist: Geh zu Kornelius; denn er betete ohne Unterlaß zu Gott. Apg. 10, 20. Man geht also und fragt die Leute aus; man erkundigt sich, ob jemand da sey, der es werth ist.

Das Gehen und **Leute erfragen** bezieht sich auf das: „Wer disponirt ist, Ihn aufzunehmen, der erhält Macht, ein Kind Gottes zu werden." Aber darnach wird gewöhnlich nicht gehandelt. Viele tausend Menschen müssen **die Religion ihrer Aeltern annehmen**, und wissen nicht warum? da es doch eine ausgemachte Sache ist, daß die Kindschaft Gottes nicht aus dem **Geblüte**, noch aus dem **Willen** eines **Mannes**, sondern unmittelbar von Gott herkommen muß. Joh. 1, 13.

12. **Wenn ihr in das Haus tretet, so grüßet dasselbe und sprechet: Friede sey mit diesem Hause!**

Wer die Gnade und den Frieden Gottes in sich hat, der wünscht die hohen Güter auch andern Menschen von Herzen. So muß auch das herzliche Grüßen der Christen aus dem Grunde der Gnade geschehen. Das ist ganz etwas anderes, als die französischen Complimente.

So kann man seinen Wirth vorausbezahlen für die Herberge.

13. **Ist das Haus desselben werth, so wird euer Friede auf dasselbe kommen; ist es aber des-**

selben nicht werth, stößt es ihn zurück, widersetzt es sich der Gnade, so **wird euer Friede wieder zu euch zurückkehren**, und bei euch bleiben, daß ihr den Segen desto mehr zu genießen haben werdet.

Die erste Gnade, die apostolische Menschen denen, die sich zu ihnen nahen, mittheilen, ist der **Friede**. Und es wird nach des Heilands Regel, um ihn zu erhalten, und durch ihn ein seliger Mensch zu werden, nichts erfordert, als daß man ein williges Herz hat, ihn anzunehmen; daß es einem gefällt, wie es ungefähr dort von Rebekka heißt: Willst du mit diesem Manne gehen? Sie antwortete: **Ja, ich will mit ihm.** 1 Mos. 24, 58. Das ist die Würdigkeit, die Er fordert, eine Neigung des Herzens zu Ihm, ein Wohlgefallen an Ihm, ein weiches, gefühlvolles Herz gegen Ihn. Wo seine Jünger dieses an Menschen in einem Hause finden, und solche Friedenskinder erfragen, da sollen sie einkehren, da wird der Friede Gottes auch mit ihnen einkehren; das macht, daß sie des wahren Friedens theilhaftig werden, der ihnen so gern gegeben, und keinem Menschen aufgerückt wird, der ihnen niemals höher gehangen wird, als daß sie ihn erreichen können. Denn die höchste Freude des Heilandes ist, wenn Er segnen, wenn Er Gutes und seinen Frieden geben kann, einer Gesellschaft, einem Hause, einem einzelnen Herzen; wenn sie ihn nur nicht selbst wegstoßen, aussperren, so kommt er von selbst und ruht auf ihnen. Wenn man ihn aber selbst nicht einläßt, so muß er freilich weichen, und zurückkehren auf die, welche ihn in ein solches Haus hingetragen haben. Verloren geht der Friede nicht, noch das Wort, das sie verkündigen. Was hier oder von diesen nicht angenommen wird, das wird schon anderswo seinen Herrn finden. Ach! man glaubt nicht, welch einen Nutzen und Segen eine apostolische Seele einem Hause, einer Stadt, einem Königreiche bringt, wo sie aufgenommen wird. Aber diejenigen, die sie ausstoßen, und sie und ihre Worte nicht aufnehmen, ziehen sich ein schrecklicheres Gericht zu, als das ist, welches über **Sodom und Gomorrha** ergangen ist; weil diesen das Licht nicht so geschienen, und die Mittel zur Bekehrung nicht so zur Hand waren.

14. **Und wenn Jemand euch nicht aufnehmen und eure Rede nicht hören wird, so gehet aus demselben Hause, oder aus derselben Stadt heraus und schüttelt den Staub von euren Füßen ab,** um ihnen zu zeigen, daß ihr nichts von ihnen mitnehmen wollt, nichts bei ihnen gesucht habt, auch nicht ein Stäubchen, und daß ihr durchaus keinen Theil an ihrem Sinne und Schicksale haben wollet, daß sie sich selbst ihr Verderben zuschreiben müßten. Mark. 6, 11. Luk. 9, 5.

Die Welt muß wissen, daß man nicht ihren Staub, ihre Güter suche, sondern um ihrer Seligkeit willen zu ihr gekommen, und ihr wahre Güter mittheilen, ihr nichts nehmen, sondern alles geben wollte. Will sie von Christus und seinem Reiche nichts wissen und hören, so soll sie sehen, daß man auch mit ihr nichts zu schaffen haben, und sich mit ihrem Staube nicht verunreinigen wolle.

Und damit ist die Sache noch nicht zu Ende, sondern es hat noch mehr auf sich.

15. **Wahrlich ich sage euch, dem Lande Sodom und Gomorrha wird es am Tage des Gerichts erträglicher gehen, als einer solchen Stadt,** oder einem solchen Menschen, der das Wort Gottes verachtete, vernachlässigte, die Wahrheit nicht annahm. Die Apostel haben nur den Staub abzuschütteln, aber der Herr hebt ihn auf, und wird ihn denen, über die er abgeschüttelt wurde, in die Augen werfen, wird ihn in Fluch und Gericht verwandeln, weil sie den Seegen, den Er ihnen ins Haus, in die Stadt tragen ließ durch seine Boten, nicht wollten, sondern sie mit Schimpf und Spott weiter schickten. Kap. 11, 24.

Die Strafe die über Sodom erging, war doch schon schrecklich, und sie soll an jenem Tage noch schrecklicher wer-

werden; aber noch weit schrecklicher als Sodom wird jeder Verächter des Evangeliums einst gestraft werden. Demnach ist die Verachtung und Zurückstoßung des Evangeliums und der Evangelisten eine größere und schändlichere Sünde in den Augen Jesu, als die schändliche Sodomiterei. — Aber das glaubt und achtet die Welt nicht. Wenn es nun Zuhörern so gehen wird, wie wird es den Geistlichen und Predigern gehen, die es predigen sollten, die aber in ihren Predigten und Gesprächen sich gerade gegen das Evangelium und die ächte Verkündigung desselben erklären, es als Thorheit oder Ketzerei verschreien, und alle mögliche Hindernisse dagegen legen, oder gar die Knechte Gottes verfolgen?

16. **Sehet! ich sende euch, wie Schafe, mitten unter die Wölfe. Seyd also klug, wie die Schlangen, und einfältig** (ohne Falsch), **wie die Tauben**, die keinem Vogel nachsetzen, sich auch den Raubvögeln nicht widersetzen. Luk. 10, 3.

Falsche Brüder gelten auch für Wölfe. Das hat der Heiland am allerentsetzlichsten am Verräther Judas erfahren. Wenn man aber diesen Wölfen ausweichen kann, so darf und soll man es, wie der Heiland und seine Apostel. Darum, will der Heiland sagen, seyd einfältig, wie die Tauben, gegen die ganze Welt, wie ein Kind; aber nehmet euch doch in Acht, wie die Schlangen; es sind die Zeiten und Tage böse. Was ihr thut und redet, sey lauter Einfalt, Herzlichkeit, Kindlichkeit und gute Meinung. Aber was die Welt thut und sagt, da seyd nicht zu leichtgläubig, und was sie mit euch machen will, da fahret nicht zu geschwind zu, wenn ihr anders könnt. Seyd auf dem Fuß mit der Welt, als ob die Welt der Mensch und ihr die Schlange wäret. (Denn die Erde ist den Menschenkindern gegeben; sie haben große Gewalt auf Erden, wie der Satan in der Luft.) Daher gehet ihnen aus dem Wege, und denket, daß eine Feindschaft zwischen ihnen und euch ist. Wenn sie gleich zur Schlange gehören, und nicht ihr, so wollen sie's doch nicht seyn, sondern denken, ihr seyd die Schlangen. Sie sehen euch als ein fremdes Thier an und hassen euch. Paulus spricht: Ich sehe die Welt für einen Gehängten an; aber ich kann nicht läugnen, die Welt sieht mich wieder so an. Ich kann nicht schlechtere Gedanken von ihr haben, als sie von mir hat.

Nun sollte die Welt billig die Schlange vorstellen; denn sie steht unter der alten Schlange. Aber der Heiland braucht dieß Wort, weil die Gestalt des Kreuzes und Aufhängens am Holze uns den Weltmenschen nicht nur eben so zuwider, als vielmehr verächtlich macht.

Wie man nun so klug seyn kann, wie die Schlangen, und dabei doch ein solches einfältiges Herz behalten kann, daß man den Leuten so wenig schädlich und im Wege ist, als eine Taube, das ist freilich eine Sache, die niemand als der Heiland allein geben und machen kann. Weil Er es aber so befohlen hat, so ist es ein Zeichen, daß Er es auch so machen will.

17. **Nehmet euch aber vor den Menschen in Acht,** (vor schalkhaften, bösen Menschen, die keinen Geist haben) **denn sie werden euch an die Gerichte ausliefern, und in ihren Synagogen geißeln.** Kap. 24, 9. Luk. 21, 12.

Man soll nicht Jedermann trauen, oft selbst Freunden nicht, besonders wenn sie einem gutmeinend den Rath geben, lieber eine Schwachheit zu begehen, um sich die Verfolgung vom Halse zu schaffen, als alles um Gotteswillen daran zu wagen.

Es geschieht wohl auch, daß, wenn ein Christ einem, der in der Welt mit ihm gut bekannt oder sein Freund war, von Christo sagt, und ihm die Gnade Gottes verkündigt, ein solcher eben dadurch der bitterste Feind und Verfolger wird (man sehe Vers 21.). Das ist geschehen und geschieht alle Tage. Darum warnet Christus, nicht, daß man gar Niemand von Christo sage, sondern daß man vorsichtig zu Werke gehe.

18. **Vor Landpfleger und vor Könige werdet ihr geführt werden um meinetwillen, zum Zeugnisse für sie und für die Heiden.** Mark. 13, 9.

Wenn Diener Christi oft keinen Zugang haben zu den Großen dieser Welt, ihnen von Christo zu zeugen, so schickt es Gott durch Bande und Gefängniß *).

Die Geduld in Verfolgung um Christi willen ist das größte Kennzeichen der wahren Zeugen Christi. Wunderwerke selbst geben keinen so starken Beweis. Der Teufel kann wohl Wunder nachmachen, aber die Geduld kann er nicht eingeben. Sie ist das größte Wunderwerk. Die Geduld und Standhaftigkeit der Märtyrer bekehrte mehr Menschen, als ihre Wunderwerke. Darum müssen Zeugen Jesu verfolgt werden.

19. **Wenn man euch nun ausliefert, so seyd unbesorgt, wie oder was ihr reden sollt; denn es wird euch zur Stunde gegeben werden.** Mark. 13, 11. Luk. 12, 11.

20. **Denn nicht ihr seyd es, die da reden, sondern der Geist eures Vaters ist es, der in euch redet** — die Salbung, der Advokat der Gläubigen. Röm. 15, 18. Amos 4, 13.

Kinder Gottes sollen sich ihre Sachen, ihren Gang, den sie gehen, nicht ausdenken, sondern eine beständige Ruhe, einen beständigen Sabbat in dem Willen und der Leitung ihres Vaters haben, und darum haben sie noch vielweniger Ursache, sich zu bekümmern und nachzudenken, wie sie das oder jenes machen wollen.

Man fährt wirklich wohl dabei, wenn man weder der ist, der redet, noch der da thut, noch der da denkt, sondern überläßt das alles der Liebe und Sorge des Geistes und des Vaters. Denn so wenig manchmal Vater und Mutter wissen, was sie mit ihren Kindern

---

*) So wie es selbst diesem Buche begegnete — im Jahre 1824. Es ward verfolgt, verbrannt, und kam gerade dadurch in die Hände und Herzen großer Leute, die es vorher nicht kannten und wohl auch nicht hätten genießen können.

machen sollen, so gut weiß es der Vater und sein Geist.

Eigentlich hat zwar der Heiland diese Worte von Verantwortungen gesagt; man muß sie aber auch auf die Predigt des Evangeliums anwenden, indem der Heiland seine Jünger eben dazu ausschickte, da Er sagte: Ihr seyd's nicht, die da reden. Darauf beruft sich Paulus oft, und bezeugt mit Freimüthigkeit, daß das, was er vorbringe, nicht von ihm komme, er dürfe nichts reden, was nicht Christus durch ihn wirke. Röm. 15, 18.

21. **Der Bruder wird den Bruder, und der Vater das Kind zum Tode ausliefern. Kinder werden sich gegen Aeltern auflehnen und sie ums Leben bringen.**

Der Geist der Verfolgung zerreißt die stärksten Bande der natürlichen Liebe. Christus kommt mitten unter die Völker und unter die Familien, und da müssen die Gedanken aller Herzen offenbar werden. Da fragt Jedermann: Warum ist denn das Vorige nicht gut genug? Nichts ist grausamer, als eine durch falschen Eifer für die Religion erweckte Verfolgung. Die besten Freunde werden, unter so schönem Schein, Feinde. Kinder verlieren alle Ehrerbietigkeit gegen ihre Aeltern. Knechte allen Gehorsam gegen ihre Herren. Sobald sich jemand dem Heiland ergiebt, so meint man, man habe alle Macht über ihn.

22. **Bei Jedermann werdet ihr um meines Namens willen verhaßt seyn.** —

Dieß ist nicht nur zur Zeit der Heiden gewesen, da es hieß: vir bonus, sed Christianus, (er ist ein wackerer Mann, wenn er nur kein Christ wäre;) sondern es ist noch jetzt so mitten in der Christenheit. Da ists bekanntermaßen kein besonderes Verdienst, wenn eins sich zur Nachfolge Christi bekennt. Wie wenig Ehre ist bei dem Zeugnisse von Christo zu holen? Wie viel Schmach und Druck ist damit verknüpft? Wer recht thut, sagt man sonst, der hat sich gar nichts zu fürchten. Der Heiland spricht: Ihr müßt gehaßt werden von Jedermann. Wer euch tödtet, der wird meinen, er thue Gott einen Dienst. Es wird so Mode werden, euch alles gebrannte Herzeleid anzuthun, daß man euch auch um der guten Werke willen verlästern wird. Man wird euch blos darum, weil ihr mir angehöret, allerlei Uebels nachreden.

. . **Wer aber bis ans Ende ausharret,** in Glauben und Geduld, und den Muth nicht sinken läßt in den Trübsalen, **der wird selig werden,** und das Ende seines Glaubens davon bringen. Wer aus menschlichen Absichten, oder wegen Schimpf und Verfolgung aufhört, zu glauben, zu zeugen, oder zu thun, was Gott von ihm haben will, wird Schiffbruch leiden. Luk. 21, 17. Mark. 13, 13.

23. **Verfolgt man euch in dieser Stadt,** stößt man das Evangelium mit Undank von sich, so **fliehet in eine andere,** nicht um euch zu verkriechen, sondern auch dort das Wort zu verkündigen, denn die Wohlthaten werden niemanden aufgedrungen. Der Fall also, da man fliehen muß, setzt voraus ein Zeugniß und Bekenntniß der Wahrheit, die den Feinden unerträglich war.

Der Sinn geht also dahin: Ihr werdet aus einer Stadt in die andere vertrieben werden, und ich kann euch auf keinen gewissen Ort Anweisung geben. Wir dürfen daher nicht ungeduldig werden und denken: Wie kann Gott so zusehen? Wo eine große Gnadenthür geöffnet ist, da ist das Nächste, daß Gott zur Wurfschaufel greift.

24. **Der Jünger ist nicht über den Meister, und der Knecht nicht über seinen Herrn.**

Freilich kehren sich die Zeugen Jesu nicht viel daran; sie wissen, daß es Ihm selber nicht viel besser gegangen, daß Er zuerst und am meisten gehaßt und verfolgt werden. (**Wir haben Ihn für nichts geachtet; Er war der** Allerverachtetste und Unwertheste, spricht Jesaias [Kap. 53.] im Namen der Juden.) Unser Herr hat in allen Dingen, also auch im Leiden, den Vorzug.

25. **Es ist genug für den Jünger, wenn es ihm geht, wie seinem Meister, und für den Knecht, wenn es ihm geht, wie seinem Herrn. Haben sie den Hausvater Beelzebub geheißen, um wie vielmehr seine Hausgenossen?** Mark. 3, 22. Hebr. 3, 6. Eph. 2, 19.

Hier ist vorerst zu bemerken, daß Christus mit den Gläubigen ein Haus, eine Familie ausmachen will, daß Er der Vater und wir seine Kinder, Knechte und Mägde sind, die Er alle treulich versorgt und auf sie sieht, daß keinem etwas mangle; und daß wir ein solches Zutrauen zu Ihm haben sollen, wie zu unserm Haus-Vater.

Aber dabei ist nicht zu übersehen, daß, wenn wir in diesem Verhältnisse mit Ihm stehen, wir uns auch in seine Haushaltung schicken, und tragen müssen, was dabei zu tragen ist. Unser Hausvater hat einen bösen Nachbar, der sein Feind ist, und dessen Lust es ist, Ihm und allen seinen Hausgenossen alles mögliche Leid anzuthun. Da müssen wir nun alles gern mit unserm Hausvater theilen, und es nicht besser haben wollen, als wir sehen, daß Er es gehabt hat. Konnte Er dulden, daß man Ihn einen Samariter, einen Besessenen, den Beelzebub hieß, was willst denn du dich über geringere Schimpfwörter, oder auch über ähnliche, aufhalten, da du nicht werth bist, der Thürhüter in seinem Hause zu seyn?

26. **Fürchtet euch also nicht vor ihnen: Denn es ist nichts verborgen, das nicht offenbar, und nichts so geheim, das nicht bekannt werden wird.** Mark. 9, 22. — Es soll uns kein Schmähwort, keine Verläumdung oder Lästerung, und wenn alle Zeitungen davon posaunen, furchtsam machen. Die Gnade des Himmels hat sich nicht zu fürchten vor der Ungnade der Welt. Der Herr weiß das Verborgene, die aller-

schwärzeste und heimlichste List, womit man Verläumdungen gegen seine Boten in Umlauf bringt, zu entdecken. Der gerechte Richter, der die Herzen forscht und Nieren prüft, weiß die Seinigen zu rechtfertigen, und ihre Unschuld an den Tag zu bringen.

27. **Was ich euch im Finstern sage, das redet am hellen Tage, und was ihr ins Ohr höret, das prediget auf den Dächern.** Was dort noch nicht laut gesagt, noch nicht allen mitgetheilt werden durfte, was nur seine vertrautesten Zeugen wissen durften, das mußten sie nach seiner Himmelfahrt allen Kreaturen predigen. Der Anfang war so klein und ohne alles Ansehen, daß die Welt lachte, was Christus mit diesen wenigen Fischern machen und ausrichten wollte. Darum will der Herr sagen, ärgert euch daran nicht, daß ich's euch nur so in's Ohr sage, es wird schon anders kommen, es wird schon öffentlich und laut werden. Das ist noch so. Erst sagt man es einander nur ins Ohr, spricht nur mit diesem und jenem davon. — Endlich aber wird es laut, so laut, daß das ganze Land davon voll wird und es jedermann hören und annehmen kann, wer da will. Das Kind wird im Stalle geboren, niemand weiß davon als ein Paar Hirten. Es wächst in der Stille auf — wird aber endlich groß durch alle Gassen Jerusalems geschleppt, zu jedermanns Schau ausgestellt, öffentlich gerichtet, ausgeführt und auf dem Berge gekreuzigt. Da ist kein Fremdling mehr in Israel, der davon nicht weiß.

Nun hat also das Christenthum keine geheimen, verborgenen Lehren mehr, die man nicht jedem sagen dürfte. Wer das Licht des heiligen Geistes nicht hat, versteht sie nicht, wenn man sie ihm auch sagt.

28. **Fürchtet euch vor denen nicht, die nur den Leib tödten, die Seele aber nicht tödten können.** Man soll also den Leib gerne dahingeben, wenn man die Seele retten kann. Man wirft ja die Last des Schiffes gern in die See, um nur die Leute und das

Leben zu erhalten. **Fürchtet vielmehr den, der Leib und Seele in die Hölle verderben kann.** Luk. 12, 4. Furcht Gottes ist ein kräftiges Mittel gegen die Menschenfurcht. Wer aus Menschenfurcht unterläßt, was Gott fordert, verliert seine Gnade; und die Gunst der Menschen, die er mit Verlust der Gnade Gottes suchte, wird ihm doch nicht bleiben und nicht helfen. Die Menschen, die er mehr fürchtete als Gott, werden ihn, wenn ihn Gott verderbt, nicht retten können, weil sie mit in den Abgrund stürzen.

Man verliert nichts, wenn man nur das verliert, was verderben kann, und verderben muß, wenn man es erhalten will. Gott ist mein Leben, Christus meine Seele; ich sterbe nur, wenn ich Ihn verliere. Welche Thorheit daher, dasjenige in uns, womit wir Gott noch genießen sollen, den Geist, die Seele, der Gefahr des ewigen Verderbens und Verlustes auszusetzen, um dasjenige zu erhalten, womit wir nur die Kreaturen genießen, und nur zeitlich genießen können, nemlich den Leib, das irdische Leben und die Bequemlichkeit des Lebens?

29. **Kauft man nicht zwei Sperlinge um Einen Pfennig? und doch fällt nicht Einer von ihnen auf die Erde ohne euren Vater.**

Um uns ja alle Furcht zu benehmen, weiset uns unser Heiland noch auf die geringsten Vögelchen, die gar nichts zu taugen scheinen, und doch unter der besondersten Sorge Gottes stehen, welches die Vernunft nicht glauben kann. Wenn Gott diese Thiere, und also die allerkleinsten und geringsten Dinge nicht vergißt, was kann die anbetungswürdige Vorsorge Gottes für seine Diener handgreiflicher machen, die ihn als ihren Vater kennen?

Alles ist durch Gottes Willen geordnet, alles besteht durch Ihn. Nichts entgeht Ihm, nicht die geringsten Dinge, die Er geschaffen hat, wie viel weniger die, die aus Ihm geboren sind, deren Vater, Heiland und ewiges Leben Er ist. — Gott, der kein Vögelchen vergißt und ungefüttert läßt, wird euch auch nicht vergessen und versäumen. Vergesset nur ihr nicht, auf Ihn zu vertrauen.

Billig aber sind alle diejenigen voll Furcht und Unruhe, die sich nicht auf seine Sorge verlassen, sondern, mißtrauisch auf die höchste Liebe, zweifeln, ob Er an sie denke, sich ihrer annehme, da wir doch alle in Ihm leben, schweben und sind. —

30. **Von euch aber sind auch die Haare des Hauptes gezählt.** (1 Sam. 14, 45.) 31. **Darum fürchtet euch nicht, ihr seyd besser als viele Sperlinge.**

Ein jedes Härlein eines jeden seiner Kinder ist dem Vater wichtig, weil Ers nicht anders, als in der innigsten Verbindung mit seinem Sohne, als einen Theil seines Sohnes ansehen kann. Die Redensart ist orientalisch, und noch heutzutage gebräuchlich. Sie sagt eben so viel, wie wenn man von einem Orte sagt: Es ist ihm kein Nagel verrückt worden. Es heißt nicht, es soll keines seiner Haare ausfallen, man soll kein Haar verlieren; sondern der Heiland redet in Hinsicht der Verfolgung und versichert sie dabei, daß alles voraus berechnet sey, was sie treffen werde, daß Satan bei aller seiner Macht, und die Welt bei all ihrer Bosheit, nicht das Geringste gegen seine Leute zu thun sich unterstehen dürfen, ohne daß es ihnen erlaubt wird; daß ihnen gar nichts widerfahren, ja nicht einmal ein Härchen ausgerissen werden könnte, ohne Wissen und Willen des himmlischen Vaters.

32. **Wer mich bekennt vor den Menschen, den will ich auch vor meinem Vater im Himmel bekennen.** Off. 3, 5.

Die timiden, modesten Leute, die gern in der Stille ihren Gang fortgehen, und sich um die Sache des Herrn nicht bekümmern, denken: „Was hab ich das nöthig? ich will nicht mehr von der Sache reden; ich will sie für mich behalten.“ Der Prophet Jesaias erzählt, daß ihm dieß auch so eingefallen sey. Ein großer Prälat sagte öffentlich auf der Kanzel: „Die Lehre vom Kreuze ist eine Kabinetsmaterie.“ Der Gekreuzigte aber sagt: Das geht nicht: es ist nicht genug, **daß man mich vor den Menschen nicht verläugnet**, sondern ich will, daß man sich für mich erkläre, und meine Parthei in dieser ungeschlachten Welt nehmen soll.

Nun mag wohl mancher, der Seelen für Christum gewinnen will, mehr Ursache haben, an sich zu halten, bis es Zeit ist, sein Bekenntniß abzulegen, als ein anderer, der expreß dazu bestellt ist. Aber das ist gewiß, wenn ein Kind Gottes, das nicht zum Zeugen berufen ist, sich gar so sorgfältig hütet, vom Heiland zu reden, nur um sich einen Freund zu erhalten, oder einen Feind zu ersparen, sich nicht lächerlich zu machen, so nimmt das der Heiland erstaunlich hoch auf. Ein **Bekennen vor Menschen** wird gefordert. Man muß nicht nur bei sich selbst im Herzen ein guter Christ seyn wollen, sondern, wie Tertullian zu den Richtern sagte: „Wir „sagens und sagens öffentlich, frei und ohne Scheu, „und auch unter eurem Peinigen rufen wir mit blutigem und mit zerrissenem Leibe: „Wir ehren Gott in „Christo.“

33. **Wer mich aber verläugnet vor den Menschen, den werde ich auch verläugnen vor meinem Vater im Himmel.** Mark. 8, 38. Luk. 9, 26. 2 Tim. 2, 12.

Verläugnest du Jesum nicht mit deinem Munde, so prüfe dich, ob du Ihn nicht mit dem Leben läugnest. Wir verläugnen Ihn mit dem Leben, wenn wir nicht sein **Leben** leben, wenn nicht Er in uns, sondern wir selbst leben. So werden wir von Ihm auch verläugnet werden, und es wird heißen: **Ich kenne euch nicht, woher ihr seyd.**

34. **Glaubet ja nicht, daß ich gekommen bin, Friede auf Erden zu senden; nein, ich bin nicht ge-**

kommen, Friede zu bringen, sondern das Schwert. Luk. 12, 51.

Der Heiland sah wohl vor, was für falsche Begriffe man sich von dem äußern Zustande seiner Kirche machen werde. Darum sagt Er: Bildet euch nicht ein, daß ich ein Himmelreich auf Erden aufrichten werde, für das Fleisch, für den alten Menschen, wie der es gern hätte. Nein, meine Lehre ist ein Schwert, womit ihr abgehauen werden müsset von aller Anhänglichkeit an Fleisch und Blut, an die Welt und ihre Gemeinschaft, und an alles, was dem alten Menschen schmeichelt. Für eure Seelen sollt ihr wohl Friede haben in mir, aber für das Fleisch und in der Welt nicht; da müßt ihr euch hindurchdrängen.

35. **Denn Ich bin gekommen, den Sohn mit seinem Vater, die Tochter mit der Mutter, und des Sohnes Frau mit ihrer Schwieger zu entzweien.** Luk. 14, 26. Mich. 7, 6.

Das Schwert des Wortes, der Lehre Jesu, muß von einander hauen und scheiden, Kinder von den Aeltern, Aeltern von den Kindern, Freunde von Freunden und Verwandte von Verwandten. Warum das? Weil in der Welt die Kinder immer seyn sollen, wie Vater und Mutter, die Jungen wie die Alten, die gern bei ihrer Weise, bei ihrem alten Glauben, und bei ihren alten bösen eingewurzelten Gewohnheiten bleiben. Wenn dann eines davon anfängt, sich nach Jesu Christo und seiner Lehre, und nicht mehr nach den altväterlichen Gewohnheiten zu richten, so verdrießt es die andern, und sie setzen sich dagegen. Ein solcher aber wird im Glauben nur immer fester, wenn es ihm Ernst ist, und hängt sich noch inniger an Christus. Da geht dann eine Scheidung der Gesinnungen vor; der eine Theil hängt Gott, der andere der Welt an. Sobald jemand anfängt, nach Gottes Wort zu leben, und der Welt abzusagen, so wird ihm von denen, die nicht glauben, d. i. nicht thätig in Liebe glauben, sondern nur mit dem

Munde, widersprochen, und wenn er Christo treu bleiben will, muß er sich seinem Sinne nach von den andern scheiden. Und so wird erfüllt, was Christus sagt:

36. **Des Menschen Feinde werden seine eigenen Hausgenossen seyn.** Sie werden ihm im Guten widerstreben und hinderlich seyn, sie werden ihn, wie den ärgsten Feind, nicht mehr vor ihren Augen sehen können, weil es ihnen unausstehlich ist, daß er besser seyn soll, als sie, weil sie sich durch sein Betragen gestraft fühlen, und ihm nicht nachfolgen wollen. Und hierin zeichnen sich die eigenen Aeltern, oder Kinder, oder Knechte, oder Freunde, oder Glaubensgenossen gerade am meisten aus, als die größten Feinde. Aber ausharrende Geduld und Demuth überwinden sie endlich, und gewinnen sie für den Herrn.

Es ist heutzutage eine Schande geworden, wenn man sich vom Heiland überwinden läßt und hingegen eine Ehre, wenn man allen Zügen der Gnade, allen Wahrheiten des Evangelii widersteht. Es hat einer von seiner Bekehrung nichts zu erwarten, als daß er gehasset, verspottet und verfolgt werde von seinen Freunden, Nächsten und von allen die ihn kennen. Es ist in der Christenheit schwer dem Herrn nachzufolgen, und wer dem Kreuz entgehen will (schrieb ein Mann vor 60 Jahren) der hat sich über das Meer in eine andere Welt begeben, weil er geglaubt hat, bei den Wilden damit sicherer zu seyn als unter den Christen. Sobald man aber weiß, daß man Ihm angehört, und das von Herzen glaubt, so thun einem diese Dinge nichts mehr, sondern man bleibt bei aller Schmach selig. Das Herz freut sich, und niemand kann uns die Freude rauben.

Eigentlich aber haben wir keine ärgern und feindseligern Hausgenossen, als die **in uns**, das sündliche Fleisch sammt seinen Lüsten und Begierden.

37. **Wer Vater oder Mutter mehr liebt, als mich, ist meiner nicht werth, und wer Sohn oder Tochter mehr liebt als mich, ist meiner nicht werth,**

(Luk. 14, 26. 5 Mos. 33, 9.) 38. **Und wer sein Kreuz nicht auf sich nimmt, und mir nachfolgt, ist meiner nicht werth.** Kap. 16, 24. Mark. 8, 34.

So müssen die Leute aussehen, die Jesu Jünger werden und mit Ihm gehen wollen, wohin Er sie führt. Der Mensch muß sich in seinem bürgerlichen Leben, in dem Dienste, den er seinen Aeltern zu leisten hat, in der Pflege, die seine Aeltern von ihm erwarten, lediglich nach seiner Aeltern Willen richten. Wenn er aber Jesu Nachfolger wird, aus wahrer Ueberzeugung, und sein Vater enterbt, verstößt oder verfolgt ihn darüber, so ist er in seinem Herzen ruhig, wenn er weiß und sagen kann: „Es thut mir leid, es schmerzt mich genug, daß meine Aeltern den Sinn des Heilands nicht verstehen: ich will gerne alles entbehren, was ich von ihnen zu erwarten hätte; aber meinen Beruf kann ich mir nicht nehmen lassen. Daß mirs nun so geht, daß ich es nicht mit Zustimmung und der Freude meiner Aeltern thun kann, ist mir ein **Kreuz.**" Aus solchen Dingen besteht das Kreuz. Denn die Nachfolge Jesu an sich ist kein Kreuz, ist die seligste und vergnügteste Sache. Daß man in der Welt gehaßt wird, daß man arm ist, daß man das Seinige daran wagen muß, das sind alles Kleinigkeiten. Aber daß man bald der Obrigkeit, oder den Vorgesetzten im falschen Lichte dargestellt und deswegen angefochten wird, bald mit den Aeltern im Kampfe leben muß, das ists Kreuz, wobei man keinen andern Trost hat, als: Ich bin in einer Lage, da ich **meinen Heiland mehr lieben muß, als alles andere, mehr als Vater, Mutter** &c. &c.

Da zeigt sichs aber: Wer den Heiland nicht mehr liebt, als Vater und Mutter, als Tochter und Sohn, der wird durch dergleichen Schwierigkeiten, wenn ihm dieselben entgegen gesetzt sind, in seiner Liebe zum Heiland wieder abwendig gemacht. Und das geschieht oft guten Seelen, von denen der Heiland sagt: **Sie sind meiner nicht werth,** sie fingen an zu bauen, und konntens nicht hinausführen. Ihre sinnliche Anhänglichkeit an ihre Verwandtschaft ließ sie nicht am Heiland hangen, sie hatten ihr Fleisch und Blut lieber, als Ihn. So hängen oft Aeltern an ihren Kindern, und Kinder an ihren Aeltern, daß sie lieber Christum fahren lassen, als sich von einander trennen. Was ich aber um Christi willen nicht fahren lassen kann, wenn Er es fordert, das liebe ich mehr als Ihn.

Wer wollte nicht etliche geringe Dinge der Welt, die uns unser verderbter Verstand und verführerisches Herz vorhält Ihm zu lieb mit tausend Freuden wegwerfen und Ihm allein leben?

39. **Wer sein Leben zu erhalten sucht, wird es verlieren, und wer sein Leben um meinetwillen verliert, wird es finden.**

Wenn man in einer Sache gewiß ist, daß sie die Sache des Heilandes ist, so muß man sein Leben nicht zu theuer achten, es daran zu wagen, sondern bei alle dem, daß man sich fürchtet, weil man wohl sieht, wie es ablaufen kann, doch sagen: Da stehe ich; ich kann nicht anders, Gott helfe mir! So rettet man sich, und bringt sich durch, wenn man alle Augenblicke um Jesu willen das Leben in die Hand nimmt, und es mit dem Sinne: „Komm ich um, so komm ich um" daran wagt. So erhält man sich, sagt Jesus. Und wenn ein Schade geschieht, so ist es gewiß dann, wenn man nicht bei dieser Regel bleibt. Es scheint die Sache oft nur anfangs so schwer, als wenn es das Leben kostete, und am Ende zeigt es sich, daß es nur Schrecken gewesen sind.

40. **Wer euch aufnimmt, der nimmt mich auf, und wer mich aufnimmt, der nimmt den auf, der mich gesandt hat.** (Der bekommt also den Vater und Sohn zusammen.) (Luk. 10, 16. Joh. 13. 20. 14, 23.) 41. **Wer einen Propheten aufnimmt, weil er ein Prophet ist, wird Prophetenlohn empfangen. Und wer einen Gerechten aufnimmt,**

weil er gerecht ist, wird den Lohn eines Gerechten empfangen. 1 Kön. 17, 9. 18, 4.

Es ist vor Gott keine kleine Ehre und kein geringer Vortheil, einen Knecht Gottes oder Jesu Christi, in Liebe und um Jesu willen aufnehmen, oder einem solchen Dienste, Gefälligkeiten mit Freuden erweisen. Jesus bezahlt reichlich dafür, wenn man seine Boten aufnimmt, oder ihnen forthilft, in dem Dienste des Herrn sie unterstützt und befördert. Was ist aber der Lohn eines Propheten, eines Gerechten? Der, daß man auch erleuchtet, gerecht und selig wird, durch ihren Umgang, durch die Lehren und Gnade, die sie mitbringen, und einem in das Haus tragen. Die Knechte Christi müssen gleich beim Eintritt in das Haus ihren Miethlohn vorausbezahlen, indem sie sagen: Der Friede sey mit euch! Dieser Friede wird, wie Jesus sagt, auf denen ruhen, die einen Propheten oder Gerechten aus Liebe zu Christus aufnehmen. Und das ist kein kleiner Lohn.

42. **Wer aber einem der Geringsten aus diesen nur einen frischen Trunk Wasser giebt, darum, weil er mein Jünger ist, wahrlich ich sage euch: er wird seinen Lohn nicht verlieren.** Kap. 25, 10. Mark. 9, 41.

Das ist ein Wort für die Leute, die Jesum und die Seinigen nicht recht kennen, aber eine von Ihm gewirkte Neigung und Instinkt haben, und demselben nicht widerstehen, den Seinen um Seinetwillen Gutes und Liebes zu beweisen, wenns auch nur ein Trunk Wasser wäre, den sie einem Durstigen geben, die also unwissend Engel beherbergen, Jünger Jesu, wenn sie nirgend hinwissen, schützen und ihnen behülflich sind.

Jesus ist mit seinen Jüngern und Gläubigen Ein Herz und Eine Seele. Was ihnen in der Zeit Gutes geschieht, wenn es auch noch so wenig ist, dafür darf niemand sorgen, daß er es nicht wieder bezahlt bekommt. Es geschieht wohl in der Welt, daß ein Mann seine Frau und seine Kinder, wenn sie unordentlich leben, in die Zeitung setzen läßt, daß er nicht für sie bezahlen will. Aber der Heiland thut das nie; sondern von dem allerwichtigsten Dienst bis auf den geringsten Trunk Wasser wird alles in Conto gestellt, laut des Avisos, des offenen Briefes: „Ich Jesus habs gesagt; ich will bezahlen, Philem. 19, was ihr gethan einem dieser meiner geringsten Brüder, Amen; merkts euch, daß ich gesagt habe, es soll nicht unbezahlt bleiben.“ Warum denn? „Es ist **mir** geschehen, sagt Jesus, es ist so gut, als wenn **ichs** empfangen hätte. Das ist das Einzige, was die armen Menschen **mir** thun können. Denn was wollen sie mir Gutes thun? Es ist alles mein, Himmel und Erde, Silber und Gold rc. Wenn sie sich aber dienstfertig gegen mich bezeigen wollen, so mögen sie es meinen Verwandten, meinen armen Freunden thun, und das sehe ich als mir geschehen an.“ Daraus sehen wir, daß es kein kleiner Vorzug ist, dem Heilande angehören, zu seiner Familie gehören.

Das XI. Kapitel.

Gesandtschaft Johannis, Wehe über die Städte, Einladung Jesu.

1. Nachdem Jesus diese Vorschriften an seine zwölf Jünger vollendet hatte, ging Er von dort weg, um in ihren Städten zu lehren und zu predigen.

Jesus war also nicht nur ein Professor, der Prediger abrichtete und Pastorallehre docirte, sondern nachdem Er seine Jünger gelehrt hatte, wie sie predigen, und sich in seinem Dienste betragen sollten, ging Er selbst wieder hin und lehrte die **Unwissenden**. Er war ein Hirt und Bischof ohne Gleichen. —

2.

2. **Als indeß Johannes im Gefängnisse,** wohin ihn das freimüthige Zeugniß gegen das Laster brachte, **von den Thaten Christi hörte, sandte er zwei seiner Jünger.** (Luk. 7, 19.) 3. **Und ließ Ihn fragen: Bist du es, der da kommen soll** (nach 5 Mos. 18, 15. Ps. 40, 8.) **oder müssen wir einen andern erwarten?**

Das Gefängniß hat schon manchen gelehrt nach Christo zu fragen. Bei Johannes war es denn freilich anders; er hat Christum in Mutterleibe schon gekannt, sah den Geist wie eine Taube auf Ihn herabkommen, hörte die Stimme des Vaters: Dieser ist mein Sohn, wies mit Fingern auf Ihn als das Lamm Gottes. Er sandte daher seine Jünger mehr um ihretwillen als um seiner selbst willen; sie sollten von ihm dem Johannes ab, und zu Christo gewiesen und an Christum gläubig werden. Es soll kein Lehrer die Seelen an sich binden, und bei sich aufhalten, sondern sie zu Christo schicken.

Johannes schickt auch seine Jünger nicht zu Jesu, Ihn zu bitten, daß Er ihn aus dem Kerker befreie, sondern daß seine Jünger unbefangen an ihren Heiland glauben möchten. Jesus that auch nichts zur Befreiung seines Vorläufers, sondern überließ ihn im Kerker der Gewalt des Herodes.

Wer übrigens meint, Johannes habe um seiner selbst willen zu Jesus gesandt, weil er itzt in seiner Gefangenschaft, in welche er um der Wahrheit willen gerieth, selbst versucht war, und in Zweifel stand, ob denn wohl der der Messias wäre, der ihn so im Stiche, so in der Gewalt des Herodes ließe; wer es so ansieht, mit dem will ich nicht streiten, denn der Heiligste kann angefochten werden und Stärkung nöthig haben. Im Leiden leidet der Glaube immer und wird geprüft. Nur Gott hält ihn.

4. **Jesus antwortete und sprach: Gehet hin und verkündiget dem Johannes, was ihr sehet und hört.**

Die Werke mögen reden und zeugen. Christus weiset sie nicht auf seine äußere Gestalt (Paulus wollte Ihn auch nicht nach dem Fleische kennen), sondern auf seine Kräfte und Wirkungen. So müssen wir jetzt noch Christum kennen lernen an seinen **Worten** und **Werken**. Durch bloßes Wissen, Hören und Lesen lernen wir Ihn nicht kennen. Das ist nur eine buchstäbliche und todte Erkenntniß. Wir müssen Ihn lebendig kennen lernen durch die Erfahrung. Wer Christum nicht gerade über seinen Wirkungen an seiner eigenen Seele antrifft, wie da die Jünger, dem wird alles Wissen und Schwätzen von Christo nichts helfen.

5. **Blinde sehen, Lahme gehen, Aussätzige werden rein, Taube hören, Todte stehen auf.**

An diesen Zeichen und Wirkungen erkennt man die Ankunft Christi: wenn die **Blinden** sehen, wenn die blinde Vernunft des Menschen vom heiligen Geist erleuchtet, anfängt die Wahrheit zu erkennen, daß der Mensch nichts und Gott alles ist; wenn die **Lahmen**, trägen, faulen, schwachen Menschen Kraft und Freudigkeit fühlen, die Wege Christi zu wandeln; wenn der **Aussatz** der Seele, die Sünde von innen und außen, geheilt wird und weicht; wenn man von der **Taubheit** befreit ist und die innern Ohren aufgethan sind, die Stimme des innern und äußern Wortes Gottes zu hören; wenn die in Sünden **todte** Seele erwacht und erweckt wird zum Leben des Geistes. Wo diese Wirkungen zu sehen sind, da ist Christus. Kap. 15, 30. Js. 35, 5.

— **Und den Armen wird das Evangelium gepredigt.** Warum den Armen? Weil es ihnen wichtig und annehmbar ist. Wenn es zu den Stolzen und Satten käme, wie einst zu Jerusalem, Matth. 2, 2. 3. so würde es schlechte Freude machen, aber von den Hirten haben die Engel nichts anders erwartet, als sie würden Freude haben; und sie habens auch gehabt.

Da hat der Heiland die Art der Gemüthsstimmung genannt, welche die Leute haben müssen, wenn ihnen das Evangelium mit Nutzen gepredigt werden kann. Sie müssen **arm** seyn. Diese Armuth erstreckt sich aber weiter, als aufs Leibliche. Es muß die Einbildung eines großen Reichthums von geistlichen Gütern, von großen Tugenden und Erkenntnissen wegfallen. Es ist überhaupt dem Evangelio und dessen Genuß das größte Hinderniß, wenn man den Kopf von andern Dingen voll hat, es mögen Geschäfte oder Wissenschaften, oder Angelegenheiten, oder Neigungen des Gemüths seyn. Es muß Muße und Raum da seyn, es mit einem stillen, ruhigen Herzen aufzufassen, daß man sich nicht entschuldigen dürfe: Ich habe dieß und jenes Hinderniß, sondern sobald Er sich vor dem Herzen meldet, sagen könne: Herr! rede, dein Knecht hört.

6. **Und selig ist, wer sich an mir nicht ärgert,** dem meine Schmach und meine Beschwerden kein Druck sind, dem sie nicht zu schwer fallen, und die nicht aus Mißtrauen und Unglauben wieder zurückgehen. Kap. 13, 57.

Zur Zeit der Verfolgung und des Druckes geschieht es, daß Leute, die am meisten dabei zu verlieren haben, und die sich um dieß und das, um äußerer Umstände willen, zu Kindern Gottes gehalten haben, sich am Kreuz, Leiden und Trübsal ärgern und sich davor fürchten. Da suchen sie etwas auf, damit sie einen Vorwand, etwas das einen Schein hat, haben, wenn sie sich zurückziehen, um die Schmach zu vermeiden. Das heißt der Heiland, sie ärgern sich an seiner schlechten Gestalt, an seiner Kreuzgestalt, sie bleiben zurück unter dem Vorwand: Er hat eine so ärgerliche Gestalt.

Das war den Juden ärgerlich; sie erwarteten einen Prinzen und König, und bekamen statt dessen einen Zimmermann von Nazareth.

Jesus hatte aber noch andere Sachen an sich, die weder mit der damaligen noch heutigen Kopfdenkweise zusammen treffen. Er richtete sich nicht nach den angenommenen Grundsätzen, und seinen Jüngern hat Er das auch befohlen, sie sollten an Fasttagen nichts Besonderes im Aeußern haben, und den Sonntags-Rock anziehen, daß man ihnen nichts anmerkte. Er hat viel gewacht, die Einsamkeit gesucht. So hat Er auch seine eigene Art des Vortrags gehabt. Wer Ihm nicht einfältig glauben wollte, den ließ Er gehen. Wie sich etliche wegen seiner besondern Lehre auf die Seite machten, sagte Er zu den Uebrigen: Wollt ihr auch gehen? Kurz es haben sich an Jesus Sachen gefunden, daran sich der Verstand der Leute, die Ihm das Herz nicht geben wollten, stoßen konnte. Und so wirds bleiben bis ans Ende. Denn weil die wenigsten Leute Jesushaft sind, so können sie nichts weniger vertragen, als die Jesushafte Denk- und Handlungsweise. In so ein Mittelding könnten sie sich etwa finden.

Selig ist, wer sich an Ihm nicht ärgert, wem es in seinem Herzen so ist, bei **Ihm** zu bleiben, wer so denkt, wie Er, wem alles, was nicht genau wie seine Denk- und Handelsweise ist, zur Last ist, und wers immer gern ganz so hätte, wie es der Heiland macht, ohne die geringste Mischung von etwas anderm.

7. **Da aber diese weggingen, fing Jesus an, mit dem Volke über Johannes zu reden.** In ihrer Gegenwart wollte Er dem Johannes keine Lobrede halten, theils um nicht den Schein zu haben, als wollte Er dem Johannes schmeicheln, theils um sie nicht noch anhänglicher an Johannes zu machen.

— **Was seyd ihr hinausgegangen in die Wüste, nur um etwas Neues zu sehen,** zu gaffen, wie es die Natur gewohnt ist? **Ein Rohr, das vom Winde hin und her getrieben wird?** dergleichen als ein Bild der Unbeständigkeit an den Ufern des Jordans wuchsen. Oder eine Schreibfeder, die sich nach dem Lobe und Urtheil des Zeitgeistes richtet, und den Mantel nach dem Winde hängt? Luk. 7, 24.

8. **Oder seyd ihr hinausgegangen,** (euch eine Diversion zu machen?) **Einen Mann in weichlichen Kleidern zu sehen?** einen sammetnen und seidenen Geistlichen, einen zierlichen und galanten Prediger, der die Welt nicht erzürnen will, sondern sich nach der Welt richtet, wie sie's gerne hört. **Sieh da! die weiche Kleider tragen,** die Welt und ihr Fleisch lieben, **die sind an den Höfen der Könige,** suchen reiche Pfründen und die ersten Kirchen=Aemter zu erhalten. Johannes war zwar auch am königlichen Hofe des Herodes, aber nicht um der Weichlichkeit willen, sondern um die Wahrheit zu predigen, darum kam er auch vom Hof in den Kerker und zuletzt um den Kopf. Der Ort! verdammt nicht, sondern der Sinn!

9. **Oder was seyd ihr hinausgegangen, zu sehen? Einen Propheten?** der von fern auf Christum weist, und von Ihm als zukünftig weissagt? **Ja, sage ich euch, und wohl mehr als einen Propheten,** (Luk. 1, 76. 7, 28.) den Freund des Bräutigams, den nächsten Vorläufer, der mit Fingern auf das Lamm Gottes weist, das der Welt Sünde trägt. Die Propheten sahen das Heil und Lamm nur von ferne; **er steht vor Ihm** und bereitet Ihm zunächst den Weg in die Herzen der Menschen. 10. **Denn eben dieser ist es, von dem geschrieben steht: Sieh, ich sende meinen Boten vor deinem Angesichte her, der den Weg vor dir bereiten wird.** Mal. 3, 1. Solche Vorboten und Wegebereiter sollten alle christliche Prediger und Lehrer, alle Aeltern und Erzieher seyn, die nur dazu gesetzt sind, daß sie die Seelen für die Ankunft Jesu bereiten, dem Heilande den Weg in die Herzen bahnen. Mal. 3, 1. Mark. 1, 2.

11. **Wahrlich, ich sage euch: Unter allen, die von Weibern geboren sind, ist kein größerer aufgestanden, als Johannes, der Täufer,** (dessen Amt das Amt Mosis und aller Propheten weit übertrifft, weil keiner Christum, das Heil der Welt, so nahe

zeigen konnte, als er.) **Und doch ist der Kleinste im Himmelreiche größer als er.** Luk. 7, 28. Zach. 12, 8. Der Kleinste im neuen Bunde, der geringste Christ ist seliger, als die größten Gläubigen alten Testaments, weil wir eine größere Gnade erlebt haben. Der geringste Diener oder Gläubige an das Evangelium, der nun Jesum nicht nur als geboren, sondern als gestorben und auferstanden, und im Himmel sitzend, uns vertretend und versöhnend, glauben und verkündigen kann, welches Johannes noch nicht konnte, weil er noch zum alten Bunde gehörte, und es noch nicht erlebt hatte, hat ein viel größeres, vortrefflicheres Amt, und viel mehr Licht, Trost und Freude als Johannes. 2 Kor. 3, 6—11. Paulus Hebr. 11, zählt alle Helden des alten Bundes auf, und sagt am Ende: Alle diese haben die Verheißung nicht erlangt, darum, weil Gott etwas Besseres für uns ausersehen hat, Hebr. 11, 40.

12. **Aber von den Tagen, da Johannes der Täufer anfing** zu lehren und zu taufen, **bis jetzt**, da ich aufgetreten und mein Lehramt angefangen, **leidet das Himmelreich Gewalt**, man thut ihm Gewalt an, oder es wirkt mächtig auf die Gemüther und bricht mit Gewalt hindurch. Beide Sinne sind zu vereinigen. Eben weil das Himmelreich mit Gewalt herzudringt, und stark anklopft an die Herzen der Menschen, so dringen auch die Menschen mit Gewalt herzu, weil durch seine Predigt ein großes Verlangen darnach erweckt worden; wie denn die Leute schaarenweise zu ihm in die Wüste hinausliefen, und gleichsam einander zuvorzukommen suchten. Wo reiches Almosen ausgetheilt wird, da dringen die Armen mit Gewalt herbei, und jeder will der Erste seyn.

Das Himmelreich leidet also Gewalt — nicht von Seiten Gottes, nicht, als wenn Gott niemand hinein lassen wollte, als wenn man es Ihm aus den Händen reissen, mit saurer Mühe verdienen, mit großen Kosten kaufen, oder wie eine starke Festung mit Gewalt der

Waffen erobern und Ihm abzwingen müßte. Nein, Er schenkt es allen umsonst, es steht frei da, wie eine offene Stadt, wo zu den Thoren eingehen kann, wer will. Es ist alles bereitet und fertig, wie ein gedeckter Tisch, wie ein Freimahl oder eine Hochzeit. Alle sind eingeladen, alle sollen kommen. Der Hausvater zürnt sogar und droht Tod und Verderben, wenn man nicht kommt.

Aber von Seiten des Menschen selbst kostet es Gewalt sich loszureißen von allen sieben Haken, an denen er hängt, die ihn an die Welt und Sünde fesseln und ihn nicht in das Reich Gottes eingehen lassen. Alles für alles hingeben, alles mit dem Rücken ansehen und sich dem Bräutigam nackt und bloß in die Arme werfen, das kostet Gewalt einer Seele, die sehr an der Welt hängt. Dagegen sträubt und empört sich Natur, Fleisch, Welt und Satan. Diese Erbfeinde des Himmelreiches müssen mit Gewalt der Waffen (Ephes. 6.) wie eine hartnäckige Festung erobert und überwunden werden. Wer es aber über sich gewinnen kann, daß er gleich, sobald der Ruf und die Einladung an ihn kommt, alles stehen und zurück läßt, und, ohne umzusehen, dem Heilande mit ganzer Seele in die Arme eilt, der leidet nicht halb so viel Gewalt, als einer, der mit Fleisch und Blut zu Rathe geht und gerne kapituliren möchte.

Oft scheint es freilich, als stelle sich selbst Gott feindlich gegen uns, und als müßten wir auch Ihn mit Gewalt überwinden, wie Jakob. Das kostet ein Ringen im Gebete. Denn Fleisch und Blut ist träg und empört sich gegen das ernste, anhaltende Geistes-Gebet. Wer daher seinem Fleische nicht Gewalt anthut, der wird mit Gott nie ringen, oder bald wieder ablassen, und daher in Gottes Reich nicht eindringen oder nicht darin verharren.

Es kann sich daher jeder selbst prophezeihen, ob er in den Himmel kommen werde oder nicht. Du, Lieber, der du dein Fleisch nicht schonst, sondern Gewalt mit Gewalt vertreibst, und nicht ruhst, bis alle deine Feinde zum Schemel deiner Füße liegen, du wirst eingehen in die Freude deines Herrn. Du aber, Nachbar! der du dein Fleisch weichlich hältst, dich selbst schonst und dich überall anhängst, wo ein Haken ist, du wirst in das Himmelreich ewig nicht hineinkommen.

Warum leidet aber das Himmelreich gerade von den Tagen Johannis an Gewalt? Weil Johannes die Predigt: Thut Buße! anstimmte, weil er anfing, die Leute zur gänzlichen Sinnesänderung aufzufordern, weil er den Mann nahe zeigte, der die Axt dem Baume schon an die Wurzel gelegt, der die Wurfschaufel schon in seiner Hand hat, seine Tenne zu fegen und die Spreu vom Weizen zu sondern und sie mit Feuer zu verbrennen; weil er den Heuchlern alle Schleich- und Nebenwege versperrte, dem zukünftigen Zorn zu entfliehen und ihnen keinen andern Weg offen ließ, als ernste Buße und Glauben an Jesum. Wer da nicht mit Gewalt sich von allem pharisäischen und sadduzäischen Sauerteige, von allen Banden des Fleisches und der Welt losriß, der kam nicht zu Jesus, nicht in das Himmelreich. So heute noch. Von den Johannis- oder Buß-Tagen an, da die Stimme Gottes, die Aufforderung zur Buße und Bekehrung an den Sünder ergeht, wogegen alles in ihm sich sträubt, wo das Gewissen treibt, die Vernunft widerspricht, wo der Geist willig und das Fleisch schwach ist, da leidet das Himmelreich Gewalt. Luk. 16, 18. Phil. 3, 8. 12.

13. **Denn alle Propheten und das Gesetz haben davon geweissagt** (und das Reich Gottes als zukünftig verkündigt) **bis auf Johannes.** Der hat mit Fingern darauf als auf das Gegenwärtige gezeigt, da hat es angefangen.

14. **Und wenn ihr es annehmen wollt** (wenn ihr es verstehet), **so ist eben er der Elias** (dem Geiste nach), **der da kommen soll.** Denn Johannes pre-

digte im Geiste und mit dem Feuer-Eifer des Elias, ohne Schonung, ohne Ansehen der Person. Auf den Namen kommt es nicht an. Wo der Geist, die Kraft des Elias ist, da ist Elias. Wenn auch einer käme, der den Namen des Elias hätte, aber nicht seine Kraft bewiese, so wäre er doch nicht der Elias. Matth. 17, 12. Mark. 9, 11. Mal. 4, 5.

15. **Wer Ohren hat, zu hören, der höre.** Es gehören beschnittene, geöffnete, durchbohrte Ohren dazu, solche Dinge, und überhaupt die Worte Jesu, zu hören und zu verstehen. Aber die meisten haben Ohren, wie die Götzenbilder.

16. **Wem soll ich aber dieses Geschlecht vergleichen? Kindern** (denen man es nicht recht machen kann) **ist es gleich, die auf dem Markte sitzen und ihren Gespielen zurufen:** (Luk. 7, 31.) 17. **Wir haben euch aufgepfiffen, und ihr habt nicht getanzt; wir sangen euch Klagelieder vor, und ihr habt nicht getrauert.**

Niemand kann es den Leuten recht machen. Predigt man ihnen Buße, so ist es ihnen zu streng, predigt man das Evangelium, so ist es ihnen zu leicht; sie wollen weder Buße thun, noch glauben an das Evangelium. Das Lied vom Evangelium ist schön und lieblich, man hört es gern und rühmt die Melodie, aber niemand will darnach tanzen. Jesus fing süß an, damit die Welt nicht sagen kann, man wolle es ihr sauer machen, aber Er mags süß oder sauer anfangen, Er mags angreifen, wie Er will, so kommt Er nicht zum Zweck bei der Welt.

18. **Denn Johannes kam, und aß und trank nicht** (lebte sehr enthaltsam in der Wüste), **da sagen sie: Er hat den Teufel** (Er ist vom Teufel besessen). (Kap. 3, 4. Luk. 7, 33.) 19. **Der Menschen-Sohn kam, und ißt und trinkt** (lebt wie gewöhnlich, nach gemeiner Weise, das ist wieder nicht recht). **Da sagen sie:** das ist eben kein besonderer Heiliger) **der Mensch**

ist ein Fresser und Weinsäufer, ein Freund der Zöllner und Sünder. Er fastet nicht auf pharisäische Weise zweimal in der Woche. Kap. 9, 10.

So können's auch die Kinder Gottes nicht recht machen; sie mögen thun, was sie wollen, so weiß man es übel auszulegen. Johannes hat einen strengen Wandel geführt, und hat fast nichts gegessen und getrunken. Was hat's geholfen? Es ist unmöglich, sagten sie, der Mann muß besessen seyn. Jesus gab ihnen nun ein anderes Beispiel, und lebte wie ein gewöhnlicher Mensch; da halten sie sich auch darüber auf, der aß und trank ihnen zu viel.

— **Doch bei ihren Kindern hat die Weisheit Recht behalten.** O, wenn sich doch die Weisheit bei allen ihren Kindern nur recht einschriebe, und in Credit brächte! Das Werk lobt den Meister. Der 26ste Vers ist ein Kommentar über diese Worte.

20. **Da fing Er an den Städten, in welchen die meisten seiner Wunder geschehen waren, Vorwürfe zu machen, daß sie nicht Buße gethan hatten.** Luk. 10, 13. Diese Städte lagen am See Genesareth, wo der Heiland sich am meisten aufhielt. Gott hat diesen Städten nicht gewöhnliche, sondern außerordentliche Gnaden erzeigt, und es hat nichts gefruchtet. Darum muß der Mensch nie seinen Gott anklagen und sagen: Ja, wenn mir Gott größere Gnaden gegeben hätte, wenn Er Wunder gewirkt hätte, so würde ich auch besser seyn. Wie jener Fanatiker in der Hölle, Luk. 16, 30., der Gott auch zum Sünder machte, als ob Er nicht genug an ihm gethan hätte, und es nun an seinen Brüdern verbessern sollte. Es mag Gott thun und geschehen lassen, was Er will, die Leute bleiben bei ihrem alten Sinn und ihren väterlichen Ueberlieferungen, die sie Religion nennen.

21. **Wehe dir Chorazaim! wehe dir Bethsaida! denn wenn in Tyrus und Sidon*) solche Wun-**

*) Chorazaim war ein Städtchen in Galiläa, unweit Kapernaum.

der geschehen wären, (die bei euch geschehen sind,) längst hätten diese in Sack und Asche Buße gethan.

Ein unbußfertiger Christ ist ärger als ein Heide, und sein Herz noch verhärteter und unempfindlicher gegen Gottes Wort und Wunderwerke.

Sack und Asche waren äußere Zeichen der Zerknirschung und Buße, die, wenn nicht innere Sinnesänderung damit verbunden wird, nichts nützen. Jesus will von den Tyrern und Sidoniern wahrscheinlich auch nicht mehr sagen, als, sie wären doch wenigstens erschreckt, und von einem Schauer überfallen worden, daß sie äußere Zeichen der Buße angenommen, wenn sie auch nicht vollkommen sich gebessert hätten.

22. **Aber ich versichre euch, Tyrus und Sidon wird es am Tage des Gerichts erträglicher gehen, als euch.**

Wie schrecklich sind die Gerichte Gottes über die Unbußfertigen. Alles wird am jüngsten Tage wider sie aufstehen und zeugen, ihre Sünden, die empfangenen und verachteten Gnaden und Wohlthaten, die Heiden, denen diese nicht zu Theil wurden. Welch ein Gericht wird aber auf die warten, die ihrem Amte und Berufe gemäß Buße verkündigen sollten, und anstatt dessen die Leute in ihrem verkehrten Sinne bestärken, sie auf alle Weise von der Besserung abhalten und sie hindern? Die immer sagen: Friede! Friede! und ist doch kein Friede Gottes, weder in ihnen, noch in ihren Zuhörern

23. **Und du Kapernaum! die du bis in den Himmel erhoben worden; bis zur Hölle wirst du hinunter gestürzt werden**), denn wenn die Wunder in Sodom geschehen wären, die in dir ge-**

Bethsaida die Stadt der Fischer, wo auch einige Apostel geboren waren. Tyrus und Sidon waren Städte der Kananiter am mittelländischen Meere, angränzend an Galiläa.

**) Kapernaum ist von den Römern ganz zerstört worden, daß jetzt kaum etliche Fischerhütten da stehen, wo es zu Jesu Zeiten im größten Glanze stand. — So geht alles in Erfüllung. O, Babylon! o, Babylon!

schehen sind, so würde es vielleicht bis auf den heutigen Tag stehen geblieben seyn. 24. Aber ich versichere euch, dem Lande der Sodomer wird es am Tage des Gerichts erträglicher gehen, als dir. Kap. 10, 15.

Der Hochmüthige, der am allerschwersten zu bekehren ist, wird am allermeisten gedemüthiget werden. Hochmuth ist ein Laster, welches immer wächst, statt abzunehmen. Ihr Reichen! ihr Stolzen! die ihr an Ehre und Gütern nie satt werdet, nie genug euch erheben könnt, leset hier euer Urtheil, wenn ihr nicht umkehrt und klein werdet. Hochmuth verstrickt auch das Herz mehr als die Wollust, und nichts ist dem Geiste des Christenthums mehr zuwider, als Hochmuth und Aufgeblasenheit.

Es ist auch in der Hölle ein Unterschied unter den Strafen. Die unerträglichste wird die für **Christen** seyn, die die Gnade des Evangeliums verachten. Man rühmt sich der guten Prediger, hört sie mit Lust und bessert sich nicht, und gerade das zieht ein desto schwereres Gericht auf den Hals.

25. **Zu der selbigen Zeit fing Jesus an und sprach: Ich preise dich, Vater, Herr Himmels und der Erde, daß du diese Dinge den Weisen und Verständigen verborgen, und den Unmündigen geoffenbart hast. 26. Ja, Vater, so hat es dir wohlgefallen.** Luk. 10, 21. 1 Kor. 1, 29.

Daß die Einfältigen mehr Verstand von himmlischen Dingen haben, als die Gelehrten, ist keine Strafe, sondern, wenn uns gesagt wird, was uns nöthig zur Seligkeit ist, so sollen wir nichts anders dabei denken, als daß wirs im Herzen bewahren und Frucht bringen; und das thun die Einfältigen. Die vernünftigen, gelehrten Leute aber sind damit nicht zufrieden, sondern sie bilden sich ein, sie müßten alle Wahrheiten, die sie ins Herz fallen lassen sollten, sich nach ihrer Weise vorstellen, Risse davon machen, sie ausklaftern, ausgraben, ausstechen und abmessen können, daß kein Winkel daran fehle, und wenn's eins nicht thut, so lange fortmachen, bis ihnen endlich etwas zureichend scheint. Das verwirrt das Gemüth, und nach vielem Sinnen und Dichten hat man ein leeres, trockenes Herz. Darum ists eine Treue des Heilandes, daß Er gewisse Wahrheiten den Vernünftigen ein Räthsel seyn läßt. Denn wenn Er ihnen eine Zeile davon sagte, so würde sie die Zeile zu ganzen Folianten Gedanken und endlich zum Unglauben bringen. Darum läßt Ers sie lieber gar nicht wissen, und macht die Einfältigen klüger aufs Gute, auf die Seligkeiten, auf die Herzensgeheimnisse, als andere Menschen. Daher sollen wir der Vernunft, dem überflüssigen Nachdenken, dem Grübeln in Herzenswahrheiten ganz absterben, und in der seligen Einfalt bleiben, in der man weiß, was man will, weil man weiter nichts weiß und will, als was man von Ihm hört. Man faßts mit dem Herzen und glaubts, und der Effekt davon ist Liebhaben. Man sucht das Edelste, Kostbarste, das Mark von allen Sachen, die der Heiland den Seinen vorlegt, in das Herz zu bekommen.

Die Unmündigen sind darum nicht absurde, dumme, unvernünftige Menschen; sie sind nur sehr einfach, nicht vielfältig; ihr Verstand künstelt nicht; sie sind zum Skrupuliren, Zweifeln und Ausfinden der Spitzfindigkeiten nicht aufgelegt.

Die Weisheit Gottes fordert nicht von uns, daß wir ihre Geheimnisse **erklären** sollen, wie die Gelehrten meinen; sondern daß wirs **glauben** und genießen sollen, und das thun die Einfältigen, darum verbirgt Er sie jenen und offenbart sie diesen. Und deßwegen preißt Jesus den Vater; denn wenn die Gelehrten seine Geheimnisse wüßten, würden sie Gott die Ehre rauben, und es sich zuschreiben, und ein System, eine Wissenschaft daraus machen, wovon sie sich als Schöpfer und Vater hielten. Die Kleinen aber geben Gott die Ehre.

27. **Alles ist mir übergeben vom Vater.** —

Mit diesem Worte will der Heiland nicht seine Gottheit beweisen, sondern vielmehr daß Er als Mensch in eine göttliche Authorität gesetzt sey, daß alles an Ihn gewiesen sey, und sich alles vor Ihm beugen müsse.

Der Mensch Jesus Christus ist zur Rechten Gottes so authorisirt, daß Er jetzt, wie Paulus spricht, **Alles und in Allem, Gott über Alles, ist.** Und was Er jetzt ist und hat, das ist und hat Er als unser Fleisch und Bein. Als solcher hat Er die Regierung und die Ehre des Sitzens zur Rechten Gottes. Himmel und Erde, alle Lande, die ganze Welt ist sein Gebiet, besonders aber die Kirche, sein Haus, sein Erbe, sein Krongut, sein mit Blut erkauftes Kleinod. Hieraus macht der Heiland den Schluß (V. 28.): wer sich helfen lassen und das Leben haben wolle, solle zu Ihm kommen, weil Ihm alles übergeben sey.

— **Und niemand kennt den Sohn, als nur der Vater.**

Die Unwissenheit, wer der **Sohn** ist, ist eine sehr demüthigende Unvollkommenheit für uns. Die andern Namen sind alle deutlich: Gott über alles, aller Welt Gott, Vater der Zeit und Ewigkeit, Schöpfer aller Dinge, Heiland, Bräutigam; da kann man nicht sagen, es weiß niemand etwas davon, als der Vater. Aber der Name Sohn Gottes ist eine Sache, die an seinem Wesen haftet, die in Ihm wohnt, und bei Ihm bleibt. Das Verhältniß Vater und Sohn, ist **Ihre** Sache. Was aber genießbare Gnade an dem Namen und an der Sache des Herrn ist, das ist uns in den vielen andern Namen gesagt. Wir kennen Ihn auch als den **Sohn**, und verstehen den Namen, in so ferne Er der Erstgeborne unter seinen Brüdern bedeutet, und Er zu seinem Vater — **Gott** sagt.

Wenn Er in eben dem Sinne Vater sagt, da ist Er unser ältester Bruder, und wir seine Kinder. Denn Er ist uns ein Bruder, der uns auch in der menschlichen Familien-Idee wie ein **Vater** ist. Es kommt also nur darauf an, ob und wann wir seine Kinder geworden sind, dann wissen wir auch, wer der **Sohn** ist. — **Und niemand kennt den Vater, als nur der Sohn, und wem es der Sohn** (der Ihn gesehen, und Ihm auch ganz gleich sieht) **offenbaren will.** Ps. 8, 7. Matth. 28, 18. Joh. 3, 35. 17, 2. 1 Kor. 15, 27.

Es war die liebste Materie des Heilandes, vom Vater zu reden, denn sein Herz war voll von Ihm. Und doch gab Er auf die Bitte: Zeige uns den Vater, die merkwürdige Antwort: Wer mich sieht, der sieht den Vater. Joh. 14, 9. Wir können keine bessere Nutzanwendung machen, als daß wir thun, wie Er uns gesagt hat: an Ihm seinen Vater kennen zu lernen, und von Ihm auf den Vater zu schließen. Um uns alle Furcht und alles Entsetzen vor der göttlichen Majestät wegzunehmen, hat uns der Vater an Jesum von Nazareth, an den Menschen nach Leib und Seele gewiesen. Mit dem sollen wir umgehen, und uns Tag und Nacht beschäftigen. Zu dem soll all unser Vertrauen, Sehnen und Verlangen hingehen. Wir haben genug an dem Heiland zu lieben, und uns auf ewig an Ihn zu hängen.

Niemand kann uns den Vater zeigen, in seiner Liebe und Treue, als das Herz des Vaters, Jesus Christus. Der Sohn verklärt den Vater, wenn der Vater Ihn verklärt hat, in dem Herzen der gläubigen Kinder. Bleibt uns Jesus unbekannt, so werden wir auch mit Gott nur als mit unserm Richter zu thun haben.

28. **Kommet zu mir alle, die ihr mühselig und beladen seyd, und ich will euch erquicken.**

Daraus kann man nicht schließen, daß alle Leute den geraden Zugang zu Jesus haben. Er nimmt nicht alle an, und ruft nicht alle. Es kommt also darauf an: Wen nimmt Er an? Wen stößt Er weg? Wie müssen die Leute seyn, die Er gerne hat? Antwort: **mühselig und beladen.** Die **Sünder** ruft Er zur Buße. Den Mann, der kein hochzeitliches Kleid an=

hatte, stößt Er weg. Die Mühseligen und Beladenen dürfen und sollen alle kommen; aber mit allen Selbstgerechten, Stolzen, Vernunftgeistern, mit allen superklugen Leuten will Er nichts zu thun haben.

Wie ist Er denn mit den Mühseligen umgegangen? Er half allen, mit was für Krankheiten und Plagen sie beladen waren, Er machte sie alle gesund.

Für alle Mühseligkeiten ist Erquickung bei Ihm. Ihr Leute, sagt Er, die ihr euch zu Tode arbeitet, die ihr euch mühet, und vor Angst zappelt, um der Sünde los zu werden, **kommet zu mir her.** „Was willst du mit uns machen? wir haben uns fast zu Tode gearbeitet, und nichts gefangen; wer weiß, was du uns auflegen wirst, das wir gar nicht ertragen können?“ **Ich will euch erquicken**; bei mir sollt ihr euch erholen, ihr sollt der elenden Sachen los werden, die euch drücken, kommt nur zu mir, kommt!

Und wenn wir dann zu Ihm kommen, so heißts: Alle meine Sunde hat Er weggetragen, hat meinen Tod getödtet; der Strick ist zerrissen, wir sind frei! Und da ist dem Menschen, als wenn er im Himmel wäre; er weiß vor Verwunderung nicht, wie ihm geschieht.

29. **Nehmet mein Joch auf euch, und lernet von mir, daß ich sanftmüthig und von Herzen demüthig bin, so werdet ihr Ruhe finden für eure Seelen.** 30. **Denn mein Joch ist sanft, und meine Bürde ist leicht.** Jer. 6, 16.

Die Leute meinen, das Wort **Joch** sage so viel als eine Last. Das ist Mißverstand. Ein Joch wird nicht zur Last aufgelegt, sondern es ist ein bequemes Werkzeug für Thiere und Menschen, die Last oder Bürde, die man ohnedem hat, leichter fortzubringen. Es ist also ein Stück der **Erquickung** mit, wenn der Heiland sagt: Nehmt auf euch mein Joch, es wird euch zur Bequemlichkeit dienen auf dem Wege zur Ewigkeit. Denn was Last bei mir ist, das ist schon leicht, und ich gebe noch ein bequemes und sanftes Joch dazu.

Schon

Schon im alten Testamente wird gesagt, daß es im neuen nicht schwer sey, Jer. 31, 31—34., und Zacharias und sein Lobgesang erklärt es, Luk. 1, 74. 75. Auch Johannes sagt: Seine Gebote sind nicht schwer. Dem Volke Gottes im alten Bunde hieß es Gottesfurcht, im neuen heißts **Gottseligkeit.**

Wer also ein Jünger des Heilandes ist, der macht sein Joch nicht schwerer, als es ist, sondern redet so, wie es ihm befohlen ist.

Es giebt einen Vortheil, wodurch die schwersten Dinge leicht werden, und so ists auch im Christenthum. Das Joch des Heilandes ist ein Vortheil, wodurch ein Kind Gottes zu einem seligen Menschen wird. Der Heiland sagt: Sehet mich an, lernet's **von mir**, ich will's euch lehren. Wer's gut haben will, und wem's so leicht werden soll, der muß es machen, wie ich, denn ich bin sanftmüthig und von Herzen demüthig. Wenn ihr recht sanftmüthig seyd, so seyd ihr die glücklichsten Leute von der Welt, so behaltet ihr den Platz. Matth. 5, 5. Laßt euch nur alles einerlei seyn, und seyd stille, so wird euch geholfen. Wenn ihr euch aber darüber aufhaltet, und euch ins Vertheidigen einlasset, so werdet ihr euch immer tiefer hineinarbeiten, und wie im Treibsand versinken. Ihr müßt aber auch **demüthig** seyn und denken: Hab ich's nicht etwa verdient? Sind das nicht allenfalls Warnungen, Erinnerungen? Wer weiß, ob mich Gott nicht durch meine Feinde von etwas verhindern lassen will, wodurch ich Schaden leiden könnte. „Der Herr hat's ihm geheißen: Fluche David.“ 2 Sam. 16, 10.

Es ist also sehr wahrscheinlich, der Heiland versteht unter seinem Joche die Art, wie seine Jünger die Lasten recht leicht machen, ein stilles und seliges Leben führen können, wie sie sich den Wind um die Ohren herumsausen lassen und bei Sturm und Ungewitter doch stehen können. Mein Joch ist bequem, es liegt nicht hart auf, es ist gut zu nehmen, ihr werdet gut darunter ziehen, gebt euch nur gutwillig 'drein', schickt euch nur dazu, beugt euren Hals darunter, und rückt euch nicht selbst heraus, so werdet ihr gut darunter fortkommen, und es wird euch nicht drücken.

Das XII. Kapitel.

Das Aehrenstreifen der Jünger, Lästerung des heiligen Geistes, Austreibung und Wiederkehr des Satans, Verwandtschaft Jesu.

---

1. **Zu derselben Zeit ging Jesus an einem Sabbat durch ein Saatfeld; seine Jünger aber waren hungrig, und fingen an Aehren abzustreifen und zu essen.**

Die Jünger thaten es also nicht aus Uebermuth, sondern aus Noth und Hunger; der Tisch war ihnen bei Christo eben nicht immer so ordentlich gedeckt, ohne daß man deßwegen sagen kann, sie hätten bei Ihm einen Mangel leiden müssen. Mark. 2, 23. Luk. 6, 1.

Das Aehrenabstreifen mit der Hand (nur nicht mit der Sichel), beim Durchgehen durch die Saaten war an sich erlaubt, 5 Mos. 23, 25., aber am Sabbat schien es den Pharisäern nicht erlaubt, darum

2. **Als es die Pharisäer** (mit ihren Schalksaugen) **sahen, sprachen sie zu Ihm: Deine Jünger thun, was am Sabbat nicht erlaubt ist, zu thun.**

Auch ihr Pharisäer thut, was am Sabbat nicht erlaubt ist; eure Tadelsucht ist am Sabbat größere Sünde als leibliche Arbeit. — So streng beurtheilen die Pharisäer andere nach dem Gesetze, nur sich selbst nicht. Sie halten sich nur an das Aeußere der Gebote, nur an den Buchstaben, an die Schale, ohne in den Geist einzudringen. Die Welt dagegen entheiligt den Sabbat ungescheut, entweder durch Arbeit, oder wenn ihr diese nicht behagt, so macht sie den Tag des Herrn zu einem Tag der Lust und des Vergnügens, und entweiht ihn also noch mehr durch Sünde und Nahrung der Sünde; denn Tanzen, Spielen, Saufen, Komödien, Bälle entheiligen und schänden den Tag des Herrn weit mehr als körperliche Arbeit. Denn diese Dinge sind der eigentliche Dienst des Teufels und der Sünde.

Was ist aber über die Jünger zu sagen, die Aehren abstreiften am Sabbat?

Es kann ein Mensch in der Einfalt Dinge thun, welche die Menschen hart verurtheilen, die aber Gott wegen der Einfalt und Unschuld, mit der sie verrichtet werden, wohlgefallen. Daher die Schutzrede, die Jesus in folgenden Versen seinen Jüngern und David hielt, der auch etwas that, das gegen den Buchstaben des Gesetzes lief. Die Noth hat kein Gesetz.

Wie oft werden jetzt noch aufrichtige Jünger Christi von pharisäischen Christen, die steifer über Zeremonien und Satzungen halten, als über das Wesen des Evangeliums, gerichtet und getadelt, über Dinge, wodurch der wahre und wesentliche Gottesdienst nichts verliert.

3. **Er aber sagte zu ihnen: Habt ihr nicht gelesen, was David that, als ihn und seine Begleiter hungerte?** (1 Kön. 21, 6.) 4. **Wie er in das Haus Gottes ging und die Schaubrode aß, welche doch weder er, noch seine Begleiter, sondern nur die Priester essen durften.** (2 Mos. 29, 33.) 5. **Oder habt ihr nicht gelesen im Gesetze, daß die Priester am Sabbat im Tempel den Sabbat entheiligen, und doch schuldlos sind.**

Nach eurem Maaßstabe und Augenmaaße, wollte Er ihnen sagen, wären nicht nur meine armen Jünger Sünder und Sabbatsschänder, sondern, wenn ihr unpartheiisch seyn wollt, auch David und selbst die Priester jeden Sabbat im Tempel, und das auf Gottes Befehl.

Der Neid und die pharisäischen Augen sehen und finden leicht etwas, das ihnen dienet, Andere, die nicht ihres Gelichters sind, zu beschuldigen; nur das, was Andere entschuldigen oder rechtfertigen könnte, sehen sie nicht. Das wollen ihre Schalksaugen nicht sehen, weder in der Bibel, noch in ihrem Gewissen. Das sieht und entdeckt aber die Liebe, die auch in dieser Hinsicht Augen hat wie Feuerflammen, und Altes und Neues aus ihrem Schatze hervorbringt.

Das Auge der Pharisäer ist ein Schalksauge, weil es nur böses sieht; ihre Zunge ist eine giftige Schlange, weil sie das Gesetz übel deutet und keine Ausnahme von der Regel zu machen weiß.

Wenn alle Arbeit am Sabbat strafbar wäre, müßten ja die Priester, die am Sabbat bei den Opfern allerlei Arbeiten verrichten, schlachten, waschen, Feuer machen rc. auch Sabbatschänder seyn.

So ist also nicht alle Arbeit Entheiligung des Sabbats, und nicht alles Sünde, was dem Buchstaben des Gesetzes entgegen ist.

6. **Ich sage euch aber: Hier ist einer, der größer ist, als der Tempel,** der Herr und das Urbild des Tempels, (Mal. 3, 1.) Jehova, für den der Tempel gebaut ist, selbst.

7. **Wenn ihr aber wüßtet, was das heiße: Barmherzigkeit will ich, und nicht Opfer;** Billigkeit, Liebe und liebreiches Urtheil ist mir wohlgefälliger, als das ängstliche Halten am steifen Ritual, an der Form und am Buchstaben des Gesetzes. Wenn ihr dafür Sinn hättet, würdet ihr nicht so hart urtheilen. Kap. 9, 13.

8. **Denn der Menschen-Sohn ist Herr auch über den Sabbat;** der kann wohl sich und seine Jünger so gut dispensiren, als einer. Die liebe Noth hat auch dieses Recht, daß sie dispensiren kann und eine Ausnahme von der Regel machen darf.

9. **Als Er von da weiter ging, kam Er in ihre Synagoge,** wo ein neuer Kampf auf Ihn wartete, obwohl Er keine andere Absicht hatte, als da zu lehren

und zu erbauen. Die Pharisäer aber hatten andere Gedanken. (Mark. 3, 1.) 10. **Und sieh, da war ein Mensch mit einer verdorrten Hand, und um Ihn** (Jesum) **verklagen zu können, stellten sie die Frage an Ihn und sprachen: Ist es auch erlaubt am Sabbat zu heilen?** Die Frage an sich selbst war nicht böse, deswegen wählten die Heuchler eine solche Frage, aber ihre Absicht, Ihn verklagen zu können, nicht von Ihm belehrt zu werden, war ihre Sünde. Luk. 14, 3.

Der Neid wird selbst durch die Liebe des Nächsten ärger, sie erbittert ihn mehr. Die pharisäische Heiligkeit, die voll Neid und Bosheit ist, soll keinen Knecht Gottes hindern und irre machen, Gottes Werk zu thun, wenn sich auch jene Mückensäuger deswegen zu Tode ärgern. Der Fromme entschuldigt das Böse an seinem Nächsten, aber der Heuchler tadelt und beschuldigt selbst das Gute am Frommen. Er geht leicht weg über offenbare Verbrechen, und ist sehr skrupelhaft und ängstlich über sichtbar gute Handlungen Anderer.

11. **Er aber antwortete ihnen: Wer ist der Mann unter euch, der, wenn er ein einziges Schaf hat, und es fiele ihm am Sabbat in die Grube, nicht darnach langt, und es herausnimmt?** 12. **Wie viel besser aber ist ein Mensch, als ein Schaf? Also ist es ja erlaubt, am Sabbat Gutes zu thun.** Mark. 3, 4.

Wird denn dadurch dem Sabbat etwas abgehen? O nein. Die Ruhe und Heiligkeit des Sabbats und Werke der Liebe können recht gut bei einander bestehen. Es bedarf ja nicht einmal einen Nothfall, ja es ist überhaupt nicht nur erlaubt, sondern Pflicht, am Sabbat Gutes zu thun.

13. **Darauf sprach Er zu dem Menschen: Strecke deine Hand aus; er streckte sie aus, und sie war wieder hergestellt und so gesund wie die andere.**

Christus fuhr zu, vom Wort zur That, obgleich Er wußte, sie würden sich ärgern. Es giebt Menschen, die sich über alles ärgern, auch über die besten Werke. Sollte man sich um ihrer Schwachheit oder Bosheit willen des Guten enthalten?

14. **Die Pharisäer aber gingen hinaus, und hielten Rath wider Ihn, wie sie Ihn aus dem Wege räumen könnten.** Mark. 3, 6. Luk. 6, 11.

Das verdroß sie, daß Jesus so durchgriff, ohne ihrer Warnung zu achten. Da ging das Feuer an. Sie waren prostituirt. Sein Tod war da schon beschlossen: „Der muß weg." Dieser Zorn, Haß und Mordanschlag war bei ihnen eine Kleinigkeit, die am Sabbat schon erlaubt war. Aber Liebe üben am Sabbat, das war zu viel. Seinen Nächsten bis zum Tode verfolgen, ist ein gutes Werk der Pharisäer, worüber sie sich kein Gewissen machen; aber am Sabbat einen vom Tode retten ist ihnen Sünde. Welche Verblendung!

15. **Weil aber Jesus dieß wußte, so entfernte Er sich von dort, und es folgten Ihm viele nach, und Er heilte sie alle.**

Jesus wich der Verfolgung aus, denn es war noch nicht Zeit. So treibt die Verfolgung noch heut zu Tage wahre Knechte Gottes aus einer Stadt in die andere. Aber mitten unter der Verfolgung finden sie doch noch Leute, die die Lästerung nicht glauben, sondern Jesu Christo nachfolgen; und die werden gesund.

16. **Und Er befahl ihnen, daß sie Ihn nicht offenbar machen sollten,** damit seine Feinde nicht noch mehr erbittert würden, und weil Er keinen Ruhm von seinen Werken suchte. Kap. 9, 30.

17. **So erfüllte sich, was durch den Propheten Jesaiam gesagt wurde, der da spricht:** (42, 1.) 18. **Sieh, mein Knecht, den ich auserwählt habe, mein Geliebter, an dem meine Seele Wohlgefallen hat! Meinen Geist will ich auf ihn legen, und er**

wird das Gericht den Völkern verkündigen. Jes. 11, 2.

Dieses steht bei Jesaias mehr dem Sinne als den Worten nach. Das ist aber ja die Hauptsache.

Jesus Christus ist ein Knecht Gottes vorzugsweise vor allen Andern, weil er allein der allerwürdigste ist, Ihn zu bedienen. In Ihm ist die ganze Fülle des heil. Geistes, und aus seiner Fülle nehmen wir. Aber ohne von seinem Geiste erfüllt zu seyn, soll keiner sein Gericht den Menschen verkündigen.

19. **Er wird weder zanken noch schreien; niemand wird seine Stimme hören auf der Gasse.**

Es ist eine von den Originaltugenden unsers Herrn, daß Er gar nicht viel Wesens macht, sondern seinen stillen Gang geht, und es wird doch gemacht. Es giebt Leute, die erstaunlich viel zu thun scheinen, und es kommt doch nichts heraus. Daher das Sprüchwort: vox, praetereaque nihil; schreien, und laut seyn, und wenn's zur Sache kommt, ist nichts gethan.

Wer Ihn in der Nähe zum Beistand hat, lernt seine Sachen auch stille weg machen, verlernt das Schreien und viel Redens machen von seinem Thun, und lernt desto mehr beweisen, was Paulus sagt, 1 Kor. 4, 20.

Auf den Gassen und unter dem Getümmel der Menschen wird man seine Stimme wohl nicht hören, aber im Herzen, in das man einkehren und sich gesammelt halten muß, da redet Er Friede zu seinem Volke.

20. **Ein zerknicktes Rohr wird Er nicht vollends zerbrechen, und einen glimmenden Tocht nicht auslöschen, bis Er das Gericht zum Siege ausgeführt haben wird.**

Darin war Christus nicht stürmisch, weil Er immer wartete, ob wohl noch etwas anglimmen möchte. Er weiß, was für elende Geschöpfe die Menschen sind, darum läßt Er ihnen Zeit, und ist gegen die Sünder mitleidig und sanftmüthig.

Man muß nicht hart und unfreundlich mit den Gewissen umgehen, die ohnedem schwach und blöde sind, noch soll man strenge seyn mit denen, die aus Schwachheit gefallen sind. Wer noch allzu herbe eifert gegen die Sünder, kennt die Liebe Jesu nicht und ist selbst noch nicht weit gekommen in der Nachfolge Jesu, sondern noch ein junger gährender Most, kein alter milder Wein. Johannes wollte Feuer vom Himmel fallen lassen, um die Sünder zu verzehren; nachdem er aber an der Brust Jesu gelegen, und seinen Geist empfangen hatte, .war er lauter Liebe und sagte: Wer in Gott bleibt, bleibt auch in der Liebe. 1 Joh. 4, 16.

Die Ueberbleibsel des bessern Sinnes in gefallenen Sündern, muß ein vom sanften Geiste Jesu erfüllter Lehrer, nicht auslöschen, sondern wieder anfachen durch das Anblasen der Liebe und Freundlichkeit. Wenn man einen noch glimmenden Tocht zum Feuer hält, so entzündet er sich leicht wieder. So kann eine in Liebe brennende Seele, viele erkaltete und erloschene Seelen wieder beleben und anfeuern, wenn sie ihr nahe kommen.

Und das alles wird so fortgehen, bis **Er das Gericht**, das Er am Ende der Gnadenzeit halten wird, über das Reich der Finsterniß im groben und feinen Heidenthume, über alle, die sich durch seine Liebe und Sanftmuth nicht bekehren ließen, **zum Siege ausgeführt haben wird**, d. h. über die Bosheit und Untreue der Ungläubigen den Sieg behalten wird, und vor aller Augen die Gerechtigkeit seiner Sache dargethan haben wird.

21. **Und die Völker werden auf seinen Namen hoffen.** Jesus ist die einzige Hoffnung aller Menschen. Auf Ihn hoffen, heißt aber, von Ihm allein alle Seligkeit und alles Heil, Kraft und Gnade erwarten, und dagegen aller Welt Ehre, Güter und Glück verachten.

22. **Alsdann brachte man einen Besessenen zu Ihm, der blind und stumm war, und Er heilte ihn, so daß er redete und sah.** (Kap. 9, 32.)

23. **Und das Volk verwunderte sich und sprach: Ist dieser nicht Davids Sohn?** 24. **Da es die Pharisäer hörten, sprachen sie: Der treibt die Teufel nur durch Beelzebub, den Obersten der Teufel, aus.** Mark. 3, 22. Luk. 11, 15.

Der blind-stumme Besessene ist ein Bild des natürlichen, unbekehrten, von der Sünde besessenen Menschen, der eben deßwegen auch in des Satans Gewalt und von ihm besessen ist, blind in göttlichen Dingen, und stumm für Gottes Lob und Ehre. Und solche kann und will Jesus heilen.

Sobald das Volk den Schluß machte, und fragte: Ist dieser nicht Davids Sohn, d. i. der Messias? so dachten die Pharisäer, da müssen wir uns widersetzen Amts halber, und weil sie die That nicht läugnen konnten, wollten sie sie lieber dem Teufel zuschreiben. Sie konnten es nicht ertragen, daß sich das Volk über Jesu Werke verwunderte, weil sie ein höllischer Neid wider Ihn entzündet hatte, aus dem dann diese schreckliche Lästerung hervorging.

25. **Jesus aber, der ihre Gedanken wußte,** und den Teufel in ihrem Herzen sitzen sah, **sprach zu ihnen: Ein jedes Reich, das mit sich selbst uneins ist, wird zerstört, und eine Stadt oder ein Haus, das mit sich selbst uneins ist, kann nicht bestehen.**

Sie hatten ihre Gedanken nicht laut gesagt, sondern nur dem Volke so ins Ohr gemurmelt. Ihm selbst sie zu sagen, das wagten sie schon gar nicht, aber Er sah die Heimlichkeiten der Herzen, die in der Tiefe verborgenen Gedanken. Er konnte alle Schriften lesen, wenn sie auch mit chemischer Tinte geschrieben waren. Denke, Leser! Er liest auch in deinem Herzen jetzt und alle Augenblicke. Stehe still, und frage dich, was lieset Er in dir? Was steht geschrieben im Buche deines Herzens? Ein: „Erbarme dich mein! Ein: Gott sey mir Sünder gnädig!" oder: ich bin nicht wie andere Leute 2c. oder Zweifel, Unglaube, Mißtrauen 2c. Zudecken kannst du es vor Ihm nicht, sonst hätten es gewiß die größten Künstler in der Heuchelei, die Pharisäer, vor Ihm zugedeckt, aber Er sieht durch alle sieben Häute, die du darüber decken magst, hindurch; also leere dich lieber aus von allem, was Er nicht sehen darf, oder zeige dich Ihm, wie du bist und bitte Ihn, daß Er dich anders macht. Er wird's thun. Er ist treu.

26. **Wenn der Satan den Satan austreibt, so ist er ja mit sich selbst uneins, wie kann denn sein Reich bestehen?**

Jesus vertheidigte sich um des armen Volkes willen, bei dem oft die abgeschmacktesten Lästerungen und Lügen Eingang finden, daß sie schließen: Es könnte doch so seyn.

Der Heiland schließt so: Wenn der oberste Teufel seine Untergebenen, die sein Werk in dem Menschen treiben, selbst austreibt, und also gegen sie angeht, so würde er ja sich selbst schaden, und sein eigenes Reich durch seine Wunderwerke zerstören. Das wird kaum jemand glauben, der bei Verstande ist.

Der Satan hat also ein Reich; welches wir um so leichter glauben, weil es sich alle Tage mehr offenbart.

27. **Und wenn ich die Teufel durch Beelzebub austreibe, durch wen treiben sie denn eure Söhne aus? Diese werden also eure Richter seyn.**

Ihr habt ja selbst viele Exorcisten und Teufelsbeschwörer unter euch (s. Luk. 9, 49. und Apstg. 19, 13.); würde es euch gefallen, wenn man ihr Werk dem Teufel zuschriebe? Daraus sieht man, daß Gott gewisse Gaben auch unter einem verdorbenen Volke lassen kann, bloß aus der Absicht, damit sie zur Ueberzeugung von einer Wahrheit dienen und dastehen *).

---

*) Das ist sehr wohl zu merken! Wenn hie und da ein Wunderthäter auftritt, und damit eine falsche Lehre beweisen will, so kann man ihm, allenfalls wohl die Wunder glauben, aber die falsche Lehre nicht. Denn die Wunder beweisen nur, daß es Wunder giebt und Gott noch immer wirkt, aber nicht jeden Wahn des Wunderthäters.

Eure Teufelsbeschwörer werden euch richten, weil ihr von ihnen glaubet, daß sie durch die Kraft und den Namen Gottes Teufel austreiben. Warum wollt ihr von mir nicht glauben, was ihr von ihnen glaubet?

28. **Wenn ich aber durch den Geist Gottes die Teufel austreibe, so ist ja das Reich Gottes zu euch gekommen.** (Siehe Luk. 11, 15—20.)

Wenn in einem Menschen durch Gottes und Christi Geist die Werke des Teufels zerstört werden, so ist das Reich Gottes in ihm; denn dazu ist ja Christus gekommen. 1 Joh. 3, 8.

Sobald einer im Lichte wandelt, in der Wahrheit und Gottseligkeit, so kann er ja nicht mehr ein Kind der Finsterniß seyn; so ist ja nicht mehr der Teufel, sondern Gott, Christus in ihm.

29. **Oder wie kann jemand in das Haus eines Starken eingehen, und ihm sein Hausgeräthe rauben, wenn er nicht zuvor den Starken bindet? Erst dann mag er sein Haus ausrauben.** Js. 49, 24.

Der Satan und sein Reich ist eine, Christo und seinem Reich entgegengesetzte Macht. Zur Erkenntniß dieses sehr wichtigen Punktes gehört auch Gnade, und es schadet sehr in der Sache der Heiligung, wenn man sich des Satans List und Macht zu klein vorstellt, und thut, als ob das System des Teufels, das freilich sehr geschwächt und durchschnitten ist, vernichtet wäre.

Die Menschen sind durch Sünde das Haus und die Werkstätte des Satans geworden; er hat sich darin festgesetzt und verbollwerkt, wie in einer Festung, damit ihm ja sein Haus nicht möchte genommen werden. Er sitzt auch wirklich so fest im Herzen des Menschen, daß ihn niemand daraus vertreiben, und ihm seinen Raub nehmen, und die Seele aus seiner Sclaverei befreien kann, als der stärker ist, als er; und dieser ist Christus allein. Der kann sich des Hauses bemächtigen, kann den Starken binden, und das Haus ausplündern, d. i.

dem Herzen alle Sünde und Anhänglichkeit an Sünde, Welt und Satan wegnehmen.

Zuerst, was wohl zu merken ist, muß der Satan gebunden seyn; erst alsdann kann das Haus ausgeleert werden. So lange eine Seele in der Macht und Gewalt des Satans ist, ist nichts mit ihr zu machen. Man kann ihr nichts nehmen und nichts geben. Es muß zuerst der Feind angegriffen und gebunden werden.

30. **Wer nicht für mich ist, der ist wider mich; und wer nicht mit mir sammelt, der zerstreuet.** Ist nicht mein Leben und meine Lehre dem Teufel gerade entgegengesetzt? Und sein Wesen dem Meinigen? Wie können wir Eins seyn? Luk. 11, 23.

Uebrigens scheint dieß mit einer andern Rede des Heilandes im Widerspruch zu stehen. Luk. 9, 50. sagt Er nämlich: **Wer nicht wider uns ist, ist für uns,** und befiehlt damit, daß seine Jünger diesen und jenen Menschen in seinen Handlungen nicht stören, sondern ihn gehen lassen sollen, wenn er in **Jesu Namen** auch Thaten thäte, die ihm nicht befohlen sind. Hier aber sagt Er: Wer nicht **mit** mir ist, der ist **wider** mich, und das widerspricht, recht betrachtet, dem Vorigen nicht; denn der Heiland meint damit: Wer es nicht mit **mir** hält, wer mich wegläßt von der Sache, wer sammelt, und sammelt nicht zu **mir**, der ist ein Zerstörer und Zerstreuer, der nur das Sammeln vorwendet, damit er desto besser zerstreuen kann. Luk. 9, 50. sind unstreitig Leute gemeint, die es gut meinen, ohne recht zu wissen, was sie thun, dem Reiche Gottes den Weg bereiten, und in Einfalt loben, preisen, was sie nicht recht davon verstehen, und auch davon zeugen, es gut heißen, und darin arbeiten. Und solche, will der Heiland, soll man gehen lassen, **wenn nur Christus gepredigt** wird, wenn nur etwas geschieht, und Christus bekannt wird, wenn sie nur in der Hauptsache recht daran sind, wenn sie nur den richtigen Sinn nachsagen, und sich der Sache nicht entgegen setzen. Ob sie dann mit uns gehen, sich zu uns schlagen, nach uns sich nennen, und auch äußerlich gemeine Sache mit uns machen, ob wir sie dazu bestellt haben oder nicht, darauf kommt es nicht an.

Hier aber will der Heiland sagen, wenn euch die Leute auf den Händen tragen, euch sammetne Polster unterlegen, euch überschütten mit Liebe und Wohlthaten, euch Ochsen mit Kränzen entgegenführen und euch anbeten wollen, wenn sie aber dennoch nicht gerne von Jesus hören, wenn ihnen sein **Kreuz** nicht recht ist, wenn sie an seiner allgenugsamen Gottheit zweifeln, wenn sie nicht gerne wollen, daß Er über sie herrsche, so seht sie als Feinde an, wie Paulus sagt, Röm. 11, 28. um des Evangelii willen; denn sie wenden das Sammeln vor, damit sie desto besser zerstreuen können.

31. **Darum sage ich euch: jede Sünde und Lästerung wird dem Menschen vergeben werden, nur die Lästerung des Geistes wird nicht vergeben werden.**

Wenn alle Lästerungen vergeben werden, wie viel mehr solche, die dir, arme, mit Versuchung geplagte Seele, wider deinen Willen, ja mit Unwillen und großer Betrübniß in deinem Gemüthe aufsteigen oder erweckt werden! Darum sey ruhig, quäle dich nicht damit, wirf dem Satan seinen Mist hin, und sey versichert, daß es dir Gott nicht anrechnet.

Weil die Sünde oder Lästerung des heil. Geistes auch in der zukünftigen Welt von der Vergebung ausgeschlossen ist, so haben Augustin, Bernhard und Andere geschlossen, also werden drüben noch einige Sünden vergeben; besonders weil Johannes auch von denen, die im Tode, im Meere und in der Hölle gelegen, einige im Buche des Lebens eingeschrieben gefunden hat. Offenb. 6, 20. Es läßt sich wenig dagegen sagen, denn Christus hat doch nichts umsonst gesagt. Diese Sünde wird weder in dieser noch in jener Welt vergeben, also hat Er ja offenbar behauptet, daß andere Sünden auch dort noch vergeben werden. Und wer will es Ihm wehren, wenn Er es thut? Kann Er mit dem Seinigen nicht thun was Er will? Nur muß man es nicht zum Aberglauben oder muthwilligen Leichtsinn mißbrauchen, der auf die ewige Gnade hin sündiget, aber eben darum den Geist der Gnade schmäht, und die Sünde begeht, die auch dort nicht vergeben werden kann.

32. **Und wer wider den Menschensohn etwas redet, dem kann es vergeben werden, wer aber etwas wider den heiligen Geist redet** (lästerlich), **dem wird es nicht vergeben werden, weder in dieser noch in der zukünftigen Welt.** S. Mark. 3, 28. 30.

Wie kommt es denn zu der schrecklichen Sünde? Dadurch, wenn der heil. Geist kommt und predigt nach seiner Art, und verworfen wird. Wenn **wir** predigen, machen wirs so gut wir können, und müssen es Gott überlassen, ob es Einer oder Keiner glaubt und ergreift. Denn daß man die Leute auf eine Viertelstunde einnimmt, ihnen eine Regung im Geblüte macht, und einen Enthusiasmus erregt, das ist rhetorische Kunst oder natürliche Gabe. Wenn aber der heil. Geist nach seiner Art predigt, so überzeugt Er die Herzen zugleich, daß sie der Wahrheit nicht widerstehen können. Wenn du daher 80 Jahre alt wärest und könntest sagen: „Ich habe nie eine Ueberzeugung vom heil. Geist gehabt, und muß aufrichtig gestehen, ich habe nie geglaubt;" so giebt dir dein Herz auch das Zeugniß: Alle Sünden werden vergeben. Gott hat die Zeit der Unwissenheit übersehen. Aber wenn jemand gefragt wird: hat dir der heil. Geist nie gepredigt? und er verstummt, weil ihm sein Gewissen sagt: „Er hat mir gepredigt, und ich habe es nicht geachtet, habs gefühlt und begriffen, aber ich habe nicht gewollt." Das ist eine Sünde mit der niemand aus der Zeit gehen soll, sonst ist er ins ewige Gericht gebunden, wie der Satan, ohne Barmherzigkeit. Und wer einen solchen absolvirt, der tröstet ihn falsch und überliefert ihn einem ewigen

Urtheile. Denn hat der heil. Geist jemanden die Wahrheit evident (unwidersprechlich) klar ans Herz gelegt und ihn überwiesen, convincirt im Herzen (was er allemal thut, wenn er predigt) und der Mensch streitet dagegen, wider Gott, so muß er ohne Hoffnung der Seligkeit aus der Zeit gehen. Es ist eine Gerichts-Materie, es muß erst im ewigen Gericht entschieden werden. Er ist mit dem Teufel in Einerlei Fall, behalten zum Gericht des großen Tages, der das Ende der Zeit seyn wird, wo die Engel schwören werden, daß es mit der Zeit ein Ende habe. Er hat also, so lange eine Zeit seyn wird, keine Vergebung zu hoffen, er muß jenen Tag erwarten, wo es gerichtet und entschieden wird. Aber der Heiland sagt, diese Sünde wird auch dort schlecht wegkommen.

So groß ist die Sünde, dem heil. Geist lästerlich widerstehen. Der heil. Geist macht die Sache so gewiß und glaubwürdig, daß nur Bosheit es verachten kann. Seine Predigt, sein Zeugniß im Herzen ist unwiderstehlich; wenn er Jesum am Kreuz im Herzen abmahlt, so kann es nicht widerstritten und widerlegt werden. Es ergreift das Herz. Wenn eine andere Erzählung geglaubt wird, z. B. daß jemand unschuldig ermordet worden, so muß ein Herz von Stein seyn, wenn es nicht Mitleiden empfindet, und keine Thräne ins Auge tritt, wie viel mehr wenn man die Geschichte glaubt, daß der Gott aller Welt Mensch ward, und dafür von Menschen getödtet wurde, und er noch am Kreuze bat für seine Mörder: Vater! vergiebs ihnen, daß sie mich umbringen, es gehört unter die venialia die vergeben werden. „Aber sie haben dich, den Sohn Gottes gelästert — sie spotten dein?“ — Vergiebs doch, es ist nur ein, freilich unbegreiflicher Mißverstand, sie kennen den Herrn der Herrlichkeit nicht, sonst hätten sie es nicht gethan. Geweint hat der Heiland über ein solches Mißverständniß, Thränen hat es ihn gekostet, aber er hats doch entschuldigt: Es ist vor ihren Augen verborgen.

So lange also der Heiland selbst noch predigte auf Erden, und noch nicht gestorben war, wars noch verzeihlich, nicht an Ihn zu glauben, aber nun, wenn der heil. Geist von Ihm zeuget, und nichts von ihm selber, nichts von der unbegreiflichen Dreieinigkeit, von Gottes Wesen redet, sondern nur bezeuget, was er vom Heiland weiß, wie er gestorben und auferstanden, und seine schüchternen Jünger hinter hundert Schlösser gesucht und freigemacht, in die Höhe gefahren und sich auf Gottes Stuhl gesetzt habe, um immerdar selig zu machen alle, die durch Ihn zu Gott kommen, wenn das der heil. Geist ins Herz schreibt (und er übersieht gewiß keine Seele, für die Christus starb), und man verwirfts, verachtets, lästerts, so ist die Verdammniß festgesetzt auf ewig.

Daher können Seelen (wenn es solche giebt), die nichts von Jesu durch das Zeugniß des heil. Geistes hören, diese Sünde nicht begehen. Aber wenn jemand unter den Christen den heil. Geist von Jesu zeugen hört, glaubt, daß Jesus für ihn gestorben, geht zum Abendmahl ꝛc. und hält doch das Zeugniß des heil. Geistes in seinem Herzen für aufsteigende Grillen — dem muß man sagen: Hüte dich, daß du die Sünde nicht begehst, die nicht vergeben werden kann.

33. **Setzet entweder: der Baum sey gut, so ist auch seine Frucht gut; oder: der Baum sey schlecht; so ist auch seine Frucht schlecht; denn aus der Frucht erkennt man den Baum.** Kap. 7, 17. Luk. 6, 44.

So kann der Sache gerathen werden. Trachtet nach einem neuen Leben aus Gott, nach einem reinen Herzen, nach der Geburt aus Gott, durch ernstliches Gebet und Ringen, so wird auch ein neues göttliches Leben und christlicher Wandel von selbst folgen. Wenn man einen guten Baum setzt, so hat man auch gute

Früchte

Früchte zu erwarten. Wie der Baum, so die Frucht. Wie der Mensch, so der innere Wandel. Es ist ein großer Selbstbetrug, daß man eher Gutes thun will, als man kann, eher fromm leben will, als man das Leben aus Gott hat. Das heißt gute Früchte im Garten suchen, ehe man den guten Baum gesetzt hat. Der schlechte Baum, der alte Adam, der durch Lüste im Verstande, Willen, Sinne und Herzen, im Kern und in der Wurzel verdorben ist, dessen inneres Verderben sich auch über die Zweige und Aeste, über die Glieder des Leibes ergießt., kann keine gute Frucht bringen. Die Frucht kann nicht besser seyn, als der Baum.

34. **Ihr Otterngezüchte!** (für pharisäische Bosheit sind keine Worte zu hart.) **Wie könnet ihr Gutes reden, da ihr böse seyd? denn der Mund redet ja nur, wovon das Herz voll ist.** Luk. 6, 45.

Das Herz ist die Quelle. — Die Quelle kann nur geben, was sie hat, nicht, was sie nicht hat. Auf die Fülle des Herzens kommt es an. Fülle dein Herz mit Gott, mit Christus und ewigem Leben, so wird nichts anderes als Gutes aus deiner Herzensfülle quillen. Die Zunge ist der Verräther des Herzens.

35. **Der gute Mensch bringt aus seinem guten Schatze Gutes hervor, und der böse Mensch bringt aus seinem bösen Schatze Böses hervor.**

Wie das Herz des Menschen ist, so redet er; teuflisch, wenn er ein Teufel, christlich, wenn er ein Christ ist. Es ist ein großer Unterschied der Gedanken, welche aus einem ungebrochenen, unbekehrten Herzen, es sey teuflisch oder menschlich, und die aus einem gebrochenen, zerknirschten Herzen kommen, das den Tod des Heilandes gefühlt hat. Ein solches Herz denkt und redet nicht mehr, wie vorher, und kann nicht mehr so denken und reden; es ist getödtet dem Gesetz der Sünde durch den Tod Jesu. Röm. 7, 4. Es kostet ihm keine Mühe, es ist ihm zur Natur geworden; der Boden ist fruchtbar.

36. **Ich aber sage euch: Die Menschen werden am Tage des Gerichts über ein jedes unnützes Wort Rechenschaft geben müssen;** wie vielmehr von hochmüthigen, lügenhaften, verläumderischen, ärgerlichen Worten, von Flüchen und Lästerungen?

Wie nothwendig ist es also, daß das Herz voll wird von Gottes Wort, damit der Mund von demselben übergehe. Dazu hat Gott Mund und Zunge gegeben.

37. **Denn nach deinen Worten wirst du gerechtfertigt, und nach deinen Worten wirst du verdammt werden.** Hiob 15, 6.

Wer christlich redet, und unchristlich lebt, der verdammt sich selbst mit seinem eigenen Munde. Man hält Worte so gering, und es hängt doch ein schweres Gewicht der Ewigkeit daran.

38. **Da sprachen die Schriftgelehrten und Pharisäer: Meister! wir möchten gerne ein Zeichen von dir sehen.** Kap. 16, 1. Mark. 8, 11.

Ihr Gewissen hätte können gerührt werden, darum fangen sie einen andern Diskurs an. Wenn sie über einen Gegenstand verstummen müssen, so bringen sie etwas anders auf die Bahn.

Sein Leben und sein Wandel, und seine außerordentlichen Thaten wären ihnen Zeichen genug gewesen; sie wollen aber besondere Zeichen und Wunder, wodurch Er beweisen sollte, daß Er der Messias sey. Der Unglaube hat nie genug an den Beweisen der Wahrheit, die vor Augen liegen; er fordert Zeichen vom Himmel, und wenn auch diese erscheinen, so glaubt er doch nicht, denn er sucht nur Ausflüchte, der Wahrheit nicht zu gehorchen.

Sie fordern ein Zeichen vom Himmel, und sehen das größte Zeichen vom Himmel, das vor ihren Augen stand, nicht. Kann denn ein größeres Zeichen vom Himmel erscheinen, als das Wort Fleisch geworden — Gott in Menschengestalt? lehrend, wirkend, wandelnd, leidend und sterbend? — — Die Leutseligkeit und Menschenfreundlichkeit Gottes in Christo — welch ein Zeichen! Der Sünder- und Kinderfreund! der Herr und Schöpfer der Natur ein Knecht der Menschen! der Mann mit den Wunden, die ihm seine Kinder geschlagen! welch ein Zeichen!

39. **Er antwortete ihnen: Das böse ehebrecherische Geschlecht** (das sich Abrahams Kinder nennt, und doch Abrahams Glauben nicht hat), **sucht ein Zeichen; aber es soll ihm kein anderes Zeichen gegeben werden, als das Zeichen Jonas des Propheten.** Und nicht dasselbe, das sie in ihrem Eigendünkel verlangen. Kap. 16, 4. Luk. 11, 29, 30.

40. **Wie nämlich Jonas drei Tage und drei Nächte im Bauche des Wallfisches war, so wird auch der Menschen-Sohn drei** *) **Tage und drei Nächte im Herzen der Erde seyn.**

Man lese das Gebet Jonas im Bauche des Wallfisches (Jon. 2, 3. ff.), so wird man das Geheimniß finden, und nicht sagen, Christus weise die Juden auf ein dunkles Vorbild.

Christus sagte ihnen hiemit vorher, daß sie Ihn tödten würden, Er aber wolle ihnen doch entkommen — durch die Auferstehung. Und sie merkten das besser, als die Frommen, nur daß sie sichs nicht zu Nutze machten, aber es auch nicht hindern konnten.

Uebrigens aber zerbrechen wir uns nicht den Kopf über die Zeit, wie lange der Heiland im Grabe gelegen, und wie solches mit der Vergleichung des Jonas übereinstimme. Wir wissen, daß Er an einem Tage begraben, den andern als am Sabbat im Grabe gelegen, und am dritten Tage (wie Er anderswo bestimmt sagte), auferstanden sey; das ist uns genug *).

---

*) Jesus redete nach der landesüblichen Art und Weise, denn die Juden pflegten so zu reden und Tage und Nächte zu nennen, wenn sie auch nicht ganze Tage und Nächte, sondern nur Theile der Tage meinten. 1 Sam. 30, 12. 13. Esth. 4, 16. und 3, 1. Vom ersten Tage Abends bis am dritten Morgens, war, nach ihrer Art zu reden, drei Tage und drei Nächte.

41. **Die Männer von Ninive** (und andere Heiden) **werden beim Gerichte wider dieses Geschlecht** (und auch wider die Christen) **aufstehen, und dasselbe verdammen; denn sie hatten auf die Predigt Jonas Buße gethan, und sieh! hier ist mehr als Jonas.** Sie hatten sich bei geringerer Gnade doch mehr vor Gott gefürchtet, und unter seine Hand gedemüthiget, als viele Christen.

42. **Die Königin von Mittag wird im Gerichte wider dieses Geschlecht aufstehen, und dasselbe verdammen** (und alle, die am Evangelio einen Ekel haben, das sie so nahe haben könnten); **denn sie kam von der entferntesten Gränze der Erde, um Salomons Weisheit zu hören. Und sieh, hier ist mehr als Salomon;** nämlich der, in welchem alle Schätze der Weisheit und Erkenntniß verborgen sind, Kol. 2, 3.; den Könige und Propheten gerne gehört hätten, Matth. 13, 17.; den man nicht an den entferntesten Gränzen der Erde suchen muß; den jeder so nahe wie möglich haben kann. Röm. 10, 6. 8.

Ein Romanen- oder Komödienschreiber, ja jeder Pasquillant oder philosophische Träumer findet heut zu Tage mehr Glauben als Christi und der Apostel Worte und Zeugnisse. Alle Welt spricht dabei gleichsam: hier ist mehr als Christus.

43. **Wenn aber der unreine Geist vom Menschen ausgefahren ist, so durchwandert er dürre Gegenden, sucht Ruhe und findet sie nicht.** Luk. 11, 24.

Wenn der Mensch durch wahre Bekehrung von der Gewalt des Satans frei geworden, und seinen Werken entsagt hat, und also der Teufel keinen Platz mehr bei ihm findet, so durchwandert dieser unreine Geist dürre Gegenden, Oerter, wo es dem reichen Mann an einem Tröpflein Wassers mangelte, als an dem eigentlichen Aufenthaltsorte des Satans; oder er durchwandert dürre Gegenden von anderer Art, d. i. solche Seelen, die der Sünde und den Lüsten keine Nahrung mehr geben, die der Sünde gestorben sind, und er sucht da Ruhe, das ist, sein Werk ungehindert zu treiben, findet sie aber da schon gar nicht.

44. **Dann spricht er: Ich will wieder in mein Haus zurückkehren, das ich verlassen habe, und wenn er kommt, und findet es ganz leer, ausgekehrt, und geschmückt,** 45. **so geht er hin, und nimmt noch sieben andere Geister mit sich, die ärger sind, als er, und sie gehen hinein und wohnen da. Und so werden die letzten Dinge eines solchen Menschen ärger, als die ersten. Eben so wird es auch diesem Geschlechte ergehen.** 2 Petr. 2, 20.

Das ist eine Warnung wegen des Rückfalls, der ein sehr gefährlicher Zustand ist, indem einem Menschen, der nicht treu geblieben, die zweite Bekehrung schwerer wird, als die erste, und wenn er das erstemal mit Einem Teufel zu thun hatte, so hat er das zweitemal mit sieben, und zwar mit ärgern zu thun.

Das Haus, denkt der Satan, wo ich vorhin gewesen bin, nimmt mich etwa wieder auf. Wehe dem, der das Haus des Teufels ist! Er macht immer wieder Anspruch. Er kann wieder kommen, wenn er dich schon verlassen hat. Er trifft's auch gar oft, und findet die Bekehrten, wenn der erste Eifer erloschen ist, wieder müssig, sicher, nicht in Jesu bleibend, leer von Ihm und seinem Geiste, ausgekehrt, und mit äußerlichem Schein von guten Worten, Gedanken, herzlosen Uebungen, und einem ehrbaren Wandel geschmückt, als wenn es für ihn bereitet wäre, daß er wieder kommen sollte. Er kommt aber nicht mit einer einfachen Kraft zu denen, die ihm schon einmal zu entgehen gesucht haben, sondern er stellt ihnen tausendmal mehr nach, als andern; er vermehrt seine Angriffe mit siebenfach verstärkter Kraft. Und ein solcher Mensch wird dann viel ärger, verhärteter, boshafter, teuflischer, heuchlerischer, und arglistiger, als er je war; er wird Verächter, Schmäher, Spötter, Lästerer und Verfolger der Guten und Frommen.

So kann man anfangs schön laufen, und dann wieder umkehren, dem Satan nach. 1 Tim. 5, 15.

46. **Da Er noch mit dem Volke redete, sieh, da standen seine Mutter und seine Brüder draußen, und verlangten mit Ihm zu reden.** (Mark. 3, 31. Luk. 8, 19.) 47. **Da sagte jemand zu Ihm: Sieh, deine Mutter und deine Brüder stehen draußen, und wollen mit Dir reden.**

Die Sache ward also bei Ihm angemeldet, weil man ohne Zweifel glaubte, es würde Ihm lieb seyn. Es schien Ihm aber gar nicht so gelegen zu seyn, weil jetzt nicht Zeit war, von der natürlichen Liebe zu handeln, denn

48. **Er antwortete: Wer ist meine Mutter? Und wer sind meine Brüder?** 49. **Dann streckte Er seine Hand aus über seine Jünger und sprach: Sieh da, meine Mutter und meine Brüder!**

Nichts ist so wunderbar und unbegreiflich, als die Familiarität des Heilands, die Er in den Tagen seines Fleisches mit gewissen Menschen hatte, und noch hat. Man muß erstaunen, sowohl wenn man die damaligen Zeiten und Leute bedenkt, und sieht, welche Er seine Mutter und Brüder nannte, wie es um die Besten von ihnen ausgesehen; als wenn man sich eine Gemeine nach heutiger Art vorstellt, und dabei denkt: „Auch das ist sein Geschlecht; das sind seine Mutter und Brüder." Man kann das nirgend anderswo herleiten, als aus dem Abgrund feiner Liebe, Gnade und Weisheit. Man muß anbeten im Staube, und wird ein Würmchen; aber ein Würmchen, dem es wohl ist, das sich nichts als lauter Gutes vermuthen kann, aus der erstaunlichen Herzlichkeit und Familiarität des Heilands, der ganz freimüthig und getrost gegen ganz fremde Leute und gegen die Welt bekennt: „Die schlechten Leute da, an denen ihr so viel auszusetzen und zu tadeln habt, zum Theil mit Recht, die der Satan schon oft verklagt hat, wer sind sie? **Meine Mutter und meine Brüder!**

50. **Denn wer immer den Willen meines Vaters im Himmel thut, der ist mein Bruder, meine Schwester und meine Mutter,** und auch eine Maria, in welcher ich eine Gestalt gewinne. Kap. 7, 21. Luk. 8, 21. Joh. 6, 40.

Johannes hat es uns deutlich erklärt, was im neuen Testamente heißt: den Willen seines Vaters im Himmel thun. **Das ist sein Gebot,** sagt er, **daß wir glauben an den Namen seines Sohnes, Jesu Christi,** 1 Joh. 3, 23.; daß wir uns zu seinem Namen, zu seiner Sache bekennen, Ihn als unsern lieben Heiland, persönlich, namentlich, vor aller Welt bekennen, und Ihm Gottesdienst erweisen. Wer den Heiland liebt, nicht nur so als einen Anhang der heiligen Dreieinigkeit, der so an ihrer Anbetung Theil nimmt; sondern wer Ihn liebt von ganzem Herzen, von ganzer Seele, von ganzem Gemüthe, und aus allen Kräften, der ist ein Bruder des Heilandes, zu dem bekennt Er sich, als zu seinem Fleisch und Bein, der kann Ihn anreden: ach **Bruder!** und sich als einen Anverwandten des Heilandes von Geblüt und Gemüth angeben.

Das ist der Wille des Vaters, der Glaube, und das Leben im Glauben des Sohnes Gottes, daß alles im Gehorsam gegen den himmlischen Vater zu seiner Ehre in Betracht der Liebe geschieht, womit Er seinen eingebornen Sohn für uns dahin gegeben, und uns mit Ihm alles geschenkt hat.

Es ist merkwürdig, daß der Heiland nicht nur sagt: wer den Willen meines Vaters thut, der ist mein Verwandter, Bruder und Schwester, sondern: **meine Mutter.** Das beweiset, Er hat eben so geliebt, wie man auf Erden liebt, und wie Paulus schreibt 1 Tim. 5, 2. Die alten Weiber ehre als Mütter! die jungen als Schwestern. Den **Vaternamen** hat Er aber gar nicht angeführt, weil im Geistlichen kein anderer Vater seyn soll, als der himmlische Vater.

Er hat es auch in der That bewiesen, was Er da sagte. Er hatte Mütter, Brüder und Schwestern, z. B. den Lazarus und Johannes liebte Er wie seine Brüder; Martha und Maria wie seine Schwestern. Je kindlicher und einfältiger man mit dem Heilande umgeht, desto besser hat man es getroffen.

Das XIII. Kapitel.

Gleichnisse vom Samen und Erdreiche, Senfkorn, Sauerteig 2c., Jesus in seiner Vaterstadt.

1. **Desselben Tages ging Jesus von Hause fort** (in welchem Er sein Quartier hatte, wahrscheinlich zu Kapernaum, die auch seine Stadt genennet wird, weil Er da sich oft aufhielt. Denn der Schöpfer Himmels und der Erde hatte auf dieser Welt keine eigene Stadt und kein eigenes Haus, sondern war nur so zur Miethe, und diese mußten gute Freunde für ihn bezahlen) **und setzte sich ans Meer,** (Mark. 4, 1. Luk. 8, 4.) um sein Netz auszuwerfen und Fische zu fangen, die alsobald herbeieilten; denn:

2. **Es versammelte sich eine große Menge Volks um Ihn her, so daß Er in ein Schiff trat, und sich setzte, und alles Volk stand am Ufer.** Wer gönnt diesem Prediger nicht ein solch zahlreiches Auditorium, der überall Kanzeln und Katheder zu predigen fand, wo Leute waren, Ihn zu hören. Es ist auch eigen, daß Er keine eigene Kirche und Kanzel hatte, sondern sie sich überall suchen mußte, aber auch leicht fand. Also der Prediger sitzt im Schiffe auf der See, und seine Zuhörer stehen am Ufer. Sie müssen alle

auch zu Ihm in das Schiff, wenn sie über das gefahrvolle Meer in den Hafen der Ruhe einlaufen wollen.

3. **Und Jesus redete vieles in Gleichnissen zu ihnen.** Luk. 8, 4.

Sieben Gleichnisse trug Er ihnen hier nach einander vor, in welchen Er, wie einige wollen, den ganzen Lauf der Welt von Anfang bis zum Ende derselben vorstellen soll. Wer das finden kann, der finde es.

Er sprach: Sieh', es ging ein Säemann aus, zu säen; 4. Und indem er säete, fiel einiges an den Weg, und die Vögel des Himmels kamen und fraßen es weg. 5. Einiges fiel auf steinigten Grund, wo es nicht viel Erde hatte, da ging es zwar bald auf, weil es keine tiefe Erde hatte, 6. nachdem aber die Sonne aufgegangen war, wurde es von der Hitze versengt, und weil es keine Wurzel hatte, verdorrte es. 7. Einiges fiel unter die Dornen. Die Dornen wuchsen auf, und erstickten es. 8. Einiges fiel in ein gutes Erdreich, und brachte Frucht, einiges hundertfältig, einiges sechzigfältig, einiges dreißigfältig. 9. Wer Ohren hat zu hören, der höre.

Wenn ihr das Evangelium verkündiget, so geht der Same auf, und trägt 30-, 60-, 100fältig; da bekommt ihr eine schöne Aerndte, aber etliches kommt gar nicht unter die Erde, sondern die Vögel fressen es weg. Die Leute haben das Wort kaum gehört, so ist es schon wieder weg. Etliches geht auf, wird grün, und man sieht eine schöne Hoffnung vor sich; aber wenn eine ungünstige Witterung einfällt, wenn es eine Prüfung oder Verfolgung giebt, so geht vielleicht so ein ganzes Stück zu Schanden; etliches wird mit so viel andern Gedanken gemischt, daß es bald anfangs erstickt wird, und nicht zu Kräften kommt.

Damit bekennt der Heiland selbst, daß Er Leute erweckt, aus denen nichts wird, daß Er Leute bekehrt, die wieder zurückgehen, daß Er Leute gewinnt, die das

Herz nicht haben, bei Ihm zu bleiben, und daß es Ihm nur bei einigen gelingt, und nur etliche von seinen Arbeiten gut und glücklich ablaufen, doch wieder mit dem Unterschied, daß eins viel, das andere weniger austrägt. Das steht in dem Gleichnisse so klar, daß es nicht zu läugnen ist.

Der Heiland aber kommt in kein Feld, oder läßt an keinem Orte säen, wo Er nicht allemal **etwas** gutes Land findet. Er findet von den andern Umständen auch entweder alles oder doch etwas; es fällt etwas an den Weg, und wird zertreten, in das Steinigte und verwelkt, unter die Dornen und erstickt. Ueberall begegnet Ihm etwas davon, aber allemal findet Er auch gutes Land, sonst geht Er da nicht hin zu säen. Wo Er einmal säet, da bekommt Er eine Aerndte.

Mit der Saat werden also Länder, Orte, Gegenden der Welt gemeint, wo es immer etwas austrägt, und wo man es allezeit einen Tag des Heils, eine Gnaden-Stunde für einen Ort oder ein Land nennen kann, wenn da angefangen wird zu säen. Denn wo Er einmal säet, da bekommt Er gewiß etwas in seine Scheuer.

Der Same, den der Menschen-Sohn ausstreut, ist gut, aber das Erdreich ist sehr verschieden, und daher der Unterschied in der Fruchtbarkeit. Einige Herzen sind hart wie ein **Weg**, daß der Saame nicht hineinkommt, sondern auf der Oberfläche liegen bleibt, so daß er entweder zertreten oder von den Vögeln weggefressen wird, weil sie zugleich allem, was außer ihnen geschieht, allen Zerstreuungen offen stehen wie eine **Landstraße**, wo alles hin und hergehen kann, wo keine Einkehr und Versammlung des Gemüths statt hat. Sie lassen sich gleich wieder in so viele fremdartige Gespräche ein, daß ihnen dadurch der Same wie von Vögeln weggefressen wird. Es giebt besonders gewisse Vögel, die sehr hoch fliegen, die sich durch hohe Weltweisheit hervorthun, und die das einfältige Wort Gottes gern von den Herzen wegstehlen durch Spott oder Sophisterei, indem sie Zweifel dagegen erregen, oder es als vernunftwidrig verschreien. Vor diesen Vögeln hütet euch — der Satan sendet sie aus, sie sind Luftgeister, weil sie hoch fliegen. **Steinigt** ist der Grund bei denen, die ihre Religion im Aeußern treiben, sie nicht an das Herz oder ins Herz kommen lassen. Sie geht bei ihnen das Herz gar nichts an. Bei denen kann freilich nichts wurzeln, es ist vermauert. Sie freuen sich der schönen Predigt, aber ihr Herz fühlt nichts dabei, das Ohr wird davon ergötzt, aber weiter kann es nicht gehen. Darum vergeht auch alles wieder. Sobald die Sonnenhitze der Trübsal und Verfolgung kommt, so wird gleich alles welk und dürre, und kommt nicht zur Frucht. Es ist der Erfahrung gemäß, daß Menschen, die so schnell Feuer fangen, schnell wieder erkalten; denn Steine brennen nicht wie Holz. Daß die **Dornen** der zeitlichen Sorgen und Lüste, des Reichthums, der Ehre, wenn sie das Herz eingenommen haben, und man ihnen nicht Abschied geben will, das Wort Gottes ersticken und den Menschen stechen, ist an sich selbst klar.

Aber die **gute Erde**, nicht hart und zertreten, sondern aufgeackert durch den Pflug und die Egge der Buße und des Glaubens, nicht steinigt und dornig, sondern ein wohlbereiteter Acker mit tiefem Grunde des heißesten Hungers nach Heil und Gerechtigkeit, wo finden wir diese? Sie muß seyn, und ist, weil sie der Herr auch in seinem Gleichnisse hat, denn Er nahm nichts auf, was nicht ist. Sie ist zwar nur der vierte Theil, aber sie ist doch da.

Aber auch das gute Erdreich, auch die guten bereiteten und empfänglichen Herzen sind verschieden, und es sind dreierlei Gattungen derselben, denn obgleich derselbe Same in alle ausgestreuet wird, so vermehrt er sich doch in einigen viel mehr als in andern. Es giebt sehr innige Seelen, bei denen der Pflug sehr tief in den Grund geht, und also auch der Same tiefer fällt, und die bringen hundert, gegen sechzig oder dreißig mal mehr Früchte, als andere, die auch sehr gut sind, aber doch nicht so ganz sich dem Herrn hingegeben haben. — Wer es fassen kann, der fasse es. Es steht oft auch viel Stroh auf dem Acker, und wenn es zum Dreschen kommt, fällt wenig Frucht heraus. Doch ich habe dem Heilande vorgegriffen, Er erklärt unten Vers 18, das Gleichniß selbst, denn

10. **Die Jünger traten zu Ihm und sagten: Warum redest du in Gleichnissen zu ihnen?** die Leute verstehen es ja nicht. — Antwort: Sie sollen eben dadurch ihre Unwissenheit erkennen lernen, und sich zum Gebete treiben lassen, um erleuchtete Augen und ein verständiges Herz zu erhalten. Mark. 4, 10. Luk. 8, 9.

11. **Er antwortete: Euch ist es gegeben, die Geheimnisse des Himmelreichs zu verstehen, diesen aber ist es nicht gegeben,** aus Mitleiden, um ihnen eine größere Schmach und Strafe zu ersparen. Das Auge, das bis ins Innerste hineinsieht, will den armen Seelen nicht mehr auflegen, als sie tragen können, und ihnen keine Vortheile anvertrauen, die sie nicht anwenden können. Denn wem wenig gegeben ist, von dem wird auch wenig gefordert. Ihre Schuld wird ihnen vermindert. Kap. 11, 25. 16, 17.

Wer aber ein neues Herz hat, der hat das Privilegium, den wahren Sinn der Geheimnisse des Reiches Gottes zu verstehen. Und die Ursache, daß so viele Menschen es nicht verstehen, ist keine andere, als weil sie kein neues Herz haben; oder wie Judas sagt, natürliche Leute sind, die keinen Geist haben. Jud. 19.

12. **Denn wer hat, dem wird gegeben; und er wird Ueberfluß haben; wer aber nicht hat, von dem wird auch das genommen werden, was er hat.** Kap. 25, 29. Mark. 4, 25. Luk. 8, 18.

Die Gnade vermehrt sich, oder verliert sich in uns, je nachdem wir sie treu benützen und schätzen, oder leichtsinnig, träge versäumen und gering schätzen. Sey im Kleinen treu, so wirst du Großes erhalten. Bist du im Kleinen untreu, wer wird dir Größeres anvertrauen? Sieh auch Cap. 25, 29.

13. **Darum rede Ich in Gleichnissen zu ihnen, weil sie mit sehenden Augen nicht sehen, und mit hörenden Ohren nicht hören, noch verstehen.**

Um deßwillen also, damit sie nicht als Schweine die Perlen zertreten, weil sie die klareste Wahrheit nicht erkennen wollen, sondern sie nur mißbrauchen, verachten, verspotten, und lästern würden.

Weil sie den Kern nicht achten und nicht wollen, so müssen ihnen Nüsse vorgelegt werden, die sie nicht aufbeißen können.

Wer sieht aber mit sehenden Augen nicht? Die Weisen und Klugen dieser Welt, die sich auf ihr eigenes Gesicht und Auge verlassen, und alles zu sehen und zu verstehen meinen; und weil sie in ihrem Eigendünkel und Stolz erblinden, und alles unrecht verstehen.

14. **Und so erfüllt sich an ihnen die Weissagung des Propheten Isaias, der da spricht: Mit den Ohren werdet ihr hören und nicht verstehen, mit den Augen werdet ihr sehen, und doch nichts sehen. — 15. Denn das Herz dieses Volks ist verstockt, ihre Ohren hören hart, ihre Augen haben sie zugeschlossen, damit sie mit den Augen nicht sehen;** (sie hüten sich recht, damit sie ja nicht erleuchtet werden) **und mit den Ohren nicht hören, und mit dem Herzen nicht verstehen;** (mit dem Verstande wollen sie es wohl auffassen, und sich daran ergötzen, aber in das Herz mögen sie es nicht lassen,) **damit sie sich nicht bekehren, und ich sie heilen möge.** Is. 6, 9. 10. Luk. 8, 10.

Dem wollen sie ausweichen, so weit lassen sie es nicht kommen, sondern bleiben die Alten.

O! daß nur nicht auch an dem Christenvolke dieses Gericht eingetroffen wäre! Denn der große Haufe der Christen ist eben so dickohrigt, blind und hartherzig gegen Gottes Wort und Wohlthaten, als es die Juden waren und sind. Besonders will Niemand den im Herzen redenden Gott und strafenden Geist Gottes hören, darum werden sie nicht geheilt.

Merkwürdig ist, daß es heißt, **mit dem Herzen** soll man es verstehen, und die Gelehrten meinen alles mit dem Verstande zu begreifen; aber die Bibel wird Recht behalten müssen, bei allen Kindern Gottes, denn die wissen es, daß die Religions-Wahrheiten keine Kopf- sondern Herzens-Sachen sind, daß sie im Herzen erfahren, angeschaut, genossen und so verstanden und begriffen werden müssen, so viel das menschliche Herz hier in der engen Brust fassen kann. Die auf dem Kopfe in das Reich Gottes eingehen wollen, spielen eine possirliche Figur.

16. **Selig aber eure Augen, daß sie sehen, und eure Ohren, daß sie hören,** 17. **denn wahrlich, Ich sage euch, viele Propheten, und Gerechte sehnten sich zu sehen, was ihr sehet, und sahen es nicht, und zu hören, was ihr höret, und hörten es nicht.** — (Sieh' hierüber Lukas 10, 23. 24.)

Die Jünger waren selig, weil sie Jesum mit Jünger-, nicht mit Pharisäer- oder Sadduzäer-Augen sahen, denn diese Letzten sahen Ihn ja auch, und hörten Ihn, aber nicht mit dem rechten Auge und Ohre, sondern mit dicken Ohren und Schalks-Augen. Ein geistliches, gläubiges Schauen und Hören macht selig, darum sind so wenig Christen selig, obwohl sie von Jesu viel wissen und hören. — Sie haben Pharisäer- und Sadduzäer-Augen und Ohren. Bitte du den heiligen Geist, daß er dir den Staar steche, und die Ohren beschneide; aber um dieses bitten zu können, mußt du zuvor deine Blindheit erkennen, arm im Geiste seyn, nichts in der Welt mehr verlangen als offne Augen und Ohren, um Jesum deinen Heiland zu sehen und zu hören.

18. **So höret nun das Gleichniß vom Säemanne.** (Mark. 4, 14.) 19. **Wenn jemand das**

Wort vom Reiche (die erfreuliche Botschaft, daß in Jesu Blut und Tod Vergebung der Sünden und alles Heil zu finden sey,) **hört, es aber nicht auffaßt,** (weil er keine Lust und Freude hat, von der Sünde los, und ein neuer Mensch zu werden, sondern lieber der Alte bleiben will, und sich deßwegen vor dem Evangelio, wie vor Gift fürchtet, das den alten Menschen tödtet;) **so kommt der Arge, raubt, was in sein Herz gesäet ist,** indem er den Leuten weiß macht, die Lehre sey zu hoch oder zu streng und scharf, es sey unmöglich, sie zu halten, sie sey verdächtig und eine neue Lehre 2c. 2c.

20. **Der aber auf steinigten Grund gesäet wird, das ist der, welcher das Worrt anhört und es sogleich mit Freude aufnimmt,** weil es ein beseligendes, erfreuendes Wort ist, das viele Verheißungen in sich enthält; 21. **er hat aber in sich keine Wurzel;** es ist nicht tief ins Herz gefallen, weil dasselbe noch nicht durch tiefe Zerknirschung und Hunger empfänglich dafür war; **darum besteht es nur einige Zeit,** so lang es nämlich leicht geht, und nichts zu leiden giebt; denn **sobald sich um des Wortes willen Trübsal und Verfolgung erheben,** welches nicht ausbleiben kann, weil es gleichsam das Siegel und Kennzeichen des Evangeliums ist, **so nimmt er alsbald Aergerniß daran,** und zieht sich zurück. So leicht er es vorher angenommen hat, so leicht kann er sich wieder an etwas ärgern, weil er in Christo nicht gewurzelt und gegründet, und sein Herz nie recht erweicht und ergriffen war.

22. **Der aber unter die Dornen gesäet ist, das ist der, welcher das Wort zwar hört, aber die Sorge der Welt,** ob man dabei auch in der Welt fortkommen werde, **und der Trug des Reichthums,** daß man immer mehr haben will, und sich nicht begnügen kann mit dem, was man hat, theilt und verstrickt das Herz, und **erstickt das Wort,** das Lebensfünklein,

daß es ohne Frucht bleibt. Die Worte und Buchstaben mögen wohl im Gedächtnisse bleiben, und man kann die Sprüche der Schrift gar wohl hersagen, und andere bestrafen oder lehren, aber Kraft und Saft fehlt, und das Leben will nicht nach. Jer. 4, 3. 1 Tim. 6, 9.

23. **Der endlich auf gutes Erdreich gesäet ist, das ist der, welcher das Wort Gottes hört und versteht, und dann auch Früchte bringt, bald hundertfältig, bald sechzigfältig, bald dreißigfältig.** Willst du so ein gutes Erdreich werden, so verlange nur nach Christo und seiner Gerechtigkeit, wie ein Hirsch nach frischem Wasser, wie ein dürres Erdreich nach Regen, und fasse die angebotene Gnade zum Leben an, so wird dich Christus nicht unfruchtbar seyn lassen.

24. **Er legte ihnen ein anderes Gleichniß vor
und sprach: Das Himmelreich ist gleich einem
Menschen, der guten Samen auf seinen Acker säete.**
25. **Da aber die Leute schliefen, kam sein Feind und
säete Unkraut mitten unter den Weizen, und ging
davon.** 26. **Da nun die Saat hervorsproßte und
Frucht trieb, kam auch das Unkraut zum Vorschein.**
27. **Da traten die Knechte zum Hausvater, und
sprachen: Herr hast du nicht lauter guten Samen
auf deinen Acker gesäet, woher hat er denn Unkraut?** 28. **Er aber antwortete, ein feindlicher
Mensch hat dieß gethan. Die Knechte aber sprachen zu ihm: Willst du nicht, daß wir hingehen
und es ausjäten?** 29. **Er aber sprach: Nein, ihr
möchtet sonst, indem ihr das Unkraut ausjätet,
mit demselben zugleich den Weizen ausreißen.**

Dieses Gleichniß hat der Heiland selbst gedeutet in eben diesem Kapitel Vers 36—43. Dabei muß aber nothwendig angemerkt werden, daß dieses und das vorige ganz verschieden sind. Der Same, davon Jesus dort redete, heißt das **Wort Gottes** (hier aber sind es Menschen), das ist dieselbe Wahrheit, die verkündiget wird, und von der man sagen kann, es säe sie,

wer

wer da will, wenn es nur der gute Same ist, und auf den rechten Acker kommt. Es kommt nicht darauf an, wer säet; das könnten allenfalls auch schlechte Menschen. Es kann ungefähr jemand in der Stube sitzen und vorlesen, und ein anderer, der krank da sitzt, oder einer, der vorbeigeht, kann das auffassen, und in sein Herz erhalten, was der Leser selbst nicht überlegt hat. Das ist die Natur des Wortes; es ist ein Same, der nur einen Acker braucht, der es auffaßt, so wirkt es unfehlbar. Da haben die Zuhörer nicht erst zu fragen: **wer** predigt? Wenn es nur Wort Gottes und Wahrheiten aus der Schule des heiligen Geistes sind, so können sie ein gesegneter Same in eines jeden Herzen werden.

Was aber hier steht, geht auf ganz etwas anderes. Der Acker ist nicht das Herz eines Menschen, sondern wie der Heiland spricht V. 38. die **bewohnte Erde**. Der Säemann ist nicht jedermann, der das Wort predigt oder sagt, sondern der **Menschensohn**. Der Same ist nicht das Wort Gottes; sondern es sind **Menschen**. Das Unkraut sind nicht böse Gedanken, nicht Irrlehren, oder dergleichen Disteln und Dornen, Aergernisse, Verfolgungen, wie es in jenem Gleichnisse heißt, sondern es sind auch wieder **Menschen**. Der es säet, ist nicht ein Irrlehrer, ein feindseliger Mensch, sondern der **Teufel** selbst. **Und** endlich die **Aerndte** ist nicht die gegenwärtige Zeit, da man sagen kann: da habe ich ein Häuflein Seelen beisammen, sondern das **zukünftige Gericht**. Die Schnitter sind nicht die Lehrer und Prediger, wie der Heiland Joh. 4, 36. und Paulus 1 Cor. 3, 9. sagen; sondern dießmal sind es die Engel.

Es ist also der Predigtstuhl des Heilandes so weit und groß, als die ganze Welt. Es ist kein Mensch, keine Nation, keine Religion in der Welt, die nicht sein Acker wäre. Die große Saat des Heilandes besteht darin: Er ist gekommen, ein Feuer auszusäen, und was wollte Er lieber, als daß es lichterloh brennte. Seine

Funken fahren herum, und fangen hie und da. Es sind aber noch tausend Plätze, wo es nicht fängt. Weil aber der Acker Asia, Afrika, Europa und Amerika so groß ist, so konnten es die Wächter nicht genug bewahren; sie haben es verschlafen. Da hat Belial, der Feind Christi, Gelegenheit erhalten, an einem Orte mehr, am andern weniger und in manchen Ländern so viel Unkraut auszustreuen, daß endlich der wenige Weizen fast unsichtbar geworden ist. Und wenn jemand als ein Mensch handeln und sagen wollte: ich will die Kinder Gottes zusammen nehmen, und die Uebelthäter ausrotten, so würde sich ein solcher entsetzlich betrügen; er würde manchmal funfzig gute Gemüther ausrotten, und so viele Heuchler dafür stehen lassen.

Darum sagt der Heiland: Das ist gar kein Werk für euch, laßt ihr dieß mir über. Wenn einmal der große Tag der Entscheidung kommt, da will ich meine Engel senden, die werden, was in jeglicher Zeit Unkraut war, schon ausscheiden. Und dann soll die Welt sehen, daß ich noch eine Menge Weizen habe. Die nennt Johannes eine Schaar, die niemand zählen konnte. Off. 7, 9.

Was sind aber das für Leute, die der Teufel aussäet? Lügner und Mörder; das ist die Saat des Teufels; das Mordgeschlecht, das nicht nur selbst nicht selig seyn mag, sondern auch andere abhält, selig zu werden.

Wenn jemanden einfällt: ich will Leute irre machen, daß sie in ihrem Vorhaben stutzig werden, so denke er, daß er ein Mörder werden kann, daß er zu des Satans Mordgeschlecht tritt, das unter den Türken, Juden, Heiden und Christen die Saat des Heilandes verderbt; er bedenke doch den Augenblick, da ihn die Engel ins Feuer werfen werden, weil er die Seelen gehindert hat, weil er Jesum hindern wollte, die Seelen selig zu machen.

30. **Lasset beide mit einander wachsen bis zur Aerndte. Zur Zeit der Aerndte will ich dann den**

Schnittern befehlen: Sammelt zuerst das Unkraut und bindet es in Büschel zusammen, daß man es verbrenne, den Weizen aber sammelt in meine Scheuer.

Diese Stelle wird gewöhnlich mißbraucht von Leuten, die sich einbilden, ordentlicher Weise müßten in einer Gemeine allemal mehr böse Menschen seyn, die den Heiland nicht kennen, als solche, die Ihn kennen. Da werden die Wächter nachlässig, und denken, es muß doch Unkraut seyn, wir können es doch nicht rein haben, sondern müssen Unkraut und Weizen unter einander haben. Das ist ein falscher Gedanke. Wir sind nicht dazu gesetzt, daß wir es geschehen lassen sollen, daß Unkraut unter den Weizen komme; darin sollen wir nicht geduldig seyn, daß sich böse Wurzeln einschleichen, sondern so lange es verhindert werden kann, so müssen wir es thun. Daß die Leute schlafen, ist bei einer Gemeine ein großer Fehler. Daher müssen wir alle ersinnliche Treue erweisen, zu wachen, daß der Acker lauter und rein bleibe, und auf die Reinigung des Bodens hinarbeiten, d. i. wir müssen den rechten Grund legen, und so viel an uns ist, beitragen, daß der Acker so wenig Unkraut wie möglich trage, daß er so rein als möglich werde, daß des Unkrauts sehr wenig sey, daß man es entweder mit desto geringerm Schaden stehen lassen, oder vielleicht, dieß- und jenesmal herausziehen kann, ohne Schaden des Weizens. Denn es giebt Fälle, wo die Ursache des Heilandes, warum Er es nicht haben will, daß man das Unkraut ausjätet, wegfällt; denn bisweilen ist das Unkraut so sichtbar und auf einem solchen Haufen oder so wenig eingewurzelt, daß es ohne Schaden weggenommen werden kann. Und da haben die Apostel gesagt: Thut von euch selbst hinaus, wer da böse ist. 1 Cor. 5, 13. Wenn aber die geringste Gefahr dabei ist, daß man sich vergreifen, und Weizen mit herausreißen kann, wie wenn man z. B. Familien aus der Gemeine wegthut, da manchmal unter den Kindern, Ehegatten oder Gesinde wirklicher Weizen ist; da muß man es stehen lassen, und sich mit den Worten trösten: **bis zur Aerndte.**

Auch muß man wohl unterscheiden, und genau nachsehen, ob es ganz schlechtes Unkraut ist, oder etwas, das noch gepflegt und gewartet werden muß, das nicht Unkraut von Art ist, sondern schwacher Weizen, der sich erholen muß. Und darin besteht die wahre Weisheit, die einem niemand geben kann, als der heilige Geist, die wir täglich in Demuth und Beugung des Herzens suchen müssen. Wenn wir diese haben, so gelingt uns das Werk des Herrn. Nur müssen wir treu seyn, und nichts verschlafen, nichts verwahrlosen, nichts aufkommen lassen, wenn wir's verhindern können, aber auch nichts ausreißen, was nicht Unkraut von Art ist, was nicht der Satan gesäet hat, und was unter die göttliche Geduld gehört, daß wir das nicht unbearbeitet lassen, bis auf die letzte Möglichkeit. Stärke das andere, das sterben will, bring's wieder zurecht, hilf ihm wieder auf. Das sind die Regeln, die uns der Geist der Gemeinde giebt. Offenb. 3, 2.

31. **Ein anderes Gleichniß legte Er ihnen vor und sprach: Das Himmelreich ist gleich einem Senfkorne.** (Mark. 4, 31. Luk. 13, 19.) 32. **Dieß ist zwar das Kleinste unter allen Samen; wenn es aber aufgewachsen ist, ist es größer, als alle Gartengewächse, und wird ein Baum, daß die Vögel des Himmels unter seinen Zweigen nisten.** Crescit in immensum. Die Saat wächst unbegreiflich, daß sich es kein Mensch vorstellen kann, was aus ein paar Menschen für eine Menge Leute, und was aus geringscheinenden Umständen für erstaunliche Folgen kommen können.

Wer sich betrübt, daß der Anfang nur kaum gemacht, und daß die halbe Welt noch voll Nacht ist, der denke an das Senfkörnlein. Unsere Kleinheit darf uns nicht erschrecken, wenn wir nur der Leitung des

Heilandes folgen, wenn wir es uns nur den Himmel auf Erden seyn lassen, Ihm zur Freude zu werden, uns Ihm ohne die geringste Ausnahme hinzugeben. Fürchte dich nicht, du kleine Heerde!

Mit der Kirchen-Sache Jesu Christi ist es anfangs allemal etwas Kleines, nie etwas Großes. Freilich wenn das Kleine und Wenige zusammenkommt, so wird es größer, und wenn viele Senfkörnlein gesteckt werden, so wird endlich eine Baumschule daraus, und kommt einem groß vor, es wird noch größer werden, wenn alles aufgegangen seyn wird. Im Anfang aber ist es klein, und muß klein seyn. Fängt etwas groß an, so ist es eben, als finge ein Baum von den Aesten an, und wüchse so hinunter in den Boden. Wir dürfen nur in unsern engen Schranken treu seyn, und Ihn sorgen lassen, wie Er es größer und ausgebreiteter machen wird. Nur wollte ich, daß keine Gegend wäre, wo sein Name nicht genannt würde.

Wie klein war das Senfkörnlein des Reiches Gottes im Kinde Jesu zu Bethlehem im Stalle, am Kreuze zu Jerusalem, und wie groß schon am Himmelfahrts- und Pfingsttage nachher, wie wuchs es, wie wächst es noch — und was wird es werden, wenn alle Reiche unsers Gottes und Christus seyn werden?

33. **Das Himmelreich ist gleich einem Sauerteige, den ein Weib nimmt und unter drei Scheffel Mehl mengt, bis das Ganze durchsäuert ist.** Luk. 13, 21.

Der Sauerteig ist nichts anderes, als ein Stück übrig gebliebenen Teiges von einem vorigen Gebäcke. Wenn das wieder angefeuchtet, und mit dem neuen Mehl vermengt wird, so bekommt der neue Teig die Säure, den Geschmack und die Haltbarkeit, daß es nicht so leicht verdirbt, wie Ungesäuertes. Ich halte dafür, der Heiland meine mit dem Sauerteig eigentlich nichts, als seinen Geist, seinen Leib und sein Blut der Versöhnung, mit dem alles, was von Neuem gebacken wird, durchgangen werden muß. Es ist mit allen Bekehrungen, Erweckungen und Kirchengemeinschaften nichts, so lange dieser Sauerteig fehlt. Es ist nichts Schmackhaftes, Solides, Bleibendes, nichts, das den Namen einer Kirche, oder eines geistlichen Brodes verdient.

Durch sein Blut und seinen Tod, wodurch Er den heiligen Geist erworben hat und mittheilt allen, die an Ihn glauben, ist der Heiland der erste Sauerteig der Kirche geworden. Ein Mensch, der die Kraft und das Verdienst des Todes und Blutes Jesu in sich gezogen, und dadurch Vergebung der Sünden und den heiligen Geist erhalten hat, ist auch so ein Sauerteig. Und wo er sich mit andern Seelen zu thun macht, ihnen nahe kommt, und sie das, was er lehrt, und mitbringt, nur einigermaßen einlassen, so theilt er ihnen seine durchsäuernde Gnade mit. Und das ist seit 18 Jahrhunderten geschehen, und geschieht besonders auch im Sakramente des heiligen Abendmahls, durch die wahre, gemeinschaftliche Annäherung zu Ihm. Ein jedes Glied, das zum erstenmale dazu kommt, wird mit ins Brod gebacken, und nimmt Theil an der durchsäuernden Kraft. Es kann dann wieder ein Sauerteig werden, der in einen andern Teig hinein muß, den der Heiland noch gebacken haben will.

Ein Teig, der nicht recht durchsäuert ist, geht nicht auf; er bleibt sitzen, er mißlingt. Da werden sich nun erstaunlich viele Menschen, Verfassungen und gottesdienstliche Geburten am Tage der Bewährung aller Dinge betrogen finden, wenn sie nicht als ein schmackhaftes Brod Gottes, durchsäuert von Jesu Blut und Tod und Geist, erfunden werden.

Jeder Christ, der arbeiten soll im Hause Jesu Christi, muß eine durchsäuernde Gnade in sich haben, muß selbst von der Kraft des Blutes und Geistes Jesu durchgangen seyn, der sich zugleich unendlich vermehren kann, und doch nichts von seiner Kraft verliert, so viele Scheffel Mehls er durchgeht und durchsäuert.

34. **Dies alles redete Jesus in Gleichnissen zum Volke, und anders als in Gleichnissen redete Er nicht zu ihnen,** (Mark. 4, 33.) und nahm sie alle vom gemeinen Leben her, von Dingen, die alle Tage vor den Augen der Menschen sind, und daher weder tiefes Forschen noch philosophische Bildung brauchen, wenn man nur nicht blind seyn will. Damit bewieß Er auch wiederum, daß das Reich Gottes nicht in hohen Worten und philosophischer Weisheit bestehe, sondern in großer Einfalt und Reinheit des Sinnes. Er zeigt uns wie wir Gott überall finden können in allen Kreaturen, denn alle zeugen von ihm und von seinem Reiche, das sich überall abbildet und widerscheint wie die Sonne im Thautropfen.

Und Er redete durchaus nicht anders als in Gleichnissen, aus weisen Absichten; den Einen zur Strafe, solchen nämlich, die gleich wieder davon laufen wollen, wenn sie nicht alles gleich auf einen Bissen verschlingen können, den Andern, guten Seelen, zur Wohlthat, daß sie sich die Sache unter verschiedenen Gemählden und Bildern vorstellen können, und desto fleißiger nachforschen möchten. Die Einfalt konnte und kann seine Gleichnisse verstehen, weil es ihr der Geist enthüllt, aber für die Menge der Unwürdigen, für den großen Haufen des gelehrten und ungelehrten Pöbels müssen sie ein Schleier oder eine Hülle, ein Räthsel seyn, das sie nicht auflösen können, bis sie ihre Selbstklugheit ablegen und um Weisheit von oben bitten.

35. **So wurde erfüllt, was durch den Propheten gesagt ist, der da spricht: In Gleichnissen will ich kund machen, was vor Grundlegung der Welt her verborgen war.** Ps. 78, 2. Von seinem Reiche konnte kein Prophet und Niemand so gut sprechen, als wie Er selbst. So muß Er auch itzt noch in die Seele kommen und sich selbst offenbaren, sonst bleibt uns alles von Ihm und seinem Reiche ein Räthsel.

36. **Dann entließ Jesus das Volk**, als Schafe, die nun auf guter Weide waren, **und ging nach Hause: Und seine Jünger traten zu Ihm** und wollten die Predigt noch einmal hören, denn wenn man nach Hause kommt, muß es noch predigen und wiederhallen in dir, sonst hast du nicht mit dem rechten Ohre gehört. **Sie sprachen: Erkläre uns das Gleichniß vom Unkraut im Acker.**

37. **Da antwortete Er und sprach: der den guten Samen säet, ist der Menschen-Sohn.** Er ist dazu in die Welt gekommen als der verheißene Weibessame um ein besseres Geschlecht zu pflanzen, einen bessern Samen auf Erden auszusäen.

38. **Der Acker aber ist die Welt.** Nicht die Kirche bloß, die ganze Welt ist sein Acker, Er säet überall, es sind alle Welttheile sein, und Er will allen Menschen geholfen wissen. Er mag wohl noch mehrere solche Aecker haben, wie diese Welt. Ein reicher Mann hat nicht nur einen Acker, sondern viele, und es wäre Schade, wenn ein solcher Säemann nicht mehr Land hätte. **Der gute Same sind die Kinder des Reichs**, die aus Gott geboren sind. **Das Unkraut aber die Kinder des Bösen**, die Kinder Belials, Teufelskinder, die sich mit eindringen, und meistens weit vordrängen. Mark. 16, 15.

Es ist bekannt, daß man die Menschen warnt, daß wenn sie keine Kinder Gottes werden wollen, sie doch nicht gleich Kinder des Teufels werden; denn es muß ja nicht seyn, wenn es wahr ist: datur tertium; daß es ein Mittelding giebt. Der größte Theil (das ist offenbar) hat den Heiland nicht, und muß dem Teufel dienen, wenn ihre Münze gleich nicht (wie einer tartarischen Nation Schuld gegeben wird) sein Bild und Ueberschrift führt, so sind sie doch eben in seinen Ketten, und können nicht so weit von ihm weg, als sie wohl denken. Es ist aber doch ein großer Unterschied, ob ein Mensch sein Sklave und Gefangener ist zu seinem Willen 2 Tim. 2, 26. oder, ob er sein Vater ist, und er zur Familie des Satans gehört und seinen Willen gern thut, Joh. 8, 44., welche Eigenschaft der Herr den Pharisäern beilegt, wo das Ende vom Liede allemal die Lästerung des heil. Geistes ist.

39. **Der Feind, der dasselbe gesäet hat, ist der Teufel.** Das Unkraut ist da, und kann nicht übersehen werden, der Herr hat aber lauter guten Samen ausgestreuet, hat alles gut gemacht, daß es eine Lust anzusehen war, wer kann also den Säemann des Unkrauts läugnen? Aber sie heißen alles gut, was der Teufel, ihr Herr Vater, thut.

— **Die Aerndte aber ist das Ende der Welt;** der Tag der Rache und der Vergeltung, wenn Gottes Geduld ein Ende hat. **Die Schnitter endlich sind die lieben Engel,** die von allen vier Enden die Garben zusammenbringen, und in die Scheuer tragen werden.

40. **Wie man nun das Unkraut sammelt und mit Feuer verbrennt, so wird es auch am Ende der Welt seyn.** — So wird es auch bei deinem Tode seyn, denn das Ende deines Lebens ist für dich das Ende der Welt und der Barmherzigkeit Gottes. — Wenn du also dort von den Schnittern nicht als Unkraut willst erfunden werden, so hast du Zeit, ein guter Weizen zu werden.

41. **Der Menschensohn wird seine Engel senden und sie werden aus seinem Reiche alle Aergernisse, und alle die Unrecht thun sammeln.** (Kap. 24, 31. 25, 32.) 42. **Und sie in den Feuerofen werfen, wo Heulen und Zähnknirschen seyn wird.** (Kp. 8, 12. 22, 13. 24, 41.). Bis dahin werden also die Aergernisse und Gräuel immer stehen bleiben in der Welt, und wir werden nicht eher davon befreit werden, als bis die Schnitter kommen und der große Hirt, der die Schafe von den Böcken sondert, die itzt die Schafe stoßen und quälen in der Kirche.

43. **Aber die Gerechten werden dann leuchten, wie die Sonne in dem Reiche ihres Vaters. Wer Ohren hat zu hören, der höre.** Dan. 12, 3. 1 Kor. 15, 41. Weish. 5.

Welch ein veränderter Zustand der Auserwählten! Hier verachtet, verspottet, für thöricht gehalten, dort leuchtend wie die Sonne! Hier unterdrückt, verstoßen, verbannt, dort auf dem Throne Gottes! — Das 5. Kapitel im Buche der Weisheit erklärt dieses sehr schön. Tolle, lege! (nimm und lies!)

44. **Ferner gleicht das Himmelreich einem Schatze, der in einem Acker verborgen ist. Findet ihn jemand, so verbirgt er ihn wieder, und geht voll Freude darüber hin, verkauft alles, was er hat, und kauft diesen Acker.** Kap. 16, 24. Phil. 3. 7.

Die lebendige, seligmachende Erkenntniß Jesu Christi ist ein Schatz, für den man alles fahren lassen kann, gegen den man alles für nichts achtet, für den man alles, auch sich selbst, daran wagt, um ihn zu erhalten, und ganz in der Sache drin zu seyn.

Einem treuen Knechte Jesu Christi, dem der Heiland das Geheimniß aufschließt, wie er mit dem Evangelio durch die Welt kommen kann, ist alles feil. Wenn wir aber so einen Schatz haben, und lassen ihn mit der Zeit wieder fahren, so ist alle Mühe und Arbeit, die wir daran gewandt, umsonst, und es finden ihn andere.

45. **Wiederum gleicht das Himmelreich einem Kaufmanne, der gute Perlen sucht.** 46. **Wenn er eine kostbare Perle gefunden hat, so geht er hin, verkauft alles, was er hat, und kauft dieselbe.**

Das versteht sich ja von selbst, wird mancher denken, daß dieser Kaufmann und jener Mensch so handelten; sie gewannen ja reichlich wieder, was sie ausgelegt hatten. Ja wohl! — Laßt uns auch so klug seyn!

Christus — Wahrheit und Friede — ist doch gewiß die köstlichste Perle, die in aller Menschen Herzen durch Glauben und Liebe nahe zu finden ist, wenn wir sie nur aus dem Grunde des Meeres unserer Leidenschaften, wo sie unbenutzt liegt, hervorholen wollten.

Christus ist die Perle, mit der man alles hat. Das große Geheimniß, die Eine Perle, der zu lieb man alle Wissenschaft, alles Vermögen, Freunde und Familie, ja sein eigen Leben feil trägt und gerne verliert, ist kurz weg, **Ihn zu erkennen, Ihn zu gewinnen, in Ihm erfunden zu werden.** Phil. 3.

Daß Gott Mensch geworden, und daß Er seinem Volke und jeder Seele so nahe seyn will; seine nachbarliche, brüderliche, freundschaftliche Nähe, die Nähe eines Verlobten, aber eines solchen, den seine Braut und eine jede Seele sein Blut gekostet hat, das ist die hohe Weisheit, da hinein auch die Engel zu schauen gelüstet. Davon kann unser Herz voll werden, darin lebt es. Wenn man auch Perlen und Diamanten machen könnte, so wäre eine solche Fabrik noch lange nicht das, was diese Eine Perle ist; sondern nur eingebildete Reichthümer. Unser Reichthum ist nicht zu ergründen.

47. **Endlich ist es mit dem Himmelreiche, gleichwie mit einem Netze, das ins Meer geworfen wird, damit man Fische aller Art fängt.**

Es ist nicht unmöglich, daß man in Orten', wo man nicht säet und ärndtet, sich auf das Fischen verlegt; da man eine ganze Gegend, wie man sie gefunden, wie in große Wacken hineinfängt. Es kommt alles unter einander, Gutes und Böses, Lebendiges und Todtes.

Das Himmelreich (die Kirche Christi auf Erden) gleicht also darum einem Netze, weil es alles aufnimmt, auch zur Prüfung, weil es eher hundert nichtsnützige Leute aufnimmt, als Einen wegläßt, der zugleich mit wegbleiben müßte, wenn dieser oder jener Nichtsnützige weggeblieben wäre. Daher kommt es bisweilen, daß sich Leute bekehren, aber nicht recht; denn ihre Bekehrung war nur ein Zeitgewinn für jene, die sich ohne sie nicht hätten bekehren können. Und wenn der Zweck erhalten ist, so sind sie wieder wie zuvor. Darum kann man sich auf die Bekehrungen, wenn sich Aeltern bei Gelegenheit der Erweckung ihrer Kinder, oder Kinder bei Gelegenheit der Erweckung ihrer Aeltern, oder eine Frau bei Gelegenheit ihres Mannes, oder ein Mann bei Gelegenheit seiner Frau, bekehrt, nicht verlassen. Allein in die Untersuchung kann sich ein Menschenfischer nicht einlassen; er muß das Netz ziehen, was immer darin ist. Und es ist daher gegen die großen Züge nichts zu sagen, sondern je größer, desto besser. Aber wenn man alles, was mit dem Netz herauskommt, in den Hälter setzen, und die nichtsnützigen und abstehenden Fische gleichfalls vorsetzen müßte, das wäre eine verdrüßliche und schädliche Arbeit; die schädlichen Fische würden die guten verderben. Da läßt sich nicht anwenden, was der Heiland vom Unkraut und Weizen sagt, denn das Unkraut duldet man nur, damit man dem Weizen keinen Schaden thut, so lange er auf dem Felde steht.

48. **Wenn das Netz voll ist, zieht man es ans Land, setzt sich** (beim Gerichte), **und sammelt die guten Fische in Geschirre; die aber nichts taugen, werden weggeworfen.**

Wie man nun die Guten in besondere Gemeinen und Versammlungen eintheilte, die man aus dem Weltmeere des Heidenthums an das Ufer des Christenthums gebracht hatte; also war man in der ersten Kirche auch bedacht, die todten, stinkenden Fische hinauszuwerfen aus der Gemeinschaft der Kirche. Und

49. **So wird es auch am Ende der Welt geschehen. Die Engel werden ausgehen, und die Bösen** (die dem Satan gedient, und ihm als ihrem Vater gehorcht haben), **von den Guten scheiden;** (die sich der Heiligung beflissen haben) (Kap. 25, 32.) 50. **und sie in den Feuerofen werfen, wo Heulen und Zähnknirschen seyn wird.**

In den Feuerofen muß jeder, der sich hier nicht will läutern und reinigen lassen von seinen Unreinigkeiten. Scheide dich hier schon von den Gottlosen durch den besseren Sinn und christlichen Wandel, wenn du dort auch äußerlich und auf ewig willst von ihnen geschieden werden. Auch dort wird gleich und gleich sich gesellen und mit einander fahren. Wer die Freude dieser Welt nicht meiden, und die Leiden, die den Frommen hier treffen, nicht ertragen kann, wie sehr wird es der bereuen; denn es ist noch ein Augenblick, so werden die Freuden der Gottlosen und die Leiden der Frommen nicht mehr seyn, aber jene Qual, jenes Feuer, jener Glutofen wird ewig brennen, und nach tausend und abermal tausend Jahren immer wieder von neuem geheizt werden.

51. **Hierauf sprach Jesus zu ihnen: habt ihr dieses alles verstanden? Sie sagten zu Ihm: ja Herr!** Sie sagen: ja Herr! und Christus läßt sich die Aufrichtigkeit ihrer Herzen gefallen, obwohl noch viel mag gemangelt haben. Uebrigens fragt der Heiland hier nicht umsonst: Habt ihr's verstanden? Wir sollens noch einmal ansehen und dabei weilen — die Sache ist von Wichtigkeit. Hast du's verstanden? — ?

52. **Er aber sprach zu ihnen: So gleicht jeder Schriftgelehrte, der vom Himmelreiche wohl unterrichtet ist, einem Hausvater, der aus seinem Schatze Neues und Altes hervorbringt.** Kap. 12, 34.

Es giebt viele hundert Schriftgelehrte und Doktores der heiligen Schrift, die tausend nütze und unnütze Dinge wissen, die doch vom Himmelreiche nicht unterrichtet sind. Was war die ganze Schriftgelehrsamkeit der Jünger Jesu? Daß sie mit dem Heilande gegen vier Jahre gewandelt, mit Ihm aus- und eingegangen, mit Ihm gegessen und getrunken haben, das war ihre allergrößte Schule.

Einen Menschen, der seine Sachen, die er weiß, mit Nutzen wieder anwenden kann, der sich geschwind eines alten Stoßgebetleins bedienen, und dann wieder die allerneueste Sache hervorbringen kann, was eben Wirkung und Eindruck macht; dem kein Stoßgebetlein zu alt, und dem auch wieder nichts fürchterlich ist, wegen seiner Neuheit, wenn er nur weiß, es läßt sich mit Nutzen und Segen anwenden, es paßt daher; einen solchen nennt der Heiland einen Schriftgelehrten, der vom Himmelreiche wohl unterrichtet ist.

53. **Nachdem Jesus diese Gleichnisse geredet hatte, ging Er von da weiter.** Sie hatten nun genug zum Nachdenken. Nach der Predigt muß man die Leute dem Nachdenken überlassen und sich zurückziehen.

54. **Und da Er in sein Vaterland** (nach Nazareth) **kam, lehrte Er in ihren Synagogen, daß sie erstaunten** (aber sich es doch nicht zu Nutzen machten, daß sie sich hätten weiter führen lassen; es blieb bei der müßigen Frage:) **Woher hat dieser so viel Weisheit und solche Wunderkräfte?** (Er ist ja nicht auf der hohen Schule gewesen!) 55. **Ist Er nicht der Zimmermanns-Sohn?** Freilich, Er hat Himmel und Erde gezimmert, als der rechte Baumeister, Hebr. 11, 10. **Heißt nicht seine Mutter Maria, und seine Brüder** (d. i. Geschwisterkinder) **Jakobus** (ein Schwester-Sohn Mariä, so auch) **Joses, und Simon und Judas?** (Luk. 4, 22.) 56. **Und seine Schwestern sind sie nicht alle bei uns?** (d. i. seine Basen,) lauter Leute, die unbedeutend sind und kein Ansehen haben; **woher kommt Ihm denn dieß alles?** 57. **Und sie ärgerten sich an Ihm.** Sie fühlten seine Kraft, hatten aber doch so viel auszusetzen an Ihm, daß sie seiner geringen äußern Umstände wegen, der Armuth seiner Anverwandten, und seiner geringen Geburt wegen nicht an Ihn glauben konnten. Siehe Mark. 6, 3.

— **Jesus aber sprach zu ihnen: Ein Prophet ist nirgends ungeehrt, außer in seinem Va-**

terlande, und in seinem Hause. Unter seinen Freunden und Verwandten nach dem Fleische richtet man gewöhnlich nicht viel aus. Joh. 4, 44.

Die, welche Jesum am besten kennen sollen, wissen nichts von Ihm.

Die Weisheit Gottes hat sich den fleischlichen Menschen, die ihrer nicht werth waren, recht verborgen unter der armen äußeren Gestalt eines Zimmermanns. Wie herrlich wird sie einst erscheinen! Fleischliche Menschen ärgern sich an den heiligsten Dingen, und die Mittel des Heils werden ihnen Hindernisse. Die menschliche Vernunft will nicht begreifen, daß Gott sich so herunterlassen kann um des Menschen willen; ihr Hochmuth kann die Demuth Gottes nicht ertragen.

Man kann diejenigen nicht mit Geistes-Augen ansehen, die man mit fleischlichen Augen zu sehen gewohnt war.

58. **Er wirkte auch daselbst nicht viele Wunder, um ihres Unglaubens willen**; das heißt nicht: es war Ihm nicht möglich, sondern es war Ihm nicht gemüthlich, Er mochte nicht, weil Er nicht geachtet war, weil sie so gar ungläubig und gleichgültig waren. Darum ist es nöthig, daß man nicht gleichgültig gegen Ihn wird, und Ihn veranlaßt, auf die Seite zu gehen; denn das ist seine Art.

Unglaube und Verachtung des Wortes Gottes vertreibt Jesum aus dem Herzen und Hause, und seine Boten aus dem Lande.

Der Glaube legt die Allmacht Gottes in die Hände der Menschen, der Unglaube aber bindet dem Allmächtigen die Hände.

Das XIV. Kapitel.

Christus und das Evangelium kommen so als eine Tagesneuigkeit nach Hofe.

---

1. **In derselben Zeit kam das Gerücht von Jesus dem Vierfürsten Herodes zu Ohren;** (Mark. 6, 14. Luk. 9, 7.) 2. **Und er sagte zu seinen Dienern: Das ist wohl Johannes der Täufer; der ist von den Todten auferstanden; darum wirken solche Wunderkräfte in Ihm.**

Johannes hatte also bei Hof größeres Ansehen, als Christus, den man wegen seiner Niedrigkeit für nichts achtete. Auch sogar die Wunderwerke Christi wurden dem Johannes zugeschrieben, vermuthlich weil er streng lebte. So werden noch die Wunder, die allein von Jesus gewirkt werden, der Bußstrenge oder der Tugend eines Menschen zugeschrieben.

Herodes war noch in seinem Gewissen beunruhigt von der Enthauptung Johannes, so daß, als er von den Wunderthaten Jesu hörte, Johannes sein erster Gedanke war. Das böse Gewissen schafft alles zu Schreckbildern. Er sah Johannes, den er hatte enthaupten lassen, in Jesus vom Tode auferstanden. Er ahnte und fürchtete, Gott werde den unschuldig Ermordeten auferweckt haben. Der Unglaube, der ein böses Gewissen hat, wird leicht abergläubig. So sadduzäisch Herodes gedacht haben mag, so ward er doch durch sein böses Gewissen zu dem Wahne verleitet, die Seele Johannis sey in Christus wieder erschienen oder in denselben verwandelt. Wer Gott und der Wahrheit nicht glaubt, wird leicht dem Wahn und der Lüge glauben. Lasterhaftigkeit und Aberglaube stehen immer bei einander.

3. **Herodes hatte nämlich Johannes** (hochgeschätzt, aber doch) **ergreifen, binden und ins Gefängniß werfen lassen wegen** (eines elenden Weibes) He-

Herodias, der (ehebrecherischen) **Frau seines Bruders Philippus,** von der er durch wilde Lust gefesselt und gefangen war. Mark. 6, 17.

Der Täufer des Herrn wird das Opfer einer Ehebrecherinn. Der Ehebruch der Herodias legt ihn in Fesseln und schlägt ihm das Haupt ab. Wer vorsätzlich in Sünden lebt, hat allen Lastern die Herrschaft über sich eingeräumt. Man weiß nicht mehr wo man still stehen muß, wenn man sich einmal auf die Straße der Gewissenlosigkeit begeben hat. Kein Mensch würde so leicht sündigen, wenn er die Sündenheere sähe, die alle die erste Sünde zur Mutter haben.

4. **Denn Johannes hatte ihm** (vorlängst ohne Ansehen der Person) **gesagt: Es ist dir nicht erlaubt, sie zum Weibe zu haben,** 3 Mos. 18, 16., weil sie seines noch lebenden Bruders Weib war, der ihr keinen Scheidebrief gegeben, und weil sie auch seines ältern Bruders Tochter war. Aber solche Herren, als Weichlinge, haben immer Leute an der Hand, die ihnen alle Gewissensskrupel zu benehmen und zu dispensiren wissen. 5. **Er hätte ihn gerne hinrichten lassen** (weil ihm Herodias beständig in den Ohren lag), **fürchtete aber das Volk, weil es ihn für einen Propheten hielt.** Menschenfurcht vermag über die Herzen der Mächtigen dieser Welt mehr, als Gottesfurcht. Kap. 21, 26.

6. **Am Geburtsfeste Herodis aber** (ergab sich eine schickliche Gelegenheit dazu, denn da) **tanzte die Tochter der Herodias in der Mitte vor allen, und sie gefiel dem Herodes** (noch besser als Johannes Predigt, und) **so wohl,** 7. **daß er ihr mit einem Eidschwur** (wie unbesonnen und leichtsinnig!) **verhieß, ihr zu geben, was sie nur immer von ihm verlangen würde.** Zu solchen Sklaven macht die Leidenschaft auch Mächtige und Gewaltige, und wie oft zu Sklaven der Weiber!

8. **Sie aber, von ihrer Mutter,** (welche die Gelegenheit, sich an Johannes zu rächen, wohl zu benutzen wußte und schon lange darauf studiert hatte), **zum voraus unterrichtet, sprach: Gieb mir auf einer Schüssel das Haupt Johannes des Täufers;** damit ihm mit dem Haupte zugleich die Zunge und Gelegenheit abgeschnitten würde, dem Herodes ins Gewissen zu reden, nnd ihn endlich gar dahin zu bewegen, daß er sie wieder entlasse.

9. **Darüber wurde der König traurig; doch um des Eidschwures willen und wegen derer, die mit zu Tische lagen** (die stumme Hunde waren, und dazu still geschwiegen, oder dem gottlosen Weibe zu Gefallen beigestimmt hatten), **befahl er, es ihr zu geben.** Die Kavaliersparole muß gehalten werden, auch in den bösesten Dingen. Welche Gewissenhaftigkeit, wenn man sich einen Skrupel macht, einen ungerechten Eid zu brechen; aber sich keinen macht, einen unschuldigen und heiligen Mann der Rache einer Hure zu opfern und zu tödten?!

Wer so unvorsichtig und so vermessen seyn konnte, sich in solche eidliche Verpflichtungen einzulassen, die Gottes Gesetzen zuwider sind, der falle nieder vor Gottes Angesicht, und statt seinen Eid zu erfüllen, bekenne er Gott seine Thorheit und bitte Ihn um Vergebung. Der Heiligste kann kein Mißfallen haben, an der Nichterfüllung unheiliger, gottloser Eide. Wenn wir einmal aus Thorheit und Uebereilung Böses versprochen haben, so ist es Ihm doch lieber, wir halten es nicht, als daß wir's halten, und eine Thorheit mit einer Ungerechtigkeit und Grausamkeit zudecken; — es ist Ihm lieber wir brechen **unser** Wort, als **sein** Wort.

Wenn Herodes sein Wort hält, um des Eides und der Tischgenossen willen, sollte Gott, sollte Christus, der Wahrhaftige, sein Wort nicht halten, sein Wort, das Leben verheißt den Todesschuldigen?

10. **Er (der Weibersklave) schickte hin und ließ Johannes im Kerker enthaupten**; während sie bei Tische lagen. Er fügte der ersten Thorheit eine zweite noch schrecklichere bei — die weit unsinnigere Erfüllung des unsinnigen Gelübdes. 11. **Da ward sein Haupt auf einer Schüssel gebracht, und dem Mädchen gegeben. Und sie brachte es ihrer Mutter**, die darnach Appetit gehabt hatte, und das ihr bei dieser Tafel die köstlichste Speise war, weil ihre Rachsucht dadurch befriedigt ward. So hat diese Geburtstagsfeier und Hoflustbarkeit dem Prediger der Wahrheit das Leben gekostet.

12. **Seine Jünger aber kamen, trugen seinen Leichnam weg und begruben ihn; dann gingen sie hin und verkündigten es Jesu.** Mark. 6, 29.

Johannes hat seine Jünger schon in seinem Leben gelehrt, daß man zu Jesus gehen soll, er hat nur auf Ihn gewiesen, hat sie zu Ihm gesandt, darum gehen sie nun auch nach seinem Tode zu Jesu. Das war für sie die erste Frucht seines Todes.

Wer begreift die Wege des Herrn? Ein solcher Mann, der größte von allen vom Weibe Gebornen, nimmt ein solches Ende, geht so unbemerkt aus der Welt! Eine Ehebrecherin spielt mit seinem Kopfe! Seinen Leichnam läßt man im Kerker liegen, bis ein Paar seiner Jünger kommen, und ihn doch wenigstens unter die Erde bringen. Der Himmel schweigt dazu, als wenn es ihn nichts anginge, so daß man fragen möchte: Ist Johannes und sein Beruf wirklich vom Himmel oder von Menschen? Aber Johannes bedurfte keines äußeren Zeugnisses. Und doch gab Jesus ihm Zeugniß, und hielt ihm eine Lobrede. Kap. 11, 11. 13.

13. **Als Jesus dieß vernommen hatte, fuhr Er auf einem Schiffe von da weg an einen einsamen Ort, um allein zu seyn.** Da Jesus nach dieser blutigen Begebenheit die Einsamkeit und Stille suchte, so dürfte dieß wohl auch uns nöthig und nütz-

lich seyn, wenn wir etwas Wichtiges zu thun oder zu leiden haben. Mark. 6, 31. Luk. 9, 10.

14. **Und da Er wieder hervorkam, und die große Menge Volkes sah, hatte Er Mitleiden mit ihnen,** weil sie doch nach der Wahrheit hungerten, und von ihren pharisäischen Hirten nur mit Sauerteig von Menschensatzungen abgespeist wurden; — **und Er heilte ihre Kranken.** Wer gesund werden wollte, durfte nur zu Ihm kommen oder gebracht werden, das war schon genug.

15. **Am Abend traten seine Jünger zu Ihm, und sprachen: Der Ort ist öde, und es ist schon über die Zeit; entlaß das Volk, damit sie in die Flecken gehen und sich Speise kaufen können.** (Joh. 6, 5.) 16. **Jesus aber sagte zu ihnen: Es ist nicht nöthig, daß sie hingehen; gebt ihr ihnen zu essen.** 17. **Sie antworteten Ihm: Wir haben hier nur fünf Brode und zwei Fische.** Luk. 9, 13.

Dem äußern Ansehen nach hatten die Jünger Recht; ihre Haushaltung war nur auf zwölf Personen eingerichtet; nun kamen aber fünftausend Leute. Ja, ja, sagte der Heiland, laßt sie nur sich setzen; es wird doch mehr übrig bleiben, als eure Augen jetzt sehen. Sie waren gewohnt, daß sie dem Heilande doch folgten, wenn sie Ihn gleich nicht verstanden, und nicht wußten, was Er wollte. Sie mußten sich drein finden, mußten die Leute niedersetzen lassen, und ihnen zu essen geben.

Dieß Wort des Heilandes: **Es ist nicht nöthig, daß sie weggehen, gebt ihr ihnen zu essen,** ist also ganz gegen die Vernunft derjenigen, die, wenn der Leute zu viel werden, keine Auskunft mehr sehen. Der Fall kommt aber so oft vor, leiblich und geistlich; wenn's nun der Heiland thut, und die Noth der Seelen erfordert's, so muß man glauben und denken: Es sind seine Geschöpfe, Er wird Rath schaffen und helfen.

Im Geistlichen besonders darf man sich nur besinnen, daß es ein Brod des Lebens ist, eine Speise, die nie aufgezehrt werden kann, da man nicht sagen darf, es sind der Leute zu viel; sondern da ist Brod für alle genug, ein ewiges Brod, ein Mehl aus Gottes Fülle, das nie weniger wird. Sorgen wir nur, daß wir immer mit diesem Brode versehen sind, so werden wir nie zu viel Leute bekommen, und sie nie gehen heißen dürfen, sondern alle versorgen können.

18. **Bringt sie mir her, sprach Jesus.**

O! laßt uns unsre Armuth, Schwachheit und alle Noth zu Jesu Christo bringen, Er will es ja. Bringet sie mir nur her, sagt Er in jeder Hinsicht, was wir immer haben, und wenn wir uns, in was immer für einer Sache, nicht zu rathen und zu helfen wissen, spricht Er: Bringet es nur mir her, ich will schon machen. Und wenn wir im Glauben folgen und bringen es Ihm, so wird aus unsrer Noth und Armuth ein großer Reichthum und Segen, aus unsrer Schwachheit lauter Kraft und Leben.

All sein Vermögen in großer Noth zur Hülfe und Rettung Anderer hingeben und für sich selbst nichts zurück behalten, als das Vertrauen auf Gott, das ist wahre christliche Liebe, und ein Gehorsam, der besser als Opfer ist.

19. **Und nun befahl Er, daß sich das Volk auf das Gras niedersetzen sollte, und nahm die fünf Brode und die zwei Fische, sah gen Himmel auf, dankte und brach davon ab, und gab die Brode den Jüngern, und die Jünger gaben sie dem Volke.**

Ja lerne, wohin man sehen muß, wenn aus wenig viel, aus Mangel Ueberfluß, aus Schwachheit Kraft, aus Armuth Reichthum, aus Hunger Sättigung, wenn aus Nichts Etwas werden soll. Aufblicken, danken, segnen, empfangen, geben, das ist hier Eins. Joh. 6, 11. Mark. 6, 41.

20. **Und sie aßen Alle und wurden satt. Und man hob noch so viele übriggebliebene Stücke auf,**

daß zwölf Körbe davon voll wurden. 21. Und die Zahl derer, die gegessen hatten, belief sich auf fünf Tausend Mann ohne Weiber und Kinder.

Die zwölf Apostel sahen nun zwölf Körbe voll nach dem Essen, da vor dem Essen ihre Augen viel zu wenig für so viele gesehen hatten. Aber nun hatte jeder der zwölf Jünger einen Korb voll für sich. — So beschämt der Herr.

Der dieß so gemacht hat, lebt noch, ihr armen Brüder! Bringt Ihm euren Bissen, und laßt ihn vom Herrn Jesu segnen, ehe ihr ihn euren Kindern vorlegt, und ihr werdet sehen, es wird gesegnet seyn.

Von dem **Allmächtigen** bezeugt die Schrift: „Er schafft alles, was Er will, im Himmel und auf Erden." Kann von Christus nicht dasselbe gesagt werden? Er vermehrt, was Er vermehren will. Er sättiget, was Er sättigen will. — In seiner Hand ist Kraft und Macht, wie Mitleid und Erbarmen in seinem Herzen. Er sättiget Tausende wie Einen. Auch leibliche Nahrung kommt von seiner Hand. Seine Kraft ist allgenugsam für alle Bedürfnisse der Menschheit. Alles darf man bei Ihm suchen, alles kann man bei Ihm finden.

22. **Gleich darauf nöthigte Jesus seine Jünger ins Schiff zu steigen, und noch vor Ihm an das andere Ufer zu fahren, während dem Er das Volk entlassen wollte.** Mark. 6, 35. Joh. 6, 17. Die wahre Demuth verweilt nicht gerne an dem Orte, wo sie Großes gethan hat, sie eilt und treibt davon weg. Sie will nicht gepriesen seyn, sondern in der Stille Gott preisen. — Das Volk wollte Ihn, nach Joh. 6, 15., zum König ausrufen; darum schickte Er die große Schaar seiner Jünger weg, daß sie keinen Antheil daran nähmen, Er aber das Volk beruhigte und sich im Gebete stärkte.

23. **Und nachdem Er das Volk entlassen hatte,** gewiß nicht ohne ihm noch ein geistliches Brod auf den Weg mitzugeben, wie Joh. 6, 27., **begab Er**

sich auf einen Berg, um da allein zu beten, und da es Abend ward, war Er noch allein daselbst. Luk. 6, 12. 9, 18. Joh. 6, 15.

Jesus sucht allein zu seyn, sucht die Einsamkeit und Entfernung von allen Menschen, selbst von seinen Vertrautesten, sucht die Stille des Abends oder der Nacht, um beten und mit Gott umgehen zu können. Wer bist du, daß du dieses alles nicht nöthig zu haben glaubst? Wie soll es bei dir besser gehen, wenn du dich dazu nicht bequemen willst? Sieh doch deinen Heiland an, Er treibt ohne Komplimente alles von sich, Jünger, Volk, und eilt auf einen Berg, um allein zu seyn. O! folge Ihm nach! so wirst du Großes erfahren.

24. **Das Schiff aber wurde mitten auf dem Meere von den Wellen umgetrieben, weil Gegenwind war.** Jesus hatte sie heißen aufs Meer gehen, und doch nun ein solches Wetter? Das übt den Glauben.

25. **In der vierten Nachtwache** *) **kam Jesus zu ihnen,** aus dem einsamen Gebete hervorgehend, **auf dem Meere wandelnd.**

Er wandelte auf dem Meere. In diesem kleinen Wörtchen liegt eine große Tiefe. Es ist Ihm alles einerlei. Wohin man denkt, da ist Er. Wunder sind nur in den Augen der Kreaturen Wunder. Ihm ist alles natürlich, und nichts ein Wunder. Aber von allen denen, die von seiner Allmacht, Allwissenheit und unaussprechlichen Liebe nehmen und austheilen, sagt man, sie thun Wunder! und das darum, weil sie nur Kommission haben, weil es ihnen nicht gewöhnlich ist, weil sie es nicht aus sich selber können.

Wenn man sich daher einmal mit Ihm eingelassen hat, so darf man ruhig seyn, auch in der größten Noth, zu Wasser und zu Lande, wenn einem nur einfällt: „man hat Ihn, wo man um Ihn weint.“

---

*) Die Nacht wurde damals in 4 Theile oder Wachen getheilt, jede Wache zu 3 Stunden gerechnet. Dieses geschah also um 3 Uhr Morgens, wo es dort auch im Sommer noch dunkel ist.

Wenn Jesus noch so weit entfernt, auf unübersteiglichen Bergen zu seyn scheint, so kommt Er und ist da, sobald die Seinen in der Noth sind und sich nach Ihm sehnen oder nach Ihm schreien. Die finstere Nacht, der schreckliche Sturm, die Abgründe, die sich durch die Wogen des Meeres ihren Augen eröffneten und sie zu verschlingen drohten, schienen ja alle Rettung unmöglich zu machen. Jesus so ferne, getrennt durch das unzugängliche Meer — und dennoch auf einmal steht Er da. — Ihn trennt kein Meer, Ihn scheidet kein Berg von uns. Wenn auch noch so viele Wasser, noch so hohe Berge zwischen uns und Ihm sich aufzuthürmen scheinen. Er wandelt auf den stürmischen Wogen wie auf ebenem Boden, und eilt dir entgegen, wenn du seiner herzlich bedarfst und ernstlich nach Ihm schreiest. In einer solchen Nacht, in solchen Gefahren, bei Unmöglichkeiten naht Er sich am liebsten, hilft Er am schnellsten. Merke dir's! Er kommt in der Finsterniß und wandelt auf dem Meere in Stürmen, wo kein Mensch gehen, keine Hülfe dir sich nahen kann. Er kommt. Er ist nahe.

26. **Und da Ihn die Jünger sahen auf dem Meere wandeln, erschraken sie und sprachen: Es ist ein Gespenst, und schrieen vor Furcht.** Die Jünger hatten also damals auch eine Idee von Gespenstern, und der Heiland hat ihnen dieß nicht widersprochen, sondern nur daß **Er** kein Gespenst sey.

In unsern Tagen, wo man gewöhnlich kein Gespenst mehr glaubt, ist man aber so weit gekommen, daß man Jesum, sein Evangelium, und das wahre Christen-Leben für ein Gespenst, d. i. für Schwärmerei, oder ein Hirn-Gespenst, Phantasterei hält, und davor eben so sehr erschrickt, als hier die Jünger. Ich habe Leute zusammenfahren und sich so geberden sehen, wenn sie die reine Lehre Jesu hörten, als wenn ein Gespenst vor ihnen stände. Luk. 24, 37.

27. **Jesus redete sie sogleich an, und sprach: Seyd getrost, ich bin's, fürchtet euch nicht.** Herr! sprich dieses Wort auch zu meiner Seele, wenn mein Glaube wanken will, oder Zweifel, Angst und Furcht mich beunruhigen wollen. Laß mich da erfahren, daß Du es bist, der nahe ist und helfen kann!

28. **Petrus sprach: Herr! heiß mich auf dem Wasser zu dir kommen.** 29. **So komm, sprach Jesus. Und Petrus stieg aus dem Schiffe, und wandelte auf dem Wasser, um zu Jesus zu kommen.**

Ist nicht dieses Leben immer mit einem stürmischen gefährlichen Meere verglichen worden? Muß also nicht jeder Christ, wenn er zu Jesu, zum ewig seligen Leben gelangen will, auf dem Wasser, auf den Wogen und Wellen dieses ungestümen Meeres wandeln? Wir sollen es uns aber von Jesu ausbitten, wie Petrus, daß Er uns kommen heißt, Er uns ruft — und dann gerufen von Ihm muthig auf dem Wasser wandeln, um zu Jesu zu kommen — doch mit verbundenen Augen — d. h. blind für die Gefahren, nur auf Jesum blikkend; denn

30. **Als er aber den heftigen Wind sah, fürchtete er sich, fing an zu sinken, und sprach: Herr! rette mich!**

Die Einfalt läßt die Winde wehen, und die Stürme toben, sie sieht nur Eins, nur auf Einen, der sie gerufen hat, Jesum, und hält im Glauben fest, daß Jesus mächtiger ist, als alle Winde und Stürme. Wer aber Jesum aus dem Auge verliert und auf etwas Anderes sieht, der sinkt. Doch wer nicht versinken will, rufe Jesum an, der sinkende Beter nicht versinken läßt. Denn

31. **Sogleich streckte Jesus die Hand aus und faßte ihn.** Der Anfang des Wunders war: Petrus konnte gehen. Er sah aber einen starken Wind kommen, da wankte er; doch half ihm der Heiland auch darüber hin. Daraus lernen wir, wir sollen anfangen, den Fuß ins Wasser setzen, doch nicht ohne das Ja-

Wort vom Heiland zu haben; probieren, ob's geht, etwas wagen, so steht einem der Heiland bei.

— **Kleingläubiger! sprach Jesus zu Petrus, warum hast du gezweifelt?** Das ist eine schöne Frage, die uns oft geschieht, und womit uns der Heiland unzähligemal beschämt. Es geschieht öfters, daß uns die Sachen, die wir schon so nahe haben, daß wir sie nur nehmen dürfen, die aber unsichtbar sind, uns wieder zurückgenommen werden, weil wir nicht glauben. Es ist also höchst nöthig, daß wir glauben lernen, denn der Heiland hat dem Petrus nicht verwiesen, daß er etwas wagte, sondern daß er nicht glaubte.

32. **Und da sie in das Schiff stiegen, legte sich der Wind.**

Sieh da, sobald Jesus ins Herz kommt, legt sich der Sturm der Versuchungen, der Zweifel, der Angst und aller Noth. Wo Jesus eingeht, geht alles Böse aus, und Friede und Ruhe kommt mit ihm ins Herz und ins Haus.

33. **Die aber im Schiffe waren, kamen, fielen vor Ihm nieder und sprachen: Wahrlich, du bist der Sohn Gottes!** Kap. 16, 16.

Freudiges Hinzunahen, freudige Anbetung, lebendige Ueberzeugung von der Gottheit Jesu, ist immer die Folge und Wirkung, so oft er sich dem Herzen durch irgend eine unmittelbare Wirkung seines Geistes und seiner Kraft offenbart.

34. **Und als sie hinüber geschifft waren, kamen sie in die Gegend von Genesaret.** Mark. 6, 53. Warum dahin? das wird sich gleich offenbaren. Nicht bloß um eine Luftveränderung zu machen, oder das Land, die Natur kennen zu lernen, sondern das menschliche Elend aufzusuchen und zu mildern.

35. **Da die Leute dieses Orts Ihn erkannten, schickten sie in der ganzen Gegend umher, und brachten alle Kranke zu Ihm.** Es ist heute noch so, sobald **man Ihn erkennt**; denn da liegt's.

Wenn das Gemüth eines Menschen Ihn erkennt, da macht man einen Versuch, und der fällt so glücklich aus, daß der Heiland von der Zeit an, so zu reden, keine Ruhe mehr vor uns hat. Man giebt Ihm so viel zu thun, in so viel Orten und Umständen, daß man denken muß: thät' ich das sonst jemanden, er würde mich von sich jagen. Laßt alle Langmuth im ganzen Himmelreich in Einem Herzen wohnen, Seine Lindigkeit, Geduld und Freundlichkeit übertrifft sie weit.

Daß die Leute alles, was Hülfe brauchte, zu Ihm gebracht haben, nachdem sie Ihn einmal gekannt, ist kein Wunder; aber daß Er so treulich dafür gesorgt hat, daß ja niemanden der Zutritt zu Ihm gewehrt werden möchte, das ist das Schönste von der Sache. Mein Herz freut sich, daß du so gerne hilfst. Ps. 13, 6. Es suchten Ihn nicht nur die Nothleidenden selber, es gab auch gutherzige Leute, die brachten sie Ihm zusammen, aus allen Ecken. Er ist für alle allgenugsam.

36. **Und sie baten Ihn, daß sie nur wenigstens den Saum seines Kleides berühren dürften, und alle, die ihn berührten, wurden gesund. Kap. 9, 21.**

Es geht Kraft von Ihm aus, auf alle, die Ihm nahe kommen. Darum wer da sagt, er kenne Ihn, er stehe mit Ihm in Gemeinschaft und Berührung, und ist nicht geheilt, nicht selig, und er führt hundert Ursachen an, warum nicht; so sind sie alle nicht wahr; so ist er gewiß dem Heilande nie nahe gekommen; so hängt sein Herz gewiß nicht an Ihm, denn sonst müßte er gesund an seiner Seele seyn.

Das XV. Kapitel.

Ueberlieferungen, was verunreinigt, das kananäische Weib, zweite Brodvermehrung.

1. **Darnach kamen die Schriftgelehrten und Pharisäer von Jerusalem,** (wo die Vornehmsten der falschen Heiligen sich aufhielten,) **zu Jesu,** und setzten Ihm zu, wegen des Verhaltens seiner Jünger; denn ein Pharisäer tadelt lieber andere, als daß er sich selbst bessert. Mark. 7, 5. **Sie sprachen:** 2. **Warum übertreten deine Jünger die Ueberlieferung der Alten, denn sie waschen die Hände nicht, wenn sie essen?** Diese Ueberlieferungen bestanden in Gebräuchen, die nicht in der Schrift stehen, sondern als eine mündliche Tradition der Schrift gleich gehalten wurden, weil sie vorgaben, sie wären dem Moses auch von Gott auf dem Berge gegeben, und dann von Mund zu Mund fortgepflanzt worden, womit es aber so weit kam, daß diese Traditionen endlich mehr galten als die Bibel. Denn von dieser gab man vor, daß sie in einigen Stellen dunkel und unzugänglich sey, und daher einer solchen Auslegung bedürfe. Da schoben sie nun alles hinein, was sie konnten, wie z. B. das Händewaschen, Reinigung der Geschirre, und machtens zur größten Sünde, wenn es jemand unterließ.

3. **Er aber antwortete ihnen** (erst auch durch eine Frage) **und sprach: Warum übertretet ihr auch Gottes Gebot durch eure Ueberlieferungen?** Menschliche Dinge und Gebräuche, altes Herkommen, Gewohnheiten, Handwerksgebräuche gelten mehr, und es wird steifer darüber gehalten, als über Gottes Wort. Selbsterwählte dürftige Zeremonien werden mit mehr Eifer betrieben, als die wesentlichen Pflichten des Christenthums. Gottes Gebot bricht man, und seinen eigenen Willen thut man. Von solchen Heiligen ist die

Welt voll. Lügenhafte Satzungen werden zur Wahrheit gemacht, und Gottes Wort und Christi Wahrheit muß Lüge und Ketzerei seyn.

4. **Denn Gott hat ausdrücklich geboten: Ehre Vater und Mutter;** (laß dieselben nicht darben in ihrem Kummer,) **und; Wer Vater und Mutter flucht, soll sterben.** (2 Mos. 20, 12. 21, 17.) 5. **Ihr aber saget: Wenn einer zum Vater oder zur Mutter sagt: Es sey geopfert, womit ich dir helfen könnte!** oder: Es ist dir viel nützer, wenn ich es opfere, 6. **so darf er Vater und Mutter weiter nicht ehren.** Wer die Gabe, um die ihn seine Aeltern bitten, zur Tempel- oder Opfergabe bestimmt (welche forthin kein Mensch ansprechen durfte), der braucht ihnen nichts zu geben.

So hatten die Schriftgelehrten das Volk gelehrt, die Heiligkeit des Tempels wäre so groß, daß, wenn sie desselben Schätze vermehrten und dahin opferten, sie ihren armen Aeltern nicht helfen dürften. Wenn daher diese bei ihnen Hülfe suchten, sagten sie ihnen nur: Das, womit ich dir hätte helfen sollen oder können, ist Gott und seinem Tempel gewidmet und geopfert; oder: Was soll dir das nützen, was ich opfern muß; oder: es ist dir viel nützlicher; Gott wird dir viel anderes dafür bescheren. Und hiemit glaubten sie von der Pflicht, den Aeltern zu helfen, los zu seyn, und die Sache besser angewendet zu haben, zur Ehre Gottes. Es giebt noch heut zu Tage solche Heilige, die ihren armen Aeltern oder andern Dürftigen unter solchem Vorwande die schuldige Hülfe entziehen, und sie damit abspeisen: Ich habe ein Opfer daraus gemacht, ich habe etwas in die Kirche gestiftet, und dieß Vermächtniß wird euch für eure Seelen zu gut kommen, ihr sollt auch Verdienst davon haben.

Scheinheilige und Heuchler halten für besser, ihr Vermögen ad pias causas, wie sie sagen, an Kirchen und Altäre, zum Glanz des äußern Gottesdienstes zu verwenden rc. rc., anstatt Dürftige und Arme damit zu unterstützen. Was sagt aber Christus dazu?

— **So hebet ihr ja das Gebot Gottes auf mit euren Ueberlieferungen.** 7. **Ihr Heuchler! treffend hat Jesaias von euch geweissagt, wenn er spricht:** (Js. 29, 13.) 8. **Mit den Lippen nur** (mit Ohren, Händen und Füßen) **ehrt mich dieß Volk,** (und setzen darauf ihr Vertrauen, meinend, sie thun mir einen Dienst damit,) **aber ihr Herz ist weit entfernt von mir;** das ist mit Geitz, Haß, Bosheit aller Art erfüllt, und hängt mit allen Begierden und Gedanken an der Welt und Sünde. So weltlich, irdisch und fleischlich sind die Herzen geworden, daß sie nichts mehr wissen von der Anbetung Gottes im Geiste und in der Wahrheit, sondern machen sich von äußerlichen Religionsübungen einen Götzen, und bleiben dabei voll Selbst-, Welt- und Geldliebe, voll Lust und Ehrsucht in ihren Herzen. (Mark. 7, 6.) 9. **Vergeblich ehren sie mich,** nichts, gar nichts ist mir mit ihrem Gottesdienst gedient; warum? **weil ihre Lehren nur Menschenlehren und Menschengebote sind,** 5 Mos. 4, 2., die nur das Aeußere des Menschen in Anspruch nehmen, daß man Gott nur mit der Zunge, mit den Lippen, Händen und Füßen, eine bloß äußerliche Ehre, bloße Zeichen der Ehre und Anbetung erweiset, die sich mehr mit der Form als mit der Sache beschäftigen, aber das Herz nicht ergreifen, nicht erneuern, nicht erheben, nicht bessern und nicht stärken. Gott aber will vor allem das Herz, die Beugung und das Vertrauen, die Liebe und Ergebung des Herzens. Und gerade dieses wird von einem überladenen Aeußern verdrängt und unmöglich gemacht.

10. **Dann rief Er das Volk zu sich,** und gab den Gelehrten und Verkehrten keine Antwort, sondern sprach zum Volke, das irre geführt war: **Höret und fasset es doch;** es ist ja handgreiflich: (Mark. 7, 14.) 11. **Nichts, was in den Mund eingeht,** (nichts Aeu-

ßerliches, keine Speise) **verunreinigt den Menschen, sondern was aus dem Munde herauskommt, das macht den Menschen unrein.** Inwendig, in dem Herzen hat das Böse seinen Sitz. Der Geist der Bosheit, der alte Mensch, der befleckt und verdirbt das ganze Wesen.

Nicht das Fleisch auf dem Tische oder in der Schüssel, das in den Mund eingeht, sondern das Fleisch, welches im Herzen sitzt, die fleischlichen Begierden, die in dem Menschen sind, das Stückchen Fleisch hinter den Zähnen, welches, von jenem Fleischteufel im Herzen in Bewegung gesetzt, allerlei Unrath und Bosheit auswirft, das verunreinigt den Menschen. Apstg. 10, 14.

12. **Da traten seine Jünger zu Ihm,** die wohl auch in etwas sich an diesen Worten gestoßen haben mögen, **und sprachen: Weißt du, daß sich die Pharisäer geärgert haben, als sie dieses Wort hörten?** Es giebt Menschen, die so voll von sich selbst sind, daß sie die allergöttlichsten, hellsten Wahrheiten für Irrthum halten, weil sie mit ihren Meinungen nicht übereinkommen.

Dieß Wort Jesu ärgerte die Pharisäer. Dieß ist auch heute noch der Stein des Anstoßes, an dem sich alle Pharisäer stoßen und ärgern, die an pharisäischen Menschengeboten: dieß esset nicht, dieses rühret nicht an ꝛc., Kol. 2, 21., so wie an andern Menschen-Satzungen hängen, die aber Gottes Gebote furchtlos übertreten. Sie werfen deßwegen lieber die ganze Bibel weg, und bleiben bei ihren menschlichen Einrichtungen und Gewohnheiten. Ihr Thoren und Blinde! sagt Christus, warum hebet ihr Gottes Gebot und Wort auf durch eure Ueberlieferungen und Menschen-Satzungen? Warum wollt ihr Gott zum Lügner machen durch eure thörichte Heuchelei?

13. **Er aber antwortete: Eine jede Pflanze, die mein himmlischer Vater nicht gepflanzet hat, wird von der Wurzel ausgerottet werden.** Alles

Eitle soll vereitelt werden. Das Unkraut falscher Lehre und pharisäischer Satzungen, die wie Disteln und Dornen nicht gepflanzt werden, sondern von selbst wachsen, wie das Gras auf den Dächern, wird vom Feuer des Herrn verzehrt werden. Sehet eure Pflanzen recht an, ob sie von Gott gepflanzt sind, oder ob es menschliche Erfindungen, eigene Gewächse, von euch selbst gepflanzt sind. Was nicht von Gott herkommt, wird auch von Gott nicht geduldet.

14. **Lasset sie**, haltet euch nicht mit ihnen auf, kehrt euch nicht an sie, **sie sind blind, und Führer der Blinden**; sie haben doch Leute, die ihnen folgen, und sich von ihnen führen lassen. Die Leute sind faul, und schieben es auf die Geistlichen. Sie urtheilen und reden vom Wege zur Seligkeit, wie die Blinden von der Farbe. **Wenn aber ein Blinder einen Blinden führt, so fallen beide in die Grube.** Das wird wohl richtig erfüllt, wenn die armen, blinden Menschen ihre Seelen der Sorge und Pflege eines Menschen anvertrauen, der selbst mit Leib und Seel' in Sünd' und Laster versenkt ist, oder nur auf Menschensatzungen und äußerliche Uebungen dringt, und zufrieden ist, wenn er hierin Gehorsam findet, ohne daß er Christum zum Grunde legt und das Evangelium den elenden Seelen predigt. So können oft Prediger und Zuhörer, Beichtväter und Beichtkinder in derselben Grube der Unwissenheit, der Welt- und Eigenliebe, der pharisäischen Selbstgerechtigkeit liegen. Luk. 6, 39. Röm. 2, 19.

15. **Petrus sprach zu Ihm: Erkläre uns dieses Gleichniß.** 16. **Jesus sprach: Seyd denn auch ihr so unverständig?** So verstehen viele Menschen die Lehre Jesu noch nicht, die Ihm schon lange nachfolgen.

17. **Wisset ihr denn nicht**, (Ich muß es euch recht deutsch sagen,) **daß alles, was zum Munde eingeht, in den Magen kommt**, (und nicht in das Herz,) **und seinen natürlichen Ausgang nimmt?**

18.

18. **Was aber aus dem Munde ausgeht,** durch die Zunge, mit Reden, **das kommt aus dem Herzen,** aus der Quelle, vom Sitz der Sünde und Unreinigkeit, **und das macht den Menschen unrein.** (Jak. 3, 6. 10.) 19. **Denn aus dem Herzen kommen böse Gedanken, Mordthaten, Ehebrüche, Hurereien, Diebstähle, falsche Zeugnisse, Lästerungen.** Das ist das Unkraut, das auf unserm Boden wächst. Mark. 7, 21. 1 Mos. 6, 5.

20. **Diese Dinge sind es, die den Menschen verunreinigen,** und diese Kameele haben die Pharisäer verschlungen. Diese wilden giftigen Pflanzen achteten sie nicht. Und das geschieht noch heutzutage. **Aber mit ungewaschenen Händen essen, das macht den Menschen nicht unrein,** und doch ist es in den Augen eines Pharisäers viel ärger, als Todtschlagen und Ehebrechen.

21. **Von da** — nach dem Streit mit den Pharisäern — **entfernte sich Jesus und begab sich in die Gegend von Tyrus und Sidon,** in ein heidnisches Land. Wie konnte aber Er, der seinen Jüngern gebot, nicht zu den Heiden zu gehen (Matth. 10, 5.), doch selbst zu ihnen gehen? Weil Er nicht in der Absicht hinging, um ihnen zu predigen; welches Markus deutlich anzeigt, da er schreibt, Kap. 7, 24.: „Er ging in ein Haus hinein und wollte es niemand wissen lassen, Er konnte aber nicht verborgen bleiben." Wie die Natur der Sache erforderte, daß Er nicht zuerst zu den Heiden gehen sollte, so war es auch seiner Menschenfreundlichkeit ganz gemäß, diejenigen Heiden nicht zurück zu weisen, die sich aus eigenem Antriebe an Ihn wendeten. Denn wenn Er den fliehenden Juden nacheilen mußte, um wie viel mehr mußte Er die Heiden aufnehmen, die Ihm entgegen kamen! Mark. 7, 24.

22. **Und sieh! ein kananäisches Weib,** das **aus derselben Gegend kam,** also Jesu entgegen gelaufen war, **schrie Ihm nach und sprach: Jesu!**

du Sohn Davids! erbarme dich meiner! Meine Tochter wird jämmerlich von einem bösen Geiste geplagt. Kap. 20, 30.

Die Kananäer, die so verdorben waren, daß sie ausgestoßen werden mußten, damit die Juden nicht von ihnen verderbt würden, waren jetzt besser als die Juden, so zwar, daß diese Kananäerin ihre Gränzen verließ, um zu Jesu zu kommen, da hingegen die Juden Christum, der zu ihnen kam, von sich stießen.

Es war ein Rathschluß Gottes, die Kananäer sollten vertilgt werden und nicht leben. Die Kinder Israel sind gestraft worden, daß sie sie haben leben lassen. Nun war der Heiland ein Jude, und beobachtete seine Religion genau; aber hier griff Er in's Gesetz, daß Er einer Heidin, die kein Recht an der Verheißung hatte, und auf der der Fluch lag, half, wider alle Regel. **Er wollte.** Warum? Sie hatte das Vertrauen zu Ihm, sie ließ sich nicht abweisen. Das war bei Ihm Empfehlung genug; das konnte Ihm das Herz nehmen. Er hat auch Macht, zu thun, was Er will, mit dem Seinen. Matth. 20, 15. Es hat Ihm niemand drein zu reden.

23. **Er aber antwortete ihr nicht ein Wort.** So heftig sie schrie, so stille war Er, der sonst die Mühseligen zu sich einlud und ihnen mit Hülfe zuvor kam, der die Gedanken wußte, that hier, als wenn Er nicht höre. Wie neu, wie unerhört von Christo! Die undankbaren Juden suchte Er mit Gründen zu bewegen; sie, die Ihn lästerten, bat Er, und wenn sie Ihn versuchten, Ihm Schlingen legten, wendete Er sich nicht von ihnen. Diese aber, die aus eigenem Antriebe kam, die jämmerlich flehte und fußfällig bat, die weder durch das Gesetz noch durch die Propheten belehrt war, und doch mit solcher Ehrfurcht zu Ihm nahte, diese würdigt Er gar keiner Antwort. Wer wird sich da nicht verwundert haben, da man Ihn so ganz anders verfahren sah, als von Ihm der Ruf war! Es war ja be-

kannt, wie Er durch Städte und Dörfer des jüdischen Landes wandelte und die Elenden aufsuchte, die Kranken heilte; und hier sieht man, wie Er eine tief betrübte, vor Elend weinende Person, gar nicht anhörte, die so demüthig für ihre leidende Tochter flehte, die sich der Wohlthat nicht werth hielt, sie nicht als Verdienst oder Schuldigkeit, sondern als Barmherzigkeit erbat, die ihr Elend so rührend schilderte. Da mögen sich Viele geärgert haben, die das mit ansahen. Sie aber ließ sich nicht irre machen.

Der Wittwe zu Nain gab Er ihren Sohn lebendig wieder, ohne daß sie Ihn bat oder nur einen Gedanken hatte, ihn wieder zu bekommen. Warum handelt der Heiland so verschieden? Es sollte der Glaube dieses Weibes offenbar werden.

Gott! schweige doch nicht so stille! möchte mancher mit David sagen, der auf sein langes Beten, Harren rc. keine Antwort, und nicht erhält, was er begehrt. Du hast ja doch verheißen: „Ehe sie rufen, will ich hören; wenn sie noch reden, will ich antworten." Hast du denn jetzt vergessen, gnädig zu seyn? Doch harre noch ein wenig, meine Seele! Du wirst Ihm noch danken, und dich um so mehr freuen, je geprüfter und größer dein Glaube durch das Schweigen und Nichtantworten des Herrn geworden seyn wird. Laß nicht ab.

— **Seine Jünger** (nahmen sich sogar ihrer an, die sonst die Kinder wegschafften, und) **baten Ihn** (man sollte denken, sie wären barmherziger und tugendhafter gewesen, als Er; aber sie verrathen sich,) **indem sie sprachen: Willfahre ihr; denn sie schreit uns immer nach.** Sie wollten sie gern vom Halse haben; ihr Geschrei war ihnen lästig.

24. **Er aber sprach: Ich bin nur zu den verlornen Schafen des Hauses Jsrael gesandt.** Kap. 10, 6. Das ist noch ärger, da Er nun zu reden anfängt, weil Er ihr geradezu alle Hoffnung abspricht.

Sollen wir deßwegen aufhören, zu flehen, zu suchen bei Ihm, wenn uns auch Worte von Ihm in den Sinn kommen, die uns allen Schimmer der zu hoffenden Hülfe benehmen? Was that diese Heidin? Entfernte sie sich? Blieb sie nun zurück? Nein, vielmehr

25. **Sie kam näher, fiel vor Ihm nieder und sprach: Hilf mir doch!** Sie achtet nicht auf seine Gründe und antwortet Ihm gar nicht darauf; sie bleibt bei ihrer Bitte: Herr! hilf mir. Hülfe muß ich haben, denkt sie, Hülfe muß mir werden, ich setze nicht aus, Er mag sagen, was Er will. Aber ihr Glaube muß noch mehr geprüft werden. Das Messer muß auf einem scharfen Stein gewetzt werden, damit es noch mehr schneide.

26. **Er aber antwortete: Es ist nicht billig, den Kindern das Brod zu nehmen und es den Hunden vorzuwerfen.**

Der freundliche Jesus kann so hart scheinen, und so lange den Glauben üben, damit er köstlicher erfunden werde, als Gold, das durchs Feuer bewährt wird. — Wie hätte sie diese Antwort verwunden und abschrecken sollen! Denn Er giebt der Sache nicht etwa nur eine Wendung, behauptet nicht bloß, Er sey nicht für sie gesandt, sondern je eifriger sie fleht, desto mehr stößt Er sie zurück. Er nennt die Juden jetzt nicht nur **Schafe**, sondern **Kinder**, sie aber heißt Er einen **Hund**. Was sagt das Weib dazu? Sie schöpft sich aus eben diesen harten Worten einen Grund und ein bestimmtes Recht, in ihrem Flehen fortzufahren und auf gewisse Hülfe zu hoffen.

27. **Ja Herr! aber doch essen die Hündlein von den Brosamen, die von dem Tische ihrer Herren fallen.**

Wenn ich auch ein Hund bin, so bin ich gerade deßwegen nicht ganz ausgeschlossen. Es ist wahr, das Brod ist nur für die Kinder bestimmt. Aber wenn die Hunde gar nichts erhalten sollen, so dürfen sie auch die

Brosamen nicht erhalten. Dürfen sie aber dieses, so kann auch mir nicht verwehrt werden, auf irgend eine Weise mit an Deiner Hülfe Theil zu nehmen. Das ist wohl gewiß die Ursache, warum sie Christus so lange abwies und ihr die Hülfe so lange versagte, damit ihr Glaube allen offenbar würde, der tief in ihrem Gemüthe gewurzelt und verborgen war.

Man muß sich daher auch schämen und ärgern, wenn man in der Christenheit, in gläubigen Kirchen und Religionen sieht, wie der Heiland den Seelen die Seligkeit so fruchtlos entgegen trägt, daß Er sie erstaunlich bitten muß, daß sie die Seligkeit doch nur annehmen möchten, und sie besinnen sich noch lange darüber. Und da sieht man eine heidnische Frau, der es der Heiland abschlägt, und die sich nicht abweisen lassen will; die zwar nicht mit einer gewissen Frechheit ihr Recht behauptet, sondern sich für einen Hund und fremd von der Bürgerschaft Israels bekennt, den angebornen Schimpf auf sich liegen läßt, und alles zugiebt. „Ja Herr!" thut sie hinzu „es essen aber doch auch die Hündlein;" sie müssen doch auch bestehen, sie sind doch auch Kreaturen und gehören zum Hause; es fällt doch immer etwas für sie ab.

Es ist in geistlichen Sachen fast allemal leichter, Leuten zu schaffen, was ihnen nicht gehört, als ihnen das, was ihnen gehört und verheißen ist, lieb und angenehm zu machen, und sie nur zu bereden, daß sie darnach greifen. Man wird es so gewohnt, hat es schon zu oft gehört und gelesen: **Wir bitten an Christi Statt, lasset euch versöhnen mit Gott.** 2 Cor. 5, 20.

Es begegnet wohl manchmal einem Menschen, daß er denkt: Gott will mich nicht, es ist zu spät, es ist keine Gnade mehr für mich, aber das ist nur darum, daß man es schätzen lernt. Das ist ein guter Zustand, man ist in der Lage der Heidin. Wenn es einem das eigene Gewissen sagt, oder der Satan weiß machen, und die Vernunft klar machen will, so ist es lange nicht so arg, als wenn es uns der Heiland selbst sagt: Du bist eine Hündin. Ja, ich bin es, war ihre Antwort; aber ich gehe dich doch etwas an, ich werde doch auch etwas erhalten, es wird wohl noch ein Segen für mich übrig seyn. —

28. **Da sprach Jesus zu ihr: O Weib! dein Glaube ist groß.** Denn du hast mit Gott und Menschen gekämpft und hast gesiegt; **dir geschehe, wie du willst. Und von derselben Stunde an war ihre Tochter gesund.** Kap. 8, 10. Wenn wir Menschen den Leuten rechte Barmherzigkeit erweisen wollen, so müssen wir uns nicht übereilen, wir müssen sie bisweilen aufschieben oder eintheilen, und nicht auf einmal erweisen. Er aber, unser König, **hilft zu derselben Stund.** Die elendeste Kreatur, der Mörder am Galgen, kann dieselbe Stund ein Kind und Mitgenoß werden, kann Theil haben an all seiner Gnade, Barmherzigkeit und Liebe, in Zeit und Ewigkeit, kann Abschied machen von Sünde und Teufel, zu derselben Stunde. Wem der Heiland seine Barmherzigkeit zeigt, der halte sie ja doch nicht auf, er lasse sich zu derselben Stunde gleich alles geben, denn so hat Er es am liebsten.

Bewundre aber nicht nur den **Glauben** dieses Weibes, sondern auch ihre **Demuth.** Denn da Jesus die Juden „Kinder" nannte, war sie so weit entfernt, durch Belobung Anderer sich zum Neide hinreißen zu lassen, daß sie vielmehr noch weiter ging und sie sogar **Herren** nannte, „die Hündlein essen doch auch die Brosamen, die vom Tische ihrer **Herren** fallen." Siehe da die Weisheit, die Großmuth, die Standhaftigkeit, Zartheit und Demuth dieses Weibes! sie widerspricht nicht, sie läßt sich fremdes Lob nicht verdrießen, sie beschwert sich nicht, daß sie verachtet zu werden scheint. „Es schickt sich nicht," sagt Er — und sie: ja Herr, du hast Recht. Er hat sie in die Klasse der Hunde gesetzt und die Juden als Herren über sie erhoben; sie hat sich gleich dieser Herabsetzung unter die Juden unterworfen. Ist das nicht bewunderungswürdige Demuth und Einfalt, bei einer Ausländerin?! Bedenke dagegen den Stolz der Juden: „wir sind Abrahams Kinder! Wir waren nie Jemandes Knechte! Wir sind aus Gott!" So nicht die Kananäerin. Sie erniedrigt sich gern zu den Hündlein, darum wird sie zur Tochter erhoben. S. Mark. 7, 29.

29. **Als Jesus von da weiter ging, kam er an das galiläische Meer, stieg auf einen Berg und setzte sich daselbst nieder.** Wie Er die Berge liebte und sie so gern besuchte! Ach gewiß nicht um der Berge willen, oder um eine schöne Aussicht zu haben, sondern — warum denn? — Vielleicht weil das Menschenherz dort freier athmet, sich leichter aufschwingt, und von der Erde mehr entfernt, über das Irdische erhoben und dem Himmel näher zu seyn scheint. Das mag seyn; aber vorzüglich doch, um mit seinem Vater recht allein seyn zu können. Mark. 7, 31.

30. **Und es kamen viele Schaaren Volkes zu Ihm, die Stumme, Blinde, Lahme, Krüppel und viele Andere bei sich hatten und Jesu zu Füßen legten. Und Er heilte sie alle.** Kap. 11, 5. Luk. 7, 22.

Er heilt alle, Er hilft allen, die zu Ihm kommen, Er stößt niemand weg, läßt niemand leer von sich gehen, der zu Ihm kommt. Da Ihm aber diese Leute, um ihrer leiblichen Krankheiten willen, auf den Berg so eifrig nachsteigen, sollten wir in der gefährlichen und tödtlichen Krankheit unsrer Seele nicht auch zu Ihm auf die Berge steigen, von welchen uns Hülfe kommt, sollten wir uns nicht zu Ihm durch das Gebet erheben? Herr Jesu, gieb mir die Füße, die Augen, die Zunge, das Herz, daß ich beständig zu dir laufe, aufsteige, dich erkenne, liebe und lobe!

31. **So, daß das Volk darüber erstaunte, als es sah, daß die Stummen redeten, die Krüp-**

pel gesund wurden, die Lahmen gingen, die Blinden sahen. Und es lobte den Gott Israels.

Das Volk ließ Ihm doch immer Gerechtigkeit widerfahren, und erkannte am schnellsten und bekannte am aufrichtigsten die Gnade und Herrlichkeit Gottes, die sich durch Ihn offenbarte. Das Volk würde Ihn auch nicht gekreuzigt haben. Nur die Priester und Pharisäer überredeten das Volk. Ach, welche Bosheit, wenn Priester, wie es noch so oft geschieht, die ersten sind, die sich dem Evangelio widersetzen, und das Volk, das auch noch überall so empfänglich dafür ist, dagegen einzunehmen suchen.

32. **Da rief Jesus seine Jünger zu sich und sprach: Mich jammert des Volkes, denn es harret schon drei Tage bei mir aus, und hat nichts zu essen, und ich will sie nicht ungespeiset von mir lassen, sie möchten sonst auf dem Wege verschmachten.** Mark. 8, 2.

Da lies, was im Herzen Jesu steht: **Mich jammert, mich erbarmet des Volkes**, mein Eingeweide, mein Innerstes bewegt sich! Wer kann's lesen, und muß nicht darüber anbeten? Wer kann noch zweifeln an seiner Barmherzigkeit? Da es Jesu selbst unmittelbar aus seinem eigenen Munde ausspricht, daß Er nichts als Liebe und Erbarmen fühle, schon gegen nach Brod Schmachtende, was wird Er fühlen gegen Gnadenhungrige, um ihre Seligkeit Verlegene, über ihre Sünden Seufzende?

Aber harret auch aus bei Ihm, ihr Lieben, die drei Tage, die Er euch warten läßt! Ihr werdet dann nur um so mehr seine Herrlichkeit erfahren, je länger ihr harret. Ungesegnet, ungetröstet, ungestärkt, verschmachtet, kann Er euch nicht von sich gehen lassen, das bezeugt Er euch selbst.

33. **Seine Jünger aber sprachen zu Ihm: Woher nehmen wir hier in der Wüste so viele Brode, um so viel Volks sättigen zu können?**

Der Herr führt seine Zuhörer in die Wüste, wo sie keine andere Nahrung mehr finden, sondern nur von Ihm gespeiset und gesättiget werden können. Er sättiget sie aber auch reichlicher in der Wüste, als sie es in aller Welt finden könnten.

Die Jünger bemühen sich mit allen möglichen Vernunftgründen, Ihm die Unmöglichkeit eines solchen Unternehmens zu beweisen, daß wirklich keine Vernunft dagegen aufkommen kann, wie es der Unglaube noch heut zu Tage macht, daß man ja sagen müßte, wenn kein Christus wäre, der mehr kann, als Vernunft-Gründe erlauben.

Er kehrte sich nicht an ihre wohlweisen Einwürfe, sondern

34. **fragte sie: Wie viel Brode habt ihr denn? Sie antworteten: Sieben, und etliche kleine Fischlein.** Nun so habt ihr ja doch etwas, braucht erst, was ihr habt — wer hat, dem wird gegeben, besonders, wenn er Glauben hat.

35. **Und Er befahl dem Volke, sich auf die Erde niederzulassen.** Sie hätten denken und sagen können mit aller Vernunft: Was sollen wir denn noch lange niedersitzen und uns aufhalten lassen? Drei Tage schmachten wir schon! Aber wer bei Christo die Vernunft nicht durch den Glauben gefangen setzen kann, der geht zurück, und wird nicht satt, er läuft früher davon, ehe der Segen anfängt.

36. **Dann nahm Er die Brode und die Fischlein, dankte, brach sie, und gab sie seinen Jüngern, und seine Jünger gaben es dem Volke.**

Der Hausherr segnet und giebt es seinen Haushältern. Die müssen den Leuten vorlegen, was sie aus seiner Hand empfangen haben, nicht was sie selbst zusammen gestückelt und geflickt haben. Wenn sie es von Ihm nehmen, muß man allerdings sie hören, als hörte man Ihn. Aber wenn sie selbst fabriziren und eigenmächtig wie Hausherren, nicht wie Haushälter, handeln, und doch geehrt und angesehen seyn wollen, als wie der Herr selbst, so betrügen sie das Volk, das hungrig auf dem Wege verschmachtet.

37. **Und alle aßen davon und wurden satt. Von den Stücken, die übrig geblieben waren, hob man noch sieben Körbe voll auf.** 38. **Derer aber, die gegessen hatten, waren 4000 Mann, ohne Weiber und Kinder.** 2 Kön. 4, 44.

Wer auf die Werke des Herrn achtet, der hat lauter Freude daran. Ps. 111, 2. Es wird allen denen nichts mangeln, die nach Ihm fragen, und es sollen satt werden und übrig haben, alle, die auf Ihn vertrauen und Ihm folgen. Sir. 32, 28. Siehe Mark. 8, 2—10.

39. **Dann entließ Er das Volk, bestieg ein Schiff und kam in die Gegend von Magdala,** wie Er das vorige mal auch schnell davon eilte. Kap. 14, 23. Mark. 8, 10.

Das XVI. Kapitel.

1. **Da kamen die Pharisäer und Sadduzäer zu Ihm, um Ihn zu versuchen, und begehrten von Ihm, sie ein Zeichen am Himmel sehen zu lassen.** Mark. 8, 11.

Er war selbst in jeder Hinsicht das größte Zeichen vom Himmel. Das wollten sie nicht sehen, denn das stach ihnen zu sehr in die Augen, daß sie es nicht ertragen konnten, sie wollten ein anderes, ein Spektakel.

2. **Er aber antwortete und sprach zu ihnen: Am Abend sprechet ihr: es wird schön Wetter, denn**

der Himmel ist roth, (Luk. 12, 54.) 3. und am Morgen: heute wird übel Wetter, denn der Himmel ist trübe und roth. 4. Ihr Heuchler! die Gestalt des Himmels könnet ihr also beurtheilen, aber in die Zeichen der Zeit könnet ihr euch nicht finden? Das böse und ehebrecherische Geschlecht will ein Zeichen sehen! Es soll ihm kein Zeichen gegeben werden, als das Zeichen Jonas des Propheten. Und Er ließ sie stehen und ging davon. Kap. 12, 39. Luk. 11, 29. Jon. 2, 1.

Er hielt sich nicht drei Tage bei ihnen auf, wie beim Volke in der Wüste. Er speiste sie frühe und gleich auf der Stelle ab. — Sie konnten auch gehen, denn sie hatten für dießmal genug bekommen, und wurden baar ausbezahlt. Sie konnten das Versuchen nicht unterlassen, so trefflich sie allemal von ihm abgefertigt wurden. Die Leidenschaft machte sie blind, sie kamen immer wieder und holten sich etwas.

Der Mensch ist so neugierig in natürlichen Dingen, und so nachlässig in dem, was ewig ist und seine Seele betrifft. Er schaut lieber nach dem Wetter und Barometer, als in die Bibel und in sein Herz hinein.

Wenn wir aber das alles recht betrachteten, was Christus für uns gelitten und gethan hat, würden wir nichts weiter fordern. Das Zeichen auf Golgatha ist dem Gläubigen genug. Er kann das nicht genug bewundern, nicht genug dafür danken. Und tausend Zeichen am Himmel, was es immer für auffallende und wundervolle Erscheinungen wären, würden ihm doch das nie sagen und beweisen, was ihm Jesus, am Kreutze für ihn sterbend, sagt und beweiset.

5. Als nun seine Jünger an das andere Ufer gekommen waren, hatten sie vergessen Brod mitzunehmen, und mögen dieß unter sich beklagt haben. Was schadet es aber, wenn man des Zeitlichen bei Christo vergißt? 6. Jesus aber (hatte ganz etwas anderes im Sinne, und war nur besorgt, daß seine Jün-

ger nicht von der Heuchelei der Pharisäer angesteckt werden möchten, und) sprach (deßwegen) zu ihnen: **Sehet zu und hütet euch vor dem Sauerteig der Pharisäer und Sadducäer.** (Mark. 8, 15. Luk. 12, 1.) 7. **Da dachten sie bei sich: Das ist's;** wir habens errathen; Er will uns einen Verweis geben, daß wir so vergeßlich sind, und **kein Brod mitgenommen haben.** Aber das war es ja nicht; so grob muß man Christum nicht verstehen. Er meinte, sie sollten sich weder von dem strengen Wesen der Pharisäer, noch von dem atheistischen und alles läugnenden Sinn der Sadducäer bethören lassen. Ihnen aber war nur Brod im Kopf und Sinn. Nun kommt erst der Verweis.

8. **Jesus aber wußte dieß und sprach: Ihr Kleingläubige!** ihr seyd nur immer für den Leib besorgt. Ist denn das eine so wichtige Sache? **Was habt ihr da für** (unnöthige) **Bedenklichkeiten, daß ihr kein Brod mitgenommen habt?** (Kap. 6, 30. 9. **Begreifet ihr es noch nicht?** habt ihr ein so kurzes Gedächtniß, **und erinnert ihr euch nicht mehr an die fünf Brode für die fünf tausend Mann? und wie viel Körbe habt ihr davon aufgehoben?** (Kp. 14, 17. Joh. 6, 9.) 10. **Nicht mehr an die sieben Brode, für die vier tausend Mann, und wie viel Körbe habt ihr da aufgehoben?** Kap. 15, 34. 37.

Ueber die täglichen Wunder des Heilandes, die sein Blut und Tod an uns wirkt, in der Heiligung und Nahrung der Seele, sollte man alle andere Sachen vergessen, mit denen man nicht immer umgeht; aber dagegen vergessen wir, wie die Jünger, über die äußerlichen Bedürfnisse die innern Wunder des Herrn.

11. **Wie! begreifet ihr es noch nicht, daß ich nicht vom Brode redete, als ich sagte: Hütet euch vor dem Sauerteige der Pharisäer und Sadducäer?** Diese waren ja keine Bäcker. Meine Worte führen ja das gar nicht in sich, was ihr daraus schließt. Mark. 8, 17.

12. **Da verstanden sie, daß Er nicht gesagt hatte, sie sollen sich vor dem Sauerteige des Brods, sondern vor der Lehre der Pharisäer und Sadducäer hüten,** die durch ihre Menschenlehren und Menschengebote die ganze göttliche Lehre des Christenthums versäuren und verkehren.

Wie sich der Israelite in den Tagen der ungesäuerten Brode, alles Sauerteiges enthalten mußte, so soll sich der Christ, besonders der Lehrer, Prediger, von den pharisäischen und sadduzäischen Irrlehren rein bewahren, d. h. rein von aller ängstlichen, kleingeistigen Anhänglichkeit an Nebendinge, an den Schein von Religion, wo dem Herzen Lust und Liebe zu Gott fehlt, rein von übertriebener Hochachtung menschlicher Ueberlieferungen, die dem Worte Gottes gleichgestellt werden, rein von allem Scharf-Richten und Verdammen derer, die nicht genau und pünktlich so meinen und denken wie Er selbst, rein von Wollust, Weichlichkeit, Stolz, Anmaßung, Ehrgeiz, Liebe zum Aufsehen machen — denn das ist der pharisäische Sauerteig. Dann, rein von Verläugnung der alles regierenden Vorsehung Gottes, rein vom Unglauben an die unsichtbare Welt, an Auferstehung und Unsterblichkeit, an Geister, Engel ꝛc. das ist der sadduzäische Sauerteig. Wer mehr fromm scheinen als seyn will, ist vom Sauerteige der Pharisäer, wer nichts glauben und hoffen will, als was er sieht und begreift, und deßwegen sich nicht übt ein unbeflecktes Gewissen zu haben vor Gott und den Menschen, der ist vom sadduzäischen Sauerteige durchsäuert. Uebrigens wollte der Herr seine Jünger in obiger Stelle, da sie eine ängstliche Brodsorge blicken ließen, auch noch zum Vertrauen auf Gott und seine, sie nie verlassende, Vorsorge ermuntern. Die zweimalige Sättigung so vieler Tausende mit wenigen Broden, sollte offenbar nicht bloß bewundert werden, und zur Schau da stehen, sondern sie sollte für alle kommende Fälle des Mangels uns im Glauben an die allgenugsame, immer segnende, nie zu erschöpfende Macht und Liebe Gottes stärken. Jeder Christ sollte denken: der damals Tausende mit wenigem sättigte, wird wohl auch mich und die Meinigen erhalten und sättigen können. Unglaube, ängstliches Zagen in Noth und Mangel will der Herr von allen seinen Jüngern entfernt wissen. Kindliches, unumschränktes Vertrauen auf Gott, will der Herr. Wo alles zagt, soll der Christ unverzagt seyn. Wo niemand glaubt, soll er glauben.

13. **Als nun Jesus in die Gegend von Cäsarea Philippi kam** (das am Libanon lag), **fragte Er seine Jünger: Wofür halten die Leute den Menschen-Sohn?** Mark. 8, 27. Luk. 9, 18.

Das will Er nicht aus Ruhmsucht und Selbstgefälligkeit wissen, sondern um ihre Ueberzeugung zu prüfen, ob sie sich nicht irgendwo von den Leuten hätten einen Sauerteig anhängen lassen.

14. **Sie** (wußten allerlei zu antworten und) **sprachen: Einige sagen: Du seyest Johannes der Täufer** (wie Herodes glaubte); **andere: Du seyest Elias** (der kommen soll); **wieder andere: Du seyest Jeremias oder sonst einer der Propheten,** dessen Seele ihrer Meinung nach in Ihn gefahren wäre. So lernen die Leute immer, und kommen nie zur Erkenntniß der Wahrheit. Christus ist ihnen allerlei, nur das nicht, was Er ihnen seyn soll, ihr Heiland und Arzt. Denn man wohnt in der Christenheit unter Menschen, die Ihn wohl nennen, aber gar nicht kennen; die Ihn allerlei nennen, aber ohne Besinnung. Ach! daß sie Ihn kennten, und wüßten, was Er ihnen seyn will!

15. **Da sprach Jesus zu ihnen: Ihr aber, für wen haltet ihr mich?**

Unsere Antwort, wenn uns der Heiland so fragt, ist: Du bist der wahre Gott, der alle Dinge gemacht hat, was da gemacht ist, der auch alle Dinge erhält, die da sind, und alles, was verdorben ward, mit seinem Blut erworben hat und heiliget. Wir schreiben Ihm alles zu, die Schöpfung, Erlösung und Heiligung, weil die ganze Fülle der Gottheit in Ihm wohnt, Vater, Sohn und heiliger Geist — **alles und in allen Christus.** — Wer Ihn sieht, der sieht den Vater; wer Ihn hat, der hat den heiligen Geist. — Er ist das sichtbare Ebenbild, der Abglanz der unsichtbaren Gottheit. — In seinem Angesichte sehen wir die ganze heilige Dreieinigkeit, weil es das Wohlgefallen gewesen, daß in Ihm alle Fülle wohnen sollte, und daß alles zu Ihm versöhnt würde durch Ihn selbst, es sey auf Erden oder im Himmel — der wahrhaftige Gott und das ewige Leben; der Name über alle Namen, in dem sich beugen müssen alle Kniee im Himmel und auf Erden und unter der Erde; der Gott, geoffenbart im Fleisch, gerechtfertigt im Geist, erschienen den Boten, gepredigt den Völkern, geglaubt von der Welt, in Herrlichkeit aufgenommen, sein Volk zu vertreten, und zu erwarten, daß sich alle seine Feinde zu seinen Füßen beugen werden; der Heiland seines Leibes, der an uns und an dem wir angeheftet sind, wie Reben im Weinstock eingepfropft sind.

16. **Simon Petrus antwortete Ihm** (im Namen aller): **Du bist Christus, der Sohn des lebendigen Gottes**, der Eingeborne, der mit dem Vater so wahrhaftig Gott ist, als Er ein wahrer Mensch ist. Diese Wahrheit ist der Kern und Grund, auf dem das ganze Christenthum ruht. Was diesem widerspricht, ist grundfalsch. Als eingeborner Sohn Gottes, ist Er dem Vater gleich an Natur und Wesen; hat das Leben in Ihm selber, und kann das Leben geben, wem Er will, und niemand kann das Leben haben, als durch Ihn. Joh. 1, 49.

17. **Jesus erwiederte ihm: Selig bist du, Simon, Jonas Sohn; denn dieß hat dir nicht Fleisch und Blut geoffenbart, sondern mein Vater, der im Himmel ist.**

Diese orthodoxe Lehre bringt man nicht mit auf die Welt, erbt sie auch nicht von den Aeltern, und lernt sie nicht von dem Pfarrer oder Schulmeister; und die Vernunft, die hier Fleisch und Blut genannt wird, offenbart sie dir auch nicht, denn es hängt eine sehr dicke, schwarze Wolke über Fleisch und Blut, d. i. über der natürlichen unerleuchteten Vernunft. Den Sohn kennt niemand, als der Vater im Himmel, und kann Ihn uns also auch niemand bekannt machen, als Er. Die wahre, lebendige Erkenntniß Jesu Christi kann nur von Gott kommen, und muß uns geoffenbart werden; wie dem Petrus, so einem jeden Menschen, oder er hat sie nicht, sondern hat nur den Buchstaben von ihr.

Wer es nicht glaubt, daß Jesus Gottes Sohn ist, den wollen wir seinem Richter stehen lassen: denn sein Fleisch und Blut kann's ihm nicht beibringen. Erziehung, menschliche Ueberzeugung und Gründe, schreiben es nicht in das Herz, sondern aufs höchste in den Kopf. Es muß durch das Licht geschehen, wovon Paulus sagt, 2 Kor. 4, 6., der Vernunft ist's Thorheit, und unbegreiflich. 1 Kor. 2, 14.

18. **Und ich sage dir: Du bist Petrus**, ein Fels, weil du so freimüthig und unzweideutig die Grundwahrheit meines Reiches bekennst; **und auf diesen Felsen**, auf diese Grundwahrheit, die du bekennst, **will ich meine Kirche bauen** *), **und die Pforten der Hölle wer-**

*) So erklären diese Stelle der heil. Augustin und der heil. Gregor von Nyssa. — Ersterer schreibt: Non dixit Dominus, super Petrum, sed super hanc petram, quam confessus es, super hanc petram, quam cognovisti, aedificabo ecclesiam meam. Super me aedificabo te, non me super te. — Non enim a Petro petra, sed Petrus a petra, sicut Christus non a Christiano, sed Christianus a Christo vocatur. — Christus sagte nicht: auf dich, Petrus, sondern auf den Felsen, den du bekannt und erkannt hast, will ich meine Kirche bauen. Auf mich will ich dich bauen, nicht mich auf dich. — Petrus wurde auch nicht um seiner selbst willen ein Fels genannt, sondern deßwegen, weil er den Felsen, Christus, Gottes Sohn, bekannte. Petrus machte nicht den Felsen, sondern der Fels machte ihn; so wie Chri-

werden sie nicht überwältigen. Jede Kirche, die einen andern Grund legt, als der gelegt ist, die auf etwas Anderes baut, als auf Christus den Gekreuzigten, ist schon überwältigt von den Pforten der Hölle; denn sie steht auf Sand, und ist dem Fluche nahe, weil sie nicht auf den Felsengrund gebaut ist. Aber die auf Jesu Namen gesammelte Kirche, die auf Ihn, den Felsen gegründet ist, wird geschützt, und wenn der Teufel alle seine Heere dagegen aufbietet, und sich der Kern aller seiner Legionen aufmachen sollte, so würde er weder das Feld behalten, noch in seiner Festung bleiben, noch sie überwältigen können. Satans Thron muß fallen, wie Dagon der Lade des Bundes zu Füßen stürzte.

19. **Und ich will dir die Schlüssel des Himmelreichs geben,** Kap. 18, 18., die Haushaltungsschlüssel in der Kirche, wie man einem Verwalter und Haushälter die Schlüssel giebt. Der Menschen-Sohn aber bleibt Hausherr; Er hat damit seinem Hausherrnrecht nichts vergeben. Er ist und bleibt ewig das Haupt seines Leibes, wovon auch Petrus, und alle, wer sie immer seyn mögen, nur Mitglieder und Diener der Familie Gottes sind. **Dafür** halte uns jedermann, sagt Paulus. 1 Kor. 4, 1.

Christus seinen Namen nicht von den Christen hat, sondern die Christen haben ihren Namen von Christus. — Gregor von Nyssa de adv. Dom. ad V. Judaeos, sagt: Petra fidei, tanquam fundamentum, ut ipse Dominus ait ad principem: tu es Petrus et super hanc petram aedificabo ecclesiam meam, super confessionem videlicet Christi, quia dixerat: tu es Christus, filius Dei vivi. Der Glaube, das Bekenntniß, das Petrus hier ablegte, daß Christus Gottes Sohn sey, dieses Glaubensbekenntniß ist der Grund und Fels, auf welchem die ganze Kirche Gottes ruht und besteht; wo dieser Grund weicht und fällt, da ist auch die Kirche gefallen, man mag Namen und Titel haben, welche man will. Daß Christus mit diesen Worten den Petrus nicht zum Herrn und Monarchen der Kirche, nicht zum Größten und Vornehmsten unter den Aposteln machen wollte, ist klar aus Matth. 18, 1. und 20, 25. 26. Petrus nennt sich, 1 Petr. 5, 1., auch nicht Oberhaupt, Pontificem maximum 2c., sondern den Mitältesten. Er sagt da deutlich, daß Christus nicht Regenten, Despoten, Gewalthaber der Kirche, sondern Vorbilder der Heerde bestellt habe.

— **Was du bindest auf Erden, das soll auch im Himmel gebunden seyn, und was du lösest auf Erden, das soll auch im Himmel gelöset seyn.**

Es ist so viel, als wäre es im Himmel selbst gebunden oder gelöset, auf- oder zugeschlossen; wenn sich anders die Haushälter treu erfinden lassen in ihrer Haushaltung, wie Paulus sagt. 1 Kor. 4, 2. Wem Gottes Haushälter auf Erden Vergebung der Sünden im Namen Christi verkündigen, dem sind sie vergeben. Es ist so viel, als wären sie im Gerichte Gottes, im Himmel absolvirt worden, vorausgesetzt, daß ein solcher der Vergebung empfänglich ist. Ist er das nicht, so bleiben seine Sünden im Himmel unausgelöscht, wenn sie ihm auch millionenmal auf Erden von den Haushältern Christi vergeben würden.

20. **Dann gebot ihnen Jesus, sie sollten es niemanden sagen, daß Er Christus** (der Gesalbte, der Messias) **sey.** Kap. 17, 9.

Warum das? Zur Fürsorge. Sie waren noch nicht reif, andern die Wahrheit vorzulegen. Die Lehren haben auch ihre Zeit. Daß Er der Messias sey, das sollte erst nach seiner Auferstehung so deutlich gesagt werden, damit man sich von der Art seines Reiches keine falschen Begriffe machte.

21. **Seit dieser Zeit fing Jesus an, seinen Jüngern zu zeigen, daß Er nach Jerusalem gehen, und von den Aeltesten des Volks, von den Schriftgelehrten und Hohenpriestern vieles leiden, und getödtet werden, und am dritten Tage wieder auferstehen müsse.** Kap. 17, 22.

Des Heilandes Leiden gefällt vielen darum, weil sie es bloß zum Beispiel der Nachfolge machen, und das Christenthum allein in diese Nachfolge setzen. Das ist aber ganz verkehrt; denn ob wir gleich in vielen und mancherlei Stücken erfahren, was der Heiland erfahren hat, und es uns geht, wie es Ihm gegangen ist, daß wir eben so geliebt und gehaßt werden, wie Er, so müssen wir doch die Sache nie aus dem Auge lassen, daß des **Heilands Leiden verdienstlich** ist. Sein Verdienst bestand darin, daß Er leiden und getödtet werden hat **müssen.** Christus hat müssen ausgerottet werden und nicht mehr seyn. Dan. 9, 26.

Es hat etliche Tage scheinen müssen, als wenn es aus mit Ihm wäre. Das ist nun bei den Leiden seiner Knechte ganz umgekehrt. Ihr Leiden kann nichts verdienen, ihr Leiden ist eine Schule, eine Ehre, und der Weg, wodurch sie zur Herrlichkeit und zur Verklärung in sein Bild, und zur Ausführung seines Sinnes eingehen. Knechte und Mägde Christi kommen durch Leiden zu Ehren.

22. **Da nahm Ihn Petrus auf die Seite, und fing an, es Ihm zu verweisen, und sprach: Das sey ferne von dir, Herr! das soll dir nicht widerfahren.** 23. **Jesus wandte sich um, und sprach zu Petrus: Hebe dich weg von mir, du Satan! Du bist mir ärgerlich; denn du hast keinen Sinn für das, was Gottes ist, sondern für das, was des Menschen ist.** Mark. 8, 33. Wie! gerade hat ihn Christus einen Fels genannt und ihm die Himmelsschlüssel gegeben, und nun heißt Er ihn einen Teufel! Was ist so schnell aus diesem Manne geworden! Ist das nicht prophetisch? Bei Christus gilt wahrlich kein Ansehen der Person; sey es der Peter oder Paul, wenn er dem Sinne Christi widerspricht, heißt ihn Christus einen Teufel. Das merke man sich. Denn es ist merkwürdig, daß Petrus in demselben Kapitel ein Fels und ein Teufel von Christus genannt wird.

Die Jünger hatten noch eine unrichtige Theologie und System, in die das Leiden Jesu nicht paßte; sie verstanden den Zweck desselben noch nicht. Das Lamm Gottes mußte der Welt Sünde tragen; das war die Grundlage unserer ganzen Seligkeit nach dem Vaterherzen Gottes. Ob nun wohl Petrus dieß nicht hintertreiben konnte; so konnte er doch die Jünger verwirrt machen. Darum mußte Christus so ernstlich seyn, damit Petrus mit dieser Sache so leicht nicht wiederkäme. Darum, daß Einer böse Einfälle hat, wird er noch kein Satan; aber wenn einer mit seinen bösen Einfällen auch Andere verwirrt machen will, und des Heilands Gnadengang hindert, daß die Leute an der Wahrheit irre werden, so ist das eigentlich der Charakter eines Satans. Man hat sich recht davor zu fürchten; denn ein großer, lieber Apostel, dessen Glaube und Orthodoxie kurz vorher als ein Pfeiler im Hause Gottes erklärt wurde, wird deßwegen ein rechter Satan, Friedensstörer, Rebell, gescholten. Der Heiland heißt ihn auf die Seite gehen, weil er Ihm recht zum Aergerniß wäre, daß Er ihn nicht leiden, nicht vor seinen Augen sehen könne. Aber vorzüglich mag doch Petrus diesen Titel deßwegen bekommen haben, weil er sich dem Leiden des Heilandes widersetzte, welches die Quelle unsers Heils wurde; dadurch hat er dem Satan in die Hände gearbeitet; denn wenn Christus nicht gelitten hätte, so wäre es mit dem ganzen Christenthume nichts. Er mußte getauft werden mit der Taufe des Zornes Gottes für das ganze Geschlecht. Was Petrus nicht hat leiden können, das Leiden Jesu, ist uns lauter Wonne und Freude; darin leben wir. Wir haben aber andere Sachen, irrige Begriffe und falsche Ideen, die aus unsern Herzen heraus sollen, die nicht über unsere Zunge und aus unserm Munde kommen sollen.

Daraus lernen wir also, 1) was unsere Hauptlehre seyn müsse, auf die alles ankommt; 2) wie sehr wir uns hüten müssen, schädlich zu werden, und wenn wir es sind, es uns nicht verdrießen zu lassen, wenn wir derb behandelt werden, sondern denken, daß Jesus es dem Petrus gerade so gemacht habe.

24. **Wenn mir jemand nachfolgen will, so verläugne er sich selbst, und nehme sein Kreuz auf sich und folge mir nach.** (Kap. 10, 38. Mark. 8, 34. Luk. 9, 23.) 25. **Denn wer sein Leben retten will,**

der wird es verlieren; wer aber um meinetwillen sein Leben verliert, der wird es finden. Luk. 17, 33. Mark. 8, 35.

Eben derselbe, der sagte: Kommet zu mir, ich will euch erquicken, mein Joch ist sanft, der hat auch gesagt: Wenn ihr eure Gerechtigkeit nicht weiter treibet, als die Pharisäer so ist für euch an das Himmelreich nicht zu denken. Und bald darauf hat Er sich erklärt, wie Er es meine: **Man soll Vater und Mutter, Weib und Kinder und Geschwister und dabei sein eigenes Leben hassen,** wenn es erfordert wird. Da sollte man denken: das waren Figuren oder weit hergeholte Blumen der Beredsamkeit, oder daß keine Sklaverei unter der Sonne mit dem Dienst und der Knechtschaft Jesu zu vergleichen wäre. Aber die **Liebe** und Verliebtheit in die Person seines Herrn macht, daß einem alles federleicht wird. Amor vincit omnia.

Wir sollen alles verläugnen, und uns selbst nicht mehr kennen. Und das kann man, wenn man nur weiß, daß man Sein ist, daß man Ihm angehört. Wenn man mit seinem Heiland allein, d. i. wie im Himmel ist, dann vergißt man, an sich selbst, oder an andere Dinge zu denken. Wer Jesum kennt, dem ist seine Nachfolge, die Selbstverläugnung keine Last, sondern lauter Lust; es macht sich, wie von selbst; denn man hat sich selbst längst daran gegeben, und lebt nur dem, der für uns gestorben ist.

25. **Was nützt es dem Menschen, wenn er die ganze Welt gewönne, an seiner Seele aber Schaden litte? Oder was für ein Lösegeld kann der Mensch für seine Seele geben?** Die Welt vergeht, sie zieht weg, wie eine Wolke. Was hat er dann? Womit will er nun seine um die Welt verkaufte Seele wieder lösen? Mark. 8, 36. Luk. 9, 25.

Wer seine Seele lieb hat und die Seligkeit gekostet hat, dem ist mit der ganzen Welt nicht geholfen, wenn er sich für ein Stück der Welt um eine Seligkeit, die er schon hat, gebracht sehen sollte.

Der geringste Schaden an der Seele kann einem mit der allergrößten Herrlichkeit und allen Gütern dieser Welt nicht ersetzt werden. Die weltlichen Güter haben bei dem, welcher Jesum kennen gelernt hat, gegen Ihn gerechnet, gar keinen Werth. Sie lassen sich nicht vergleichen oder austauschen, und darum ist ihm die allergeringste Verstörung des Umgangs mit dem Heiland, die Entfernung von seiner Seite auf einen Augenblick, ein Schade, darüber man sich nicht trösten kann, wenn man noch so viel von der Welt damit zu gewinnen wüßte.

27. **Denn der Menschen-Sohn wird in der Herrlichkeit seines Vaters mit seinen Engeln kommen, und an einem jeden vergelten nach seinen Werken.** Röm. 2, 6. Das ist eine sehr gemeine, bekannte Wahrheit, die die Leute nicht läugnen. Sie sagen, sie glauben daran, denken, reden und thun aber doch so, als wenn sie es für die größte Lüge hielten, und als wenn Christus einst nur die Gottlosen, die Weltkinder und Sündenknechte in den Himmel und die Frommen und Gerechten in die Hölle verweisen würde.

28. **Wahrlich! ich sage euch, es sind einige von denen, die hier stehen, die den Tod nicht schmekken werden, bis sie den Menschen-Sohn in seinem Reiche kommen sehen.** Mark. 9, 1. Matth. 10, 23. Die Erfüllung dieser Verheißung wird im folgenden Kapitel beschrieben, wo Ihn wirklich einige von seinen Jüngern in einer solchen Gestalt gesehen haben, wie Ihn andere hier nicht zu sehen bekommen, und wie Er bei seiner herrlichen Erscheinung und Offenbarung des Reiches Gottes kommen wird. Diese haben also das Reich Gottes in der Verklärung seines herrlichen Königs schon wie gekommen gesehen. Denn diese Verklärung war ein Vorbote, ein Vorspiel, ein Vorschmack der allgemeinen Verklärung, obwohl Christus nach derselben

wieder bergab stieg. — Auch sahen die Jünger am Pfingsttage das Reich Gottes in sich und andern, die an ihr Wort gläubig wurden, und den heiligen Geist empfingen, den Anbruch des Reiches Gottes; und so sieht es jeder, der das Reich Gottes inwendig in sich hat, wenn Christus durch den Glauben in seinem Herzen wohnt.

Das XVII. Kapitel.

Verklärung Christi. Elias und Johannes. Wunderglaube. Stater im Munde des Fisches.

1. **Sechs Tage darnach nahm Jesus den Petrus, Jakobus und Johannes dessen Bruder mit sich, und führte sie von den andern weg auf einen hohen Berg.** Drei Zeugen von der Erde mußten dabei seyn, so wie drei Zeugen vom Himmel, Christus, Moses und Elias erschienen. Wenn Christus soll in dir verklärt werden, so mußt du auch weg von den andern, und gern allein gehen, in dein Inneres einkehren und auf den Berg des Gebets dich erheben. Mark. 9, 2. Luk. 9, 28.

2. **Da ward Er vor ihren Augen verklärt, und sein Angesicht leuchtete, wie die Sonne; seine Kleider aber wurden weiß, wie Schnee oder, wie das Licht.** 2 Petr. 1, 16. 17.

Jetzt ist die Herrlichkeit Jesu leicht zu glauben; aber damals war sie ein schwerer Artikel. Wer damals von dem Zimmermann Jesu, dem Freunde der Zöllner und Sünder, eine göttliche Herrlichkeit behauptete, der war in Gefahr, nicht nur für einen Enthusiasten, sondern für einen Ketzer und Gotteslästerer gehalten zu werden. Darum nahm der Heiland so wenig Jünger zu seiner Verklärung, und den Wenigen gab Er den weisen Rath, sie sollten es ja in der Stille für sich behalten; sie würden sich damit nur in Unglück bringen, und niemand würde sich bekehren.

Jetzt ist nichts leichter in der Welt, als von der Größe, Majestät und Verklärung Jesu zu predigen; dazu finden sich Liebhaber genug. Wer aber von seinem Kreuz, Schmerz, Schmach und Wunden redet, der mag sich auf Gleichgültigkeit, Lauigkeit, Kälte und Spötterei gefaßt machen. So geht es nicht nur in der Welt, sondern auch Leute, die zu glauben scheinen, denken, es gehöre mit zur Sache, daß man den Heiland recht groß und schön vorstelle, im Kleide, wie Ihn Johannes sah (Offenb. 1, 14.); wenigstens will man die Erzählung seiner Erniedrigung damit leidlich machen. Wahre Jünger Jesu aber denken so: Die Gottheit unsers Herrn wollen wir von Herzen gern glauben, ob wir uns gleich von seiner göttlichen Schönheit und Majestät keinen Begriff machen können, bis wir Ihn selbst gesehen haben. Wir wissen wohl, es ist, können uns aber kein Bild davon machen. Eine desto lebhaftere Vorstellung aber haben wir von seiner Menschheit, von seinen Dornen, Wunden und Nägelmalen. Es geht uns wie St. Martin, der Ihn auch hier nicht anders als in seinen Wunden sehen wollte. Das ist unsere Lieblingsmaterie, sagt Paulus, in die wir immer tiefer hineingehen mit unserm Herzen, und sie der Welt immer lebhafter ins Herz zu reden suchen; mit der Herrlichkeit giebt sich es dann von selber. Wir wissen nichts, als Jesum den Gekreuzigten. 1 Cor. 2, 2.

3. **Und sieh! es erschienen Moses und Elias vor Ihm, und redeten mit Ihm.**

Die Jünger sollten ausgehen in alle Welt, und das Evangelium predigen, Kranke gesund machen, Schlangen vertreiben ꝛc. ꝛc., da mußten sie freilich wissen, mit wem sie zu thun hatten; und deßwegen ward Er vor ihnen verklärt. Sie mußten es sehen, daß Moses und Elias seine Diener, und Er der Sohn des Vaters war.

Wer in der Welt das Evangelium predigt, den muß Er auch wissen lassen, wie weit seine Macht geht. Das ist eine besondere Sache für die Zeugen. Uebrigens kann aber ein Mensch sterben und zum Heiland gehen, wenn er auch nichts weiß, als daß der Sohn Gottes ein armer Mensch geworden und uns mit Blut erkauft hat, und wenn er gleich sonst keine andere Liebe zu Ihm empfunden hat, als die aus dem Blick auf seine Wunden, Kreuz und Schmach herkommt, davon, daß Er für uns gekreuziget ward.

4. **Petrus aber nahm das Wort und sprach zu Jesus: Herr, hier ist gut seyn für uns; willst du, so wollen wir hier drei Hütten bauen, für dich eine, für Moses eine, und für Elias eine.**

Petrus, der erst unlängst, da von Leiden und Sterben die Rede war (Kap. 16, 22.) nichts hören und sogar seinem Meister es ausreden wollte, war hier vom Genuß der Freude fast nicht wegzubringen. Auf Thabor gefiel es ihm besser als auf Golgatha. Geht es uns aber nicht auch so, daß wir leiden- und kreuzscheu nur erfreuende und erquickende Gaben Gottes suchen, und uns dabei gerne Hütten bauen wollen? Ach wir wissen nicht, was wir begehren. Hier muß das Kreuz noch seyn, dort die Freude.

5. **Da Er noch redete, sieh, da überschattete sie eine lichte Wolke, und sieh! Eine Stimme aus der Wolke sprach: Dieser ist mein geliebter Sohn, an dem ich mein Wohlgefallen habe. Diesen höret.** Kap. 3, 17. Mark. 1, 11. 9, 7. Luk. 9, 35. 2 Ptr. 1, 17.

Und der Sohn konnte sagen: Ich thue allezeit, was Ihm gefällt. Es ist meine Speise, daß ich thue den Willen deß, der mich gesandt hat. Wer sollte das, was uns der Vater selbst von seinem Sohne verkündiget, nicht mit besonderer Ehrfurcht annehmen! Nach diesem Evangelio, das der Vater selbst predigt, muß man an Jesum Christum glauben, als den Sohn Gottes, und Ihn hören als unsern Meister. Dieses thut

Gott noch alle Tage in den Herzen. Jesum in uns verklären und uns zu Ihm weisen und ziehen; das sind die Wirkungen seiner Gnade, die durch diese Wolke angedeutet wird. Das konnte weder der Buchstabe des Gesetzes, noch die Schatten der Opfer, noch die Predigten der Propheten. Jesum müssen wir hören, und besonders wenn Er in das Herz redet. Er ist allein der Meister und Lehrer des Herzens. Er allein kann machen, daß es Ihn höret, Ihm folget, Ihn liebet, Ihm ähnlich wird. Siehe Luk. 9, 30.

6. **Da die Jünger dieses hörten, fielen sie auf ihr Angesicht und fürchteten sich sehr.** Wen Jesus mit auf Thabor in das Gefühl seiner seligen und verklärten Nähe führt, so daß er da Gottes Stimme höret, und wie in den Himmel versetzt zu seyn glaubt, dem geht es wie den Jüngern hier, er fällt unwillkührlich hin auf sein Angesicht, und betet an in heiliger Ehrfurcht, durchdrungen von der Herrlichkeit Gottes, die im Antlitze Jesu ihm entgegen strahlet.

7. **Jesus aber trat zu ihnen hin, rührte sie an und sprach zu ihnen: Stehet auf und fürchtet euch nicht.** (Dan. 8, 18. 9, 21.) 8. **Da sie nun ihre Augen erhoben, sahen sie Niemand mehr als Jesum allein.**

Wenn nur Jesus allemal nachbleibt und in der Seele gefunden wird, so mag alles andere verschwinden und weichen, sey es was es wolle, Moses oder Elias, Petrus oder Paulus.

Auch sehen wir, der Mensch im Fleisch, vermag es nicht, die Wunder der Ewigkeit, die Herrlichkeit Gottes zu ertragen, er erliegt, er fällt nieder unter der Majestät; sie würde ihn erdrücken, wenn nicht Jesus mit seiner Menschheit die göttliche Herrlichkeit milderte und hinzuträte, um unsere Seelen mit seiner Menschenfreundlichkeit anzurühren und wieder aufzurichten.

9. **Als sie nun vom Berge herabstiegen, befahl ihnen Jesus: Saget niemanden von diesem**

Gesichte, bis der Menschen-Sohn von den Todten auferstanden seyn wird. Kap. 16, 20. Es ist ganz faßlich, warum der Heiland unnöthig, ja schädlich gefunden, sein Leiden sowohl als seine Herrlichkeit vor der Zeit ausposaunen zu lassen. Dieses müssen wir Ihm ablernen. Er hat verhütet, daß Ihn seine Jünger nicht vor der Zeit in Leiden hineinbrächten. Er wollte seine Zeit ganz ausleben und auswirken. In den letzten Jahren retirirte Er sich mehr, als in den vorigen. So müssen Christen von ihren Prüfungen, Kreuz und Leiden nicht zu viel bekannt machen, sonst nehmen die Feinde des Kreuzes Christi, die noch nicht allemal die rechte Art wissen, sein Volk zu drücken, aus ihren Vorsichts-Maßregeln und vorläufigen Bedenken Stoff zu künftigen Bosheiten und Beeinträchtigungen, und finden in diesem oder jenem eine Möglichkeit, wozu sie vorher keinen Rath gesehen.

Jetzt ist aber des Heilandes Leiden vorbei, jetzt soll man es von einem Ende der Erde bis zum andern ausbreiten, jetzt soll kein Schweigen davon seyn. Ja weil die Menschen anfangen, seinen Tod und Leiden zu vergessen, so hat Er sich Zeugen dieser Lehre mitten aus der Finsterniß geholt, die jetzt auf dem Leuchter brennen. An Leuchtern hat es nie gefehlt, aber an Lichtern.

10. **Die Jünger fragten Ihn**, aus Veranlassung, wie es scheint, der Erscheinung, da sie den Elias bei Ihm sahen auf dem Berge, **Und sprachen: Warum sagen denn die Schriftgelehrten, Elias müsse noch zuvor kommen?** Wenn das wahr ist, warum ist er denn so schnell wieder verschwunden? Mal. 4, 5. 11. **Jesus antwortete und sprach zu ihnen: Elias wird zwar zuvor kommen, und alles wieder herstellen**, was im Volke Gottes verdorben, verkehrt und verfallen ist; die Schriftgelehrten haben hierin Recht, wenn es nur recht verstanden würde. (Kap. 11, 14. Luk. 1, 16.) 12. **Ich aber sage euch: Elias ist schon gekommen;** (ganz deutlich unterscheidet Er hier

eine doppelte Ankunft des Elias; einer wird noch kommen, wie Er im vorigen Vers sagte, einer ist schon gekommen, nämlich im Johannes;) **sie haben ihn aber nicht erkannt**, und dafür angenommen, weil er nicht nach ihrer Erwartung war, **sondern haben an ihm gethan, was sie nur wollten**; sie haben ihren Muthwillen an ihm ausgeübt, nur mit ihm getändelt und ihn endlich verfolgt und getödtet. Die Boten Gottes sind vogelfrei, wer sich an ihnen vergreifen will, hat ein Privilegium. **So wird der Menschen-Sohn auch von ihnen zu leiden haben.** Es geht einem, wie dem andern. Wer von Gott ist und von Gott kommt, wird von der Welt nicht gut aufgenommen. Wäret ihr von der Welt, so hätte die Welt das Ihre lieb. Kap. 14, 9.

13. **Dann merkten es die Jünger, daß Er dieses von Johannes dem Täufer zu ihnen gesprochen habe.**

Wenn der Messias in den Propheten David genennt wird z. B. Osea 3, 5. so verstehen die Juden wohl, daß nicht David wieder kommen werde, sondern Christus, also könnten sie ja wohl auch den Propheten Malachias 3. und 4. Kapitel verstehen, wenn er sagt, daß Elias vor dem Messias wiederkommen würde.

14. **Als er nun wieder zum Volke kam, trat ein Mann zu Ihm, warf sich vor Ihm auf die Kniee nieder und sprach:** 15. **Herr, erbarme dich über meinen Sohn, er ist mondsüchtig und leidet jämmerlich, denn oft fällt er in's Feuer, oft in's Wasser.** Mark. 9, 17. Luk. 9, 38.

Das ist eine schlimme Krankheit, die nicht selten ist, denn der Mondsüchtigen in moralischer Hinsicht giebt es nicht wenige, das ist, so veränderliche Menschen wie der Mond, die von einer Extremität in die andere stürzen, bald in das wilde Feuer der Unzucht, des Zorns, des Hasses rc. bald in das Wasser der Lauigkeit, Trägheit, Weichlichkeit, Gleichgültigkeit, Nachgiebigkeit rc. verfallen, und so immer von Abgrund zu Abgrund stürzen. Daß sie dabei vom Teufel besessen und so herumgeworfen und gekugelt werden, und er nur sein Spiel mit ihnen treibt, glauben sie freilich nicht, was ihm eben recht ist, damit er desto ungestörter seine Gewalt über sie üben kann.

16. **Ich habe ihn deinen Jüngern gebracht, aber sie konnten ihn nicht austreiben**, denn ich dachte, sie würden durch den Umgang mit dir auch gelernt haben, was du kannst. Der Herr hat ihnen oben Kap. 10, 1. Gewalt gegeben über die unreinen Geister, und sie haben es auch versucht mit glücklichem Erfolg, aber diesesmal mißlang es ihnen. Der Herr läßt es oft zu, daß es seinen Knechten mißlingt, manchmal um der Seelen willen, die nicht empfänglich sind, manchmal um seiner Knechte willen, um sie zu demüthigen, oder zu belehren, daß nicht sie, sondern Er es ist, der da wirkt, und daß sie allemal, wenn ihnen etwas gelingt, die Ehre Ihm geben, und nicht sich selbst, auch wohl, daß sie mehr beten, und sich selbst nichts zutrauen sollen.

17. **Jesus antwortete: o! du ungläubiges und verkehrtes Geschlecht! wie lange werde ich noch bei euch seyn, wie lange euch noch tragen müssen? bringet ihn mir her.**

Wie der Glaube die Wunderwerke thut, so verhindert sie der Unglaube. Und darüber seufzet Jesus, und macht der Menschheit hart scheinende Vorwürfe, aber sie sind gerecht. Nur die Liebe und Begierde uns mehr seyn und geben zu können, hat sie Ihm eingegeben. Er zürnt nicht, wenn wir zu viel zu erwarten oder zu glauben scheinen, sondern wenn wir nichts oder zu wenig glauben und erwarten. Das allein sollte unsern Glauben mächtig beleben. Ach, wir elenden Menschen! wer wird uns erlösen von diesem verdammungswürdigen Unglauben? — **Die Gnade Gottes durch Jesum Christum.**

Wer dieses harte Wort Jesu recht betrachtet, findet es unbeschreiblich schön und muß es als den Ausdruck seiner zärtlichsten Liebe ansehen, die da nur zürnet, daß man ihr die Hände bindet, ihr nicht entgegen kommt, und sich nicht von ihr helfen läßt.

Sein Kreuz auf Golgatha war Ihm keine so schwere unerträgliche Last als der Unglaube. Wie lange muß ich euch tragen!

Bringet ihn mir her! so werdet ihr sehen, daß nur euer Unglaube Schuld ist, so werdet ihr sehen, was der Glaube vermag.

Bringet ihn mir her! — hört das ihr Alle, die ihr einen Elenden, schwer Leidenden habet, mit dem ihr nicht wisset wohin, weil ihn kein Mensch, kein Arzt und kein Mittel heilen, trösten, bekehren ꝛc. kann. Hört es! Jesus ruft: **bringet ihn nur zu mir!** da soll gleich geholfen seyn. Höret es, ihr alle, die ihr ein Anliegen, eine Noth, einen Kampf habet, wo ihr nicht überwinden, einen Fehler, den ihr nicht ablegen, eine Gewohnheit, der ihr nicht loswerden, einen Teufel, den ihr nicht austreiben könnt, bringet ihn nur Ihm hin; Er wird bald damit fertig werden. Denn

18. **Jesus bedrohte ihn und der Teufel fuhr aus von ihm, und der Knabe war auf der Stelle gesund.** Jesus Christus allein ist dem Teufel allemal und in jedem Falle zu stark, und er hat sich einige Fälle vorbehalten, in denen nur Er helfen kann und will, wo alle Andere nichts ausrichten, obwohl sie in seinem Namen zu Werke gehen, wo Er also ohne seine Diener, unmittelbar allein wirkt, damit sie nicht vergessen, daß sie nie etwas ohne Ihn vermögen. Denn wir sind gar vergessame Leute; was wir heute und gestern noch so gut wußten, daran denken wir Morgen schon wieder nicht. Eine Erinnerung an unsere Ohnmacht schadet uns nie.

Dann sollen die Menschen lernen, daß sie ihr Vertrauen nicht an die Diener und Heiligen, seyen es auch die Apostel, hängen, sondern allein auf Jesum setzen sollen, der allemal gewiß und in einem Augenblicke hilft.

19. **Dann traten die Jünger besonders,** tief beschämt, **zu Jesus und sprachen: Warum haben denn wir den Teufel nicht austreiben können?** Du hast uns ja doch Macht gegeben. Kap. 10, 1.

Es war doch gut, daß sie fragten, damit sie zurecht gewiesen werden konnten. Mancher richtet nichts aus in seinem Amte und Berufe, und hat noch sein Leben lang keinen Teufel, weder aus sich, noch aus den Seinigen ausgetrieben, ohne darüber zu fragen oder sich zu bekümmern. Eben weil man den bösen Geist nicht aus sich selbst austreiben will, so kann man ihn um so weniger bei Andern ausjagen. Mancher müßte selbst als ein Geist ausgetrieben werden, der nicht aus Gott ist.

Wer denn aber doch ernstlich fragt, warum es mit ihm und den Seinigen nicht vorwärts gehe, warum der Teufel nicht vom Fleck zu bringen sey? der höre die Antwort aus dem Munde Jesu.

20. **Jesus aber sagte zu ihnen: wegen eures Unglaubens.** — Ihr seyd schon so lange in meiner Schule, und habet besondere Vollmacht und Gewalt dazu erhalten — aber bei dieser Gelegenheit habt ihr nicht neuerdings euch Kraft und Muth erfleht, sondern auf euch selbst und eure eignen Kräfte vertraut, als wenn ihr es nun schon ohne mich könntet von Amtswegen. — Ihr habt euern Glauben nicht von neuem erweckt und gestählt durch Gebet und Flehen, das ist die Ursache, daß ihr zu Schanden wurdet.

Der Glaube, der die Teufel überwindet, muß auf ein beständiges Vertrauen zu Gott, auf ein beständiges Mißtrauen auf sich selbst gegründet, und mit unablässigem Gebete und Schöpfen aus der Fülle Christi verbunden seyn, sonst geht ihm der Athem aus, er wird schwach und unterliegt.

Christus sagt ihnen dann, daß sie es leicht hätten bewirken können, wenn sie in der rechten Stimmung und Richtung ihres Herzens geblieben wären.

— **Denn wahrlich ich sage euch: Hättet ihr Glauben, auch nur Senfkorn groß, so würdet ihr zu diesem Berge sagen: Hebe dich von hier dort-hin, und er würde sich wegheben, und nichts würde euch unmöglich seyn.** Kap. 21, 21. Luk. 17, 6.

Einen Berg wegglauben, heißt, Schwierigkeiten, Hindernisse, die einem wirklich im Wege stehen, auf die Seite schaffen, ohne viele Umstände. Ich glaube, daß der Heiland nicht weiter an einen Berg gedacht, als weil gerade ein Berg vor Ihm da gestanden, so hat Er das Gleichniß daher genommen: „Seht da den Berg; was scheint unnatürlicher, als daß der Berg zu einer Ebene oder gar zu einem Thale werde? Und doch wenn es darauf ankäme, daß ihr ihn da weghaben müßtet, so könntet ihr ihn wegschaffen.“

Wenn man es sich etwa so vorstellte, als ob ein Christ dahin träte, und die Schwierigkeiten solenn! anredete, so ging es einem wie dort dem Naamann. Der hat sich eingebildet, der Prophet würde den Jordan segnen, oder das Wasser mit vielen Ceremonien consecriren!, und ihn so gesund machen. Der Prophet aber sagte bloß: Geh hin und wasche dich! So ist es auch mit dem Bergwegheben.

Wenn man etwas im Namen des Heilandes zu thun hat, und es will nicht gehen, weil Hindernisse da sind, so denkt ein Knecht Christi: „Das ist nicht gut, daß die Sache nicht geht; wenn nur das und das nicht wäre, so könnte ich des Heilandes Zweck erreichen, ich weiß, was sein Sinn dabei ist, wo Er hinaus will.“ **Der** Glaube, Senfkorn groß, **der** bloße herzliche, gläubige Gedanke ist die Anrede an den Berg: Weg da! Nur so ein einziger Gedanke, ein Kopfschütteln bei ein paar Zeilen, bei einem widrigen Wort oder Bezeigen, (wenn es ein wirkliches Hinderniß des Reiches Christi ist) ist

ist so viel, als wenn David sagt: Herr! mache den Rath des Achitophels zur Narrheit! Wenn Moses, da ihm die Aegypter auf den Hals kamen mit den Wagen, dachte: „Das kommt zu nahe;" und kein Mensch gewahr wurde, daß er den Mund rührte, so hörte ihn Gott schreien, und das war schon so viel als hätte der Herr gesagt: Weg da! und es wäre gleich vor ihm in die See gesunken.

Vor ungefähr 150 Jahren war Holland in Gefahr, weil der Hauptstadt eine feindliche Flotte nahte, und die eigene nicht im Stande war, sie abzuhalten. Da ging das Volk auf die Dämme, fiel auf die Kniee, und klagte Gott die Noth. Was geschah? Die gewöhnliche Fluth blieb aus, und die Ebbe dauerte so lange, daß die Gefahr verschwand, und der feindliche Anschlag zurückging. Die Flotte, die doch auch kein kleiner Berg ist, war weggehoben. Nun werden die Leute freilich nicht gesagt haben: „Herr, thue dieses Zeichen!" Das ist ihnen nicht eingefallen, sondern sie schrieen nur: Herr! hilf uns, so daß uns geholfen ist! Und es geschah.

Sollte Er das nicht vielmehr euch thun? Ja, das ist eben die Seeligkeit der Knechte und Mägde Jesu in ihrem Amte, daß sie Macht haben, alle Schwierigkeiten, die in den Augen des Heilandes auch Schwierigkeiten sind, (denn es giebt manchmal Mißverständnisse, da die Erhörung schädlich oder unnöthig wäre,) wegzudenken, so oft sie wollen. (Mehreres Mark. 11, 23.)

21. **Diese Gattung aber wird nur durch Gebet und Fasten ausgetrieben.**

Da sagt es ihnen Jesus also noch deutlicher und bestimmter, woran es ihnen fehle, nämlich an Gebetseifer, und Verleugnung, an wahrer Nüchternheit des Gemüthes. — Es giebt demnach verschiedene Teufel von allerlei Art, und sie sind keinesweges alle gleich an Hartnäckigkeit und Bosheit, so wie die Leidenschaften und Neigungen im Menschen auch nicht gleich stark sind. Alte eingewurzelte Gewohnheiten und lang geübte Laster sind nicht so leicht auszurotten; besonders unreine Lüste sitzen so fest, daß sie nur durch anhaltendes gläubiges Gebet, beständiges Aufblicken zu dem Gekreuzigten und eine ununterbrochene Nüchternheit, Mäßigkeit und Verläugnung alles dessen, was dem Fleische Nahrung und der Sinnlichkeit Waffen in die Hände geben könnte, besiegt werden können.

22. **Als sie aber in Galiläa umherzogen, sagte Jesus zu seinen Jüngern: Der Menschen-Sohn wird in die Hände der Menschen ausgeliefert werden.** 23. **Sie werden Ihn tödten, aber am dritten Tage wird Er wieder auferstehen. Darüber wurden sie betrübt.** Kap. 20, 17. Mark. 9, 31. Luk. 9, 22.

Der Heiland konnte zu dieser Materie keine rechte Zuhörer finden. Auch seine damaligen Jünger hatten zu diesem Gegenstand keine Neigung. Sie hätten das Leiden und den Tod gerne von Jesu weggehabt, und es lieber gesehen, wenn Er nur von dem Bessern, das sie in Seinem Reiche hofften, mit ihnen geredet hätte, indem ihnen die Augen in die Schrift noch nicht geöffnet waren. Und so giebt es noch, auch selbst unter denjenigen, welchen man die Liebe zur Wahrheit nicht absprechen kann, viele, denen das Geheimniß der Leiden Jesu noch verborgen ist, und die daher lieber von der Hoffnung besserer Zeiten, oder von hohen und tiefen Gegenständen der göttlichen Wahrheit reden hören, als wenn man sie auf Jesum den Gekreuzigten hinweist, in welchem sie das Heil allein suchen und Ihm auch in seinen Fußstapfen nachfolgen sollen. Für wahre Christen ist aber **das** der Gegenstand, von dem sie am liebsten hören. Wir sehen Ihn gerne auf Thabor und freuen uns anbetend der Herrlichkeit, in welcher wir Ihn da erblicken. Ueber alles wichtig ist uns aber der Ausgang, den es mit Ihm in Jerusalem nahm, und von dem auch damals die Rede war; Luk. 9, 31. über alles wichtig der Moment, da wir Ihn in Angst und Wehe für uns und die ganze Welt leiden sehen. Nichts hat mir das Herz genommen, als bis ich angekommen auf Golgatha.

24. **Da sie aber nach Kapernaum gekommen waren, gingen die Einnehmer der zwei Drachmen zu Petrus, und fragten ihn: Bezahlt euer Meister nicht auch die zwei Drachmen?** wahrscheinlich die Tempelsteuer, die 2 Moses 30, 13. befohlen war, oder es war ein Schutzgeld zu Kapernaum, das Er als Schutzbürger und Insasse, weil Er in Kapernaum aus und ein ging, bezahlen sollte. Man ließ den Herrn der Erde auch nicht umsonst aus und eingehen in seinem Hause. Er kam in sein Eigenthum und mußte die Miethe bezahlen. Bezahlt euer Meister nicht? hieß es. O ja! Er bezahlt für Alle — die Schulden der ganzen Welt, daß Alle Zoll- und Steuer-frei werden. Aber das achtet man nicht in der Welt. Sie will nicht sein Blut, sondern Geld! Geld!

25. **Ja, sagte Petrus. Und sobald Er nach Hause gekommen war, kam ihm Jesus zuvor und sprach: Von wem nehmen die Könige der Erde Abgabe oder Steuer? von ihren Söhnen oder von Fremden?** 26. **Petrus antwortete: von den Fremden. Und Jesus sprach zu ihm: also sind die Söhne frei?**

Christus will den Christen zeigen durch sein eignes Beispiel, wie sie, wenn sie gleich Kinder Gottes und Erben des Himmelreiches sind, sich dennoch die Lasten im bürgerlichen Leben gefallen lassen und sie mittragen müssen. Wenn du auch einen guten Grund und ein Recht für dich hast, so mußt du dich doch nicht ausnehmen, sondern um nicht zu ärgern, auch thun und leisten, was du nicht schuldig wärest.

Die Erniedrigung des Sohnes Gottes beschämt die Eitelkeit, den Stolz und die Hitze der Menschen, mit der sie ihre Rechte vertheidigen. Er verschmähete keine Art von Gehorsam und Unterthänigkeit, um nur die Menschen zu gewinnen. Er besaß nicht so viel Eigenes, wo Er sein Haupt hätte hinlegen können, und gab doch Steuer.

Ach es ist schändlich, wenn gewisse Menschen, besonders Geistliche, so viel von ihren Freiheiten, Privilegien und Rechten sprechen, die mit ihrem Stande und Amte verknüpft sind oder seyn sollen, oder wenn Fromme, Erleuchtete, von der evangelischen Freiheit viel rühmen, und sich aller äußerlichen Gebräuche überheben wollen, die an sich unschuldig und wohl auch nützlich gebraucht werden können, und gerade von Freien am besten gebraucht werden sollen.

27. **Doch damit wir sie nicht ärgern, so geh hin an's Meer, wirf die Angel aus, nimm den ersten Fisch, der anbeißt, heraus, und wenn du ihm den Mund öffnest, wirst du einen Stater finden darin; diesen nimm, und gieb ihn für mich und dich.** Luk. 23, 2.

Christus hat sich in seiner Armuth lieber durch Wunder geholfen, als daß Er Aergerniß gegeben, oder sich einem Landesgesetze entzogen hätte. Aber wie kann ich das? wirst du fragen, und Jesus antwortete dir schon oben Vers 19. Bist du in der Lage, wie Christus, so wird er dir eben so helfen, wie Er sich half, es sey durch einen Fisch oder einen Menschen, das ist ja gleich viel. Wirf du nur die Angel des Gebets aus, und hänge den Glauben daran, so beißen die Fische gern an, und gerade die, welche das im Munde tragen, was du nöthig hast.

Christus bezahlte für sich und den Petrus, weil dieser mit Ihm wandelte. Wandelst du mit Christus, so wird Er auch jedesmal für dich bezahlen. Der Fisch, den Er dich fangen heißt, muß gerade so viel in sich tragen, als du für dich und die Deinigen nöthig hast.

Das heißt nicht Christo nachfolgen, um seiner Rechte willen oder aus Eigennutz den Frieden stören, sich gegen Gesetze und Obrigkeit auflehnen.

Freiheit und Dienstbarkeit stehen bei dem Christen sehr schön neben einander. Er ist auch nur dann frei von allen irdischen Dingen, wenn er sie gerne hingiebt. Wer sie festhält und darüber streitet, ist davon gefangen.

Daß Christus die Fische im Meere alle kennt, und weiß was sie in sich haben, und daß also seine Augen in das Meer und in alle Tiefen schauen, soll dir billig die Gedanken erwecken: So sieht Er ja doch gewiß auch mich auf der Erde wandeln; wenn Er die Fische im Meere alle gezählt hat, und weiß, wo jeder ist und was er im Munde hat, so weiß Er ja gewiß auch, was ich in mir trage, denke, begehre, wie ich mich wende oder drehe. So ist ihm ja gewiß nichts in den Tiefen meines Herzens verborgen.

Damit sie sich nicht ärgern. — Es giebt gewisse allgemeine Regeln, wie man sich zu verhalten hat, die man in der ganzen Welt brauchen kann. Aber es giebt auch Regeln, die sich gut für ein Land und Königreich, aber nicht für andere Regierungen und Orte schicken; daher ist es eines von den wichtigsten Sachen, das Aergerniß zu verhüten. Es wäre gut, wenn wir die Erkenntniß des Guten allein haben müßten, weil wir aber auch die Erkenntniß des Bösen haben müssen, so gehört hauptsächlich mit dazu, zu wissen, was in diesem oder jenem Lande ein Aergerniß und Scandal ist. Es ist einem nichts so widerlich und sauer, als wenn einem etwas ärgerlich ist, etwas, das man nicht gut leiden kann, das wider den Schnitt ist. Es ist etwas in einem Lande beliebt, geehrt, gelobt; wenn man eben das in einem andern thäte, so gäbe man ein offenbares Aergerniß; die Leute würden einen darum ansehen und denken, was ist das? Man kann sich in einem Lande lächerlich machen, mit Sachen, womit man in einem andern Lande die größte Ehre einlegen würde. Wer also des Heilandes Sache in verschiedenen Ländern und Reichen zu treiben hat, der muß sich von Ihm die Kenntniß der so verschiedenen Staaten ausbitten, so kann Er das Aergerniß verhüten, und machen, daß sein Volk bei aller äußern Botmäßigkeit ein ruhiges, stilles Leben führt. Und das soll unser Hauptanliegen seyn, daß uns der Heiland auf die Spur helfen möge, in einem jeden Lande die Seligkeit unsers Wandels mit Klugheit der Gerechten zu erhalten.

Das XVIII. Kapitel.

Wer ist der Größte? Vom Aergerniß, verlornen Schafe, brüderlicher Zurechtweisung, unbarmherzigen Knechte.

1. In derselben Stunde traten die Jünger zu Jesus und sprachen: wer ist wohl der Größte im Himmelreiche? Mark. 9, 33.

Die Apostel hatten alles verlassen, Aeltern, Haus, Netz und Gewerb, aber ihrer selbst, des Ehrgeizes, konnten sie nicht los werden. Der sitzt tief, und hält lange, wenn man auch schon mit Jesu wandelt.

Sie konnten es nicht erwarten und begreifen, daß Er die Plätze so lange nicht austheilte und sie dem Range nach in seinem Reiche anstellte. Er ging ihnen zu langsam. Darum platzen sie nun heraus mit dem, was in ihnen lag. Aber es ist doch sonderbar, daß sie wieder nach dem Range fragen, da Christus, wie einige meinen, Kap. 16, 18., schon bestimmt hat? Die Jünger müssen es also nicht so verstanden haben, daß Christus dem Petrus dort einen besondern **Vorrang** gegeben habe. Wie konnten sie sonst hier noch einmal so fragen. Oder Christus würde hier geantwortet haben:

Petrus ist es. Aber die Antwort, die sie bekommen, erwarten sie nicht.

2. **Da rief Jesus ein Kind** *) **zu sich und stellte es mitten unter sie**, die Apostel, hin von denen jeder der Größte, jeder gern angebetet gewesen wäre. Jeder streckte sich, um über die Andern hervorzuragen, wie sich denn die Menschen gern so strecken. Jesus aber sagt: Beuge dich, wie ein Kindlein. Er wollte nicht Große sondern Kleine, Kinder in seinem Reiche haben. Wie werden sie da Augen gemacht haben! denn damit fuhr Er gerade durch ihren ehrgeizigen Sinn. Ach du liebes Kind! mögtest du uns vorschweben, so oft wir hoch hinaus oder den Vorrang haben wollen, so oft wir uns groß dünken.

3. **Und sprach: Wahrlich, ich sage euch: wenn ihr euch nicht bekehret, und werdet, wie die Kinder, so könnet ihr nicht in das Himmelreich kommen.** Kap. 19, 14. Mark. 10, 16.

Ein Kind werden, heißt, auf nichts anderes denken, als alle seine Liebe und Neigung zum Heilande zu befriedigen suchen. Ob nun die Mittel dazu beschwerlich oder gefährlich, ob es andern Leuten, die um einen sind, recht ist oder nicht, ob man darüber gelobt wird oder getadelt, darum ist man unbekümmert. Ein Kind folgt seiner Neigung. Wenn nun die Neigung zum Heilande so groß geworden ist, daß man alle die Gedanken und Ueberlegungen, die ein vernünftiger Mensch macht, nicht mehr machen kann, weil der Hang zu groß und so groß ist, daß man an nichts mehr denkeu kann, wie ein Kind an nichts mehr denkt, das in seiner Mutter Schooß seyn, oder sonst etwas haben will; so ist man ein wahres Kind Gottes.

Daß wir aber umkehren, und werden müssen, wie die Kinder, kommt daher, weil wir ganz anders geführt

---

*) Dieses Kind soll Ignatius, der nachherige Bischof von Antiochia in Syrien, gewesen seyn, von dem wir so schöne Briefe haben, und dessen Martertod so erbaulich ist.

worden sind, ganz andere Begriffe und Ideen haben; weil man heutzutage gar nicht mehr weiß, was ein Kind ist, sondern jedermann will für gescheut und vernünftig passiren und handeln, daß er seine Reputation dabei behalte; und doch möchte er all den Segen der Kinder dabei genießen, das geht aber nicht.

Ein Mensch, der ganz selig seyn, des Heilandes ganz genießen will, muß absolut, wenn er auch schon funfzig, sechzig Jahre alt ist, von dem Kindersinn etwas zurückholen, den ein Kind von zwei Jahren hat, das recht artig und kindlich ist. Wie ein Kind zu der Stunde ist, wenn es nicht eigenwillig oder krittlich ist, — den Sinn muß er zurückholen, sonst kann er das Himmelreich nicht haben, nicht genießen.

4. **Wer sich nun so demüthigt, wie dieß Kind, der ist der größte im Himmelreich.** 1 Petr. 5, 6.

Die kleinen, niedrigen Sachen müssen für Kinder Gottes etwas Reitzendes haben; zur Kleinheit müssen sie Neigung haben, denn wenn einem Kinde noch so viel vorgesagt wird, und man hat es nicht vorher dazu vorbereitet, und seinen Verstand nicht verdörben, und schon so einen kleinen Satan daraus gemacht, so kommt man nirgends übler an mit Großheit und Hoheit als bei einem Kinde. Ein Kind ist mit Vergnügen ein Kind, schämt und grämt sich nicht, es ist gerne wohl; aber wie viel Grade es über andern oder unter andern steht, was kümmert sich ein Kind darum? Deßwegen ruft der Heiland ein Wehe aus über das, wenn jemand ein Kind aus seiner Kinderfreude und Kindlichkeit herausbringt.

Ein wahres Kind ist also von Natur gerne klein; es muß sich zwingen, wenn's mit Leuten umgehen soll, die hochmüthig und stolz sind, und wenn's von der Art etwas annehmen soll, so muß es erst verführt werden; es ist wider seine Natur. Sobald es aber hochmüthig wird, so ist es nicht mehr ein Kind, und gefällt einem nicht mehr. Die Annehmlichkeit ist mit der Kindlichkeit verbunden.

Der Heiland nimmt also das Gleichniß nicht von einem hochmüthigen, naseweisen Kinde, das schon seine Ehre sucht, sondern von einem Kinde, das sich um die übrige Welt nichts kümmert, seine Mutter liebt, und einen jeden seyn läßt, wie er ist.

Das kleinste Kindlein, das unschuldigste, einfältigste Kindlein, das demüthigste unter allen Kindern ist aber doch noch gar nichts in Hinsicht seiner Kleinheit gegen den kleinen Jesus. **Ich bin sanftmüthig und von Herzen demüthig**, sagt Er, ein wahres Kinder-Herz, das Original von allen Kinder-Herzen.

5. **Und wer ein solches Kind aufnimmt, in meinem Namen, der nimmt mich auf.** Kap. 10, 40. Mark. 9, 36.

Jesus wird in der Person der Kinder, so wie der Armen, Kranken rc. selbst aufgenommen. Man rühmt und schmeichelt sich, wenn man die Großen der Welt aufzunehmen gewürdigt wird; aber was ist dieses gegen das, wenn einer die Kleinen, Geringen und Armen um Christi willen aufnimmt, denn ein Solcher hat den Größten aufgenommen; aber man merke es sich, es muß nicht aus Prahlerei, es muß um Christi willen geschehen.

Wer den Kindersinn aufnimmt, hat auch Christum nicht nur aufgenommen, sondern angezogen.

6. **Wer aber eines dieser Kleinen, die an mich glauben, ärgert, dem wäre besser, daß ihm ein Mühlstein an den Hals gehängt und er in die Tiefe des Meeres versenkt würde.** (Mark. 9, 41. Luk. 17, 2.) 7. **Wehe der Welt der Aergernisse wegen! es müssen zwar Aergernisse kommen** (es ist unvermeidlich bei der Verdorbenheit der Menschen); **aber wehe jenem Menschen, durch welchen Aergerniß kommt!** Luk. 17, 1. 1 Kor. 11, 19.

Ein Aergerniß, wie es der Heiland meint, ist, wenn man einen Böses lehrt, wenn man vorsätzlich hingeht, und eine Seele in etwas hineinbringt, vor dem sie der Heiland so lange bewahrt hat. Ein Aergerniß setzt also allemal eine vorsetzliche Verwundung voraus an einer armen Kreatur, z. B. wenn man Kinder lehrt, wie sie ihre Vorgesetzten betrügen sollen, oder wenn man ihnen eine Verachtung gegen dieselben beibringt, da sie sonst niemals daran gedacht hätten, oder wenn man sie zu ihrem Schaden aufmerksam macht auf ihren Leib, ihre Schönheit, Vorzüge, oder auf gewisse Glieder ihres Leibes, da sie von selbst nicht darauf gefallen wären. Das heißen Aergernisse, von denen Jesus sagt, es wäre besser, man würfe einen solchen Menschen ins Meer, noch vor der That, ehe er's hätte thun können.

Wer in eine Seele, die noch voll Unschuld und Kindlichkeit ist, durch Wort oder Beispiel zuerst etwas hineinbringt, das den Gedanken in ihr rege macht, oder gar festsetzt, man könnte das auch anders machen; worauf sie nicht gekommen wäre, wenn man sie in ihrer Einfalt gelassen hätte, wenn sie das Wort nicht gehört, das böse Beispiel nicht gesehen hätte; der giebt das Aergerniß, das der Heiland so schrecklich hoch genommen hat.

8. **Wenn aber deine Hand, oder dein Fuß dich ärgert, so haue sie ab und wirf sie von dir; denn es ist dir besser, lahm, oder als ein Krüppel zum Leben einzugehen, als zwei Hände und zwei Füße zu haben, und ins ewige Feuer geworfen zu werden.** 9. **Und wenn dein Auge dich ärgert, so reiß es heraus, und wirf es weg; denn es ist dir besser, einäugig zum Leben einzugehen, als mit zwei Augen ins höllische Feuer geworfen zu werden.**

Der liebe Heiland will lauter ganze Leute haben. Er will nicht, daß man Ihn lieb haben, und noch etwas anderes zugleich zum Zwecke behalten soll. Er kann nicht leiden, daß man einen Gedanken auf Ihn, den andern auf leichtsinnige Dinge habe. Er will das ganze Herz und Gemüth haben. Sobald man anfängt, nicht mehr einfältig und kindlich zu seyn, sobald etwas anderes sich regt im Gemüthe oder Leibe, so ists ein gefährlicher Zustand; da ist es besser, daß du um dein Auge, Ohr, Hand oder Fuß, als um die Gnade und den Frieden Gottes, ja nach und nach in Dinge hinein kommest, die dich ins ewige Verderben stürzen; denn wer weiß, wo dich dein Auge noch hinführen kann?

Nachdem sich aber der Heiland ans Kreutz hängen, und sein Herz hat durchstechen lassen, und die Sünde, die Er für uns getragen, auf ewig getödtet hat, so darf man nur, um ein Kind Gottes zu seyn, **glauben** an die Wunden, an das durchstochene Herz, an die durchgrabenen Hände und Füße Jesu, und sich ihnen getreu und von ganzem Herzen empfehlen. Wenn sich ein Kind Gottes Morgens und Abends und den ganzen Tag in die Wunden des Heilands versteckt, so ists vor allem Schaden bewahrt, und braucht keine Gewaltthat, keine Verstümmlung oder Verwundung der Glieder mehr, sondern Gott ehrt Jesu Glieder, und der Leib Jesu tödtet an ihnen alles, was noch unbeugsam ist, und errettet von aller Sünde. Den erblaßten Leichnam Jesu lege auf die schädlichen Glieder, die gebrochenen Augen auf die leichtsinnigen Augen, die durchbohrten Hände und Füße auf die vorwitzigen Hände und Füße; **das hilft**, wenn es nur im Glauben geschieht, so als sähe man sich an des Heilandes gebrochenen Augen blind an aller Welt-Eitelkeit und Thorheit; das ist so gut, als sich das Auge ausgerissen haben. Ihr seyd durch den Leichnam Jesu getödtet, sagt Paulus (Röm. 7, 4.), daß ihr der Sünde nicht mehr müsset dienen. Siehe oben Kap. 5, 30. und Mark. 9, 42.

10. **Sehet zu, daß ihr keines dieser Kleinen verachtet; denn ich sage euch: Ihre Engel im Himmel schauen immerfort das Angesicht meines Vaters, der im Himmel ist.** D. h. die Kinder hat mein

Vater so lieb, daß Er eigene Engel bestellt hat, die genau darauf Acht haben sollen, was sie machen; habt also auch ihr Respekt für sie, weil ich und mein Vater sie so lieb haben. Wir verstehen gar nicht, was für den Heiland wichtig ist, bis wir es in der That sehen. Daher achten wir nur Sachen, die so etwas Auffallendes an sich haben. Der Gang der Gnade ist so geheim, daß sich unter Tausenden nur wenige recht darein finden können. In dieser Hinsicht hat der Heiland die allgemeine Regel gegeben, nichts Kleines, kein Kind, den aller unansehnlichsten Menschen, den man noch gar nicht brauchen kann, zu verachten, oder von ihm zu denken: Es ist nur ein Kind.

Ein Kind findet noch immer Leute, die für sein Aeußerliches sorgen, aber es finden sich sehr wenige, die für sein Inwendiges Sorge tragen, daß sie alle seine Tritte und Schritte für wichtig achten, daß sie bei jedem Worte, bei jeder Geberde sich in Acht nehmen um des Kindes willen. Und das will der Heiland gerne haben, wir sollen glauben, wir haben lauter Majestäten vor uns. Wer weiß, was aus diesem kleinen Kinde nach des Heilands Absichten noch werden wird? Wer weiß, führst du hier jemand am Gängelband, der dich einmal segnen und besser zu Jesus leiten wird? Wir haben schon solche Fälle erlebt. Eben so wenig müssen wir geringe, schlechte Leute, an denen nichts besonderes ist, verachten; wir wissen nicht, was Jesus aus ihnen macht, und sie sind doch seine erkauften Seelen.

11. **Denn der Menschen-Sohn ist gekommen selig zu machen, was verloren ist.** Kap. 9, 13. Luk. 19, 10.

Wer kann zweifeln, daß Gott seine Engel sendet zur Bedienung der Menschenkinder, da Er selbst seinen Sohn den verlornen und verirrten Schafen nachsendet, sie einzuholen und zurück zu führen.

O, Wort voll Trostes! was kann uns Muth und Vertrauen einflößen, wenn dieß nicht, was der Mund der ewigen Wahrheit selbst spricht! Da steht sie, die Wahrheit in Person, in unserer Menschengestalt, ruft und bezeuget: Ich komme zu euch, bloß um euch selig zu machen, und zwar nicht die Frommen, nein, die Verlornen. Wer, der sich für verloren hält, kann nun noch eine Entschuldigung haben? Wer noch etwas einwenden? Wer sich von irgend etwas zurückhalten lassen, sich dem unbedingt und ohne Säumen in die Arme zu werfen, der vom Himmel kam, seine Arme, sein Herz aufstellt, um alle aufzunehmen, alle zu beseligen, die sich verloren fühlen?? Man sehe auch hierüber Luk. 19, 10.

12. **Was dünkt euch, wenn Jemand hundert Schafe hätte, und es wäre eins davon verirrt, wird er nicht die neun und neunzig auf den Bergen zurücklassen, und hingehen und das Verirrte suchen, 13. und wenn es ihm gelingt, daß er es findet, so sage ich euch, er freut sich über dasselbe mehr, als über die neun und neunzig, die sich nicht verirrt haben.** Luk. 15, 4. Jer. 50, 6.

Ach, dieser Hirt ist unser Jesus; hier hat Er sich wieder selbst meisterhaft abgemahlt und getroffen. Wer kann sich satt sehen an diesem trefflichen, reizenden Gemählde. Und wenn wir alle seine Gemählde und Vorstellungen, die Er uns von sich selbst im N. T. entworfen und hinterlassen hat, zusammenstellen, welch' eine herrliche Bilder-Gallerie! Christ, mache dir diese Sammlung, aber hänge sie in dein Kabinet, in dein Herz, nicht an die Wand, und weide dich daran Tag und Nacht. Und wenn du den guten Hirten erblickst, wie Er gerade dem verlornen hundertsten Schäfchen nachläuft, oder es schon auf seinen Achseln hat, und sich freut als hätte Er einen neuen Himmel gefunden, so denke, das bist du, du liegst Ihm gerade auf seinen Achseln, oder dir läuft Er gerade nach. Steh' still, halte Ihn, laß dich von Ihm tragen, freue dich deines, ja deines guten Hirten.

Ach, was thut der gute Hirt alles um seine verlornen Schafe (und welcher Mensch ist davon ausgenommen?) zu finden. Wie läuft Er ihnen ihr ganzes Leben hindurch nach, in ihrem Gewissen, mit seinem Worte, mit seinem Geiste durch innerliche Erinnerungen, Erweckung, Ermahnung, Bestrafung, Warnung, durch Begebenheiten, alle Anordnungen und Fügungen in unsern Schicksalen! Wie sucht Er uns in der Kindheit, im Jünglingsalter, und wie zärtlich, wie lieblich, wie schonend! Wider unsern Dank und Willen, trägt Er uns seinen Himmel, seinen Frieden, seine Gnade nach, bis es uns endlich gefällt, Ihn anzunehmen. Er läßt sich durch all unsern Undank, Ungehorsam, Widersetzlichkeit und Verachtung seiner Liebe nicht abschrecken, nicht ermüden. Wird Er gleich grob und ungestüm abgewiesen, Er kommt wieder. Wenden wir Ihm den Rücken, Er läuft uns ins Angesicht entgegen. Wer hat Ihn je zuerst gesucht, ehe er von seinem Hirten gesucht wurde? Wer ist ihm zuvorgekommen? —

14. **Also ist es nicht der Wille meines Vaters, daß eines von diesen Kleinen verloren gehe.** Der Wille des Vaters geht immer auf Erhaltung und Beseligung der Menschen.

Da erklärt der Heiland deutlich genug, daß Er nicht erst den Vater besänftigen müsse, über die Menschen. Nein, sagt Er: der Vater hat die Menschen also erstaunlich lieb, daß Er Allen geholfen und nicht den Geringsten und Verachtetsten verloren wissen möchte. Es ist Ihm eben so sehr daran gelegen, wie mir, daß ich alle meine Schafe nach Hause bringe und mir keins in der Wüste zurückbleibe.

15. **Wenn aber dein Bruder sich gegen dich versündiget,** (so daß es kein geringer oder eingebildeter Fehler ist, da wir nur meinen, wir seyen beleidiget, ob es gleich nicht so ist,) **so gehe hin und verweise es**

ihm (im Geiste der Sanftmuth) **zwischen dir und ihm allein**, ohne Lärm zu machen, damit du ihn schonest, und desto eher gewinnest. Dieß Gebot Christi ist so wichtig und nöthig, als das: Du sollst nicht tödten; denn wer seinen Bruder nicht straft und in Liebe warnet, der läßt ihm Gelegenheit in der Sünde zu verharren und verloren zu gehen. **Wenn er dich hört**, die Erinnerung annimmt, seine Fehler erkennt, **so hast du deinen Bruder gewonnen**, seine Seele gerettet. (Darüber kann nachgelesen werden, was über Tit. 3, 10. 11. gesagt wird.)

16. **Giebt er dir aber kein Gehör, so** (muß man freilich weiter schreiten;) **alsdann nimm noch einen oder zwei zu dir**, (ob er nicht durch Uebereinstimmung Vieler desto eher überzeugt werden möchte, und auch) **damit die ganze Sache auf der Aussage von zwei oder drei Zeugen beruhe**, und er auf alle Fälle überwiesen werden könne.

17. **Hört er aber auch diese nicht, so sage es der Kirche**, (der Gemeinde der Gläubigen, die aus der Welt heraus erwählt und nicht von der Welt ist). **Wenn er dann auch diese nicht hört**, (und sich wider alles setzt in einem hartnäckigen Sinn und unverbesserlich bleibt,) **so sey er dir ein Heide und Zöllner**; laß ihn gehen, und gieb ihm zu erkennen, daß du ihn nicht mehr unter die Glaubensgenossen rechnen könnest, damit er dadurch etwa zum Nachdenken kommen möge, und bei sich spreche: Was wird Gott mit mir machen, wenn Kinder Gottes von mir zurücktreten!

18. **Wahrlich ich sage euch, was ihr immer auf Erden bindet, das wird auch im Himmel gebunden seyn, und was ihr immer auf Erden löset, das wird auch im Himmel gelöset seyn.** Kap. 16, 19. Joh. 20, 23.

Diesen Vers muß man nicht von dem vorigen trennen; er gehört wesentlich dazu und bezieht sich ganz darauf. Christus will nämlich offenbar sagen: wenn die Kirche, die Gemeinde der Gläubigen, einem ihrer Mitglieder, welches ihr nach vorher gegangener vergeblicher Privat-Erinnerung, angezeigt und von ihr, d. i. von allen, von der ganzen Versammlung oder doch von Einem aus ihrer Mitte im Namen Aller und vor Allen nochmals feierlich zurechtgewiesen worden ist, und er hat sich nachher doch nicht gebessert, nicht darauf geachtet, so darf und soll ihn die Gemeinde ausschließen, nicht mehr als ihr Mitglied, sondern als einen Heiden und Zöllner ansehen, — und ihm daher seine Sünden binden, und dieser Beschluß der Gemeinde hat solche Kraft und Gültigkeit, als wäre es im Himmel beschlossen; — es ist im Himmel ratifizirt, genehmigt — er ist auch droben gebunden. Bessert er sich aber und kehrt er zurück, sucht er Vergebung, Aufnahme in die Gemeinschaft und wird er wirklich wieder an- und aufgenommen, und ihm vergeben, oder werden ihm seine Vergehungen und Sünden gelöset, so ist das eben so kräftig und gültig, als wäre er im Himmel losgesprochen und angenommen.

Es hat also Christus hier offenbar der Gemeinde diese Gewalt gegeben, wie Er sie anderswo den Aposteln gab, und wenn sie gleich die Vorsteher und Lehrer der Gemeinde ausüben, so üben sie sie nur im Namen der Gemeinde aus, und sollen sie eben deßwegen nicht ohne ihr Wissen, nicht ohne ihre Einstimmung und ohne ihren Beschluß ausüben. Das ist auch in den ersten Jahrhunderten geschehen. Man lese die Väter, den Chrysostomus und Andere, so wird man sich davon überzeugen. Ist aber die Gemeinde so schlecht bestellt, daß sie in der Sache gar nicht urtheilen und nicht beigezogen werden kann, so ist es gar keine christliche Kirche mehr. Und woher kommt dieses, als von ihren Vorstehern, die den Geist Christi nicht mehr haben, und also auch nicht mehr im Geiste Christi handeln, daher weder binden noch lösen können. Man sehe

auch

auch Paulus Sinn und Ausspruch hierüber, 1 Kor. 5, 3. 4. und 2 Kor. 2, 6—11.

19. **Wenn zwei unter euch auf Erden einstimmig seyn werden, über was immer für eine Sache, um die sie bitten wollen, so wird es ihnen von meinem Vater gegeben werden.** Mark. 11, 24.

Das Eins-werden von zwei oder mehrern Betenden hat viel zu sagen. Die Gedanken des Menschen, wenn er in der Noth steckt, und gern heraus wäre, oder wenn er gern etwas hätte, sind so unzuverlässig, daß er sich das Allerwunderlichste als gut vorstellen kann und es erzwingen würde, und wenn er's hätte, wäre er der allerunglücklichste Mensch. Weil nun das niemand besser weiß, als der Herzenskündiger, so hat Er auf das einzelne Gebet bei weitem nicht das Privilegium gelegt, als auf das gemeinschaftliche. Das gemeinschaftliche Gebet heißt aber nicht, daß ihrer zwei, sechs, zehn rc. nach einander hinknieen, und einer nach dem andern eine Predigt halten; sondern wenn mehrere eine Sache zugleich wichtig achten, es nimmt einer so viel Theil daran als der andere, entweder um seiner selbst willen, oder aus Liebe zum andern, oder zur Sache selbst, weil sie gut ist. Ob nun die Leute funfzig Meilen auseinander oder in einem Zimmer beisammen sind, das ist gleichgültig. Aufs **Eins**-werden kommt's an, daß sie nicht nach Privat-Affekt oder Interesse, sondern nach reifer Ueberlegung glauben, daß die Sache gut sey, und sagen: Wir wollen uns gemeinschaftlich hinwenden zu dem, der alles geben kann, der seines eingebornen Sohnes nicht geschonet. Je einfältiger sie es nun vortragen, was sie gerne hätten, desto gewisser ist die Erhörung. Es waltet eine besondere Vorsehung des Heilandes über dem gemeinschaftlichen Gebete, daß Er die Leute nicht so leicht Eins werden läßt. Einer hofft, der andere fürchtet sich. Wenn sie aber in Furcht und Hoffnung, in Freud' und Leid Eins sind, und ihr Anliegen gemeinschaftlich zu dem bringen, der sie Eins gemacht hat, so haben sie die Verheißung, es mag seyn, was es will, es soll ihnen gegeben werden.

Kinder Gottes werden in Dingen, die andere für große Präsente vom lieben Gott ansehen würden, nicht so leicht Eins. Wenn z. B. ein Kind krank wird, so geht's schwer her, bis man Eins wird, daß das Kind beim Leben bleiben soll. Es ist da; es ist des Heilands; will Er es brauchen, so stirbt's ohnedem nicht. Will Er es aber daheim haben, warum sollen wir Ihm sagen, Er soll es hier lassen? Kinder Gottes machen nicht gern leere Worte; wenn sie etwas bitten, so muß es gewiß seyn; wenn sie dem Vater sagen: Ich sage Dir dieß im Namen deines Sohnes, es liegt Deines Sohnes Reich daran; so müssen sie Eins seyn und gewiß wissen, daß es so sey, daß die Sache würdig sey, dem Vater angezeigt zu werden, als ein Geschäft seines Sohnes. Und weil wir dieß nicht allemal wissen, so vertritt uns der Geist, und fängt an, in uns zu beten. Röm. 8, 26.

20. **Wo zwei oder drei versammelt sind in meinem Namen, da bin ich mitten unter ihnen.** Kap. 28, 20.

Wo zwei oder drei sind, und die Absicht haben, um seinetwillen beisammen zu seyn, da ist ein Kirchlein in Ihm, da ist Er auch dabei, da darf man an seinem Dabeiseyn nicht zweifeln, da bekennt Er sich zu ihnen, und macht den Dritten.

Daß ihrer mehr als zwei seyn können, hat der Heiland selbst mit seinem Beispiele bewiesen, denn Er hat auch ihrer Zwölfe nebst etlichen Schwestern, ferner Siebenzig und einmal Fünfhundert um sich gehabt. Er hat sie einzeln besucht, z. B. Paulus, Ananias, Johannes, die zwei Jünger von Emmaus, die Magdalene, ꝛc. ꝛc. Daraus sieht man, daß auch einer allein die Ehre haben kann, mit Ihm zusammen zu seyn. Es kommt also nicht auf die Zahl an, sondern der Heiland hat darum die Zahl so klein gemacht, als man sie von einer Gesellschaft nur machen kann, damit niemand über die Wenigkeit verzage, und denke, es müßten just viele seyn. Nein, es dürfen nur zwei seyn; es müssen auch eben nicht Hausväter und Männer seyn, es können die letzten Kinder im Hause seyn, der ausgestoßene Sohn und Tochter, das Bauernweib und ihr Gänsemädchen, oder der Wirth, der Knecht und der Heiland. Wer sagen kann, du und ich, kann von einer Gemeine sagen und auf die Gemeingnade Anspruch machen. Eine solche Gemeine ist freilich **klein** und unansehnlich, aber doch **sein**, und das ist genug für sie.

Es kommt also auf ganz etwas anders an, als man gewöhnlich glaubt. Die zahlreiche Gesellschaft macht's nicht aus, sondern das macht's, daß **Er dabei ist**, daß Er der dritte oder vierte Mann unter ihnen ist. Wenn's daran fehlt, wenn die zwei oder drei Tausend sein Naheseyn nicht fühlen und des Kennzeichens beraubt sind, das seine Nähe und deren Lieblichkeit verräth, so fehlt das Wesentliche, das Haupt der Sache; denn die Nähe der Engel, die Nähe des Auges Gottes, in so ferne es auf uns sieht, entweder uns als Menschen zu besorgen, oder als Diener zu unterstützen, ist nicht genug. Wir müssen **Ihn**, der für einen Menschen bestehen kann nach Geist, Seel' und Leib, in unserer Gesellschaft haben. Er weiß sich uns von Zeit zu Zeit auf eine Art zu nahen, daß unsere Narde riecht, daß man seine Nähe spürt.

Die Familiarität, die die Glieder mit dem Haupte haben, nach der Begnadigung, um seines Verdienstes willen, ist die wesentliche Seligkeit einer Gemeinde Christi. Alle Glieder haben die Freude und Gnade, Ihm zu begegnen, sein Naheseyn täglich zu spüren.

21. **Da trat Petrus zu Ihm**, (der wissen wollte, wie weit es beim Vergeben und Lösen gehen dürfe,) **und sprach: Herr! wie oft muß ich meinem Bruder vergeben, wenn er sich an mir versündi-**

ger? etwa siebenmal? Das wird doch oft genug seyn? Luk. 11, 4. 17, 4.

22. **Jesus antwortete: Nicht siebenmal, sage ich dir, sondern siebenzigmal siebenmal,** d. i. 490 mal. Damit gab Er dem Petrus und allen hitzigen Köpfen, die lieber Feuer vom Himmel fallen ließen, als vergeben wollten, eine wichtige Lehre. Siebenzigmal sieben Jahre, von der Wiedererbauung Jerusalems bis zu seiner letzten Zerstörung hat Gott die Juden, die wider Ihn sündigten, getragen und verschont; wie darfst du dich beschweren, deinem Bruder zu vergeben, wenn er dich etlichemal ein klein wenig beleidigt, der du doch nicht sein Gott und Schöpfer bist?

Fordert aber der Herr von uns, daß wir einander so oft Beleidigungen vergeben sollen, wie oft wird Er uns vergeben?

23. **Darum ist das Himmelreich einem Könige gleich, der mit seinen Knechten Rechnung halten wollte.** Die Kirche ist ein Königreich, aber keins von dieser Welt, so wie Christus ein König ist, aber nicht von dieser Welt. Der mit Dornen gekrönte und gehöhnte, ist unser König in diesem Königreiche. Einst wird Er kommen und Untersuchung anstellen, wie jeder gewirthschaftet hat. Und da müssen alle Große und Kleine, mit und ohne Kronen, vor Ihm erscheinen und ihre Rechnung ablegen.

24. **Da er nun zu rechnen anfing, brachte man ihm einen Knecht,** (mit Zwang, weil ihn das böse Gewissen nicht freiwillig kommen ließ,) **der zehntausend Talente,** (d. i. eine unsägliche Summe, die von einigen auf zwölf Millionen, oder 120 Tonnen Goldes gerechnet wird) **schuldig war.** Der Mensch hat mit des Schöpfers anvertrauten Gütern und Gaben so übel gewirthschaftet, daß er eine so unermeßliche Schuld auf sich geladen, die er als eine arme Kreatur in Ewigkeit nicht mehr zahlen kann. Daß wir aber bankerott geworden, benimmt Gott nichts von seinem Rechte, al-

les an uns zu fordern, was sein ist; und Er könnte nach seiner Gerechtigkeit übel mit uns verfahren, wenn bei Ihm nicht viel Vergebung wäre.

25. **Da er aber nicht bezahlen konnte,** (dazu sind wir alle unvermögend) **so befahl sein Herr, ihn und sein Weib und seine Kinder, und alles, was er hatte, zu verkaufen, und damit zu bezahlen.** Dieß deutet auf die äußerste Strenge der göttlichen Gerechtigkeit, so daß er nichts an dem Schuldner verschonte, auch seine eigene Person nicht.

26. **Da fiel der Knecht vor ihm nieder,** (der hoffärtige, trotzige Sinn muß gebeugt und Gott unterworfen werden,) **bat ihn und sprach: Herr! habe Geduld mit mir, ich will dir alles bezahlen.** Der Sünder von Angst getrieben, schwingt sich in die durch Jesum geöffnete Gnade und Barmherzigkeit Gottes des Vaters hinein, und findet in derselben ein Mittel, wodurch dem gerechten Gott genug gethan wird. So und nicht anders, nämlich mit dem vollgültigen Opfer und der ewigen Versöhnung des Mittlers Jesu Christi kann er bezahlen.

27. **Und es erbarmte sich der Herr über diesen Knecht,** (über sein innerliches und äußerliches Elend, mitunter über seine Blindheit, indem er dachte: Der arme Tropf will bezahlen und hat doch nichts,) **er ließ ihn los und schenkte ihm die ganze Schuld.** Jeder von uns ist so ein verschuldeter Knecht, der Gott unendlich viel schuldig ist. Gott treibt uns eben so in die Enge, nicht, um von uns bezahlt zu werden, denn Er weiß wohl, daß wir nicht bezahlen können, sondern um uns zu nöthigen, daß wir um Erlassung der Schuld flehen, damit Er seine Barmherzigkeit zeigen, und uns mit desto größerer Güte unsere Schulden schenken könne, je weniger wir im Stande sind, eine so große Schuld zu bezahlen.

28. **Als aber der Knecht hinaus ging,** (er hätte vor dem Spiegel der Barmherzigkeit Gottes ste-

hen bleiben sollen; aber er geht mit der Absolution fort und wischt den Mund. Wer seinen Blick von seinem Versöhner abwendet, und von ihm weggeht, vergißt bald der Vergebung seiner Sünden, und fällt wieder tiefer, als er gefallen war,) **fand er einen seiner Mitknechte, der ihm** (etwas weniges) **hundert Denarien** (etwa $12\frac{1}{2}$ Thaler) **schuldig war; und er ergriff ihn, würgte ihn und sprach: Bezahle mir, was du schuldig bist.** 29. **Da fiel ihm sein Mitknecht zu Füßen,** und bezeigte sich eben so gegen ihn, wie er gegen den König sich bezeigt hatte, **indem er ihn bat und sprach: Habe Geduld mit mir, ich will dir alles bezahlen.** 30. **Aber er wollte nicht** (so an ihm handeln, wie sein König kurz vorher an ihm gethan hatte, sondern ging in seiner unbarmherzigen Härte so weit, daß **er ihn ins Gefängniß werfen ließ, bis er bezahlt hätte.** Eine solche unbarmherzige Behandlung des Nächsten kann nichts anderes nach sich ziehen, als daß ein solcher alle die Gnaden verliert, die er hatte. Der größte Fehler dieses Knechtes, wie so vieler Christen, ist der, daß er von seinem Könige wohl die Vergebung und Nachlassung seiner Schuld annahm, aber kein anderes Herz mitnahm, sich nicht auch sammt der Schuld, des Königs Großmuth und Mitleiden schenken ließ, oder es ihm nicht ablernte. Wer nur Vergebung bei Gott sucht und nicht auch einen andern neuen Sinn, wird auch die Vergebung bald wieder verlieren durch neue Schuld, die er sich mit dem alten Sinne zuzieht. Man will wohl von der Schuld und Strafe frei seyn, aber nicht von der Sünde selbst, und so verfällt man bald wieder in die alte Krankheit.

31. **Da nun seine Mitknechte sahen, was geschah, betrübten sie sich sehr, und gingen hin und erzählten ihrem Herrn den ganzen Vorfall.**

Bei diesen Mitknechten fallen mir die Engel (Offenb. 19, 10.) ein, denn wie sie sich theilnehmend brüderlich freuen, wenn einem Sünder die Schuld erlassen wird, so werden sie sich auch betrüben, wenn er muthwillig wieder in neue Schulden verfällt, und werden es anzeigen beim Könige. Oder es sind die Seufzer der Mitmenschen, die sich, wenn ein Begnadigter wieder zurückweicht und ungnädig mit andern handelt, nothwendig betrüben und seufzen müssen. Solche Seufzer und Klagen steigen zum Throne Gottes auf, und erzählen alles im Himmel, machen's dem Herrn kund, der es freilich selbst zuvor schon weiß, indeß wird doch oft in der Schrift so geredet, z. B. 1 Mos. 4, 10. Apstg. 10, 41.

32. **Du boshafter Knecht,** (hieß es, hast du das aus meinem Beispiele gelernt?) **alle deine Schuld habe ich dir erlassen, weil du mich darum batest,** (also nicht aus Verdienst). 33. **Solltest denn nicht auch du dich deines armen Mitknechtes erbarmen, wie auch ich mich deiner erbarmte?** Wenn die Kraft der göttlichen Gnade in der Versöhnung durch Christus mit Gott das Herz nicht mit Liebe und Frieden gegen den Nächsten, auch gegen Feinde erfüllt, sondern dasselbe hart bleibt, so werden die letzten Dinge ärger als die ersten. 34. **Voll Zorn übergab ihn sein Herr den Gerichtsdienern, bis er seine ganze Schuld bezahlt haben würde,** bis er nach langer Zerknirschung und Demüthigung erweicht und zu anderm Sinne gebracht seyn würde.

35. **So wird auch mein Vater im Himmel mit euch verfahren, wenn ihr nicht** so barmherzig seyd, wie er, und **ein jeder seinem Bruder von Herzen verzeihet,** wie Er euch verziehen hat. Aber von Herzen, nicht bloß mit dem Munde muß es geschehen. Kap. 6, 15. Mark. 11, 25.

Wer nach seiner Versöhnung dem Nächsten nicht vergiebt, behält nicht nur keine wahre Vergebung, sondern fällt dem Zorngerichte Gottes anheim. Wir dürfen nicht anders um Vergebung bitten und Vergebung nehmen, als wie wir vergeben.

Laßt uns noch einen Blick auf diese ganze Parabel werfen, die so unvergleichlich schön und lehrreich ist, daß wir aus ihr das allerwichtigste lernen können, Vergeben und Vergebung nehmen. Wünschen wir, daß uns Gott tausendmal vergebe, wenn wir tausendmal gesündigt haben, so laßt uns auch tausendmal vergeben, wenn wir tausendmal beleidigt worden sind. Gott ist unbegränzt barmherzig gegen die, die es auch sind gegen ihre Beleidiger. Der Herr in der Parabel läßt 10,000 Talente nach, eine Million für den Knecht; er thut mehr, als der Schuldner bittet, der nur Geduld verlangte, er läßt nach, alles nach. Was dürfen wir von Gott, vom Vater Jesu Christi erwarten, da der Sohn selbst sich für uns opferte, unsre Schulden bezahlte, für uns bittet? Wenn Christus einem Menschen so viel Großmuth beilegt, was muß Gott thun? Und ist nicht unter diesem Bilde der Vater gemeint?

Nichts kann uns auch seine Freude am Vergeben deutlicher zeigen, als sein fühlbares Mißfallen am Nichtvergeben.

Vergebe ich, wie ich wünsche, daß Gott mir vergebe? Urtheile ich von Andern, so wie ich wünsche, daß Gott von mir urtheile?

Wenn ich alles bezahlen soll, was ich schuldig bin, wann werde ich ausbezahlt haben?

Eine einzige Sünde der Unerbittlichkeit und Unversöhnlichkeit verdirbt alles bei einem, auch schon begnadigten Menschen. Wenn auch einer Gottes Huld und Freundlichkeit, Gottes Erbarmen und Liebe noch so innig empfunden, der Vergebung seiner Sünden noch so gewiß versichert worden wäre, er geht aber vom Angesichte Gottes weg, vergißt der ihm geschenkten Gnade, wird hart und unerbittlich gegen seinen Nächsten, so hat er alle Gnade verloren. Wer nicht vergiebt, dem wird nicht vergeben. Hundertmal laßt uns dieses Wort wiederholen.

Das XIX. Kapitel.

Von der Ehescheidung; Kinderliebe Jesu; reicher Jüngling; Reichthum; Nachfolge Jesu.

---

1. **Nachdem Jesus diese Lehren vorgetragen hatte, begab es sich, daß Er von Galiläa wegzog und in die Gegend von Judäa jenseit des Jordans kam.** Mark. 10, 1.

Der gute Hirt zog von einem Lande zum andern, die verlornen Schafe des Hauses Israels zu suchen. Sein Hunger nach unserm Heile wird nie gestillt.

2. **Und es folgte Ihm viel Volks** — was für eins? Solche, die der Heilung bedurften, nicht die Gesunden, nicht die Starken, die Reichen, sondern lauter Elende, Arme, Krüppel, **und Er heilte sie daselbst.** Man folgt Ihm nie vergeblich. Liefen Ihm diese Leute nach um einer leiblichen Heilung willen, warum nicht vielmehr wir um seiner Güte und Verheißungen willen, die auf unsere Seelen gehen. Wie schnell, wie bereitwillig hilft Jesus! Wie hart kann man von Menschen eine Wohlthat erhalten!

3. **Da kamen die Pharisäer zu Ihm, um Ihn zu versuchen, und sprachen: Ist es einem Manne erlaubt, sein Weib um jeder Ursache willen zu entlassen?** Offenbare Feinde der Wahrheit werden selten besser, sondern suchen nur der Wahrheit Stricke zu legen. Heuchelei ist fast immer mit dabei.

Der Mensch möchte immer gern Bande lösen, da sie doch alle Wohlthaten sind, und besonders das Eheband, das unauflöslich seyn muß, weil sonst jeder sagen könnte: Heute habe ich dich, morgen gebe ich dir einen Thaler oder Rubel auf den Weg, und lasse dich laufen.

4. **Er,** der nie verlegen war, **antwortete und sprach zu ihnen: Habt ihr nicht gelesen, daß der Schöpfer im Anfang als Mann und Weib sie ge-**

schaffen und gesprochen hat: (1 Mos. 1, 27.) 5. **Um deßwillen wird ein Mensch Vater und Mutter verlassen, und seinem Weibe anhangen, und es werden Zwei in Einem Fleische seyn.** (1 Mos. 2, 24. Mark. 10, 7.) 6. **So sind sie also nicht mehr Zwei, sondern Ein Fleisch. Was nun Gott vereinigt hat, das soll der Mensch nicht scheiden.** (1 Kor. 7, 10.) 7. **Sie sagen zu Ihm: Warum hat denn aber Moses geboten, ihr einen Scheidebrief zu geben, und sie zu entlassen?** (Kap. 5, 31.) 8. **Er spricht zu ihnen: Moses hat euch wegen eurer Herzenshärtigkeit erlaubt** (nicht geboten) **eure Weiber zu entlassen, im Anfang aber war es nicht so.** Und wie es im Anfang war, so soll es noch seyn.

Wenn man eine Gewissensfrage nach dem Geiste Jesu Christi beantworten will, so muß man nicht wie die Pharisäer auf die Sitten und Gebräuche der Menschen sehen, die durch Zulässigkeit, durch Nachgiebigkeit (relachement) herrschend geworden sind, sondern zurückgehen auf den Willen und die Einsetzung Gottes. Jesus drehte seine Sittenlehre nicht nach dem Winde der Zeit oder nach den Neigungen der Menschen, sondern Er blieb bei dem, was Gott am Anfang, der Natur des Menschen am gemäßesten gefunden hat.

Das Band der Ehe ist inniger und strenger, als das der Aeltern und Kinder, denn Kinder dürfen ihre Aeltern verlassen, und dem Weibe oder dem Manne anhangen, und werden dadurch wie eine Person, die nicht mehr gespaltet und getrennt werden darf und auch keine Vielweiberei leidet. — Da sie durch die Zeugung der Kinder nur gleichsam Eine Quelle, Ein Ursprung und Grund ihres Daseyns sind, und dieses nicht eine menschliche Erfindung, sondern Gottes Werk ist, so darf diese Vereinigung kein Mensch auflösen.

Aber Moses? — Moses hat die Einsetzung so sehr geehrt, als er konnte, aber er mußte, um größeres Uebel zu verhindern, das kleinere zulassen. Das war eben zur Schande der Juden, und ein Beweis ihrer Hartherzigkeit, ihrer Unbiegsamkeit und ihres Eigensinns.

9. **Ich aber sage euch: Wer sein Weib entläßt, es sey denn um der Hurerei willen** (wenn sie das Band selbst und zuerst zerrissen hat), **und eine Andere nimmt, der bricht die Ehe, und wer eine Geschiedene heirathet, der bricht auch die Ehe.** Kap. 5, 31. 32.

Dieser einzige Fall, wenn ein Theil ehebrecherisch, ausschweifend, hurerisch wird, ist also ausgenommen, denn dieses ist gegen die Natur und das Wesen des ehelichen Bandes, welches dadurch ganz zerstört wird, so daß Zwei nicht mehr Ein Fleisch, sondern mehrere geworden sind. Aber in andern schweren Fällen, z. B. bei böslicher Verlassung oder tödtlichem Haß ist, wenn auch das weltliche Gesetz dabei mosaische Nachsicht übt, doch das Wiederheirathen oder Freien verboten, weil noch Ein Fleisch ist.

Vielweiberei ist eben deßwegen Trennung des Ehebandes, oder Ehebruch, weil dann nicht mehr zwei Ein Fleisch, sondern die Einheit von Zweien, worin das Eheband nach Gottes Ordnung eigentlich besteht, zerrissen und getheilt ist.

10. **Da sprachen seine Jünger zu Ihm: Wenn die Sache des Menschen mit seinem Weibe sich so verhält, so ist nicht gut heirathen.** 1 Kor. 7, 17.

Ehe man sich in eine Verbindung einläßt, aus der man nicht anders als durch den Tod wieder kommen kann, muß man die Sache reiflich überlegen, und sie nicht muthwillig und leichtsinnig eingehen. Gott muß man um Rath fragen und seine Gnade sich erflehen, durch die man alles vermag.

Die Jünger waren ganz erschrocken; ein Beweis, daß sie den Herrn recht verstanden haben, daß nämlich das Eheband unauflöslich sey und bleibe bis in den Tod. Und der Herr widersprach nicht, weil Er sah, daß sie Ihn recht verstanden hatten, sondern Er bekräftigte es vielmehr, denn

11. **Er sprach zu ihnen: Nicht alle fassen dieses Wort, sondern nur die, denen es gegeben ist.**

Was für ein Wort? Das der Jünger: es ist nicht gut heirathen? Das Wort, außer dem Ehestande leben, fassen nicht alle, es ist nicht jeder dazu tüchtig, sondern nur, wie Paulus 1 Cor. 7. sagt und Christus hier selbst: Wem es gegeben ist. Enthaltsam zu leben, ist eine besondere Gabe Gottes, und wem sie Gott nicht giebt, der bemüht sich umsonst, sie sich selbst zu nehmen; es ist besser, daß er heirathe.

12. **Denn es giebt Verschnittene, die von Mutterleib so geboren sind**, die für eheliche Liebe keinen Sinn haben, die von Jugend auf eine Abneigung gegen den Ehestand haben, die man Hagestolze nennt, oder die von Natur untüchtig sind. — **Es giebt Verschnittene die von Menschen dazu gemacht sind**, denen von Andern eine Abneigung dagegen beigebracht wurde, oder die gewaltsam, wirklich körperlich verstümmelt wurden, aus gewissen Zwecken, wie Sklaven von ihren Herren verschnitten wurden, wenn sie zum Dienste ihrer Frauen gebraucht wurden; die sind also dadurch außer Stand gesetzt sich zu verehlichen. Es giebt **endlich Verschnittene, die sich um des Himmelreiches willen selbst verschnitten haben**; d. i. die, obwohl sie Neigung zum Ehestande hatten, sich dennoch der ehelichen Freuden enthalten, und sich um Gottes und des Reiches Gottes willen, alle Vergnügungen des Fleisches versagen, daß sie außer dem Ehestande desto ungehinderter dem Herrn anhangen können. Origenes hat diese Stelle buchstäblich genommen, und sich selbst verschnitten, und auch itzt giebt es eine ganze Gesellschaft, die diese Stelle also mißversteht, daß sie sich selbst verschneiden oder kastriren. Aber wie irren sie! Können sie durch die Hinwegnahme des Fleisches am Leibe auch die fleischlichen Begierden hinwegnehmen, die in ihnen woh-

nende Sünde tödten? Wenn ihr die Werke des Fleisches durch den Geist tödtet, so werdet ihr leben, sagt Paulus Röm. 8. Warum reißet ihr euch nicht auch die Augen aus, warum hauet ihr euch nicht lieber die Hände und Füße ab, die ja auch zum Aergerniß werden und zur Sünde dienen? Denn dieß hat Christus auch buchstäblich gesagt, Matth. 5, 29. Hat er dabei die Sache geistig verstanden wissen wollen, warum nicht auch hier bei der Verschneidung, daß du nämlich deine fleischlichen Begierden und Lüste abschneiden, ihnen alle Nahrung und Gelegenheit entziehen und sie mit dem Schwerte des Geistes abhauen sollst, nicht mit einem eisernen Instrumente, das doch nicht so tief eindringt, wo die Sünde und unreine Lust wohnt? Wir müßten alle Glieder und den ganzen Leib selbst wegwerfen, wenn wir ohne Anfechtung seyn wollten. Aber das will der Herr nicht. Im Geiste soll dieß geschehen. Der Geist soll durch die Gnade die Oberhand erhalten, und das Fleisch im Zaume halten. Darum setzt Christus hinzu: **wer es fassen kann, der fasse es.** Es ist im höheren Sinne, nicht buchstäblich, zu nehmen, wollte Er sagen, es gehört Geist und geistiger Sinn dazu, um dies recht zu verstehen. Auch hat Christus mit diesem letzten Worte offenbar anzeigen wollen, daß es jedem frei stehe, daß Er kein Gesetz, keinen Zwang liebe in dieser Sache, sondern Er überläßt es der Ueberzeugung und eigenen Wahl eines jeden selbst, ob er sich verehelichen wolle oder nicht. Menschen aber haben nachher Gesetze und Zwang eingeführt, der viel Unheil, Aergerniß und Schande gestiftet hat, und noch stiftet.

Was hat aber die Leute darauf gebracht, den ehelosen Stand zu erheben? Dieses, daß die Ehe und das Ehebett gewöhnlich so schlecht und niederträchtig geschändet wird. Aber das ändert im Gesetze Gottes nichts, Gott hat sie doch geheiligt.

Der Herr, der im Anfang den Menschen gemacht hatte, der keusche Schöpfer, der die ersten Eheleute getraut hat, muß seinen Respekt behalten; dem muß nicht nachgesagt werden, daß einer keuscher, als Er, denken kann. Wenn wir Gottes Kinder sind, sollen wir auch in diesem Stücke Treue beweisen, die Ordnung Gottes verherrlichen, und ihr ein majestätisches Ansehen verschaffen. Aus diesem Grunde wird die Ehe für ein theures, respektables Theil einer Gemeinde Christi gehalten, und die Kinder werden nicht angesehen, als eine Schmach oder Schande, sondern als unsere Ehre und Freude, als kostbare Gnadenpfänder. Wir achten diejenigen für selig, die der Herr würdigt in seine Ordnung in den heiligen Stand zu treten, und die durch äußerliche und innerliche Treue darin auch ausführen, was in dem Stande auszuführen befohlen ist. Wir wissen, daß sie heilig seyn können und sollen an Geist und Leib, daß sie ihr Gefäß bewahren können in Heiligung und Ehre, nicht in der unreinen Lust.

13. **Hierauf wurden Kinder zu Ihm gebracht, daß Er ihnen die Hände auflegen, und über sie beten möchte.** Daß der Heiland die Kinder liebe, das dürfen wir nicht beweisen, das hat Er so deutlich gesagt, daß man sehr wunderlich seyn müßte, wenn man es nicht verstehen wollte. Die Leute wußten das wohl, darum brachten sie ihre Kinder zu Ihm; **aber die Jünger wiesen sie unfreundlich ab.** Ja, da hat Er Zeit dazu, dachten sie, daß Er sich mit Kindern einlasse. Luk. 18, 15.

14. **Lasset die Kinder,** antwortete Er, **und wehret ihnen nicht zu mir zu kommen; denn für solche ist das Himmelreich.** Das sind meine Leute, mit denen ich mein Reich stiften muß. 15. **Und Er umarmte sie, legte ihnen die Hände auf, und segnete sie.** Mark. 10, 16.

Wenn Er nichts mehr gethan, als daß Er ein Kind mitten unter seine Jünger gestellt, es gelobt und gesagt hätte: „Wer nicht wie dieß Kind wird, kann nicht in's Himmelreich kommen,“ so hätte man gedacht, das wäre so ein besonderes Kind, eines unter tausend gewesen. Aber hier hat Er überhaupt gesagt: Laßt mir die Kinder zufrieden, und mengt euch nicht zwischen mich und sie. Sie sind die nächsten Erben meines Reiches, ihnen hab ich mein Reich zugedacht. Kommt her, ihr Kinder! Da hatte Er sie alle lieb, und legte die Hände auf ein jedes und segnete es.

Diese Geschichte von der Kinderliebe Jesu lehrt uns, daß der Heiland die Dinge ganz anders betrachtet als die Welt. Was groß ist vor der Welt, ist vor ihm klein, und was die Welt verachtet, ist vor seinen Augen auserwählt. Die Kinder, die man nicht achtet, achtete Er sehr hoch, liebte sie wie seinen Augapfel, konnte zürnen, wenn man sie nicht achtete oder gleichgültig gegen sie war. Er sah in ihnen das noch unverdorbene Bild der Gottheit, der allenthalben verdrängten Unschuld. Er segnete sie, und wen Er segnete, der blieb gesegnet. Sein Handauflegen war keine leere Ceremonie. Alle seine Geberden wie seine Worte waren Geist und Leben. Aeltern, die ihr dieses leset, führet eure Kinder zu Jesus, sagt es ihnen mit sanfter Liebe, so daß sie sich an euch die Freundlichkeit des Herrn vorstellen können und in eurem Gesichte lesen; sagt es ihnen oft, wie Jesus sie lieb habe, wie theuer sie Ihm wären in seinen Augen. Sagt es ihnen, daß sie ein Herz zu Ihm haben, oft und innig an Ihn denken, mit Ihm im Geiste umgehen, kindlich mit Ihm sprechen und beten ꝛc. Jesus selbst bittet euch, ihr Aeltern, Lehrer und Kinderfreunde! Er ruft und bittet: Führet, lasset die Kinder zu mir, wehret ihnen nicht zu mir zu kommen. Machet Ihm diese Freude, Er macht euch dann einst dafür wieder eine, Er führt sie euch in der Ewigkeit wieder in eure Arme, daß ihr ewig gute selige Kinder habt.

16. **Es trat einer hinzu und fragte Ihn: Guter Meister! was muß ich Gutes thun, daß ich das ewige Leben ererbe?** Es steckt Ihm lauter Gu-

tes in dem Kopf, er will Gutes thun, ehe er kann. Von dem Bösen aber, das in ihm steckte, sagt er nichts. Darum mußte es ihm nothwendig offenbar gemacht werden, wo es bei ihm haftete. Er hielt sich schon für gut und tüchtig, Gutes zu thun aus eigenen Kräften, um damit das ewige Leben zu verdienen. Darum die Antwort Jesu: **Kein Mensch ist gut**; darum die Forderung an ihn: **Verlaß alles**. Da zeigte sich es, daß er für das Himmlische sein Irdisches nicht hinzugeben vermochte. Siehe Mark. 10, 17. Luk. 18, 18.

17. **Jesus sprach zu ihm: Warum heißest du mich gut? Gut ist nur einer, und der ist Gott.** Luk. 10, 26.

Der Heiland hat sich hier sehr ernsthaft gegen das Gutheißen erklärt, und hat sich doch hernach selbst gut geheißen. „Ich bin der gute Hirt.“ Und das will noch mehr sagen, als ein guter Meister, oder Rabbi, denn **der** gute Hirt schloß alle andere Hirten aus.

Aber der Satz, den der Heiland feststellt, ist: **Niemand ist gut, als Gott allein.** Man soll deßwegen auch, wenn man von guten Engeln redet, nicht denken, daß sie von **Natur gut** sind, und wir von **Natur böse.** Die Engels-Natur hat sich nicht so bewiesen. Es ist keine Kreatur als **Kreatur** gut, sondern verwelklich, verweslich, verderblich. Darum sind Engel und Menschen gefallen, und es ist deßwegen in der Gottheit nicht beliebt worden, die Gutheit zum Wesen einer Kreatur, oder sie selbstständig gut zu machen, sondern alles Gute muß ihr gegeben werden. **Alle gute Gaben kommen von oben** 2c. 2c. **Was hast du, o Mensch! das du nicht empfangen?**

Wenn man das voraussetzt, so schmeichelt man sich nicht, und glaubt in seinen seligsten und edelsten Umständen nicht, daß man vollkommen und gut sey. Es giebt Grade und allerlei verschiedene Umstände bei den Menschen; aber darin sind sie alle gleich: **Keiner ist von Natur gut**; all' ihr Gutes ist **Gnade.** Wir

sind

sind aber doch gut gemacht, es ist uns Gnade widerfahren, Er hat uns in sein Blut eingetaucht und gewaschen am Leibe mit reinem Wasser, Er will uns seiner Jesushaftigkeit einverleiben, daß wir dafür angesehen werden sollen, als ob etwas Gutes an uns wäre. Das nehmen wir mit Dank an. Je besser wir aus Gnade werden können, desto mehr freuen wir uns.

Aber Er ist das höchste Gut, das edelste vollkommenste Gemüth, Er kann uns etwas abgeben; das müssen Engel und Heilige wohl bleiben lassen. So hoch der Himmel von der Erde, so verschieden ist Er von uns. Das Jesuskind hatte viel mit uns gemein, ein kleines kindliches Herz, und ein sterbendes Gebein, aber es wußte nichts von der Sünde, weil Sein unbedingter Gehorsam gegen Seinen Vater keine Möglichkeit zur Sünde aufkommen ließ, so daß es auch keinen Zunder in Ihm geben konnte, darin so ein Fünklein hätte fangen können.

Er hat aber in den Tagen seines Fleisches einen Vorhang vor seine Majestät und Gottheit gezogen, und weil Er da noch nicht für Gott, sondern nur für einen Propheten gehalten wurde, sein Gutes von Gott hergeführt. Es gehörte zur Erniedrigung, zum Incognito des Menschen ohne Sünde, in dem sich selbst die Gottheit spiegelt, an dem die Jünger die Herrlichkeit des Eingebornen Sohnes vom Vater voll Gnade und Wahrheit sahen; es gehörte dazu, daß Er sein Gutes derivirte (ableitete). Das beweiset uns nicht, daß Er nicht gleicher Gott von Macht und Ehre, oder nicht gut wäre, aber es beweist jedermann, daß so lange der Heiland in der Niedrigkeit, in allen Dingen, als ein wahrer Mensch, obgleich ohne Sünde, wallen wollte, Er eine selbstständige Gutheit auch an sich nicht anerkennen wollte, weil nichts und niemand gut seyn kann, als Gott, weil alles Gute, auch aller Engel und Erzengel, nichts als Gnade und Geschenk ist, das sich in Demuth bewahren soll in alle Ewigkeiten, und das der

Fürst der Engel mit allen seinen Heeren verloren hat, weil er es in sich selbst zu suchen angefangen hat. Das ist der Punkt, bei dem man ewiglich bleiben muß: Ich glaube nicht, daß ich von mir selber etwas kann; **aber Er kann alles von sich selbst, und ist auch selbst gut, weil Er Gott ist.**

— **Willst du aber zum Leben eingehen, so halte die Gebote.** Wem die Sünden vergeben sind, und wo die Liebe Gottes ausgegossen ist in das Herz, da hängt das Herz dem Herrn allein an, und **voll Dank für seinen Tod, hälts mit Freuden sein Gebot.** Wer aber der Reinigung seiner vorigen Sünden vergißt, wieder in das Verderben läuft, und die Gebote übertritt, wie kann in dem das ewige Leben bleiben?

18. **Da fragte Ihn der Jüngling: was für Gebote? Jesus antwortete: diese, du sollst nicht tödten, du sollst nicht ehebrechen, du sollst kein falsch Zeugniß geben.** 9. **Du sollst deinen Vater und deine Mutter ehren, und du sollst deinen Nächsten lieben wie dich selbst.**

Der Mensch fragt gewöhnlich, wenn er fromm werden will, nach einem neuen besondern Wege, nach etwas anderem als was er schon vor sich hat, schon weiß. Der alte allbekannte Weg, die Gebote Gottes, sind ihm zu gemein. Aber Christus sagt ihm keinen andern Weg, als den für alle Menschen geoffenbarten, daß man Gott und seinen Nächsten lieben soll, und das heißt ja nichts anderes, als sein Gebot halten. Die Pharisäer hätten Ihm noch mehr und einen andern Weg, ihre Menschensatzungen und Zusätze, sagen können, und würden es auch gethan haben, wenn er sie gefragt hätte, aber Jesus bleibt bei dem, was Gott geboten hat, und das ist lange genug, und enthält mehr in sich, als alle Menschensatzungen.

20. **Der Jüngling sagte: Dieses alles,** (die Gebote Gottes, die ihm Jesus vorhielt,) **habe ich von meiner Jugend auf beobachtet. Was fehlt mir**

noch? O, noch vieles, guter Jüngling! Du glaubst weit darüber hinaus, und schon über alle Berge weg zu seyn, weil du die Gebote gehalten, aber du kennst dich selbst nicht. Du hast die Gebote gehalten, aber wie? Dem Buchstaben nach. Du hast ein äußerlich, ehrbares Leben geführt, bist in keine grobe Sünden gefallen, die dem Buchstaben der Gebote entgegen sind; darum absolvirst du dich. Man kann viele Gebote halten nach seiner Meinung, und doch ein Heuchler seyn; indem man das Eine Gebot der Liebe von ganzem Herzen rc. noch nicht mit einem Finger berührt hat.

Man möchte sich also beinahe ärgern über die Antwort dieses Jünglings, aber man muß es doch nicht thun. Denn Jesus ärgerte sich auch nicht, sondern wie Markus (10, 21.) erzählt, **so blickte Er ihn an und gewann ihn lieb.** Jesus konnte nichts lieb gewinnen, was nichts liebenswürdiges an sich hatte. Auch war es bei Jesu gewiß nicht Schmeichelei oder Affektation, Gefälligkeit, daß Er ihm Beifall bezeugte. Nein, sondern das war es, Jesus war der gelindeste Beurtheiler der menschlichen Schwachheiten, weil er am weitesten von allen menschlichen Schwachheiten entfernt war. Der Beste und Reinste urtheilt immer am besten und gelindesten; der Schlimmste am schlimmsten. Dieser Jüngling muß der scheinbaren Unbescheidenheit ungeachtet, womit er so kühn sagte, er hätte alle Gebote von Jugend an gehalten, doch gute Gesinnungen gehabt haben, die Jesu gefallen haben. — Darum beschämte Er ihn nicht durch demüthigende Vorwürfe, sondern belehrte ihn freundlich, und zeigte ihm auf eine sehr schonende Weise, woran es ihm noch fehle.

21. **Jesus sprach zu ihm: Willst du vollkommen seyn, so geh hin, verkaufe alles, was du hast, und gieb es den Armen, so wirst du einen Schatz im Himmel haben, und dann komm und folge mir nach.** Um des höchsten Gutes willen, wenn man es

wahrhaft liebt, kann man alle geringere, zeitliche Güter, die dieses Namens nicht werth sind, fahren lassen.

Vollkommenheit ist Fertigkeit in der Tugend, oder Bereitwilligkeit, Leichtigkeit, alle sinnliche Vergnügungen, Ehren, Güter, kurz alles alles, auch was unschuldig und erlaubt genannt werden kann, und es auch seyn mag, um Gottes und Christi willen schnell und ganz zu opfern, und Gott und Christus mehr zu lieben, als alles andere.

Wenn du Gott und deinen Nächsten liebst, wird es dir nicht schwer werden, alles für den armen Nächsten zu thun und ihm zu geben was du kannst und hast.

22. **Als der Jüngling dieß Wort gehört, ging Er traurig davon; denn er besaß viele Güter.** Da zeigte sich es, wie Er noch von Liebe zum Zeitlichen, vom Geize besessen war, und kein einziges Gebot recht gehalten hatte.

Was man nicht ohne Betrübniß verlassen kann, daran hängt das Herz.

Viele nehmen wohl viele Gnaden vom Heiland, und hangen ihm mit Freuden an; sobald sie aber um des Heilandes willen etwas verlassen sollen, werden sie traurig und gehen zurück zu ihren geliebten Sachen.

Alle seine Güter zu verlassen, schien ihm zu viel. Und so viel er auch gehabt haben mag, so war doch alles nur eine armselige Bettelei gegen das, was Christus ihm anbot.

23. **Darauf sprach Jesus: Wahrlich, ich sage euch: Es ist schwer, daß ein Reicher in's Himmelreich eingehe.** (Luk. 18, 24. Mark. 10, 23.) 24. **Ja, ich sage es euch noch einmal: Es ist leichter, daß ein Kameel durch ein Nadelöhr gehe, als daß ein Reicher in's Reich Gottes eingehe.**

Es wird geradezu nicht ganz unmöglich gemacht, aber doch ist es schwer und zwar sehr schwer wie das Gleichniß vom Kameel oder kameelhärenen Schiffseil, woran die Anker hängen, beweist, das man unmöglich durch ein Nadelöhr bringt, wenn man es nicht in einen Zwirnfaden zerfäselt: in so ferne ist dieß auch noch leichter, als daß ein Reicher mit seinen vielen Kameelhöckern durch die enge Thüre zum Leben eingehe. Wenn aber der Reiche das dicke Thauwerk seines Reichthums zerfäselt und den Armen davon gern mittheilt aus wahrer Liebe Christi, so dringt er auch durch das Nadelöhr, durch die enge Thür des Himmels.

25. **Da die Jünger dieß hörten, entsetzten sie sich und sprachen: Wer kann dann selig werden?** Die Jünger, obwohl sie nicht reich waren, stießen sich doch daran und machten aus dem **schwerlich** ein **unmöglich**, wie man es gewöhnlich macht.

26. **Jesus aber blickte sie an und sprach: Bei den Menschen ist es unmöglich, bei Gott aber ist alles möglich,** und bei dem, der da glaubt, auch. Mark. 9, 23. Menschlicher Weise habt ihr Recht; aus sich selbst kann der Mensch die Liebe zum Irdischen nicht fahren lassen. Gott aber kann auch dem reichen Zachäus durch das Nadelöhr durchhelfen, kann ihm so viel Liebe zum Himmlischen geben, daß er das Zeitliche gering schätzt und gerne hingiebt, und um Jesu willen seinen armen Brüdern mittheilt. Dem Heiland ist nicht das Vielhaben so sehr zuwider, als **das** Haben, wie es jetzt in der Welt ist, das von den Vorfahren, wer weiß wie, zusammengescharrt worden, darauf sie von Jugend auf Rechnung zu machen sind gewiesen worden, und ihr Herz daran gehängt haben. Seiner Kinder Vielhaben richtet sich nach dem, daß sie viel thun oder geben sollen. Denn wer vom Heiland bestimmt ist, daß er viel geben soll, um Austheiler und Haushälter zu seyn, der muß viel haben. Der böse Feind ist aber auf allerlei Weise geschäftig, den Leuten weiß zu machen, daß sie das Ihrige erhalten **müßten**. Den Sinn kann er unter den schönsten Vorspiegelungen bei einem Menschen verbergen, was er alles Gute mit dem Seinigen ausrichten wolle; er macht von Jahr

zu Jahr Vorsätze und Einrichtungen, und endlich stirbt er darüber, und es wird nichts daraus.

27. **Da fiel Petrus ein und sprach: Sieh, wir haben alles verlassen und sind dir nachgefolgt;** wir haben es doch besser gemacht, als der Jüngling; **was wird uns wohl dafür werden?** Da brachen die Verdienste hervor, und zeigte sich eine andere Gebrechlichkeit. Wenn man einem Betrunkenen auf einer Seite auf das Pferd hilft, so fällt er auf der andern wieder hinunter. Die Natur sieht sich gleich heimlich nach dem Nutzen um, nach der Belohnung. Hier wurde sie ziemlich laut bei Petrus. Und wer folgt Christo, der nicht zu Zeiten so fragt? Will man aber dabei bemerken, sie haben gut alles verlassen gehabt, da sie nicht viel besaßen, ein Schiff und ein paar Netze; so bedenke man, daß sie doch mehr verlassen haben, als der Jüngling, und daß sie doch viel, ja alles verlassen hatten, weil sie nichts behalten haben. Hätten sie mehr gehabt, so würden sie mehr verlassen haben. Der verläßt genug, der alles verläßt, was er besitzt.

28. **Jesus aber sprach zu ihnen: Wahrlich ich sage euch, ihr, die ihr mir nachgefolgt seyd, werdet bei der Wiedergeburt der Dinge, wenn der Menschensohn auf dem Throne seiner Herrlichkeit sitzen wird, auch auf zwölf Thronen sitzen, und die zwölf Stämme Israels richten.**

Jesus machte sie nicht lächerlich, daß sie für ihre lumpigten Netze, die sie um Seinetwillen verlassen haben, auch etwas erwarteten. Er sieht nicht die Sache, die Materie an, die man verläßt; sie hätten mehr verlassen, wenn sie mehr gehabt hätten. Darum verheißt er ihnen so große Dinge, so unerwartete Vorzüge, Thronen, richterliche Thronen, daß vor ihnen einmal alle Stämme Israels stehen und sich verantworten müßten, daß sie mit ihm in gleicher Herrlichkeit thronen würden. Diese Verheißung wird den Petrus wohl klein gemacht haben, und wenn er bei dem Worte: „Sieh, wir ha=

ben alles verlassen" sich etwas eingebildet und in die Höhe gefahren ist, so wird er nun bei den Worten Christi, wieder tief hinuntergefahren seyn und sich seiner Netze recht geschämt haben, daß er sie in Anschlag und Rechnung brachte. Die Gnaden-Verheißungen demüthigen, beschämen.

Die Wiedergeburt aller Dinge ist die Neuschaffung aller Dinge, wo alles in einen andern Stand gesetzt wird, wo ein neuer Himmel und eine neue Erde zum Vorschein kommen wird, am Ende, da der Herr kommen wird, zu richten.

29. **Wer immer sein Haus oder Brüder, oder Schwestern, oder Vater oder Mutter, oder Weib oder Kinder, oder Aecker um meines Namens willen verläßt, der wird hundertfältiges dafür erhalten, und das ewige Leben erben.**

Wenn daher der Satan einen Jünger aus einer Ecke der Welt vertreibt, so weist ihm der Heiland eine andere dafür an. Wie es mit den Gütern geht, so geht es mit allen Dingen, die man lieb hat, Aeltern, Freunde, Verwandte rc. Wenn alles das mit Ihm in Widerspruch kommt, so muß man alles fahren lassen. Würde man um Seinetwillen ein armer Waise, der keinen Ort zu wohnen, und kein Bett zu schlafen hätte, so sagt der Heiland: Ich habe Häuser, und Brüder und Schwestern und Vater und Mutter für ihn, und das nicht nur einfach, sondern hundertfältig *), und das soll er alles noch hier in der Zeit haben. Mark. 10, 30.

---

*) Es ist offenbar, daß der Ausdruck hundertfältig nicht allemal im Sinne der Zahl, sondern des Maßes müsse verstanden werden. Man bekommt nicht allemal hundert Geistes-Brüder, Mütter und Schwestern, wenigstens nicht zu sehen, zu genießen hier schon, viel weniger so viele Häuser und Aecker; aber doch hundert und tausendmal bessere, innigere, herzlichere, redlichere Brüder, Schwestern, Mütter, und auch Häuser, in die man mit mehr Zuversicht eintreten darf, als selbst zu Blutsverwandten.

Auch die Aufopferung der unächten oder selbstsüchtigen Liebe der Natur zu Blutsverwandten wird schon hienieden hundertfältig ersetzt, durch die reine Liebe, mit welcher der wahrhaft wiedergeborne Mensch nun seine Eltern, Geschwister, Weib und Kinder liebt. Er liebt sie

Kommst du um deine Güter und Gemächlichkeit, verlierst du Freunde und Geschwister, so giebt dir der Heiland sein Wort: wenn du dein Theil Leiden, die von deinem Christenberufe nicht zu trennen sind, wirst ausgestanden haben, so sollst du am Ende finden, daß du für ein paar Brüder zwanzig, und für Ein Haus so viel Häuser haben sollst, als du brauchst. Es wäre wohl recht beleidigend für den Heiland, wenn wir mit seiner Versicherung nicht zufrieden seyn wollten. Sein Wort muß uns gewisser seyn, als alles andere, was jemand sagen kann.

Der Spruch ist übrigens schwer zu verstehen; denn wenn es ein Mensch noch vor sich hat, Haus und Hof, Weib und Kind, Aeltern und Geschwister für den Heiland zu opfern, so ist es, als wenn der Spruch nicht so deutlich wäre: es wird schon unter die Sonderlichkeiten gerechnet, daß sich ein Mensch auf das Wort alles feil seyn lassen und denken kann: Jesus und genug! Laß alles fahren, das Reich Christi muß uns bleiben! Es haben es aber doch schon manche probiert, und es ist ihnen so gegangen.

Doch das sind alles Dinge, die begegnen nicht allen Leuten; sie kommen selten vor, es ist nicht der ordinäre Gang der Kinder Gottes, sondern lediglich der Gang der **vorerwählten Zeugen**, die sich der Herr ausersehen hat zu seinem Dienste. Von solchen Leuten muß der Herr immer einige haben; und weh ihnen, wenn sie es nicht thun. Sie müßten rebellische Kreaturen seyn, wenn sie sich dem Dienste nicht hingäben, zu dem sie von Mutterleibe an bestimmt waren. Wenn man es aber von andern prätendirt, so kann man sie

---

nur in Gott, in Christo, mit zarter und reiner Liebe, und diese Liebe ist, wofern sie auch Gott lieben, unsterblich, was die bloß natürliche Liebe nicht seyn kann.

Und wenn das alles nicht wäre, so ist schon die Gnadenfülle, der Friede mit Gott, die Ruhe der Seele, die auf die Verläugnung und Verlassung aller vom Herrn genannten Dinge folgt, ein hundertfältiger Ersatz, der alle Güter der Zeit unendlich weit übertrifft.

verwirren, und aus einer gesegneten Lage in schlechtere Umstände versetzen, ohne daß für den Heiland dabei etwas herauskommt. Der Ordnung nach soll man in seinem gewöhnlichen Berufe bleiben, und ein Beispiel seyn für das Land, Stadt oder Dorf, wo man ist.

30. **Viele der Ersten werden die Letzten und viele der Letzten werden die Ersten werden.** Es hat sich bisher immer so erwiesen. Es sind schon viele Sterne vom Himmel gefallen und dagegen Mancher wie ein Feuerbrand aus der Hölle gerissen und gerettet worden. Der Knecht kommt manchmal auf das Pferd und der Herr muß zu Fuß gehen. Darum laßt uns vielmehr auf das Ende als auf den Anfang sehen. Ich habe schon viele gesehen, die mit solcher Hitze anfingen, daß sie wie ein Glutofen brannten, aber sie sind bald erkaltet und wohl eben so eifrig dagegen als anfangs dafür gewesen. Andere hingegen, bei denen man es nicht vermuthete, wurden eifrig, treu, standhaft und beharrlich bis an's Ende. Kap. 20, 16. 22, 14. Mark. 10, 31. Luk. 13, 30.

Das XX. Kapitel.

Arbeiter im Weinberg. Söhne Zebedäi. Welt- und Kirchenregiment. Zwei Blinde.

1. **Das Himmelreich gleicht einem Hausvater, der in aller Frühe ausging, um Arbeiter in seinen Weinberg zu dingen.** Js. 5, 1.

Diese Parabel ist noch in Bezug auf das vorige gesagt, wo vom Lohn die Rede war. Das wollte Jesus noch deutlicher machen. Die Parabel ist also auf Leute gerichtet, die wie Petrus, wenn sie etwas Weniges verläugnet oder gethan haben, gleich fragen, was erhalten wir dafür?

Mit dem Reiche Gottes oder der Oekonomie des N. T. verhält es sich also, wie wenn ein reicher Mann ein großes Feld zu bestellen hat, so geht er früh aus, um Arbeiter zu suchen. Das thut Jesus, indem er die Apostel und die ersten Väter, Ignatz, Polykarp, Clemens, Justin u. s. w. bestellte.

2. **Er kam mit den Arbeitern überein um einen Zehner für den Tag, und schickte sie in seinen Weinberg.** Anderswo hat der Herr bestimmt, was Er für Lohn gebe: „wo ich bin, da soll mein Diener auch seyn," und oben sagt Er es ja dem Petrus und den Aposteln, was sie erhalten sollten, — nämlich zwölf Thronen.

3. **Um die dritte Stunde ging er wieder aus und sah noch andere müssig stehen auf dem Markte.** Deren giebt es zu allen Zeiten genug. Alle Märkte stehen voll Müssiggänger, die nicht an die Arbeit im Weinberg des Herrn wollen. 4. **Er sprach zu ihnen, gehet auch ihr in meinen Weinberg, ich will euch geben was recht ist.** Mit diesen hat er schon nicht mehr accordirt, sondern sie mit seiner Billigkeit vertröstet, darauf kann man sich auch ruhig verlassen. 5. **Und sie gingen hin. Abermal ging er aus um die sechste und neunte Stunde und machte es eben so.** 6. **Und als er um die eilfte Stunde ausging, fand er wieder einige dastehen,** die nicht wußten, was sie thun sollten, **und sprach zu ihnen: warum stehet ihr hier den ganzen Tag müssig?**

Einige werden schon in der Kindheit, früh Morgens, andere um die dritte Stunde, in der Jugend, andere um die sechste Stunde, im männlichen Alter, andere im hohen Alter, um die neunte Stunde, und einige erst am Ende und Abend ihres Lebens, um die eilfte Stunde berufen, welche Letztere ihr ganzes Leben, so thatenreich es auch gewesen seyn mag, müssig und unnütz zubrachten, wenn sie nicht dem Herrn arbeiteten. 7. **Sie antworteten ihm: es hat uns Niemand ge-**

dungen; da sprach er zu ihnen, so gehet auch ihr in meinen Weinberg, ich will euch geben, was recht ist.

Diese Faullenzer schoben die Schuld auch, wie alle, von sich auf andere; es hat uns Niemand gedungen. Nie wollen die Menschen bekennen: es hat an mir gefehlt, ich wollte nicht ernstlich, sondern: ach man hat mich schlecht erzogen, ich habe keine rechten Lehrer, keine Gelegenheit gehabt, etwas Gutes zu hören, und was dergleichen Entschuldigungen sind. Wer aber noch einen Funken Redlichkeit in sich hat, der muß es zur Ehre Gottes bekennen, daß Gott es nicht hat fehlen lassen, ihn mit seiner Liebe zu locken. O! wie viele schieben die Schuld auf Gott, auf ihre Aeltern oder Lehrer, da sie doch alle Einen in sich tragen, der sie gewiß erinnerte, das Reich Gottes und seine Gerechtigkeit zu suchen, und die doch müssig stehen bleiben auf dem Markte der Welt.

8. **Als es Abend ward, sprach der Herr des Weinberges zu seinem Verwalter: Laß die Arbeiter kommen, und gieb ihnen den Lohn, von den Letzten angefangen bis zu den Ersten.** 9. **Es kamen also die, welche um die eilfte Stunde eingetreten waren, und jeder erhielt seinen Zehner.** 10. **Da aber die ersten kamen, hofften sie mehr zu empfangen; sie erhielten aber auch jeder nur seinen Zehner.**

Sonderbar! der Hausvater geht aus zu einer Stunde, dann wieder zu einer andern und dritten Stunde, und sucht Arbeiter; und die er zuletzt ruft, und die also am wenigsten thun, sind ihm so lieb, als die Ersten, die die schwereste Arbeit gethan haben. Es ist ein Unterschied in der Arbeit, so wie wenn man eine Kolonie anlegt, da man zuerst das Land reinigen und die Bäume ausrotten muß, und in dreißig Jahren es wieder ansieht. So sagte der Heiland: Es haben euch andere vorgearbeitet, die haben es sauer gehabt; ihr seyd in ihre

Aernte eingetreten. Da giebt Er die Maßregel; die Letzten werden beneidet, ihre Vorfahren und die Erben derselben, die noch immer auf ihrer Vorfahren vergangene Dienste Gnadengelder ziehen wollen, sind neidisch, daß die Letzten mit ihnen zugleich erben, und denselben Ruhm an Christo haben sollen, den ihre Vorfahren haben. Daher müssen die Letzten besonders gehalten werden, sonst kommen sie nicht durch. Was haben sie nun von den Ersten voraus? Was haben sie, das die andern nicht haben? Die Ersten haben accordirt; die Letzten aber haben sich der Großmuth des Hausvaters überlassen: Was recht seyn wird, soll euch werden.

Wenn wir also zu diesen Arbeitern im Reiche Gottes gehören wollen, so müssen wir nicht wissen, was Lohn für ein Ding ist, müssen so einfältig seyn, daß wir denken: Wenn wir arbeiten, und es wird etwas daraus, so haben wir daran Lohn genug. Wird uns von einem andern Lohn vorgeredet, so stehen wir und wundern uns, wie wir dazu kommen. Auf die Art können wir in der letzten Zeit Gnade und Segen haben, daß wir uns selbst darüber schämen und wundern müssen.

11. Sie nahmen ihn, und murreten gegen den Hausvater, 12. und sagten: diese, die Letztern haben nur eine Stunde gearbeitet, und du hast sie uns gleichgehalten, die wir Last und Hitze des Tages getragen haben. 13. Er aber sprach: Freund! ich thue dir nicht unrecht; bist du nicht um einen Zehner mit mir übereingekommen?

Wie kann man murren? Wie Forderungen machen? Es ist ja nicht Lohnes werth, was wir Gutes thun; denn wo ist eine einzige That, die man für Jesum thäte, die nicht schon ihren Lohn bei sich gehabt hätte? Daß man Ihm dienen darf ist schon ein Gnadenlohn, der mit so viel Freude und Zufriedenheit begleitet war, daß, wenn's vorbei ist, man sich mehr schämt, daß man gebraucht worden ist, als daß man's Ihm sollte anrechnen. „Und würde man ja irgendwo" ꝛc.

So sieht es mit dem Dienste seiner Knechte aus. Es wird nichts gefordert, als Wille, Treue, Aufrichtigkeit. Aber wenn sie was wollen verdienen, haben sie nichts als Mühe und Verdruß, denn Er giebt den Lohn, **wie Er will.** Werde Einer nur Eins mit Ihm um den Lohn, Er wird ihn nicht verkürzen, und gewiß halten, was Er versprochen hat; aber er muß sich nicht verdrießen lassen, wenn hernach einer, der nichts verdient hat, eben dasselbe kriegt. Wer bei Jesu was zu gewinnen gedenkt, jetzt oder künftig, an Ehre, Herrlichkeit oder an anderer Glückseligkeit, der bringt sich um so viel Ruhe und Friede, als er Nebenideen gehabt hat; und wenn er ohne größere Unseligkeit davon kommt, so hat er Gott zu danken.

Es ist eine Schande, wenn eine Kreatur nicht weiß, was es ist, Jesum lieb haben, welche Seligkeit dabei ist; wenn sie denkt, daß noch sonst ein Glück oder eine Freude sey, die uns der Himmel geben könnte, die über den Heiland und seine Liebe ginge, die mehr wäre, als wenn Er sagt: **Ich bin dein und du bist mein.**

14. Nimm das Deine und geh. Ich will aber auch diesem, dem Letzten, so viel geben als dir.

Der Text geht nicht auf Lehrer und Zuhörer zugleich, sondern auf Kollegen im Amte und Lehrer unter einander. Bildet euch nichts gegen einander ein, denkt nicht, weil ihr so viele Jahre länger gearbeitet habt, so müßt ihr besser mit dem Heiland stehen, und Er müßte mehr Rücksicht auf euch haben. Nein, Er hat weder deiner, noch des andern nöthig, sondern es ist Gnade. Damit niemand müssig gehe, so giebt Er uns zu thun.

Die Aemter, die der heilige Geist unter den Menschen eingerichtet hat, zum gemeinen Besten, einander die Hand zu bieten, die werden ausgetheilt, damit die Leute etwas zu thun bekommen. Man hat die Gnade,

Gutes zu thun. „Ich dank es meinem lieben Herrn, kann ich was Gutes thun, ich thu es gern.“ Und Er giebt mir auch Kräfte dazu. Wen Er schickt, den macht Er auch geschickt. Aber das soll man auch nicht denken, daß Er uns dazu nöthig habe, und von dem einen einen größern Dienst empfinge, als von dem andern, und als würde Er sich am Tage der Wiedervergeltung seiner Schuldigkeit zu erinnern wissen, o nein, **der Letzte bekommt so viel als der Erste.** Sie werden aus Gnaden freundlich angesehen, nach der treuen guten Meinung, nicht nach dem, was sie geleistet haben.

Das soll aber keinen Knecht des Heilandes in seinem Eifer zurück setzen, oder phlegmatisch machen. Es ist allemal überschwänglich mehr da, als wir verdienen, wenn wir auch hundert Jahre gearbeitet hätten.

Wenn einer, der dreißig Jahre gearbeitet hat, über den andern, der nur zwei Jahre gearbeitet, neidisch, und verdrüßlich werden wollte, so würde er nichts damit gewinnen.

Es soll einem Arbeiter im Reiche Gottes gar nicht einfallen, daß er durch seinen Dienst etwas verdienen, und daß das Reich Gottes ohne ihn nicht bestehen könnte, sondern es muß Gnade für ihn seyn, wenn ihn der Herr brauchen will. Dabei muß es bleiben, sonst geht ein großes Kleinod verloren.

15. **Oder ist es mir nicht erlaubt, zu thun, was ich will, mit dem Meinen? Machst du ein böses Auge, daß ich gut bin?** Er hat ihnen mehr gegeben, als sie verdient haben, und also das eine für Lohn angerechnet, das andere für Geschenk. Röm. 9, 21.

Jesus theilt seine Gnaden aus, wie Er will. Jeder soll mit seinem Maaße zufrieden seyn und danken, denn im Reiche Gottes, wo alles Gnade ist, ist auch der Lohn Gnade. Der Neid in geistlichen Dingen ist teuflisch. Die Gnade oder den Gnadenlohn eines Andern begehren, oder über Gott zürnen, daß Er einem Andern mehr giebt, der es nicht verdient zu haben scheint, das ist eine große Ungerechtigkeit gegen den Nächsten und gegen Gott, der Herr über seine Gaben ist und sie geben kann, wem Er sie geben will. Er ist keinem etwas schuldig.

Je geringer wir unsere Arbeit ansetzen, desto mehr wird sie gelten. Je mehr wir glauben verdient zu haben, desto weniger sind wir werth.

Mit obiger Antwort offenbart der Herr den ganzen Grund des Evangeliums, und schlägt allen Hochmuth nieder, indem Er geradezu sagt, daß der Lohn Gnade, und nicht Verdienst sey. Kinder Gottes erkennen sich auch für ein Erb-Eigenthum des Herrn, mit dem Er thun kann, was Er will.

16. **Also werden die Letzten die Ersten, und die Ersten die Letzten seyn, denn berufen sind viele, auserwählt aber wenige.** Kap. 19, 30.

Die **Letzten**, die Gott nicht um Lohn dienen, sondern es für Gnade halten, daß sie gebraucht werden, die sich in ihrem Herzen gering achten, immer unten und zurückstehen, diese, ob sie wohl in der Welt und unter Kindern Gottes kein Ansehn haben, wird Gott vor Andern hervorziehen und auszeichnen.

Die **Ersten**, die man wegen ihrer Thätigkeit und ihren Gaben und Eifer für die Besten hält, die aber noch manche Unlauterkeit in ihrer Absicht, heimliche Hochachtung ihrer selbst, feinen Neid oder Verachtung ihrer Mitarbeiter, und dabei Lohnsucht in sich nähren, die werden einst, wo nicht gar verworfen, doch zurückstehen und erfahren müssen, daß Gnade Gnade ist.

Berufen sind und werden alle. Es kommen auch viele und sagen ihre Bekehrung an; aber wenige **erwählen** den besten Theil; wenige lassen sich auswählen, und von aller Eitelkeit abziehen; wenige ergreifen das Kleinod des wahren inwendigen Lebens mit Christo in Gott; wenige verläugnen sich selbst und nehmen ihr Kreutz auf sich, um Christo unbedingt nachzufolgen, und mit Ihm ein Geist zu werden.

17. **Als Jesus nach Jerusalem hinaufging** redete Er auf dem Wege nicht von langweiligen Dingen, sondern **nahm die zwölf Jünger besonders zu sich auf die Seite,** weil Er ihnen vom Geheimnisse des Kreutzes zu sagen hatte, das nicht alle Leute hören mögen, **und sprach zu ihnen:** 18. **Seht, wir gehen nach Jerusalem hinauf und der Menschensohn wird den Hohenpriestern und Schriftgelehrten überliefert werden,** in die bösesten Hände, **und sie werden Ihn zum Tode verdammen.** 19. **Sie werden Ihn den Heiden überliefern** (denen sie sonst gewiß keine Juden überliefert haben), **daß sie Ihn verspotten, geisseln und kreutzigen, aber am dritten Tage wird Er wieder auferstehen.** Luk. 18, 32.

Das hatte Er ihnen erst Kap. 17, 22. auch gesagt, und hier wiederholt Er es. Es giebt Leute, die die Wiederholungen, besonders vom Leiden Christi, nicht gerne haben. Aber der Heiland hat sie sehr gern.

20. **Hierauf kam die Mutter der Söhne des Zebedäus** (Salome, die Schwester Josephs, des Mannes Mariä,) **mit ihren Söhnen** (Jakobus und Johannes) **zu Ihm,** in der Meinung, sie werde um der Verwandtschaft willen desto eher etwas erhalten. **Sie fiel vor Ihm nieder und bat etwas von Ihm.** (Mark. 10, 35.) 21. **Was willst du? sprach Er zu ihr. Sie antwortete: Sprich, daß diese meine zwei Söhne in deinem Reiche, einer zu deiner Rechten, und der andere zu deiner Linken sitzen werden,** daß sie die vornehmsten Bedienungen bekleiden, die nächsten nach dir seyen, weil doch alle Zwölf, wie Er sagte, K. 19, 28., auf Stühlen mit Ihm sitzen und regieren sollten. Sie dachte: Es sind doch seine nächsten Anverwandten, sollten sie nicht die Ersten nach Ihm seyn, wenn Er ein so großer Herr wird? Sie stellte sich ein ganz irdisches Reich vor. 22. Jesus trug aber diese verkehrte Denkungsart mit Geduld, doch wies Er sie zurecht und sprach: **Ihr wisset nicht,**

was

was ihr bittet. So giebt's ja wohl viele Beter, welche nicht wissen, was sie bitten. Und dahin gehören alle, die in ihrem Eigensinn und nach eigener Wahl bitten, um Ehre, Güter und Herrlichkeiten, ehe sie noch sein Leiden gekostet haben. „Das Fleisch will immer eher herrlich werden, ehe es gekreuzigt ist, eher erhöht, denn es erniedrigt ist.“ Darum sagt Er: **Könnt ihr den Kelch trinken, den ich trinken werde?** Könnt ihr zu meiner Rechten und zu meiner Linken hängen am Kreuze? Wer Christo gleich werden will an Herrlichkeit, muß auch seine Schmach tragen, seine schweren Leiden und Trübsale mit Ihm theilen. Das ist die größte Gnade und Ehre, die Gemeinschaft seiner Leiden. Die jungen Liebhaber der Ehre antworteten Ihm, mit aller Einbildung von sich selbst: **Ja, wohl, wir können es.** Dergleichen Leute, die ja sagen, ohne zu wissen, was es auf sich hat, von denen man aber doch Hoffnung hat, daß sie es nachholen werden, hält Christus fest, und nimmt sie beim Wort. (Joh. 18, 11.)
23. **Denn Er sprach zu ihnen:** (Was ihr sagtet, dabei soll's bleiben.) **Meinen Kelch werdet ihr zwar trinken, aber das Sitzen zu meiner Rechten und zu meiner Linken habe ich niemanden zu geben, als dem es von meinem Vater bereitet ist.** Er will damit sagen, daß Er ohne den Vater nichts thun könne; daß jetzt keine Zeit dazu sey; daß Er nicht gekommen sey, Kronen auszutheilen, sondern auf den Kampfplatz einzuladen; daß auch schon dafür gesorgt sey, und die Plätze schon vergeben und besetzt seyen; sie müßten es aber nicht so genau voraus wissen.

24. **Da die zehn** (übrigen Jünger) **es hörten, wurden sie unwillig über die zwei Brüder.** Das ist die Wirkung von dergleichen ehrgeitzigen Anmaßungen. Man kann sein Christenthum darüber verlieren, und andere mit sich verderben, wenn nicht ein Mittler dazwischen träte. Darum

25. **Rief sie Jesus zu sich und sprach: Ihr wisset, daß die Fürsten der Völker über sie herrschen, und die Großen über sie Gewalt ausüben.** (Mark. 10, 42. Luk. 22, 25.) 26. **So soll es aber unter euch nicht seyn, sondern wer unter euch groß seyn will, der sey euer Diener.** 1 Petr. 5, 3.

Diese Worte haben einen doppelten Zweck: erstens will der Heiland seine Jünger vor der Hoffarth verwahren, vor der Affektation, die gern etwas scheinen und hochgehalten werden will. Davon will der Heiland seine Leute ganz frei haben, und sie sollen ihren einfachen Gang gehen, und in der niedrigen Gestalt ein Vergnügen und eine Seligkeit finden.

Zweitens will Er sagen: Wird euch etwas aufgetragen, und manchmal aufgebürdet zu regieren, so thut's in Knechtsgestalt, laßt euren Wahlspruch seyn: Ich diene! seyd aber nicht nach eitler Ehre geitzig, trachtet nicht nach solchen Rechten und Gerechtigkeiten, sondern danket, wenn ihr davon dispensirt seyd.

— **Bei euch soll's nicht so seyn** — der Christ und besonders der Geistliche soll sich durchaus in keinem Stück der Welt gleichstellen, sondern allzeit das Gegentheil von dem thun, was er in der Welt sieht. Das Christenthum ist die umgekehrte Welt. Der Weltmensch setzt sich gern oben an, herrscht, gebietet gern, der Christ ist lieber der Letzte, dient, gehorcht und bittet gern, auch wann er gebieten kann.

27. **Und wer unter euch der Erste seyn will, der sey euer Diener.**

Es ist nicht genug sich „Diener, gehorsamer Diener" bloß nennen, sondern man muß sich in der That so fühlen und so bezeigen, daß man ein Diener Gottes und der Gemeine der Gläubigen ist. Wer sich wirklich gern der Letzte setzt, der ist werth der Erste zu seyn.

In Christi Reich ist alles umgekehrt und der Welt ganz entgegen. Die Kirche Christi kann unmöglich bestehen in einer Form, die der Welt so ähnlich sieht, wie ein Ei dem andern. Wo man Stolz, Herrschsucht, Ueppigkeit, Rangstreit u. dgl. sieht — wer kann da Christum finden und sein Reich, das lauter Demuth und Armuth des Geistes, Verläugnung, lauter Freude und Friede und Gerechtigkeit im heil. Geiste ist?

28. **Wie auch der Menschen-Sohn nicht gekommen ist, sich bedienen zu lassen, sondern daß Er diene, und sein Leben zum Lösegeld für viele dahingebe.** Phil. 2, 7.

Diese Worte sind keine Komplimente. Der Heiland hat wahrhaftig gedient; Er hat wie ein Sklave gedient, und das ist so weit gegangen, daß sich an Ihm der Zorn und die Räche des Satans gekühlt hat. Die ganze Scene seines Dienstes hat Er mit dem Tode am Kreutze, der an Ihm, als an der allerverachtetsten Person ist vollzogen worden, beschlossen.

Das sind Erniedrigungen. Das heißt Knecht seyn. Es ist der äußerste Grad des Dienens. Darum gehören die Worte, Er gebe sein Leben zur Erlösung für viele, mit zu seinem Dienststande.

Es giebt eine Art Menschen, die die Schrift zu nichts brauchen, als zum Kritisiren anderer, aber die Schwierigkeit selber mit keinem Finger berühren. Schlecht bemittelte oder pharisäische Leute beweisen aus diesen Worten des Heilandes, daß ein Herr, der ein Kind Gottes ist, oder ein Hauswirth oder eine Wirthin, kein Gesinde haben soll. Obwohl nun der Heiland keine Vasallen und Bedienten hatte (denn sobald Er merkte, daß man Ihn zum Könige und Haupt machen wolle, hat Er sich retirirt, und ist entwichen, wie vor einer Verfolgung), dessen ungeachtet kann man nicht sagen, daß Er sich gar nicht habe bedienen lassen. Er ist von einigen Familien sein ganzes Leben hindurch bis ins Grab bedient worden. Er hat sich ihren Herrn nennen lassen. Als Er mit dem Judas redete, so dachten die Uebrigen, Er heiße ihn etwas aufs Fest besorgen, oder den Armen geben, woraus man sieht, daß dieß des Judas gewöhnlicher Dienst war.

Der Sinn ist also nicht: Ich bin ein Mensch, der niemand hat, der ihn bedient, ich bediene mich absolut selbst, denn Er ist in der Ordnung eines Hausvaters geblieben. Aber es ist Ihm nie in den Sinn gekommen, daß das Dienen nicht sowohl seine Sache wäre, als es seiner Jünger Sache seyn könnte. Wenn Er ihnen etwas hätte holen oder thun sollen, das kein anderer von ihnen hätte thun können, oder keiner da gewesen wäre, so würde Er sich gar nichts daraus gemacht haben, die Arbeit für sie zu verrichten.

Und dieser Sinn muß in Häusern des Herrn, und überhaupt unter Christen beibehalten werden, daß eins dem andern dient mit Freude, und sich ein Vergnügen daraus macht, nicht nur in Kleinigkeiten, sondern wenn es auch die beschwerlichste Sache ist. Alle im Hause müssen wissen, daß man ihr Mitknecht und unter ihnen auch ihr Diener ist.

29. **Da sie von Jericho herausgingen, folgte Ihm viel Volks nach,** obwohl ihre Vorsteher und Hohenpriester alle ihre Kräfte aufgeboten haben, um das Volk von Ihm abzuwenden.

30. **Und sieh, zwei Blinde, die am Wege saßen, hörten, daß Jesus vorübergehe, und schrieen laut: Herr! du Sohn Davids! Erbarme dich unser.** Mark. 10, 46. Luk. 18, 35.

Denen ging ihre kurze Litanei von Herzen. Wem seine Geistesblindheit so zu Herzen geht, der wende sich auch zu keinem andern, als zu dem, bei welchem diese Blinden ihr Augenlicht holten, und der da sagte: Ich bin das Licht der Welt, wer an mich glaubt, oder mir nachfolgt, dem werden die Augen aufgehen 2c. 2c.

31. **Das Volk aber verwies es ihnen, daß sie schweigen sollten,** und dachte damit ein gutes Werk zu thun, damit Christus nicht inkommodirt würde, da es sie vielmehr noch dazu hätte ermuntern sollen. Aber

die Blinden, anstatt sich irre machen zu lassen, verdoppelten ihren Muth und Glauben, und schrieeen nur um so mehr: **Herr! du Sohn Davids, erbarme dich unser!** denn ihre Noth gab ihnen mehr Beweggründe, nach Christus zu schreien, als der Verweis des Volks zum Schweigen.

Laß dich durch nichts abhalten, nach Christus zu schreien, bei Ihm Licht und Leben zu suchen; der vornehme oder niedrige, der geistliche oder weltliche Pöbel mag dich noch so sehr davon abhalten oder abschrecken wollen.

32. **Da stand Jesus still, und rief sie zu sich und sprach: Was wollt, daß ich euch thun soll?** Er will doch haben, daß wir es selber sagen, was uns fehlt, und was wir von Ihm wollen, wenn Er es schon vorher weiß, ehe wir's Ihm sagen. Ach, Jesu! du weißt, was wir wollen, daß du uns thun sollst; 33. **daß unsere Augen aufgethan** und wir erleuchtet werden, mit dem Lichte der Wahrheit! Das ist die erste Arbeit des Predigtamtes, Apstg. 26, 18., und das erste Gebet Pauli. Eph. 1, 17.

34. **Da erbarmte sich Jesus über sie, und rührte ihre Augen an; und sogleich sahen sie, und folgten Ihm nach.** Sollte der mitleidige, barmherzige Heiland sich nicht vielmehr über geistlich Blinde erbarmen, um derentwillen Er in die Welt gekommen ist, Luk. 4, 19., und sogleich, wie sie es nur wollen und mit Ernst begehren, ihnen alles nöthige Licht auf dem Wege zur Seligkeit schenken?

Sobald aber eine Seele erleuchtet ist durch Christus, folgt sie Ihm auch nach. Die Nachfolge Jesu ist eine Frucht seiner Erleuchtung. Wem die Augen aufgethan sind, daß er Jesum seinen Versöhner am Kreutze erblickt hat, der folgt Ihm ungezwungen, denn die Liebe zu Ihm dringt ihn.

Das XXI. Kapitel.

1. **Als sie sich nun Jerusalem nahten, und nach Bethphage am Oelberg kamen, schickte Jesus zwei Jünger ab,** (Mark. 11, 1. Luk. 19, 29.) 2. **und sprach zu ihnen: Gehet in den Flecken, der euch gegenüber liegt, und ihr werdet sogleich eine Eselin finden und ein Füllen bei ihr. Machet sie los und führet sie zu mir.** Sein Wort und Geist sind gewöhnlich die zwei Boten, die Er vor sich her sendet, daß sie die an den Satan und die Sünde angebundene Seele des Menschen los machen, und Ihm zuführen sollen, um in ihr zu wohnen, und sie heiliglich zu regieren.

3. **Und wenn euch jemand etwas sagt, so sprechet: Der Herr bedarf ihrer, und er wird sie euch ohne Anstand überlassen.**

Erhalten wir vom Heiland Befehl, sind wir von Ihm zu einer Sache beordert, oder gesetzt, und wir thun sie in Einfalt zu rechter Zeit, nach seiner Ordre; haben wir gewartet, bis uns der Heiland gerufen hat, und sind Ihm dann nur gehorsam gewesen, so erfahren wir allemal, daß alles, was der Heiland haben will, wahrhaftig geschieht. Man geht geradezu, greift's in Einfalt an, ohne alle menschliche Bedenklichkeit und künstliche Vorbereitung, da geht's und geht durch, wenn man nur einfältig thut, was der **Heiland befiehlt.** Wenn einen die Leute hernach zur Rede stellen, muß man ihnen antworten: Der Heiland hat's so haben wollen; aber die Leute zuvor um Erlaubniß fragen, ob des Heilandes Wille zu thun sey, ist verkehrt.

4. **Und dieß alles geschah, damit erfüllt würde, was durch den Propheten gesagt ist, der da spricht:** 5. **Saget der Tochter Sion: „Sieh,**

dein König kommt zu dir sanftmüthig und sitzt auf einer Eselin." Zach. 9, 9.

Er ist ein König, aber nicht von dieser Welt, obwohl alle Reiche sein sind. Er ist sanftmüthig und von Herzen demüthig. Ein armer Bettler hat so viel Recht zu Ihm, als ein König. Wenn ein König denkt: „Ich halte mich an den Herrn Jesum, Er ist ein König aller Könige und Herr aller Herren, und wird es ewig seyn; das gilt mir;" so spricht der Bettler: „Ich halte mich an den Herrn Jesum, Er hatte nicht, wo Er sein Haupt hinlegte; das gilt mir."

Er denkt noch so freundlich, so herzlich, als jemals. Man kann keinem Menschen zumuthen, was man Ihm zumuthen kann. Man kann sich in keinem Elende befinden, mit dem man sich nicht zu Ihm nahen darf, wovon Er nicht selbst Kenntniß und Erfahrung hat.

Ein Armer, mit dem's so weit gekommen ist, daß er sich kaum mehr sehen lassen darf, ein beschämter Sünder, mit dem kein unbescholtener Mann mehr etwas zu thun haben mag, der kann doch zu Ihm noch kommen, der kann dem Herrn Jesu sein Elend klagen, und sich den Augen darstellen, die ohnedem alles sehen.

6. **Die Jünger gingen hin und thaten, wie ihnen Jesus befohlen hatte,** 7. **und brachten die Eselin und das Füllen, legten ihre Kleider darüber und setzten Ihn darauf,** (zum Zeichen ihrer Unterthänigkeit). Joh. 12, 14. 2 Kön. 9, 13.

Wer in Einfalt gehorcht und geht, wohin ihn Jesus sendet, der kommt nicht leer zurück, sondern wird ausrichten, wozu Er ihn sendet. Jünger Jesu klügeln nicht, wollen es nicht besser und klüger machen, als es der Heiland befohlen hat. Sie mußten sich dem Argwohn und Verdachte aussetzen, daß man sie für Diebe halte, die einen Esel stehlen wollten. Darum bekümmern sie sich aber nicht, sie folgen ihrem Meister. So muß ein Jünger Jesu die Seelen ihrem Heilande zuführen, wie Er es befohlen hat, ohne sich um das Urtheil der Leute zu bekümmern.

Sie brachten die Eselin und das Füllen, weil der Heiland beide, als ein Bild der Juden und Heiden, haben wollte.

Der Schöpfer aller Dinge, der von Herzen demüthig ist, reitet auf einem Esel. Es war zwar in ältern Zeiten gewöhnlich, daß die Großen auf Eseln ritten, aber schon zu Salomo's Zeiten abgekommen. Der demüthige, sanftmüthige Heiland giebt jedem Reiter und Ritter das Beispiel, daß er sich auf dem stolzen Pferde nicht mehr zu seyn dünken lasse, als unser Herr Gott. Denn das Pferd, auf dem du sitzest, mag noch so schön seyn, es macht seinen Reiter nicht besser, wohl aber schlechter, wenn du stolz und eitel dadurch wirst und die armen Fußgänger verachtest. In diesem Falle reitet der Esel auf dem Pferde. Der Christ aber soll auf dem Esel reiten, nicht der Esel auf ihm.

8. **Das meiste Volk aber breitete Kleider auf den Weg, andere hieben Zweige von den Bäumen und streuten sie auf den Weg hin.**

Sonst ging Jesus immer zu Fuß, und hatte das Geräusch und das Gepränge nicht gern, und wollte sich und seine Thaten gar nicht bekannt werden lassen; aber jetzt, da Er zu seinem Leiden geht, nimmt Er einen königlichen Staat an, und reitet unter öffentlicher prächtiger Zubereitung der Wege und unter freudiger Zurufung des Volks, das Er nicht nur verhinderte, sondern vertheidigte. Er wollte nun einmal dafür angesehen werden, was Er war, und damit die Schrift erfüllt würde. Zach. 9, 9.

9. **Die Schaaren aber derer, die vorangingen und die nachfolgten, schrieen und sprachen: Hosianna! dem Sohne Davids! Hochgelobt der da kommt im Namen des Herrn! Hosianna in der Höhe!** Joh. 12, 13.

Das Volk ist weit williger Jesum Christum anzunehmen, als manche, die dazu gesetzt sind, ihm beim Volke die Wege zu bereiten. Aber ein Glaube, der noch nicht durchs Feuer der Prüfung gegangen ist, ist nicht fest, sondern wankt bald wieder. Man lobt oft gern die Wahrheit, wenn sie triumphirt, aber wenn sie gefangen, gebunden und öffentlich gehöhnt oder gar gekreuzigt wird, so will man nicht gegen den Strom schwimmen, sondern macht auch mit gegen sie.

Man sieht keine Gelehrte, Reiche rc. dem Herrn Jesu entgegen gehen; nur Kinder und das Volk bewillkommen Ihn und rufen: Hosianna! das heißt, Herr! schaff' uns Heil! Herr! laß wohl gelingen! Vivat! Er lebe hoch!

10. **Als Er nun zu Jerusalem einzog, kam die ganze Stadt in Bewegung, und es hieß: Wer ist der?** Sie warteten schon Jahrtausende auf Ihn; nun, da Er kommt, kennen sie Ihn nicht, und fragen noch, wer der ist? Sie lasen von Ihm in den Propheten alle Tage, und waren der Zeit seiner Erscheinung gewiß; da Er aber jetzt persönlich auftritt, fragen sie, wer Er wäre. So ist's mitten in der Christenheit auch wieder. Den todten Christus im Munde, in Buchstaben haben sie alle; aber sobald der lebendige Christus sich irgendwo zeigt, so kommt alles in Bewegung und schreit: Was ist das? Wer viel fragt, hat keine Lust zur Sache.

Man sollte ja glauben, die ganze Stadt wäre Ihm mit Freude entgegengegangen. Aber niemand ward und wird weniger erkannt, als Christus. Und da, wo man Ihn am meisten kennen sollte, kennt man Ihn am wenigsten.

11. **Und das Volk** (das nichts vom Gesetz versteht,) **sagte: Das ist Jesus, der Prophet von Nazareth in Galiläa.** Joh. 1, 45. Die Gelehrten, Reichen, Priester und Pharisäer müssen es vom Volke lernen, und von Kindern, wer Jesus ist.

Aber das Volk, das heute Jesum freudig mit Hosianna aufnimmt, läßt sich auch bald von den Priestern umstimmen, daß es nach einigen Tagen ruft: Kreuzige Ihn!

12. **Jesus aber ging in den Tempel Gottes, jagte alle hinaus, die im Tempel kauften und verkauften, stieß alle Tische der Wechsler und die Stühle der Taubenhändler um;** (Mark. 11, 15.)
13. **Und sprach zu ihnen: Es steht geschrieben: „Mein Haus ist ein Bethaus** *), **ihr aber habt eine Räuberhöhle daraus gemacht.** Js. 56, 7. Jer. 7, 11.

Es war ein ganzer Jahrmarkt im Tempelhofe, Rinder, Schafe, Tauben, Wechsler, auch Salz, Mehl, Oel u. dgl., was man zu Opfern nöthig hatte, wurde für die Fremden da feil geboten und verkauft.

Die Herzen der Christen, was sind sie meistens anders als Buden und Wechseltische, wo gekauft und verkauft wird, wo das Heiligste feil geboten, und für zeitlichen Gewinn, Geld, Ehre und Lust, preis gegeben wird? — Wie viel Kaufleute und Wechselherren giebt es nicht, die göttliche Dinge für nichtswürdige verwechseln und austauschen.

---

*) „Mein Haus ist ein Bethaus." Dieses Wort ist es, womit sich diejenigen hinaushelfen wollen, die sich bei ihrem Gottesdienste mehr auf das: Herr, Herr, sagen, als auf die Anhörung und Bewahrung des Wortes Gottes verlassen. Aber sie bedenken nicht, daß erstens dieses Wort nur vom Tempel alten Testamentes gesagt ist, und daß doch auch da gepredigt wurde. Jesus selbst hat ja, wie Er vor Gericht aussagte, öffentlich im Tempel zu Jerusalem gelehrt. Matth. 26, 55. Und schon in seiner Jugend war Er unter den Lehrern im Tempel, die Ihn fragten und seine Weisheit in den Antworten bewunderten. Dann bedenken sie nicht, daß im N. T. gar kein Tempel anbefohlen ist, sondern daß Gott im Geiste und in der Wahrheit verehrt, aber das Evangelium aller Kreatur verkündiget werden muß, das Wort Gottes reichlich unter uns wohnen, und die Lehrer alle alles lehren sollen, was Jesus befohlen hat. Matth. 28, 19. 20. Mark. 16, 15. Kol. 3, 16. Und wie oft ermahnt Paulus, die Bischöfe und Aeltesten zu lehren, zu ermahnen, zu gelegener und ungelegener Zeit rc. 2 Tim. 2, 2. und 4, 2.

Wenn Jesus in eine Kirche oder in ein Herz einkehrt, so jagt Er dieses Zeugs alles hinaus.

Zur Räuber- und Mörderhöhle machten sie den Tempel Gottes. Und wahrhaftig noch immer halten sich die Seelenmörder im Tempel Gottes auf, die mit ihren falschen Lehren, mit ihren antichristischen Grundsätzen, und ihrem weltlich-heidnischen Leben, den Seelen, die sie zum Himmel führen sollen, nur zum Verderben gereichen, und sie in die Hölle stürzen.

Der Geiz, der mit dem Mantel der Religion bedeckt wird, und der im Tempel sehr einheimisch geworden ist, ist der größte Seelenmörder und Kirchenräuber.

Ach laßt uns doch unsere Herzen erforschen, ob Christus nicht auch in uns etwas finde, das er mit der Geißel austreiben oder umstoßen müßte, wenn er käme und Tempelvisitation hielte.

14. **Es nahten sich Ihm viele Blinde und Lahme im Tempel,** die seine Geißel nicht erschreckte, **und Er heilte sie,** wie Er die Bösen gezüchtigt hatte — derselbe Jesus. Diese Heilungskraft beweiset Er noch an allen, die als Krüppel und Blinde an der Seele zu Ihm kommen. Und die Geißel wird Er auch wieder einmal ergreifen, und damit hinausjagen aus seinem Tempel, was nicht hineingehört.

15. **Als die Hohenpriester und Schriftgelehrten die Wunder sahen, die Er wirkte, und die Kinder im Tempel schreien hörten: Hosianna dem Sohne Davids;** (that's ihnen in den Ohren weh, und) **sie wurden darüber unwillig.** Es kam dem Stolz und Neide alles zu verächtlich vor, was mit Christo vorging, besonders das Kindergeschrei.

16. **Und sie sprachen: Hörst du nicht, was diese sagen? Ja freilich, erwiederte Jesus: Habt ihr denn nicht gelesen: Aus dem Munde der Säuglinge und Unmündigen hast du dir ein Lob bereitet.** Ps. 8, 3.

Wenn's bloß unmündige Kinder wären, so könnte man denken, man lehre ihnen schöne Sprüche und Lieder, die sie dann hersingen. Das macht einen Eindruck bei den Größern, und ehrt den Heiland bei den Menschen. Ja, könnte man sagen: Die Aeltern würden dadurch zum Heiland gezogen. Aber es steht dabei: **Die Säuglinge**, die an der Mutter Brust liegen, die man noch auf den Armen trägt, die weder singen noch reden können, und doch heißt es: Er hat sich ein Lob aus ihrem Munde bereitet. Daraus kann man deutlich sehen, daß in ihren Herzen noch eine andere Schule seyn müsse, als die Lehrer und Aeltern mit ihnen halten. Denn wer will mit einem Kinde von zehn, zwölf Wochen Schule halten? Wer kann es singen und beten lehren? Und es gehört doch mit zu den Sängern und Betern, von denen der Heiland sich ein Lob bereiten lassen will.

Von Johannes wissen wir, daß er schon im Mutterleibe Zeuge war und den Heiland bewillkommt hat. Daraus ist klar, es muß in den Herzen der Kinder eine Arbeit, eine Gnade, ein Besuch von Ihm seyn. Der Heiland, der den Erwachsenen und Kindern, die schon denken und den Verstand brauchen können, nahe ist, der ist auch den kleinen Dingerchen, die da lallen, oder gar erst Säuglinge sind, nahe, und noch viel kräftiger, als man's ausdrücken kann. Wenn so ein kleines Kind in den Himmel kommt, so ist's nicht nur eine durch sein Blut in der Taufe gewaschene Seele, sondern es hat Ihm auch schon gesungen und Gottesdienst gehalten in seinem Herzen, davon niemand etwas gewußt hat, als der Heiland und die Engel; da man aber doch bisweilen an einem Blickchen aus seinen Augen etwas gesehen hat von dem, was im Herzen vorgeht.

Die Welt von Novaja-Semblja bis zu den äussersten Südländern und vom äußersten West bis zum Ost, die Welt, die dem Gott dieser Welt unterworfen ist, der sein Werk hat in den Kindern des Unglaubens, hat demnach eine Anstalt für den Heiland, ihr selbst unwissend, die alles weit übersteigt, was ihren Namen auf dieser Welt fortpflanzen soll. Da hat der Heiland uns unbekannte Wege, durch die Er auf die in so kleine Maschinen eingeschlossenen Gemüther wirkt, und sich ein unaussprechliches Lob und Halleluja erweckt. Wenn man nur die geheime Seelen- und Gemüthsarbeit des heiligen Geistes, von der wir nichts Gründliches verstehen, die wir nur mit Bewunderung aus ihren Wirkungen sehen, ihren Gang gehen läßt, so wird an den Kindern der ganzen Welt etwas Großes gethan. Der Heiland nimmt nicht nur den Zehnten, sondern man möchte sagen, neun Theile von zehn, und macht sie selig, ehe sie können unselig werden. Es bleibt dabei, wie einer sagt: Der Teufel bekommt nicht so viele Seelen, als der Heiland. Darum gehen so viele Seelen als Kinder heim. Wenn die ganze übrige Welt untreu würde, und brächte sich um ihre Seligkeit, so behielte der Heiland doch die meisten Seelen. Denn Er hat der Kinder Seelen, und die sind die meisten, die sind sein; die sind durch das Blut des Lammes selig gemacht; die werden weggenommen, ehe sie den alten Bund mit der Sünde erneuern können, denn das kann kein Säugling.

Wer nun das Glück nicht gehabt hat, so jung heimzukommen, sondern geht und steht noch auf dieser Erde, und muß durchs Jammerthal von einer Zeit zur andern, sechs, zehn, zwölf und mehrere Jahre fortwallen, der muß dem Heiland versprechen und schwören: „Du sollst Ehre von mir haben; wenn du mir hilfst und beistehst, so werde ich auch eins von den Unmündigen seyn, aus deren Munde du dir Lob bereitest, vor aller Augen, zu deines Namens Ruhm und Ehre, daß die Welt und Satanas gestehen müssen: Die hat Er, an die habe ich kein Recht.“ Die Schule des heiligen Geistes muß fortgehen. Was die Kleinen, die noch nicht sitzen, gehen und stehen können, die noch in den

Windeln liegen, von Jesushaftigkeit gehabt haben, das muß bleiben, und sich nur von Jahr zu Jahr mehr entwickeln, so daß ein Knabe von funfzehn Jahren noch haben muß, was er in der Wiege gehabt hat.

17. **Und Er ließ sie stehen** (was konnte Er auch Besseres thun?) **und ging zur Stadt hinaus, nach Bethanien,** wo bessere Menschen auf Ihn warteten, **und wo Er über Nacht blieb.**

Wer Ihn und seine Lehre nicht wollte, den ließ Er stehen, und ging zu Andern, die sie gerne annahmen. Er dringt sich nicht auf. Das ist die rechte Klugheit, daß man sich besonders den Menschen dieser Gattung, von denen hier die Rede ist, die der Neid treibt, gar nicht aufdringt, sondern sie stehen läßt, wo sie stehen. Es giebt ihrer ja noch, die nicht ohne Neid und Tadel mit ansehen können, wenn die Einfältigen und die Kinder, das einfältige Evangelium lieben und sich glücklich schätzen. Nun sey es — laß sie stehen, und geh du nach Bethanien, d. h. dahin, wo du einen Lazarus eine Martha und Maria findest.

18. **Am Morgen, da Er wieder in die Stadt ging, hungerte Ihn;** (Mark. 11, 12.) 19. **und da Er am Wege einen Feigenbaum sah,** (wie denn die Gegend von Jerusalem gen Osten mit Oliven- und Feigenbäumen bepflanzt war, die frühzeitig Früchte trugen; daher denn auch Bethphage den Namen hatte, als ein Ort, wo frühzeitige Feigen wachsen,) **ging Er hinzu und fand nichts als Blätter daran.** — Der Zustand des natürlichen Menschen, der wohl die Figur eines Baumes hat, aber keine Frucht — damals aber sah Jesus in ihm das Bild der jüdischen Kirche. **Daher sprach Er zu ihm,** nicht aus Ungeduld, daß Er keine Feigen fand, sondern durch prophetische Verkündigung im Hinblick auf die jüdische Kirche: **Nie mehr komme Frucht von dir in Ewigkeit!** welches ja wohl erfüllt wurde am jüdischen Volke, und wird auch noch erfüllt an allem äußerlichen pharisäischen Wesen, von

dem auch nie eine Frucht hervorkommt, die Gott gefallen könnte, denn es ist verflucht vom Herrn. **Und sogleich verdorrte der Baum.** Luk. 13, 6. 7. Der Baum des Judenthums verdorrte zwar auch gleich, oder war schon in sich verdorben, aber äußerlich sichtbar ward sein Fluch erst, da der Tempel verwüstet, und das ganze Volk theils zerstreut, theils zu Grunde gerichtet ward.

Blätter thun's nicht; Früchte müssen's seyn, wornach Christus hungert. Dein Christenthum ist dem Fluche nahe, wenn es bloß scheint durch äußere Zeichen und Zeremonien, und keine gottselige Früchte bringt.

20. **Da dieß die Jünger sahen, verwunderten sie sich und sprachen: Wie ist doch der Feigenbaum so plötzlich verdorrt?**

Damit ihr sehet, daß kein einziges Wort des Herrn Jesu auf die Erde falle, das nicht in Erfüllung gehe.

21. **Jesus aber antwortete ihnen und sprach: Wahrlich, ich sage euch: wenn ihr Glauben hättet und nicht zweifeltet, so würdet ihr nicht nur thun, was am Feigenbaume geschah, sondern wenn ihr auch zu diesem Berge sagtet, hebe dich, und stürze dich ins Meer, so würde es geschehen.** (Kap. 17, 19.)

Jesus ließ keine Gelegenheit vorbeigehen, den Glauben zu erheben und zu empfehlen, und seine Kraft zu beweisen.

Dem Glauben muß alles aus dem Wege gehen, Berge und Bäume, himmelhohe Schwierigkeiten, und höllische, teuflische Hindernisse. Hohes und Tiefes muß ihm ausweichen. Nichts ist dem Glauben unmöglich. Aber wo ist dieser Glaube? Er ist so selten als das wahre Christenthum.

„**Und nicht zweifelt,**" sagt Christus. Zweifel sind des Glaubens Gift und Tod. Zweifeln können wir sehr leicht — glauben nicht. Warum das? weil wir zu wenig zu Jesus in die Schule gehen. Da verlernt man das Zweifeln und lernt das Glauben.

22. **Und alles, was ihr immer im Gebete mit Glauben bitten werdet, das werdet ihr erhalten.** Mark. 11, 24. Der Glaube steht in der Mitte zwischen Bitten und Empfangen, weil er in beiden wirken muß. Es liegt nur am Glauben, und mangelt nur an Glauben. Nichts gleicht der Liebe, die alles glaubt. 1 Kor. 13, 7. Der Glaube und das Gebet sind Zwillinge, die aus der Liebe geboren werden.

23. **Als Er nun in den Tempel kam, traten, wie Er eben lehrte, die Hohenpriester und Aeltesten zu Ihm und sprachen: Aus was für einer Macht thust du das?** „Wer hat dich zum Kirchenvisitator und Lehrer kreirt und ordinirt? Wir wissen nichts davon." Es war ihnen noch die gestrige Tempelvisitation im Kopfe, wo Er die Käufer austrieb. Sie waren die Aufseher oder Religions-Polizei, als Mitglieder des Sanhedrins, oder hohen Rathes, welcher über wahre und falsche Propheten zu erkennen hatte.

So fragt man gerne, wenn Seelen unmittelbar von Gott berufen und gesalbet sind, das Reich Gottes auszubreiten, die aber äußerlich durch ihr Amt keinen Beruf dazu haben. Mark. 11, 27. Luk. 20, 1.

24. **Jesus antwortete** ihnen nicht geradezu, sondern entgeht ihren tückischen Fragen durch eine andere Frage, durch die Er sie in Verlegenheit setzte. **Er sprach: Ich will euch auch ein Wort fragen; und wenn ihr dieß mir saget,** was ich von euch wissen will, **so will ich euch auch sagen,** was ihr von mir zu wissen verlangt. 25. **Die Taufe Johannes,** sein Amt und seine Lehre, **woher war sie? Vom Himmel oder von Menschen?** Von oben oder von unten her? Wem schreibet ihr sie zu? Hat ihn Gott gesandt, oder ist er nur aus eigenem Antrieb aufgetreten? **Da dachten sie bei sich selbst,** als Füchse, die sich in der Sache nicht bloßgeben wollen, **und sprachen:** 26. **Sagen**

wir

wir: **Vom Himmel**, und erkennen also Johannis Beruf für göttlich, so sind wir gefangen, und werden Ihm Anlaß geben, zu fragen: **Warum habt ihr ihm also nicht geglaubt**, ihm, der von mir zeugt und auf mich hinweist? **Sagen wir: Von Menschen**, und urtheilen wir so gering von Johannes, **so haben wir das Volk zu fürchten, weil alle den Johannes für einen Propheten**, vom Himmel gesandt, **halten**. (Kap. 14, 5.) 27. **Sie antworteten Jesu und sprachen: Wir wissen es nicht.** Sollten sie aber nicht vor andern die Geister prüfen können, ob sie aus Gott sind, oder nicht? **Da sprach auch Er zu ihnen: So sag ich euch auch nicht, aus was für einer Macht ich dieß thue.** Jesus sagt nicht, wie sie lügend sagten: Ich weiß es nicht, sondern, Er sagt: Ich sage es euch nicht. Er will ihnen damit zu verstehen geben: Ihr wißt es wohl, aber ihr wollt es nicht bekennen, weil ihr euch selbst damit auf den Mund schlagen würdet. Ich will euch aber etwas anderes sagen:

28. **Was saget ihr zu dem: Ein Mensch hatte zwei Söhne**, (von denen einer ein grober Sünder, der andere ein pharisäischer Heiliger oder Heuchler war.) **Er ging zum ersten, und sprach: Mein Sohn! geh und arbeite heut in meinem Weinberge.** 29. **Der aber antwortete: Ich mag nicht. Hernach aber reute es ihn, und er ging doch hin.** Das war grob genug. So machen es aber alle grobe Sünder oder Ungläubige, die Anfangs geradezu allem widerstehen, und alles verwerfen. Wenn sie es aber nachher überlegen, und zur Besinnung kommen, so übergeben sie sich mit desto größerer Bereitwilligkeit und Treue zu allem göttlichen Willen.

30. **Jetzt ging er zum andern, und befahl ihm das nämliche; dieser sprach: Ja, Herr! ich gehe. Er ging aber nicht.** So giebt es Leute, bei denen es scheint, als fänden sie nichts Schweres darin, die alles versprechen, aber nichts halten, wie die Heuch-

ler. Der Letzte versprach mehr, als er im Sinne hatte, zu thun. Der Erste that mehr, als er versprach, so empörend und verdrüßlich ihm anfangs das Thun schien. Einige sind in den ersten Jahren ihrer Bekehrung sehr willig und eifrig, lassen aber bald nach und werden schlecht oder faul. Andere verleben ihre jüngern Jahre in Sünden, bekehren sich aber hernach und bleiben eifrig und treu. Wer alles verspricht und nichts hält, ist doch schlechter daran, als der erst sich allem widersetzt und dann doch in die Sache hineingeht. Darum ist den Menschen, die gleich zu allem willig sind und groß sprechen von ihrer Bereitwilligkeit, weniger zuzutrauen, als denen, die hart daran kommen.

31. **Welcher von diesen Beiden hat nun den Willen des Vaters gethan?** Der Grobe, der anfangs nichts versprochen hat, oder der Herr = Herr = Sager, der Heuchler? **Sie sprachen: Der Erste,** der aus dem Letzten der Erste geworden. Jesus aber macht die Anwendung, die ihnen wohl nicht schmeichelte: **Wahrlich, ich sage euch: Zöllner und Huren werden noch eher in's Reich Gottes kommen, als ihr.** Es geht oft hart her, daß sich grobe Sünder bekehren, aber noch schwerer sind doch die zu gewinnen, die sich schon für fromm halten. Offenbare Sünder sind dem Heil näher, als eingebildete Heilige, die von Hochmuth ganz aufgeblasen sind, und sich viel weniger bewegen lassen, als jene. Die Erfahrung beweist es. Luk. 3, 12. 13.

Das war doch stark, daß der Heiland, der Sanfte, den Hohen = Priestern, den Pharisäern und Gelehrten ins Angesicht sagte: Was euch ein Gräuel und an sich selbst verabscheuungswürdig ist, das läßt sich doch leichter bekehren als ihr. Es hält doch sehr schwer, daß Huren und Zöllner fromm werden, aber bei euch Gelehrten und Geistlichen hält es doch noch schwerer. Warum? es ist euch Thorheit und Aergerniß. 1 Kor. 1, 23. Die sich selbst verachten, achten eher auf das Wort: Thut Buße! als die von Hochachtung ihrer selbst ganz einge=

nommen sind, die der Buße nicht zu bedürfen glauben. Hätte es Christus den Priestern und Gelehrten nicht selbst gesagt, wer durfte es ihnen sagen, oder wer würde es glauben, daß ihre Heuchelei und Selbsthochachtung ihnen weit mehr im Wege stehe, als den größten Sündern ihre Sünden, und daß also die, welche sich für gesund halten, die krankesten und unheilbarsten sind? Geistlicher Hochmuth ist der ärgste Teufel.

32. **Denn Johannes kam zu euch auf dem Wege der Gerechtigkeit, und ihr habt ihm nicht geglaubt; Zöllner und Huren aber haben ihm geglaubt**, und haben Buße gethan, und sich zum Heiland weisen lassen. **Ihr aber, obwohl ihr dieses sahet, seyd doch nicht in euch gegangen, daß ihr ihm geglaubt hättet**, weil ihr euch schon für gerecht und unverbesserlich haltet, und Gott mit euren heuchlerischen Geberden abspeisen zu können glaubet.

33. **Höret ein anderes Gleichniß: Es war ein Hausvater, der pflanzte einen Weinberg** (und Gott in Christo eine Kirche, die bis zu derselben Zeit bei den Juden war), **und umgab ihn mit einem Zaun** (des Gesetzes, seines Willens, der Kirchenzucht, der Vorsehung und Beschirmung und Absonderung von andern Völkern und Menschen,) **und grub darin eine Kelter** (durch Anordnung eines Gottesdienstes und aller Mittel zur Erbauung in der Gottseligkeit,) **und baute einen Thurm** (ein Lehramt oder Warte zur Aufsicht,) **und verpachtete ihn an Bauleute**, daß sie ihn bauen sollen, als Arbeiter, **und dann verreiste er.** 34. **Als die Zeit zur Weinlese kam, schickte er seine Knechte,** (Propheten und außerordentliche Boten) **zu den Bauleuten, um seine Früchte zu empfangen,** (daran dem Herrn alles gelegen ist). Mark. 12, 1.

35. **Die Bauleute** (die ungeistliche Priesterschaft) **ergriffen seine Knechte, schlugen den einen,** (wie den Jeremias) **den andern ermordeten sie** (wie den Jesaias), **den dritten steinigten sie** (wie den Zacha-

rias). 36. **Abermal schickte er andere Knechte, und zwar mehrere als zuvor**, Kap. 22, 4. (jemehr die Bosheit überhand nimmt, desto mehr Rettungsmittel wendet Gott an, desto mehr fordert Er zur Buße auf. Da die babylonische Gefangenschaft nahe war, kamen die meisten Propheten. Die Juden aber dachten: Wir sind das auserwählte Volk, zu wem sollten sie kommen, als zu uns?) **und sie machtens ihnen eben so** (denn welche Propheten haben eure Väter nicht getödtet? wirft ihnen auch Stephanus vor. Apstg. 8, 52.)

37. **Zuletzt sandte er seinen Sohn zu ihnen und sprach: Sie werden sich doch vor meinem Sohne scheuen.** Was hätte Gott mehr thun können, das Er nicht gethan, der seines Eingebornen nicht verschonte, sondern Ihn für uns alle dahingab?

38. **Als aber die Bauleute den Sohn sahen, dachten sie:** (Dieses Licht leuchtet uns gar zu stark in die Augen; wir müssen sehen, wie wir des Glanzes los werden,) **und sprachen unter einander: Das ist der Erbe; kommt, lasset uns ihn umbringen, und sein Erbe in Besitz nehmen.** Die Christen sagen: Lasset uns Ihn durch unsere Sünden tödten, Ihn noch einmal kreuzigen, und glauben, daß Er für unsere Sünden gestorben sey, so wird das Erbe unser seyn. (Kap. 26, 3, 4.) 39. **Und sie ergriffen ihn** (dort im Oelgarten,) **und warfen ihn zum Weingarten hinaus** (führten Ihn nach Golgatha) **und ermordeten ihn** (am Kreutze). So werfen auch wir Ihn hinaus, wenn wir Ihn nicht im Herzen dulden wollen, wo Er eigentlich wohnen will. Wie es nun mit Christo ging, so geht es auch mit seinen Gliedern. Wenn die Welt einen Christen bekommt, der besonders von Gott gesandt ist zu ihrem Heile, so kehrt sie es um, und sagt: Auf den müssen wir ein wachsames Auge haben.

40. **Wenn nun der Herr des Weinberges kommen wird, wie wird er wohl jenen Bauleuten thun?** Sie antworteten so gar ungeschickt nicht, und

weissagten von sich selbst, 41. **indem sie sprachen: Böse wird er mit den Bösen verfahren,** (welches durch die Römer an den Juden in Erfüllung ging, bei der schrecklichen Zerstörung Jerusalems und der Ausrottung des jüdischen Volkes,) **und seinen Weinberg an andere Leute verpachten.** („Weil ihr euch selbst nicht des ewigen Lebens werth achtet, so wenden wir uns zu den Heiden," sagt Paulus Apstg. 13, 46.) **die ihm zu ihrer Zeit Früchte abgeben.** Diese Antwort wird ihnen sauer geworden seyn; allein die Unverschämtheit ließ es sich nicht merken.

42. **Da sagte Jesus zu ihnen: Habt ihr nie in der Schrift gelesen: Der Stein, den die Bauleute verworfen haben, ist zum Eckstein geworden?** Ps. 118, 22. Jes. 28, 16. Mark. 12, 10. Luk. 10, 17. Apstg. 4, 11. Röm. 9, 33. Ist das nicht vom Messias geweissagt? Habt ihr das überlegt?

Als sich damals die Pharisäer und Schriftgelehrten, die die eigentlichen Bauleute am Hause Gottes waren, welches ihnen Jesus auch nicht abdisputirte, gegen Ihn erklärten, und Ihn wie einen unbrauchbaren Stein wegwarfen, da kamen die außerordentlichen Bauleute, die Evangelisten und Apostel, und baueten auf den verworfenen Stein die neue Kirche, die Gemeine Jesu, die die Pforten der Hölle nicht überwältigen können.

43. **Darum sage ich euch: Genommen wird das Reich Gottes von euch,** und euch gezeigt werden, daß Gott nicht an euch gebunden ist; **dagegen wird es einem Volke gegeben werden, das Früchte daraus schafft.** Kap. 8, 12. Das Volk sollen nun wir seyn; aber, wenn wir nun auch nicht Früchte des Glaubens und der Gerechtigkeit bringen, so kann und wird es uns nicht besser als den Juden gehen. Der Herr ist auch an uns nicht gebunden. Hörst du! Christen-Mensch, du zählst dich zu dem Volke von dem

der Herr Früchte erwartet. Wo sind sie? Wo findet Er sie?

So wird Glaube und Evangelium oft von ganzen Völkern weggenommen und von einem Königreiche in das andere versetzt, welches die härteste Strafe Gottes ist. Wo das Evangelium flieht, da ist das Volk verworfen von Gott.

44. **Und wer auf diesen Stein fällt,** (als auf den Fels des Aergernisses, wer sich an ihn stoßt oder ärgert, Matth. 11, 6.) **der wird zerschmettert werden,** wie ein Glas, **und auf wen er fällt,** mit seinen Gerichten, **den wird er zermalmen.** Alle Bemühungen der Feinde Christi dienen zu nichts, als seine Absichten zu befördern, und sich selbst zu Schanden zu machen. Wer sich an der Schmach seines Kreutzes ärgert, und deßwegen Ihn und sein Evangelium verwirft, fällt auf diesen Stein, und zerbricht wie ein irdener Topf *). Die aber bei allen Aufforderungen und Gnadenbezeugungen verstockt bleiben, auf die wird dieser zur Rechten Gottes erhöhte Eckstein einst fallen, bei seiner Ankunft zum Gericht, und sie zermalmen.

45. **Da nun die Hohenpriester und Pharisäer diese seine Gleichnisse hörten, merkten sie, daß Er von ihnen spräche,** sie auf sie gerichtet hätte.

---

*) „Es ist ein ungleicher Streit, wenn die alten Töpfe mit den Felsen streiten wollen. Denn es gehe, wie es wolle, so geht es über die Töpfe. Fallen sie an die Felsen, so stoßen sie sich und zerbrechen. Fallen aber die Felsen auf sie, so zerschmettern und zermalmen sie die Töpfe so, daß wahrlich den Töpfen zu rathen wäre, sie blieben Töpfe, wie sie sind, in der Küche und wagten es nicht gegen die Felsen zu Felde zu ziehen. Darum spricht Christus (zu den Ungläubigen, Spöttern und Feinden seines Wortes): lieber reibt euch nicht an mir, denn ich sage euch, ich bin ein Fels, und fürchte mich nicht davor, daß die Töpfe große Bäuche haben und aufgeblasen sind, als wollten sie mich schrecken mit ihrem Zorn und Drohen. Je größere Bäuche sie haben, je mehr sie aufgeblasen sind, desto leichter sind sie zu treffen, und desto eher zerbrechen sie. Ich achte es auch nicht, daß sie oben weite Mäuler und Löcher haben, viel wider mich schreien und lästern können, als könnte sie niemand stopfen. Denn eben dadurch sind sie am allerschlechtesten verwahrt und leicht zerschmettert, daß weder Bauch noch Maul da bleibt, sondern wie Jesaias sagt, kaum eine Scherbe, womit man eine Kohle tragen kann," Jes. 30, 12—14. und 45, 9.

Die Leute gehen in die Predigt, und wollen nicht getroffen werden, wollen nicht, daß man ihnen predige, sondern möchten nur gerne hören, wie der Prediger andern die Wahrheit sage.

Wenn das Licht und Wort der Wahrheit in die Herzen der Gottlosen und Scheinheiligen, der falschen Geister und Sophisten kommt, so werden sie blinder und verstockter. Die treffendste Wahrheit, der heilsamste Rath wird für Beleidigung aufgenommen von Menschen, die der Wahrheit ihr Herz verschlossen haben. Wenn aber das, was allein noch zur Buße und Besserung erwecken könnte, nur Rache und Erbitterung entflammt, so ist es um die Seligkeit geschehen.

46. **Und sie suchten Ihn zu ergreifen** — im Glauben? — ach nein, das hätte sie selig gemacht, sondern im Zorn, aus Neid, **aber sie hatten doch nicht so viel Muth als Wuth, sie fürchteten sich vor dem Volke, weil es Ihn für einen Propheten hielt.** Das arme Volk hatte noch nicht solche Fortschritte gemacht in der Heuchelei und Aufklärung, daß es in Jesu sein göttliches Wesen und seinen himmlischen Beruf verkennen konnte. Das Volk fürchten sie — Gott nicht. Ein wahrer Diener Christi fürchtet nichts als seinen Herrn. Ein Miethling und Heuchler fürchtet sich vor allen, nur vor dem nicht, den er allein fürchten soll. Luk. 7, 16. Joh. 7, 40.

Das XXII. Kapitel.

1. **Jesus fing abermal an in Gleichnissen mit ihnen zu reden und sprach** als Antwort auf ihre heimlichen bösen Anschläge, die Er in ihren Herzen las, so sehr sie vor Ihm heimlich gehalten wurden: 2. **Das Himmelreich gleicht einem Könige, der seinem Sohne**

eine Hochzeit machte. Gott der Vater im Himmel will nämlich durch Jesum seinen Sohn sich wieder mit dem menschlichen Geschlechte verbinden und vermählen, und die arme Braut aus ihrem Elende reißen, darum hat Er ihr seinen über alles reichen Sohn zum Bräutigam gesendet, der sollte um die arme Sünderin werben, und um sie zu gewinnen, für sie sterben.

Was hofft man nicht von einer königlichen Heirath? Aber was dürfen wir erst von der Vereinigung mit Gott hoffen? —

Im Orient wird König und Volk nicht anders als wie Bräutigam und Braut betrachtet. So Christus und die Kirche oder die Menschheit.

3. **Er schickte seine Knechte aus, die Geladenen zum Mahle zu berufen, aber sie wollten nicht kommen.** Siehe Luk. 14, 16.

Diese Knechte sind wohl die Patriarchen, Propheten und Apostel, und die Geladenen, die Juden, die schon längst berufen und geladen, schon zu einer Kirche gesammelt waren und Kinder des Reichs genannt wurden, so wie wir Christen auch von Jugend auf, schon durch die Taufe, berufen und geladen sind. Wer sollte denn aber zu einer Hochzeit, die Gott seinem Sohne macht, nicht gehen? Man sollte denken, da würde alles scharenweise herbeieilen. Aber zu Gottes Reich eilen die Menschen nicht sehr, oder sie kommen gar nicht, denn man wollte damals, und man will jetzt noch nicht kommen. Wie sträubten sich die Juden, wie lachen die Christen darüber, und bleiben zu Hause!

4. **Er schickte noch einmal andere Knechte und sprach: Saget den Geladenen, sehet mein Mahl ist bereitet, meine Ochsen und mein Mastvieh ist geschlachtet,** nur das allerbeste, fetteste und theuerste, **und alles ist bereitet, kommet zur Hochzeit.** Was läßt sich zu diesen Worten hinzusetzen? könnten sie freundlicher, einladender seyn, besonders da wir wissen, daß Gott seinen eigenen Sohn zum Schlacht-

opfer machte, und wir sein Fleisch zur Speise und sein Blut zum Tranke haben? Was könnte Er mehr thun? Kann es da an irgend einem Guten fehlen, wo von Gott alles bereitet ist? Wenn wir es erst bewirken müßten, könnten wir Anstand nehmen. Was thun aber die Menschen? Kap. 21, 36. Luk. 14, 17.

5. **Sie aber achteten es nicht, sondern gingen ihre Wege, einer auf seinen Acker, der andere zu seinem Gewerbe.** Ach! die Liebe zur Welt hat die Herzen ganz eingenommen, daß Gottes Liebe keinen Platz mehr findet. Gott will sich selbst mittheilen, will den Himmel herschenken, da hängen sie sich an die Erde. Hebr. 2, 2. 3.

Dreierlei Stände giebt es, in denen man gewöhnlich hängen bleibt, 1) ein weichliches, müssiges Leben, da man sich nur gute Tage zu schaffen und zu genießen sucht; das ist das ehrbare Weltleben. 2) Das Handwerks-, Kaufmanns-Geschäftsleben, dabei man nur Geld, Gewinn, Ehre und Ansehn zu erhaschen sucht, welches alle Gedanken an die Seligkeit erstickt, und alle Zeit, die man dazu verwenden soll, wegstiehlt. 3) Offenbare Ungerechtigkeiten, gewaltsame Uebelthaten derer, die ein Handwerk aus der Sünde machen, die nicht nur nicht selig werden wollen, sondern sich sogar erbittern über die, welche sie dazu auffordern und ermahnen. Diese sind im nächsten Verse genannt.

6. **Die übrigen aber 'ergriffen sogar seine Knechte, mißhandelten und ermordeten sie.** Man hat keine Vorstellung davon, wie grob man in der Welt mit Gottesboten verfährt, auch Leute die die reinste Lehre haben wollen. Man sollte denken, es wäre nicht möglich, daß die Leute über eine so freundliche Einladung auch nur zürnen, geschweige sich so weit vergehen können. Aber sie können leider noch mehr. Die Welt ist gegen nichts so aufgebracht, so wüthend, so toll, als gegen die Zeugen der Wahrheit.

7. Als dieß der König hörte, ward er zornig, schickte seine Kriegsvölker aus, und ließ jene Mörder umbringen und ihre Stadt in Brand stecken. Ueber die Juden hat er die Römer gesandt, über die Griechen schickt er wirklich die Türken. Eine benachbarte Nation hatte vor kurzem das Henkersgeschäfte über ganz Europa. Mit dieser Geißel züchtigte Gott viele Große und Kleine, bis Er die Geißel selbst zerbrach und nun zusieht, ob man sich nicht bessere.

Gott rächet allemal früh oder spät die Verachtung seines Wortes und seiner Boten. Die Strafe der Juden und Jerusalems ist ein Schattenbild der Strafe, die den Christen gedroht ist.

Das Bedeutendste in der ganzen Parabel ist der Zorn des Königs, der größte Beweis der Liebe Gottes zu den Menschen und der höchsten Bereitwilligkeit alle selig zu machen. Er zürnt, wenn wir nicht kommen, nicht Gnade und Vergebung, ewiges Heil und Leben geschenkt von Ihm annehmen. Bedenke doch das: Er zürnt, wenn du dir deine Schuld nicht schenken, dich nicht von Ihm selig machen lässest. O! heiliger Zorn, o Zorn der lautersten Liebe. Er zürnt nicht über deine Sünden und Vergehungen, sondern darüber, daß du dir die Sünde und Sündenschuld nicht abnehmen, dich von der auf die Sünde folgenden Strafe nicht befreien lässest. Er zürnt nicht, daß du ein Sünder bist, sondern daß du unselig bleiben willst, seine Gnade verschmähest. Wer kann also sagen, daß er wegen seiner Sünden verloren gehe, daß Gott zu hart oder allzu gerecht sey? Ist es nicht umgekehrt? Die Menschen sind hart, grausam gegen sich selbst. Nicht ihre Sünden und Schwachheiten verdammen sie, sondern ihr Starrsinn, ihr böser Wille, der sich nicht helfen lassen will, der zur allgenugsamen Seligkeit eingeladen und oft berufen ist und nicht kommen, sondern der elend, verdammt seyn will.

Ach, wer kann die Liebe unseres Gottes ergründen! Dieser Zorn Gottes läßt uns am tiefsten in den Abgrund seiner Liebe blicken. Denn sieh nur, was thut er ferner?

8. **Da sprach er zu seinen Knechten: Das Hochzeitmahl ist bereitet; aber die Geladenen waren dessen nicht werth;** 9. **gehet nun auf die Scheidewege hinaus,** unter die Heiden, in alle Welt, und ohne einen Unterschied zu machen, bietet meine Gnade jedermann an, **und ladet zur Hochzeit, wen ihr immer antreffet.** (Kap. 13, 47. 21, 43.)

Die ganze Bibel und besonders das neue Testament ist voll vom Ruf der Gäste. Es ist alles bereit; kommet zur Hochzeit! Das ist die Sache, die man **Evangelium predigen** heißt. Das ist der allgemeine Ruf an alle Kreaturen, der rechter Ernst ist. Denn sonst hätte der Heiland von den Leuten, die nicht zur Seligkeit gelangen, nicht sagen können, sie **wollten nicht kommen,** wenn sie nur für die lange Weile geladen wären, oder wenn sie mit dem Rufe nicht gemeint wären, oder wenn sie nicht kommen könnten. Es muß Ernst seyn mit der Einladung, wenn der Einladende bitterlich klagt: Sie wollten nicht kommen! — — Jerusalem! Jerusalem! wie oft wollte ich . . . und du hast nicht gewollt.

10. **Und die Knechte gingen auf die Straßen, und brachten alle zusammen, die sie fanden, Gute und Böse, und die Hochzeit** (Tische) **wurden alle voll** (der **niederliegenden** Gäste).

Es fehlt bisweilen auch bei den Boten, wenn sie sich nicht in Acht nehmen bei dem Rufen der Leute. Sie kommen bisweilen zu Leuten, die ihnen scheinen, es werth zu seyn, zur Hochzeit zu kommen, oder sie suchen sich die Angesehensten, Geschicktesten, Gelehrtesten aus und denken: Das sind die Geeigneten; die müssen wir vor allen andern rufen.

So wie es mit den natürlich angesehenen Leuten ist, gerade so ist es auch mit den geistlich angesehenen, mit den frommen und religiösen Menschen. Wenn man denken will: Das ist auch ein frommer, gottesfürchtiger Mann, so kann das einen großen Zeitverlust geben. Der Heiland hat deutlich gezeigt durch ein besonderes Gleichniß, Luk. 14, 23. wie es mit dem Berufen seyn soll: **Gehet auf die Straßen, an die Zäune und nöthiget sie hereinzukommen, daß mein Haus voll werde**; bringet zusammen, wen ihr findet, die Elenden, die geringen Menschen, die nicht das Geringste aus sich selbst zu machen haben, denen es nicht einfallen kann, daß man viele Mühe an sie wenden werde, die ruft, die werden kommen, und denen werdet ihr willkommen seyn. Da das geschah, brachten sie eine große Menge Leute zusammen, und die Tische wurden alle voll.

Bei der Predigt des Evangeliums oder der Einladung, ist es uns überall deutlich genug vorgeschrieben, daß sie von keinem andern handle, als von Jesus und darin bestehe, daß man den Leuten den Bräutigam deutlich beschreibe, und Ihn so kenntlich mache, daß sie sogleich, wenn sie kommen, sehen, das ist der Bräutigam. Dieses Bräutigams Schönheit und vornehmste Eigenschaft, die die Augen und Herzen der Leute am meisten reitzt und herbeizieht, ist, — nicht zunächst seine Herrlichkeit, Macht und Majestät; die hören sie schon daraus, daß Er des Königs Sohn ist, — sondern seine Wunden, die Ihm die Sünden der Braut geschlagen haben, sein Kreuz, an dem Er für uns starb, sein Tod, den Er für uns litt. In dieser Schönheit und Gestalt muß man Ihn den Leuten vormahlen, als wäre Er vor ihren Augen gekreuziget, als stände Er vor ihnen, und zeigte ihnen seine Hände und Füße und Seite, und in denselben ihre Gnadenwahl, die Vergebung ihrer Sünden, ihre Erlösung und ewige Gerechtigkeit und Seligkeit. Sobald dieser Blick das Herz trifft, so laufen die Leute zur Hochzeit des Lammes, da kann sie weder

Haus, noch Vermögen, weder Mann noch Weib, noch Kind, noch irgend etwas zurückhalten, sie ruhen nicht, bis sie den Bräutigam zu sehen bekommen. Ein solcher, sagt ihr zu allen euren Nachbarn, zu allen, die euch begegnen, ein solcher ist mein Freund.

11. Als nun der König hereintrat, die Gäste zu beschauen, sah er daselbst einen Menschen, der kein Hochzeitkleid anhatte. 12. Und er sprach zu ihm: Freund! wie bist du hereingekommen, da du kein Hochzeitkleid anhast? Er aber verstummte.

Der war ohne Zweifel der Ansehnlichste unter ihnen; denn daß er kein Hochzeitkleid annehmen wollte, beweiset deutlich, daß er keiner von den zerrissenen Bettlern, sondern wohl bekleidet, nicht von den Leuten gewesen sey, die gottlos leben in der Welt, und bis an ihr Ende nichts von Bekehrung wissen wollen, sondern in ihren Sünden sterben, von denen es offenbar ist, daß sie verloren gehen; sondern von denen, die einen Schein haben, der nicht nur sie, sondern auch andere betrügt. Aus seinem Verstummen kann man deutlich sehen, daß er verstanden habe, was der König meine mit seiner Frage. Er hatte nichts zu antworten. Wenn von schönen Kleidern überhaupt die Rede, und er ein armer Bettler gewesen wäre, so hätte er antworten können: Für's erste bin ich gerufen worden; für's zweite, wo wollen die Leute ein schönes Kleid hernehmen, die man von den Zäunen und Straßen holt? Man hat uns eben geholt, wie wir waren, Bettelleute, Blinde, Lahme; wo wollten wir es hernehmen? Wie sie alle in ihren Lumpen gekommen, so bin ich auch gekommen. Darum muß das Hochzeitkleid etwas anderes seyn, als bloß ein schönes Kleid. Es kann nicht bloß heißen: Wie bist du da hereingekommen, und hast kein schönes Kleid an? sondern es will sagen, du hast das Kleid nicht an, das die andern tragen. Denn die Bettelleute hatten geschenkte Hochzeitkleider an, und der hatte das nicht; darum zeichnete er sich vor allen andern aus.

Es ist nämlich in dem Lande, in dem der Heiland lebte und lehrte, der Brauch gewesen, daß alle, die zur Hochzeit oder bei einem vornehmen Manne zu Gast gekommen, wenn sie in's Haus traten, ein Feierkleid empfingen, das war so gemacht, daß es über die andern Kleider angezogen wurde; man nennt es in der Türkei einen Kafftan, und der ganze Orient hat diese Gewohnheit bis jetzt noch. Wenn ein europäischer Gesandter eines Kaisers ꝛc. Audienz haben will, so muß er einen solchen Ehrenrock anziehen, sein Kleid mag von Gold oder Silber starren und mit Edelsteinen besetzt seyn, wie es will.

Nun kann man das Gleichniß verstehen. Dieser hatte das Hochzeitkleid nicht angenommen, weil er ohne Zweifel selbst ein schönes Kleid gehabt, und also gedacht hat: Ich brauch keins, mein Kleid sieht besser aus. Es ist auch wohl wahr, dachten die Diener, und ließen ihn ein.

Es ist nicht leicht möglich, daß einer von den Betteleuten das Kleid verworfen, und sich nicht vielmehr dessen gefreut haben sollte, wenn er selbst halb nackt gekommen wäre, und man hätte ihm ein Kleid gegeben; er würde Gott gedankt haben. Aber ein natürlich angesehener oder tugendhafter Mann, voller geistlicher Gaben und Meriten, fand nicht nöthig, ein Kleid anzunehmen, weil er das seine für besser hielt.

Die Betteleute, die Blinden, die Lahmen (große Sünder) waren leicht zu überreden, daß sie ein anderes Hochzeitkleid nöthig hätten, und dankten Gott, daß man ihnen beim Eintritt in den Saal ein Ehrenkleid anzog, das sie nicht bezahlen durften. Aber der stolze, wohlgekleidete Mann nahm das geschenkte Kleid nicht an, weil er vielleicht dachte, daß sein eigenes besser wäre, oder weil er nicht aussehen wollte, wie die andern. Und darum konnte er auf die Frage des Königs nichts antworten.

Was ist aber denn dieses von Gott geschenkte Hochzeitkleid? gewiß kein anderes, als Christus selbst, der uns von Gott gemacht ist zur Weisheit, Gerechtigkeit, Heiligung und Erlösung, 1 Kor. 1, 30. der wie das Kleid angezogen werden muß, Gal. 3, 27. oder es ist die von Gott durch den heil. Geist in den Herzen der Gläubigen ausgegossene Liebe Gottes, Röm. 5, 5. oder, wenn du willst, es ist der Glaube durch Liebe thätig, oder die neue Natur, die Neuschaffung, Gal. 5, 6. und 6, 15. der neue Mensch, Ephes. 4, 24. Dieser allein kann vor Gottes Flammenauge bestehen. Der alte Mensch, mit allen Feigenblättern Adams wird hinausgeworfen werden.

13. **Da befahl der König: Bindet ihm Hände und Füße, und werfet ihn in die äußerste Finsterniß hinaus.** Kap. 8, 12. 25, 30.

Er stößt die Gewaltigen vom Stuhl, und erhebt die Elenden. Alle hohe Geister, alle eingebildete, selbstgerechte, werkheilige Menschen: alle, die eine andere Gerechtigkeit haben, als die in dem Blute Jesu und in seinem Verdienste liegt, die sich Heiligkeiten zusammensuchen aus Büchern, Erfahrungen und Uebungen, die von der halben Welt angebetet werden, das sind solche Leute, die kein Hochzeitkleid brauchen, die, so lang sie in der Welt sind, wenn ihnen das Hochzeitkleid angeboten wird, wenn man ihnen von Christi Blut und Gerechtigkeit sagt, daß das der Schmuck und das Ehrenkleid ist, damit man vor Gott bestehen kann, denken: Das sind Kleinigkeiten, Kindersachen, das wissen wir besser. Und mit solchem stolzen verblendeten Sinn gehen sie aus der Welt, ohne nüchtern zu werden. Wenn sie dann gefragt werden, warum sie das Hochzeitkleid nicht anhaben, so wissen sie nichts zu antworten.

14. **Denn viele sind berufen, wenige aber auserwählt.** Der eine ist gerufen und kommt nicht, sondern er entschuldigt sich; der andere kommt, aber nicht recht, sondern mit einem stolzen Geist, mit einer Ein-

bildung von sich selbst, will lieber mitbringen, als sich geben lassen.

15. **Darauf gingen die Pharisäer hin und hielten Rath, wie sie ihn in seiner Rede fangen könnten,** weil sie wohl merkten, daß alles, was Er redete, auf sie ging. (Mark. 12, 13. Luk. 20, 20.)
16. **Und sie schickten ihre Schüler mit den Herodianern zu Ihm.** Pharisäer und Herodianer waren sonst keine Freunde, aber wenn es gegen Christum geht, so ergreift man alles. Gegen Christus und lebendiges Christenthum vereinigt sich alles, was nicht in Christo lebt. — Wer nicht mit Ihm ist, der ist wider Ihn. Partheigänger, Scheinfromme und Weltlichgesinnte, so sehr sie sonst einander hassen, sind bald eins, wenn sich das ächte Christenthum spüren läßt. **Sie sprachen: Wir wissen, daß du wahrhaftig bist und den Weg Gottes nach der Wahrheit lehrst.** (Das ist freilich ein Kompliment und in ihrem Munde ein Fuchsbalg, mit dem sie sich deckten. Indeß das Wort wird sie richten.) **Du kümmerst dich um niemand; denn du achtest kein Ansehen der Person.** Das wußten sie wohl, daß es wahr sey; aber jetzt wollten sie Ihn dadurch herauslocken, und verstricken. Wer sich vor verstellten Schmeicheleien des Feindes nicht hütet, kommt nicht fort im Dienste Christi. 17. **Sag uns nun, was meinst du? Ist es erlaubt, dem Kaiser** (einer angemaßten heidnischen Obrigkeit) **Steuer zu geben oder nicht?** Darf man es mit gutem Gewissen thun? So, dachten sie, müssen wir Ihn fangen, Er mag sagen, was Er will.

18. **Jesus aber erkannte ihre Schalkheit, und sprach: Was versuchet ihr mich, ihr Heuchler?** Da hatten sie es; Er sah die Person nicht an, und nannte sie bei ihrem rechten Namen, und zeigte ihnen, daß Er wohl sehe, was sie im Schilde führten.

19. **Zeiget mir die Steuermünze, die ihr dem Kaiser geben müßt. Und sie reichten ihm einen Denar**

nar (Zehner) hin. 20. **Dann fragte sie Jesus: Wessen ist dieses Bild und die Ueberschrift?** das darauf geprägt ist. 21. **Sie sprachen: Des Kaisers;** und gestanden also damit, daß sie des Kaisers Unterthanen wären, weil sie seine Münze führten. **Da sprach Er: Gebet also dem Kaiser, was des Kaisers ist, und Gott, was Gottes ist.** Unterwerfet euch dem, der Gewalt über euch hat; denn nicht ohne Ursache seyd ihr in seine Gewalt gekommen. Gott hat euch den Römern in die Hände gegeben, und den Kaiser über euch gesetzt, wie Er euch ehemals dem Nebucadnezar in die Hände geführt hat.

Wenn Christen, statt des freigeisterischen Sinnes, unterthänig, demüthig und kindlich gegen die Obrigkeit sind, und ihnen die Obrigkeit ein zweiter leiblicher Vater ist, daß, wenn die Obrigkeit auch ungütig ist, es ihnen doch nicht anders ist, als hätten sie einen verdrießlichen Vater, da sie alles in der Welt anwenden müßten, den Vater zu besänftigen, um durchzukommen; so wirds gewiß schön und selig gehen, und ihre innere Sache, ihre innere Freiheit in Christo wird ihnen gern gegönnt werden; es wird dahin kommen, daß sie ein stilles ruhiges Leben führen können, in aller Gottseligkeit und Ehrbarkeit. Und dazu sind sie berufen.

Unterdessen wissen wir, von woher unsere Obrigkeit geleitet wird, und ihre Ordre bekommt, wie sie uns behandeln soll. Wir wissen auch, daß wir ihr nicht unnütz sind, und ihr allerlei Dienste thun, die Gott am besten zu schätzen weiß.

22. **Da sie dies hörten, verwunderten sie sich, verließen Ihn und gingen davon.** Sie waren geschlagen, aber nicht gerührt, überzeugt, aber nicht gebessert. Sie dachten etwa, ein andermal wollen wir es klüger anlegen, wir wollen Ihn doch noch fangen. Anstatt Ihm anzuhangen, verließen sie Ihn. Anstatt nun mit Ihm zu gehen, gehen sie von Ihm weg.

23. **An demselben Tage kamen die Sadducäer**, die den Namen von Saddok, ihrem Meister, hatten, und eine der vornehmsten Sekten unter den Juden waren, **welche behaupteten, es gebe keine Auferstehung.** (Mark. 12, 18. Luk. 20, 27.) 24. **Diese sprachen zu Ihm: Meister! Moses hat gesagt: wenn einer stirbt ohne Kinder, so soll sein Bruder die Wittwe heirathen, und seinem Bruder Nachkommen erwecken**, damit sein Name und Geschlecht erhalten und fortgepflanzt werde. (5 Mos. 25, 5.) 25. **Nun waren sieben Brüder; der erste nahm ein Weib und starb, und weil er keine Kinder hatte, hinterließ er das Weib seinem Bruder.** 26. **Eben so starb auch der zweite und der dritte bis auf den siebenten.** 27. **Zuletzt von allen starb auch das Weib.** 28. **Nun, wem aus diesen sieben wird bei der Auferstehung das Weib angehören? Denn alle haben sie gehabt**, und haben gleiche Rechte an sie. Das sollte nun monströs herauskommen, und die Lehre von der Auferstehung und einem künftigen Leben als eine Absurdität darstellen, und lächerlich machen. So machen es noch heutzutage die ungläubigen Sophisten; sie werfen solche ungereimte Dinge auf, um das Christenthum als etwas Abgeschmacktes darzustellen; sie sind aber allemal so unwissend wie die Sadducäer. 29. **Jesus** ward dadurch gar nicht in Verlegenheit gesetzt, sondern **Er antwortete und sprach: Ihr irret, und verstehet die Schrift nicht, noch die Kraft Gottes.** Joh. 20, 9. Aus den Umständen dieses Lebens könnt ihr nicht auf die Umstände des andern Lebens schließen. 30. **Denn in der Auferstehung**, und im darauf folgenden ewigen Leben, **nimmt und giebt man nicht zur Ehe.** Da ist weder Männliches noch Weibliches, wie schon hier in Christo, Gal. 3, 28.; **sondern da werden sie alle seyn, wie die Engel Gottes im Himmel**; werden lauter Jungfrauen seyn, die dem Lamme nachfolgen, und des Heirathens nicht

bedürfen. Da werden sie alle Einen Mann haben; Christus, der Bräutigam wird ihr Mann seyn, mit dem sie alle eins sind im Geiste, in einem verklärten Leibe, nachdem sie den sinnlichen, heirathslustigen Leib werden abgestreift haben im Tode, (wie es Luk. 20, 36. heißt,) weil sie erlöst sind von dem Leibe dieses Todes, in dessen Gliedern das Gesetz der Sünde herrscht, weil dieser sinnliche, nichtige Leib verklärt werden, und dem verklärten Leibe Christi ähnlich seyn wird. Phil. 3, 21. Luk. 20, 35.

31. **Was aber die Auferstehung der Todten betrifft, habt ihr darüber nicht gelesen, was euch von Gott gesagt worden? da Er spricht: 32. Ich bin der Gott Abrahams, der Gott Isaaks und der Gott Jakobs! Gott ist aber nicht ein Gott der Todten, sondern der Lebendigen.** 2 Mos. 3, 6.

Da sich Gott einen Gott Abrahams, Isaaks und Jakobs nennt, so beweiset dieß, daß sie noch leben müssen; sonst würde Er sich nicht ihren Gott nennen, wenn sie todt und nicht mehr wären.

Christus zeigte ihnen, daß Er bessere Schlüsse machen könne als sie, und daß Er den Moses, den sie anführten, besser verstehe.

Gott kann nicht ein Gott deren seyn, die nicht mehr sind. Hört aber Gott nicht auf durch den Tod ihr Gott zu seyn, so können sie auch nicht aufgehört haben zu leben, und müssen wieder auferstehen an Leib und Seele, lebendig und verherrlicht werden, damit die Verheißung Gottes ganz an ihnen erfüllt werde und man sehe, daß Gott ihr Gott und ihr Lohn auf eine ganz besondere Weise sey.

Auf den ersten Anschein scheint das nicht darin zu liegen und daraus zu folgen, aber es folgt. — Jesus hat tiefer in die Schrift geblickt, und wer seine Augen hat, sieht mehr als die blinden Schriftgelehrten und Sadducäer.

33. **Da dieß das Volk hörte, verwunderte es sich über seine Lehre.** Kap. 7, 28. — Der Un-

glaube einiger Selbstklugen muß den andern zum Unterricht und zur Belehrung dienen. Was die Gelehrten verachten, darüber erstaunt das Volk. Sie wollten die Wahrheit der Auferstehung lächerlich machen, und sich das Ende war, daß das Volk darüber erstaunte. Sie wollten Jesum beschämen, und Er wird verherrlicht und gepriesen.

34. **Als nun die Pharisäer hörten, daß Er die Sadducäer zum Schweigen gebracht,** welches sie dießmal nicht gern gesehen, obwohl sie es ihnen in andern Umständen gern gegönnt hätten, daß sie zu Schande worden wären, **so traten sie zusammen,** um der Sache zu steuern, daß das Ansehen Jesu bei dem Volke nicht immer größer werden möchte zu ihrem Nachtheil.

Das Christenthum steht in der Mitte, zwischen allen Partheien. Darauf gehen sie alle einträchtig los, so verschieden sie sonst denken und handeln. So disputirten alle Fakultäten oder Schulsekten wider den Stephanus, Apstg. 6, 9. Das muß man sich merken. Wer es bei keiner Parthei verderben will, ist gewiß kein Christ und wahrer Gläubiger; denn gegen einen solchen erheben sich Pharisäer und Sadducäer, Aber- und Ungläubige.

35. **Und einer aus ihnen, ein Lehrer des Gesetzes,** der Theolog und Jurist zugleich war, weil sich Religion und Staatslehre bei den Juden auf das Gesetz gründeten; ein Mensch, der keines Messias, oder Erlösers nöthig, sondern noch Gerechtigkeit genug übrig hatte, kam in seiner Hoffarth zu Christus, nicht um von Ihm zu lernen, sondern **Ihn zu versuchen, und sprach:** 36. **Meister, welches ist das größte Gebot im Gesetze?** Anstatt die Gebote zu halten, hatten sie damals, wie immer, einen großen Disput, welches Gebot größer oder kleiner rc. rc. sey. So sucht man noch die Christen in Millionen Fragen zu verwik-

keln, und dadurch zu Ketzern zu machen. Sie sollen auf alles antworten.

37. **Jesus sprach zu ihm: Du sollst den Herrn deinen Gott lieben aus deinem ganzen Herzen, aus deinem ganzen Gemüthe** (und aus allen deinen Kräften. Mark. 12, 30.) 38. **Dieß ist das größte und wichtigste Gebot.**

Das Kennzeichen eines gottseligen Menschen ist, wenn sein ganzes Herz voll Liebe zu Gott und zu Jesus ist, wenn er es ohne seinen Schöpfer und Erlöser nicht ausstehen kann, wenn er Ihn für seine Freude und sein Wohlleben hält. Das ist das Gebot aller Gebote.

Die Leute, denen der Heiland ihr Elend und Verderben, das ihnen über den Kopf zusammengeschlagen ist, weggenommen, sie selig gemacht, und ihnen Frieden geschenkt hat, die haben Ihn recht lieb. (Luk. 7.) Und es kann ihn kein Mensch recht lieb haben, dem nicht erst sein Elend recht klar und unerträglich geworden ist. Wird er aber gewahr, was sein Elend, seine Sünden, sein Verderben, den Heiland gekostet haben, und daß Er ihn davon erlöset hat; dann kommts ihm ewig nicht aus dem Sinn. Dieß Verdienst, daß Er für uns gestorben ist, überwiegt weit die Schöpfung und Erhaltung und alle seine Wohlthaten. Wer das nicht glaubt, dem bleibt Gott fremd; wer aber davon einmal ein lebendiges Gefühl im Herzen hat, der hängt und bleibt auch hängen am Heiland, und kann nicht mehr los. Er läßt Jesum nicht mehr, weil Er sich für ihn gegeben; er klebt klettenweise an Ihm, lebt und schwebt und ist in Ihm.

Ihn von ganzem Herzen lieben, heißt mit andern Worten, auf das, wovon man denkt, daß es seinem Sinne gemäß ist, sein ganzes Herz, Gemüth und alle Kräfte legen; lieben, was Er liebt; hassen, was Er haßt. Man wendet sich gern zu Ihm, um zu hören, was man zu beobachten und zu lernen hat, um von ganzem Herzen, von ganzer Seele, mit ganzem Gemüthe Ihn zu erfreuen. Darauf wendet man sein ganzes Herz, Gemüth und alle Kräfte.

39. **Das andere aber ist diesem gleich: Du sollst deinen Nächsten lieben, wie dich selbst.**

Die Liebe muß gegen alle Menschen allgemein seyn; aber zu den Beweisen der Liebe, zu dem: den Leuten die Liebe fühlen und merken lassen, gehört Ueberlegung, Beruf und göttliche Ordnung. Dazu gehört, daß man ein Bruder, Schwester, Kind, Vater oder Mutter, Verwandter, Aufseher, Vorgesetzter, Untergebener, Mann oder Frau &c. &c. seyn muß. Denn da hat ein jedes in dem Beruf und Stand, in dem es steht, in der Anwendung seine besondern Rechte.

Aber die Liebe, die im Herzen entsteht, und sich beim ersten Blick und bei allen Gelegenheiten, die im täglichen Umgang vorkommen, gleich äußert, muß allgemein seyn, so, daß das Herz gegen jeden, der einem vorkommt, so kindlich, einfältig und liebreich gestellt ist, als hätte man es mit Ihm selbst zu thun.

Das war in den alten Zeiten schwerer zu begreifen, aber heut zu Tage, da wir wissen, daß der Heiland für eine jede menschliche Kreatur gestorben ist, und für die allermiserabelste, an Leib und Seel' so gut als für die allervollkommenste, so ist es gar keine Frage mehr, denn da ist die Ursache der allgemeinen Liebe ganz unaussprechlich gegründet.

40. **An diesen zwei Geboten hängt das ganze Gesetz und die Propheten.**

Wenn der Heiland auch kein neuer Gesetzgeber ist, sondern der alte, so muß man doch das Gesetz aus seinem Munde hören. Er nimmt aber die zwei Tafeln zusammen, und macht ein Enchiridion daraus. Die erste Tafel: „Du sollst Gott lieben von ganzer Seele; auf deutsch: Du sollst vollkommen verliebt seyn in den Herrn, deinen Gott.“ Die zweite Tafel: „Du sollst deinen Nächsten lieben wie dich selbst." Von diesen zwei Grundregeln hängt das ganze Gesetz ab, und wenn in den Propheten noch etwas von der Art steht, das ist auch darin commentirt, das ist das Gesetz und die Propheten.

41. **Da nun die Pharisäer versammelt waren, fragte sie Jesus,** nicht um sie zu versuchen, sondern die Unwissenden zu belehren. Da Er eben ein Examen ausgehalten hatte, nimmt Er nun ein Gegenexamen mit ihnen vor, und fragt die Pharisäer: 42. **Was haltet ihr von Christus, wessen Sohn ist Er?** Und diese Frage stellt Er noch an jeden von uns. Was hältst du von Christus? Was ist Er dir? Ein todter Götze oder ein lebendiger Heiland deiner armen Seele? Ein leerer Name und Buchstabe, oder ein belebender und seligmachender Geist? Schwebt Er bloß auf deinen Lippen, oder wohnt, wirkt und lebt Er in deinem Herzen und Wandel? Ist Er bloß dein Lehrer, Beispiel, oder dein Versöhner, Erlöser und Seligmacher? Ist Er dir ein bloßer Mensch, so kann Er dir nicht helfen; ist Er dir allein Gott, so darf kein Sünder zu Ihm nahen.

Die Pharisäer sagen: **Er ist Davids Sohn;** weil sie es von ihren Vorfahren so gelernt hatten. Es ist aber nicht genug, daß wir Ihn nur nach dem Fleische, sondern wir müssen Ihn auch nach dem Geiste kennen. Wenn Er nichts weiter als Davids Sohn und ein bloßer Mensch ist. 43. **Wie, sprach Er zu ihnen, nennt Ihn denn David im Geiste seinen Herrn?** Hier ist nicht zu übersehen, was Jesus behauptet: nämlich, daß David aus Eingebung des heil. Geistes seine Psalmen gesprochen hat, daß sie also Aussprüche und Worte Gottes sind, die da gelten, wie vom Himmel geredet. Indem er spricht: Ps. 110. 44. **Der Herr sprach zu meinem Herrn: setze dich zu meiner Rechten, bis ich deine Feinde zum Schemel deiner Füße lege.** 45. **Wenn Ihn nun David sei-**

nen **Herrn nennt, wie ist Er denn sein Sohn?** Ein Vater kann ja seinen leiblichen Sohn nicht seinen Herrn tituliren. Nach dem Fleische ist Er ja dort auch noch nicht gewesen, und David muß Ihn also auch schon für Gott gehalten haben. Dem Fleische nach, war David sein Vater, aber dem Geiste nach war Christus Davids Herr und Gott. Mark. 12, 35.

46. **Und niemand konnte Ihm darauf antworten; noch wagte es jemand, von diesem Tage an, Ihn noch etwas zu fragen**, weil sie alle zu Schanden wurden. Endlich triumphirt doch die Wahrheit, wenn gleich die Bekenner derselben vor den Augen der Welt unterdrückt werden. Je mehr sie siegt, desto mehr müssen ihre Bekenner leiden. Luk. 14, 6.

Das XXIII. Kapitel.

---

1. **Dann redete Jesus zum Volke und zu seinen Jüngern und sprach.** Man bedenke, vor allem Volke, sagte Er, was in diesem Kapitel steht, und entlarvte also die Heuchler vor dem Volke und seinen Jüngern, damit man sie kennen und sich vor ihnen hüten sollte. Er schonte sie nicht. 2. **Auf Mosis Stuhl sitzen die Schriftgelehrten und Pharisäer.** Sie haben sich darauf festgesetzt, und eine Stuhl-Succession für sich. Sie wollten für Moses Nachfolger angesehen seyn, um unter diesem Vorwande das Volk ihren Menschenlehren und Menschengeboten zu unterwerfen und darunter zu halten. Im neuen Bunde heißt es: Lasset sie fahren! Kap. 15, 14. denn sie können ja nichts, als doppelte Höllenkinder machen, und das Himmelreich zuschließen. Christus lobt die Schafe, die den Miethlingen, Dieben und Mördern nicht folgen.

Uebrigens muß man sie auch so lange auf ihrem Stuhle sitzen lassen, bis sie zum Gerichte reif sind.

3. **Darum haltet, und thut alles, was sie euch sagen,** (in so ferne es dem Worte Gottes nicht entgegen ist; denn was von Gott kommt, wenn es gleich durch ihren Mund geht, muß man ehren. Wenn sie aber Menschengebote und Menschenlehren vortragen, da sagt Jesus: Hütet euch vor dem Sauerteige der Pharisäer und Sadducäer, d. i. vor ihren Lehren,) **aber nach ihren Werken sollt ihr nicht thun; denn sie sagen es wohl, thun's aber nicht.** Was sie auch von Gottes Wort vorbringen, halten sie nicht, sondern lieber halten sie ihre Zusätze und Menschenlehren.

4. **Sie binden schwere und unerträgliche Lasten zusammen und legen sie auf die Schultern der Menschen; sie aber wollen sie mit ihrem Finger nicht regen,** nicht anrühren, vielweniger selbst auf ihre Schultern nehmen und tragen. Luk. 11, 46.

Das ist nun eine Erklärung des Vorigen, sie sagen's und thun's nicht. Es ist ja auch viel leichter, sagen, als thun; leichter einen andern gehen heißen, als selbst gehen — den schmalen Weg. Wer hier in seinen Busen greift, wird finden, daß man von andern immer gerne mehr fordert, als man selbst zu leisten Lust hat. Die Eigenliebe in uns macht es für andere immer gern schwer und sich selbst leicht; sich selbst dispensirt sie, und bindet sich nicht an das, was sie andern auf- und scharf ein-bindet.

5. **Alle ihre Werke thun sie, um von den Leuten gesehen zu werden;** es ist alles auf Parade abgesehen. Der Schein, der Glanz soll den Leuten in die Augen stechen und sie in ehrerbietige Verwunderung versetzen, die Pharisäer für heilig und hochwürdig zu halten. Daher **machen sie ihre Denkzettel breit und die Säume ihrer Kleider groß,** damit man sie ja nicht übersieht. Ihre Denkzettel, die sie an der Stirn und am Arme trugen, und früh Morgens, sobald man

vier Ellen vor sich sehen konnte, anlegten, wurden viel heiliger gehalten als das Stirnblatt des Hohenpriesters, weil dieses nur Einmal den Namen Gottes führte, ihre Zettel aber 23 Mahl. Kap. 6, 1. 4 Mos. 15, 38.

Die Demuth will alles verbergen, der eitle Hochmuth alles zur Schau tragen. Das Gesetz und die Liebe zum Gesetze muß ins Herz eingeschrieben seyn vom heil. Geiste, nicht auf Pergament, Papier oder was immer für Zettel. Durch Beobachtung des Gesetzes ohne Prahlerei müssen die Leute erbaut werden.

6. **Sie lieben auch den ersten Platz bei Mahlzeiten und den Vorsitz in den Synagogen.** Ueberall wollen sie andern den Rang streitig machen. Wen noch die kleine Ehre kitzelt, der Erste zu seyn und andern vorgesetzt zu werden, der hat sich in der Wahrheit noch nicht festgesetzt; Christus sitzt noch nicht auf dem Thron seines Herzens, sonst würde es ihm gleichgültig seyn, wo er säße. Denn wer Christum hat, wer sich in Christo festgesetzt hat, der sitzt am rechten Platz, wo er immer sitzt.

7. **Sie lassen sich gerne auf dem Markte grüßen, und von den Leuten Meister nennen und tituliren.** Freund, wenn dich Titel blähen, so kannst du zerplatzen; und wirst du zornig, wenn man sie dir nicht giebt, so solltest du doch erkennen, wer du bist in den Augen Jesu! Es ist die eitelste Eitelkeit, wenn man sich mit solchen Worten bläht und kitzelt, die der Komplimentenmacher, der sie giebt, doch nur auswendig gelernt, und nur aus Gewohnheit und Herkommen spricht, während dem er dich in seinem Herzen vielleicht verachtet. Ganz anders lehrt Christus: Mark. 12, 38.

8. **Ihr aber sollt euch nicht Meister nennen lassen; denn nur Einer ist euer Meister, Christus.**

Es wäre ein großer Verlust, wenn wir einen andern Meister suchen, oder ohne Meister bleiben müßten; aber wenn man von der fortwährenden Ausübung der Meisterschaft des Freundes in seinem Hause, und unter seinen Leuten überzeugt ist, so wird einem das Leben gar leicht, und man sieht wohl, es geht immer weiter.

Ja, es ist schön und lieblich Jesum zum Meister zu haben und mit ihm und vor ihm — unter seinen Augen und in seiner Nähe wie ein Schüler und Lehrjünger wandeln, ihm auf die Augen und Hände sehen, in seine Fußstapfen treten, die von lauter Gnade und Wahrheit triefen, alles von ihm lernen, alles ihm nach- nichts selbst — nach eigenem Kopfe machen, sondern bei kleinen und großen Dingen fragen und Acht haben, wie machts der Meister? Schau auf ihn!

Ihr aber seyd alle Brüder. Die Aemter in der Kirche Christi sind kein Rang, sondern eine Dienstbotenschaft; alle Aemter haben keinen Rang zwischen Gott und der Kirche. Der Heiland hat die hohepriesterliche Würde allein; dann kommt die Kirche, und dann erst alle Aemter. Was einer nach seinem großen Geburtsrecht ist, was ihm seine Kindschaft giebt, daran hindert ihn sein Amt nicht; es giebt ihm aber auch nichts. Wir sind versöhnte Sünder; die Versöhnung macht uns zu Kindern, die Sünderschaft aber untereinander gleich. Es ist einer so viel nütz als der andere, das ist, von Natur nichts werth, und aus Gnaden, was jeder ist.

Wer ist aber ein Bruder? Der ein versöhntes Kind Gottes ist, und im Hause Gottes aus- und eingeht. Der Umgang mit Christus ist das allergewisseste Kennzeichen wahrer Kindschaft und Brüderschaft.

9. **Auch niemand auf Erden sollt ihr euren Vater nennen.** Der Sinn des Heilands war gewiß nicht, die Vaterschaft unter den Christen aufzuheben, sondern Er hat hier nur mit dem Kollegio der Apostel zu thun gehabt. Diese sollten keinen Chef, keinen Gewaltigen, Gebieter und Herrn 2c. 2c. unter sich erkennen; denn sie haben einen gemeinschaftlichen Familienvater und sind bloß Kollegen und Mitknechte. Was des Heilandes Hausvaterschaft in seiner Kirche betrifft,

so sollen nicht nur die Zeugen keinen andern Vater erkennen, als Ihn, sondern alle Brüder und Schwestern durch die Bank sich so an seine Hausvaterschaft anhängen, daß sie alles um und neben sich nur für Brüder und Schwestern halten. Daher kann man nicht genug eifern, daß in einer Gemeine sowohl unter den Arbeitern, als unter allen Arten von Geschwistern niemand, wer es immer sey, mit der Affektion, Familiarität, Vertrauen und Zuversicht angesehen werde, womit man alle Stunden seinen Heiland anzusehen hat. Dem Heilande gehört der erste Platz, das Herz ganz. So war Paulus gesinnt. 2 Kor. 4, 5. so Petrus 1 Petr. 5, 3. Sie maßten sich keine Meisterschaft, keine Gewalt oder Herrschaft über ihre Geschwister an, sondern sahen sich als Diener, Vorbilder, Unterhirten an. Als sie darüber zankten, hat Er sie bestraft. Luk. 22, 24. 2c.

Denn einer ist euer Vater, der im Himmel ist. Weil Christus unser Bruder ist, so ist sein Vater auch unser Vater. Wir sind Kinder, weil wir durch den Sohn in die Familie aufgenommen sind. Da aber Paulus den Timotheus seinen Sohn nennt, und die Alten wie Väter zu ehren verordnet, so soll man daraus lernen, daß nicht das Wort im kindlichen Verstande an sich verboten ist, sondern nur die Anhänglichkeit an einen Menschen, das sektirische Wesen, die Anmaßung der Lehrenden soll das nicht suchen, nicht lieben, vielweniger fordern und erzwingen, und die Lernenden sollen es nicht affektiren, noch aus Schmeichelei und einem irdischen Zwecke beilegen.

10. **Ihr sollt euch auch nicht Lehrer** (Doctor) **nennen lassen, denn Einer ist euer Doctor, euer Lehrer, Christus,** ihr aber seyd alle nur Schüler, die zu seinen Füßen sitzen, und bei ihm holen und lernen müssen, was sie sagen sollen. Hieher, Herr Doctor! zu den Füßen Jesu, sonst bist und bleibst du ein Idiot, ein Ungelehrter; hieher! wenn du anders als ein Schüler Christi gehört und angesehen seyn willst. Du kannst

Niemand Licht geben, Christus ist es, der als das lebendige Wort und inwendige Licht den Geist erleuchtet, die Wahrheit offenbart, der durch seinen Geist zu den Herzen spricht, und in ihnen wirkt.

11. **Der Größte unter euch**, der Vater= und Meister=Stelle unter den übrigen vertritt, **soll euer Diener seyn**, der geringste Bruder und Jünger; so wie Christus der Größte unter allen, und unser aller wahrer Meister und Herr, und dennoch aller Diener war. Es ist unbegreiflich, wie gegen diese klare, unzweideutige Verordnung des Heilands dennoch bei so vielen, die sich nach Christi Namen nennen, eine solche Sucht, groß zu werden, einen Vorzug zu haben, über andere zu herrschen, zu gebieten, sie zu meistern, zu verfolgen, eingerissen ist. Jeder, der sich so etwas anmaßt und ausübt, ist ja ein Rebell gegen Christum und seine Befehle.

12. **Wer sich selbst erhöht**, und zum Vater, Haupt, Meister und Herrn der Gläubigen aufwirft, **der wird erniedrigt werden.** Gott wird ihn demüthigen. Christus hat alles wohl vorhergesehen, wie es in seiner Kirche gehen werde. Daher diese Vorsichtsmaßregeln. Aber wer achtet sie? Luk. 14, 11. 18, 14.

13. **Wehe aber euch, ihr Schriftgelehrten und Pharisäer!** Wie Christus sein Predigtamt Matth. 5. mit Seligpreisung der Armen, Leidtragenden ꝛc. ꝛc. angefangen hat, so beschließt Er es hier mit Weh=Ausrufen über die Heuchler, über die stolzen und anmaßenden Menschen. Wie Er dort acht Seligkeiten aussprach, so hier acht Wehe.

— **Ihr Heuchler! die ihr das Himmelreich den Leuten vor den Augen zuschließet! Ihr selbst gehet nicht hinein, und die hinein wollen, lasset ihr nicht hinein.** Luk. 11, 52. Ist es nicht traurig, daß es solche Menschen giebt; wäre es nicht unglaublich, wenn es der Herr nicht selbst rügte, daß es Lehrer giebt, die die Schlüssel zum Aufschließen erhalten haben, und deren Thun und Treiben doch nichts anderes ist, als den Leuten einen Riegel vorzuschieben, den Daumen aufs Auge zu legen, oder die Thüre vor der Nase zuzuschlagen. Sie sagen es zwar nicht: Wir wollen die Leute nicht in den Himmel lassen; aber sie wehren doch, wie die Juden, 1 Thess. 2, 16. den Leuten das reine, seligmachende Evangelium zu verkündigen, das Wort Gottes, die heilige Schrift, dem Volke in die Hand zu geben, damit sie ja nicht zur wahren Erkenntniß kommen können und selig werden. Sie halten die Leute immer beim Aeußern, bei Menschensatzungen gefangen, weisen nur darauf hin, und lassen sie nicht ins Heiligthum eindringen; sagen ihnen nicht, daß das Reich Gottes inwendig in ihnen zu suchen ist.

14. **Wehe euch, ihr Schriftgelehrten und Pharisäer, ihr Heuchler! Die ihr der Wittwen Häuser fresset** (verprasset), **unter dem Schein langer Gebete.** Wie groß ist der Magen (die Habsucht) der Pharisäer, da sie ganze Häuser fressen, ganze Familien ruiniren, indem sie viel beten, opfern, dafür Geschenke nehmen, sich reichlich bezahlen lassen, und sich dann unterschreiben: „**Dero andächtiger Fürbitter bei Gott.**"

Es ist nichts Schändlicheres, als das Gebet und Gebetsformeln zum Erwerbungsmittel in zeitlichen Dingen machen; sich für das Beten bezahlen lassen', sich selbst reich und andere arm beten. Mark. 12, 40.

15. **Wehe euch, ihr Schriftgelehrten und Pharisäer, ihr Heuchler! Die ihr zu Wasser und zu Lande umherziehet, um einen zu eurem Glaubensgenossen zu machen.** Hiemit wird nicht der wahre Eifer, die Leute zu bekehren, getadelt, sondern der pharisäische, sektirische, blinde Eifer, der die Leute nur zu seiner Parthei, zur äußeren Kirchengemeinschaft beredet, um seine Parthei zu vergrößern; und wenn man wieder einen gewonnen hat, da gilt es, was Jesus sagt: **So machet ihr ihn zum Kind der Hölle, das noch**

einmal so arg ist, als ihr. Wer sich ohne wahre Herzensänderung zu einer andern Kirchenparthei wendet, und bereden läßt, wird allemal schlechter und ärger, als er vorher war.

Der wahre Eifer sucht die Menschen von der Finsterniß zum Lichte zu bringen, von der Gewalt des Satans zu Gott. Der blinde pharisäische Eifer aber dringt nicht auf den lebendigen Glauben, auf innere Gnade und Erleuchtung, sondern bloß auf ein Maulbekenntniß und äußern Gottesdienst, und läßt das Herz in seiner Blindheit und dem Verderben begraben liegen, wodurch dann ein solcher bekehrter Glaubensgenosse nur verkehrter wird, indem er stolz ist auf seine geänderte Religion, und desto sicherer in seinem verkehrten Sinne verharret; weil er glaubt, das äußere Bekenntniß der Religion und Kirche, zu der er sich wandte, mache ihn schon selig, ohne wahre innere Bekehrung, von der er keinen Begriff hat. Eitelkeit und falscher Eifer werden oft mit dem Vorwand der Religion bemäntelt. Jede einzelne Seele, die Jesus mit seinem Blute erkauft hat, verdient, daß man sie mit aller möglichen Mühe und Arbeit zu gewinnen suche. Bisweilen ist dieses ein Werk der wahren Liebe, oft aber ein Geschäft der größten Heuchelei. — Hüte dich, dein Vertrauen einem heuchlerischen Verführer zu schenken, der mit seinem Geschwätz und mit seinem bösen Beispiele nur die Herzen verkehren will.

16. **Wehe euch, ihr blinden Wegweiser, die ihr saget, wenn jemand beim Tempel schwört, das ist nichts; wer aber beim Gold des Tempels schwört,** d. i. nicht sowohl beim Golde, das am Tempel hing, womit der Tempel verziert war, sondern vielmehr bei dem, was als Gabe und Opfer verheißen und gelobt wurde, z. B. wenn Jemand sagte: Mein Gold und Geld soll des Tempels seyn, **der,** sagten sie, **ist an seinen Schwur gebunden;** das war bei ihnen der höchste Schwur, größer als wenn man bei Gott selbst

geschworen hätte; die Seelen mag der Teufel hohlen, wenn sie nur das Gold bekommen. Gott und sein Tempel waren ihnen nicht so heilig als das Gold, das geopfert wurde, weil das in ihre Hände fiel oder doch durch ihre Hände ging, und immer an den Fingern hängen blieb, so viel die starke Attraktionskraft ihres großen Geizes an sich ziehen konnte.

17. **Ihr Thoren und Blinden! was ist mehr? das Gold oder der Tempel, der das Gold heiligt?**

Der Geitzige zieht immer das vor, woran sein Herz hängt, das Gold behält den ersten Platz in seinem Herzen. Der Eifer ist mehr als verdächtig, wenn man die Religionsgebräuche besonders empfiehlt, welche einträglich und golden, oder eine Goldgrube geworden sind.

Thoren und Blinde schilt Christus alle, die das Gold, die Accidenzien, die Opfer ꝛc. ꝛc. mehr lieben, als das Evangelium, als den lebendigen Tempel Gottes, die Seelen der Menschen; die nur Geld aus dem Beutel, nicht Seelen aus dem Verderben zu reißen und selig zu machen suchen.

18. **Und wenn jemand beim Altare schwört, saget ihr, das ist nichts,** hat gar nichts zu bedeuten, **wer aber bei der Gabe schwört, die darauf liegt,** oder gelobt etwas auf den Altar zu legen, ein Opfer zu machen, **der ist an seinen Schwur gebunden,** der muß das Opfer bringen. Ungeistliche Eidschwüre rechtsprechen, zu deren Mißbrauch stillschweigen, beides auf seinen Nutzen ziehen, die Verbindlichkeit eines göttlichen Rechtes erlassen, Ordnung und Pflichten der Religion umkehren; das waren die Sünden der Pharisäer; man hüte sich, sich ihrer theilhaftig zu machen.

19. **Ihr Thoren und Blinden! was ist mehr? die Gabe oder der Altar, der die Gabe heiligt?** Jedes Opfer wird vom Altar geheiligt, und dieser ist Christus, oder ein mit Christus erfülltes Herz. Was wir Gott durch Christum darbringen, das ist Ihm wohlgefällig und angenehm. 2 Petr. 1, 9.

20. **Wer also bei dem Altare schwöret, der schwöret bei dem Altare und bei allem, was auf demselben liegt.** 21. **Wer bei dem Tempel schwöret, der schwöret bei dem Tempel und bei dem, der darin wohnet.** 22. **Und wer bei dem Himmel schwöret, der schwöret bei dem Throne Gottes und bei dem, der darauf sitzt.** Kap. 5, 34.

Das heißt: bei allem, was du redest und thuest, oder gebrauchest, sollst du dein Herz und dein Auge auf Gott richten, denn von Ihm ist nichts fern und getrennt, an Ihm hängt alles. Es leben und schweben ja alle Dinge in Ihm, und Er trägt alle Dinge mit dem Worte seiner Kraft. Darum sollen wir uns der Geschöpfe immer mit Ehrfurcht gegen Gott bedienen.

23. **Wehe euch, ihr Heuchler! die ihr Münze, Anis und Kümmel verzehntet,** (und damit Wunder meint, was ihr thut; ihr suchet in Kleinigkeiten etwas Großes, bloß um als höchst gewissenhafte und heilige Leute zu erscheinen, die auch noch überflüssig Gutes thun;) **aber das Schwerere des Gesetzes,** worauf doch allein alles ankommt, **die Gerechtigkeit, die Barmherzigkeit und den Glauben vernachlässiget,** oder ungethan lasset. Sie wählen sich aus den Geboten, welche ihnen belieben, die leichtern, und glauben, wenn sie nur diese halten, von den andern dispensirt zu seyn. **Dieses solltet ihr thun und jenes nicht unterlassen.** Das Innere hebt das Aeußere nicht auf, geht aber doch vor. Luk. 11, 42.

Die falschen Christen machen es nicht besser. Sie achten die Lehren, Meinungen, die jede Parthei in's Besondere hat, und ihre äußerlichen Gebräuche, Gesetze und Ordnungen für höher und wichtiger, als das wahre Leben aus Gott, den Glauben, die Liebe und die Lebensgerechtigkeit, ohne welche doch niemand den Herrn schauen wird. Man hält jeden für seinen Glaubensgenossen, und nimmt ihn mit beiden Armen in seine äußere Kirchengemeinschaft auf, wenn er nur in der Lehre und dem äußern Gottesdienste gleich gesinnt ist, sein innerer Sinn und sein Leben mag noch so weltförmig und irdisch seyn.

Alle pharisäisch fromme Menschen machen es eben so. Sie hängen mit marternder Aengstlichkeit an Kleinigkeiten, und sie sind kaum darüber zu trösten, versäumen aber inzwischen das Allerwichtigste im Gesetze, Glauben, Liebe, Treue, Geduld, Versöhnlichkeit, Barmherzigkeit. Solche trifft dann das Wort:

24. **Ihr blinden Wegweiser! die ihr Mücken säuget, und Kameele verschlinget**; ihr seyd so genau und ängstlich gewissenhaft in Dingen, an denen so wenig gelegen ist, als an einer Mücke, in wichtigen Dingen aber habt ihr ein Gewissen, das so weit und breit ist, als die Landstraße. Die großen, schweresten Sünden achtet ihr gar nicht, und eingebildete Fehler, die Unterlassung eurer selbsterwählten Andächteleien und Gebräuche haltet ihr für große und die einzigen Sünden.

25. **Wehe euch, ihr Schriftgelehrten und Pharisäer! ihr Heuchler! die ihr die Becher und die Schüsseln von außen reiniget, von innen aber ist alles voll Raub und Unreinigkeit.** Die pharisäischen Menschen, die sich auch für Christen ausgeben, beruhen bloß auf dem Aeußerlichen, und setzen ihren Gottesdienst und ihr Christenthum ganz nur in's auswendige Ceremoniel und in körperliche Uebungen und daran darf nicht das Mindeste fehlen; inwendig aber sind sie voll Selbstsucht, Selbstgefälligkeit, Stolz, Neid, Haß, Geitz, Rachsucht, leer von Gottesfurcht, Liebe, ohne Geist, ohne Leben und Wesen des wahren Christenthums, voll Raub der durch ihre Scheinheiligkeit erkünstelten Lobsprüche und Ehrenbezeugungen, die ihnen für ihre Frömmigkeit gezollt wird. Kap. 15, 2. Luk. 11, 39.

26. **Du blinder Pharisäer! reinige zuerst das Inwendige an Becher und Schüssel, damit auch das Auswendige rein werde.**

Wer es redlich mit sich selbst meint, und sich nicht wie ein Pharisäer selbst am meisten betrügen will, der greife zuerst in sein Herz, und lasse sich durch das Licht des heiligen Geistes auf den Grund seines Innern führen; denn das macht dich vor Gott noch nicht rein, daß du äußerlich andächtig scheinest, und nur so von außen große Laster abgelegt hast, und sagen kannst: Ich bin kein Säufer, Spieler, ich stehle nicht, ich hure nicht, ich gehe in die Kirche, faste, bete, gebe Almosen; dein Herz kann doch böse bleiben, und nicht versöhnt seyn mit Gott, kann doch voll Eigenliebe und böser Neigungen, voll Lust zur Sünde seyn.

27. **Wehe euch, ihr Schriftgelehrten und Pharisäer, ihr Heuchler, die ihr übertünchten Gräbern gleichet, die von außen vor den Menschen zwar schön in die Augen fallen, inwendig aber mit Todtengebeinen und allerlei Unrath erfüllt sind.** Noch vielmehr kann man dieses zu jedem Christen, der nur den Schein und den Namen und nicht den Geist und die Wahrheit hat, sagen: **So bist auch du ein übertünchtes Todten-Grab, das auswendig schön** scheint, den Schein eines gottseligen Wesens hat, **inwendig aber voll Todtenbeinen ist.** Deine Seele ist ein Drachennest, und eine Natterngruft wenn giftiger Neid, Haß, Zorn oder andere heftige Leidenschaften dieselbe noch beherrschen. 28. **Gerade so erscheint auch ihr von außen, zwar gerecht vor den Menschen, inwendig aber seyd ihr voll Heuchelei und Ungerechtigkeit.** Ihr seyd das gar nicht, wofür ihr euch ausgebet, sondern gerade das Gegentheil. Wenn Er aber über diese Heuchler ein Wehe und den Fluch aussprach, wird Er dich segnen, wenn du als Christ dieselbe Heuchelei treibst? Nein, gewiß nicht. Wenn du nur auf den Schein siehst, so ist dein ganzes Christenthum Betrug. **Auswendig** scheinst **du gerecht vor den Menschen**, die nur auf das Aeußere, auf den Schein sehen; inwendig bist du das Gegentheil vom

äußern Schein, voll Heuchelei und Ungerechtigkeit, Unglaube, Lieblosigkeit, Hoffarth, Neid, Zorn, Feindschaft, Geitz, Eigennutz ꝛc.

29. **Wehe euch, ihr Heuchler! die ihr die Gräber** (jetzt Altäre und Kirchen) **der Propheten und Apostel bauet,** ihre Gedächtniß- und Festtage haltet, **und die Denkmäler der Gerechten,** der Heiligen, Märtyrer und Bekenner der Wahrheit **schmücket,** ihre Reliquien in Gold fasset, ihre Bilder in die Kirchen mahlet, ihre Legenden leset und verbreitet, 30. **und sprechet: Hätten wir in den Tagen** Christi und der Apostel oder anderer Heiligen **gelebt, wir hätten** es nicht so gemacht, wie die Juden und Heiden und **keinen Antheil genommen an dem Blute der Propheten,** an ihrer Verfolgung. So kann man sprechen, und doch dabei die jetzt lebenden Glieder und wahren Nachfolger Jesu ohne Scheu verfolgen. Man meint das freilich nicht, daß sie seine Glieder und Jünger sind. Aber eben dadurch beweiset man, daß man ihn und seine Apostel und Heiligen auch nicht erkannt, sondern eben so verfolgt haben würde, wenn man zu ihren Zeiten gelebt hätte; wie der Heiland im folgenden Verse sagt. Dieß ist ein gewöhnliches Zeichen der Verblendung, daß man sich in vergangenen Sachen unschuldig macht, und in gegenwärtigen sich eben so versündiget. Die Leute spielen gewöhnlich auch die Passion, wenn sie die Passion öffentlich absingen, und sich Christo in seinen lebendigen Gliedern aus gleichen Gründen entgegen setzen. Luk. 11. 47.

31. **So gebet ihr gegen euch selbst das Zeugniß, daß ihr Söhne der Propheten-Mörder seyd,** und auch **desselben** Geistes Kinder, indem ihr in ihre Fußstapfen tretet. Den Eifer, Gott einen Dienst zu thun, wenn ihr einen als Ketzer verfolget, hatten auch jene. Sie haben die Propheten, Apostel, und alle Heilige auch als Enthusiasten, Fanatiker, Schwärmer, überspannte Köpfe, Gesetzesstürmer, Kirchenfeinde, Irrlehrer,

verachtet und verfolgt. Nachdem sie aber gemartert und getödtet waren, haben sie dieselben verehrt und angebetet. Wenn die **Wahrheit** gegenwärtig ist, so haßt man sie. Aber die gestrige Sonnenhitze brennt und sticht heute nicht mehr. Frag' in Moses Zeiten, so werden es Abraham, Isaak und Jacob seyn, aber Moses nicht, der sollte vielmehr gesteinigt werden. Frag' in Samuels Zeiten, so werden es Moses und Josua seyn, aber Samuel nicht. Frag' in Christi Zeiten, so werden es alle vorige Propheten seyn, aber Christus und seine Apostel nicht. Frag' in unsern Tagen, so sind es die in vorigen Jahrhunderten gelebt haben, die man anbetet und lobt, aber die jetzigen wahren Christen müssen Narren, Schwärmer, Ketzer und Rebellen seyn, wenn sie gleich in ihrem Eifer und in der wahren Gottseligkeit nicht halb so weit gehen, und lange nicht an Christus und die Apostel reichen. Was würde man jetzt Christo und seinen Aposteln thun, was jedem, der nun ganz so lehrte und handelte, wie sie? Ach, unser heutiges Christenthum ist so weit zurück hinter dem Apostolischen, und wird doch so gehaßt, gelästert, verfolgt! Was würde es seyn, wenn es in seiner ganzen apostolischen Würde und Kraft dastände und aufträte?! Apstg. 7, 52.

32. **Ja ihr machet noch das Maaß eurer Väter voll. 33. Ihr Schlangen, ihr Natterngezüchte! wie wollet ihr dem Gerichte der Hölle entrinnen?** Luk. 3, 7.

Blind seyn gegen die helleuchtende Wahrheit, sich aus Stolz oder Eigennutz oder Neid derselben widersetzen, und die sie verkünden, verfolgen, das sind gewöhnlich die letzten Sünden, die das Maaß voll machen. Sünder! Verfolger! Es ist ein Maaß bestimmt, wenn du das voll machst, so ist keine Rettung mehr für dich — darum steh' still, kehre um, heute noch, denn du weißt nicht, ob es nicht mit der nächsten bösen That, die du vorhast, voll wird. Umkehr, Besserung ist das einzige Mittel dem Gerichte der Hölle zu entfliehen.

Christus nennt sie zwar ohne Schonung Schlangen, Natterngezüchte, giebt ihnen die schrecklichsten Namen, aber dennoch wünscht Er ihnen die Hölle nicht, sondern erinnert sie daran, daß sie ihr noch entrinnen möchten.

34. **Darum siehe! Ich sende zu euch Propheten, Weise und Schriftgelehrte,** Menschen, in welchen, wie in den alten Propheten, der Geist der Weisheit von oben ist, die euch den Weg zur Seligkeit zeigen; **ihr aber werdet sie zum Theile tödten,** (wie Stephanus und Jakobus und tausend andere in den folgenden Jahrhunderten,) **und kreuzigen,** (welches den Aposteln Petrus und Andreas widerfahren ist,) **zum Theil in euren Synagogen geißeln und von Stadt zu Stadt verfolgen,** oder mit euren Zungen geißeln und schlagen; ihr werdet lieber alle böse und ungläubige Menschen, sie seyen geistlich oder weltlich, dulden, als die, welche von meinem Geiste beseelt und erleuchtet sind. Die werdet ihr nicht im Lande und in Aemtern leiden wollen. Dadurch soll aber eben die Wahrheit nur desto mehr ausgebreitet werden, von Stadt zu Stadt, von Land zu Land. Luk. 11, 49. Apstg. 5, 40. 22, 19.

35. **Damit ja alles unschuldige Blut, das auf Erden vergossen ward, über euch komme vom Blute Zacharias des Sohnes Barachias, den ihr zwischen dem Tempel und Altare umgebracht habt.**
36. **Wahrlich ich sage euch, dies alles wird über dies Geschlecht kommen.** Luk. 11, 51. 1 Mos. 4, 8.

Es ist im Leben eines Gottlosen eine Kette von Sünden, da von Anfang bis zum Ende immer eine an der andern hängt, und die endlich zusammen sein Verderben verursachen. Eben so ist es bei jedem Volke, bei jeder Gemeine.

Wenn die Nachkommen sich nicht bekehren, sondern in die Fußstapfen ihrer Väter treten, denselben Sinn und dieselben bösen Lüste haben, so haben sie auch, wenn sie gleich nicht eben dieselben Thaten äußerlich thun, doch dieselbe Schuld. Wer die Sünde liebt, tritt eben dadurch in die Gesellschaft der Sünder, und nimmt an ihrer Schuld Theil.

Wer nicht Theil haben will an den Plagen Babels, muß auch ihres Sinnes und ihrer Sünden sich nicht theilhaftig machen.

37. **Jerusalem, Jerusalem! die du die Propheten mordest und steinigest die, welche zu dir gesandt werden,** und die nichts anderes suchen, als das Heil derer, zu denen sie gesandt werden; **wie oft wollte ich deine Kinder versammeln', wie eine Henne ihre Jungen unter ihre Flügel sammelt! du aber hast nicht gewollt!** Luk. 13, 24.

Zu **sammeln** ist Er gekommen; denn das größte Unglück der Menschen ist die Zerstreuung! Sie sind getrennt von Gott und seiner Gnade, getrennt unter sich selbst, und zerstreut in ihren Herzen, gehen wie Schafe ohne Hirten auf Erden umher, allen Wölfen preisgegeben; da ist ja wohl Sammlung Noth von innen und außen, und dazu erbietet sich die allertreueste Gluckhenne, und klagt nur, daß man nicht will. Wie gern möchte Christus auch alle Christen unter seine Flügel sammeln, um sie selig zu machen. Sie wollen aber nicht.

Wenn der Heiland Seelen sichtbar versammelt und seine Flügel über sie ausbreitet, so veranlaßt das eine Gemeine. Es sind Leute, arm, blöde und schwach; ihrer Mangelhaftigkeit bewußt, wünschen sie sich eine Bedeckung, sie fürchten sich, wenn sie in der Welt bleiben, so möchten sie, wo nicht sie selber, doch die Ihrigen, Schaden an der Seele nehmen, der nicht zu ersetzen wäre. Darum flüchten sie unter die sichtbaren Flügel der Henne in einer Gemeine.

38. **Siehe! euer Haus** (alles, was ihr für euer Haus haltet, Stadt, Land und besonders der Tempel) **soll euch wüste gelassen werden**; ihr möget ihn wohl noch so lange behalten, als er steht; er, die Mauer, der steinerne Tempel soll euch gelassen werden, aber leer von Gottes Herrlichkeit, ohne Gnade und Segen; Gott weicht von ihm. — Jede Seele, die Christum in seiner Gnade und Freundlichkeit nicht aufnimmt, wird endlich von Ihm wüste gelassen, und eine Behausung der Teufel, sobald Jesus weicht. Ach wie wüste ist ein Herz, wo Jesus nicht wohnt, und wie soll Er da wohnen, wo man nicht leiden will, daß Er Herr sey? Wie kann Er inwendig wohnen, da man Ihm nur das Aeußere einräumt, und das Innere wüste und brach liegen läßt?

39. **Denn ich sage euch: Von nun an werdet ihr mich nimmer sehen, bis ihr ausrufen werdet: Hochgelobt sey, der da kommt, im Namen des Herrn.** Das sehen wir, daß der ganzen jüdischen Nation die Augen gehalten sind, und sie Jesum seitdem nicht mehr sieht und anerkennt. Aber was könnte klarer seyn aus diesen Worten, als daß noch einmal eine Zeit kommen wird, wo die Juden nach ihrer langen Verwerfung und Verstockung den Messias anerkennen, und mit Freuden aufnehmen und ihm entgegen rufen werden: Hochgelobt, der da kommt im Namen des Herrn! Aber erst, wann Er wieder kommt. Jak. 12, 13.

Das XXIV. Kapitel.

---

1. **Als Jesus vom Tempel weg und hinaus ging, traten seine Jünger zu Ihm und zeigten Ihm die Gebäude des Tempels,** als wenn sie sagen

wollten: Du hast gesagt: das Haus soll wüste gelassen werden, und ist doch so herrlich; das wäre ja Schade. Mark. 13, 1. Luk. 21, 5.

2. **Jesus aber sprach**: Sehet es an, wie ihr wollet, und wenn es noch so schön und prächtig wäre, **so wird doch kein Stein auf dem andern bleiben, der nicht zerstört wird.** Eben so wird es allen bloß äußerlich gewordenen Religions-Verfassungen gehen, die den lebendigen Christum ausschließen und entbehrlich machen; sie werden zerstört. Der Eckstein fällt auf die, welche ihn verwerfen. Mark. 13, 2. Luk. 19, 44.

3. **Da Er sich nun auf dem Oelberge niedersetzte, traten seine Jünger besonders zu Ihm und sprachen: Sag uns, wann wird dieß geschehen? Und was wird das Zeichen von deiner Ankunft und von dem Ende der Welt seyn?**

Es giebt jetzt viele Leute, die nach künftigen Dingen fragen, und sich mehr bekümmern um das Ende der Welt, als um das Ende ihres Lebens. 4. **Jesus aber**, (statt seinen Jüngern Jahr, Monat, Tag und Stunde zu bestimmen, was unsere heutigen Forscher auch so gerne wissen möchten,) hat seinen Jüngern nicht mehr gesagt, als Er ihnen für nützlich zu seyn erachtete: damit sie über den künftigen Dingen die Sorge für das Gegenwärtige nicht vergessen möchten. Er weiset sie zur Wachsamkeit, und scheint ihre Frage nach der Zeit gar nicht zu berücksichtigen, sondern **spricht: Nehmet euch in Acht**, suchet euch zu bewahren durch Gebet und Wachsamkeit, **daß euch niemand verführe**, daß ihr euch nicht wahrsagen lasset; denn der Mensch läßt sich so gern wahrsagen und prophezeien von künftigen Dingen, die einen außer sich hinaus, und von dem Gebete und der Wachsamkeit über sich selbst abführen.

5. **Denn es werden viele in meinem Namen auftreten und sagen: Ich bin Christus, und werden viele irre führen**: denn einem falschen Christus

glaubt man viel lieber als dem wahren, der nichts für die Neugierde, sondern Buße und Glauben prediget. Kap. 7, 22. Joh. 5, 43.

6. **Ihr werdet von Kriegen, Kriegsgerüchten und Empörungen hören; nehmet euch in Acht, daß euch niemand verwirre, und erschrecket nicht. Denn dieß muß vorhergehen.** Vergl. mit Mark. 13, 7. und Luk. 21, 9.

Die Ursache, warum man sich nicht verwirren und erschrecken lassen soll, wenn man von Kriegen um und um hört, ist, daß man das Herz und alle Kräfte und Sinne ledig und mit wahrer Andacht inwendig gesammelt hält, ohne Zweifel zu dem ungestörten Aufblicke zum Haupt der Gemeine. Daher ist das eines der nothwendigsten Stücke bei Kindern Gottes, daß sie standhaft erwarten sollen, was der Heiland von auswärtigen und hieher nicht gehörigen Dingen an sie kommen läßt, und daß sie sich nicht um viele Sachen bekümmern, oder durch Nachfragen, neugieriges Forschen, und Begierde zu wissen, wie es in der Welt geht, die Erscheinungen und Ereignisse der Welt sich fleißig vorspielen lassen.

Darin ist die tiefe Weisheit, daß ein Kind Gottes, das nicht verbunden ist, Notiz von auswärtigen Dingen zu nehmen, sich gar nicht damit abgiebt, sondern so durch die Welt geht, und wenn nicht rechts oder links Gegenstände unsers Mitleidens oder Dienstes vorkommen, wirklich nicht an das elende Leben der Menschen (das sie freilich haben, weil sie Ihn nicht haben,) denkt, weil Gott sein Herz erfreut.

— **Aber das Ende ist noch nicht sogleich da.** Was thut man unterdessen? Anstatt sich mit Forschen zu plagen, was noch alles zu erwarten ist, bringt man die Stunden mit Betrachtung Seiner Person in Seiner seligen Gemeinschaft zu. Die so wichtigen Stunden heilige Er uns, und mache, daß keine von uns vergeblich angewendet werde.

7. **Denn es wird Volk wider Volk, Reich wider Reich aufstehen. Es werden hie und da Seuchen, Hungersnoth und Erdbeben seyn.** 8. **Dieß alles aber ist nur der Anfang der Wehen.** Jeder Geburt gehen Wehen voran; der großen Wiedergeburt aller Dinge müssen große, allgemeine Wehen vorangehen. Alles Gute wird durch Schmerzen geboren, das allerbeste, ewige, unbeschreiblich herrliche Reich Gottes wird auch nur durch unbeschreibliche Schmerzen geboren werden; dem ewigen Frieden, wie nie ein Friede war, muß der allerblutigste Krieg, wie nie ein Krieg war, vorangehen.

9. **Alsdann**, wann der Anfang der Wehen vorüber ist, wann die Heimsuchungen, Landplagen, Kriege, Empörungen der Völker gegen Völker, Seuchen, Hungersnöthe, und Erdbeben erfolgt seyn werden, **alsdann werden sie euch zur Drangsal ausliefern**; ihr werdet die Ursache dieser Uebel seyn müssen, wie man den ersten Christen alles Unheil, Pestilenz und Erdbeben zugeschrieben, als solchen, um derentwillen Gott die Menschen straft, die man also mit Kerker und Banden verfolgen muß. Sie werden euch tödten als Ketzer und Aufrührer; **ihr werdet um meinetwillen**, weil ihr mich bekennet, von allen Menschen, **von allen Völkern gehaßt werden.** Unter die Christen mengten sich Gnostiker, Nikolaiten, und all das Zeug; aber diese ließen die Juden wohl gehen; Simon, dem Zauberer, thaten sie auch nichts, sie verfolgten nur die Christen, als die Urheber alles Uebels. Geht es nicht noch also? Darin stimmt die ganze Welt mit allen Partheien überein. Joh. 16, 2. Apstg. 6, 9.

10. **Und dann werden sich viele ärgern**, vom Glauben abfallen, um dem Kreuze Christi zu entfliehen. Daher kommt es auch, daß solche, die eine Zeit lang geglaubt haben, aber zur Zeit der Anfechtung wieder abgefallen, ihre ehemaligen Glaubensgenossen, die beharren, angeben, **verrathen und hassen.** Es ist nichts

neues, daß solche eine Zeit lang Glaubende die ärgsten Verfolger werden. Wenigstens suchen sie sich dadurch mehr aus allem Verdacht zu setzen, daß sie auch noch christlich gesinnt seyen.

11. **Und viele falsche Propheten werden auftreten und viele irre führen.** Kap. 7, 15. 2 Petri 2, 1. Dort sind sie beschrieben. Wer sich nicht von ihnen täuschen lassen will, sehe nur auf den wahren Propheten Christus. Wer diesem nicht gleicht, ist falsch.

12. **Und eben weil die Bosheit überhand nimmt** (in der Kirche, denn in der Welt hat sie allezeit die Oberhand,) **so wird die Liebe bei Vielen erkalten.** (2 Tim. 3, 1.) 13. **Wer aber beharret,** wer den Haß der Welt, Verfolgung und Versuchung erduldet, und sich durch nichts, weder durch Hunger, noch durch Blöße scheiden läßt von der Liebe Christi, sondern beständig bleibt **bis an's Ende, der wird selig werden.** (Kap. 10, 22. Hebr. 3, 14. Off. 2, 10.) 14. **Und es wird das Evangelium vom Reiche in der ganzen Welt, allen Völkern zum Zeugnisse, verkündiget werden; dann erst wird das Ende kommen.** Röm. 10, 18. Kol. 1, 23.

Dieß ist die gewissesste Nachricht, die wir von den zukünftigen Dingen haben, daß nämlich eher keine Veränderung mit der Welt vorgehen wird, bis das Evangelium in der ganzen Welt geprediget ist. Die Einwendung, daß das Evangelium vor vielen hundert Jahren in Asien, Afrika und andern Orten schon geprediget worden sey, gilt nichts. Wenn einmal der liebe Gott die Welt wieder so allgemein untergehen lassen will, wie zu den Zeiten Noahs, so muß die alsdann lebende Welt in Europa, Asia, Afrika und Amerika, und wenn noch Orte wären, die wir jetzo nicht wüßten, überall das Evangelium gehört haben.

Das Evangelium predigen ist nicht das, was man insgemein in den Confessionen so nennt; das ist schon zu sehr zur Gewohnheit geworden; da merkt niemand mehr darauf; sondern es ist eine Predigt von Jesus, die in die Herzen eingreift, daß man darüber zum Nachdenken kommt, und sagt: „Was ist das?"

Wenn also die ganze Christenheit, und die ganze übrige Welt, wo nur ein menschliches Herz zu finden ist, das Evangelium von Jesu Christo, ihrem Heiland, wirklich gehört haben wird, so wird Er kurze Arbeit machen; die Seinen wird Er anzeichnen und die Uebrigen dem allgemeinen Gerichte unterwerfen.

Nach der jetzigen Lage der Kinder Gottes kann die Predigt des Evangeliums nicht durchgängig und allgemein werden. Da müssen andere Anstalten gemacht werden. Daß sich aber um das alles der Heiland selber bekümmern und alles selber bewegen muß, das braucht keines Beweises.

15. **Wenn ihr nun den Gräuel der Verwüstung, wovon Daniel gesprochen, stehen sehet an heiliger Stätte.** — Dan. 9, 26.

Dieß erfüllte sich, da Jerusalem belagert, und die Heiden mit ihren Götzenbildern auf ihren Fahnen in den Tempel eindrangen, Land und Leute gräulich verwüsteten. Es wird aber, ohne der Zertretung einer heiligen Stadt zu gedenken, Offenb. 11, 2., auch von Paulus geweissagt, 2 Thess. 2, 4., daß sich der Widerwärtige in den Tempel Gottes setzen werde, als ein Gott, welches auch wohl der größte Gräuel seyn wird. Und was giebt es im Herzen des Menschen, der auch ein Tempel Gottes ist, für Gräuel? Und in der Christenheit, wer sieht da nicht Gräuel genug? Darum heißt es nicht umsonst: **Wer das liest, der merke darauf!** Denn die Strafe des jüdischen Volkes ist ein Vorbild der Strafen, die der verfallenen Christenheit bevorstehen. Schon Ephrem Syrus sagt: Jetzt hat der Antichrist noch einen Mantel um; er wird aber endlich den Mantel abwerfen, und mit dem Degen an der Seite kommen.

16. **Dann fliehe, wer in Judäa ist, auf die Berge,** von welchen uns Hülfe kommt. (Mark. 13, 14.) 17. **Und wer auf dem Dache ist, der steige nicht herab, um etwas aus seinem Hause zu holen,** weil man doch nichts davon bringen wird. Man sehe alles mit dem Rücken an, und denke nur daran, wie man dem zukünftigen Zorne Gottes entfliehen möge. Der Geist des Zauderns und Säumens ist lebensgefährlich. Mark. 13, 15. Luk. 17, 31.

18. **Und wer auf dem Felde ist, kehre nicht zurück, um sein Kleid zu holen.**

Wehe dem, der sich mit irdischen Sorgen, mit Kleidern und andern leiblichen Bedürfnissen so beladet, daß er auch dort nicht so schnell sich losmachen können wird, als er in der höchsten Noth wohl sollte, um dem Zorne Gottes zu entfliehen. Wer alles erhalten will, muß alles daran wagen. Laß verderben, was ohnehin verdirbt. Laß uns das retten, was ewig ist. Der Tod — und einst das Gericht — ertappt fast alle Menschen auf etwas, daran sie hängen, das sie noch zurecht bringen möchten.

19. **Wehe aber den Schwangern und Säugenden in jenen Tagen.**

Das Kind in Mutterleibe soll dich nicht hindern, deine Seele durch die Flucht vor der Welt, zu retten. Durch alles hin, zu Gott den Sinn! Siehe Luk. 21, 23.

20. **Bittet, daß eure Flucht nicht im Winter geschehe, oder am Sabbathe,** wo die Juden nicht so weit gehen dürfen, als man dort wird fliehen müssen, und im Winter ist es auch nicht gut reisen, am allerwenigsten in jenen Tagen. Das Gebet kann eine Ausnahme machen, auch bei den schrecklichsten und letzten Gerichten. Durch's Gebet kann alles geändert werden. Das läßt sich Gott zu aller Zeit gefallen bei allen Gerichten; es mißfällt Ihm nicht nur nicht, sondern vielmehr ermahnt Er uns dazu.

21. **Denn zu dieser Zeit, wird große Drangsal seyn, wie vom Anfang der Welt bis itzt nicht gewesen ist, noch ferner seyn wird.** (Dan. 12, 1.)
22. **Und wenn jene Tage nicht abgekürzt würden, so würde kein Mensch gerettet, aber um der Auserwählten willen werden jene Tage abgekürzt werden.**

Der Herr vergißt die Seinen nie, auch in der größten Trübsal nicht; deß sey gewiß und fürchte dich nicht. Sey nur ein Auserwählter, erhalten wird Er dich dann schon. Die Versuchung darf nie, auch die große Versuchungsstunde nicht, über das Vermögen seiner Auserwählten steigen. O! wie schön ist doch die große Güte und Sorgfalt Gottes für die Seinen! Wenn aller Zorn Gottes losbrechen wird über alle Welt, sollen die Seinen nicht zittern. Er gedenkt ihrer doch. O! wie gut ist es, Sein seyn!

23. **Alsdann, wenn euch jemand sagt: Sieh, hier ist Christus, oder dort! so glaubet es nicht.** Mark. 13, 21. Luk. 17, 23. 21, 8.

Die Juden verlangten zur Zeit ihres Unterganges heftig nach ihrem Messias, den sie sich als einen irdischen König dachten. Es fanden sich auch so manche, die ihnen den Dienst erwiesen und sich dafür ausgaben, oder auf solche hinwiesen: Sieh, hier ist Christus! Das ist auch die Sprache aller Sekten und Religionen, indem jede Christum am lautersten haben will und spricht: Bei uns ist Christus! Nein, spricht die andere, bei uns ist die reine Lehre und der rechte Christus. Er aber sagte: **Glaubet es nicht.**

24. **Denn es werden falsche Christi und falsche Propheten aufstehen,** die einen falschen Christum erdichten, der den Leuten entweder nichts hilft, und ihr bloßer Lehrer und Wegweiser ist, oder der alles so für sie gethan hat, und für sie gerecht ist, so daß sie nichts thun, sondern ungerecht und in Sünden bleiben dürfen,

sich auf den guten Gott verlassend, der es so genau nicht nimmt, wie sie meinen.

— **Und sie werden große Zeichen und Wunder thun, so daß auch die Auserwählten, wo möglich irre geführt würden.** Allein das ist der Liebe Gottes nicht möglich, daß sie ihre Kinder verführen lassen könnte, sie wird sie wohl zu bewahren wissen. Aber es kostet doch beten, wachen und allen Ernst auf unserer Seite. Mark. 13, 22.

Kein Wunder, es sey so bewunderungswürdig als möglich, soll uns vom einfältigen Glauben an den Einen Mittler zwischen Gott und den Menschen, in dem allein Heil ist, abbringen. Falsche Wunder beweisen nichts gegen die wahren, sondern erhöhen sie nur.

Indeß werden dort doch auch die Auserwählten so kümmerlich durchkommen und erhalten werden, daß sie auf der äußersten Spitze stehen. Sie werden augenscheinlich erkennen und bekennen müssen, daß nur Gottes Hand es ist, die sie noch hält, und ohne die sie gewiß fallen würden. Da wird alle Selbstgefälligkeit wegfallen, aller Hochmuth gedemüthigt werden, und Gott allein alle Ehre erhalten.

25. **Seht, ich habe euch dieß alles vorher gesagt,** daß ihr euch vorsehet, und euch nicht ärgert, wenn es so kömmt.

Das hat der Herr alles klar vorher gesagt, wie es kommen wird, damit sind aber Viele nicht zufrieden, sondern sehen sich nach dunklern Weissagungen um, und führen sich selbst vom Licht in die Finsterniß.

26. **Wenn sie euch also sagen werden: Seht in der Wüste ist Er, so gehet nicht hinaus,** und suchet Christum nicht außer euch in besondern äußerlichen Dingen; **sehet in der Kammer ist Er,** wo man mit Geheimnissen zu thun hat, **so glaubet es nicht.** (5 Mos. 13, 1—3.) 27. **Denn gleichwie der Blitz vom Aufgang ausgeht, und bis zum Niedergang leuchtet, also wird es auch mit der Ankunft des**

Men-

Menschen-Sohnes seyn, sie wird alles erfüllen und in keinen Ort oder Raum eingeschlossen seyn. Nicht in Geheim, nicht in diesem oder jenem Winkel der Erde, nicht nur einigen, sondern allen allgemein sichtbar und blitzschnell, wie der Blitz alle Gegenden unter dem Himmel auf einmal erleuchtet, daß ihn aller Augen sehen, so wird der Menschensohn erscheinen. — Allleuchtend, allerkennbar, alldurchdringend. Man wird nicht zweifelnd fragen dürfen, ist Er wohl schon gekommen? Nein, man wird sein Kommen wohl empfinden, und keinen Augenblick anstehn zu glauben, daß Er es ist. Und bis Er nicht also kommt, daß auch kein Mensch mehr zweifeln kann, sondern alle Ihn schauen, so glaube nicht, daß Er gekommen sey, und wenn es dir auch Engel vom Himmel sagten.

28. **Wo der Leichnam (das Aas) ist, da versammeln sich die Adler.** Wahre Christen sind Adler, die sich durch den Glauben über alles schwingen und sich zu Christo erheben. Ueberall, wo der wahre Leib, die Kirche Christi, ist, dahin dringen die Auserwählten, wie die Adler zum Raube. — Sobald Jesus Christus mit den Narben seiner Wunden und dem Zeichen seines Kreutzes erscheinen wird, so werden alle, die seine Erscheinung lieb haben, und durch die Auferstehung zu Adlern geworden sind, sich um Ihn her versammeln, wie die Adler um einen todten Leichnam. Sieh' Luk. 17, 37. Job. 39, 30. Heb. 1, 8.

29. **Alsbald aber, nach der Drangsal jener Tage, wird die Sonne verfinstert werden und der Mond seinen Schein nicht mehr geben; die Sterne werden vom Himmel fallen, und die Kräfte der Himmel werden erschüttert werden.** Jes. 13, 10.

Kann wohl auch etwas Entsetzlicheres seyn 'als dieses? Welche Erschütterung aller Dinge! Man lese noch die Parallelstellen Luk. 21, 25. 26. Joel 11, 30. 31. Welche fürchterliche bange Nacht wird dem ewigen Morgen des Lebens vorhergehen. Aber wenn die ganze Natur in furchtbaren Kämpfen, in wüthenden Geburtswehen zertrümmert wird, wenn alle Erdbewohner vor Angst und banger Erwartung heulen, an allen Ecken und Enden der Erde, dann, eben dann hast du, o redlicher Christ, Ursache dich zu freuen, denn das Zeichen deiner Erlösung kommt auch zum Vorschein.

30. **Und dann wird das Zeichen des Menschen-Sohnes am Himmel erscheinen und alle,** die sich hier allein des Kreutzes Christi gerühmt und in Ihm ihr Heil gefunden haben, werden sich erfreuen; die sich aber des Kreutzes Christi geschämt, es für Thorheit oder Aergerniß gehalten haben, **unter allen Geschlechtern der Erde, werden** zu **spät wehklagen,** und heulen, indem sie sehen, wen sie durchstochen, und welches Heil sie verschmäht haben, **wenn sie den Menschen-Sohn kommen sehen auf den Wolken des Himmels mit großer Kraft und Herrlichkeit,** den sie vorher so verachtet haben in ihrem tollen Unglauben. S. Mark. 13, 26. 27. 14, 62.

31. **Er wird seine Engel mit Posaunen und großem Schalle aussenden, und sie werden seine Auserwählten von allen vier Winden, von einem Ende des Himmels bis zum andern zusammen bringen.**

Keiner von denen, die Gott erwählt hat, und die bis ans Ende beharrt haben, geht verloren; keiner wird einst zurückbleiben, er stecke in einem Winkel der Erde, wo er wolle. Es wird eine General-Versammlung von der ganzen Welt seyn. Die Kirche ist nämlich ein zerstreuter Leib, d. i. ihre Glieder sind in aller Welt ausgebreitet; aber der Herr wird sie, wenn Er sie zur Hochzeit führt, schon finden und zusammen bringen aus allen Theilen der Welt. Da wird dann die wahre und rechte Kirche Christi offenbar, und aus allen Völkern, Zungen und Himmelsstrichen gesammelt werden. Da wird es sich zeigen, wer dazu gehört. Da wird man nicht fragen, wer im Kirchenbuche, sondern wer im Buche des Lebens steht. Da werden alle Schafe in einer Heerde unter dem großen Hirten ewig vereinigt bleiben.

32. **Vom Feigenbaume aber nehmet das Gleichniß; wenn sein Zweig schon zart wird und die Blätter sprossen, so wisset ihr, daß der Sommer nahe ist.** (Mark. 13, 28.) 33. **So auch, wenn ihr dies alles sehet, so wisset ihr, daß Er** (der Herr oder jener Tag) **nahe vor der Thüre ist.** Luk. 21, 31.

Laßt uns nur nicht warten, bis es schon so nahe vor der Thüre ist, sondern laßt uns vorher uns vorbereiten. Unser Glaube rufe uns ohne Aufhören zu: Der Menschen-Sohn kommt. Er ist vor der Thüre! — Denn Gerichte, Schrecknisse giebt es genug in unsern Tagen, daß sie sich vor allen vorigen auszeichnen. Sie können aber alle Tage steigen, und auf einmal kann das Maaß voll seyn — dann ist es zu spät. Jetzt laßt uns dem Herrn entgegen harren mit heiligem Wandel und lebendigem thätigem Glauben, als sähen wir Ihn schon kommen.

34. **Dieses Geschlecht** des jüdischen Volkes **wird nicht vergehen,** nicht ganz ausgerottet werden, sondern bleiben, **bis dieß alles geschieht.** Es soll alles mit ansehen; es soll erhalten werden bis ans Ende. Es sind viele Völkernamen verloren gegangen, die viel größer waren als die Juden; aber diese leben noch und müssen Zeugen der Wahrheit des Ausspruches Christi seyn.

35. **Himmel und Erde werden vergehen, aber meine Worte werden nicht vergehen.** Mark. 15, 31. Luk. 21, 32. Mark. 13, 31.

Wie fest steht also die Hoffnung und Zuversicht des Gläubigen, der sich auf Gottes Wort gründet. Es mögen wohl Berge weichen und Hügel hinfallen, ja die Erde und der Himmel zusammenstürzen, Gottes Wort bleibt ewig stehen. Das Wort, das Gott einmal gesprochen hat, muß Er erfüllen, Er kann nicht widerrufen, nicht wortbrüchig werden, denn Er ist der Treue und Wahrhaftige. Es muß alles erfüllt werden.

Darum sollen wir ja eher Himmel und Erde fahren lassen, als Gottes Wort. Indessen müssen wir uns auch nicht nur an die Buchstaben und Sylben, sondern an das lebendige Wort und an den Geist des Wortes halten. Das Wort, das wahre lebendige Gottes-Wort, Christus, ist uns nahe im Munde und Herzen. Dieß ist der einzige Grund und Same, aus dem Leben und Seligkeit geboren wird.

Wenn aber der Himmel und die Erde vergehen werden, wo werden dann Gott und die Frommen bleiben? Nicht der eigentliche Himmel, der Zustand und Ort der Seligen, wird vergehen, sondern das, was wir Himmel nennen und mit Augen sehen, das Aeußere, das sogenannte Firmament, Sonne, Mond und Sterne, werden vergehen; denn wir erwarten mit Petrus einen neuen Himmel und eine neue Erde. 2 Petr. 3, 13.

36. **Jenen Tag aber und die Stunde weiß niemand (auch die Engel des Himmels nicht, auch der Sohn nicht, Mark. 13, 32.), sondern der Vater allein.** Es hat dem Heiland beliebt, uns positiv zu sagen, daß Er die Stunde, wann sein Reich kommen wird, nicht wisse. Daher wird diese Bestimmung als ein versiegeltes Buch, Off. 5, 5., angegeben, welches das Lamm erst nach seiner Bluttaufe und Kreutzestod aufzumachen begehrte. Er hat's vorher nicht wissen wollen, sondern sich selber vor das Geheimniß einen Vorhang gezogen, und es nicht eher als nach gewonnenem Prozeß erforschen wollen. Darum hat Er auch seinen Aposteln die Neugierde verboten, und das zum Beweis gebraucht: Weiß ich doch es selbst nicht; was wollt ihr euch darum bekümmern? Was zankt ihr euch um die Oberstellen? Verlange doch ich nicht, sie auszutheilen. Ich bekümmere mich nicht um die Rangordnung; darum bekümmert sich mein Vater, und der wird, wenn dann alles fertig ist, euch damit erfreuen.

Das kann unsere Einsicht einzäunen; das kann den Vorwitz und die unnöthige Neugierde legen; das kann uns mit dem Gegenwärtigen vergnügt, und mit unserm kurzen Gesicht zufrieden machen; das kann uns den Appetit vertreiben, Sachen zu erforschen, die wir nicht ins praktische Leben einführen können.

37. **Wie es aber in den Tagen Noahs war,** da alles Fleisch seinen Weg verderbt hatte und doch voll Sicherheit dachte, es habe keine Gefahr; **also wird es auch zur Zeit der Ankunft des Menschen-Sohnes seyn.** Welch ein Verderben! welcher Verfall und welche Versunkenheit war zu Noahs Zeiten; da die Menschen ganz Fleisch geworden waren und sich von Gottes Geist nicht mehr strafen ließen! Und das soll wieder so kommen. Wer nicht mit verderben will, der wache. Luk. 17, 26.

38. **Denn wie sie in den Tagen Noahs vor der Fluth aßen und tranken, zur Ehe nahmen und zur Ehe gaben, bis zum Tage, da Noah in die Arche ging;** 39. **wie sie es nicht achteten, bis die Fluth hereinbrach und sie alle dahinraffte, eben so wird es auch bei der Ankunft des Menschen-Sohnes seyn.** Es ist merkwürdig, daß der Heiland nur solche Dinge nennt, die alle Welt für erlaubt hält, und nichts Schlimmeres. Wer will da sprechen: Man will alles zur Sünde machen; als wenn man Essen und Trinken und Heirathen verbieten wollte? Nein; aber was nicht aus dem Glauben geht, das ist Sünde. Wer nun in seiner bösen Lust Gottes Gaben nimmt, der steht in der Sünde, weil ihn nicht Gottes Geist treibt. Also ist nicht das Essen und Heirathen an sich Sünde, sondern deine böse Lust, die alles unrein macht.

40. **Zwei werden auf dem Felde seyn, der eine wird angenommen, der andere verworfen werden.** Zwei in demselben Stande werden einen verschiedenen Ausgang haben. Also ist nicht der Stand Schuld daran, daß der andere verloren geht. Luk. 17, 34—36.

41. **Zwo werden mahlen in der Mühle, die eine wird angenommen, und die andere verstoßen werden.**

Kein Stand in der Welt und keine Kirchenparthei hat lauter Verworfene oder lauter Auserwählte. Es ist alles vermischt.

Ein gewisser Jemand hat die verkehrte Auslegung dieser Stelle gewagt, daß diese zwei Mägde, die in der Mühle mahlen, zwei große Kirchenpartheien wären; eine würde angenommen, und die andere verworfen werden. Wie willkührlich diese Erklärung sey, sieht jeder Unbefangene. Christus hat nie und wird nie ganze Kirchengesellschaften selig preisen oder verdammen, weil in keiner Kirche oder Gesellschaft weder alle gut, noch alle schlecht sind, sondern Unkraut und Weizen, Schafe und Böcke unter einander sind, wie die tägliche Erfahrung und der Augenschein lehrt. Vielmehr wird der Herr in jeder Parthei die Guten aussuchen und die Bösen wegwerfen. Das sagt der Text und das ganze Evangelium, z. B. Matth. 13, 30. und 25, 32.

42. **Wachet demnach, weil ihr nicht wisset,** (eben deßwegen auch nicht wissen sollet, damit ihr wachet,) **zu welcher Stunde euer Herr kommt.** Wachen ist unsere Sache; das Kommen ist seine Sache; es bleibe jeder bei dem Seinen und lasse fremde Dinge fahren. Mark. 13, 35.

Wer immer auf die Gegenwart Jesu in seinem Herzen aufmerksam ist, der ist immer bereit, Ihn aufzunehmen, wann Er kommt; der kann nie von der unvermutheten Zukunft Christi übereilt werden, da er Ihn immer vor Augen hat, als wäre Er schon gekommen.

43. **Das aber bedenket; wenn ein Hausherr wüßte, um welche Stunde der Dieb kommen wollte, so würde er wachen und in sein Haus nicht einbrechen lassen.** Wenn nun aber die Diebe selbst Hausherren oder die Haushälter und Wächter im Hause

des Herrn Diebe werden, wer wird da wachen und das Rauben, Stehlen und Morden verhindern?

44. **Darum seyd auch ihr bereit, denn der Menschen-Sohn kommt zu einer Stunde, da ihr es nicht meinet.**

Da wir wissen, daß der Herr kommt, wann wir's nicht **meinen**, so sollen wir wachen, sagt Er, immerhin, und nicht **meinen**, zu dieser oder jener bestimmten Zeit könnte Er kommen. Und doch können so viele das **Meinen** nicht lassen, daß sie darüber das Wachen vergessen. Die **Meinenden** werden erschreckt, die **Wachenden** erfreut werden durch seine Ankunft.

45. **Wer ist wohl ein treuer und kluger Knecht, den sein Herr über sein Gesinde gesetzt hat, um demselben zur rechten Zeit die Nahrung zu reichen.** Kap. 25, 22. Luk. 12, 42.

Wenn in einer Haushaltung des Heilandes die zu bearbeitenden Seelen, die zu bedienenden Gemeinen an ihrem Diener irre werden, nicht aus Empörungsgeiste, sondern aus unzulänglicher Geduld über allerlei Fehler, die sie an ihm sehen und nicht länger ertragen können, so muß einem die Frage: Wo ist ein treuer und kluger Haushalter? schmerzlich auffallen.

46. **Selig ist derselbe Knecht, den sein Herr, wenn Er kommt, also handeln sieht.**

Was kann der Heiland, wenn Er kommt, denen, die Er mit seinen Gaben überschüttet hat, die zum Besitz der Perle gekommen sind, zu dem Schatz über alle Schätze, noch mehr geben? **Seliger** kann Er sie machen durch seine Erscheinung und seinen Anblick. Ihr werdet euch freuen mit unaussprechlicher Freude, wenn ihr zum Ziele eures Glaubens, Hoffens und Verlangens kommt, und **Ihn** sehet. Wir sind wohl schon selig, aber es ist noch nicht erschienen, was wir seyn werden. Das wird erscheinen, wenn wir Ihn sehen, wie Er ist, welcher Blick auch uns machen wird, wie Er ist. Das sind Sachen, die man mit Fleiß nicht weiter ausspricht, sondern mehr darüber denken läßt, als man sagt.

47. **Wahrlich, ich sage euch: Ueber alle seine Güter wird er Ihn setzen.** Alle Güter und Schätze Gottes! Wer kann sie zählen, wägen, messen? Und die sollen alle dein seyn! Wem das nicht genug ist, wer wird den befriedigen? Aber wenn du all' diese Güter Gottes willst, so mußt du Gott haben und Gottes seyn. Wer Gottes ist, dem Herrn treu und redlich mit ganzem Herzen anhängt, der hat Gott und alles, was Gottes ist.

48. **Wenn aber jener böse Knecht in seinem Herzen spräche: Mein Herr säumet zu kommen,** und deßwegen nicht viel an Gericht und Zukunft denkt, oder davon glaubt, so kommt es endlich so weit, daß man sich über seine Mitknechte erhebt, 49. **und anfängt, sie zu schlagen,** zu verfolgen, Gewissens-Tyrannei auszuüben, sich eine Herrschaft über andere anzumaßen, **und mit den Zechern zu essen und zu trinken.** Viele denken, wenn sie ein Amt erlangen: Nun kann ich mir gute Tage machen. Und solche Wollüstlinge sind denn auch solche Leute, die gern um sich schlagen, besonders auf solche, die ihnen mit ihrem bessern Beispiel Vorwürfe machen.

50. **So wird der Herr dieses Knechtes kommen an einem Tage, wo er es nicht erwartet, und zu einer Stunde, da er es nicht weiß.** 51. **Und wird ihn in Stücke zerhauen, und ihm mit den Heuchlern seinen Theil geben, da wird Heulen und Zähnknirschen seyn.** Kap. 8, 12. 13, 42. 25, 30.

Das ist der Lohn derjenigen, die die Leute tyrannisiren, sie unter eine todte Form zwingen und mit derselben drücken und quälen, aus blindem Eifer oder aus Herrschsucht und Eigennutz, die nicht Ehre und Geld genug erwerben können. Sie sammeln sich wirklich Schätze, aber Schätze des Zorns auf den Tag des Zorns.

Zu den Heuchlern kommen solche Tyrannen. Die Hölle ist also eigentlich der Ort der Heuchler, und die Heuchelei ein Laster, das Gott mehr haßt, als alle andere, und doch ist keines gewöhnlicher als dieses.

Uebrigens sind drei Kennzeichen eines untreuen Knechtes und drei Strafen in diesen Worten enthalten: 1) auf treulose Vergessenheit Gottes folgt unversehener Tod und plötzliches Ueberfallen des Zornes Gottes; 2) auf Mißbrauch der Macht in der Kirche — ewige Absonderung von der Gemeinschaft der Heiligen; 3) auf wollüstiges Leben, ewiges Zähnknirschen und Geheul — die höllische Musik.

Wer hier bei Engels-heiligem Scheine ein teuflisches Leben führt, wird dort unter den Heuchlern oder den Zähnklapperern wohnen.

Das XXV. Kapitel.

1. Das Himmelreich wird dann zehn Jungfrauen gleich seyn, die ihre Lampen nahmen, und dem Bräutigam (und der Braut) entgegengingen.

Wer ist der **Bräutigam**? Johannes sagte: Der die Braut hat, der ist's. Joh. 3, 29. Im Propheten Osea K. 2. verspricht jemand, daß er sich mit uns verloben wolle in Ewigkeit, und sich mit uns vertrauen wolle in Gerechtigkeit rc.; ja im Glauben wolle er sich mit uns verloben.

Wie hat Er sich denn die Braut erworben? Jakob hat vierzehn Jahre gedient um seine Braut, die Rachel, und sich's blutsauer werden lassen. Unser Bräutigam sagt: Du hast mir Arbeit gemacht in deinen Sünden und Mühe in deinen Missethaten. Ich tilge deine Uebertretungen um meinetwillen, und gedenke deiner Sünden nicht. Jes. 43, 24. Er that also alles für sie, was Er that, denn Er wollte sie für sich haben.

Es steht in der Vulgata und in der syrischen Uebersetzung: Sie gingen dem Bräutigam und der **Braut** entgegen. In den andern Uebersetzungen und im Grundtext steht allein: dem Bräutigam. Wenn nun der Heiland auch nicht gesagt hätte: und der Braut; so ist es doch sein Sinn, und die Braut ist mit gemeint; denn es steht an vielen Orten: Er wird uns mit sich führen. Der 45ste Psalm hat's beschrieben, was das für eine Kreatur Gottes ist, die wir die Braut nennen. Dann existirt gewiß eine Braut, wenn man dem Bräutigam die Jungfrauen entgegenführt. Bis dorthin wird sie immer nur zubereitet, und sie ist nur in Theilen zu sehen.

Laßt uns deßwegen hauptsächlich auf Ihn sehen, und nicht über Ihn wegschielen auf die Braut, sondern die Schönheit der Braut, die eben so ungesehen ist, wie Er, und geglaubt werden muß, soll uns desto mehr reitzen, seine Schönheit auszuforschen.

Unter dem Wort **Jungfrauen** werden nicht nur die ledigen Schwestern, sondern auch Männer, Weiber, ledige Brüder und Kinder in der Schrift verstanden. Es kommt nur **darauf** an, was wir Ihm sind.

Er nennt alle Seelen Jungfrauen und hat in den Propheten mit seiner Kirche als mit einer Jungfrau gehandelt, und in der Offenbarung Joh. deutlich gesagt: Sie sind Jungfrauen, die nicht mit Weibern befleckt sind, Offenb. 14, 4. Dabei hat freilich das Jungfrauen-Chor eine eigene Ehre, aber auch zugleich eine eigene Schuldigkeit, daß sie sich's nämlich sollen ansehen lassen, warum gerade sie zum Gleichnisse genommen sind, wenn sich der Heiland über ein reines Herz erklären will.

2. **Fünf von ihnen waren thöricht, und fünf klug.** 3. **Die fünf Thörichten nahmen zwar ihre Lampen, aber kein Oel mit sich.** 4. **Die**

Klugen aber nahmen mit den Lampen auch Oel in ihren Gefäßen mit.

Es giebt Freunde des Christenthums, die Ihm nur als einer neuen Sache nachziehen. Es wählen sich gewisse Leute eine Verfassung nach der andern, und wollen sehen, ob ihnen eine darunter zusagen wird. Das können leicht **thörichte** Jungfrauen werden, denn sie gehen immer nur mit den Lampen um.

Wen aber der Blick auf den Bräutigam reitzt und herzieht, und wer Ihm so anhängt, daß Er sagen kann: Dein Gott ist mein Gott; dein Volk ist mein Volk; wo du bleibst, da bleibe auch ich: der gehört zu den klugen Jungfrauen.

Die Lampen müssen nicht nur geputzt, sondern es muß auch Oel darin seyn und auch Oel in den Gefäßen im Vorrath, so viel man braucht, es mag so lange währen, als es will.

Das **Herz** und die **Hütte** sind die **Lampen** und **Oelgefäße**, welche von Zeit zu Zeit mit Jesu Blut gefüllt werden, vornehmlich in der hochheiligen Kommunion seines Leibes und Blutes. Das **Oel** beschreibt uns der Heiland Joh. 7, 37. 39. Und wenn man ohne Künstelei einfältig nachsucht, so ist die Oelquelle der Leib Jesu und sein Blut. Das macht eine solche Salbe, die unser Gefäß niemals austrocknen läßt, sondern es immer anfüllt; denn es ist nach seiner Verheißung, Joh. 4, 14., ein Quell, der bis ins ewige Leben quillt, und stromweise aus dem Leibe des Bräutigams in unsere Lampen und Gefäße fließt.

5. **Da nun der Bräutigam verzögerte, wurden sie alle schläfrig und schliefen ein.**

Ueber der Hoffnung vom baldigen Kommen des Bräutigams sind nicht nur schon viele Tausende entschlafen, sondern auch diejenigen, die in dem Sterbensleben wirklich wachen, sind schon oft müde geworden, haben Hände und Füße hängen lassen, und sind ein wenig an der Hoffnung verzagt.

Die klugen Jungfrauen, die mit dem Heiland hineingehen, sind nicht wachsamer, als die andern; aber es ist doch etwas, das sie vor den andern voraus haben, und das ist, daß sie Oel haben. Schlafen, träge werden, kann wohl seyn; wir sind Menschen, und wollen nichts Menschliches für unmöglich halten; aber nur Oel im Vorrath, daß nicht erst alsdann, wann der Bräutigam kommt, und die Lampe brennen soll, die Frage ist: Wo nehmen wir Oel her?

Was hilft alles Raisonniren und Denken über das Lampenschmücken, wenn nicht Materie da ist, das Feuer zu unterhalten? Wenn wir aber Gefäße sind, die sich nicht leer wissen können, sondern immer mit Oel angefüllt seyn müssen, da steht's gut, da hat das Flämmlein seine Nahrung, und man geht so mit Ihm ein.

6. **Mitten in der Nacht aber entstand ein Geschrei. Sieh, der Bräutigam kommt; gehet aus, Ihm entgegen.**

Der Heiland hat sich oft erklärt: Ich werde so kommen, wie die Leute pflegen zu kommen, die gerne heimlich in ein Haus kommen, damit ich unerwartet kommen kann, daß sich die Leute alles andern eher versehen, als meiner Zukunft. Wir haben also die Warnung: „Einmal, wenn ihr gewiß nicht daran denket, und ihr euch nicht darauf geschickt haben werdet, so werdet ihr mich da haben."

Mit seinem Wiederkommen ist es jetzt eben so, wie es mit seiner ersten Zukunft ins Fleisch war. Je näher die herankam, je weniger Leute glaubten daran. Die Ursache war, weil man immer Kennzeichen gemacht, und Signale gegeben, die es nicht waren, und auf die rechten Signale nicht aufmerksam war. Sehr wenige Leute verstanden es, auf welche Zeit der Geist Gottes deutete; wie Simeon und Hanna. Damals warteten alle Leute auf einen Prinzen, der die unrechtmäßigen Beherrscher des jüdischen Volkes über den Haufen werfen und Israel wieder zu der vorigen Herrlichkeit bringen sollte. Es war so zu reden alle Spur von der wirklichen Natur seiner Zukunft bei den Leuten verloren. Nur die paar Leute freuten sich auf den Trost Israels; zu denen hielt sich ein Häufchen, die unterhielten sich mit seliger Hoffnung. So ist's auch jetzt.

Das Wort „es entstand ein **Geschrei**" darf man aber eben nicht im allergenauesten Sinne nehmen, daß es gerade ein **lautes** Geschrei heißen müsse, sondern wie man im gemeinen Leben zu sagen pflegt: Es geht das allgemeine Geschrei, so wird eben dadurch nicht ein lautes Geschrei verstanden, sondern es heißt: Man hört überall davon reden; es ist eine Sage unter den Menschen: „Der Bräutigam kommt;" oder es wird den Leuten so, als wenn der Bräutigam nicht mehr fern wäre. Entweder wird den Seelen klar, sein ganzes Reich, seine Hochzeit sey nicht mehr weit, oder aber die Leute sehen eine Hütte Gottes bei den Menschen, die sich auf seine Hochzeit bereitet. Da ist dann eine solche Gnadenzeit, daß der Vater an seinen Kindern, die Frau an ihrem Manne, der Nachbar an seinem Nachbar gewahr wird, es geht da etwas im Herzen vor. Die Leute werden aufmerksam und fragen: Was giebts? Eine Rede, eine Sage: „Der Bräutigam kommt."

Das Geschrei geht zu **Mitternacht** aus; d. h., der Heiland kommt, wie Petrus sagt, wie ein Dieb in der Nacht, zur Zeit, da sichs die Leute am wenigsten versehen.

Der Bräutigam kommt. Seine Ankunft ist vierfach. 1. Er wird kommen am Ende der Welt, wo er mit seiner Braut erscheint und Hochzeit hält. Er kommt 2. in sein Haus, in seine Gemeine auf Erden. Er hat sich selbst eine Gemeine erworben mit Blut, und die wird sein Haus genannt. Und dieß Haus sind wir, sagt Paulus. Hebr. 3, 6. Er kommt 3. in sein **Gnadenreich** auf **Erden**, wie **Johannes** sagt: Er ist mitten unter euch, den ihr nicht kennet. Joh. 1, 26. So kommt Er oft mitten unter ein Volk, in ein Land, wenn eine Regung unter den Seelen entsteht, die todt waren. Das ist ein Zeichen, daß Er sein Netz auswirft und jetzt viele Seelen holen will. Wenn er das Evangelium irgendwo lebendig predigen läßt, und es in viele Herzen hineinfällt: das heißt eine Zeit der Heimsuchung über ein Volk, über ein Land, und eine Zukunft des Bräutigams.

Die vierte und nothwendigste Zukunft geschieht in ein jedes Herz. Denn wenn gleich keine so allgemeine Gnadenzeiten wären, da sich die Leute zu Tausenden bekehren; wenn gleich keine Kirche Gottes sichtbar auf Erden wäre, so ist es deßwegen keiner Seele verboten, sich für sich zum Heilande zu wenden. Er läßt sich durch nichts abhalten, da eine Seele, und dort eine Seele aus der Finsterniß herauszuziehen, und sich ihr zu offenbaren. Wenn der Mensch am allerwenigsten daran denkt, in seiner Stube, auf seinem Acker, in seinem Bette, auf der Reise, kommt der Heiland an sein Herz, und nimmt es weg. Dazu sollten wir alle Stunden bereit seyn.

Gehet aus, Ihm entgegen! So sollen treue Zeugen, so lange sie können, so lange ihnen noch der Mund aufgeht, rufen an allen Enden: Gehet dem Bräutigam entgegen, auf den ihr getauft seyd, dessen Blut euch, da ihr noch Kinder waret, aus dem Verderben und Tode gerissen hat; wenn ihr nur in der Festung geblieben wäret!

Laßt uns alle Gelegenheiten, da wir zu unserm Seelenfreunde und Bräutigam gerufen werden, gut anwenden! Lasset das große Recht, den Anspruch, den Er auf uns hat, nicht vergeblich an unserm Herzen vorbeirauschen, sondern hineinnehmen und bewahren; wenn es einen Tag nicht tief genug geht, daß es den andern mit Gebet und Flehen desto tiefer gebracht werde, und daß der selige Gedanke: Er hat mich erkauft, erworben und gewonnen, so lange bei uns gehe und wirke, bis etwas daraus wird.

7. **Da standen alle die Jungfrauen auf, und schmückten ihre Lampen.** Luk. 12, 36.

Was heißt das, die Lampen schmücken? Es heißt sein Herz mit dem priesterlichen Oele, das vom Heiland herabfließt, von neuem anfüllen lassen, wodurch das Flämmchen immer wieder auflodert, und neues Leben bekommt. Es ist nicht genug, daß man sich mit Gedanken vom Heilande unterhält, von Ihm singt und redet, sondern unser ganzer Geist sammt Seel und Leib muß etwas Wesentliches von Ihm erfahren, und unser Herz immer von frischem angefüllt und belebt werden mit seinem Leichnamsöle, wobei der heilige Geist den Tocht immer fleißig herauszieht. Das setzt voraus, daß das Herz zur Lampe geworden, sonst würden wir von der Einölung nicht viel Wesentliches erfahren; wir würden uns nur daran erinnern, und davon reden. Wir sollen aber unsern eigenen Tocht herausziehen, putzen, und anzünden lassen; in uns soll ein Oelquell seyn, der ins ewige Leben quillt.

8. **Die Thörichten aber,** da sie erwachten und jetzt erst zu spät bemerkten, daß sie kein Oel in ihren Gefäßen hätten, **sprachen zu den Klugen: Gebet uns von eurem Oele; denn unsere Lampen verlöschen.**

So wird es allen Christen gehen, die sich bloß an die Form, an das Gefäß der Religion gehalten haben, ohne sich um den Geist und das Oel in der Lampe zu bekümmern. Sie legen sich dann aufs Betteln, auf die Fürbitte und Verdienste anderer, und wollen dadurch selig werden; aber umsonst. 9. **Die Klugen antworteten: Es möchte nicht zureichen für uns und euch.** — Wir brauchen das Unsrige selbst; **geht lieber zu den Krämern** *) **und kauft euch eins.**

*) Wer sind denn die Krämer, wo man das kaufen kann, was man zu dieser Hochzeit nöthig hat? Wie kannst du so fragen? Kann

Dabei haben wir zu bemerken, daß wir uns immer in solchen Umständen finden lassen sollen, daß wir uns über eine unvermuthete Erscheinung des Bräutigams nicht entsetzen. Er komme dann, wann, und wie es Ihm beliebt, Er finde uns wachend oder schlafend, wenn Er uns nur mit Oel versehen findet. Wenn dieß ist, so sind wir allemal fein, wir wachen oder schlafen. Es wird nicht sowohl eine ängstliche Zubereitung erfordert, als daß man in einem so beständigen Zustande sey, da man Tag und Nacht voll von Ihm ist, von dem liebevollen Betrachten seiner Schönheit, vom Verlangen, Ihn zu umfangen, weinend nach seiner Seel, sich um nichts bekümmernd, als um die Sünde, daß man nicht etwa dadurch von seinem Herzen abkomme.

Es braucht nicht viel, um Ihm recht und fertig und bereit zu seyn. Er begehrt nicht viel; was er aber begehrt, daran soll auch nichts fehlen. Er begehrt nämlich Oel in der Lampe und den Gefäßen, das ist, ein zärtliches, gefühlvolles, an Ihm in Liebe hangendes Herz. Da ist dann immer ein Flämmlein zu merken, welches Er selber unterhält, damit man Ihm sogleich entgegengehen kann, ohne erst viel Mühe damit zu haben. Wenn nur die Lampe und das Gefäße mit Jesu Blut und Geist gefüllt sind, dann mögen wir schlafen oder wachen, arbeiten oder reisen und thun, was wir wollen, wir dürfen wegen seiner Zukunft ohne Kummer seyn. Wenn Er dann irgend einem namentlich ruft oder sagen läßt: Der Meister ruft dir, so

---

man nicht beinahe alles kaufen, und für Geld haben? Giebt es nicht solche Kaufleute genug, die alles feil bieten? — Ja, wird aber das helfen? Wird man damit zurecht kommen? Keineswegs, wie der folgende Vers sagt, denn dahin wenden sich nur die Thörichten, und während sie dahin sich wenden, kommt der Bräutigam; und die sich zu den Krämern wandten, kommen zu spät. Warum haben aber die Klugen sie dahin gewiesen? Darum, um ihnen ihre Thorheit zu verstehen zu geben, daß sie aus der Religion eine Krämerei gemacht und sich nur auf ihre Krämerei verlassen haben, ohne sich um das Eine Nothwendige zu bekümmern.

so kann man ohne die geringste Besorgniß und mit Freude sagen: Hier bin ich.

10. **Während sie nun hingingen um zu kaufen, kam der Bräutigam und die bereit waren, gingen mit Ihm zur Hochzeit hinein.**

Sie waren wohl auch eingeschlafen, aber sie waren bereit, d. i. mit dem Nöthigen schon versehen. Wir müssen solche Vorbereitungen treffen, daß wir gewiß wissen: Er komme, wann Er wolle, ich bin doch bereit. Ich kann wohl nicht immer warten und eine Nachtwache nach der andern halten; ich darf mich niederlegen und schlafen, wenn ich müde bin, aber mein Herz soll sich doch immer in Bereitschaft finden lassen, daß wenn Er allenfalls kommt, und ich meine Augen aufschlage, ich Ihn ohne Furcht und Schrecken bei mir da stehen sehen könne. Der Heiland hat uns also damit eine Regel gegeben: Wenn ich euch so finde, daß ihr nicht erschrecket und verlegen seyd, und dann erst Rath holen müßt, was ihr thun sollet; sondern wenn ihr sicher in meine Arme fallen sollt, ohne euch zu säumen, so ist kein besserer Rath, als ihr haltet das Oel bereit, schafft Oel genug ein, daß es euch dann nicht mangle, noch eure Lampen verlöschen mögen. Denn wenn die Lampe auch nur so viel verlöscht, daß man zwar noch Licht sieht, daß es noch flackert, aber ihr habt kein Oel zum Zugießen, so seyd ihr gewiß nicht Leute, die sogleich mitgehen können, sondern ihr wollt erst zurecht machen, und bei den Krämern kaufen, was schon fertig seyn soll, und darüber versäumet ihr des Bräutigams Stunde, und kommt nicht mit hinein.

Der Heiland hat für unsern inwendigen Menschen einen beständigen Zufluß des Oels, des Balsams, der Lebenssäfte verschafft. Dieß Lampenöl kann man aber bei den Krämern nicht bekommen die alles für Geld verkaufen. Wo denn? Es ist nur Einer, der es geben kann, und wohlfeil, ja umsonst giebt. Wo ist Er? wie heißt Er? Offenb. 21, 6. u. 22, 17. ist Er zu erfragen. Es ist der Bräutigam selbst. — Brauchen wir aber gar nichts, um es von Ihm zu erhalten? Nichts, als ein ernstliches Wollen. Es muß nur ein beständiger Hunger und Durst nach seiner Gerechtigkeit in uns seyn, die aus seinem Blute quillt, so soll uns nichts daran mangeln, sondern es soll eine Quelle werden, die so lange quillt, bis das ewige Leben da ist. Joh. 4, 14. Darum muß man sich bekümmern, um dieses Wasser, das Er giebt; darum muß man weinen, daß diese Quelle in uns entspringe, daß man, Er komme so unversehens, als Er wolle, gewiß wisse, die Lampe des geistlichen Lebens brennt, die Flamme des Herrn lodert, die keine Wasser auslöschen, und keine Ströme ersäufen können.

— **Und die Thüre ward geschlossen.** Die Thüre zum Eingang in die unaussprechliche Kirchen-Seligkeit hat der Heiland seit seiner Auffahrt schon oft verschlossen, und wieder aufgemacht. Das sind die periodischen Erscheinungen des Reiches Gottes: Das Himmelreich ist nahe zu uns gekommen. Die alsdann da sind, gehen mit hinein; die aber sonst noch viel zu bestellen haben, verspäten sich.

11. **Endlich kommen auch die andern Jungfrauen** (aber zu spät) **und sagen: Herr, Herr! thue uns auf!**

Suchet den Herrn, so lang Er noch zu finden ist. Wenn die Thüre verschlossen ist, dann ist keine Zeit mehr. Der Tag hat zwölf Stunden, da man wirken muß; aber dann kommt die Zeit, da niemand wirken kann. Es hilft aber nichts, daß man weine, heule und schreie: Herr! Herr! Die thörichten Menschen wollen sich alle mit äußerm Lippengebet und Geschrei helfen.

12. **Er aber antwortete und sprach: Wahrlich, ich sage euch, ich kenne euch nicht.** Kap. 7, 23.

Ihr habt mich ja nicht kennen, vielweniger ehren und lieben wollen; wie kommt ihr denn jetzt zu mir?

Das mögen nun alle wohl zu Herzen nehmen, die sich nach Jesus gar nicht umsehen, und eher daran zu denken nicht gesinnt sind, als bis der Tod auf der Zunge sitzt; statt, daß sie ohne Unterlaß Oel in ihre Lampen und Gefäße sammeln, Gnade um Gnade aus der Fülle Christi schöpfen sollen.

13. **Wachet also, denn ihr wisset nicht den Tag noch die Stunde.** Siehe Kp. 24, 42. Luc. 21, 36. Wachen heißt, sich das Werk seiner Seligkeit recht angelegen seyn lassen. Jede Stunde halte für die letzte, wenn du nicht willst überfallen werden vom Tode, wie von einem Diebe.

14. **Dann wird es gehen, wie mit einem Menschen der verreiste, seine Knechte zu sich rief, und ihnen seine Güter übergab, und sprach zu ihnen: Wirthschaftet damit, bis ich wiederkomme.** Vergl. Luc. 19, 12. 13.

Jetzt ist es an uns, Treue zu beweisen, und in dem, was der Vater in seines Sohnes Sache thut, um ihm alle Feinde zu Füßen zu legen, und was der heilige Geist in den Herzen der Menschen zur Verklärung des Gekreuzigten wirkt, an unserm Theile auch zu seyn, wo wir seyn sollen. Wirthschaftet, bis ich wieder komme, heißt also: Laßt euch brauchen in dem Dienste meines Vaters und des heiligen Geistes, in meinem Reiche, mit aller Treue, und seyd willig dazu, wenn ihr gebraucht werdet.

15. **Einem gab er fünf Talente, dem andern zwei, dem dritten aber eines; jedem nach seinem Vermögen.**

Der nöthige Verstand eines begabten Knechtes des Heilandes, Ihm in seiner Sache zu dienen, wird ihm auch gegeben.

16. **Der eine nun, welcher fünf Talente empfangen hatte, wirthschaftete damit und gewann fünf andere dazu.** 17. **Eben so gewann auch, der zwei empfangen hatte, andere zwei.** Das geschieht,

wenn man das Reich Gottes in sich und andern Seelen aufrichtet, sich und andere selig macht durch die Gnade und den Geist, den Gott durch Jesum in unser Herz gelegt hat.

Auch bei mäßigen Gaben muß man deßwegen nicht müssig seyn.

18. **Der aber eins empfangen hatte, ging hin und machte eine Grube in die Erde, und verbarg das Geld seines Herrn,** — ließ es ohne Frucht liegen, wodurch es in der That verloren geht. Das heißt den Geist Gottes in sich dämpfen und unterdrükken, daß er nichts wirken kann, wodurch dann geschieht, daß man die Gnade Gottes vergeblich empfangen hat.

19. **Nach langer Zeit kam der Herr jener Knechte und hielt Rechnung mit ihnen.** 20. **Da trat hinzu der fünf Talente empfangen hatte, brachte andere fünf Talente und sprach; Herr! fünf Talente hast du mir übergeben, sieh! ich habe noch fünf andere dazu gewonnen.** 21. **Da sprach der Herr zu ihm: Wohlan, du guter und getreuer Knecht, weil du über wenigem treu gewesen bist, will ich dich über vieles setzen. Gehe ein in die Freude deines Herrn.**

Wem die Arbeit selbst ein Lohn ist, dem ist recht damit gedient; denn er sieht auf seines Herrn Interesse und weiß, je mehr für Ihn geschieht, desto größer wird sein Lohn, desto vergnügter und gesättigter seine Seele. In sofern ist das schon eine Belohnung, die Versöhnung zu predigen. Wenn Er uns hilft, daß wir das Zeugniß führen, und Er es auch vertheidiget; wenn wir mehr ausrichten, mehr thun können, mehr Raum und einen größeren Gewinn bekommen, so ist das eine Freude für ein Herz, das den Heiland liebt und Ihm gerne dient. Man ist bei seinem Loose nicht fröhlich, bis eine Menge Seelen selig geworden.

Wer aber den Lohn **darein** setzen wollte: — du bist ein Korporal gewesen, nun sollst du ein General werden; du hast den Rang mit diesem und jenem geringen Manne gehabt, nun sollst du den Rang mit dem größten Herrn haben, der dächte nicht Christus ähnlich. Auf dergleichen Gedanken kann des Heilandes Antwort folgen: Nimm das Deine und geh hin! Der Heiland kann die Vergleichungen mit andern nicht leiden. Wenn Leute ihre Dienste rühmen, so tritt Er auf die Seite derer, die wenig verdient haben, gegen die verdienstvollen Leute. Die Billigkeit davon weiß Er schon zu erklären und einen jeden zu überzeugen, daß er nichts antworten kann.

Das ist indeß gewiß, wer treu ist im Kleinen, dem wird mehr anvertraut. Wer seinen dürren Stecken zwei, drei Jahre gehorsamlich begießt, weil es befohlen ist, wenn er gleich sieht, daß es ein dürrer Stecken bleibt, dem wird entweder der Stecken grün durch ein Wunder, oder der Heiland erlöset ihn zu seiner Zeit von der Arbeit, und giebt ihm etwas Besseres, und damit eine tägliche Frucht, die man sieht und genießt. Die gute Arbeit ist schon in sich ihr eigener Lohn.

22. **Es trat nun auch hinzu, der zwei Talente empfangen hatte und sprach: Herr! zwei Talente hast du mir übergeben und sieh, ich habe noch zwei andere dazu gewonnen.** 23. **Und sein Herr sprach zu ihm: wohl! du guter und getreuer Knecht! weil du über wenigem bist treu gewesen, so will ich dich über vieles setzen; geh ein in die Freude deines Herrn.**

Alle Förderung im Guten hängt von der Treue ab, womit wir, sowohl im Innern als Aeußern, geringscheinende Dinge wohl benutzen. Laßt uns nicht immer große außerordentliche Dinge, Gaben und Gnaden erwarten, sondern jeden guten Gedanken, jede Erinnerung, jede Strafe und Zucht des Geistes, jeden Seufzer, jedes kleine Leiden recht anwenden, so wie es uns jedesmal gegeben wird, so auch unsere geringsten Geschäfte, unbedeutendsten Handlungen im Namen des Herrn und zur Ehre des Herrn thun, statt uns große Gedanken von Heldenthaten zu machen, die wir wohl nie thun werden.

Man tritt getrost zu Gott hin, wenn man auch nur im Kleinen seinen Willen gethan hat, oder treu gewesen ist.

Die Treue ist es, nicht die Größe der Arbeit, die der Herr ansieht.

Man säet auf Erden, und sammelt im Himmel. Man säet kurze Zeit zwei Körnlein, und ärndtet ewig unermeßliche Schätze. Diese zwei Knechte gingen beide in dieselbe Freude des Herrn ein, weil sie beide mit gleichem Eifer, wenn schon nicht mit gleichen Gaben und in demselben Werke arbeiteten.

24. **Es kam aber auch der herbei, der ein Talent empfangen hatte und sagte: Herr, ich kannte dich, daß du ein harter Mann bist, daß du ärndtest, wo du nicht gesäet, und sammelst, wo du nicht ausgestreuet.** 25. **Und ich fürchtete mich, ging hin und verbarg dein Talent in die Erde. Sieh, da hast du das deine.** Der Sünder schont weder Gott noch Menschen, sondern sucht durch Verläumdung und Lästerung die Schuld von sich ab und auf Gott oder Andere zu wälzen. Wie gräulich ist diese Lästerung, Gott des Eigennutzes, der Härte anklagen, der von uns nichts um Seinetwillen fordert, sondern das Böse uns umsonst vergiebt, und das Gute, das Er selbst in uns wirkt, belohnt! Die Faulheit verbirgt sich oft unter dem Mantel der Furcht. Das heißt Böses thun, wenn man das Gute nicht thut, wozu man die Gabe hat.

Laßt uns nicht solche faule Knechte seyn, die das ewige Leben gern als einen Raub davon tragen möchten, durch eine äußerlich zugerechnete Gerechtigkeit, und einen müßigen todten lieblosen Glauben an Christi Verdienst, ohne Christum und seine Gerechtigkeit anzuziehen und darin zu wandeln, ohne mit Ihm der Sünde zu sterben, und der Gerechtigkeit zu leben.

Wer das freundliche Angesicht Gottes in Christo nicht kennt, dem erscheint Gott als ein harter Mann, als ein Grausamer, als ein Tyrann, der mehr nimmt als Er giebt, und mehr fordert, als Er Recht zu fordern hat.

26. **Da antwortete sein Herr und sprach zu ihm: Du böser und fauler Knecht! Du wußtest, daß ich ärndte, wo ich nicht gesäet, und sammle wo ich nicht ausgestreut habe.** 27. **Du hättest also mein Geld den Wechslern geben sollen, so würde ich bei meiner Zurückkunft das Meine mit Gewinn wieder erhalten haben.**

Es entschuldigt also durchaus nicht, wenn man das Werk des Herrn lässig treibt, oder gar liegen läßt, weil man keine große oder viele Gaben hat. Die Trägheit klagt immer lieber Gott oder andere an, als sich selbst. Das sagen alle Faule: Man hilft mir nicht. Sey also die Gabe und Gnade, die dir gegeben ist, noch so klein, du mußt treu damit umgehen, denn der Herr lobt die Treue im Kleinen. Wer unnütz ist, ist schon böse; wer unbenützt liegen läßt, was er von Gott hat, ist ein böser und fauler Knecht, denn wer hat, dem wird gegeben ꝛc. Kap. 13, 12.

Je mehr man sich bei Gott entschuldigt, desto mehr verdammt man sich selbst. Gott bleibt gerecht, auch wenn Er als ungerecht verurtheilt und gerichtet wird.

28. **Nehmet ihm also das Talent und gebet es dem, der die zehn Talente hat.** 29. **Denn jedem der hat, wird gegeben, daß er Ueberfluß habe, wer aber nicht hat, dem wird auch das, was er zu haben scheint, genommen.** Kap. 13, 12. Mark. 4, 25.

Gott giebt gern, und läßt uns auch gern, was Er gegeben hat, wenn man nicht vergeblich seine Gaben empfängt. Wenn uns daher eine Gnade, die wir genossen haben, entzogen wird, so ist es ein Beweis, daß Gott sie uns nehmen mußte, weil wir sie nicht gut angewendet haben, oder untreu mit ihr umgingen. Gott nimmt es dem Einen, der es nicht braucht, oder nicht recht, d. h. mit Anmaßung und Selbstgefälligkeit braucht, und giebt es dem andern, der demüthig und treu ist, der schon viel hat, damit er Ueberfluß habe. Gottes Gnade vermehrt sich durch treuen Gebrauch in's unendliche, wenn man damit wohl haushält. Wer aber mit der Gnade nicht mitwirkt, und so handelt, als wenn er sie nicht hätte — denn nicht brauchen heißt so viel, als nicht haben — dem wird es nicht sowohl genommen, sondern Er läßt es selbst erlöschen.

30. **Den nichtswürdigen Knecht aber werfet in die äußerste Finsterniß hinaus, da wird Heulen und Zähnknirschen seyn.** Kap. 8, 12. Und dieses bloß, weil er nichts gethan hat. „Ich thue ja nichts" sagen die Leute. Eben darum bist du ein fauler Knecht, der in's Feuer gehört, wie jedes unfruchtbare, faule Holz. Du sollst eben etwas thun und Gutes wirken mit der Gnade, die dir gegeben ist.

31. **Wenn nun der Menschensohn in seiner Herrlichkeit kommen wird und alle Engel mit Ihm, dann wird Er auf dem Thron seiner Herrlichkeit sitzen.** 32. **Alle Völker werden vor Ihm versammelt werden, und Er wird sie von einander scheiden, wie ein Hirt die Schafe von den Böcken scheidet.** 33. **Die Schafe wird Er zu seiner Rechten, die Böcke aber zu seiner Linken stellen.**

Von der Herrlichkeit, mit welcher Jesus zum Gerichte kommen wird, hat wohl niemand einen Begriff, denn sie ist von der Art, daß kein Auge etwas Aehnliches gesehen, kein Ohr gehört und kein Menschengedanke sich so etwas vorstellen kann. Die göttliche Herrlichkeit, die Er von Ewigkeit beim Vater hatte, und die, welche Er sich als Menschensohn durch Kreuz und Tod erwarb, diese doppelte Herrlichkeit wird vereint an Ihm strahlen. Alle Engel, deren jeder einzelne schon seine eigene Herrlichkeit hat, welche als die der Diener und Knechte auch noch zu des Herrn Ehre und Glanz gehört, alle Engel mit Ihm — von ihnen rings umgeben, sitzt Er auf seinem majestätischen Thron. Alle Völker der Erde vor Ihm. Welch eine Völkerversammlung, wie nie eine war und seyn wird! Keine Seele von allen Millionen, die je gewesen sind, noch sind und seyn werden, wird fehlen. Welch ein Anblick für Engel und Menschen! Welch eine feierliche Stille wird auf dem ganzen Geschlechte der armen Menschen ruhen! Welcher Schauer der Hoffnung und Freude, der Furcht und der Angst wird sie alle ergreifen!

Wie wird dir zu Muthe nur beim stillen Gedanken an den Erscheinenden auf den Wolken des Himmels, der dir dein ewig unwiderrufliches Urtheil sprechen wird? Willst du nicht von nun an aufmerksamer, gehorsamer seyn gegen die Stimme dessen, der da kommen soll, und vor dessen Richterstuhl wir alle offenbar werden müssen?

Diese großen Dinge trug Er in seinem Herzen und redete sie mit Zuversicht vor den Ohren des Volkes, kurz vor seinem nahen Leiden, da Er wie ein Uebelthäter unter die Uebelthäter gezählt und durch einen schmachvollen Tod hingerichtet werden sollte. Es ist fürchterlich schön, was Er da sagte — voll Schrecken und Liebe. Voll Schrecken für alle, die der Liebe nicht Raum geben; voll Liebe für alle, die glauben und lieben; voll Schrecken für die Böcke, oder störrigen, stolzen, widerspenstigen Bösen; voll Liebe für die Schafe, oder wegen ihrer Sanftmuth, Demuth und Geduld also bezeichneten Guten, die so manches auf Erden von den Böcken zu leiden hatten, von ihnen verachtet, verfolgt und verdammt wurden; aber nun! — wer denkt hier nicht an das, was nach Weish. 5, 1—15. die Gottlosen da sprechen werden?

34. **Zu denen zur Rechten wird er dann sprechen: Kommet, ihr Gesegneten meines Vaters** 2c. Welch ein Wort! wie lieblich! wie kräftig, wie ewig wohlthuend und erquickend. Wer dies eine Wort aus dem Munde Jesu einmal hören wird, dem wird ewig wohl geschehen. O! ihr kleinen Menschen, die ihr um ein freundliches Wort, um einen gnädigen Blick von einem Großen der Erde, euch so viel Mühe gebet, und dies für das größte Glück schätzet, wie irret ihr, wenn ihr euch hier nicht bemüht, einst von Christo, dem Richter und Entscheider eures ewigen Looses, freundlich angeblickt, gnädig behandelt zu werden.

Wer ein Gesegneter des Vaters, vom Sohne genannt werden will, muß wirklich gesegnet seyn, durch Christum in himmlischen Gütern mit geistigem Segen, muß nicht um zeitlichen Segen geizen, sondern durch Buße und Glauben vom Fluche des Gesetzes erlöst, Vergebung der Sünde und Friede mit Gott erlangt haben, in Liebe vor Gott wandeln, im Glauben, der durch Liebe thätig ist. Man sehe in den folgenden Versen, was diese Gesegneten gethan haben und worin der rechte Segen bestehe.

— **Nehmet das Reich in Besitz, welches seit Grundlegung der Welt euch bereitet ist.** Welch ein Reich? Gottes Reich. Wenn Könige auf Erden ihre Reiche je verschenkt haben, so waren es solche, die sie nicht mehr halten konnten, und dann gaben sie es nur Verwandten oder solchen, die es ihnen abgedrungen. Gott aber giebt sein Reich aus lauter Gnade, jedem der es sucht.

Wer einst dieß Wort hören will: **Kommet und besitzet!** der muß in seinem Leben wohl oft gesprochen haben: Komm, Herr Jesu! und besitze mein Herz! — und muß dies gesprochen haben mit ernstlichem Verlangen nach Inwohnung und Regierung Jesu in seinem Herzen, muß wirklich Jesum mit Liebe und Treue aufgenommen und Ihm in sich das Regiment gelassen haben.

35. **Ich war hungrig, und ihr habt mich gespeiset; ich war durstig, und ihr habt mich getränket: ich war ein Fremdling und ihr habt mich beherberget. 36. Ich war nackt und ihr habt mich bekleidet, ich war krank und ihr habt mich besuchet, ich war im Gefängnisse und ihr seyd zu mir gekommen.**

Merkwürdig ist, daß der Herr von allem Guten, was auf Erden von den Frommen geschehen ist, nur die Werke der Barmherzigkeit rühmt, und zwar nur die, welche das irdische Wohlseyn befördern. Die Werke der Liebe müssen also an jenem Tage sehr in Betracht kommen. Die Barmherzigkeit wird freudig erscheinen vor Gericht.

Warum redet der Herr hier nur von **Werken**, da doch Paulus sagt, nicht durch Werke, aus Gnaden werden wir gerechtfertigt und selig? Darum, damit du den Paulus nicht mißverstehen und dich auf die faule Haut legen sollst. Du wirst durch Gnade und umsonst gerechtfertigt bei deiner Bekehrung und Erweckung, daß du dich hernach im Stande guter Werke finden lässest, Tit. 3, 8. 14. Du wirst aus Gnaden dem guten Oelbaume einverleibt, daß du nicht unfruchtbar, sondern fruchtbar seyest in guten Werken, Kol. 11, 10. die der Beweis und die Offenbarung der Rechtfertigung aus Gnaden sind und seyn müssen. Jakob. 2, 28. Der Heiland will wissen, ob wir Ihn lieb haben in den Menschen, denn: Er sieht alles, was einem seiner Geringsten geschieht, so an, als wenns Ihm geschähe. Wenn die Seinen verkannt sind auf Erden, oder Mangel leiden, so nimmt der Heiland Theil daran; es ist, als litte Er mit, und das, was daraus entsteht, an Schmach, Geringschätzung 2c. 2c. sieht Er auch an, als geschähe es Ihm selbst. Wenn wir auch manchmal ganz verlassen werden, wenn die Leute, die helfen könnten, thun, als kennten sie uns nicht in gewissen Vorfallenheiten; das sieht der Heiland an, als Ihm geschehen. Wenn wir krank sind, nimmt Er Theil daran; ja die geringste Erquickung oder Sorge eines Freundes für ein Kind Gottes, daß es ihm wenigstens leichter werde, theilt der Heiland gewiß mit ihm.

37. **Dann werden ihm die Gerechten einwenden und sagen: Herr! wann haben wir dich hungrig gesehen, und dich gespeiset? oder durstig, und dich getränket? 38. Wann haben wir dich als Fremdling gesehen, und dich aufgenommen? oder nackt, und dich gekleidet? 39. Wann haben wir dich krank gesehen oder im Gefängnisse, und haben dich besucht?**

Sie wollen nichts davon wissen, und können sich ihrer guten Werke gar nicht erinnern, sind also gar nicht mit dem Vertrauen auf ihre eigenen Verdienste, aus der Zeit in die Ewigkeit hinüber gegangen, als hätten sie sich durch ihre guten Werke den Himmel verdient, haben sie auch nicht aus Lohnsucht gethan, sondern weil sie glaubten, das verstehe sich von selbst, und sey natürliche Folge der ihnen geschenkten Gnade, wie das Odemholen bei jedem Lebendigen, wofür er keinen Lohn erwartet. Sie haben es also längst vergessen, aber Er nicht. Er vergißt keinen kalten Trunk Wasser, um Seinetwillen dem Durstigen gereicht. Sie hatten keinen Eindruck davon, der ihnen geblieben wäre. Die Werke folgen uns **nach**, darum sehen wir sie nicht.

Laßt uns ohne Unterlaß um den Glauben bitten, und uns ohne Unterlaß in der Liebe üben, die Jesum in den Armen und Leidenden erblickt.

40. **Der König wird antworten: Wahrlich, ich sage euch: so viel ihr einem dieser meiner geringsten Brüder gethan habt, das habt ihr mir gethan.** Wenn jemand kommt und spricht: Ich bin ein Bruder des Lammes, und ihr könnt es ihm glauben, und um deßwillen Treue beweisen, so habt ihr hiemit das Versprechen von dem, der nicht lügt: Es soll euch vergolten werden. Wenn ihr das Eurige wohl

anlegen, und euch einen sichern Schatz sammeln wollt, so könnt ihr es. Er hat uns Gelegenheit verschafft, Gutes zu thun; Er hat uns alles verdient; darum läßt Er uns die Freude, zu denken, wir hätten auch etwas zum Bau des Reiches Gottes beigetragen, wenns gleich nur ein Spänchen ist. „Wenn ihr darbet, so sollen die Leute, denen ihr Gutes gethan habt, als meinen Brüdern, euch, wenn ihr keine Hütten für euch wisset, in ihre Hütten aufnehmen.“

Das unterliegt keinem Streit; das sind klare Aussprüche dessen, der der Herr der Schätze Gottes ist, der die Schlüssel zu allem hat. Er hats gesagt und wirds halten. Wenn wir nun Christi Sinn haben sollen, so muß auch Christi Gabe in uns erweckt werden, der großmüthige Sinn, tausendfach zu vergelten, was uns einfach geschieht.

41. **Dann wird Er auch zu denen auf der Linken sprechen: weichet von mir, ihr Verfluchten, in das ewige Feuer, das dem Teufel und seinen Engeln bereitet ist.**

Da werden sie doch endlich an das Daseyn eines Teufels und einer Hölle glauben lernen, die jetzt darüber spotten; — aber dann ist es zu spät! —

Wer ohne Liebe erfunden wird, wird nicht anders als der Teufel selbst gehalten werden, und es wird ihm auch in Ewigkeit nicht besser gehen.

Welch eine schreckliche Verbannung, da an keine Wiederkehr zu denken ist.

Verfluchte, werden sie genannt, weil sie den Segen, den ihnen Gott vorlegte, nicht wollten, sondern selbst den Fluch wählten; denn Gott verflucht Niemanden.

Die Hölle ist also eigentlich nur dem Teufel und seinen Engeln bereitet, nicht den Menschen. Diese kommen nur dazu, weil sie es mit dem Teufel freiwillig hielten, und den für sie im Himmel bereiteten Ort nicht wollten.

Wenn sie dann einen dritten Ort haben könnten, daß sie nicht bei den Teufeln, die ihre Feinde sind und ihrer spotten, ihre Zeit zubringen müßten, wenn sie etwa Geister für sich, eine Zwischengattung zwischen Engeln und Teufeln seyn könnten; das wäre ihnen vielleicht eine Zeit lang erträglicher. Aber wider die Compagnie mit den Teufeln hält keine Philosophie Stich, da wird aller frecher Muth zu Boden geschlagen. Hier kann Einer Satans Unterthan seyn, und weiß es nicht, aber wenn der König des Schreckens einen mit Todesfurcht gefangen nimmt, dann besteht keine Großmuth mehr, sondern die Verzweiflung, vor der man sich lebenslang gehütet hat, ist dann unvermeidlich.

42. **Ich war hungrig und ihr habt mir nicht zu essen gegeben; ich war durstig, und ihr habt mich nicht getränket.**

43. **Ich war ein Fremdling,** (ein Gast) **und ihr habt mich nicht beherberget; ich war nackt, und ihr habt mich nicht bekleidet; ich war krank, und im Gefängnisse, und ihr habt mich nicht besucht.**

Wenn die schon gestraft werden, welche von ihren Gütern nichts mittheilen, oder den Leidenden nichts Gutes erweisen, was wird mit denen geschehen, die andern, und besonders Armen, das Ihrige nehmen, sie betrügen oder sie kränken und ihnen Böses erweisen?

Christus schämt sich nicht zu sagen: ich war hungrig, durstig, fremd, nackt, krank, gefangen, in den Armen und Leidenden; warum schämst du dich Seiner, Ihn in allen solchen Fällen zu erfreuen mit Hülfe der Armen? Umsonst bilden wir uns ein, wir würden Christo, wenn Er leibhaft hier wandelte und Hülfe nöthig hätte, helfen, Ihn speisen, kleiden, besuchen; wenn wir es jetzt nicht thun, da wir wissen, daß Er es eben so aufnimmt, als hätte man es Ihm gethan oder nicht gethan, was wir dem armen Bruder Christi thun oder nicht thun.

Wer sollte nicht von uns in die Hospitäler, Kranken- und Armenhäuser, in die Gefängnisse und Hütten der Nothleidenden laufen, wenn uns ein Apostel oder Engel zuriefe: gehet, Christus bedarf Euer dort? Nun sagt es Christus selber, und wir haben Ohren und hören nicht. Wollen wir aber jetzt nicht hören, so werden wir einst an jenem großen Tage öffentlich vor aller Welt hören müssen, daß wir zwar mit dem Munde Jesum bekannt, aber in der That und in den Armen Ihn verleugnet und verlassen, ja verachtet haben. So sammeln wir uns ja Schätze des Zorns, da wir uns so leicht Schätze für den Himmel sammeln könnten, die uns Jesus wohl verwahren, und an jenem Tage mit ewigem Gewinn wiedergeben würde.

44. **Dann werden auch diese einwenden und sagen: Herr! wann haben wir dich hungrig oder durstig oder fremd oder nackt, oder im Gefängnisse gesehen und haben dir nicht gedient?**

45. **Dann wird Er ihnen antworten und sagen: Wahrlich, wahrlich, ich sage euch, so viel ihr einem dieser Geringsten nicht gethan habt, das habt ihr mir auch nicht gethan.**

Es ist merkwürdig, daß der Heiland die gottlosen Menschen nicht beschuldigt, daß sie die Seinen verfolgt haben. Er wollte ihnen keine Antwort lassen, sondern sie sogleich verstummen machen. Hätte Er gesagt: Warum habt ihr meine Leute verfolgt? so würden sie geantwortet haben: „Du lieber Gott, waren das deine Leute? Wir haben gedacht, das sind böse Menschen.“ Darüber mag Jesus nicht erst einen Prozeß anfangen, noch bei etlichen hundert tausend Atheisten und Naturalisten das Urtheil veranlassen: „Die Leute haben nach ihrer Erkenntniß gehandelt.“ Darum führt Er keine Begehungs- sondern nur Unterlassungs-Sünden an, und verdammt sie nur um des unterlassenen Guten willen. Er übergeht die zehn großen Verfolgungen und alle die unzähligen Plackereien seiner

Christen mit Stillschweigen und führt ihnen nur das zu Gemüthe, daß sie sich der Seinigen nicht hätten schämen, sondern nach allem Vermögen annehmen sollen.

Da wird Er also die Sonde nehmen, und damit in die Herzen hineinfahren, wie wenn man sondirt, wie tief eine Wunde ist. Da wird ihr Herz offenbar werden, daß sie in ihrem Leben keine Liebe zu den Seinigen gefühlt und in keinerlei Verbindung mit ihnen gestanden. Hätten sie sich geirrt und Leute für Kinder Gottes gehalten, die Heuchler gewesen, so hätten sie doch etwas zu antworten. Unter den Leuten, die alsdann selig werden, werden gewiß einige seyn, die Heuchlern Gutes gethan haben, in der Meinung, sie seyen Kinder Gottes. Das rechnet aber der Heiland doch als Ihm gethan an, denn Er sieht auf das Herz, und fordert eben keine Scharfsinnigkeit von den Seinigen, daß sie es immer treffen müßten; sondern es ist genug, wenn sie Hang, Liebe und Neigung zum Guten, zur Jesusähnlichkeit, zur Familie Jesu in ihrem Herzen fühlen. Wo aber das nicht ist, wer weder ein rechter Jünger, noch ein Patron und Wohlthäter des Volks Jesu ist, solche Leute finden ihre längst bereitete Wohnung bei denjenigen Geistern, mit denen sie in der Zeit am meisten bekannt waren, und unter deren Einfluß sie gestanden haben. Es wird heißen: **Weichet von mir, ihr Verfluchten, ins ewige Feuer, welches dem Teufel und seinen Engeln bereitet ist,** weil ihr mir in den Meinigen nichts Gutes gethan habt.

46. **Und diese werden in die ewige Strafe gehen, die Gerechten aber in das ewige Leben.**

Hier wird keine Appellation mehr gelten, keine Ausflucht, keine Entschuldigung. Wer ewig böse seyn will, und die Zeit der Gnade, die Tage des Heils versäumt hat, muß ewig verdammt seyn, wie der, der in der Zeit der Gnade, Gnade suchte und fand, der ewigen Gnade theilhaftig bleiben wird.

Ach Leser! hier steht dein Urtheil, dein ewiges Loos, ewige Strafe, oder ewiges Leben! Wähle jetzt, säume nicht, laß es nicht auf jenen Tag und den letzten Urtheilsspruch deines Richters ankommen. Ergreife das ewige Leben, welches dir in Christo dargeboten wird, so wird sich die Strafe ewig nicht nahen dürfen.

Das XXVI. Kapitel.

1. **Nachdem Jesus alle diese Reden vollendet hatte,** nachdem Er die Menschen durch seine Lehren der Weisheit unterrichtet, durch seine Thaten der Liebe erbaut, durch seine Wunder der Allmacht überzeugt, und mit lauter Wohlthun und Menschenfreundlichkeit eingeladen hatte, so ist Er nün im Begriff auch für sie zu leiden, und sie mit seinem Blute zu erlösen. Und dies ist nun der wichtigste und tröstlichste Theil seines Lebens; daher **sprach Er zu seinen Jüngern:**

2. **Ihr wisset, daß nach zwei Tagen Ostern ist, und der Menschensohn ausgeliefert wird, daß Er gekreuziget werde.** Mark. 14, 1. Das konnten sie wohl wissen, denn Er hatte es ihnen ja oft genug gesagt. Aber was man nicht gerne hört, überhört man oder versteht es nicht, und merkt es sich nicht.

Lasset uns vorhergesehenen Leiden auch mit solchem Frieden und solcher Gelassenheit, wie Christus, entgegen gehen.

Zwei Tage nur waren noch übrig, dann sollte Er des bittersten Todes sterben, und wie ruhig kündigte Er es seinen Freunden an. Das sollte nun einmal das wahre Ostern seyn, weil nun das wahre Osterlamm geschlachtet wurde, von dem alle Vorigen nur Vorbilder und Schatten waren.

3. **Da versammelten sich die Hohenpriester und die Schriftgelehrten und die Aeltesten des Volkes im Pallaste des Hohenpriesters, Namens Kaiphas.** (Joh. 11, 47.) 4. **Und hielten Rath, wie sie Jesum mit List ergreifen und tödten könnten.** Kap. 27, 1.

Wie ist es möglich! Wer sollte nicht glauben, die Priester und Aeltesten des Volkes würden alles thun, Ihn aufzusuchen, um Ihn dem Volke vorzustellen als ihren von Gott gesandten Heiland. Und gerade diese sind es, die Ihn ausrotten wollen! Es ist also möglich, und verwirklichet sich nur allzu oft, daß die Leiter blind sind, daß die Führer des Volkes am schrecklichsten irren, daß die Lehrer die Wahrheit tödten, daß die Priester das Lamm schlachten, daß die Gottesgelehrten die Schrift erfüllen und Christum kreuzigen.

Ihr Priester und Gelehrte unserer Zeit! fürchtet euch, sehet euch vor, daß euch nicht dasselbe begegne.

Das ist in dieser Sache auch bemerkenswerth, daß sich Christus und seine Feinde zu gleicher Zeit bereiteten, Er zu sterben, sie Ihn zu tödten. Wenn ein Kind Gottes auch im Verborgenen sich Gott zu etwas hingiebt, so bekommt die Welt Macht es auszuführen, ob sie gleich von dem geheimen Rath Gottes nichts weiß. Die Gottlosen meinen, Ihn wider seinen Willen zu fangen und zu tödten; Er aber hat sich längst dazu geopfert, und nur das gab ihnen Erlaubniß, ohne ihr Wissen.

5. **Nur nicht am Feste, sagten sie, damit kein Aufruhr unter dem Volk entstehe.** Aber im Himmel bei Gott war es anders beschlossen, als im Rath zu Jerusalem. Gerade am Feste sollte das Opferlamm geschlachtet werden. Sie fürchten nur den Aufruhr, Gott nicht.

6. **Als Jesus in Bethanien** (einem Dorfe am Oelberge) **war, im Hause Simons des Aussätzigen,** d. i. der aussätzig gewesen, und wahrscheinlich von Jesu

geheilt worden war, (Mark. 14, 3.) **7. da kam ein Weib zu Ihm, mit einem Gefäße von Alabaster, voll köstlicher Salbe, und goß sie über sein Haupt aus, da Er zu Tische lag.** Joh. 12, 3.

Das ist ein klares Beispiel, wie weit die Einfalt geht. Dreihundert Denarien, welches damals viel Geld war, wendet dieses Weib, Maria, die Schwester des Lazarus und der Martha, an den Heiland. Joh. 12, 3. Wenn man das heutzutage noch beurtheilen sollte, so würde man sagen, wie damals: Es ist ein unnützer Aufwand; was hats für einen Zweck?

Einfalt muß ein Kind der Gnade seyn, und aus einem in den Heiland verliebten Herzen herkommen, aus einem trostvollen Sinn über die Nähe des Heilands, worüber einem alles andere vergeht, und aus dem Gemüthe kommt, daß alles, was man thut, mit einer gewissen Unbedenklichkeit und Freimüthigkeit geschieht, die natürlich und originell ist, die Respekt und Ehrfurcht mit sich bringt. Es ist ein Licht, wobei man fröhlich seyn soll, wenns aus Vergebung, aus einem vom Verderben freigesprochenen Sinne herkommt, der nicht mehr mißvergnügt, schüchtern und furchtsam seyn, oder sich noch Bedenken machen kann, während es ihm doch so wohl ist. Und in dieser Einfalt soll man, wie der Heiland will, niemand stören.

8. **Da das seine Jünger sahen, wurden sie unwillig und sprachen: Wozu diese Verschwendung? 9. Dieß hätte man theuer verkaufen und den Armen geben können.**

Es giebt einen Lästergeist, der alle Schritte und Tritte der Kinder Gottes streng beobachtet, und sie auskundschaftet; daher kann die Sorgfalt nöthig seyn, unter sich selbst allerlei zu tadeln und zu erinnern, damit es nicht andere, ihnen zum Schaden, thun. Aber wer an sich selbst einen kritischen Geist hat, und gern über die Gedanken und den Zweck der Geschwister urtheilt, der hat es darum doch am unrechten Orte; denn wir sind vom Heiland angewiesen, daß wir trachten sollen, einfältige Herzen zu werden.

10. **Da es aber Jesus merkte, sprach Er zu Ihnen: Warum machet ihr diesem Weibe Kummer? Sie hat ein gutes Werk an mir gethan.**

Der Heiland wollte nicht, daß sie sich an dem Weibe stoßen sollten, weil Er ein Freund der Einfalt war, und obwohl Er nicht gekommen war, sich dienen zu lassen, und nie selbst so viel an sich gewendet hätte, denn Er war sehr arm, so lobt Er doch die That, und machte hier eine Ausnahme, weil Er wußte, daß es redlich gemeint war. Er richtet nach dem Herzen.

Eine Seele, die in ihrer größten Noth, mitten im Gefühl ihres jämmerlichen Zustandes, nicht vom Heiland weggeschreckt werden kann, ist berechtigt zu seiner Protektion. Wenn nichts in der Welt ist, was dich mit deinem Heilande unzufrieden machen kann, so hast du das Privilegium, daß dir weder die Welt, noch der Satan, noch ein hartherziger gesetzlicher Bruder, noch dein eigenes Gewissen einen Kummer machen darf.

Wenn du den Heiland so lieb hast, daß du immer in seiner Nähe und Vertraulichkeit bist, daß du nichts anderes zu thun weißt, als dich ganz auf Ihn zu werfen mit allen deinen Fehlern und Gebrechen, weil du dir auf keine andere Weise zu helfen weißt, und du dich nun einmal Ihm auf ewig übergeben hast; wenn dein Herz so ist, daß es seinen Heiland zu keiner Zeit lassen kann, weder im größten Vergnügen, noch in der tiefsten Traurigkeit, so wird dich der Heiland allemal in Schutz nehmen, so daß niemand deine Seligkeit stören darf. Wenn andere Menschen sich an dir stoßen, wenn Satan dich verklagen will, so vertritt dich der Heiland beim Vater.

11. **Die Armen habt ihr allezeit bei euch und könnet ihnen Gutes thun, wann ihr wollet; mich aber habt ihr nicht allezeit.** Darum mache sich jeder die köstliche Stunde, da Er ihn seine selige Ge-

genwart genießen läßt, wohl zu Nutzen. Mark. 14, 7. 5 Mos. 15, 11.

12. **Daß sie diese Salbe über meinen Leib ausgoß, das hat sie auf mein Begräbniß hin gethan**, nach Morgenländischer Sitte, aus besonderer Liebe und Hochachtung. Sie ahnt, was mir bevorsteht, meinen Tod, und salbt mich also schon im Voraus zu meinem Tode ein. Das Weib that es aus besonderm Trieb des Geistes, oder ohne daß sie selbst wußte, was sie that, aber Christus erklärte es, was der Geist in ihr that. Die Liebe sieht weiter als gewöhnliche Augen, und thut oft etwas, was Niemand versteht, der die Liebe nicht kennt.

13. **Wahrlich, ich sage euch, wo man immer in der Welt dieß Evangelium predigen wird, da wird man auch zu ihrem Andenken erzählen, was sie gethan hat.**

Es ist zu unserer Zeit alles von Leuten überschwemmt, die eine gewisse gute Art angenommen haben, entweder durch Erziehung oder durch Beispiele anderer, so daß einem bei den immer mehr zum Charakter der Menschen werdenden Herzenskrümmungen, auch ihre guten Handlungen fürchterlich werden, und fürchterlicher als die schlimmen. Und weil ihrer so wenig sind, die in ihren Sachen, wie dieß Weib handeln, die dem Heiland Balsam für hundert Denarien auf das Haupt gegossen, so kann man, wenn sich einmal ein solches Exempel findet, es auch nicht genug preisen, und nicht aufhören, es zu erzählen, und unvergeßlich zu machen.

Wenn daher Personen von besondern Lebensführungen, sich mit einer wahren Einfalt dem Heilande ergeben und in der Gnade bis ans Ende beharren, so wird das unter Kindern Gottes zu einer evangelischen Geschichte. Was solche einfältige Seelen und gute Herzen für einen freundlichen Empfang beim Heilande haben, wo die Einfalt unangesagt hineingeht, das ist ein unbeschreiblicher Anblick.

14. **Hierauf ging einer von den Zwölfen mit Namen Judas Jskarioth, zu den Hohenpriestern,** (Mark. 14, 10. Luk. 22, 3.) 15. **und** accordirte mit ihnen, und verkaufte Jhn als ein wahrer Jskarioth, oder Kaufmann, indem er sprach: **Was wollt ihr mir geben? und ich will Jhn euch in die Hände liefern. Sie bothen ihm dreißig Silberlinge.**

„Ein schöner Werth, dessen ich werth geachtet bin von ihnen!" Zach. 11, 13. Aber wie viele unter den Christen, die den Judas schelten, daß er Jhn um dreißig Silberlinge verrathen, verkaufen Jhn um etwas viel Geringeres?! Ach man giebt ihn oft für eine schlechte Lust, oder kleine Ehre Preis, und verkauft das höchste Gut für eine Kleinigkeit.

16. **Und von da an lauerte er auf eine Gelegenheit, Jhn zu überliefern.** Denn es mußte mit Manier geschehen, wie so viele böse Dinge! Er mußte auf Künste studieren, wie er's anfangen wollte. Er hätte einfältig zu Werke gehen dürfen, um selig zu werden, und Christum zu gewinnen; aber um sich zu verderben und Christum zu verrathen, mußte er sich den Kopf zerbrechen, und es sich sauer werden lassen.

Nichts ist ärger als eine Seele, die einmal gekostet hat die Kräfte der zukünftigen Welt. Wenn sie wieder abfällt, so verachtet und verfolgt sie Christum in seinen Gliedern, wie ein Satan. So nannte auch Christus den Judas. Joh. 6, 70.

17. **Am ersten Tage der ungesäuerten Brode traten die Jünger zu Jesus, und sprachen: Wo willst du, daß wir Anstalt für dich machen, das Osterlamm zu essen?** Ach, ihr armen Jünger, sagte Er es euch doch schon, und haben ja die Hohenpriester schon Anstalt gemacht, daß euer Meister dießmal selbst als das Osterlamm geschlachtet werde. Aber das wollen sie nicht begreifen, sie fragen als ehrliche Juden nur

nach dem gesetzlichen Osterlamm, nach dem Vorbildlichen, das die Menschen immer lieber haben als die Sache selbst.

18. **Jesus antwortete: Gehet hin in die Stadt zu einem Gewissen** (Luk. 22, 10.) **und saget ihm: der Meister läßt dir sagen: Meine Zeit rückt heran, bei dir will ich mit meinen Jüngern Ostern halten.** Der gewisse Mann bist du, Bruder, Schwester! Der Meister läßt auch dir sagen, Er möchte gern zu dir kommen in dein Herz und bei dir Ostern halten. Wirst du Ihn einlassen und aufnehmen?

Sieh auch, wie der Meister wieder Winke giebt: Meine Zeit rückt heran, daß ich selbst geopfert werde.

19. **Und die Jünger thaten, wie ihnen Jesus befohlen hatte und bereiteten das Osterlamm.** Ach, daß wir alle Befehle Christi, die Er uns durch sein Wort und seinen Geist in uns giebt, auch so treu und gehorsam befolgten! Aber wie oft wird sein Geist in uns betrübt!

20. **Als nun der Abend gekommen war, begab Er sich mit den Zwölfen zu Tische** — zum letztenmahle, das aber nur Er in seiner Seele fühlte, sie konnten es noch nicht fassen. Aber Er führte sie immer näher darauf hin, sprach immer deutlicher und sagte es nun gerade heraus, daß Einer aus ihrer Mitte Ihn überliefern werde, und dieser Jünger war es, der uns das wahre Osterlamm bereitet hat. Mark. 14, 17. 18.

21. **Und indem sie aßen, sprach Er,** dem Verräther zur Warnung, ohne Ihn noch den andern zu offenbaren: **Einer aus euch wird mich verrathen;** d. i. den Feinden in die Hände liefern; denn verkauft hatte er Ihn schon, aber die Verrätherei war noch nicht ausgeführt. Dabei offenbarte sich die aufrichtige Liebe der übrigen Jünger, die nicht gleichgültig dabei blieben, sondern vor sich selbst erschraken. 22. **Da wurden sie sehr betrübt, und einer um den andern fing an zu fragen: Bin ich's, Herr?** 23. **Jesus antwortete**

zum Troste und Beruhigung seiner Jünger: **Der mit mir die Hand in die Schüssel taucht, der wird mich verrathen.** Der Treulose erkannte wohl daran, daß der Meister von ihm rede, aber anstatt sich's reuen zu lassen, faßt er einen festern Entschluß, sein unseliges Unternehmen ins Werk zu setzen. Mark. 14, 20. Luk. 22, 21.

Wie schwer ist ein Herz, das von einer großen Gnade abgefallen, wieder zu bekehren!

24. **Der Menschen-Sohn geht zwar dahin, wie es von Ihm geschrieben steht,** Ps. 41, 10., **wehe aber dem Menschen, durch welchen der Menschen-Sohn verrathen wird; besser wäre es ihm,** und noch so manchem andern Verräther, der Jesum in seinem eigenen Herzen verräth und ihn überliefert, oder in den lebendigen Gliedern des Leibes Jesu verfolgt, **wenn derselbe Mensch nicht geboren wäre.** Ihm wünschte ich's nicht. — Das Wehe fließt aus Mitleiden. — Wie unmenschlich sind die Menschen mit der Krone der Menschheit umgegangen!

25. **Judas aber,** anstatt sich erweichen zu lassen, kommt hier zu einer schrecklichen Frechheit und **fragt: Bin ich es, Meister?** Weil er sah, daß die andern fragten, dachte er: Ich will es auch thun, daß man denken sollte, er würde ja nicht fragen, wenn er sich schuldig wüßte. Er mag es wohl mit großer Befremdung ausgesprochen haben, daß er so viel sagen wollte: Ich will ja nicht hoffen, daß man mich dafür ansehe! **Jesus antwortete: Du sagst es;** oder wie du sagst, so ist es; du bist's. Das hätte ihm sollen ein Schlag ins Herz seyn. Aber nein! Wie weit erstreckt sich nicht die Verhärtung eines Herzens! Was dasselbe am meisten rühren sollte, macht es nur noch unbeugsamer und frecher. Die andern Jünger fragten mit Zittern, weil sie sich nicht trauten; er aber mit solcher Herzhaftigkeit, als ob er nicht wüßte, daß Jesus Christus das Tiefste des Herzens ergründen könnte.

26. Da sie nun aßen, nahm Jesus das Brod, segnete und brach es, und gab es seinen Jüngern und sprach: Nehmet und esset, das ist mein Leib. (Luk. 22, 19.) 27. Dann nahm Er auch den Kelch, dankte, gab ihn seinen Jüngern und sprach: Trinket alle daraus *); 28. denn dieß ist mein Blut

---

*) Nun trinken aber nicht mehr alle daraus. Denn dreizehn Jahrhunderte hat man es so verstanden, und genommen, wie es da steht, und alle Gläubige aus dem Kelche trinken lassen. Im 12ten Jahrhundert kamen einige Bischöfe in Deutschland und England auf den Einfall, das gesegnete Brod in den Kelch einzutauchen, und so den Laien beide Gestalten mit einander vermischt zu geben, wie es die Griechische Kirche bis heute noch beobachtet. Aber im 13ten Jahrhundert fing man an nicht mehr alle, wie der Herr geboten hat, sondern nur die Priester aus dem Kelche trinken zu lassen; und die Worte: „Trinket alle daraus!" mußten nun nach unfehlbarer Erklärung heißen: „Trinket nicht alle daraus." Warum? Ja, weil das Blut Christi, wenn es den Laien gegeben würde, verschüttet und entehret werden, etwa am Barte hängen bleiben könnte. (Die Bärte sind nun weg, darum ist auch dieser wichtige Grund weggefallen.) Und dann, weil ja schon ohnehin im lebendigen Leibe auch Christi Blut mitgenossen werde. Als wenn diese elenden Gründe nicht schon früher gewesen und nicht auch bei den Priestern anzuwenden wären. Nur Könige waren so glücklich, daß sie den Kelch bis ins 14te Jahrhundert trinken durften; die gehörten bis dahin noch unter die Alle, wohin die Laien nicht zu gehören die Gnade haben. Andere sagen, Christus habe diese Worte nur zu den Aposteln gesagt. Aber hat Er denn die andern Worte: „Nehmet, esset!" nicht auch bloß zu den Aposteln gesagt? Und hat Er nicht gerade beim „Trinket aus dem Kelche" geflissentlich Alle genannt, weil Er die jämmerliche Zerreißung und Verstümmelung des Sakramentes voraussah. Eher konnte man ja schließen, am Leibe des Herrn dürften nicht alle Theil nehmen, weil Er dabei nicht Alle nannte, sondern nur: „Nehmet, esset!" Erst dem Concilio zu Kostnitz war es vorbehalten, den Kelch den Laien bei schweren Strafen zu verbieten, und die Austheilung desselben oder das „Trinket alle daraus" für Ketzerei zu erklären; obwohl, wie im Dekrete selbst beigesetzt ist, Christus es so eingesetzt, und in den frühern Jahrhunderten die Gläubigen es unter beiden Gestalten genossen haben. Das geschah im 15ten Jahrhundert.

Wenn nun die Erklärung dieser Stelle, daß alle, auch Laien aus dem Kelche trinken sollen, falsch und irrig ist, wie die römischen Theologen sagen, und erst unlängst einer der erbärmlichsten von ihnen noch frech behauptete, daß man deßwegen das Bibellesen verbieten solle, weil diese und ähnliche Stellen so falsch ausgelegt würden; wenn, sage ich, dieß falsch und irrig, wenn es sogar eine Ketzerei ist, so hat die römische Kirche selbst 15 Jahrhunderte geirrt, diese falsch ausgelegt und angewandt, hat so lange nach ihrem eigenen, für unfehlbar gehaltenen Ausspruch, auf ihren Altären, in ihren Kirchen, in aller Welt Ketzerei getrieben; und dieß alle ihre Heilige, Kirchenvä-

des neuen Bundes, welches für viele (d. i. für alle) **vergossen wird zur Vergebung der Sünden.** Jer. 31, 31. Alle sind auch Viele.

Das heilige Abendmahl, oder das Sakrament begehen, ist eine Sache zwischen Ihm und seiner Gemeine, da viel tiefere Seligkeiten herauskommen, als daß es nur ein Hülfsmittel seyn sollte, unser Gemüth beim lieben Gott, und in seiner Fassung zu erhalten. Unser inwendiger Mensch hat zwar ein beständiges Sehnen, Verlangen und Hungern nach Ihm, und dieses weiß der Heiland auch täglich zu stillen, denn sonst hätte unser innerer Mensch den Tag kein Leben. Das wäre ein Todestag für ihn, an dem er ohne diese Nahrung bliebe. Aber die Handlung des Sakraments besteht nicht nur in der Nahrung und im Stillen des Hungers und Durstes, sondern geht viel weiter; sie nimmt alle unsere Kräfte ein, heilt unser Elend, und macht Gottes-Menschen aus uns. Diese schönen Erneuerungen und Entzündungen des Geistes, des Gemüthes, die daraus kommen, sind wohl auch wichtige Folgen davon; aber sie sind doch eigentlich nicht damit gemeint, sondern gehören zu der Anhänglichkeit an Ihn, wodurch das Herz Ihm blindlings nach und zu Ihm will, und nicht befriedigt und getröstet werden kann, als in seiner Nähe und Umarmung. Man zittert nach Ihm hin.

Obgleich bei dem heil. Abendmahl ein sanftes Leben und Salbung in uns übergeht, so ist doch die Haupteigenschaft davon die, daß die Glieder, die auf

---

ter, Päpste rc. Das ist doch schrecklich, wenn man sich selbst so ungescheut zum Ketzer macht.

Demnach hätte auch Chrysostomus und seine Kirche geirrt und Ketzerei getrieben, wenn er hom. 18. in Cor. prediget: daß zu seiner Zeit Laien und Priester daraus tranken ohne Unterschied. Siehe Mark. 14, 24. die Anmerkung.

Ich weiß es wohl, daß, wenn ich gleich den Chrysostomus und alle Gründe zu Hülfe nehme, ich dennoch tauben Ohren predige. Es muß aber doch gesagt werden; denn wenn schon die Tauben nicht hören, so hören doch die, denen die Ohren aufgethan sind.

Erden sind, getödtet, und wir in dasselbe Wesen versetzt werden nach Seel' und Leib, in welchem Jesus steht; daß wir durch seinen Leib und Blut mit seiner Natur immer mehr eins werden. „Ich bin nicht allein, sondern Christus lebt in mir. Meine Handlungen rühren von dem Leben und Geiste Jesu her."

Weil das Mahl unter allen Verbindungen, die wir hier in der Zeit mit dem Heiland haben, die genaueste ist, so ist's kein Wunder, wenn einen darnach verlangt, wenn's einem nicht zu oft kommt, wenn man's alle Tage halten möchte, wenn einen dieselbe Ungeduld, ohne den Heiland nicht seyn zu können, eingenommen hat. Wenn eins mit dem Heiland sonst nichts zu reden hätte, als sich Seiner zu freuen, sich an Ihm zu erlaben, seine Seele zu sättigen und zu stillen, und durch seinen Geschmack immer größern Reitz zu seinem Umgang zu bekommen, so wäre das schon eine große Seeligkeit; denn der Umgang mit Ihm läßt unfehlbar Zeichen und Beweise seines Da- und Naheseyns zurück, die auch Wirkung auf andere machen, und einen großen Segen geben denen, mit welchen man zu reden und zu thun hat. Darum ist das an Ihm essen und zehren, und sonderlich das Ihm durch den sakramentlichen Genuß einverleibt werden, freilich das Große und unaussprechlich Selige, das einem über alles andere geht, was man je gedacht oder gewußt hat.

29. **Ich sage euch aber: Ich werde von nun an nicht mehr trinken von diesem Gewächse des Weinstocks** (d. i. vom irdischen Wein) **bis zu jenem Tage**, wo alles eine neue Gestalt gewinnen wird, **da ich es mit euch von neuem** (auf eine andere Weise) **im Reiche meines Vaters trinken werde.** Der neue Wein, den Jesus da seinen Jüngern verheißt, ist die Herrlichkeit selber, die Er uns durch sein Blut erworben und im Reiche seines Vaters mitgenießen lassen wird, wovon David sagt: „Sie werden trunken von den reichen Gütern deines Hauses, und du tränkest

sie mit Freude, wie mit einem Strom; denn in dir ist die Quelle des Lebens." Ps. 36, 9. S. Mark. 14, 25.

30. **Nach dem Lobgesang** (der in sechs Psalmen, dem 113ten und den folgenden bestand, welche zusammen das große Hallelujah genannt wurden) **gingen sie hinaus an den Oelberg.** Mark. 14, 26.

Christus hat da auch das Lobsingen mit seinem Beispiele geheiligt. Nachher aber führte Er seine Jünger in die Stille und Einsamkeit. Wenn man großer Seligkeiten und Geheimnisse theilhaftig geworden ist, so ist nichts Besseres, als stille zu seyn, sie in sich selbst zu betrachten, und das Gefühl und die Empfindung davon zu erhalten.

31. **Da sprach Jesus zu ihnen** (wahrscheinlich im Hinausgehen): **In dieser Nacht werdet ihr** geprüft werden und schlecht bestehen, da wird sich eure menschliche Schwachheit offenbaren, denn ihr werdet **euch alle an mir ärgern,** so daß ihr zweifeln werdet, ob ich der Messias bin; ihr werdet mich verlassen und euch verkriechen. Dennoch nennt Er sich ihren Hirten und sie seine Schafe, indem Er sagt: **Denn es steht geschrieben: ich will den Hirten schlagen, und die Schafe der Heerde werden zerstreut werden.** Mark. 14, 27. Zach. 13, 7.

Wundert euch nicht, ihr, denen der Oberhirt eine Heerde gläubiger Seelen geschenkt hat, wenn ihr um derselben willen auch geschlagen werdet; wundert euch nicht über die Schläge und die Zerstreuung der Schafe, denn es kommt wieder anders. 32. **Wenn ich aber werde auferstanden seyn, will ich euch vorausgehen nach Galiläa;** da will ich euch wieder sammeln, und ihr sollt euern Hirten wieder sehen. Christus weiß die Seinen in der Stunde der Versuchung schon zu erhalten, bis zu seiner Wiederkunft.

33. **Petrus aber** nimmt sich davon aus und meint, der Herr traue ihm zu wenig zu, daher **sprach er: Wenn sich alle an dir ärgern,** wofür ich eben

nicht stehen kann, **so will doch ich mich niemal ärgern.** Es war gewiß ein grober Fehler, daß er über alle wegsah, und sich mehr zutraute. Wenn das in Petrus steckte, was wird in uns stecken, wenn es auf die Probe ankäme? So lange man seine Schwachheit noch nicht erfahren hat, begeht man gerne diesen Fehler, daß man für große Liebe hält, was nur heimliche Hochachtung seiner selbst ist.

34. Jesus aber warnet ihn besonders vor dieser Einbildung und **spricht: Wahrlich, ich sage dir:** Es wird ganz anders gehen, als du dir einbildest. Du kennst dich selbst nicht, du scheinst dir der Heldenmüthigste zu seyn, und du wirst am tiefsten fallen, denn **in dieser Nacht**, noch vor anbrechendem Morgen, **ehe der Hahn kräht, wirst du mich**, den du jetzt mit Verlust deines Lebens zu bekennen bezeugest, **dreimal verläugnen**, und mich nicht kennen, noch etwas von mir wissen wollen. Mark. 14, 30.

35. **Petrus**, der es dennoch besser wissen will, **sprach: Und wenn ich mit dir sterben müßte, so will ich dich doch nicht verläugnen.** Und Christus muß stille schweigen, weil Petrus das letzte Wort haben will. Der Mensch steht nicht ab von seinem hohen Sinn, Gott muß ihn sich selbst überlassen. Er stützte sich so fest auf seinen Rohrstab des hochmüthigen Selbstvertrauens, bis er in die darauf lehnende Hand stach. Der Meister schwört bei seiner Wahrhaftigkeit, und der Schüler behauptet kühn das Gegentheil. Wer mit Vermessenheit Gott etwas verspricht, thut's gewiß nicht. Wer seine Schwachheit kennt, verspricht nichts, sondern blickt zu Gott auf, und zeigt, daß er von sich nichts erwarte, sondern seine Hoffnung und Vertrauen auf den setze, der das Wollen und Vollbringen des Guten geben muß. **Gleicherweise redeten auch alle übrige Jünger.** Man sieht da, wie ansteckend das stolze Selbstvertrauen ist. Sie ließen sich nicht warnen.

War das kein Leiden für den Herrn unter den Seinen, ehe Er noch unter die Weltkinder kam.

36. **Dann kam Jesus zu dem Landgute Gethsemane mit ihnen und sprach zu seinen Jüngern: Setzet euch hier, ich will indeß dorthin gehen und beten.** Tiefbetrübte Seelen wollen gerne allein seyn. Wenn sie aber nur nicht so allein seyn wollen, daß sie ohne Gott, ohne Christus sind, sondern eben deßwegen allein seyn wollen, um desto ungestörter mit diesem Alleinigen allein zu seyn, der die Betrübten tröstet, so sind sie doch nicht allein. Mark. 19, 32.

37. **Er nahm zu sich den Petrus, die zwei Söhne des Zebedäus, Jakobus und Johannes, und fing nun an, sich zu betrüben und zu zagen.** (Kap. 20, 23.) 38. **Meine Seele, sprach Er, ist tief betrübt, bis zum Tode.** Mark. 14, 34.

Das war des Heilands **Bußkampf** für uns. Er hat da, was wir gesündigt haben, gebüßet, und die Strafe gelitten, die unsere bösen Thaten verdient haben; Er hat den Zorn Gottes *) über unsere Sünden ab-

*) Diese Vorstellungsart, daß Christus hier am Oelberge in seiner Angst den Zorn Gottes — versteht sich, nicht über Ihn, sondern über unsere Sünden — fühlen mußte und deßwegen gezagt und gezittert habe, will einigen Schriftgelehrten nicht gefallen. Aber Jesaias 53, der durch den heil. Geist schrieb, scheint doch auch sich die Sache so vorgestellt zu haben. Denn die Uebersetzung: „unsere Unterweisung lag auf ihm — statt: unsere Strafe lag auf ihm ꝛc. ist so abgeschmackt und ungereimt," daß man sie wohl nur bei den Haaren herziehen muß; denn der ganze Zusammenhang fordert: Strafe, Züchtigung, Büßung, Sühnung unserer Sünden, lag auf ihm ꝛc. Er ist um unserer Sünden willen geschlagen worden ꝛc. Gott warf unsere Sünde auf ihn ꝛc. Indessen mag man es sich vorstellen, wie man will; die Hauptsache ist: Gott ist die Liebe und hat die Welt so sehr geliebt, daß Er seinen eingebornen Sohn dahin gab — in Angst, Noth und Tod, damit alle, die an Ihn, an seine Angst, Leiden und Tod glauben, nicht verloren gehen, sondern das ewige Leben haben.

Wer übrigens die Sache sich also denkt, daß er diese Angst Jesu von dem Satan herleitet und glaubt, die kräftigen Einwirkungen des Satans haben dieses furchtbare Grauen, dieses fast tödtende Entsetzen und Aengsten in Jesu hervorgebracht, um seinen Geist muthlos und seine Seele verzagt zu machen, damit Er ablassen und das Werk unserer Erlösung nicht vollenden sollte: der mag auch recht haben, und gewendet von uns, hat dadurch die Feinde und Gegner unserer Seligkeit überwunden, und nicht das Geringste übrig gelassen, was die Gerechtigkeit Gottes fordert.

Gutmeinende Menschen, die ihre Seelen retten wollen, fallen bei ihrem Bußkampfe fast in Verzagtheit und Verzweiflung, weil sie nicht wissen, oder nicht glauben, daß Jesus durch seinen Bußkampf und Blutschweiß ihre Sünden versöhnt, für sie gekämpft und eine vollkommene Erlösung zuwege gebracht hat. Da sie nun das Leiden und Verdienst Christi ganz auf die Seite setzen, so meinen sie, sie müßten sich so lange kasteien, und sonst mit Gewalt und Zwang über sich herfahren, bis sie es zu Stande bringen, daß der Zorn Gottes von ihnen weiche und ihnen Gnade widerfahre, daß sie selig werden. Sie setzen alles in ihr eigenes Wirken und Verdienen, und nichts in das Verdienst Christi, welches sie doch, wie der weise Baumeister, 1 Kor. 3, 11., zum Grunde legen sollten, weil es allein den Zorn Gottes von uns abwenden und uns Gnade und Heil bringen kann. Gal. 3, 13. 1 Thess. 1, 10. Apstg. 4, 12. Aus dieser Unwissenheit ist die Werkheiligkeit entstanden, und viele Lasten, die sich die Menschen selbst auflegen, wozu eine Neigung in allen Religionen und Menschen ist, bei den Heiden noch mehr als bei Christen. Man sehe den Hindu-Fakir auf seinem Stachelbette, und Andere, die sich selbst am Feuer

kann sich berufen auf die Worte Luk. 22, 53., die Jesus bald darauf sagte: „Das ist eure Stunde und die Macht der Finsterniß.“ Auch spricht dafür das Wort des Herrn, das Er kurz zuvor fallen ließ: „Es kommt der Fürst der Welt, aber an mir hat er nichts.“ Joh. 14, 30. Da scheint Jesus offenbar den Satan als den Urheber seines Leidens — wie er denn der rechte Urheber aller Leiden ist — anzugeben und vorauszusagen: der Satan wird nun wieder auf mich losstürmen und mich versuchen, ob er mich nicht durch große Angst, Schmach und Schmerzen zum Weichen, Wanken und Ungehorsam bringen könnte. Jesus war aber des guten Erfolges gewiß: „Er wird mir nichts anhaben.“ Aber warum dieß alles? Geschah es nicht um unsrer Sünde willen? Hatte Satan eine andere Ursache Jesum zu quälen, als weil Er unsere Sünde auf sich nahm?

braten, mit eisernem Haken in ihrem Rücken und Nadeln durch die Zunge rc. (Miss. Magaz. 6r Jahrg. 2s Heft.)

Sie kennen den geraden Weg nicht, wissen nicht, daß wir aus eignen Kräften nicht vermögen, die höchste Majestät Gottes, die wir beleidigt haben, zu versöhnen; daß es nicht am Rennen und Laufen des Menschen, sondern am Erbarmen Gottes liege. Röm. 9, 16. Daß wir nicht durch unsere Werke, sondern durch das Verdienst Christi gerechtfertigt werden. Röm. 3, 24. Daß wir durch keine andere Thüre, als durch die der Wunden Christi zum versöhnten Vater kommen können. Joh. 14, 6. 1 Petr. 2, 24. Sie fühlen sich gebunden und gefangen und wollen sich heraus seufzen, herausweinen, heraus kasteien und martern. Das ist wohl gut, wenn ihr Weinen und Seufzen, auf Jesum den Mittler geht, um seines Verdienstes, seines versöhnenden Seufzens und blutigen Weinens für unsere Sünden theilhaftig zu werden. Aber wenn sie ohne Hinblick auf Ihn, ohne Glauben und Vertrauen auf sein Verdienst, sich selbst erlösen und versöhnen wollen, so vereiteln sie das Leiden Christi an ihnen selbst, und all' ihr Kampf, alle ihre Marter und Pein, die sie sich selbst auflegen, ist vergebliche Arbeit. Sie spannen die Pferde hinter den Wagen, und kommen weiter von dem Ziele. Oder wenn es ja etwas gelten soll, so sind sie unter dem Gesetze verschlossen auf den Glauben hin, der kommen soll. Gal. 3, 13.

Es haben sich wohl die Leute, wenn sie sich gedemüthiget, leibliche Strafen abgewendet, z. B. zu Ninive, zu Ahabs Zeiten. Bei äußerlichen Gerichten mag das wohl seyn; aber unsere Seele kann sich nicht selbst herausreißen, wir können uns nicht selbst erlösen, wenn wir uns auch zu Tode arbeiteten und quälten. „Kommet her zu mir, sagt Jesus, Ich will euch erquicken und Ruhe geben."

Den

Den Kampf konnte und sollte der Heiland allein ausstehen, einmal für allemal. Und damit wir nicht zweifeln dürfen, daß sein Kampf am Oelberge für unsere Sünden gewesen, der blutige Angstschweiß zu nichts als zur Buße für unsere Sünden vergossen worden ist, so dürfen wir nur das 53ste Kap. Jesaiä lesen. „**Der Herr warf all unsere Sünde auf Ihn, auf daß wir Friede hätten; und durch seine Wunden sind wir geheilt.**"

Das wußte auch Johannes schon: **Seht das Lamm Gottes, das der Welt Sünde trägt.**" Er hat die Missethat seines Volkes getragen, da Er um unserer Sünden willen gestraft worden, wie wir hätten gestraft werden sollen, und das bis zum Tode. Er hat es müssen ausessen das ganze Gericht; den ganzen Zornbecher hat Er ausgetrunken bis auf den Boden. Er hat die Handschrift, unsere Verpflichtungen an Satan und Tod in Stücken gerissen und ans Holz gehängt, darum haben wir vom Satan nichts mehr zu furchten. Er hat kein Recht mehr an uns, er kann nichts mehr aufweisen, denn die Handschriften der ganzen Welt sind zerrissen; es giebt keine mehr. Und wenn die Menschen dem Satan nicht selbst in seine Stricke hineingingen, so müßte keine Seele verloren gehen.

Was haben nun wir dabei zu thun? Was soll der Bußkampf Jesu auf unser Herz wirken? Wenn das Lamm Gottes für uns geschlagen und gemartert worden, so muß ein Herz todt, muß steinern seyn, oder es muß zerfließen. Wie können wir so hingehen, daß wir nicht **daran** denken? Wie können wir das vergessen?

Wir müssen daher so lange in unserm Herzen betrübt seyn, und uns niedergedrückt und geängstet befinden, geschlagen, ungewiß, unruhig, in keiner Sache vergnügt, bei keiner Arbeit recht zu Hause seyn, bei unserm Essen, Trinken und Schlafen, an nichts einen rechten Genuß haben, und mit einem Worte, nicht eher ruhen können, (ich will mich nicht sanft legen, bis das vorbei ist, sagt David Ps. 132.) bis wir wissen, daß der blutige Schweiß, der Streit, der Bußkampf Jesu Christi uns zu gut kommt, bis wir sagen können: ich bin aus dem Tode gerissen; nun bin ich aus des Satans Reich heraus; er kann mich nicht mehr zwingen, der Sünde zu dienen, mein Herz ist frei, ich kann dem anhangen, der mich erkauft hat, ich kann Ihn ansehen mit meinem Herzen, in welchen jene gestochen haben.

So lange wir das nicht können, und können es nicht mit Gewißheit des Herzens, und es folgt auch nichts darauf, daß wir Sein werden, und für Ihn allein leben in der Welt; so lange die herzliche, kindliche, gläubige Erkenntniß der großen Gnade, die uns geschenkt ist, und der treue Sinn, den Heiland in allem, Tag und Nacht zu verherrlichen, nicht beisammen sind, so lange können wir nicht ruhig und zufrieden seyn, sondern müssen fürchten, daß wir noch unter einer fremden Gewalt stehen.

39. **Er ging noch ein wenig vorwärts, fiel auf sein Angesicht und betete: Mein Vater, wenn es möglich ist, so gehe dieser Kelch von mir vorüber; doch nicht, wie ich will, sondern wie du willst.** Luk. 22, 41.

Sein Seelenleiden und der Kummer hat Ihn ganz menschlich angegriffen, als Er vor Höllen-Noth gezittert und gezaget, und für Augenblicke gedacht haben mag: Ich stehe es nicht aus. Er hat in seiner Geduld-Schule Gehorsam gelernt, darin Ihm niemand gleich kommt. Hebr. 5, 8. Aber das, alles Herzbrechen übertreffende Seelenleiden möchte Er gern verkürzt haben. Ist es möglich, so gehe der Kelch vorüber, daß ich nicht noch tiefer hinein komme, und den Kelch austrinken muß bis auf den Boden.

Dieß war eine Leidens-Schwere, dergleichen kein Mensch gekostet hat, und keiner kosten wird, so lange die Welt steht; der Bußkampf, welcher die Zusammenhäufung aller vorigen und das Ende aller künftigen Bußkämpfe war, ward Ihm zu schwer. „Er hat Gebet und Flehen mit starkem Geschrei und Thränen geopfert, und ist erhört worden.“ Hebr. 5, 7.

Deßwegen hat nun eine Seele, die gerne von Sünden erlöst und selig werden möchte, bei ihren Kämpfen und Seelenleiden die Kämpfe und Seelen-Angst Jesu, die Er für unsere Sünden litt, nicht zu übersehen, sondern soll ihre Buße und ihre Kämpfe mit aller Zuversicht ganz darauf bauen und für gewiß glauben, daß Gott ihre Buße nur um des Bußkampfes Jesu willen ansehe und annehme, der für alle unsere Sünden und Schulden genug gethan und das Lösegeld bezahlt hat. Wenn sie aber das, was Jesus für sie gethan und gelitten, für nichts achtet, oder vergißt und sich plagt und martert, als hätte Jesus nichts für unsere Sünden gethan, oder als ginge es sie nicht an, so macht sie sich des verdienstlichen Leidens und Todes Jesu ganz verlustig und wird mit aller eigenen Anstrengung doch nie bleibende Ruhe und Seelenfrieden erringen. Wer aber in seiner Seelen-Angst hinblickt auf den leidenden Sohn Gottes, wie Er am Oelberge für uns ringt und kämpft, zittert und zagt, für uns im Blutschweiße bittet und büßet, wer dabei weiß, daß Jesus allezeit erhört worden, der erleichtert sich nicht nur seinen Bußkampf, sondern findet Trost und Ruhe, gewisse Vergebung und göttlichen Frieden. Er weint vor Freude und Dank.

Aber die Zerknirschung, das Klein- und wie gepulvert und Sonnenstäubchen-klein werden, die Selbsterkenntniß, da man sich selbst in aller seiner Verdorbenheit kund wird, und den kleinsten Staub der Sünde, den man nicht geglaubt hätte, in sich wahrnimmt, zu seiner äußersten Beschämung, das ist durchaus nothwendig. Das gehört mit dazu, ist etwas gar Heilsames, daß man wie Wachs zerschmilzt vor dem Herrn. Dieß kostet etliche böse Stunden, auch wohl bange Tage, oder bange Nächte, aber es ist doch mit Seligkeit vermischt. Es ist so viel Trost dabei, als immer Bußzähren von den Wangen rollen, denn der Glaube: Es hat schon Einer für mich die Seelenschmerzen gelitten, dessen Seele gearbeitet hat, da Er mir die Gnadenwahl erbeten und erstritten, tröstet die Seele in aller ihrer Noth, daß sie denkt: Es ist unmöglich, nein, ach nein, daß an mir verloren werden sollte das Blutvergießen des Lammes.

40. **Er kommt wieder zu seinen Jüngern, findet sie schlafend, und sagt zu Petrus: Also vermochtet ihr nicht eine Stunde mit mir zu wachen.** (Mark. 14, 37.) 41. **Wachet und betet, daß ihr nicht in Versuchung fallet.** Jetzt ist keine Zeit zu schlafen, jetzt sollet ihr lieber beten, denn es wird eine Prüfung über euch kommen, wozu ihr euch bereiten und bitten solltet, daß der Vater euch beistehe, und ihr nicht gar zu tief hineinkommen möget.

Der Heiland hat da wohl das leibliche Wachen, und auch das äußerliche Gebet gemeint. Er sah nämlich, was ihnen begegnen würde, und daß, wenn sie dabei schlaftrunken seyn würden, sie in der Versuchung nicht bestehen könnten. Wer bei einer Sache schlaftrunken ist, weiß nicht, wornach er zuerst greifen soll. Das ist deßwegen eine gute Lehre für alle seine Jünger und Zeugen, daß sie sich immer gegenwärtig seyn, und daß sie auch mit Vorsichtigkeit schlafen sollen, damit sie allemal da sind, wann etwas kommt; damit sie niemals verwirrt werden von einer Nachricht oder Geschichte, sondern alles mit gegenwärtigem Gemüthe behanden n, und sich dadurch aus allem heraushelfen können. Wenn es aber an äußerer Wachsamkeit fehlt, so muß doch das Herz am Heiland fest hängen, damit es durch Schläfrigkeit, Müdigkeit und Trägheit der Natur keinen weitern Schaden nehme, als etwa ein Vergnügen weniger zu haben.

— **Der Geist ist willig; aber das Fleisch ist schwach.**

Diese Stelle wird sehr verkehrt. Es entschuldigen damit nicht nur die natürlichen Leute ihre Uebertretungen des Gesetzes, sondern es wird auch so genommen, als ob der Gläubige das Gegentheil thäte von dem, was der Heiland haben will, und in Sünden fiele, weil das Fleisch schwach wäre, welche Verdrehung der Worte des Heilandes nicht geringer ist, als die mit dem siebenmal fallen des Gerechten. Spr. 24, 16. Denn der Heiland hatte es zu thun mit seinen Freunden, die schliefen, mit Leuten, die zu der Zeit, da sie hätten wachen, munter und aufgeweckt seyn sollen, zu beten und zu flehen, wie eingewiegt da lagen, und das vor Traurigkeit. Da sagte der Heiland: euer Herz meint es gut mit mir (denn kurz zuvor hatte Thomas gesagt: Laß uns gehen, und mit Ihm sterben,) aber die Hütte kann nicht nach; euer Fleisch ist schwach.

Der Geist ist willig. Der wagt alles, aber er besinnt sich nicht allezeit, daß er in einer Hütte lebt, die ein gebrechliches Gefäß ist, und daß in der Hütte ein Verstand wohnt, der auch der Hütte gemäß ist, und der nicht so hoch geht, daß er des Teufels Verstande überlegen wäre. Daher ist doppelt nöthig, sich beständig zu bewahren, d. i. sich mit unablässigem Gebet in die Arme des Heilandes hinzuwerfen, woraus uns nichts reißen kann.

42. **Darauf ging Er zum zweitenmale hin und betete.** Daraus möchte man wohl unter andern lernen, daß man in schweren Anfechtungen nicht in einem steten ununterbrochenen gleich starken und heftigen Gebete verharren soll, damit die Andacht nicht geschwächt werde, sondern daß man ein wenig inne halte, und das Gemüth Luft schöpfen lasse, damit die Andacht wieder desto feuriger werde. Das soll aber ja die Trägheit nicht auf sich anwenden, als wenn es ihr gesagt wäre. Beten muß man **unablässig**, aber in besonders heftigem Leiden, und im Gebetsdrang muß man sich **manchmal mäßigen** — um länger anzuhalten.

— **Mein Vater! ist es nicht möglich, daß dieser Kelch vorübergehe, ohne daß ich ihn trinke bis auf die Hefe, so geschehe dein Wille.**

Er giebt sich also darein. Er wollte aber gewiß nicht von allem Leiden los seyn, sondern nur von diesem allerschwersten Seelenkampf, da jetzt, wie bei seiner Verlassung, die schwere Hand Gottes auf Ihm lag. Unser Wille muß schrecklich verrückt seyn, weil hier der Unschuldige einen solchen Willenskampf ausstehen mußte, da Er für uns büßte. Wir sehen da, wie viel des Willens Erneuerung kostet. Nie sollen wir vom Gebete scheiden, bis wir unsern Willen mit Gottes Willen einstimmig finden.

43. **Und Er kommt und findet sie wieder schlafend; denn ihre Augen waren beschwert.** Ach wie oft kommt Er auch zu uns und findet uns schlafend, träge, lau, und nicht so, wie Er uns haben will. Ihre Augen waren schwer, weil ihr Herz zu leicht, zu unwachsam war. Wenn das Herz nicht wacht, kann das Auge nicht wachen.

44. **Er ließ sie aber, ging wieder hin und betete zum drittenmal,** ohne daß Er darin Erhörung fand, was Er mit Unterwerfung unter den Willen des Vaters suchte. So hat auch Paulus dreimal den Herrn gebeten und zur Antwort erhalten, Er solle sich an seiner Gnade genügen lassen. 2 Kor. 12, 8. 9. Dieß ist die beste Erhörung, wenn durch das Gebet unser Wille ganz mit Gottes Willen zusammenfließt, und wir gestärkt werden, zu tragen, was wir wegbeten wollen, und den Leiden getrost entgegen zu gehen.

45. **Dann kommt Er zu seinen Jüngern, und saget zu ihnen: Ihr schlafet noch und ruhet? Sehet, die Stunde ist gekommen, da der Menschen-Sohn in die Hände der Sünder überliefert wird;** d. i. in die Hände der Heiden, die von den Juden Sünder genannt wurden, obwohl die Juden und die jüdische Geistlichkeit, in deren Hände Er zuerst fiel,

nicht weniger sündhaft war, sondern sich bei seinem Leiden vor allen auszeichnete, als die grausamsten und rachsüchtigsten Mörder. David wollte lieber in die Hände Gottes fallen, als in die Hände der Menschen.

46. **Stehet auf, lasset uns gehen,** dem Feinde entgegen, dazu ist es Zeit; **denn sehet, es nahet sich, der mich verräth.** Das konnte sie aufwecken, da sie vorher, Er mochte sagen, was Er wollte, nicht munter wurden. Joh. 14, 31. Mark. 14, 42.

47. **Und da Er noch redete, sieh, da kam Judas, einer von den Zwölfen,** den Vertrauten, **und mit ihm ein großer Haufen mit Schwertern und Stangen, abgeschickt von den Hohenpriestern und Aeltesten des Volkes.** Mark. 14, 43. Joh. 18, 13.

Die Sünde kam durch Treulosigkeit in die Welt; das muß hier nun gebüßet werden. Der blinde Haufe dachte: ist doch einer seiner eigenen Jünger dabey; das gab ihnen einen Schein, daß sie glaubten, sie dürften es mit gutem Gewissen thun; denn wenn der Mensch nur halbweg einen Haken hat, so hängt er sich daran. Durch dergleichen untreue Knechte Christi wird der Haufe immer mit fortgerissen. Noch mehr aber wird sie beruhigt haben, daß sie von den Hohenpriestern und Aeltesten gesendet waren; von solchen alten, vornehmen, erfahrnen Leuten und hohen Geistlichen, die werden ja doch ein Gewissen haben!

48. **Sein Verräther aber,** der aus einem Vorbilde der Heerde ein Vorgänger der Mörder wurde, **hatte ihnen ein Zeichen gegeben und gesagt: Den ich küssen werde,** als ein Freund, wenn es schon nicht so gemeint ist, **der ist es; den ergreifet, und führet ihn behutsam.** Mark. 14, 44. Judas wollte sie mit diesem: **Führet ihn behutsam;** warnen, sie möchten wohl achthaben, daß Er ihnen nicht entwische; vielleicht meinte ers spöttisch, indem er sich dachte, Jesus würde sich ihnen leicht aus den Händen winden, und keine Menschen-Macht würde im Stande seyn, Ihn zu bin-

den und festzuhalten. Da er sie aber warnte, glaubte er sich sicher zu stellen wegen der 30 Silberlinge, daß er nicht verbunden wäre, sie wieder zurückzugeben. Es war ihm nur um die Silberlinge, um das Geld. Er mußte sie aber doch wieder bringen.

Von einem Feinde verrathen werden ist erträglich, aber von einem Freunde, dem man viel Gutes gethan, von einem Jünger, dem man Geheimnisse entdeckt hat, von einem Herzensvertrauten, mit dem man einfältig umgegangen, von einem Kinde, dem man das Erbtheil zubereitet hat, verrathen, verkauft, und ausgeliefert werden, ist unerträglich. Und doch mußte der Heiland es ertragen. Auch das allerempfindlichste Leiden durfte nicht fehlen. Und darf auch bei denen, die Ihm ähnlich werden wollen, nicht ausbleiben.

49. **Und sogleich trat er zu Jesus, und sprach: Sey gegrüßt, Meister! und küßte Ihn,** als ein Sohn des Teufels. Die Verwegenheit will selbst den Allwissenden betrügen. Und die Welt meint, Christen müßten sich von ihr betrügen lassen. Mit einer solchen Schandthat eines abgefallenen, treulosen Apostels, mußte das Leiden beginnen, das alle Gräuel unserer Untreue vor Gott tilgen sollte. Wie viele solche Judasse giebt es nicht, die zuerst Jesum küssen, und dann verrathen, und ausliefern in seinen Gliedern und in ihren eigenen Herzen?

50. **Jesus aber,** begegnete ihm dennoch freundlich und **sprach zu Ihm: Freund! wozu kommst du?** denkest du denn, daß ich das nicht verstehe, was es bedeute, und was du im Sinne hast? Wie kannst du mir so unter die Augen treten? Diese Worte mögen die verstellte Freimüthigkeit des Judas niedergeschlagen haben. Denn bei den Heuchlern ist doch inwendig lauter Zittern, so kühn sie sich stellen. Aber welche Sanftmuth! welche Liebe! den boshaftesten Verräther einen Freund nennen! Ohne Zweifel, um ihn zu erinnern, was er gewesen ist, und ihn einzuladen, noch umzukeh-

ren, und Gnade anzunehmen, die Er ihm durch seine offenen Arme anbot. — **Dann traten sie hinzu, legten Hand an Jesus und ergriffen Ihn.** Ach, nicht zu ihrem Heile, um sich von Ihm selig machen zu lassen, wie Ihn eine Magdalena, ein Zöllner, oder Schächer, ergreift, sondern um ihn wegzuwerfen und zu tödten.

51. **Und sieh, einer von denen, die bei Jesu waren, (Petrus) streckte die Hand, und zog sein Schwert aus, und schlug den Knecht des Hohenpriesters und hieb ihm sein Ohr ab.** Er dachte: Ich habe so viel versprochen, ich muß doch etwas thun, da andere die Hände an Ihn legen; ich habe ja auch Hände. Aber hier war sein Muth am unrechten Orte. Mark. 14, 47. Luk. 22, 50. Joh. 18, 10. Hätte doch Petrus lieber das geistliche Schwert gegen sich selbst gezogen und sich Ohr, Zunge und Fuß abgehauen, das Ohr um die Magd im Hofe des Hohenpriesters nicht zu hören, die Zunge, um Christum nicht zu verläugnen, oder die Füße, nie in die Gefahr und Gelegenheit zum Falle zu gehen.

Auch mußte er gerade den Knecht des Hohenpriesters treffen, der es nicht verschwiegen haben wird. Wo anders hat er das gelernt, wird es geheißen haben, als bei seinem Meister? Diesen Schluß macht die Welt noch immer bei den Krankheiten der Anfänger, gegen das Christenthum selbst. Die Christen sind anfangs miserable Patienten, daran stößt sich die Welt. Solche unreife Glieder der Kirche sind ein Hauskreuz, das das Christenthum entgelten muß.

52. **Da sagte Jesus: Stecke dein Schwert an seinen Ort; denn alle, die das Schwert** aus eigener Macht und Rache **ergreifen, werden durch das Schwert umkommen.** Hier ist nicht der Ort, den Degen zu ziehen. Du greifst es nicht am rechten Orte an. Deiner Vertheidigung und Hülfe habe ich nicht nöthig. Wenn ich wollte, wüßte ich mir schon

selbst zu helfen. 53. **Oder meinst du, daß ich meinen Vater nicht bitten könnte, und Er würde mir sogleich mehr als zwölf Legionen Engel schicken?** Ich dürfte nur sagen: Es ist genug! so ständen alle Engel bereit, die könnten leicht Jerusalem um siebzig Jahre früher umkehren, und die Pharisäer und Schriftgelehrten könnte ich leicht von meiner Erde verschlingen lassen. Aber ich will anders. 54. **Wie würde denn sonst die Schrift erfüllt werden?** Die da deutlich sagt, daß es so geschehen muß. Ps. 21, 17. Jes. 53. Es soll an der Kette meiner Leiden nicht ein Gliedchen fehlen; es soll alles erfüllt werden, was im Buch von mir geschrieben steht; ich will das alles ehren, und alles erfüllen.

55. **In derselben Stunde sagte Jesus zu den Schaaren und sprach: Wie gegen einen Mörder seyd ihr ausgezogen mit Schwertern und mit Stangen, um mich** (ein Lamm, das ohne Wehr und Waffen ist, und mehr nach dem Tode dürstet, als ihr nach seinem Blute,) **zu fangen. Täglich saß ich bei euch im Tempel und lehrte, und ihr habt keine Hand an mich gelegt.** Daraus kann man den Rath Gottes erkennen. Es lag in seiner Gefangennehmung eine höhere Leitung; denn sie hätten Ihn sonst längst ergriffen. Die Welt kann nie, wann sie will, sondern wann es ihr Gott erlaubt, dann ist ihre **Stunde und die Macht der Finsterniß.** Luk. 22, 53. Vorher hat sie keine Macht.

56. **Dieß alles aber geschah, damit die Schriften der Propheten erfüllt würden.** Das kann nicht ausbleiben. Was doch die Bibel in Gottes Augen gilt! und bei den Menschen ist sie so verdächtig!

Da verließen Ihn alle Jünger und flohen.

Daß der Heiland seine Jünger gerne davon laufen ließ, war eine große Weisheit, und Johannes und Petrus hätten am besten gethan, wenn sie es, wie die übrigen, gemacht hätten, da besonders der Heldenmuth des Petrus ihm nicht viel ausgetragen hat.

Wenn man bedenkt, daß der Heiland die Seinigen niemals stecken läßt, obgleich wir Ihn seit 1800 Jahren unzähligemal stecken ließen, so schämt man sich wirklich des ganzen menschlichen Geschlechtes, ja des besten Theils desselben, der Seelen, die wahrhaftig sein sind, und wundert sich über seine unendliche Geduld und Langmüthigkeit gegen ihre Schwachheiten und Gebrechen. Zugleich bewundert man seine Allgenugsamkeit, wie Er unser sogar nicht bedarf. Ein Herr, wie Er, darf nicht um Diener bitten. Ihm dienen, ist schon ein Gnadenlohn.

Wir verlassen Ihn, Er aber bleibt treu; ja Er giebt sich selbst für uns hin. **Suchet ihr mich, so lasset diese gehen,** sagte Er bei diesem Anlaß. Joh. 18, 8.

57. **Die aber Jesum ergriffen hatten führten Ihn zu Kaiphas, dem Hohenpriester, bei dem sich die Schriftgelehrten und Aeltesten versammelt hatten.** Von wie vielen falschen Christen wird Christus bis heute noch ergriffen, fast eben so wie von diesen Juden, mit einem bösen Herzen, um Ihn zu ihrem Sündendiener zu machen; indem sie seine Gnade und sein Verdienst ohne Herz nur deswegen ergreifen, um desto ruhiger in ihrer Eigenliebe fortleben zu können. Mark. 14, 53.

58. **Petrus aber folgte Ihm von ferne,** er schlich sich nach, als ein schüchternes Schaf, **bis in den Hof des Hohenpriesters und ging hinein und setzte sich unter die Knechte, um den Ausgang zu sehen.** Aus Neugierde hat er sich zu weit vorwärts gewagt, ohne seinen Muth und seine Kraft zu berechnen, ohne die Gefahr zu ahnen, so sehr ihn Jesus gewarnet hat. Aber eben deßwegen, weil er nicht hörte und glaubte, mußte er ins Feuer der Prüfung, damit er offenbar würde. Ein Schwacher muß die Leute fliehen, die ihn noch mehr schwächen können.

59. **Die Hohenpriester aber und Aeltesten und der ganze hohe Rath suchte falsche Zeugnisse wider Jesum, damit sie Ihn zum Tode brächten.**
60. **Und sie fanden keines, obwohl viele falsche Zeugen auftraten.** Sie suchten und fanden nichts, so daß sie selbst überzeugt seyn mußten, daß das nicht zulange, was sie hatten. Die Unschuld Christi mußte ihnen in die Augen leuchten. Aber sie mußten jetzt doch durchfahren; ihre Ehre litt es nicht anders. Denn die Menschen glauben ihrer Ehre mehr schuldig zu seyn, als der Wahrheit und Gerechtigkeit; aber gerade dadurch geht die wahre Ehre verloren, und sie werden ewig zu Schanden vor dem Richterstuhle der unbestechlichen Gerechtigkeit.

— **Zuletzt aber kamen zwei falsche Zeugen**
61. **und sprachen: Dieser hat gesagt: ich kann den Tempel Gottes abbrechen, und ihn in drei Tagen wieder aufbauen.** Jesus hat aber nicht gesagt: Ich kann den Tempel Gottes abbrechen; sondern: Brechet diesen Tempel (d. i. meinen Leib) ab, und ich will ihn rc. Joh. 2, 19. Sie haben Ihm also seine Worte verdreht, und es auf den äußern Tempel Gottes bezogen, um Ihn zu graviren, und beim Volke verhaßt zu machen. So verfährt die Welt noch bei den Frommen; sie macht sie verhaßt, als Priester-Feinde, als Tempel-Feinde. Sie lauren, wie sie eine Rede auffangen, und etwas Ungereimtes herausbringen können. Kap. 27, 40. Mark. 14, 58.

62. **Antwortest du nichts, sprach der Oberpriester, auf das, was diese zeugen wider dich?** Sie wollten noch etwas aus seinem Munde herauslokken, weil sie wohl fühlten, daß eine solches Wort noch kein Kapital-Verbrechen ist. Der Hohepriester möchte Ihn gerne in einen Streit verwickeln: Laß hören, wie du dich verantwortest. Sie fragen gerne, um erst durch die Antwort und Vertheidigung einen zum Ketzer zu

machen. Sagt man nichts, so heißt's: Warum reden sie nicht, wenn sie so unschuldig sind?

63. **Jesus aber schwieg.** Dieß zeigt uns, wie der Herr sich verhalten hat, der die rechte Zeit zum Schweigen und Reden wußte. Er wollte beweisen, daß es nicht werth gewesen wäre, darauf zu antworten. Er hatte genug geredet, daß sie, wenn sie hätten glauben wollen, Ihn längst hätten erkennen können.

Da sieh, o Christ, wie du auf Lästerungen antworten sollst — mit Stillschweigen.

— **Aber der Hohepriester** griff es nun anders an, und sprach mit großer Scheinheiligkeit: **Ich beschwöre dich bei dem lebendigen Gott, daß du uns sagest, ob du Christus, der Sohn Gottes bist?** Wie muß Ihm dieser Mißbrauch des Namens Gottes in dem Munde dieses großen Heuchlers so wehe gethan haben? So hoch fing auch gleich der Teufel im Paradiese an: **Gott weiß** rc. Das muß man nun leiden, und solche Leiden thun weh, wenn man Gott von Herzen ehrt.

Die Frage: ob Er Christus, Gottes Sohn sey, haben sie bis zuletzt gespart, und darauf mußte Christus antworten, weil Er nicht verläugnen konnte, noch wollte, wer Er sey.

64. **Jesus sprach: Du sagst es,** d. i. ich bin's, wie du sagst. Dieß bekannte Er und läugnete es nicht; denn das war die Hauptsache, die Er mit seinem Blute versiegeln mußte. Er konnte da nicht länger schweigen, es mußte die Hoheit der leidenden Person bekannt werden.

— **Ich sage euch, von nun an werdet ihr den Sohn des Menschen zur Rechten der Kraft Gottes sitzen** (wie Ihn Stephanus wirklich sah,) **und auf den Wolken des Himmels kommen sehen,** als euren Richter. Jetzt sitzet ihr, und ich stehe vor eurem Gerichte; dort werde ich sitzen auf einem viel höhern Throne, und ihr werdet vor mir stehen, und dann sehen, daß ihr nicht nur einen Menschen, einen Propheten, sondern den Sohn Gottes, euren Richter verworfen, und die größte Sünde im Hause Israel begangen habt. Darum gehen von nun an die Gerichte an, das Maaß ist voll." Sein liebreiches Gemüth wollte sie noch auf die Sünde aufmerksam machen, wie Er denn noch am Kreutze für sie bat. Aber umsonst. Man höre, was es für eine Wirkung machte. Mark. 14, 62.

65. **Da zerriß der Hohepriester seine Kleider** (wie bei den Juden gebräuchlich war, wenn sie jemand Gott lästern hörten, zum Zeichen der Betrübniß und Verabscheuung der großen Sünde) **und sprach: Er hat Gott gelästert, was haben wir noch Zeugen nöthig? Sehet, nun habt ihr die Lästerung gehört.** Da kann man sehen, wie die höchste und heiligste Wahrheit vor Gericht als die höchste Gotteslästerung erscheint. Wie die Menschen irren konnten am heiligsten und göttlichsten Menschen — an Gott in Menschengestalt, so können sie es ja noch — vielmehr — an schwachen Werkzeugen.

Das war nun eine Freude, daß sie etwas wider ihre Orthodoxie aus Ihm heraus gebracht, und der Noth, Zeugen zu verhören, überhoben waren, weil sie wohl fühlten, daß ihre falschen Zeugnisse überall zu kurz kamen. Der Heuchler konnte die Freude nicht verbergen, obschon er durch das Zerreissen seines Kleides scheinen wollte, als ginge ihm die Beleidigung Gottes zu Herzen. Er hätte aber das Reissen sparen können, denn es kam hernach ohnehin zum Zerreissen, da der Vorhang im Tempel zerriß, zum Zeichen, daß nun die Hütte abgethan sey. Sie wollten den jüdischen Staat erhalten, und damit zerrissen sie ihn. So gehts noch heute, die die Kirche erhalten wollen, zerreissen sie; und die sie wirklich erhalten, und die wahre Kirche sind, werden zerrissen. Es geht Christo nie anders, als es Ihm da ergangen vor dem Hohenpriesterkollegium.

Nun schritt er zum Ende, und nahm die Figur des Votirens an.

66. **Was dünkt euch?** Votirt herum; es soll auf die meisten Stimmen ankommen; darauf er zählen konnte. Sie votirten also, und machten den Schluß: **Er ist des Todes schuldig**, von Gottes und Rechtswegen. Er hat den Tod verdient. — Er, der Urheber des Lebens?! Wie unerhört! Durch vota majora, durch die Mehrheit der Stimmen ist Jesus verurtheilt worden und ans Kreutz gekommen.

Daran muß man sich gewöhnen, daß man sich nicht ärgere. Es soll heißen: Sie haben die Sache untersucht; aber durch solche Untersuchung und durch die Mehrheit der Stimmen ist schon mancher Knecht Christi verurtheilt worden, der einst auch seine Richter richten wird.

Es ist etwas Schlimmes um vergiftete Herzen; man kann ihrer Bosheit nie entgehen. Jesus schweigt; darüber klagt man. Jesus bekennt die Wahrheit; das heißt Lästerung und verdammt Ihn zum Tode. Vertheidigt man sich nicht, so wird man für schuldig gehalten; bekennt man die Wahrheit, so wird man für hochmüthig und für einen Lästerer und Ketzer gescholten. Man thue, was man will, man wird allezeit verdammt, wenn man in Jesu Namen und um Jesu willen vor Gericht steht.

67. **Dann spieen sie Ihm ins Angesicht.** Der Heiland hat all unser Elend an sich tragen müssen. Daß die ganze menschliche Kreatur nicht mehr werth ist, als ausgespieen zu werden, daß es den Schöpfer gereute, daß Er Menschen gemacht hatte: das hat sich an Ihm, als dem edelsten, vollkommensten Repräsentanten, an dem Original-Menschen gezeigt, da die liederlichen Knechte, die in ihrer Art der Abschaum der schlechtesten Menschen waren, vor Ihm ausgespieen. Das ist eine rechte Erfüllung des Textes: **Er war der Allerverachtetste und Unwertheste.** Jes. 53. Da Er

dieß für unsere Ausspeienswürdigkeit getragen hat, so ist damit das Verdienst, der Kampf und Ehrenlohn verknüpft, daß das menschliche Geschlecht seinem Schöpfer nicht mehr ekelhaft, sondern etwas Liebliches seyn soll, daß seine Lust wieder bei den Menschenkindern ist. „Ich will dir mehr Gutes thun, als je zuvor.“

Der Heiland ist **an**=gespieen worden, das ist etwas anderes, als aus=speien. Das Ausspeien zeigt den äußersten Verdruß und Widrigkeit an. Das Anspeien ist eine Verachtung einer unwerthen Person. Wenn ein Vater sein ungezogenes Kind anspeiet, so ist das Verachtung seiner Bosheit. Darum hat der Herr, da Miriam, Moses Schwester, ein Spektakel vor dem ganzen Volke seyn mußte, gesagt: Wenn sie ihr Vater anspie, sollte sie sich nicht schämen? Laß sie sich nur ausschämen; es schadet ihr nichts. Diese Züchtigung, die der himmlische Vater billig der ganzen Schöpfung hätte anthun können, sie anzuspeien, um seinen Verdruß und Eifer gegen sie blicken zu lassen, hat der Heiland an seinem eigenen Leibe ausgestanden, damit es künftig unterbleiben könne. Es ist uns also verdient, daß uns der Vater nicht mehr anspeien darf, daß wir Ihm dienen können ohne diese Schmach.

Der Heiland hat sich von den gottlosesten und liederlichsten Buben anspeien lassen, o Wunder ohne Gleichen! daß wir nicht angespieen werden dürfen.

An die Stelle des Anspeiens ist das Ansehen des Heilandes gekommen. Das hat Petrus erfahren. Der wurde nicht angespieen, sondern **angeblickt**, daß er hinausging, und sich in Thränen badete.

— **Sie gaben Ihm Faustschläge; andere gaben Ihm Backenstreiche** — Ihm, vor dem die Teufel zittern, und der sie etliche Stunden zuvor zu Boden geworfen hatte. (**Sie verbanden Ihm sein Angesicht**) 68. **und fragten: Prophezeihe uns, wer ists, der dich schlug?** Sie provocirten sein Prophetenamt, und Er rettete seine Ehre nicht, sondern schwieg.

Es

Es war nicht Zeit zum Weissagen, und sein Prophetenamt zu gebrauchen. Die unzeitigen Triebe, seine Gaben und Aemter überall sehen zu lassen, taugen nichts.

Wir wissen besser, wer es ist, der Ihn geschlagen hat. Ach, unsere Sünden haben Ihn geschlagen! Die Knechte waren nur die Hände, und wir die Urheber. Er ist um unserer Missethat willen verwundet, und um unserer Sünden willen geschlagen worden. Das ist der größte Grund der Heiligung. Es ist einem so: Wie sollte ich das thun, das meinen Heiland geschlagen hat? Wie sollte ich den Heiland von Neuem schlagen, und die Leiden von Neuem wiederholen? da Er doch für uns, an unserer Statt ist geschlagen worden?

69. **Indeß saß Petrus draußen im Hofe und eine Magd trat zu Ihm hin und sprach: Auch du warst bei Jesu, dem Galiläer.** 70. **Aber er läugnete vor Allen und sagte: Ich weiß nicht, was du sagst.** Mark. 14, 66.

Mancher glaubt, ehe er geprüft ist, er könne den Tod für Gott leiden, und es wäre ihm ein leichtes für Christus zu sterben, und wenn es darauf ankommt, kann ihn die Stimme einer Magd so erschrecken, daß er Gott verläugnet und sich Christi schämt. Jeder hat so seine böse Neigung, oder schwache Seite, wie man sagt, welche ihn versucht, Christum zu verläugnen. Diese Neigung muß er immer wie eine Sklavinn und Magd beherrschen, und nie zur Frau werden lassen, sonst beherrscht sie ihn.

So eben hat Christus bekannt vor dem hohen Rath und sich seiner schwachen Jünger und aller sündigen Menschen nicht geschämt, Petrus aber verläugnet Ihn und schämt sich Seiner vor einem Weibsbilde.

An Petrus hat sich das Sprüchwort bewährt: Wer sich in Gefahr begiebt, kommt in der Gefahr um.

Ein Wort, ein schwaches Wort einer schwachen Person, stürzt den Felsenmann. Wer steht, sehe zu! —

Petrus hielt es wohl für eine Nothlüge, und die, dachte er, wäre wohl erlaubt. Oder er wußte vor Angst nicht, was er redete, wie dort auf dem Berge vor Freude. Luk. 9, 33.

71. **Als er nun zum Thore hinausging,** um sich aus dem Staube zu machen, weil in des Hohenpriesters Hof für die Jünger Jesu keine gute Luft war, **sahe ihn eine andere Magd, die sagte zu den Umstehenden: Auch dieser war bei Jesu, dem Nazarener.** 72. **Und er läugnete abermal mit einem Schwure: Ich kenne den Menschen nicht.**

Wenn man nicht über sich wacht, sich selbst vertraut und Gott uns zur Strafe, uns selbst überläßt, so ist versucht werden und überwunden seyn Eins. Auf eine Versuchung folgt eine andere. Jünger Christi! wie oft geht es dir so, wie dem schwachen Petrus, daß du in Gesellschaften auch auf irgend eine Weise sagst oder scheinen willst, daß du Christum nicht kennest — an Orten, bei Leuten, die es lächerlich machen oder für schwärmerisch halten, an Jesum zu glauben. Darum bleibe zurück, wenn du kannst, oder gehe nicht ohne Jesus hin. 73. **Bald darauf traten die Umstehenden näher hinzu und sprachen zu Petrus: Wahrhaftig, auch du bist einer von ihnen,** von den Schwärmern, **denn schon deine Mundart macht dich kenntlich.** Mark. 14, 70. Den Christen kennt man, wenn er den Mund aufthut, denn er redet eine andere Sprache als seine Landsleute. Er muß es aber leiden können, wenn er darüber verfolgt wird, oder er muß schweigen. Sonst kommt es so weit wie bei Petrus, denn

74. **Auf dieses fing er an zu fluchen und zu schwören: Ich kenne diesen Menschen nicht. Und den Augenblick krähte der Hahn.**

Entsetzliche Schwachheit des Menschen! und das thut der redlichste Mensch. Ein warnendes Beispiel für Alle, die sich stark, redlich und gläubig dünken

Dreimal wiederholt Petrus sein schändliches: „Ich kenne Ihn nicht.“ Dreimal schwört er dazu, wie er vorher dreimal betheuert hatte: und wenn sich alle an dir ärgern, ich gewiß nicht. Je anmaßender ein Herz, desto schwächer. Wer im Vertrauen auf sich selbst schwören kann, Gott treu zu seyn, kann auch aus Furcht schwören, Ihn nicht zu kennen. Ach wie viele solcher Schwüre giebt es!

75. **Jetzt erinnerte sich Petrus**, als er den Hahn krähen hörte, **an das Wort Jesu, das Er ihm gesagt hatte: Ehe der Hahn kräht, wirst du mich dreimal verläugnen, und er ging hinaus und weinte bitterlich.** Vorher glaubte er es nicht. Ein geringes Ding kann uns zum Falle bringen, wenn wir nicht in Gott stehen; ein geringes Ding kann uns wieder aufhelfen, wenn Gott es zum Werkzeuge braucht. Eine Magd fällte ihn, ein Hahnengeschrei weiset ihn zurecht, öffnet ihm die Augen. Der Magd Stimme macht ihn fluchen, der Hahn weinen. Sieh' auch Luk. 22, 54—60. Mark. 14, 72.

Das XXVII. Kapitel.

Fortsetzung der Leidensgeschichte.

1. **Als es nun Morgen ward**, (nachdem also alles vorhergehende in der Nacht geschehen war) **hielten alle Hohenpriester und Aeltesten des Volks Rath über Jesum, daß sie Ihn zum Tode brächten.** Züchtigen war ihnen nicht genug, auf den Tod drangen sie immer. Sie dürsteten nach Blut. Er aber hatte schon am frühesten Morgen der Ewigkeit mit seinem Vater Rath gehalten, wie er sie und alle Menschen, die sich selbst dem Tode überliefert hätten, zum Leben brächte. Und diesen Rathschluß sollten sie ohne

ihr Wissen und wider ihren Willen durch ihren Rathschluß ausführen. Mark. 15, 1.

2. **Sie banden Ihn**, damit wir von unsern Banden frei würden, **und führten Ihn fort und übergaben Ihn dem Landpfleger Pontius Pilatus**, damit erfüllet würde, was Er selbst vorher gesagt hatte. Kap. 20, 18, 19. Die Priester, die die Vertheidigung des Unschuldigen hätten auf sich nehmen sollen, sind diejenigen, die Ihn dem weltlichen Arm ausliefern. Ecclesia abhorret a sanguine. (Die Kirche darf kein Blut vergießen.) Möchten sie nur jetzt das Blut Christi, das vergossen ist für alle, an keinem verloren gehen lassen; möchten jetzt alle Priester Jesum durch die Predigt des Evangeliums allem Volke vorführen und übergeben. Möchte doch keine Kirche Scheu vor dem Blute Jesu haben, möchte jede kirchliche Verbindung jedes ihrer Glieder mit dem Blute Jesu besprengen!

3. **Da nun Judas sah**, daß es schlimmer ablief, als er sich einbildete, und **daß Er verurtheilt wurde, reute es ihn**, aber nicht zur Seligkeit, nicht die Schuld, sondern der Ausgang der Sache. Er hatte sich eingebildet, Jesus würde sich schon losmachen und ihren Händen entgehen; warum sollte ich das Geld nicht nehmen? Unter dem Schein einer falschen Hoffnung fängt der Teufel die verblendeten Menschen. Der unglückliche **Judas brachte die dreißig Silberlinge den Hohenpriestern zurück**; er konnte sie nicht behalten. So hatte er alles verloren, seinen Meister und das Geld. Seine Wiedererstattung half ihm auch nicht, weil sie nur aus Furcht und Verzweiflung geschah. Ein Mörder, welcher einen Menschen auf der Straße ermordete, in Hoffnung viel Geld bei ihm zu finden, spricht auch: Es reut mich, daß ich ihn todt geschlagen habe; wenn er nicht gefunden, was er suchte.

4. **Und sprach: Ich habe gesündiget, daß ich unschuldiges Blut verrieth.**

Das ist doch eine Erkenntniß? und noch dazu ein Zeugniß für die Unschuld Jesu wider das Urtheil des hohen Raths. Hätte er dieser Erkenntniß gefolgt, und sich zu dem Unschuldigen gewendet, der keinen von sich stößt, so hätte er freilich Gnade bei Ihm finden können. Er wandte sich aber von Ihm weg, brach ab und ging fort. Gott hat es aber wunderbar gefügt, daß aus dem Verräther ein Zeuge der Unschuld Jesu werden mußte.

Auch kann man da sehen, daß die historische Erkenntniß des unschuldigen Blutes Jesu nicht selig mache. Man kann auch jetzt noch mit dem unschuldigen Blute Christi schmählich verfahren.

— **Sie aber sagten, was geht das uns an? Wir haben dich redlich bezahlt; sieh du zu!** So lautet ihre Absolution. Wie das Beichtkind, so der Beichtvater. Du magst uns einen schuldigen oder unschuldigen Menschen überliefert haben; das geht uns nichts an, weil wir Ihn nur einmal haben. — O ihr blinden und gräulichen Menschen! Ist Er deßwegen schuldig, weil man Ihn euch überlieferte? Welche Verhärtung, die sich durch eine offenbare Gefahr, die schrecklichste Ungerechtigkeit zu begehen, nicht abschrecken läßt! Er muß sterben, sey Er schuldig oder unschuldig; das wollen sie nicht einmal untersuchen.

5. **Da warf er die Silberlinge in den Tempel hin,** (wo der große Rath versammelt war. Da hat er sie auch bekommen. Dieß zeigt seinen Unwillen, Unmuth und Angst an. Aber das gefällt Gott nicht; damit kann man nichts gut machen,) **entwich** (machte sich auf die Seite, ganz anders, als der Schächer, der sich hinzuwandte,) **und ging hin, und erhenkte sich.**

Reue und Buße, die aus Hochmuth und Eigenliebe entspringt, führt zur Verzweiflung. Reue, die von Liebe erzeugt wird, ist voll Zuversicht. Man kann Gott nicht ärger beleidigen, als wenn man an seiner Barmherzigkeit verzweifelt, man mag auch gethan haben, was man will. Nichts ehrt Ihn mehr, als Vertrauen, Zuversicht, auch nach dem Falle.

6. **Die Hohenpriester aber nahmen die Silberlinge und sprachen: Es ist nicht erlaubt, sie in den Tempelschatz zu werfen, denn es ist Blutgeld.** Sie sahen auf den äußern Wohlstand und blieben unbekümmert um das Wohlgefallen Gottes. Das war ein lächerlicher Skrupel dieser Richter, sie wollen den Tempelschatz nicht mit Blut verunreinigen, aber ihre Herzen besudeln sie ungescheut mit dem gräulichsten Haß, der den allerunschuldigsten Menschen, den Messias, tödtet, bloß weil er Ihn nicht leiden kann.

7. **Und nachdem sie sich berathschlagt hatten, kauften sie dafür einen Töpferacker zum Begräbnisse für die Fremdlinge;** als Leute, die viel Gutes thun. Sie wollen für mildthätig angesehen seyn, so grausam und ungerecht sie verfahren. Gegen die Leichname der Fremdlinge bezeigen sie Mitleiden, und der Wohlthäter des ganzen menschlichen Geschlechts muß ohne Gnade ans Kreutz. Solche Gewissensfälle macht man sich, worunter das Christenthum noch oft leiden muß, unter dem Vorwand geistlicher Stiftungen; ad causas pias.

8. **Deßwegen heißt derselbe Acker** nicht Pilgrimsacker, oder Gottesacker, sondern **Hakeldama,** d. i. **Blutacker, bis auf den heutigen Tag.** So wendete es Gott, daß er einen schändlichen Namen bekommen mußte. Das konnten sie nicht verhindern. Sie wollten sich einen Ruhm von der Stiftung machen: Gott aber ließ ihm einen Namen geben, der für sie eine ewige Anklage war.

9. **So ward erfüllt der Ausspruch des Propheten Jeremias, der da sagt: Sie nahmen die dreißig Silberlinge, den Preis des Geschätzten, welchen Söhne Israels** (nicht die Heiden, nicht die Fremden, sondern die Hausgenossen) **geschätzt,** 10. **und gaben sie für den Töpfersacker, so wie der Herr**

mir befohlen hat. Es war ein Spottgeld, dessen Jesus werth geschätzt worden. So sagt man: Gott sey das höchste Gut, und in der That ist niemand geringer geschätzt, als Er.

11. **Jesus stand nun vor dem Landpfleger,** als ein armer Missethäter, **und der Landpfleger fragte Ihn: Bist du der König der Juden?** Vor dem weltlichen Richterstuhl muß Christus wegen weltlicher Absichten leiden, da im geistlichen Rath der Sohn Gottes in Ihm angefochten wurde. **Jesus aber sprach zu ihm: Du sagst es.** Joh. 18, 33. Er bekannte sich also hier ohne Scheu für den König Israels, wie Er sich vor dem hohen Rath für den Sohn Gottes bekannt hat, obwohl Er ihnen dadurch Anlaß zum Aergerniß und zur Verfolgung gab, und den Tod vor Augen sah. Dieß Bekenntniß vor Pilatus wird gerühmt. 1 Tim. 6, 13. 14.

12. **Und als Er von den Hohenpriestern und Aeltesten verklagt wurde, antwortete Er mit Stillschweigen.** Mit Nichtantworten gab Er zu verstehen, daß ihre Anklagen nichts, keiner Antwort würdig seyen.

13. **Da sagte Pilatus zu Ihm: Hörst du nicht, was für Dinge sie wider dich zeugen?** Es ist einem natürlichen Menschen unbegreiflich, daß man auf ungerechte Anklagen und Entschuldigungen sich nicht entschuldigen und rechtfertigen sollte. Wie kann man da schweigen? denkt die Natur. Es giebt aber Zeiten und Umstände, besonders wenn man um Christi willen verklagt und beschuldigt wird, wo es viel räthlicher ist, zu schweigen mit Christo.

14. **Und Er antwortete ihm auch nicht auf ein Wort,** (weil wir uns so gern verantworten und rechtfertigen,) **so daß der Landpfleger sich sehr verwunderte.** Das Stillschweigen war dem Pilatus ein Schrecken, daß er dachte, mit was für einem Manne habe ichs zu thun? Er wußte, daß sie Ihn aus Neid überliefert hätten, und merkte wohl, daß etwas anderes

dahinter seyn müsse, indem Er sonst leicht auf solche Anklagen hätte antworten können.

15. **Nun pflegte der Landpfleger auf das** (Oster=) **Fest**, da es von Juden wimmelte in Jerusalem, **dem Volke einen Gefangenen loszugeben, welchen es wollte.** (Mark. 15, 6. Luk. 23, 17.) 16. **Er hatte eben damals einen Gefangenen**, der berüchtiget war, als ein Erzbösewicht, **Barabbas genannt.** Da, dachte Pilatus, kann ich Christum losmachen. Ich will diesen Bösewicht mit ihm aufstellen, die Priester werden sich ja schämen, den Gottlosen und Mörder loszubitten und den Heiligen und Gerechten zu verwerfen. Der Contrast ist doch zu groß. Aber der ehrliche Heide betrog sich. Die Leidenschaft und der blinde Eifer hat keine Augen, hört keine Vernunft, fürchtet sich nicht vor Gottes Wort.

17. **Pilatus sprach: Welchen wollt ihr? Barabbam oder Jesum?** Er wollte gar ein unpartheiischer Richter seyn, und doch auch menschengefällig handeln. Aber so setzte er Christum aufs Spiel, und gab seine Gewalt aus den Händen.

18. **Denn er wußte, daß sie Ihn aus Neid überliefert hätten.** Wußte er das, warum fragt er die neidischen Menschen, wie er mit dem, dem sie feind sind, verfahren soll? Was für ein böses Ding ist es um den Neid, da derselbe den Tod in die Welt, und Christum ans Kreutz gebracht!

19. **Als er auf dem Richterstuhl saß,** und schon das Urtheil sprechen wollte, ließ ihn Gott noch einmal warnen; denn es **schickte seine Gemahlin zu ihm, und ließ ihm sagen: Habe du nichts zu schaffen mit diesem Gerechten; denn ich habe heute seinetwegen im Traume viel gelitten.**

Gott ist so treu, daß Er die Menschen vor dem Fall erst noch erinnert und warnet, damit sie keine Entschuldigung haben.

20. **Die Hohenpriester aber und Aeltesten überredeten das Volk, daß sie den Barabbas losbitten,** den Mörder leben lassen, **Jesum aber,** den Urheber des Lebens, **tödten sollten.** „Ja, werden sie gesagt haben: Barabbas ist freilich ein Bösewicht, aber er ist doch kein Ketzer, er hat doch nur Leiber getödtet; der Jesus von Nazareth aber schadet vielmehr mit seiner Irrlehre, Er verdirbt die Seelen. Die Gottlosen sind noch eher zu dulden, als die Irrlehrer." Der Teufel kann sich darauf verlassen, daß sich die Leute durch einen guten Schein verblenden lassen.

Das sind nun feine Hirten, die die Wölfe hüten, und wenn sich ein Schaf blicken läßt, es todtschlagen. Es ist schrecklich zu lesen: Die Hohenpriester, die Hirten, die Aeltesten überredeten das Volk — wozu? Daß sie den Wolf verschonen und das Lamm erwürgen sollten. Welch eine Ueberredung im Munde der Hirten des Volkes! Armes Volk! wie kannst du durch falsche Beredsamkeit verführt und geblendet werden, Barabbasse dem Sohne Gottes vorzuziehen, das Laster frei gehen zu lassen, und Christum zu verwerfen und zu kreutzigen!! Mark. 15, 11. Ach wie viele Gottlose gehen frei umher und wie viele Fromme werden gelästert und verfolgt — mitten in der Christenheit!

21. **Der Landpfleger** setzte noch einmal an das Volk, daß sie sich besinnen und besser bedenken sollten, **und sprach: Welchen von beiden wollt ihr? Sie aber** blieben dabei und **sprachen: Barabbas.** 22. **Pilatus erwiederte ihnen: Was soll ich denn mit Jesus machen, der Christus genannt wird?** Annehmen und brauchen, wozu Er uns vom Vater gemacht ist. 1 Kor. 1, 30. Es geht aber heute noch vielen Christen so, daß sie nicht wissen, was sie mit Christo machen sollen, nach welchem sie doch genannt sind. Denn dazu läßt Er sich nicht machen, wozu Ihn die Sünde mißbrauchen will. Gott hat wohl gewußt, was Er aus Ihm machen sollte. Er hat Ihn für uns zum Sünd-

opfer gemacht, damit wir in Ihm die Gerechtigkeit Gottes würden. (2 Kor. 5, 21.) 23. **Da riefen alle: Ans Kreutz mit Ihm!** Du hast es einmal auf unsere Wahl ankommen lassen, so bleibt's denn dabei, daß Er sterben soll. **Der Landpfleger** will sie bedeuten und **fragte: Was hat Er denn Böses gethan?** Das war in ihren Augen Böses genug, daß Er nichts Böses gethan hatte. **Sie aber,** — das Volk, dem Er so viel Gutes gethan, das Ihn vor kaum acht Tagen noch als einen Gesandten Gottes mit Jubel und Freudengeschrei empfangen hatte, **schrieen nur um so mehr: Ans Kreutz mit Ihm!** Es ist gerade, als wenn man den Kalk löschen will, wenn man das aufgereitzte Volk zur Vernunft bringen will: Wer aber im Amt sitzt, soll sich nicht nach dem Geschrei des Volkes richten. Wäre es eine Sache gewesen, wobei Ehre und Vortheil sich dargeboten hätte, so würde sich Pilatus anders benommen haben.

Das unbeständige Volk verfolgt den, den es über alles gelobt und gepriesen hat.

Christus blieb bei dem allen still und sah auf Gott, weil Er wohl wußte, was **Der** daraus machen würde.

24. **Da nun Pilatus sah, daß er nichts ausrichte,** (daran war er selbst Schuld, warum gab er sich so bloß?) **sondern daß vielmehr ein Aufruhr entstehe,** (warum hat er dem Volk mehr eingeräumt, als ihm gebührte?) **nahm er Wasser,** (damit er doch etwas für Christus thäte) **und wusch sich die Hände vor dem Volke.** — (Vor dem Volke kann er sich nun wohl rein waschen mit Wasser, aber vor Gott nicht.) Ach, wie sehr sind die Menschen gewohnt, mit solchem Pilatus-Wasser ihre Hände zu waschen, d. i. mit leeren Entschuldigungen sich selbst zu rechtfertigen vor Menschen. Aber vor Gott kann uns kein Wasser rein waschen. Da hilft nichts, als Bekenntniß der Schuld, Reue, Buße und Glaube an Christi Blut. Indessen diente dieß Händewaschen doch zum Zeugniß wider die

Juden, und es ist nicht zu zweifeln, daß es ihm erträglicher gehen wird im Gerichte, als den Juden. Wenn er aber sagt: **Ich bin unschuldig an dem Blute dieses Gerechten, ihr möget zusehen,** wie ihr es verantwortet; so maßt er sich zu viel an. Das ist bald gesagt, aber in eigener Sache gilt das nicht. Wer kann sagen: Ich bin unschuldig am Blute Christi?

25. **Und das ganze Volk antwortete** mit großer Frechheit: **Sein Blut komme über uns und unsere Kinder!** Wir wollen die Schuld und Strafe tragen, es werde an uns gerächt! Da sieht man, daß man sich durch dergleichen Sprüche: Wir nehmens auf uns, nicht blenden lassen soll.

Das mußte freilich schreckliche Gerichte über diese Nation herbeiführen, worüber Christus auch kläglich thut, Luk. 23, 28., und besonders die armen Kinder bejammert, über welche hier das Gericht und die Rache von ihren Aeltern herausgefordert wird. Wie weit kann es der falsche Gesetzeseifer treiben! Sehen wir nicht bis diesen Tag das schreckliche Gericht über diese Nation! Gehen nicht immer noch die Kinder derer, die vor achtzehnhundert Jahren also geschrieen haben, bis heute in der Irre und in unheilbarer Verblendung dahin? Wie hassen sie Jesum, den ihre Väter kreuzigten! Wie schwer sind sie zu Christo zu bekehren! Welch ein hartnäckiges, versunkenes Volk! Warum? Sie haben sich's so ausgebeten, für sich und ihre Kinder: „Sein Blut komme über uns und über unsere Kinder!“ Sie wollten die Blutschuld, die Rache; da haben sie es nun. Daran denke man, wenn man Juden in ihrer Verblendung und Verhärtung sieht. So mächtig, so lange und so schrecklich wirkt und rächt sich das Blut Jesu, wenn es mit Füßen getreten wird, wenn man Muthwillen damit treibt. Es bleibt hängen und ist nicht mehr abzuwaschen, wenn man es sich zum Gerichte aufladet.

Die Gläubigen können im umgekehrten Sinne rufen: Dein Blut komme über uns, o Jesu! zur Reinigung und Erlösung! Aber man hüte sich vor herzloser Frechheit, und spiele nicht mit dem Blute Jesu, denn man hat es mit einem theuren Blute zu thun.

26. **Da gab er ihnen den Barabbas los; Jesum aber ließ er geißeln, und übergab Ihn zur Kreuzigung.** Es war nicht ohne Bedeutung, daß ein so böser Mensch statt Christus losgelassen werden, und Christus statt seiner gekreuziget werden mußte. Das ganze schuldige Menschengeschlecht ist dieser Barabbas, der losgelassen wird, und an dessen Statt Christus leiden und sterben mußte. Der Unschuldige für die Schuldigen, der Gerechte für die Ungerechten. Du, Lieber! bist der losgelassene Barabbas, und Christus mußte unschuldvoll an deiner Statt sterben! Hätte Er sich nicht für dich hingegeben, so wäre es dir nicht besser als dem Barabbas ergangen.

27. **Da nahmen die Soldaten Jesum in das Richthaus, und versammelten die ganze Schaar um Ihn her;** Mark. 15, 16. O hätten sie gewußt, wen sie vor sich hatten! — Sollte man nicht weinen, zu sehen, welch eine große Schaar um Ihn her versammelt ist, die Ihn nur verhöhnt, weil sie Ihn nicht kennt? Was gäben wir, wenn wir Ihn jetzt nur eine Stunde so nahe in unsern Versammlungen haben könnten. — Doch wir haben Ihn und wollen Ihn nicht lassen. Unser Herz bete an und liebe! 28. **sie zogen Ihn aus, und legten Ihm einen Purpurmantel an.**

Pilatus sowohl als seine Soldaten dachten, sie hätten einen Malefikanten vor sich, mit dem sie machen könnten, was sie wollten, von dem sie gehört, er bilde sich ein, ein König zu seyn. Darum kleideten sie Ihn zum Spott als einen König an, warfen Ihm einen verblichenen Purpurmantel um, und spielten des Königs mit Ihm, welches eine erstaunliche Schmach für Ihn war, die Ihn sehr schmerzen und gewaltig angreifen mußte. Man merkt aber nicht das Geringste am Heilande; Er ließ alles mit sich machen und schwieg stille.

Mit den allerwichtigsten und heiligsten Dingen wird von den Leuten in gewissen Umständen gespielt. Sie werden so vorgetragen, daß die, so es hören, nothwendig einen lächerlichen und spöttischen Begriff davon bekommen, und öfters nachher Noth haben, ernsthafte Gedanken davon zu erlangen, und solcher schädlichen Bilder wieder los zu werden.

Alles Unrecht aber, was dem Heiland geschehen, ist lauter Verdienst für uns. Der abgenutzte Purpur-Mantel, den sie dem Heiland zur Schmach angelegt haben, ist zu Ehren gekommen, und hat zuwege gebracht, daß wir mit seinem Rock der Gerechtigkeit und mit königlichem und priesterlichem Schmucke angethan werden, wie eine Braut sich in ihrem Geschmeide gebehrdet. Jes. 61, 10. Er hat sich spöttisch kleiden lassen, und uns dadurch erworben, daß wir in die Kleider seiner Gerechtigkeit eingekleidet werden, und in Talaren voller Herrlichkeit, in Kleidern der Unschuld vor Ihm stehen können.

29. **Sie flochten eine Krone von Dornen, setzten sie Ihm auf sein Haupt, und gaben Ihm ein Rohr in seine Rechte, fielen vor Ihm nieder, verspotteten Ihn und sprachen: Sey gegrüßt, du König der Juden!**

Der Purpurmantel, den sie Ihm anzogen, und der Rohrstab, den sie Ihm in die Hände gaben, waren schmählich; aber die Dornenkrone ins Haupt geschlagen, war Schmach und Schmerz zugleich.

Der Heiland war ein geborner König, der rechtmäßige König der Juden, und brachte es nicht weiter, als zur Dornenkrone, zu einer schmerzhaften Krönung. Das hat den ersten König von Jerusalem, Gottfried von Bouillon, bewogen, daß er sich nicht krönen lassen wollte mit einer goldenen Krone, weil sein Heiland hier mit einer Dornenkrone gekrönt worden.

Wer den Sinn nicht hat, daß er alle weltliche, verblendende Größe auf ewig gern fahren läßt, wer noch einen Gedanken auf sein weltliches etwas seyn, hat, der versteht nicht die Ehre der Dornenkrone. Wem nicht alle irdische Hoheit eine Dornenkrone, und alle Schmach des Kreutzes eine goldene Krone ist, der ist kein wahrer Jünger, dem ist der Tod und die Passion des Heilandes noch nicht tief genug ins Herz gedrückt, der hat die Ursache seines Leidens noch nicht fruchtbar betrachtet; denn diese Arbeit macht sonst kurzen Prozeß mit den Dingen dieser Welt. Sie setzt uns so herunter von allem natürlichen Kredit und Gültigkeit, daß Armuth und Schmach, alle Aehnlichkeit des Kreutzes und der Marter Jesu, uns der Himmel auf Erden, und das Gegentheil, wo nicht eine Hölle, doch eine beständige Lebensplage ist.

Man findet überall nichts als Galle; nichts ist köstlich, nichts ist tröstlich, nichts gefällt einem, als das Kreutz und seine Ursache.

30. **Sie spieen auf Ihn, und nahmen den Rohrstab,** (den sie Ihm vorher in die Hand gegeben hatten, wieder) **und schlugen auf Sein Haupt.** Ein Bild der Treulosen, die, nachdem sie sich Ihm ergeben, und Ihn als ihren Gott und Heiland erkannt haben, Ihm wieder untreu werden, sich Ihm wieder nehmen, und so weit von Ihm entfernen, daß sie Seiner und dessen, was sie in Ihm erfahren haben, spotten, und Ihn in's Angesicht schlagen.

31. **Nachdem sie Ihn verspottet, und ihre Lust an Ihm genug gebüßt hatten, zogen sie Ihm den Mantel aus, und legten Ihm seine Kleider an, und führten Ihn aus, um Ihn zu kreutzigen.** Wenn sonst ein Missethäter ausgeführt wird, pflegt man seiner nicht zu spotten, sondern ihn zu bedauern. Bei Ihm aber war die Behandlung vor seiner Execution fast ärger und schmerzlicher als der Tod selbst. Mark. 15, 20.

32. **Als sie nun hinauszogen, fanden sie einen Mann von Cyrene *) mit Namen Simon; diesen nöthigten sie, sein Kreutz zu tragen;** denn es findet sich nicht jeder geneigt, das Galgenholz zu tragen. Goldene Kreutze, als Ehrenzeichen, trägt man wohl gerne; aber zum wahren Kreutze Christi, zur Schmach, Spott und Verfolgung um Christi willen finden sich wenig Liebhaber und Kandidaten. Mark. 15, 31. Luk. 23, 26.

33. **Als sie zu dem Orte kamen, der Golgatha d. i. Schädelstätte heißt,** (Mark. 15, 21. Joh. 19, 17.) 34. **gaben sie Ihm Essig mit Galle vermischt zu trinken.** (Ps. 69, 22.) **Als Er ihn aber kostete, wollte Er nicht trinken,** weil es ein Trank war, der Missethätern gereicht wurde, damit sie der Sinne beraubt würden und nicht wüßten und fühlten, was sie litten. Er aber wollte mit vollem Verstande leiden und sterben. Er hatte noch etwas zu predigen am Kreutze. Diesen Trank reichten sie Ihm vor seiner Annaglung an's Kreutz; nachher ward Ihm noch einmal zu trinken gegeben. V. 48.

35. **Nachdem sie Ihn an's Kreutz geschlagen hatten, theilten sie seine Kleider unter sich, und warfen das Loos darüber, damit erfüllt würde, was durch den Propheten gesagt ist: „Sie haben meine Kleider unter sich getheilt, und über mein Gewand das Loos geworfen."** Ps. 22, 19. Mark. 15, 24.

In allem, was der Heiland erfahren und ausgestanden hat, ist etwas **für uns.** Die Blöße war eine große Schmach, die der Heiland an seinem Leibe getragen; sie ist größer als man denkt, daß Er so bloß da am Kreutze hangen mußte, vor den Augen der Men-

---

*) Eine Stadt in Afrika, wo viele Juden wohnten, die eine eigene Schule in Jerusalem hatten, wie Apstg. 6, 9. gesagt wird. Er hatte aber ein Landgut bei Jerusalem und war also ein vornehmer und reicher Mann, darum schämte er sich, das Kreutz Christi auf sich zu nehmen. Er hatte zwei Söhne, Rufus und Alexander, die nachher Christen geworden, und sehr bekannt gewesen seyn müssen. Mark. 15, 21.

schen, und zwar eines rasenden Pöbels, der auf keine Zucht und Ehrbarkeit hält, vor Leuten, welche die Quintessenz der Verdorbenheit waren. Diese Leute haben Ihn bloß da hangen sehen.

Daß sie seine Kleider unter sich getheilt, erinnert uns der großen Treue, die der treue Heiland an uns bewiesen hat, daß Er bloß geworden, und seine Kleider verloren hat, um unsertwillen.

Wir sind nun mit seiner Gerechtigkeit bedeckt.

Weil die Schrift alle Dinge braucht, uns die geistlichen Sachen klar und deutlich zu machen, so redet sie auch von einem Rock der Gerechtigkeit, in den sich jeder arme Sünder hüllen und kleiden kann. Ueber diesen Rock wirft man nicht das Loos; sondern es zieht ihn an, wer da will, er ist groß genug für alle. Der Saum seines Verdienstes, seine Blutgerechtigkeit erfüllt die ganze Welt; ist für alle.

Wer dieses Kleid hat, der sieht sich nach keinem andern Schmucke mehr um, sondern erwartet in diesem Kleide mit Freuden die Erscheinung Christi. Wer wollte nicht mit Thränen nach dieser Einkleidung verlangen?

36. **Und sie setzten sich und bewachten Ihn, um seinen Tod abzuwarten, und damit Ihn niemand wegnehme.**

Wie viele Christen stehen noch heute so vor dem Kreutze Christi, vor dem Altar, in der Kirche, wie diese Soldaten bei dem Kreutze Christi, die bloß da standen, weil sie kommandirt waren, den Bewachten nicht kannten und keinen Nutzen davon zogen. Ach wie viele Fromme der folgenden Jahrhunderte haben sich diese Gnade gewünscht, Jesum lebendig, persönlich am Kreutze zu sehen, und sie sahen Ihn nicht; diese Soldaten sahen Ihn, und kannten Ihn nicht. Das leibliche Sehen macht es daher nicht aus. Schau du Ihn im Geiste, und wache gern bei seinem Kreutze. Wohl dem, der in seinen Ruhestunden keine angenehmere Beschäftigung weiß, als bei dem Kreutze Jesu zu stehen und sei-

seinen Heiland, leiden, sterben und sein Haupt neigen zu sehen, und sein Bild in sein Herz immer tiefer einzugraben.

37. **Oben über seinem Haupte hefteten sie die Ursache seines Todes geschrieben an; dieser ist Jesus der König der Juden.** Joh. 19, 19—22. Mark. 15, 26. Luk. 23, 38.

Gott führt oft die Hand, und leitet die Zunge der Gottlosen, daß sie große Wahrheiten schreiben oder sprechen müssen, auch wenn sie in ihrem Sinne schelten. Sein Tod machte Ihn nicht nur zum wahren Könige der Juden, sondern auch aller Nationen der Erde. Denn Er ist ja darum gestorben, damit Er über Todte und Lebendige Herr sey.

38. **Dann wurden mit Ihm noch zwei Mörder gekreuziget, einer zu seiner Rechten, und der andere zu seiner Linken.** Luk. 23, 33.

Daß Er zwischen zwei Mördern gehangen, hat mit zur damaligen Macht und Stunde der Finsterniß gehört. Er hatte diese Gesellschaft nicht aus eigener Wahl; man hatte sie Ihm gegeben, um anzuzeigen, daß Er, als Rebell und Aufwiegler des Volkes gegen den Kaiser, sterben müßte. Darum hat man Ihm Leute ausgesucht, die wohl nicht nur eine, sondern viele Uebelthaten begangen, wie einer von ihnen bekannte: „Wir leiden, was unsere Thaten verdienen."

So werden wahre Christen heute noch mit Leuten in eine Klasse geworfen, mit denen sie nicht gern vermengt sind, weil ihnen diese Zusammenstellung keine Kreutzes-Ehre bringt, sondern nur ihren Gang verdächtig macht. Außer diesem Falle und dieser bösen Absicht aber ist es ihnen, wie dem Heiland, lieb; sie verschmähen die Sünder nie; denn wenn sie sich vor dem Umgange mit solchen Leuten, deren voriges Leben für sie und andere rechtschaffene Leute keine Ehre ist, hüten, und sich von ihnen in der Noth wenden würden, so verlören sie ihr seligstes und größtes Kennzeichen eines

Jüngers Jesu, Freunde der Sünder zu seyn, und ihnen zu dienen.

39. **Die vorüber gingen, lästerten Ihn und schüttelten ihre Köpfe.** Ach leider! bis heute machen es viele Christen nicht besser, indem sie auch vor dem Gekreuzigten und dem Worte vom Kreutze den Kopf schütteln, und so vorübergehen, denkend, es gehe sie nicht an; es könne und dürfe so nicht genommen werden. Mark. 15, 29. Ps. 22, 8.

40. **Und sprachen: Der du den Tempel zerstörst, und in drei Tagen wieder aufbauest, hilf dir selbst! Bist du Gottes Sohn, so steig herab vom Kreutze.**

„Sind sie, spricht man, Kinder Gottes, warum steigen sie nicht herab vom Kreutze, an das sie genagelt sind, und verantworten sich gegen solche Lästerungen? Dann wollen wir ihnen glauben. Können sie wohl den Geist Gottes haben, da sie jedermann, Gelehrt und Ungelehrt, verdammt? Wenn wir sie aus diesen Nöthen herausgerissen sehen, wollen wir auch auf ihren Weg übertreten, den sie so sehr rühmen. Aber aus dem unglücklichen Zustande, und der allgemeinen Verachtung, in der sie sind, kann man schließen, daß Gott nicht mit ihnen ist.“

Glücklich, wer also, wie sein Heiland, gelästert, und ein Schauspiel und Verachtung des Volkes wird. O steiget nur nicht herab von diesem Kreutze, wenn man euch gleich vorstellt, daß ihr dadurch die ganze Welt gewinnen könntet. Wenn Jesus auch herabgestiegen wäre vom Kreutze, sie würden Ihm doch nicht geglaubt haben.

41. **Gleicherweise spotteten auch die Hohenpriester mit den Schriftgelehrten und Aeltesten,** die ihrem blinden Eifer Denksäulen errichteten, und sich einbildeten, eine schädliche Sekte ausgerottet zu haben, obgleich sie ihren Gott gekreuziget, und sich wider die Wahrheit gesetzt haben. **Sie sprachen:**

42. **Andern hat Er geholfen, sich selbst aber kann Er nicht helfen. Ist Er der König Israels, so steige Er herab vom Kreuze, so wollen wir Ihm glauben.**

Sie thun, als wenn es an ihnen nicht fehlen sollte. Sie wollen nicht Schuld seyn an ihrem Unglauben. Christus soll sich helfen, und sie überzeugen; sie wollen erst mit Augen sehen und dann glauben.

43. **Er hat auf Gott vertraut, der helfe Ihm nun, wenn Er Ihn so lieb hat.** Die Juden wußten den 22. Psalm, wo das wörtlich steht, auswendig; jetzt aber dachten sie nicht daran. So muß die Welt sich selbst verrathen. Der fleischliche Mensch kann das nicht begreifen, daß Gott diejenigen liebe, die Er leiden läßt, und daß ein solcher Mensch Gott zum Vater haben soll. Selig, wer da weiß, daß das Kreuz ein Kennzeichen der wahren Kinder Gottes ist.

44. **Dasselbe warfen Ihm auch Mörder vor,** (das ist, einer von denen) **die mit Ihm gekreuziget wurden.** Matthäus hat einmal angefangen die Gattungen der Menschen zu nennen, die Ihn lästerten, und da konnte er sagen: Auch Mörder lästerten Ihn, obwohl es nur einer war. Es könnte auch wohl seyn, daß der Mörder zur Rechten anfangs mit gespottet, und dann erst in sich gegangen wäre, weil er die Geduld Jesu gesehen hat. Zuerst, da er sah, daß alle Leute, sogar sein Kamerad, den Heiland lästerten, mag er sein Wörtchen auch dazu gegeben haben. Auf einmal aber in actu (auf der That) des Sündigens ergreift den Uebelthäter die Gnade; der Heiland sieht ihn mit eben den Augen an, mit denen Er den Petrus in actu des Verleugnens angesehen hat; die Augen Jesu fangen die Predigt bei ihm an. Der Schächer merkts und fährt zu, er bittet und wird auf der Stelle erhört.

Das wäre möglich, daß es so gegangen: aber es ist nicht wahrscheinlich, da ein anderer Evangelist Luk.

23, 39. 40. deutlich sagt: Einer lästerte und der andere verwies es ihm.

45. **Von der sechsten Stunde an war eine Finsterniß über die ganze Erde bis zur neunten Stunde *).** Mark. 15, 33. Luk. 23, 44.

Es war Ostern und also Vollmond, wo natürlicher Weise eine Sonnenfinsterniß unmöglich ist, und es soll doch so finster geworden seyn, daß man die Sterne am Himmel gesehen hat. Darum soll Dyonisius der Areopagit Apstg. 17, 34., der damals noch ein Heide und in Aegypten war, bei dieser Finsterniß gesagt haben: „Entweder leidet die Gottheit, oder sie hat Mitleid mit dem, der da leidet."

Gott hat durch diese Finsterniß äußerlich vorgestellt, was in dem Herzen seines Sohnes innerlich vorging; sie war nicht nur ein Zeichen, daß die Natur Gewalt leide, indem sie den sterben sehen mußte, durch den sie gemacht ist, und ohne welchen nichts gemacht worden, sondern sie sollte auch ein Bild seyn von dem erschrecklichen Zustande der Verlassung und innern Verfinsterung, in der der Heiland drei Stunden lang am Kreutze hing, da sich die ewige Sonne, d. i. das Angesicht Gottes, des Vaters, vor Ihm verborgen hat, so daß Ihm nicht der geringste Strahl der Gottheit leuchtete.

46. **Um die neunte Stunde rief der Herr Jesus mit lauter Stimme und sprach: Eli! Eli! Lamma sabachthani! das heißt: Mein Gott, mein Gott! warum hast du mich verlassen?**

Der Sohn Gottes selbst hat in die äußerste Verlegenheit und Verlassung kommen wollen, um uns verlornen Menschen dadurch zu verdienen, keine Stunde allein und verlassen zu seyn.

Da Er nach der Ursache des Verlassens fragt, muß Er sich doch verlassen gefühlt haben, und es muß

*) D. i. von 12 Uhr Mittags, bis 3 Uhr Nachmittags nach unserer Uhr.

Ihm doch Ernst gewesen seyn mit seiner Menschwerdung und Erniedrigung, da Er es so weit hat kommen lassen!

Drei Umstände haben dem Heiland eigentlich viel zu thun gemacht. Der erste war seine Versuchung in der Wüste; der zweite sein Bußkampf am Oelberge, der dritte kurz vor seinem Verscheiden, da Er zwischen Himmel und Erde schwebte, und die völlige Verlassung von Gott so fühlte, daß Er Ihn nicht mehr, **mein Vater!** zu nennen wagte, sondern nur, **mein Gott!** wie eine andere Kreatur. Er hat dabei empfunden und erfahren, was alle die elendesten Kreaturen, mit denen es in dergleichen Umständen am härtesten geht, zusammen erfahren, und kaum erfahren. Wer sich den Heiland in diesen Prüfungen und Versuchungen vorstellt, in seinem Prozesse mit dem Satan, in seinem Bußkampfe für das menschliche Geschlecht und in seiner Vorbereitung auf das Sterben in den letzten Stunden, ehe er verschied, der kann mit Wahrheit sagen: Es ging Ihm hart; ja, es ist Ihm unter allen Menschen am härtesten gegangen.

Wie Er da über die Sünde der Menschen Noth und Angst empfand, und wegen der Versöhnung des verschuldeten und verworfenen Menschengeschlechtes kämpfte, dessen abscheuliche Dinge und Thaten, die es noch nach der Versöhnung begehen würde, Ihm zugleich alle vor Augen standen, so daß Er die Nothwendigkeit der Versöhnung und die schlechte Anwendung derselben zugleich gegenwärtig hatte, wie Er unter allen Lästerungen und Schmachreden, die alle Gattungen von Menschen über seine Person ausschütteten, verlegen wurde, so verging Ihm alles, und Er rief: Mein Gott, mein Gott? warum hast du mich verlassen?

Weil Er aber in dieser unendlichen Verlassenheit und unbeschreiblichen Noth, da sich alle Leiden und Lasten zusammenhäuften und auf Ihm lagen, sich doch durchgerissen, so hat Er dem Kläger abgewonnen, und ist beider Partheien Richter geworden. Nun ruft Er jedem Menschenkinde zu: Ich habe deinen Jammer, deine Noth in Freudenthränen verwandelt; ich habe alles ausgeglichen, willst du mein seyn? Wenn die Seele antwortet: Ja, so ist ihr geholfen; sie ist sein; denn weil seine Seele so gearbeitet hat, und Er sein Leben in den Tod gegeben und Aller Sünden getragen hat, darum sind Ihm alle Seelen vom Vater geschenkt, und sie sollen alle sein seyn, sobald sie nur wollen, und ja sagen. Jes. 53, 11. 12.

47. **Etliche aber, die da standen und dieß** (Eloi, Eloi!) **hörten, sagten** (weil sie wahrscheinlich fremde Juden waren und nicht recht hebräisch verstunden): **Dieser ruft den Elias.** Der dieß sagte, hat wahrscheinlich als ein sinnreicher, witziger Kerl passiren wollen. Unter solchen Pasquillanten und Spöttern muß Jesus mit seinen Gläubigen leiden. Das Unschuldigste wird zum Gelächter und Gespötte gemacht.

48. **Sogleich lief einer von ihnen und nahm einen Schwamm, füllte ihn mit Essig, und steckte ihn an ein Rohr und gab Ihm zu trinken.** Joh. 19, 20. Ps. 69, 22. Er dürstete.

Joh. 4, 34. erklärte Jesus selbst, daß Er nach nichts anderes dürste und hungere, als zu vollenden den Willen des Vaters. Sein Durst war daher eine heiße Begierde, uns selig zu wissen. Da Er alles, was zu unserer Erlösung nöthig war, vollbracht hatte, so wünschte Er nun auch, daß sein Verdienst in den Menschen kräftig wirke, und daß es die Menschen annehmen, und seiner Erlösung in ihnen kein Hinderniß legen möchten.

Jesus wird aber heute noch in seinem Durste nach unserm Heil und der Ergebung an Ihn, mit Essig und Bitterkeit der Untreue, der Geringschätzung, Kälte und Gleichgültigkeit gegen seinen heilbringenden Tod getränkt; da hingegen jede Seele, die sich Ihm ergiebt, Ihn erquickt in seinem brennenden Durste nach unserer Seligkeit.

49. **Die Uebrigen aber sagten: Wart! laß sehen, ob Elias kommt und Ihm hilft.** Elende Spötterei! Christ! wenn du so verspottet wirst, und wie oft geschieht das noch! so denke an deinen Meister. Es kam wohl ein Größerer als Elias, der Ihm half vom Kreutze zum Throne, von Golgatha zur Rechten Gottes. Die Hilfe kommt allemal, aber zuvor der Spott. Warte!

50. **Jesus aber rief abermal mit lauter Stimme und gab den Geist auf.** Luk. 23, 46. Mark. 15, 37.

Gott war in Christo und versöhnte die Welt mit sich selbst. Es war nicht nur der Mensch, der verschied, der das Haupt neigte, der seine Seele dem Vater befahl, sondern der Gott-Mensch. Daher die Alten sagten: Gott selbst ist todt, am Kreutz ist Er gestorben. Die Gottheit starb wohl nicht, aber der Mann starb, in dem die ganze Fülle der Gottheit leibhaftig wohnet, bis diesen heutigen Tag, nachdem seine Seele wieder zu Ihm gekommen ist. Er sitzt auf dem Throne der Majestät in menschlicher Gestalt.

Er hat für uns alle den Tod geschmeckt. Er lebt für uns alle. Wie süß und groß einem das ist, und wie wohl das thut, daß Jesus verschieden ist, daß Jesus nach seinem großen Bußkampf, seine Versöhnung hinausgeführt und beschlossen hat mit seinem wirklichen Tode am Kreutze, das kann man unmöglich mit Worten ausdrücken. Aber wer Ihn recht lieb hat, der weiß, was das Großes ist: Jesus verschied. Wer wollte nun nicht auch gern verscheiden? Wie selig sind alle seine Kinder, wenn sie in ihrem letzten Augenblicke denken: Jesus verschied. Er sagt: **Es ist vollbracht; Vater! in deine Hände befehle ich meinen Geist; und als Er dieß gesagt, gab Er seinen Geist auf** — in die Hände seines Vaters, daß Er uns als die Frucht seines Todes mitgetheilt würde zum Lebendigmachen unsers todten Wesens. Luk. 23, 46.

51. **Und sieh, der Vorhang des Tempels,** der vier Finger dick war, und zwischen dem Heiligen und Allerheiligsten hing, **zerriß** *) **von oben bis unten in zwei Stücke**; zum Zeichen, 1) daß der Dienst Mosis und der alten Hütte nun ein Ende habe; 2) daß der Eingang in den Himmel und der freie Zutritt ins Heiligthum, in das Vaterherz Gottes geöffnet, 3) daß die Wand zwischen Heiden und Juden niedergerissen, und jene auch zur Gemeinschaft des Evangeliums berufen und zugelassen seyen.

— **Die Erde bebte,** und zitterte von Abscheu vor dem schrecklichsten Morde ihres Schöpfers; **die Felsen spalteten sich,** und wurden mürber als die harten Herzen der Menschen.

52. **Die Gräber öffneten sich und viele Leiber der entschlafenen Heiligen standen auf** **). Sein Tod hat also auch unter den Todten eine große Erschütterung verursacht; es war der Same zur Auferstehung. Solche Ostervorspiele geschahen den armen Gläubigen zum Besten.

53. **Und gingen nach seiner Auferstehung aus ihren Gräbern hervor, kamen in die heilige Stadt und erschienen vielen.** Der Tod Jesu ist unser Leben, darum erweckte Er zugleich einige Todte, damit wir glauben, der Einige erwecken kann, kann Alle erwecken.

54. **Da nun der Hauptmann,** der bei der Kreuzigung das Kommando führte, **und die Soldaten, die bei ihm waren und Jesum bewachten, als sie das Erdbeben, und alles, was geschah, sahen,**

---

*) Merkwürdig und wunderbar ist, daß Jesus gerade um 3 Uhr Nachmittags starb, wo täglich im Tempel das dritte Lamm geopfert ward, und sowohl der Priester als das Volk, die Augen gegen das Allerheiligste richteten, und also sehen mußten, wie der Vorhang auf einmal zerriß und den Tod Jesu verkündigte. Das schrieb Matthäus im Judenlande, acht Jahre nach dem Ereignisse, in Hebräischer Sprache, daß es alle Juden lesen konnten.

**) Nach der apokryphischen Rede des Apostels Thaddäus an den König Abgarus fuhren sie mit Jesu auch in den Himmel auf.

erschraken sie sehr, und sprachen: **Wahrhaftig, Gottes Sohn war dieser.**

Der Hauptmann mag wohl gehört haben, daß die Juden Jesum deswegen getödtet wissen wollten, weil Er sich für Gottes Sohn ausgab; jetzt aber bekräftigte Er das Bekenntniß Christi und will sagen: Dieser ist wahrhaftig, wofür Er sich bekannt hat. Dieß muß man nicht allein den äußern Begebenheiten, sondern der Wirkung Gottes zuschreiben, der es dem Hauptmanne zu erkennen gab, und ihn zum ersten Zeugen seines gekreuzigten Sohnes machte. Seine Soldaten erfuhren mit ihm die Kraft des Todes Jesu. Sie standen in ihren Kriegsdiensten, und waren dahin kommandirt, daß sie unter dem Kreutze Christi die Wache halten sollten; wer hätte da gedacht, daß sich solche rohe Menschen zu Christo bekehren würden, da andere von ihnen oder vielleicht sie selbst, vorher so übel mit Ihm umgegangen waren.

Sein Volk mußte Ihn zum Tode ausliefern, damit Fremde und Heiden Ihn zuerst erkennen, und durch Ihn zum Leben kommen sollten.

55. **Es waren auch viele Frauen da, die von ferne zusahen, welche Jesu aus Galiläa gefolgt waren, und Ihn unterstützt hatten.** 56. **Unter diesen waren Maria Magdalena, Maria Jakobus und Joses Mutter, und die Mutter der Söhne des Zebedäus,** Salome genannt, die Kap. 20, 20. um etwas ganz anderes gebeten hat für ihre Söhne. Jetzt werden ihr wohl jene Gedanken vergangen seyn, und sie wird das Reich Jesu mit andern Augen angesehen und erkannt haben. Die Weiber haben es hier den Jüngern und dem Petrus zuvorgethan, von denen hier nichts zu sehen ist. Ihr Zuschauen war kein müßiges Gaffen, sondern mit vielen guten Bewegungen verbunden; denn Er war ihnen allen über alles lieb, den sie am Kreutze erblassen sahen.

57. **Als es nun Abend geworden, kam ein reicher Mann** (das ist etwas Seltenes, daß sich auch ein Reicher zu Christus wendet). **Er war von Arimathäa, Joseph mit Namen, der auch ein Jünger Jesu war.** Die Reichen können also wohl auch Jünger Jesu und selig werden, es ist nicht durchaus unmöglich, aber schwer, weil es sie hart ankommt, ihren Reichthum Christo zu opfern. Mark. 15, 43.

Da Ihn die Eilfe verlassen hatten, und sich nicht mehr sehen ließen, erweckte Gott andere Jünger, die sich hervorthaten, und nicht mehr länger verborgen bleiben wollten. Es waren aber nicht viele, nur zwei, Nikodemus und Joseph.

58. **Dieser ging zu Pilatus,** ohne darauf zu achten, was seine Amtsbrüder dazu sagen würden, **und bat um den Leichnam Jesu: Da befahl Pilatus, den Leichnam auszuliefern;** denn er hatte Christum schon vorher als unschuldig erkannt. Luk. 23, 50. Joh. 19, 38.

59. **Joseph nahm den Leichnam und wickelte Ihn in eine Leinwand** 60. **und legte Ihn in ein neues Grab, welches er in Felsen ausgehauen, wälzte einen großen Stein vor die Thüre des Grabes und ging weg.**

Der Schöpfer der Natur, der Vater der Ewigkeit, hat seine menschliche Hütte in die Erde legen, und in die Grabtücher, wie ein Kind in die Windeln wickeln lassen, nach der alten Begräbnißart.

Seine Grabtücher seyen unser Sterbekleid, d. h. wir wollen uns mit einem solchen starken Vertrauen und lebendigen Glauben an seine Person, und an alles, was ihr nahe ist, anhängen, daß der Sinn des blutflüssigen Weibes: „Möchte ich nur dein Kleid anrühren!" und der Kranken, die von Petri Schatten gesund wurden, in uns fahre und bleibe. Diesen Glauben zu erwecken, haben die Alten gesungen: „Dein Backenstreich und Ruthenfrisch, der Sünden Striemen mir abwisch; dein Angstschweiß mich tröst und erquick, mach mich frei durch dein Band und Strick! Die heiligen fünf Wunden dein, laß mir rechte Felslöcher seyn! Dein Kreutz laß seyn mein Wanderstab; mein Ruh und Rast dein heiligs Grab; die reinen Grabetücher dein, laß meine Sterbekleider seyn!"

Das Verdienst Jesu in seinem Sterbekleide hat sich nicht nur die ganze Kirche, sondern ein jedes Glied derselben zuzueignen, und sich darein zu wickeln. Es ist auch anzumerken, daß seine Grabtücher, nachdem Er auferstanden war, zusammengewickelt, und ordentlich hingelegt waren. Joh. 20, 6. 7. Er hat alle unsere Kleider geheiliget; jedes Hemd, das wir anziehen; mit einem Wort: Wir haben Jesum Christum angezogen, und werden in Ihm erfunden. In Ihm leben und schweben wir, und so legen wir uns einmal ins Grab, mit dem Segen seiner heiligen Leiche.

Wir haben Ihn auch im Grabe zu unserm Mitgenossen. Er hat sich niedergelegt, wie Er selbst vorher sagte, auf drei Tage und Nächte. Das macht uns so selig, unser Leben leicht, unsere Sterblichkeit lieb und vortheilhaft; denn wir wissen, der Todesengel kann uns nichts mehr thun, sondern wir entschlafen in seinen Armen.

Unser Hinscheiden ist etwas seliges und leichtes. Darum machen Christen beim Heimgehen ihrer Geschwister so wenig Umstände, und sehen es wie einen andern Abschied und eine Abreise an, wobei gewöhnlich die Zurückbleibenden angegriffener sind, als die Wegreisenden, wenns nämlich Leute sind, die zum Reisen und Pilgern gemacht sind. Wenn wir von einander scheiden auf eine oder andere Weise, so kommen wir immer in Ihm wieder zusammen; und gehen wir aus der Zeit, so kommen wir heim und sind beim Herrn allezeit.

61. **Maria Magdalena und die andere Maria waren dabei, und saßen dem Grabe gegenüber.** Der Tod konnte ihre Liebe nicht tödten. Ihr Glaube

hielt fest an Ihm, auch da sie Ihn nicht mehr sahen, und sein Leichnam todt im Grabe lag.

62. **Des andern Tages, der auf den Rüsttag folgt, kamen die Hohenpriester und Pharisäer bei Pilatus zusammen** 63. **und sprachen: Herr! wir haben uns erinnert, daß jener Verführer, als er noch lebte, gesagt hat: Nach drei Tagen werde ich wieder auferstehen.** Sie haben also seine Rede von Abbrechung und Aufbauung des Tempels in drei Tagen wohl verstanden. Da sieht man die Halsstarrigkeit solcher Leute, die den Buchstaben wohl im Gedächtniß und besser gefaßt hatten, als die Frommen. Sie heißen Christum einen Verführer. So müssen sich auch die Seinigen nennen lassen von den blinden, betrogenen, und von ihren Leidenschaften verführten Menschen, die immer am meisten über Betrug und Verführung schreien. Mark. 8, 31.

64. **Laß also das Grab bis zum dritten Tage bewachen, damit nicht seine Jünger kommen und Ihn stehlen, und dem Volke sagen: Er ist von den Todten auferstanden, und so würde der letzte Betrug schlimmer seyn als der erste.** Die Welt mißt die Jünger Jesu nach ihrem Sinne. Es wird sich aber bald zeigen, wer Betrug spielte, und bezahlte Lügen ausstreute.

Diese Vorsorge kam von ihrer Bangigkeit her; denn solchen bösen Gewissen ist vor einem rauschenden Blatt bange, und Furcht ist ihr beständiger Grundsatz.

65. **Pilatus sprach zu ihnen: Ihr habt ja die Wache, gehet und verwahret es, wie ihr könnet.** 66. **Sie gingen nun hin, besetzten das Grab mit einer Wache und versiegelten den Stein,** damit auch von der Wache kein Betrug gespielt werden könnte. Sie haben alle Vorsicht angewendet, Christum ins Grab zu sperren. Aber was war damit ausgerichtet? Es mußte nur seine Ehre desto mehr befördern. Sie können Ihn doch nicht halten.

Das XXVIII. Kapitel.

Auferstehung und letzte Worte Jesu.

---

1. **Am Ende der Ruhetage nun, als der erste Wochentag anbrach, ging Maria Magdalena, und die andere Maria hin, das Grab zu besehen.** Mark. 16, 1. Luk. 24, 1.

Als eine ungeduldige Braut, die dem Tage zuvorkommt, um den zu suchen, den ihre Seele liebt. Sie sucht Ihn aber noch im Tode und findet Ihn im Leben.

2. **Und siehe! ein großes Erdbeben geschah: denn ein Engel des Herrn stieg vom Himmel herab, trat hinzu, wälzte den Stein vom Grabe hinweg und setzte sich darauf.** (Joh. 5, 4.) 3. **Sein Anblick war wie Blitz, und sein Kleid weiß wie Schnee.** 4. **Die Wächter bebten vor Furcht, und waren wie todt.**

Nun glänzt und blitzt es wieder. Vorher war alles finster und traurig. Aber jetzt kommen die Strahlen der gekreutzigten Wahrheit wieder zum Vorschein. Sie leuchtet nach der Kreutzigung allemal herrlicher als vorher. Das Kleid der Schmach war ausgezogen.

Der Engel ist ein rechtes Bild der Gnade, die manchen Stein der Hindernisse wegräumt, wodurch die Gläubigen von der Gemeinschaft des Todes und der Auferstehung Christi abgehalten werden.

Die Feinde werden durch die Majestät niedergeschlagen, aber seine Todten wachen eben dadurch wieder auf. Was dem einen zum Leben und zur Seligkeit war, wurde dem andern zum Gericht und Tode.

5. **Der Engel redete zu den Frauen und sprach: Fürchtet euch nicht, denn ich weiß, ihr suchet Jesum den Gekreutzigten.** (Mark. 16, 5. Luk. 24, 4.)
6. **Er ist nicht hier; Er ist auferstanden, wie Er**

gesagt hat. (Kap. 12, 40. 16, 21.) **Kommet, sehet die Stätte, wo der Herr gelegen hat.**

Wer Jesum den Gekreuzigten im Ernste sucht, der wird auch finden Jesum, den Lebenden, siegend und herrlich. Er kommt selbst zu ihm, und bringt das Leben.

So wahrhaftig Jesus gestorben ist, so wenig konnte Er todt bleiben. Der Tod konnte Ihn nicht behalten, denn Er hat ihn überwunden. Darum muß nun jede Seele, die Ihn ernstlich sucht, Ihn lebendig finden, nicht mehr im Grabe des todten Buchstabens, sondern im Garten des lebendig-glaubenden Herzens.

7. **Gehet nun eilends hin, und saget seinen Jüngern, daß Er auferstanden ist. Und sieh, Er geht euch voraus nach Galiläa *). Dort werdet ihr Ihn sehen. Sieh! Ich habe es euch gesagt.** Kap. 26, 32. Christus eilet, seine in der Angst liegenden Jünger zu trösten, und Weibern wird die Gesandtschaft und das Botenamt übertragen, — selbst gegen die Apostel. Die Säulen der Kirche müssen zuerst durch Weiber die Auferstehung Christi erfahren, welche die Grundwahrheit des Christenthums ist. Aber deßwegen müssen sich Weiber nicht zu Apostolinnen aufwerfen. Sie können wohl, wenn sie wahrhaft erleuchtet sind, Aufträge vom Herrn bekommen, wie diese Nachfolgerinnen Jesu, etwas an die Jünger des Herrn zu bestellen, aber zum eigentlichen Apostel- und Predigtamte in seinem Weinberge hat Er sie nicht bestellt.

8. **Eilends gingen sie hinaus von dem Grabe mit Furcht und großer Freude, und liefen schnell, um es seinen Jüngern kund zu machen.** Mark. 16, 8. Laßt uns eilen die Auferstehung und neu-lebendig machende Kraft Jesu sowohl, als unsere Auferstehung in Ihm, durch die Thaten eines neuen Lebens zu verkündigen. Diese Marien harrten beim Kreutze und

---

*) Hier ist nicht das Land Galiläa gemeint, sondern der Berg, der also genannt wurde, und ein Theil des Oelberges nahe bei Jerusalem war. S. Vers 16 unten.

Grabe Jesu mit aller Treue aus, und sieh, ihre Treue wird mit der ersten Botschaft der Auferstehung, mit der ersten Erscheinung Jesu und Sendung zu den Aposteln belohnt. Laßt uns die Treue nachahmen, wenn wir an der Gnade Theil haben wollen.

9. **Und da sie hingingen, sieh, da begegnete ihnen Jesus und sprach: Seyd gegrüßet!** Welchen Frieden und welche Seligkeit die Jüngerinnen bei diesem Gruße ihres Meisters werden empfunden haben, ist nicht auszusprechen. Wer sich nicht lange bedenkt, sondern schnell folgt, dem begegnet bald der Herr, und grüßt ihn. Mark. 16, 9.

10. **Da sagte Jesus zu ihnen: Fürchtet euch nicht! gehet hin und verkündiget meinen Brüdern, daß sie nach Galiläa gehen; daselbst werden sie mich sehen.**

Da nennt der Heiland seine Jünger ausdrücklich seine Brüder. Daß sie unter sich selbst Brüder sind, ist bekannt; daß Er aber sich nicht schämt, sie seine Brüder zu nennen, haben die Apostel erinnert; daß Er sie wirklich als seine Brüder erklärte, das findet man in diesem Texte.

Wer ist denn der Bruder dieser Brüder? Das höchste Gut, das Wesen aller Wesen, die Ursache aller Dinge.

Wohl uns dieses guten Herrn! Er ist nicht nur unser Herr, sondern auch unser Bruder. Er nennt sich selbst so; wie dürften wir es sonst wagen? Er ist mit uns durch ein Band verbunden, wohin keine andere Verwandtschaft reicht.

Leichtsinnig darf man wohl nicht zum Heiland sagen: mein Bruder! sondern es muß gewiß mit tiefer Beschämung und großer Ehrerbietung ausgesprochen werden; denn die Unähnlichkeit zwischen Ihm und uns ist doch gar sehr groß und Er hat von unserer Brüderschaft so wenig Ehre, daß wenn Er nicht unendlich sanft und demüthig wäre, Er sich billig unser alle Stunde schämen müßte. Auch könnte Er zu uns sagen: Bist du mein Bruder, so will ich dir zeigen, was meine Brüder um meines Namens und meiner Brüderschaft willen leiden müssen. Kannst du den Kelch trinken, den ich getrunken habe?

11. **Als sie nun weggingen, sieh, da kamen einige von der Wache in die Stadt, und erzählten den Hohenpriestern alles, was geschehen war.** Das war nun freilich ein unpartheiisches Zeugniß — aber es war gegen sie. Darum

12. **Versammelten sie sich mit den Aeltesten, hielten Rath und gaben den Soldaten reichlich Geld,** um ihre Ehre zu retten. Man thut gewöhnlich lieber noch mehr Unrecht dazu, als daß man Unrecht gethan zu haben gestehen will. — Die Welt ist in solchen Fällen liberal und freigebig, so karg sie sonst ist.

13. **Und sprachen: Saget nur: Seine Jünger kamen des Nachts und stahlen Ihn, während wir schliefen.** Wenn sie aber schliefen, wie konnten sie denn wissen, daß Ihn seine Jünger gestohlen haben? Haben sie aber nicht geschlafen, warum ließen sie Ihn wegnehmen? Wie kann ein Schlafender Zeugniß geben? So hat also die Ungerechtigkeit und Bosheit wider sich selbst gelogen und durch ihre Lüge die Wahrheit nur mehr bestätiget.

14. **Sollte das dem Statthalter zu Ohren kommen, so wollen wir ihn schon bereden und euch sicher stellen.** Dafür laßt ihr nur uns sorgen, wir stehen euch für den Schaden und Verantwortung. Sie verlassen sich darauf, daß die Welt nichts untersucht, wenn es auf Unterdrückung der Wahrheit angesehen ist. Auch hatten sie die schwache Seite des Pilatus schon kennen gelernt.

15. **Sie nahmen nun das Geld, und thaten, wie sie unterrichtet waren,** durch die Silberlehre der Welt. **Und es verbreitete sich diese Sage unter den Juden bis auf den heutigen Tag.**

Man

Man mag aber die Lüge mit Frechheit verbinden, wie man will, auch um Geld falsche Zeugen erkaufen, die Wahrheit bleibt doch denen, welchen sie Gott offenbart.

Da kann man sehen, was eine Lüge wider die Wahrheit, eine Lästerung für Schaden anrichten kann, wie lange sie sich forterbt von Geschlecht zu Geschlecht, so daß sie oft nicht mehr auszurotten ist. Was oft ein Mensch im Leichtsinne und aus Spaß hinwirft, wird ausposaunt, wird allgemeiner Glaube, eine öffentliche Sage, die fester als das Evangelium geglaubt wird, so wie diese Lüge der Hohenpriester.

16. **Die eilf Jünger gingen nun hin auf den Berg Galiläa, wohin sie Jesus beschieden hatte.** (Mark. 14, 28.) 17. **Und da sie Ihn sahen, fielen sie vor Ihm nieder: einige aber zweifelten.**

Man kann daher den Jüngern nicht vorwerfen, daß sie leichtgläubig waren, da sie, wie sich Jesus selbst beklagte, sehr langsam waren zum Glauben und so lange zweifelten, bis sie nicht mehr anders konnten, sondern glauben mußten.

18. **Jesus trat hinzu, redete mit ihnen und sprach: Mir ist alle Gewalt gegeben im Himmel und auf Erden.** Kap. 11, 27. Dan. 7, 13. ꝛc. Joh. 17, 2.

„Mir ist **gegeben**," das muß man recht verstehen, und ja nicht denken, daß Er ein Amt bekommt, wie ein anderer, wie ein Diener im Hause. Er ist ja selbst Herr des Hauses; Er hat die Welten, den ganzen Erdkreis zu seinem Gebrauche gemacht, die ganze Weltmaschine ist sein Haus.

Das „mir **gegeben**" bezieht sich allemal auf die Menschheit Jesu zur Rechten Gottes, vor welcher sich, weil sie mit der Gottheit vereinigt ist, alle Kniee beugen müssen. Dem Menschen ist es gegeben, was Er als Gott schon von Ewigkeit immer gehabt und besessen hat.

So ohnmächtig und schwach Er zu seyn schien in der Krippe, so hingen doch alle Monarchien und Reiche der Erde von Ihm ab. Er hat diese seine göttliche Majestät und Herrlichkeit nicht erst in der Welt erhalten, sondern sie mit sich gebracht. Er wird nicht erst da zum Gott gemacht, das Kind in der Krippe war schon der Vater aller Zeiten und Ewigkeiten.

Er hat aber, obwohl Er Gott gleich und Gott war, sich ausgeleert, und erniedrigt, den Glanz und das Majestätische der Gottheit nicht eigentlich abgelegt, sondern nur nicht sehen lassen, bedeckt und verhüllt in die menschliche Natur, denn er hat nicht aufgehört Gott zu seyn, da Er ein Menschenkind und uns in allem, die Sünde ausgenommen, gleich ward. Sonst könnte man ja nicht sagen, er ward Mensch, er nahm menschliche Natur an, das Wort ist Fleisch geworden, sondern man müßte sagen: Er ist entstanden, geboren worden; es ist ein Mensch auf die Welt gekommen, der Jesus heißt. Nein, Er war Gott und Mensch zugleich, nur, so lang Er auf Erden lebte, offenbarte Er seine göttliche Natur und Majestät nicht, wenigstens nicht immer, da wandelte Er in Knechtsgestalt, als Diener der Menschen, als einer, der Gehorsam lernt, Geduld übt und an der Menschen Statt bezahlt, was sie verschuldet haben. Da Er in die Welt herein trat, sprach Er: Sieh ich komme, deinen Willen zu thun, o Gott. Da verleugnete Er seinen eigenen Willen, suchte nicht seinen Willen zu thun, sondern den Willen des Vaters. Als Er aber wieder gen Himmel fuhr, sagte Er: Jetzt **bekomme ich wieder** alle Gewalt; Er hätte eben so gut sagen können: **Jetzt nehme ich wieder** alle Gewalt im Himmel und auf Erden; wie Er sagte: Niemand nimmt mein Leben von mir; Ich habe Macht es zu lassen und wieder zu nehmen. Joh. 10, 18.

In dem Munde eines bloßen Menschen, auch des Größten unter allen vom Weibe Gebornen, wäre es die größte Gotteslästerung und Frechheit. So kann also nur der allgenugsame Gott reden.

19. **Gehet also hin, lehret alle Völker, und taufet sie im Namen des Vaters, des Sohnes, und des heiligen Geistes.** Mark. 16, 15.

Taufet sie in den Namen des Vaters, des Sohnes und des heiligen Geistes hinein. Vom Tode Jesu ist es gewiß, daß in ihn hineingetauft wird, in das Recht, das die Seelen durch den Tod Jesu erlangt haben, in sein Verdienst, als wenn sie selbst gestorben wären, und gebüßt hätten für ihre Sünden.

Taufet sie, als ob der Vater, der Sohn und der heilige Geist es selbst gethan hätten, denn was in ihrem Namen geschieht, ist so viel, als hätten sie es selbst gethan.

Daher wissen wir das Geheimniß der heiligen Dreieinigkeit, daß ein Vater, daß ein Sohn und daß ein heiliger Geist ist, weil es Jesus gesagt hat, der allein im Stande ist, von der Gottheit zu sprechen. Aber die heilige Dreieinigkeit in ihrem Grunde erforschen wollen, ist ein abgeschmacktes und gefährliches Unternehmen, da man scheitert und zum Narren wird. Von der innern Natur der heiligen Dreieinigkeit, wie Gott, wie die Dreieinigkeit, Vater, Sohn und Geist in sich selbst verwandt sind, und sich zu einander verhalten, das kann man nicht ergründen. Wenn wir den lieben Heiland sagen hören: Vater, Sohn und heiliger Geist, so wollen wir einen jeden genießen; weiter wollen wir nichts wissen, als was sie **uns** sind, und wie sie sich an unserm Herzen beweisen, daß der Vater unser wahrer Vater, der Heiland als Sohn im Hause, als Erbe über alles, unser wahrer Bräutigam, der heilige Geist unser wahrer Pfleger und unsere Mutter ist.

20. **Und lehret sie alles halten, was ich euch befohlen habe.**

Wie ist das möglich? Wie können wir alles halten? Das sagt der Heiland anderswo: Bleibet in

35*

meiner Liebe. Wenn ihr meine Gebote haltet, so bleibet ihr in meiner Liebe. Gleichwie ich meines Vaters Gebote halte, und bleibe in seiner Liebe, (Joh. 15, 9, 10.) das heißt, weil ich in einer ewigen unveränderlichen Verbindung mit Ihm Tag und Nacht bin. Das hat Paulus so ausgedrückt: Ich lebe, doch nun nicht ich, sondern Christus lebt in mir. Gal. 2, 20.

Bei einem Herzen, dem es klar ist, daß der selige Schöpfer aller Dinge zu uns gekommen ist, aus keiner andern Ursache, als sein verlornes und verdammtes Geschöpf wieder zu suchen und selig zu machen, haben alle Einwendungen gegen die Haltung seiner Gebote gleich ein Ende. Wenn man im Ernste glaubt, daß der Schöpfer seinen Thron verlassen, dreißig Jahre arm und verachtet gelebt, und endlich gar gekreuziget worden, zu keinem andern Zwecke, als das Lösegeld für uns und alle Welt zu werden, — wer das erst glaubt, bei dem thut es seine Wirkung und macht ihn zu einem andern und seligen Menschen, an Herz, Sinn, Muth und Kräften, dem es seine Lust ist, in den Geboten des Herrn zu wandeln.

— **Und sieh; ich bin bei euch alle Tage, bis an's Ende der Welt.** Matth. 38, 20. Ezech. 3, 17.

Das sind seine eigenen Worte, bei seinem Scheiden von seinen Jüngern. Und da Er es selbst sagt: Ich bin bei euch, so muß es wahr seyn. Und da noch dabei steht, daß Er es so fortsetzen wolle, bis an das Ende der Tage, so haben auch wir Ihn bei uns alle Tage; — jetzt noch zwar **ungesehen**, einst aber von Angesicht ewig.

Das ist ein Wort, das, wenn man es glaubt, allein genug ist, eine christliche Gemeine in Zucht und Ordnung zu erhalten.

„Du bist da! Wir fühlen es ja!" Seine liebe Nähe ist allein im Stande, ein gottesdienstliches Wesen und eine andächtige Handelsweise unter Gläubigen zu bilden, aus welchem Er sie, wenn es nöthig ist, selbst

her-

herausſetzen muß. Denn wenn Er uns nicht durch allerlei Arbeit, die der Geſchäftigkeit werth iſt, immer ermunterte, und nie verſinken ließe, ſo wäre das Wort: **Ich bin da, ich bin bei euch; ich bin in eurer Mitte**, allein vermögend, daß man den ganzen Tag nichts thäte, als wartete auf einen ſolchen ſeligen Augenblick, wo ſich ſeine liebe Nähe offenbarte, daß davon ja nichts verſäumt würde. Ruhig und ſtille ſeyn, koſtet keinem Herzen viel, das ſich Seines Daſeyns und Seiner Nähe freut; aber zum Arbeiten und fleißig ſeyn, auch im Geiſtlichen, muß Er uns ermuntern.

Der Heiland will, daß wir beim Nichtſehen glauben, daß Er ſich auch ohne Blick offenbaren und dem Herzen ſeine anziehende Kraft fühlen laſſen kann, wie Er immer will, und das Herz es nur wünſcht.

Der Heiland hat aber auch, um unſerer Schwachheit zu Hülfe zu kommen, die heiligen Sakramente eingeſetzt. Wenn Leute getauft werden, ſo erfahren ſie, daß Er mit Waſſer und Blut da iſt. Wenn Leute mit ſeiner Genehmigung zu Dienern Gottes geweiht werden, ſo kommt etwas von ſeinem Geiſte auf ſie. Wenn man zuſammenkommt, ſein Sakrament zu halten, ſo geht Kraft von Ihm aus, daß es nicht nur Er fühlt, ſondern auch wir im Geiſt, in Seele und Hütte, was von Ihm gegangen.

Wenn Er uns ſein Fleiſch zu eſſen giebt, und ſein wahres Blut einflößt, ſo verſchiebt man das Sehen bis zur Vollendung. Wem mit philoſophiſchen und abſtrakten Gedanken gedient iſt, der taugt hiezu nicht. Dieſe Sache iſt nicht nur Vorſtellung und Denken, ſondern Schmecken und Innewerden, wie freundlich der Herr iſt. Man kann auch nicht ſagen, daß Er unſichtbar iſt, denn Er hat ja noch den Leib, den Er aus dem Grabe mitbrachte; wir könnten Ihn alſo wohl ſehen, aber Er will ſich nicht ſehen laſſen. Selig ſind, die nicht ſehen, und doch glauben. Welchen ihr nicht geſehen und doch lieb habt. 1 Petr. 1, 8. Er hat uns das Sehen auch reichlich ersetzt, und läßt uns das auf das fühlbarste erfahren, was jemand von seinem Vater, Mutter oder Bräutigam erfahren kann.

Der Heiland verbirgt sich uns mit Fleiß, wie hinter einer Wolke, kann sich aber nichts desto weniger auf unsäglich vielfache Weise nahen, und sich zu erfahren und zu empfinden geben. Wer es also nicht durchaus darauf anlegt, der ist keiner der Gottesleute, die ihrem Heilande singen, als stände Er da. Das sind nicht nur schöne Worte, sondern lauter Realitäten. Man kann es aber niemanden faßlich machen, der nicht durch die Geburt von oben in den Genuß versetzt ist, dem nicht das steinerne Herz weggenommen, und das Herz wieder weich, offen und fähig gemacht ist für die Nähe des Heilandes.

Daher ist es in einer Gemeine eine große Klugheit, daß man die Augen der Gläubigen von allen Gegenständen wegbringe, und den Heiland in ein solches Licht setze, daß der Blick allemal über alle zärtlich und herzlich geliebte Gegenstände, auch über die Bruderliebe weg, auf den rechten Gegenstand fällt; daß sich das Auge nicht abwenden kann vom Blick auf Jesus, weil der das Rührendste hat, das sich von allen Gegenständen ausnimmt, so daß, wenn man sich über eines Bruders Gnade, Seligkeit und Verdienste freut, sich im währenden Beschauen das Bild verwandelt in des Heilandes Bild, daß eines Bruders oder einer Schwester Herz gleichsam durchsichtig wird, daß man durchsieht in den Heiland, wie Paulus sagt: „Es spiegelt sich in uns allen des Herrn Klarheit mit aufgedecktem Angesicht." 2 Kor. 3, 18. So sieht man Ihn in allen Sprüchen der Bibel, in allen Dingen, die man verrichten muß, in allen Begebenheiten.

FSC
www.fsc.org
MIX
Papier | Fördert gute Waldnutzung
FSC® C083411

Kolibri 360 GmbH
Ferdinand-Jühlke-Straße 7
99095 Erfurt, Deutschland
produktsicherheit@kolibri360.de